基于风险的过程安全

Guidelines for Risk Based Process Safety

【美】Center for Chemical Process Safety　编著

白永忠　韩中枢　党文义　译

牟善军　校核

杨　哲　审阅

中国石化出版社

内 容 提 要

本书系统介绍了 CCPS 新一代过程安全管理体系的架构，阐述了基于风险的过程安全管理的4大原则，详细描述了过程安全体系中的20个基本要素，包括安全文化、对现有标准的遵循、工艺信息管理、危险辨识与风险分析、承包商管理、应急管理等。除了对每一要素进行详细的介绍外，还提供了更具可操作性的方案，有利于读者理解并掌握基于风险的过程安全管理体系。

本书可为读者提供实施过程安全管理的有力工具，适用于高等院校、科研院所及企业从事过程安全研究和过程安全管理的人员。

著作权合同登记 图字：01-2012-4811 号

Guidelines for Risk Based Process Safety
By Center for Chemical Process Safety(CCPS), ISBN: 9780470165690

图书在版编目(CIP)数据

基于风险的过程安全／美国化工过程安全中心编著；白永忠,韩中枢,党文义译.—北京:中国石化出版社,2013.8(2025.4 重印)
书名原文:Guidelines for Risk Based Process Safety
ISBN 978-7-5114-2228-6

Ⅰ.①基… Ⅱ.①美… ②白… ③韩… ④党… Ⅲ.①化工过程-安全管理-研究 Ⅳ.①TQ02

中国版本图书馆 CIP 数据核字(2013)第 163509 号

中国石化出版社出版发行
地址:北京市东城区安定门外大街 58 号
邮编:100011 电话:(010)57512500
发行部电话:(010)57512575
http://www.sinopec-press.com
E-mail:press@sinopec.com
北京科信印刷有限公司印刷
全国各地新华书店经销
*
787毫米×1092毫米 16开本 30印张 713千字
2013年8月第1版 2025年4月第5次印刷
定价:158.00元

翻译委员会

杨　哲　牟善军　白永忠　韩中枢　党文义

张德全　李发东　葛春涛　于安峰　张杰东

姜　雪　屈定荣　吴　岩　万古军　王　鹏

鲍　磊　陈国鑫　顾　蒙　王雅真　张广文

武志峰　凌晓东　张　毅　王一昊　刘　迪

王建伟　许　晶

译者的话

过程安全实践和安全管理体系已在很多国家实施多年。人们普遍认为过程安全管理(PSM)体系对降低事故风险、提高化工工业效率起着重要的作用。1994年，美国化工过程安全中心(CCPS)组织杜邦、道化学、雪佛龙、罗门哈斯等企业及组织的安全专家，编写出版了《过程安全管理体系实施导则》，为美国OSHA PSM在企业的具体实施提供了重要指导和借鉴。中国石化出版社于2007年出版的《工艺安全管理与事故预防》，成为国内过程安全管理领域的重要著作。国内安全领域的学者和工作人员也发表了许多过程安全管理的文章。

但是，部分企业虽然从表面上建立了较为完善的PSM体系，但却存在安全管理系统运行不良、风险管控效果不佳和资源不足的问题。为了通过PSM实现过程生产持续性的提升，CCPS出版了《Guidelines for Risk Based Process Safety》(RBPS)一书，提出了基于风险的过程安全。作为新一代过程安全管理体系的架构，RBPS认为企业所面临的各种危害和风险是不一样的，需要将更多的资源放在高后果和高风险上。RBPS提出了全新的过程安全管理体系架构，扩充了过程安全管理体系中关键要素，将“基于风险”以及资源利用效率最大化的理念融入过程安全管理中，且对每一要素进行了安全有效性与可操作性方案分析，为安全生产与企业效益之间的平衡提供了解决方法。

本书中文版的发行，得到了很多朋友的支持，特别是CCPS主席Scott Berger先生、Louisa A. Nara女士以及中国石化出版社许倩编辑，感谢你们的信任、支持和指导。

基于风险的过程安全

谨以此书献给 Lester H. Wittenberg 先生(1929—2005)

Les 是化工过程安全中心最早的员工之一，他为中心的辉煌成就作出了不可磨灭的贡献。所有认识以及曾经与 Les 共事过的同仁们对 Les 的才华、勇气以及他对生命的热爱都记忆犹新。虽然他已与世长辞，但他的音容笑貌仍将与我们同在。

我们衷心希望本书的出版能够进一步刷新整个业界的良好安全纪录。但是，无论是美国化学工程师协会、协会顾问、美国化学工程师协会之化工过程安全中心技术委员会、基于风险的过程安全分会成员、其雇员、雇员的上级及领导、ABSG 咨询公司及其雇员均不以任何明示或暗示的方式对本书内容的正确性或准确性作出保证或声明。在(1)美国化学工程师协会、协会顾问、CCPS 技术委员会及分会会员、其雇员、雇员的上级及领导、ABSG 咨询公司及其雇员与(2)本书用户之间，任何因用户对本书的使用或不当使用所导致的任何法律责任均由(2)本书用户自行承担。

目录

15 变更管理 / 261

16 开车准备 / 278

17 操作纪律 / 291

表格清单≪

插图清单

首字母缩写词及其他缩写词汇表⋘

ACA	表面原因分析
ACC	美国化学理事会
AIChE	美国化学工程师学会
ALARP	最低合理可行
ANSI	美国国家标准学会
API	美国石油协会
ASME	美国机械工程师学会
BLEVE	沸腾液体膨胀蒸气云爆炸
CAER	社区认知与应急响应
CAP	社区顾问团
CBT	计算机辅助培训
CCPS	化工过程安全中心
CFR	联邦法规
CMMS	计算机化维护管理系统
COMAH	重大事故危险控制(英国 HSE 规定)
CSB	美国化学安全与危害调查委员会
EDMS	电子文档管理系统
EOC	应急响应中心
EPA	美国国家环境保护局
ERT	应急响应小组
ESH	环境、安全及健康
EU	欧盟
FDA	美国食品与药品监督管理局
FMEA	故障模式及影响分析
FMECA	故障模式、影响以及危害性分析
HAZMAT	危险材料
HAZOP	危险与可操作性分析
HIRA	危险识别及风险分析
HSE	英国健康安全局(UK)
IEC	国际电工委员会
IPL	独立保护层

ISA	仪表、系统及自动化协会
ISO	国际标准化组织
ITPM	检查、测试以及预防性维护
JCAIT	化学事故联合调查组
KSA	知识、技能及能力
LEPC	地方应急预案委员会
LOPA	保护层分析
LPG	液化石油气
MOC	变更管理
MSDS	化学品安全技术说明书
MTTF	平均失效时间
NASA	美国国家宇航局
NFPA	美国消防协会
NOHSC	国家职业健康及安全委员会
NTSB	国家运输安全协会
OEM	原始设备生产厂商
OSHA	美国职业安全与健康管理局
P&ID	管道及仪表流程图
PDA	个人掌上电脑
PHA	工艺安全分析
PPE	个人防护设备
PSM	过程安全管理(U. S. OSHA 规定)
QC	质量控制
RBPS	基于风险的过程安全
RC	责任关怀®
RCA	根原因分析
RIK	同质同类替换
RMP	风险管理计划(U. S. EPA 规定)
ROI	投入回报
SIF	安全仪表功能
SIL	安全完整性等级
SIS	安全仪表系统
SME	业务专家
UK	大不列颠联合王国

词汇表

Accident(事故)：造成重大人身伤亡、有时伴随重大财产损坏及严重环境影响的事件。

Accident prevention pillar(事故预防原则)：一系列互为依据的 RBPS 要素，RBPS 管理系统由四大事故预防原则组成，即：(1)对过程安全的承诺；(2)洞察危险与风险；(3)管理风险；(4)吸取经验教训。

Apparent cause analysis(ACA，直接原因分析)：一种非正式调查方法，注重调查特定事件的直接原因。

As low as reasonably practicable(ALARP，最低合理可行)：持续投入相关人力物力以降低风险，直至持续加大的投入(费用、时间、精力或其他资源耗费)与所实现的风险降低程度严重不成比例为止。通常与最低合理可行(ALARA)通用。

Asset integrity(资产完整性)：涉及有助于保证设备按照技术规范正确设计与安装，且在其生命周期内恰当使用的 RBPS 要素之一。

Audit(审查)：为检验是否符合规定标准要求，运用完善的审查程序进行系统化的独立评审，从而验证合规性并使得审查人员能够得出证据确凿的结论。

Checklist(检查表)：列出所有需要验证是否已完成的事项清单。一般来说，采用程序格式，每当一项关键工作完成后则将其划去(或加以明确/确认)。检查表通常附在程序文件之后，程序文件对各项工作步骤有更为详细的描述，包括涉及的危险以及对相关危险进行控制的完整阐述。应结合正式危险评估技巧使用检查表，确保万无一失。

Chemical reactivity hazard(化学品活性危险)：潜在的不受控化学反应会直接或间接导致严重人身伤害、财产损坏或环境危害。不受控的化学反应常常伴随温度上升、压力上升、气体扩散或其他形式的能量释放。

Competency(能力)：RBPS 要素，用以保持、提高并拓宽知识面与经验水平的人力与物力。

Conduct of operations(操作执行)：用一种精心的、结构化的方式来执行操作和管理任务，并使之制度化，以追求能够很好地完成每项任务，并最小化业绩的波动。

Continuous improvement(持续改进)：通过持续的努力，而非因某一个偶然的原因或具体的变化，实现绩效或效率两方面的进步与改善。持续改进通常需要对比成绩目标，对活动或管理系统的状态进行正式评估。此类评估与对比工作的频次要远远高于正式审计工作。

Contractor management(承包商管理)：用于确保承包服务能够实现下列目标而执行的控制体系：(1)装置运行安全；(2)公司过程安全以及个人安全绩效目标。这涉及承包商的选用、招投标、雇用以及对承包工作的监控。

Controls(控制)：为预防或减少事故发生而设立的工程措施及管理方针/程序。

Core value(核心价值)：已升华为道德使命的价值，针对影响核心价值的违背行为或不理想表现设有一系列严格规定。

Decommissioning(停运，设施退役)：将工艺装置所有物料清空，并将该装置完全停用。停运通常指将某装置与其他工艺及共用设施的连接彻底断开，随后，一般会拆除工艺管道、设备及支撑结构。

Demand for resources(资源需求)：支持 RBPS 各项工作活动所需的人力工时、资金或其他投入。每次的资源需求(需求率)各不相同，最高资源需求率为单次最大需求，如在规定一周时间内提交审批的变更最大数量，基于这一数量可以大约测算出审查变更请求所需的最大资源要求。

Demand rate(需求率)：RBPS 工作活动所需密集程度与频次，其确定了在规定时间段内实施相关作业活动或生产产品所需的资源类型及资源数量。

Effectiveness(效能)：含有过程安全管理绩效及过程安全管理效率双重含义，指采用有效的过程安全管理程序消耗最少的资源制造出符合要求、质量达标的作业产品。

Efficiency(效率)：投入(人工工时等)产出比(工作成果，如风险分析报告)

Element(要素)：过程安全管理系统的基本划分单位，与必须实施的作业类型(如变更管理(MOC))相互关联。

Element owner(要素负责人)：全权负责监管某一特定 RBPS 要素的人员。通常由负责管理要素相关任务各项事宜的技术或管理负责人担当该职。要素负责人并不一定是需要日常实施相关任务的人员。

Emergency management(应急管理)：系 RBPS 要素之一，指涉及应急响应及计划相关的任务。

Essential feature(基本要求)：对 RBPS 要素的关键要素起支持作用的一系列任务或活动(如“需要胜任称职的人员”即为维持绝大部分管理体系稳定实施的基本要求之一)。

Facility(设施)：管理系统各项活动得以实施的物理地点。在工艺过程生命周期早期阶段，设施可为公司中心研发实验室或技术供应商的工程处；在过程管理后期阶段，设施则通常为典型的化学工厂、储存仓库、配发中心或公司办公室。

Hazard(危险)：可能会造成人员、财产或环境伤害的化学或物理条件。在本书中，危险系指第一危险诱因：什么会出错？

Hazard identification and risk analysis(HIRA，危险识别及风险分析)：系指在工厂生命周期全过程中，为确保各项对雇员、公众或环境存在威胁的风险均严格按企业的危险控制标准得以妥善控制，而在工厂内进行的所有危险识别及风险分析活动的统称。

Implementation(执行)：根据审查结果、事件调查组建议、风险分析小组建议等指定行动计划予以实施完成。同时，也指设立或实施 RBPS 要素相关作业任务。

Implementation options (for a work activity)[执行选项(针对某一项作业任务)]：根据工厂的风险控制要求或相关规定要求实施某一项任务可采用的不同方法。

Improvement(改进)：参见持续改进。

Incident(事件)：可能会导致不良后果的、计划外发生的事情。

Incident investigation(事件调查)：确定导致某一事件发生的原因并提议如何针对原因解决问题，从而防止此类事件再次发生或减少此类事件发生频率的系统方法，同时请参见根原因分析及直接原因分析。

Independent protection layer(IPL，独立保护层)：能够防止假设事故场景继续发展至某一确定不良后果的装置、系统或行为。独立保护层（IPL)(1)与导致事故后果的事件无关；(2)与其他保护层无关。通常会在进行保护层分析时确定各独立保护层。

Inherently safer(本质更安全)：系指某种条件下，工艺所采用的物料及操作的相关风险得到降低或消除，且此类降低或消除是永久性的且与工艺密不可分。

Inspection(检查)：参见作业现场检查。

Inspection，testing and prevention maintenance(ITPM，检查、测试以及预防性维护)：为实现下列目标而采取的一系列妥善的预防性维护工作：(1)评估当前情况/条件以及设备的劣化情况；(2)测试设备的运行及功能性；(3)通过恢复设备条件以防止设备失效。

ITPM program(ITPM 计划)：实施、维护、监控及管理各项检查、测试以及预防性维护工作的计划。

Integrated corrective action tracking system(整改措施跟踪集成系统)：为监控所有相关 RBPS 措施落实情况而采用的整改措施跟踪系统，包括跟踪事件报告、风险分析、应急响应演练、审计建议等的落实情况。

Key principle(关键原则)：RBPS 要素的组成部分，由于本书对管理系统的定义方式，通常适用于所有 RBPS 要素。举例说明：几乎所有的要素都有一项关键原则，那就是：保持有效的运行，该项原则又进一步地细分为若干基本要求与工作任务，有助于确保必要措施的实施，从而实现特定要素相关任务的可靠性。

Knowledge (or process safety knowledge)[知识(或过程安全信息)]：RBPS 要素之一，包括为其他 RBPS 要素进行的信息收集、组织、维护与提供等任务。过程安全信息主要由书面文件如危险信息、工艺技术信息以及设备具体信息等组成。

Knowledge，skills and abilities (KSAs，知识、技能以及能力)：知识与信息有关，通常涉及政策、程序以及其他基于规则的事实。技能则与在接受部分指导或无指导的情况下实施某一明确限定任务的能力有关，能力则关乎在面对那些未能明确限定的任务时所作出的决策及任务实施的质量(如运用知识进行故障及问题检修)。

Lagging indicator(滞后指标)：关注后果的指标，衡量过往绩效的事故率或其他指标。

Layer of protection analysis (LOPA，保护层分析)：评估旨在减少不良事件发生概率的独立保护层的有效性的过程。

Leading indicator(先行指标)：过程的标尺，比如支持 RBPS 管理系统的政策及程序的完成程度。

Life cycle(生命周期)：物理过程或管理系统从开始到结束全过程各阶段，具体涉及方案、设计、部署、采购、运行、维护、停运及处置。

Limiting conditions for operation(运行限制条件)：有关启动某一工艺或保持正常运行所必须具备的关键资源以及必须投用的关键系统的技术规范，此类关键系统包括火灾防护、火炬、洗涤器、应急冷却以及热氧化装置，关键资源通常涉及运行所需人力及其他关键功能。

Management review(管理审核)：RBPS 要素之一，对其他 RBPS 管理系统/要素进行的例行审查，目标旨在确定接受审查的要素是否照章执行并产生良好的预期后果。管理层必须时常警醒、恪尽职守，弥补日常任务与定期正式审查之间的审查空白。

Management System(管理系统)：按照一定的原则，用一致的方式而规定的一系列正式建立的活动。

Metrics(指标)：用以衡量过程安全管理效率或绩效的指标。此类指标包括先行指标(如在汇报期间不当的管线维修数量)以及结果性指标(如在汇报期间发生的事件数量)。

Near miss incident(未遂事件)：计划之外发生，且如果事发当时的具体情况不同的话或事件没有发展下去但如果发展下去有可能导致伤害或损失的事情。

Nonroutine activity/operation(非常规工作任务/操作)：任何没有全面操作程序指导的生产或维护作业。非常规一词并不一定是针对相关作业实施的频率而言，更大程度上，其主要是用来确认相关作业任务是否属于某一工艺操作过程设定的(例行)工序。

Normalization of deviance(偏差的常态化)：由于不合格容忍度的一再放大从而导致对绩效标准的一种逐步蚕食。

Operating mode(运行模式)：指装置生命周期内的运行与维护时的操作阶段。运行模式包括开车、正常运行、停车、产品转换、设备清理与除垢、维护以及类似工作。

Operational readiness(开车准备)：RBPS 要素之一，涉及与确保工艺程序准备就绪可供开车/重启有关的工作；该要素适用于各类重启操作，从简单维护工作之后的重启到某一工艺经数年搁置后的重新启动情况。

Operator(操作人员)：负责监控、控制以及执行必要作业以实现系统生产任务的个人。操作人员通常也指负责执行一系列任务(如监视、调整、维护)的人员。

OSHA Process Safety Management, 29 CFR 1910.119 (OSHA PSM)[OSHA 过程安全管理，29 CFR1910.119 (OSHA PSM)]：系美国一项法规性标准，该标准要求企业采用 14 要素管理系统预防或消除化学品泄漏或工艺能量释放事故的影响。

Outreach(沟通)：参见与利益承担者的沟通。

Performance(绩效)：RBPS 作业产品及工作活动的效果及质量的度量。

Performance assurance(绩效保证)：要求工人全面展现自己，以表明其已理解培训课程内容，可将培训学习内容灵活运用到实际工作中的正式管理体系。绩效保证体系的目的与宗旨通常如下：(1)确保所有工人满足绩效标准并确保其在上岗任职期间的技能熟练程度；(2)帮助找出那些需要进一步加以培训的作业任务。

Performance-based requirement(基于绩效的要求)：只给出确定结果的要求，即“做什么”而非“如何去做”。如何能实现所需结果的方式方法则由工厂根据自身的需求和具体情况以及业内惯例做法确定。如：要求执行变更管理程序，并将安全及健康相关影响纳入审查/审批程序，以便防止变更对工人形成不可接受的风险就属于一项以“绩效”为出发点的要求。具体执行者必须制定相关程序找出变更相关风险并审查，确定哪些风险属于可承受范围，对风险展开详细评估，以表明其已符合规定的标准要求，并创建了安全作业环境(同时请参见规范性要求，规范性要求与绩效类要求不同的地方在于规范性要求会阐述说明如何实施作业)。

Performance indicators(绩效指标)：参见指标。

Pillar(原则)：参见事故预防原则。

Prescriptive requirement(规范性要求)：明确规定“应该做什么”以及“如何做什么”的要求。举例说明：安全带的技术规范规定高空作业时(如屋面边缘规定距离之外的作业)必须使用该安全带的要求属于规范性要求（参见基于绩效的要求，其不同于规范类要求的地方就在于其不规定应如何实施相关作业）。

Procedures（程序）：书面的、分步骤提供指示以及说明如何进行安全作业的相关信息（警告、备注和警示）。

Process safety competency（过程安全能力）：参见能力。

Process safety culture（过程安全文化）：集体价值与行为的综合体现，其决定了过程安全的管理方式。一个良好的过程安全文化指有助于实现更为安全的工艺操作的相关态度与行为。

Process safety knowledge（过程安全知识）：参见知识。

Process safety management（PSM，过程安全管理）：一个用来防止装置相关过程发生能量或化学品泄漏事故、进行相关准备工作、消除相关风险、进行相关响应并对事故现场进行恢复的管理程序。

Quantitative risk analysis（QRA，定量风险分析）：根据工程设计评估并采用数学技术对装置或操作运行相关潜在事故的预期频率或后果进行的系统化数值预测。

RBPS criteria（RBPS 准则）：三大准则，即风险、资源需求与过程安全文化。这三大标准决定了 RBPS 管理体系相关基于风险的过程安全系统与程序的具体程度与严格程度。应全面充分理解三大标准要求，从而作出正确合理、前后一致的决策，但通常不会以定量风险分析方式来定性。

RBPS element（RBPS 要素）：参见要素。

RBPS management system audit（RBPS 管理系统审核）：对 RBPS 管理体系进行的系统化评审，旨在确认此类系统的适用性并确认管理体系其是否有效贯彻实施。

Readiness review（准备工作审查）：开车或重新启动前实施的一项工作，旨在确认工艺设备以及安全系统的状况、运行限制条件的具备情况，在部分情况下还会确认相关人员的培训与资质是否符合预先确定的要求。

Replacement-in-kind（RIK，同质同类替换）：替换项目（设备、化学品、程序等）满足被替换项目的各项设计要求。可表现为对等置换或按规定设计参数要求进行的替换，但替换项目不会对项目或关联项目的使用造成影响。

Resolution（决议）：针对审计结果（以及相关建议）、事故调查小组建议、风险分析组建议等，决定采取何种响应措施。在决议期间，管理层有权接受或拒绝提出或修改各项建议。如果建议被采纳，则如何实施建议的行动计划通常被视为决议组成部分（具体参见实施与执行）。

Resources（资源）：人工、资本以及操作运行费用、实施作业任务以及交付作业产品所需的其他人力物力投入。

Risk（风险）：三大要因组成。（1）什么会出问题？（2）问题的严重程度？（3）问题发生的频率？

Risk anaylsis（风险分析）：对一系列工作或潜在事故场景相关的风险进行研究或审查。风险分析通常会考虑风险三大要因。通过风险分析可得出定性或定量结果。

Risk-based（基于风险的）："基于风险的"是用来描述工艺、活动或装置一个或多个风险属性。在这种情况下，对风险三类问题的任何一类加以考量均视为一项"基于风险的"工作任务。举例说明：考量某项物质或工艺所具备的危险、以确定制定操作运行程序的严格程度时，尽管"了解危险特性"是进行程序设计时的主要决定因素，我们还是会采用"基于风险的设计"而不是"基于危险的设计"。所以，简而言之，我们不去采用诸多诸如"基于危险的""基于后果的"或"基于频率的"等独立术语，而是采用"基于风险的"这一词足以涵盖上述任一或多个术语的含义。

Risk-based process safety(基于风险的过程安全)：CCPS 的过程安全管理体系法，它采用"基于风险的"策略与执行战略，即在过程安全、资源、过程安全文化等方面采用基于风险的方法，设计、整改以及改进过程安全管理。

Risk control measures(风险控制措施)：参见"控制"相关解释。

Risk significance(风险重要性)：某项活动对风险的潜在影响程度。一项能够大幅降低风险的控制举措或活动，其风险重要性要远远高于那些只能轻微减轻风险的活动。那些一旦发生偏差将导致风险大幅增加的活动，其风险重要性也偏高。

Risk tolerance criteria(风险容忍标准)：企业或个人愿意为相关活动所获得的利益而承担的风险程度的定性或量化表述。

Root cause analysis (RCA，根原因分析)：旨在找出并解决引发事故的管理系统故障的正式调查方法。此类根本原因包括表面看似毫无关联的事故的原因或潜在原因。

Safe operating limits(安全运行限值)：结合设备设计限值以及工艺的动态情况，针对关键工艺参数如温度、压力、液位、流量、浓度等提出的相关限值。

Safe work practices(安全作业规定)：一整套系统化的政策、程序、许可以及其他体系，以管理非常规作业(如动火作业、操作工艺容器或管线或进入受限空间等)相关的风险。

Safeguards(安保)：参见"控制"相关解释。

Stakeholder(利益相关者)：受(或认为受)工厂运行影响的个人或集体，或协助或监控装置运行的人员或单位。

Stackholder outreach(与利益相关者沟通)：RBPS 要素之一，涉及下列意图：(1)寻求机会与利益相关者就过程安全展开对话；(2)与社区组织机构、其他公司、专业团体、当地、国家以及联邦政府部门建立关系；(3)提供有关公司/装置运行、产品、计划、危险和风险有关的准确信息。

Standards(标准)：RBPS 要素之一，旨在确定、编制、获取、评估、取消或查阅对工厂有影响的适用标准、规范、规定以及法律等适用于工厂的过程安全标准。"标准"也指由相关机构 、专业人员或业内专门组织、公司或其他团体颁布的、适用于管理体系的设计与实施、工艺设备的设计与运行或类似活动的相关要求。

Standards of care(应关注的标准)：为验证合规性而设定的各项指南、标准或规定(比如审查员用于确定可接受作业活动的标准)，应关注的标准也可包含企业单位自身设定的相关要求。

Technology manual(技术手册)：用来阐述工艺如何操作运行以及设计者意图的文件。技术手册通常包括设计书、技术报告、涉及手册中所涵盖的各项工艺有关的各类其他技术信息。

Technology steward(技术代表)：经正式任命、负责收集并维护与工艺有关以及与过程安全相关的技术人员。

Toolbox meeting（工前安全会）：组织全体作业人员召开的会议，此类会议通常在班组开工前举行，在会上讨论各项安全话题以及其他相关问题。

Training（培训）：针对作业、任务要求以及方法进行的实践指导。培训活动通常在课堂上或作业现场进行，其目的在于使工人满足最低能力要求或维持他们的能力或提升其能力以胜任新的职位。

Work activity（工作活动）：通常指为执行或支持 RBPS 管理系统各项活动所必须采取的具体行动。

Workforce（工人）：装置雇员以及承包商的统称。本词语通常（但并非绝对）指操作人员、维护人员、其他不担任管理或技术职位的雇员或承包商。

Workforce involvement（人员参与）：RBPS 要素之一，由下列一系列工作组成：（1）向全体人员（包括承包商）征求意见；（2）在单位各级形成管理层与工人之间良好交流机制；（3）帮助维持浓厚的过程安全文化氛围。

Worksite inspection（作业现场检查）：用于确定正在进行中的各项装置操作运行及维护作业是否符合设定标准的一项工作。检查结果通常立即向负责实施工作的人员进行反馈，但一般情况下，不会对管理系统进行检查。

Written program（书面程序）：对管理体系重要方面加以限定的文字阐述，如用途与范围、职责划分、任务与程序、必要资料与信息、预计后果与工作成果（产品）、人员资质及培训、工作动机、进度计划与完工日期、必要资源与工具、持续改进、管理审核与审计。

致谢

在本书的编制过程中，基于风险的过程安全分会全体成员及其 CCPS 成员公司给予了大力帮助与技术支持，美国化学工程师协会(AIChE)及化工过程安全中心(CCPS)向他们表示衷心感谢。同时，对来自 ABS 咨询公司的本书编著组各成员，AIChE 与 CCPS 也深表敬意!

RBPS 分会成员：

Jack McCavit	*CCPS 荣誉退休，委员会主席*
Don Abrahamson	*赛拉尼斯化学*
Steve Arendt	*ABS 咨询公司*
Tim Blackford	*雪佛龙能源技术公司*
John Herber	*3M 公司*
Dan Isaacson	*Lubrizol 公司*
Shakeel Kadri	*空气化工产品公司*
Greg Keeports	*罗门哈斯公司*
Jim Klein	*杜邦*
Pet Lodal	*伊士曼化学公司*
Bill Marshall	*礼来及公司*
Darren Martin	*壳牌化学公司*
Neil Maxson	*拜耳材料科学*
Lisa Morrison	*BP*
Karen Tancredi	*杜邦*
Tony Thompson	*Monsanto 公司，退休*
Scott Wallace	*Olin 公司*
Roy Winkler	*INEOS 烯烃及聚合物公司 USA*
Gary York	*罗地亚有限公司，退休*

CCPS 参谋顾问：

Bob G. Perry	*化工过程安全中心*

CCPS 也希望特别感谢本书主要作者以及 ABS 咨询公司其他同仁对本书编著所做出的巨大努力。

本书主要作者包括下列各位：

Steve Arendt
Bill Bradshaw，项目经理
Walt Frank
Don Lorenzo
Lee Vanden Huevel

本书编著者向下列 ABS 咨询公司的同仁致谢，感谢他们提供的技术支持与评审：

Earl Brown，Myron Casada，Randy Montgomery 及 David Whittle。

本书编著者特别致谢 ABS 咨询公司的技术刊物发表人，其中，Karen Taylor 系原稿编辑人员，Paul Olsen 提供了许多图片 Susan Hagemeyer 为本书出版编制了最终原稿。

所有 CCPS 书籍出版前均必须提交专业人员进行全面审查。对于审查专家提出的各项建设性的意见以及建议，CCPS 深表谢意——正是由于你们的参与，提升了本书的准确性及表达清晰性。

RBPS 审查团人员名单如下：

Kevin Allars	*英国健康安全局*
Jim Belke	*美国环保局*
Michael Broadribb	*BP*
Graham Greedy	*加拿大化学制造商协会*
Les Cunningham	*默克有限公司*
Ray French	*埃克森美孚，退休*
Cheryl Grounds	*BP*
Dennis Hendershot	*化工过程安全中心*
Brian Kelly	*化工过程安全中心，荣誉退休*
Murty Kuntamukkula	*华盛顿塞芬拿河(Savannah River)公司*
Sam Mannan	*Mary Kay O'Conner 过程安全中心*
Bob Ormsby	*化工过程安全中心*
Tim Overton	*道化学*
Adrian Sepeda	*化工过程安全中心，荣誉退休*
Mike Rodgers	*辛克鲁德(Syncrude)加拿大有限公司*
John Shrives	*加拿大环保局*

前言

在过去的四十多年里，美国化学工程师学会一直密切参与化学以及关联产业有关过程安全及损失控制课题的研究。协会充分利用与工艺设计师、建筑商、运营商、安全专家以及专业学术成员的强大人脉联系，积极促进业内各专业的交流与沟通、从而不断完善并改进化学工业的安全标准。对于广大有志于过程安全及环境保护事业的业内人士而言，美国化学工程师学会的刊物以及论文早已成为汲取知识与获取信息的源泉。

墨西哥的墨西哥城以及印度博帕尔的化学灾难为世人敲响了化学安全的警钟，美国化学工程师学会因此于 1985 年创建了化工过程安全中心(CCPS)。化工过程安全中心的宗旨系编制并传播各类技术信息，以预防重大化学事故的发生。该中心由 80 多位化学工业赞助商共同赞助，赞助商为中心技术委员会提供了必要的资金以及专业指导。化工过程安全中心(CCPS)的主要工作成果是编制了一系列的指南手册，帮助并指导人们管理各种过程安全要素、建立过程安全及风险管理体系。本书即为此系列丛书之一。

许多公司若干年前便已开始进行过程安全实践，并且已经实施了过程安全管理系统，但是，仍有许多机构与组织依然面临着管理体系效率不理想、资源不足以及过程安全顽疾等问题。为推广并促进有效的过程安全管理、实现工业的持续完善与改进，针对新一代的过程安全管理，化工过程安全中心(CCPS)提出了以风险为基础的过程安全框架理论(即基于风险的过程安全——RBPS)。

这一崭新框架的理论依据可追溯至美国化学工程师学会于 1989 年出版的《化工过程安全技术管理指南》一书中首次披露的部分论点。1992 年，美国化学工程师学会出版了《化工装置过程安全技术管理指南》，该书对这些论点进行了更为深入的论述与研究。RBPS 的理论认为各类风险与危险是不相同的，因此呼吁人们将更多资源集中投入到那些较为重大的危险与较大的风险上。该理论的四大基础原则如下：

- 对过程安全的承诺
- 洞察危险及风险
- 管理风险
- 总结经验教训

上述四大原则又进一步分为 20 个要素，RBPS 这 20 个要素是在 1989 年首次形成的 12 个要素基础上建立并衍生出来的，这些要素全面反映了各行各业在过去 15 年内在过程安全管理方面的实践经验以及形成的最佳惯例做法。化学以及相关过程行业所保持的安全记录令人欣慰。CCPS 会员公司与全体业内同仁承诺将继续保持并不断刷新这一良好的安全记录。CCPS 希望，基于风险的过程安全系统必将在这一过程中发挥不可忽视的重要作用。

摘要

许多公司若干年前已建立了过程安全规程并执行正式的安全管理体系。过程安全管理(PSM)在降低重大事故风险以及改善提高化工行业绩效方面的作用已被广泛认可并得到好评。但是，仍有许多机构与组织依然面临着管理体系效率不理想、资源不足以及过程安全顽疾等问题。为推广促进卓越有效的过程安全管理(PSM)，实现工业的持续完善与改进，针对新一代的过程安全管理，化工过程安全中心(CCPS)提出了以风险为基础的过程安全框架理论(即基于风险的过程安全——RBPS)。

本书的目的

本书旨在提供相关工具与方法、协助过程安全专业人员创建并运行更为有效的过程安全管理体系。本书就以下几点进行了阐述：①如何设计过程安全管理系统；②如何改进有缺陷的体系；③如何改进过程安全管理规程。

这一崭新的过程安全框架理论是基于 20 世纪 90 年代早期 CCPS 提出的观点，并结合了业内若干年来的经验与教训积累，灵活应用管理体系中"计划、执行、检查、改进"的四大原则，重新组织所有要素，使其能够适用于各类组织机构(乃至那些作业危险度相对较低的单位)的全过程或活动。要最大程度地发挥 RBPS 的作用，各公司必须将其自身做法与管理体系的要素紧密结合起来，从而确保 RBPS 与企业的生产运营、安全、健康以及环保控制、安保以及相关技术与业务一致。

本书所含内容不属于强制性规范也并非立竿见影的灵丹妙药，更不是确保实现过程安全合规性的唯一途径与方法。但是，本书可以创造一个更好绩效的过程安全。

各公司必须全面结合自身过程安全管理体系的具体情况对 RBPS 各项要素进行评估，再选定需要实施遵行的内容。所有公司，哪怕是两家生产非常类似的工厂，在采取并执行 RBPS 的范围及方式方法上也不尽相同。各公司的具体情况不同，地方条件各异，其需求、资源要求以及现有工厂的安全文化也截然不同，这些都将最终决定各公司在 RBPS 工作方面的独特性。

基于风险的过程安全体系

RBPS 的理论认为各类风险与危险是不相同的，因此呼吁人们将更多资源集中投入到那些较为重大的危险与较大的风险上。RBPS 理论的重点在于：各项作业/活动所需的人力物力需投放得当，勿多勿少，以满足相关作业/活动的预期需求为宜。这样，有限的公司资源便可实现最大限度的优化分配，即可促进工厂的安全绩效，又可实现总体业务绩效的提升。

基于风险的过程安全标准——应基于以下各项实施人力物力的有效投放，促进安全。

- 对工厂及其操作运行相关危险与风险的了解与掌握。
- 对过程安全活动的需求以及所用资源的了解与掌握。
- 对企业过程安全文化如何影响过程安全活动的了解与掌握。

与生产工厂或其操作运行相关的危险与风险程度是 PSM 各项活动设计与改进的考虑重点，活动的迫切性、所需资源以及所处的安全文化氛围也是影响设计与改进决策的因素之一。

效果度量——企业应确定绩效及效率的衡量方法，如此方能将有限的资源按优先顺序依次投放，满足过程安全方方面面的需求。注重效果能帮助企业在实现过程安全卓越性的征途上少走弯路，保证预期经营回报目标的实现。

事故预防原则——应在严格控制风险的基础上，执行下列四大事故预防原则：

对过程安全的承诺：这是过程安全卓越性的基石。一个公司或单位的员工如能确信所在公司或单位坚定不移地以安全为核心价值，其势必注意察省自身言行，在正确的时间按正确的方法做正确的事情，即便无人监管亦能遵守。

洞察危险及风险：基于风险的方法的基础。企业或单位可根据这些风险及危险信息以最有效的方式分配有限的资源。

管理风险：保持执行 RBPS 各项任务。企业或单位应①操作并维护那些存在风险的过程；②管理过程变更，确保风险仍处于可接受范围；③时刻准备待命，一旦事故发生，立即进行响应并管理。了解并掌握了企业单位工厂所存在的风险与危险，企业就能更好地应对相关风险，从而保持工厂长期零事故的赢利运营。

吸取经验教训：经验教训创造改进机会。相关矩阵表可提供 RBPS 体系运作的情况反馈，并提供各项指标揭示不良过程安全早期预警信号。一旦体系要素的表现不合格，企业必须将这些自身的错误以及其他企业相关的错误，作为下一步行动的推动力。

如果一个企业能够将其过程安全相关人力物力集中投入到上述这四个方面，其过程安全效率必将有所提高，其事故频次与事故严重程度必然降低，长期安全、环境以及业务绩效也将有所改善。另外，这种基于风险的过程安全管理方法还能避免出现漏洞、冲突、工作过度或不足等导致系统故障的问题。要最大程度地发挥 RBPS 的作用，各企业必须将其自身 RBPS 做法与质量、可靠性、环保、健康、安全以及安保等其他管理体系密切结合起来。

基于风险的过程安全要素

表 S. 1 中所列 20 项要素是在 CCPS 的 PSM 最初要素基础上建立并衍生出来的，全面反映了各行各业过去 15 年内在过程安全管理方面的实践经验与最佳惯例做法并结合了全球相关法律法规要求。

可按照不同优先顺序设计并实施此类要素，从而优化过程安全管理绩效、效率与效果。新的要素有助于弥补漏洞、消除冲突，从而避免 PSM 失效。

表 S.1 基于风险的过程安全要素

对过程安全的承诺
- 过程安全文化
- 标准符合性
- 过程安全能力
- 全员参与
- 与利益相关者沟通

洞察危险与风险
- 过程信息管理
- 危险识别及风险分析

管理风险
- 操作程序
- 安全作业规程
- 资产完整性及可靠性
- 承包商管理
- 培训及绩效考核
- 变更管理
- 开车准备
- 操作纪律
- 应急管理

吸取经验教训
- 事故调查
- 衡量及指标
- 审查
- 管理审核及持续改进

本书的应用

RBPS 系统可涵盖生产、使用、储存、危险物质处理或能源等方面的各项操作与运行相关的所有过程安全问题。但是，各企业应根据其自身的风险承受能力、可用资源以及过程安全文化确定其正式管理系统所应覆盖的具体区域及其过程生命周期的具体阶段。

下列技术问题可根据具体情况归入包括或不包括在 RBPS 要素范围内。

(1) 全生命周期。RBPS 各要素均适用于过程全生命周期。部分要素在早期阶段可能并不起作用，但某些要素在早期阶段就能创造降低风险的绝佳良机，譬如在项目开发阶段找出本质更安全的过程并予以采纳。在过程生命周期的后期，如报废阶段，部分要素的作用可能不那么明显甚至可能不再起作用，其他一些则可能相对简化。

(2) 固定装置，不涉及运输。本书对适用于固定装置的 RBPS 要素进行了阐述。虽然基于风险思路的过程以及许多 RBPS 要素和活动与运输或海上作业环境有关，但本书编制时未考虑此类环境下的应用。

(3) 工艺，非产品。部分 RBPS 要素和活动与产品安全以及消费者风险管理有关。但是，在本书编制时对此类问题未予以考虑。

(4) 相关技术方面。任何企业单位均可运用不同管理系统方法来解决错综复杂的各类问题。有些企业将各项管理系统活动统一归纳综合到一个系统内加以实施，以实现更为有效的操作与运行。本书旨在专门阐述过程安全问题，并不涉及下列问题：

- 职业健康与安全；
- 环境保护；
- 产品监管；
- 产品分销；
- 安保；
- 质量。

各企业单位可运用本书所含信息帮助执行新的过程安全管理系统，弥补有缺陷的系统或要素，或促进体系或要素进一步完善。

本书的结构大纲

第 1 章提供了背景资料并为介绍过程安全新方法作必要铺垫。第 2 章阐述了何谓“基于风险的过程安全方法”？如何在工业操作与运行中对 RBPS 各要素加以运用？第 3～第 22 章阐述了各 RBPS 要素管理系统大纲，各要素章节内容组织的结构相同，具体如下：

- 要素概述；
- 关键原则和基本要求；
- 可能的工作活动；
- 提高效能的方法示例；
- 要素指标；
- 管理审核。

第 23 章则阐述了如何在具体装置内进行 RBPS 系统的初始执行、缺陷整改以及持续改进。第 24 章则针对过程安全管理系统的持续改进设定了相关目标。

1
引言

过程安全管理在降低重大事故风险和提高产业绩效方面的作用已得到广泛认可。许多公司若干年前便已开始进行过程安全实践并采用正式的安全管理系统。在过去的20年内，欧洲、美国和其他地区的政府强制推行过程安全管理系统，这些措施使得过程安全管理系统得到广泛普及。

但是，在最初的一轮实施后，许多企业的过程安全管理工作似乎陷入了停滞不前的境地。多项事故调查结果持续表明：管理系统的绩效低下是造成事故的主要原因之一。审查结果直指顽疾，这些顽疾虽经过屡次整改，但收效甚微，并未有效解决导致问题发生的技术以及文化上的根本原因。表1.1列出了造成过程安全管理绩效低下或下降的部分原因。

或许，读者所在的公司尚未出现此类问题，但其他公司却或多或少地遭遇了此类问题。若听之任之，坐视不管的话，除了导致过程安全管理效率低下外，还会带来更为严重的后果：比如因企业无视过程安全的重要性，导致过程安全绩效严重下降，或导致企业不再注重实现优秀的过程安全。这也正是化工过程安全中心建立新一代过程安全管理框架——*基于风险的过程安全(RBPS)*——的原因之一。

表1.1　造成过程安全管理绩效停滞不前的可能原因

序号	原　　因
(1)	在美国，过程安全管理早已被人们与OSHA PSM法规29 CFR 1910.119等同视之，旨在以最低成本、采用合规途径实现过程安全管理……“如果不是法定要求，我才不会去遵循！”
(2)	鉴于员工发生工伤的频率要高得多且更容易度量，因而企业资源有时会被不成比例地集中运用于人员职业安全方面，而不是过程安全
(3)	由于现在很多工厂的工人工伤发生率正在稳步下降，管理层就想当然地认为那些发生频率低但后果较为严重的过程安全事故风险的发生率也会相应降低
(4)	过程安全管理是由大企业制定也只适用于大企业。小企业通常不具备实施类似体系的能力
(5)	企业单位对公认、广泛接受的良好工程技术操作规程了解不透彻、不全面，对操作规程的理解和实际运用存在出入和偏差
(6)	过程安全管理被作为一个孤立的系统加以实施，未纳入企业整个管理系统内
(7)	过程安全管理仅是作为一个临时的、一次性的项目，而不是一个长期、持续项目来实施
(8)	过于依赖管理系统，忽略了实际上控制危险、管理风险的过程安全技术手段
(9)	尚未建立可靠的、经广泛认可的过程安全度量系统
(10)	审查费用高昂，审查重点主要放在问题表面上，查找不出根本原因
(11)	管理层不了解或不采用基于风险的决策流程
(12)	法律系统限制采用基于风险的决策流程
(13)	工程技术课程内容常常不涉及过程安全或不注重过程安全
(14)	口头上支持执行过程安全，实际财务支出却又是另一回事

续表

序号	原　因
(15)	用于过程安全的资源日趋减少，企业所面临的短期财务目标压力与日俱增
(16)	兼并、收购和剥离削弱了企业单位的稳定性
(17)	高级管理层缺乏装置/过程运营经验，导致缺乏对实施过程安全管理的真正承诺
(18)	面对成绩，骄傲自满，不思进取——严重事故的销声匿迹让企业放松警惕；统计数据持续表明过程工业的工人安全记录要好于任何其他行业工人的安全记录
(19)	过程安全人员与高级管理层之间的沟通不力，或管理层未收到信息反馈且在收到信息反馈后没有回应或动作

1.1　本书用途

本书旨在为各企业单位设计和实行更为有效的过程安全管理系统提供指导。本书旨在通过提供方法和思路，达到以下目的：(1)指导企业单位如何设计一套过程安全管理系统；(2)在过程安全管理系统存在缺陷时，如何进行纠正整改；(3)如何改进过程安全管理实践。RBPS的方法理论认为，在一项活动或同一装置中各类危险和风险的概率并不均等，因而，在分配资源时，应将资源集中分配用于那些相对来说程度较为严重的危险和级别较高的风险。对所有危险等同视之、采用一刀切的做法是对有限资源的浪费。运用基于风险的管理方法，则可避免将过多的资源不当地分配给低风险活动，从而确保高风险活动能相应分配到足够资源。

采用本方法，对从事制造、使用或处理危险化学品或能量的各行各业均大有裨益，其可促使各单位执行下列各项工作：

- 改进事故预防方法，从原先基于合规性的方法升级为基于风险的方法；
- 持续改进管理系统的有效性；
- 运用基于风险的原理对无法规可循的过程实施过程安全管理；
- 将过程安全活动融入企业单位的经营过程中；
- 将资源集中运用在高风险活动上。

这一崭新的过程安全框架理论是依据20世纪80年代末CCPS首次提出的部分论点，并结合了业内若干年来的经验与教训积累，灵活应用管理体系中的“计划、执行、检查、改进”四大原则，重新组织所有要素，使其能够适用于各类企业单位(乃至那些作业危险度相对较低的单位)的整个生产运行或工艺过程周期。

RBPS管理系统提出了四大事故预防原则(参见表1.2)。

表1.2　RBPS管理系统事故预防原则

序号	内　容
(1)	对过程安全的承诺
(2)	了解危险与风险
(3)	管理风险
(4)	吸取经验教训

对过程安全的承诺是实现过程安全卓越性的基石，管理层在此方面的决心与承诺起着无可替代的作用。一个公司或单位的员工如能确信所在公司或单位坚定不移地以安全为核心价值，员工势必注意察省自省行为，在正确的时间按正确的方法做正确的事情，即便无人监管亦能遵守。养成时刻注意在企业单位内部鼓励并肯定此类行为。对过程安全的承诺一旦融入企业文化、深入人心，就会有助于企业单位从更多技术层面来创建卓越的过程安全。

了解危险与风险后，企业单位才能更恰当地分配有限资源，提高资源利用效率。以往行业经验教训表明：若根据危险和风险信息来计划、部署和实施低风险运行，则其获得长期成功的概率要高得多。

管理风险涉及的三大主要工作包括：(1)细心操作并维护那些存在风险的过程；(2)管理过程变更，确保风险处于可容忍范围；(3)时刻待命，一旦事故发生，立即进行响应并管理。通过风险管理，企业或单位就能更好地运用管理系统保持长期零事故、盈利性运营。

吸取经验教训包括监控外部或内部信息，并在收到外部或内部信息时，采取应对措施。即便公司殚精竭虑也不能确保所有操作都按计划进行，因此企业单位必须随机应变，时刻准备将每一个错误，无论是自身的还是他人的，都转化为提高过程安全的宝贵机会。吸取经验教训最节省成本的做法包括：(1)采纳最佳操作规程来尽可能提高可用资源的利用效率；(2) 对内部事件和未遂事件所暴露出来的不足之处加以整改；(3) 吸取其他企业单位的经验教训。除了按前述适时抓住机会，更好地管理风险外，企业还必须形成企业文化，建立基础，以便牢记经验教训，避免日后重蹈覆辙。企业单位可采用衡量体系以及时反馈 RBPS 管理系统的绩效和管理审核情况。定期开展诚实的自评活动有助于保持现有成绩并对管理层认为重要的各个方面加以改进。

若企业单位能坚持以上四大原则，势必能提高过程安全绩效，降低事件发生概率，减轻后果严重程度，并提高其长期安全、环保和运营绩效。这种基于风险的过程安全管理方法还能避免出现漏洞、冲突、工作过度或不足等导致系统故障的问题。要最大程度地发挥RBPS的作用，各企业单位必须将其自身 RBPS 做法与产品质量、设备及人员可靠性、环保、健康、安全以及安保等其他管理体系密切结合起来。

本书就如何成功运用上述原则提出了两个中心策略：

- ***采用 RBPS 准则来设计、整改或提高过程安全管理系统要素***。审查各要素相关的工作，并在了解下列各项的基础上，对其进行更新：(1)装置和操作涉及的风险；(2)过程安全工作的必要性以及执行上述工作需要的资源；(3)企业单位内的过程安全文化是如何影响过程安全工作的。
- ***关注过程安全效能(包括绩效和效率)***。采用度量体系来测定绩效和效率，如此方能将有限的资源按优先顺序依次投放，满足过程安全方方面面的大量需求。通过管理审核，确保企业单位有所为有所不为，在实现过程安全卓越性的道路上少走弯路。

为帮助企业执行上述策略，RBPS 指南提出了如下一系列“崭新改良”的技术方法：

- 过程安全管理新要素；
- 传统过程安全管理要素涉及的新活动；
- 提高过程安全管理的新方法。

任何企业，无论其在过程安全管理实践方面属于新手还是老手，若能在运营整个生命周期内评审、采纳并实行基于风险的过程安全管理方法都将受益无穷。可根据本书介绍的

RBPS要素，按具体装置有关危险情况，制定出内容足够详细、要求足够充分的实用性过程安全管理系统。

RBPS管理系统并不是实现过程安全合规性的唯一途径与方法，也无意针对过程安全提出新的基于绩效的规范性要求。尽管如此，从某种意义上讲，针对过程安全管理，RBPS方法提出了基于风险管理的新期望。

各企业单位需对RBPS各要素进行全面评估，依据RBPS标准，加以取舍，选择适用的要素进行贯彻落实，对于不适用的要素则忽略不计。不同企业选择采纳的要素不尽相同，在执行某一项特定RBPS要素或任务时，其执行方式也会有所不同，即便是拥有类似设施条件的企业，也不例外。公司和工厂具体情况不同，根据实际需求、资源要求和工厂现有过程安全文化而确定的RBPS工作也会有很大不同。

1.2 背景知识

化工过程事故原因大致可划归入下列一类或多类：

- 技术故障；
- 人为失误；
- 管理系统故障；
- 外部条件和自然现象。

多年以来，许多公司在开展事故预防工作时，总是将重点放在改进技术和人为因素上。到了20世纪80年代中期，世界各地接连发生多起严重化学事故，企业、行业和政府部门才开始意识到管理系统(或缺乏管理系统)问题才是导致事故发生的深层原因。企业在产品品质方面早就采用了各类管理系统方法，各种各样的全面质量管理的新举措层出不穷，并普遍取得成功(参见参考文献1.1)。随后，企业制定了过程安全管理政策，行业机构颁布了各类标准，政府出台了过程安全法规，这些措施推进了实施过程安全管理体系的步伐。通过这一系列的工作，最初略显凌乱、无章可循的危险分析和设备完整性管理措施逐步发展成形，最终被纳入总体一体化管理体系范畴。一体化管理体系是注重并实施事故预防活动非常有效的一种方法。最近，制造业将精益求精的理念应用重点开始转向如何实现其与管理系统的完美契合，以持续确保制造工业的高绩效。一旦二者完美契合，精益求精的制造理念就能将过程安全管理实践深入贯彻到各种生产操作的单项管理过程之中。

美国化学工程师学会麾下的化工过程安全中心创建于1985年，它是美国化工行业反思印度博帕尔重大化学事故教训而兴建的中心之一。1988年，CCPS为即将推出的过程安全管理体系发布了《化工过程安全管理——承诺之挑战》的倡议书(参见参考文献1.2)。该倡议书旨在向化工行业的管理高层们灌输过程安全管理工作对公司运营的重要性，从而激励他们采纳系统的管理方法。

自1989年起，CCPS开始陆续推出《化工过程安全技术管理指南》等一系列指南丛书，鼓励成员更为全面系统化地开展事故预防工作(参见参考文献1.3)。自此之后，CCPS前后共计出版了100多本指南、工具书和相关理念书籍。这些出版物内容广泛，涉及多个过程安全管理主题。表1.3列选了一些关键指南与工具书，它们为有志于采纳、实行和提高化工过程安全管理系统，并实现事故预防目的的企事业单位铺平了道路。

表 1.3 CCPS 化工过程安全管理指南和工具书

序号	内　容
(1)	化工过程安全技术管理指南(1989 年版)(见参考文献 1.3)
(2)	化工装置过程安全技术管理指南(1992 和 1995 年)(见参考文献 1.4)
(3)	过程安全管理系统审查指南(1993 年)(见参考文献 1.5)
(4)	过程安全管理系统实施指南(1994 年)(见参考文献 1.6)
(5)	过程安全管理、环境、安全、健康与质量整合指南(1996 年)(见参考文献 1.7)
(6)	ProSmart：过程安全管理系统绩效测量(2001 年)(见参考文献 1.8)

其他行业组织和政府机构也制定了过程安全管理框架。表 1.4 和表 1.5 列出了此类管理系统的若干范例。此类管理框架在组织结构上基本类似，包含相同或类似的安全管理系统要素，且所推荐采取的过程安全工作也大体一致。但各管理框架之间仍存在差异，越晚推出的则改动程度越大。在多数情况下，制定框架的国家或企业单位都能够纵观全球业界现状，做到与时俱进，并按照当前业内最佳的实践建立过程安全架构。

在本书出版之前，CCPS 面向行业管理高层先行发布了一份类似原先《承诺之挑战》的倡议书，该倡议书指出：自从 CCPS 陆续出版过程安全管理指南系列丛书后，行业安全虽已取得长足进步，但严重事故仍继续发生。倡议书呼吁各相关单位再下决心、狠抓改进落实，以期实现卓越的过程安全。

表 1.4 北美工业过程安全管理措施

序号	措　施
(1)	加拿大化学品制造商协会：责任关怀项目，1986 年
(2)	美国化学理事会(前身为化学品制造商协会)：管理程序过程安全规范之责任关怀措施，1987 年
(3)	AIChE 化工过程安全中心：化工过程安全技术管理(1989 年)
(4)	美国石油学会：过程危险管理——推荐规范 API 750(1990 年)
(5)	ISO 14001(1996 和 2001 年)——环境管理系统
(6)	经济合作与发展组织：化学事故预防、准备和响应指导原则(2003 年)
(7)	美国化学理事会：责任关怀管理系统和 RC 14001(2004 年)

注：第 4 章对上述各项均有引用。

表 1.5 全球事故预防及过程安全管理部分政府措施清单

序号	内　容
(1)	欧盟委员会：Seveso Ⅰ指令(1982 年)和 Seveso Ⅱ指令(1997 年)
(2)	美国职业安全与健康管理局：高度危险化学品过程安全管理(OSHA PSM 29 CFR 1910.119，1992 年)
(3)	美国清洁空气法修正案：章节 112(r)——事故预防(1992 年)
(4)	美国国家环境保护局：风险管理计划(EPA RMP，40 CFR 68，1996 年)
(5)	墨西哥：安保和环境管理综合系统(SIASPA)(1998 年)
(6)	英国：健康与安全管理体系 COMAH 规定——重大事故危险控制条例(1999 年)

续表

序号	内　容
(7)	澳大利亚：职业健康与安全法案 1985 年，职业健康与安全(重大危险装置)法规 1999 年(SR 1999)。重大危险装置控制之国家标准[NOHSC：1014(1996)]
(8)	加拿大：加拿大环保法案——环保紧急事件法规第 8 部分章节 200(1999 年)
(9)	韩国：韩国 OSHA PSM 标准、工业安全与健康法案——第 20 条《安全与健康管理法规编制》，韩国环保部——危险化学品管理框架方案(2001—2005 年)
(10)	巴西：ANG 油气行业事故预防法规
(11)	马来西亚：人力资源部职业安全与健康部门发布的 514 法令第 16 章节

注：第 4 章对上述各项均有引用。

各企业单位正按照下列策略积极寻求新的途径，以改进过程安全管理工作：

- 根据风险判断，减少不必要的过程安全管理工作；
- 更为高效地执行过程安全管理工作；
- 使用相同资源，采用更佳的实践做法来取得更好的改进效果；
- 使用更少资源实现更好的过程安全管理；
- 将现有过程安全管理规定推广到新领域；
- 将现有过程安全管理规定推广到装置整个生命周期；
- 对现有的过程安全管理要素增加新的过程安全管理活动；
- 创建新的过程安全管理要素；
- 重组过程安全管理系统。

本书提出了管理系统的框架结构，提供了有效的实践案例，并详细介绍了一种基于风险的执行过程，它能够帮助企业找到一种有效的方法，以突破过程安全管理的壁垒，从而提高效率促进过程安全。

表 1.6　CCPS 之 RBPS 项目的促成因素

序号	内　容
(1)	对于很多化学制造公司而言，过程安全管理工作渐趋成熟，缺乏创新和改进的新动力
(2)	在过程安全资源日渐减少的情况下仍需提高绩效的工厂内出现了一些创新的实践，这些创新管理利用了更少资源，但却能实现更好的效果
(3)	积累了大量过程安全管理方面的经验(好坏兼有)，需要在整个行业内分享
(4)	CCPS 过程安全管理要素发布已有 15 余年，很多国家和企业对原始结构和内容进行了改进
(5)	部分企业单位竭尽全力采取合理的措施来尽量规避 PSM 法规的覆盖范围，却未能履行对工人、公众和环境所应尽的一般责任
(6)	很多公司尝试将安全、健康和环境管理系统与安保管理合为一体，但很少有人能够如愿的提高绩效
(7)	过程安全管理成本及其相关价值常常为管理层所质疑
(8)	社会要求企业提高过程安全的绩效，不能接受严重的事故

1.3　重要术语

本书正文前的术语表对本书中的很多术语提供了定义。本章重点解释本书中频繁出现的特别重要的术语。

风险：风险指可能发生的事件、后果程度和事件发生频率三大要因的组合。采用定性或定量方法来评估风险时，对“**风险**”这一术语的三大要因都有不同程度的分析，从而产生风险图(参见参考文献 1.9)。但在本书中，“基于风险的”这一形容词用来描述过程、活动或装置一个或多个风险要因。在这种情况下，对风险三类问题的任何一类加以考量均视为一项“基于风险的”的做法。举例说明：考虑某种物料或过程所具备的危险，以确定制定操作程序的严格程度时，即便明确了解危险属性是进行程序设计时的主要决定因素，但是我们还是会采用“基于风险的设计”而不是“基于危险的设计”。所以，简而言之，我们不去采用诸如“基于危险的”“基于后果的”或“基于频率的”等独立术语，而是采用“**基于风险的**”这一词足以涵盖上述任一或多个术语的含义。

过程安全管理：注重于防止装置相关过程发生能量或化学品泄漏事故、进行相关准备工作、消除或降低相关风险、进行相关响应并对事故现场进行恢复的管理程序。

OSHA 过程安全管理 29 CFR 1910. 119 (OSHA PSM)：本法规性标准是一种采用 14 个要素的管理系统，该系统的目的是预防含有临界量及其以上的特定高危化学品的过程发生灾难性化学品或能量泄漏事故或减轻事故的后果。

基于风险的过程安全：RBPS 是 CCPS 过程安全管理体系方法，它采用“基于风险的”策略与执行战略，可满足过程安全活动、资源可用性、企业过程安全文化在设计、修正以及改进过程安全管理工作方面的各项需求。

生命周期：物理过程或管理系统从开始到结束全过程各阶段，包括方案、设计、部署、采购、运行、维护、停运及处置。

设施：管理系统各项活动得以实施的物理地点。在过程生命周期早期阶段，设施可为公司中心研发实验室或技术供应商的工程处，在过程安全管理后期阶段，设施则通常为典型的化学工厂、储存仓库、配发中心或公司办公室。

效能：含有过程安全管理绩效及过程安全管理效率双重含义，指采用有效的过程安全管理程序消耗最少的资源制造出符合要求、质量达标的作业产品。

测量和指标：过程安全管理绩效的度量和测定，此类指标包括滞后指标(如事件发生率)和先行指标(如不当的管线维修作业的比率)。通常结合采用预测性前导指标和滞后指标，来全面反映过程安全绩效。

改进：相对于某个起点或目标，绩效或效率或两者均有所提高。

1.4 管理系统概念

本书中，**管理系统**这一术语定义如下：

在可持续发展的前提下、采用一致方式，正式建立并文件化的一系列活动，以实现特定的结果。

应对此类设定的工作任务进行详尽说明，从而确保工人能够理解并照章实施。

对于过程安全管理，CCPS 总结出管理系统的一系列重要特性，具体参见《化工过程安全技术管理指南》之附件 A。进行总结时，CCPS 征询并借鉴了在评估管理系统方面有着丰富经验的成员公司和传统的商业过程咨询公司的意见。这些指南给出相关的通用原则，指导过程安全管理系统的设计和评估。

尽管《化工过程安全技术管理指南》附件 A 内容有着划时代的重大创新意义，但大多数读者最初并未意识到这一点，因为管理系统概念对他们而言属于陌生的新生事物，所以他们将附件 A 仅作为一般实用工具等闲视之。但自那以后，绝大部分公司及其化工过程安全专业人士通过正式实施过程安全、职业安全和环境的管理系统，逐步积累了大量实践经验。

表 1.7 列出了各项经实践证明，并对过程安全管理系统的设计、制定、部署、更改、运行、评估及改进具有重要意义的事项。采用了过程安全管理框架(如 RBPS)，我们就可按要素逐一落实某项、多项或所有此类事项。举例来说，企业单位一般会在某一要素的书面规程中明确该要素所涉及的相关职责，而不是另设一个独立系统要素来明确整个过程安全系统的职责。另一方面，某一事项可能也只是某个要素唯一涉及的重点。例如，很多企业会选择设立一个独立的审查要素，而不是将审查工作融合到各项系统要素中。任何情况下，公司在建立新管理系统，修改现有管理系统或改进成熟的系统时，需全面考虑表 1.7 列出的所有事项，这一点至关重要。

表 1.7 过程安全管理系统需明确及落实的重要事项

序号	内　容
(1)	目的和适用范围
(2)	人员分工和职责
(3)	任务和程序
(4)	必要的输入信息
(5)	预期结果和工作成果
(6)	人员资质和培训
(7)	任务触发事件、计划时间表和最终期限
(8)	必要的资源和工具
(9)	指标和持续改进
(10)	管理审核
(11)	审查

1.5 基于风险的过程安全要素

美国化工过程安全中心 RBPS 分会审核了世界各国企业现行的各种事故预防管理系统结构(表 1.4 和表 1.5)，征询并借鉴了其成员企业在过程安全的实践做法以及如何改进过程安全管理实践的观点与意见，重点针对过程安全管理系统存在的弱点和问题(具体参见表 1.1 和表 1.6)进行了探讨，并在上述各项基础上，总结制定了 RBPS 要素。

表 1.8 列出了 RBPS 各要素，并将其与原先 CCPS 过程安全管理和 OSHA PSM 和 EPA RMP 事故预防要素相比较(见参考文献 1.10 和参考文献 1.11)。部分要素更换了名称或添加了扩展名，以容纳并反映之后的相关强化措施。在原先 CCPS PSM 或 OSHA PSM 要素一栏中内容空白、采用灰色阴影显示的，是表明该项要素属于 RBPS 新要素。

第 3~第 22 章对管理系统框架内的各要素进行了全面阐述。由于 *RBPS 指南*是在原有的 12

要素系统概念的基础上衍生编制而成，因而读者无需回顾老的过程安全管理系统内容。

1.6 RBPS 要素和工作活动之间的关系

本书对 RBPS 管理系统及其要素的结构进行了规定。企业单位须按照 RBPS 管理系统的适用范围及相关的过程风险，设计并实施有效的 RBPS 管理系统。RBPS 结构的设计与实施还会受到如下因素的影响：(1) RBPS 管理系统使用频率(在一个装置内，执行的变更管理审核的次数)及其对企业资源的需求；(2) 企业现存的过程安全文化。

第 2 章总体阐述了如何在 RBPS 管理系统创建、修正和改进过程中，应用基于风险的管理系统的设计原则，以帮助企业单位实现下列目标：(1)实施 RBPS 管理系统和要素；(2)整改系统和要素缺陷；(3)通过持续改进效能进一步完善现有系统和要素。此外，负责制定公司过程安全管理系统或指南的企业人员也可参考借鉴第 2 章的内容。参照本文介绍的 RBPS 设计和实施过程，企业管理层可为企业制定并实施满足企业风险管理要求、内容详尽、措施得当及实用的过程安全管理系统。

表 1.8 RBPS 要素与 CCPS 原 PSM 要素对比

RBPS 要素	*CCPS 原 PSM 要素*	*OSHA PSM/EPA RMP 要素*
对过程安全的承诺		
过程安全文化	责任：目标与目的	
标准符合性	标准、规范与法律	过程安全信息
过程安全能力	过程安全知识的提升	
全员参与		雇员参与
与利益相关者沟通		
洞察危险与风险		
过程信息管理	过程信息与文件	过程安全信息
危险识别及风险分析	基建项目审核与设计程序 过程风险管理	过程危险分析
管理风险		
操作程序	培训及绩效 人为因素	操作程序
安全作业规程		操作程序 热工作业许可
资产完整性及可靠性	过程与设备完整性	机械完整性
承包商管理		承包商
培训及绩效考核	培训及绩效 人力因素	培训
变更管理	变更管理	变更管理
开车准备		开车前安全审查
操作纪律		
应急管理		应急计划与响应
吸取经验教训		
事故调查	事故调查	事故调查
衡量及指标		
审查	审查与整改措施	合规性审查
管理审核及持续改进		

表 1.9 列出了第 3~第 22 章论述的 RBPS 管理系统各元素的结构组成，这种结构主要是帮助企业单位在实施基于风险的管理方法时更简便地应用本书。

1.7　本书的应用

总而言之，RBPS 管理系统的目的就是要明确并落实各项操作运行(包括危险物质或能量产生、使用或处理过程)工作中所涉及的过程安全事宜。每个公司都必须找出过程生命周期中需要遵循 RBPS 的具体方面和阶段，以风险为主导来确定本书的应用深度，从而满足过程安全需求。下文介绍了 RBPS 要素涵盖或不涵盖的技术事项。

表 1.9　RBPS 系统普遍的结构组成

项目	*说明*
要素	过程安全管理系统按需执行的工作类型[如：变更管理(*MOC*)]而划分出的基本单位
关键原则	要素根据关键原则进行组织，关键原则可能性质相同，或因要素类型不同而不同(*如：找出潜在变更情形*)
基本要求	满足基本要求(如管理所有变更源)即可做到遵循关键原则
工作内容	要想实现基本要求，需完成的风险相关工作，例如，列举各类变更以及各类同类替换的实例，将此类内容纳入员工初级培训内容，从而尽量避免出现未经 MOC 体系控制的变更
执行选项	执行方案，它代表了如何完成一项工作的列表或范围(如：针对不同制造领域内的所有变更类型列举有关实质性变更与同类替换的多个实例，视 MOC 的绩效情况进行更新)

(1) ***整个生命周期。*** RBPS 要素适用于整个过程生命周期，某些要素在生命周期的早期阶段，可能表现得不是很明显，例如，在方案设计阶段，很少需要制定操作规程。其他要素可能会表现相对活跃些，但早期阶段所获取的信息可能不是很详尽，因而，该要素涉及的工作也只是属于初步工作(例如，危险识别和分析)。

而对于部分要素而言，在生命周期的早期阶段，可以通过识别和采纳本质上更安全的过程来尽量降低风险。在随后一些阶段，如停车，某些工作重要性可能会降低，或可能不再需要执行(如维修工作)，而其他工作可能仍需执行但可简化实施(例如危险识别及风险分析)。

(2) ***固定装置，而非运输设施。*** RBPS 管理系统适用于固定装置。只有在货物运输工具(如卡车、拖车、集装箱)在装卸作业期间连接到固定装置上或用作存放容器时，本书才能适用于相关运输作业。虽然基于风险的原则以及大多数 RBPS 要素和工作均涉及运输或海运，但在编制本书时，并未考虑指南在此类操作运行情形下的应用。因而，在此提醒读者，如果在执行运输作业时应用本书，则需要对本书确定的过程安全工作内容进行大幅调整或扩充。

(3) ***过程，而非产品。*** RBPS 管理系统适用于过程安全关联情形，而非产品安全问题。某些 RBPS 要素和工作可能涉及产品安全，但在编制本书时，并未考虑此类问题，因而在此提醒读者，运用本书来处理产品安全或消费者风险事项时，可能需要对本书确定的过程安全工作内容做大幅调整或扩充。

(4) ***相关技术方面。*** 很多公司和单位利用管理系统来处理综合的复杂事宜。在某些情形下，公司和单位需要将管理系统并入统一的系统以提高运营效率。例如，有些公司建立了环保、安全和健康(ESH)综合管理系统。其他公司则将某些类似工作纳入 ESH 体系中的某一个要素中或某一项工作中，如，变更管理规定既适用于那些可能影响环境的变更也适用于涉及过程安全的变更事项。

RBPS 管理系统注重过程安全。鉴于该系统可能与其他系统的内容有所重叠，相关企业单位可能会考虑将此类系统加以合并。但是，本书是专门针对过程安全这一项问题而特别编制的，因此不能确保涉及下列相关技术方面：

- 职业卫生和职业安全；
- 环保；
- 产品监管；
- 产品分销；
- 安保；
- 质量。

1.8 本书内容的架构组织

编制本书时，所有内容均考虑便于应用于下列基本情况：

- 公司首次实施过程安全管理政策或在某一装置内首次采用过程安全管理系统；
- 对现有过程安全管理要素或系统的不足与缺陷进行诊断、整改；
- 确定持续改进过程安全管理绩效或效率的途径。

第 2 章倡导在工业运营管理过程中采用 RBPS 各要素，并对基于风险的过程安全管理方法进行了定义阐述。第 3 ~第 22 章则详细探讨了各 RBPS 要素的管理系统框架。各要素章节内容的组织结构相同，具体如下：

- 要素概述；
- 关键原则和基本特征；
- 可能作业活动及执行方案；
- 效率改进案例；
- 要素指标；
- 管理审核。

第 2 章第 2. 3 节运用上述组织结构阐述了各类预期用户的需求，并建议读者依据自身所属分类先查看那些相应章节内容。

第 23 章则阐述了如何在具体装置内进行 RBPS 管理系统的初始执行、缺陷整改以及持续改进。第 24 章介绍了需要继续加以改进的各项过程安全程序和领域的当前状态。附件则介绍了公司在运用本书时可采用的工具和实例。

参考文献

1.1 Feigenbaum, A. V., *Total Quality Control,* McGraw-Hill, Inc., New York, New York, 1983.

1.2 Center for Chemical Process Safety, "Chemical Process Safety Management – A Challenge to Commitment," 1988.

1.3 Center for Chemical Process Safety, *Guidelines for Technical Management of Chemical Process Safety,* American Institute of Chemical Engineers, New York, New York, 1989.

1.4 Center for Chemical Process Safety, *Plant Guidelines for Technical Management of Chemical Process Safety*, American Institute of Chemical Engineers, New York, New York, 1992 (and revised edition, 1995).

1.5 Center for Chemical Process Safety, *Guidelines for Auditing Process Safety Management Systems*, American Institute of Chemical Engineers, New York, New York, 1993.

1.6 Center for Chemical Process Safety, *Guidelines for Implementing Process Safety Management Systems*, American Institute of Chemical Engineers, New York, New York, 1994.

1.7 Center for Chemical Process Safety, *Guidelines for Integrating Process Safety Management, Environment, Safety, Health, and Quality*, American Institute of Chemical Engineers, New York, New York, 1996.

1.8 ProSmart – The Tool You Need to Improve Process Safety, Center for Chemical Process Safety, American Institute of Chemical Engineers, New York, 2001, available at *www.aiche.org/ccps*.

1.9 *Evaluating Process Safety in the Chemical Industry – A Users' Guide to Quantitative Risk Assessment,* Center for Chemical Process Safety, New York, 2004.

1.10 Process Safety Management of Highly Hazardous Chemicals (29 CFR 1910.119), *U.S. Occupational Safety and Health Administration, May 1992*, available at *www.osha.gov*.

1.11 Accidental Release Prevention Requirements: Risk Management Programs Under Clean Air Act Section 112(r)(7), 40 CFR 68, U.S. Environmental Protection Agency, June 20, 1996, Fed. Reg. Vol. 61 [31667-31730], available at *www.epa.gov*.

2
基于风险的过程安全综述

多年来，过程工业对于化工事故和损失预防的技术策略已历经数次演变(图 2.1)。但演变过程中，行业、公司和工厂的策略选择从未曾同步。事实上，同一工厂内的不同部门、同一部门的不同职能岗位乃至同一部门同一职责岗位在同一时间可能选择执行多种策略。

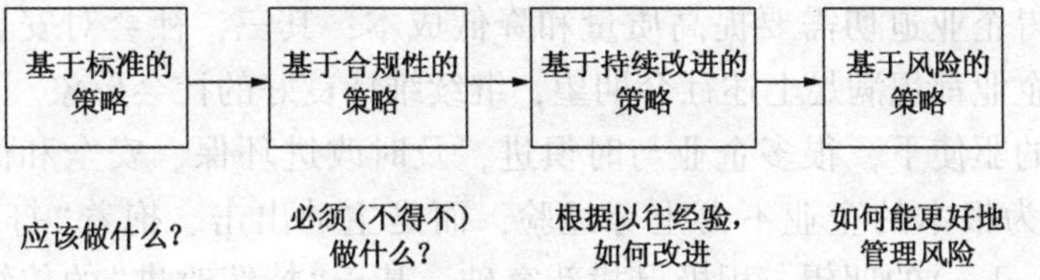

图 2.1　过程安全与事故/损失预防策略的演变过程

基于标准的过程安全管理： 在很长一段期内，企业主要依据经验标准来执行过程安全及损失预防工作。此类标准包括公司内部操作规程和外部公认的标准，诸如美国国家标准学会、美国石油学会、美国机械工程师协会和美国消防协会颁布的标准等等。在基于标准的过程安全管理策略中，企业采用的设计、操作和维修规程都是对多年惨痛教训(即事故和其他损失事件)的经验总结，并经过实践证明切实可行。但由于过程安全事故通常很少发生，不足的事故经验可能导致企业在预防未来事故时缺乏足够的警觉。

基于标准的过程安全管理策略属于规范性方法，实施起来相对容易，但会造成管理绩效良莠不齐；公认的标准规范，由于其主要基于行业共识，且对于一些新近安全问题尚未成文，在解决专门性的过程失效问题时会体现明显的局限性，但企业在过程安全管理实施过程中还多局限于遵循公认的标准或规范的要求。而且，若国家或所在州并无其他进一步相关规定时，很多公司的事故预防和过程安全管理的核心任务也仅仅要求遵照此类公认标准执行。值得庆幸的是，标准规范的编制部门会定期更新相关标准与规范，及时补充新的事故教训和技术方法。个别部门已经在编制标准规范过程中尝试采用基于绩效和风险的方法，为企业实施风险管理工作提供更大的灵活性。

基于合规性的过程安全管理方法： 为消除公众对化工行业潜在重大事故及后果的担忧，政府部门制定了各项规定，确立了事故预防工作在保护界区内工人、界外民众和环境方面的最低安全要求。很多事故预防法规是基于绩效的，它们允许公司基于风险级别对其过程安全管理进行调整，如：OSHA PSM 标准和 EPA RMP 规则，欧盟 Seveso Ⅱ指令等，均属此范畴。

法规确立的要求仅为最低要求，有时并不足以管理风险，而有时又可能过于严苛，导致公司过分关注过程安全事项。OSHA PSM 和 EPA RMP 法规鼓励众多公司去探索有助于提升过程安全绩效的有益管理活动。诚然，此举带来了不少正面影响，但基于合规性法规要求也使得部分企业形成了“合规至上”的教条主义观念。

法规一般都是建立在经验基础之上，同时考虑了国家资源制约因素。因此，下列情形会导致形成法规空白：理论上存在危险性，但其危险性尚未充分暴露，未能警醒并促使法规部门将其纳入法规规定的内容；此外，某些工厂虽涉及大量危险物质，但涉及量尚未达到法规临界量，则此类工厂虽存在风险，但却不在过程安全法规约束范围之内。因而，对部分企业或工厂而言，基于合规性的管理策略并非理想策略。

以持续改进为出发点的过程安全管理：随着各种全面质量管理项目的与日俱增，不少企业开始同样注重过程安全的持续改进(此系“以质量中心的操作模式”的标记特征)。企业意识到仅局限于当前所采用的化学事故预防措施已无法满足过程安全管理工作的要求，原因有三：其一，企业发现过程安全管理工作一旦“原地踏步”势必导致绩效下降；其二，全球竞争激烈，这使得企业迫切需要提高质量和降低成本；其三，社会对安全的期望值越来越高，而绝大部分企业都想满足上述社会期望，继续维持良好的社会形象。

在上述愿景的驱使下，很多企业与时俱进，及时改进环保、安全和健康政策，原先以“吸取经验教训”为根本的企业不再坐等经验，而是主动出击、抱着“打破壁垒刷新纪录”(keeping rasing the bar)的期望，积极寻找新突破。基于“持续改进”的传统策略是采用长期固有的指标来衡量历史绩效，并根据反馈结果来决定是否需要变更管理系统。当具体业务过程与一个或多个固有指标之间的关联度极高，则该传统策略非常有效。但当滞后指标属于发生概率低但后果严重的事件(如灾难性事故)时，则此类策略不太奏效，即便未发生过损失事件也不能充分说明过程安全管理系统有效运行。

基于风险的过程安全管理：当采用基于风险的过程安全管理策略时，企业除了会遵照法定要求外，还会有选择性借鉴公司或行业事故教训，并继续按照固有指标指导其过程安全管理。但是，无论损失事件发生与否，管理层都会通过研究风险信息和各项先进要素来评估预测系统各个方面的绩效。不仅如此，管理层还会根据风险信息，针对所识别的风险情况恰当确定工作强度和管理力度。除此之外，在洞察风险和采用指标的基础上，辅以管理审核。所谓“管理审核”，是指管理层定期安排时间考核管理系统实际绩效的过程。本书建议企业在对过程安全管理系统的有关资源进行决策时，要充分了解并考虑风险。

管理人员若能洞察危险与风险、监控一系列预期指标和滞后指标，并定期执行管理审核工作，便能强化优势、找出问题并及时采取整改措施。企业要采取此项策略，需要克服困难、做到以下几点：(1)充分地、详细地和准确地识别风险；(2)克服困难，正确选择适当的绩效衡量指标；(3)建立规章，维持指标体系正常运转；(4)建立集体信任感，增进集体团结，以公平公正地审核绩效；(5)冲破阻力，根据先行指标对管理系统进行改进。

本书提倡的**基于风险的过程安全管理**旨在促使各企业逐步采纳基于风险的事故预防管理方法。但是，各企业还须审时度势、根据具体情况结合采用其他三种策略。CCPS的本意并非提议废止基于标准的结构设计规范、基于合规性的环保许可规范或基于持续改进的设备可靠性程序，而统统改用基于风险的方法取而代之。与此相反，CCPS只是为过程安全管理系统的设计提出了第四种方法，这种方法在某些情况下可能更有成效。接下来，我们将说明为何CCPS认为基于风险的方法适用于过程安全管理系统的设计、修正和改进过程。

2.1　基于风险的过程安全系统设计策略

要了解一项活动中涉及的风险，先要回答下列问题：

- 可能出错的对象？
- 后果严重程度？
- 可能发生的频率？

根据对上述回答的理解，企业可以决定需要采取的措施，以消除、降低或控制现存风险。在一个过程生命周期的早期阶段(概念设计)，信息来源有限，通常只能回答第一个问题。企业可以从其他工厂、公共文献资料、经验教训数据库或其他来源获得更多信息，加深对风险的了解。待过程进入具体的设计阶段或投用时，便能详尽地回答这三个问题。

了解风险有助于公司正确决定如何规划过程安全管理工作。即便在强制规范要求很苛刻的情况下，过程安全专业人员在决定工厂过程安全管理技术力度时，其选择范围仍是相当广泛的，有众多备选方案可选。有时，因为法规限定了过程安全管理的最低绩效标准，这一灵活性可能会受到一定限制。而有些情况下，行业公认标准或企业内部要求可能会规定或限制过程安全专业人员的选择范围。另外，此类备选方案还可能会受到企业政策、标准或指导方针等其他因素的制约。

此类制约可能会采用明文形式如须知或绩效表格等。规范性要求明确地规定了过程安全工作的开展方式以及目标工作成果。相比而言，“基于绩效”的要求具备较大灵活性，因为其仅会明确规定目标工作成果，至于如何产生目标成果，则由企业管理层自行决定。“基于绩效”的方法通常会包含一系列必须工作要素并设立最低绩效标准。在实践过程中，大多数“基于绩效”的要求或多或少均涉及采纳部分规范性要求。表 1.4 所列的各项过程安全管理系统均采用此类混合方法。

CCPS 明确阐述了“基于风险”的过程安全系统的四大事故预防原则，这四大原则是该系统的基础。企业可根据公司和当地具体情况，因地制宜地灵活选用相关原则。表 2.1 列出了各项事故预防原则及其过程安全保证的工作重点，同时还列出了各原则所对应的 RBPS 要素。

对于危险程度较低的情况，通过运用四大事故预防原则，即可有效保证过程安全。例如，一家公司仅仅存储危害性相对较低的物质，则不必采用太过严苛的过程安全方法。在这种情况下，企业可在公司政策中阐明公司核心价值观和经营策略，说明四大原则对实现此类要素的重要性，同时对员工进行上述理念培训，敦促其审慎作业。

对于危险程度较高的情况，则需要依据事故预防原则对内容进行充分细化说明，保证员工彻底贯彻实施。在此类情况下，应在正式的过程安全管理程序中明确规定每一步过程安全工作。但是，如果工厂拥有特别强势有效的过程安全文化，则部分规范性要求可放宽至“基于绩效”的要求。

综上所述，在低风险的情况下，实现过程安全有效管理所需的资源可能仅仅包括管理层适度的关注以及企业良好的过程安全文化。而另一方面，高风险装置则可能需要建立一个集各层级政策与规程于一体，且结构健全的体系。同时明确设立专职安全管理岗位，且更要求各级管理层上下同心，全面推行过程安全文化。第 2.2 节介绍了在以资源制约为特征的环境下 RBPS 方法如何来权衡生产绩效、经济产能以及过程安全。

表 2.1 过程安全事故预防原则以及相关 RBPS 要素

过程安全事故预防原则及工作重点	RBPS 要素
对过程安全的承诺	
• 确保管理层关注，并提供充足的资源和适合的环境 • 确保员工关注 • 以身作则，向利益相关者表明其对过程安全的承诺	• 过程安全文化 • 标准符合性 • 过程安全能力 • 全员参与 • 与利益相关者沟通
洞察危害与风险	
• 了解操作对象 • 确定危险降减和消除的途径 • 确定降低风险的途径 • 了解其他存在的风险	• 过程信息管理 • 危险识别及风险分析
管理风险	
• 了解过程操作方式 • 了解过程维护方式 • 控制过程变更 • 事件预防、响应和管理	• 操作程序 • 安全作业规程 • 资产完整性及可靠性 • 承包商管理 • 培训及绩效保证 • 变更管理 • 开车准备 • 操作纪律 • 应急管理
吸取经验教训	
• 跟踪内部事故信息，并采取必要动作 • 跟踪外部事故信息	• 事故调查 • 衡量与指标 • 审查 • 管理审核及持续改进

2.2 基于风险的过程安全设计和改进标准

RBPS 方法的主要目标是帮助企业建立并实行更为有效的过程安全管理系统。本书旨在指导相关单位如何设计或改进各项过程安全工作，以保证企业在各项工作上所投入的精力适当，可满足该项工作的预期需求。通过这一途径，实现公司有限资源的优化利用，提高过程安全绩效和整体运营绩效。

RBPS 策略方法的基本思路：根据下列三个因素来预测过程安全实践中所需的详尽和严格程度：

- 充分了解那些需要重点执行过程安全管理程序的过程与所涉及的风险；
- 与可用资源相比，过程安全活动的需求程度(每月需审核的变更申请数量)；
- 过程安全程序的执行环境——即企业的过程安全文化氛围。

装置或过程涉及的风险等级须作为设计和改进过程安全管理工作时的主要指导标准。从数学角度来看，风险是自变量，而资源是应变量，换言之，资源须适应风险。RBPS 方法不允许出现资源不足的情况，也不同意仅仅因为管理层无法提供充足资源，就堂而皇之采用效率低下、资金不足的管理体系取代需要大量资源的管理系统。过程安全文化决定了企业各方面的绩效，它决定了人员的绩效，并能强化那些有助于确保可靠操作的活动。

在 RBPS 管理系统内，企业根据具体工作的执行频率、所需资源量和过程安全文化来决策并实施相关活动。运用基于风险的方法，企业可设计并实施一系列恰当操作程序，并合理安排各项规程实施的严格程度。此方法在优化过程安全管理绩效和效率的同时，还可弥补漏洞、消除矛盾、纠正作业超标或不达标，以及避免相关过程安全风险和经济损失。

下列三部分将阐述 RBPS 三大设计标准的重要性以及企业如何了解自身情况，以便在设计和改进有关过程安全工作时作出正确决策。所有各项 RBPS 标准以及企业对此类标准应用的理解都会极大地影响对过程安全系统的设计或改进。如果在调整过程安全规定时无视这些标准，将直接导致过程安全工作的质量下降或效率低下。

2.2.1 过程风险

*为什么说风险对过程安全管理工作设计而言非常重要？*无论活动风险高低，企业均须尽力确保过程安全工作执行方式能最大程度地减少工作给员工、公众和环境带来的风险。风险较高的工作可能需要获得更多管理层关注并分配更多资源，而风险级别较低的工作可能需要较少资源和管理层关注。RBPS 方法的思路认为：要想使所有风险达到统一控制与管理的程度，并使所有过程安全工作尽善尽美，是不切实际的，这种思想也无法实现有限资源利用效率最大化。因此，RBPS 希望能有意识地引导企业将其有限资源集中运用到最需要的地方。

通过哪些信息来源和途径可帮助企业有效辨识和充分了解具体情况下涉及的风险？准确了解一个过程或工作涉及的实际危害或风险存在一定的难度，但是，对于知识丰富的过程安全专业人员，他们会通过下列各项工作逐步了解各类化学品、工艺或作业活动的特性，找出潜在危害或风险。

- 了解相关物质的内在和外在危害，如闪点、毒性、反应活性、压力或温度。例如，丙烷具有可燃性或爆炸性，氯气属于有毒接触性危险物，导热油系统会带来火灾或高温灼伤危险。
- 研究工艺设计流程或操作条件。比起操作温度为常温的生物反应器而言，操作温度接近失控反应温度的放热反应常常包含更大的风险。
- 明确会造成潜在事故的危险物质的量。
- 明确与危险源相关的人员和财产的地理位置。
- 了解生产活动的日常频率。例如，一种情况是一天多次拆装了存放毒性物质的小号钢瓶的输送软管，另一种是一周一次拆装大号钢瓶的输送软管，两者相较，前者造成的泄漏概率更大(虽然小号钢瓶拆装造成泄漏后果低一些)。
- 学习了解行业、企业、厂区或装置的运行历史。

但是，当需要洞察风险时，是否能够充分、准确和完整的了解风险是会受到过程生产或作业活动所处的生命周期阶段的影响。例如，在研发和小试阶段，对工艺的了解可能仅限于基本的化学反应机理，无法确定工艺运行中可能存在的最关键的危险源和风险。若该工艺多年前便投入工业应用，则有大量的风险辨识信息供参考，包括运行经验、历史事故、未遂事件和有关本风险的相关研究等。此外，随着工艺逐步发展进入生命周期的成熟阶段，可参考的信息、可利用的风险评估工具以及可开展风险辨识研究的机会也越来越多。

2.2.2 执行过程安全工作的必需及可用资源

*为何说资源需求是过程安全管理工作设计非常重要的内容？*一个工厂的风险级别和工作量通常决定了其对过程安全资源的需求。例如，有些工厂一年仅变更几次，而其他一些工厂可能一周就要变更数次。两个工厂截然不同，其适用的最有效的变更评估和控制系统也不同。连续工艺生产的装置可能需要在计划停车的短短时间内完成几乎所有检查和维护工作，而批次间歇工艺生产的装置则可以在全年时间内陆续安排完成检查和维护工作，这会导致各工厂在计划和管理检维修工作的巨大差异性。因此安全管理系统和过程安全资源必须兼顾考虑工作量和工作活动高峰率的不同要求。

消除过程安全工作需求与企业现有能力之间的差距，从而产生预期工作成果，这是企业负责改进过程安全绩效人员的工作重点之一。能否产生预期工作成果取决于三大方面：需求率、过程安全系统设计及开展工作的资源配套。在某些情况下，可用资源可能无法满足规定期限内过程安全工作的最大需求，此时，就必须在过程安全系统设计时考虑到灵活性，确保既在需求突增时保证资源供应，又能使在需求下降时避免浪费。

确定和评估特定情景的过程安全工作需求和资源的信息来源和途径有哪些？若能建立会计系统对过程安全工作进行跟踪并对产生工作成果所需资源加以核算，则可简便地确定出该项过程安全工作的实际资源需求和耗费。但此类详尽的会计系统较为罕见，至于那些用来计算工厂人员执行过程安全作业所需耗时的会计系统更是少之又少。相对资源使用量而言，工厂往往更能精确地记录过程安全工作的执行频率。换言之，确定危险审查、培训等级或应急响应演练的次数或频率要比确定审核变更申请的耗时简单得多。相对而言，预估低频率、高需求作业的资源需求率并非难事。例如，一个三人团队每年花两周时间对整个工厂的操作程序进行审查，则该项审查工作所需耗费的全职人力资源率约占 0.12(3 人×2 周÷52 周(一年))。然而，绝大多数过程安全工作的执行期很短但频率较高，若需精确估算此类工作的资源需求率，则工厂必须每周或每月跟踪该项作业耗时，方可计算。

虽然罕有工厂会建立统计系统来明确跟踪上述信息，但工厂可利用下列信息来源充分了解过程安全工作的需求及资源配套，例如：

- 过程安全工作申请日期或完成日期；
- 指派专门负责某项过程安全工作的人员人数；
- 各项过程安全活动登录系统的执行操作数据。

此外，对需求/产能和资源的认识在精确度、准确性或完整性方面还受装置运行周期的影响。例如，在设计阶段企业就无法确定预防性维护的工作时长。而许多在役生产装置多会保留各项预防性维修的累积历史记录，从而准确核算每张工单或一组相似工单的配套资源量。

2.2.3　企业或工厂内的过程安全文化

过程安全文化为何对过程安全管理工作设计如此重要? 企业管理层领导能力、投入和各级员工态度对过程安全质量有着重要影响。一个企业如果具有带着批判精神的良好过程安全文化氛围，更倾向于贯彻监督各项过程安全事项。如果有“这不是我的工作”、“我只听吩咐做事”、“必要时，我们可以走捷径来完成工作”或“请这名过程安全人员费用太高”等负面的声音，就代表了较为薄弱的过程安全文化。

持有此种态度的工人在执行必要、但有时单调的过程安全工作时，可能不会做到恪尽职守。一个过程安全文化薄弱的工厂往往对风险理解置若罔闻，他们通常以未发生事件为由拒不采取改进措施，甚而废除那些他们认为费时费力的安全做法。

一个工厂的过程安全文化是企业无法“人为制造加工”或便于测量控制的东西，更确切地说，它是一切已经发生过的、未能发生的事件在公司所有工人脑海中留下的印象。因而，一个工厂的管理层领导能力高低和决心大小决定了该工厂的过程安全文化发展状况。“过程安全文化”这一基本特征趋势决定了工人在无人监管时所采取的有关过程安全的实际举动，有时候，员工实际举动与管理系统规定的或工人口头承诺的举动有所差异。一个设计良好的过程安全系统须有一个相配的过程安全文化作为后盾，以实现工厂安全可持续发展运行。事实上，一个过程安全文化薄弱的工厂管理系统长期来看很难逃脱穷途末路的惨淡结局。

因此，企业或工厂过程安全文化的现状会极大影响过程安全工作及相关指导的控制力度以及基于绩效的期望目标水平。如过程安全文化相对先进且有效，则基于绩效的过程安全系统可圆满实现各项过程安全要求，若过程安全文化相对薄弱的话，则可能需要辅以规范性更强的过程安全管理系统。无论过程安全文化氛围强弱与否，均有途径满足过程安全管理的各项要求，但过程安全专业人员必须依据工厂的过程安全文化现状来设计相应的过程安全管理系统。

衡量具体企业或工厂过程安全文化现状的途径和信息来源有哪些? 虽然企业无法绝对精确地了解企业或工厂过程安全文化的实际现状，仍可通过下列途径更为深入了解管理层领导能力及其安全承诺、员工态度、行为和潜在动作：

- 分析员工安全态度调查报告，包括针对管理层领导能力以及安全承诺所进行的调查结果。
- 随机抽查工作操作规程的执行情况，了解相关各方对安全事项的重视程度和贯彻力度。
- 建立安全问题匿名举报机制。
- 分析审查结果，从而了解员工在执行过程安全工作时的审慎程度。
- 分析事件根本原因趋势，找出顽疾或系统性问题。

对企业过程安全文化洞察的精确性、准确性或完整性也会受到装置周期阶段影响。例如，在实验室开发阶段，由于企业尚未投产，对工艺生产的特殊工作环境几乎一无所知。因而，在此阶段基本无法确定员工究竟会如何应对过程风险及危险源，及员工操作时的审慎度。当工厂建成、过程投入运行时，过程安全文化现状就会一目了然，这必然有助于过程安全工作的设计优化。

2.2.4 实例：RBPS 准则如何影响要素工作活动的实施

为了让读者明白 RBPS 标准如何影响过程安全管理系统的设计和实施，表 2.2 从 RBPS 四大要素中选取一项工作活动，然后采用要素章节中的备选执行方案，来说明对风险的认识如何影响工作活动的执行程度。从 RBPS 四大事故预防原则中各挑出一个要素进行说明：

- ***对过程安全的承诺***——第 5 章《过程安全能力》；
- ***洞察危险与风险***——第 9 章《危险识别及风险分析》；
- ***管理风险***——第 15 章《变更管理》；
- ***吸取经验教训***——第 22 章《管理审核及持续改进》。

表 2.2 后附简短说明，说明资源需求和过程安全文化将如何进一步影响执行某项 RBPS 工作活动时所需的工作内容和工作量。

RBPS 要素各章(第 3～第 22 章)为将 RBPS 标准落实到某一特定要素时可能会产生的工作活动提供了大量备选执行方案。此外，第 23 章整章着重介绍 RBPS 执行策略。大量执行情形均有 RBPS 标准使用实例可供参考，如现存系统新添一个要素，整改一个缺陷要素或改进现有要素等。

表 2.2 实例：风险如何影响 RBPS 作业活动的实施

RBPS 要素 *关键操作程序* 基本特征 工作活动	准备执行 RBPS 要素活动的初始风险级别		
	低级	中级	高级
5 过程安全能力			
5.3.2 实施有助于保持和增强过程安全能力的活动			
17. 考虑个人和企业在后续规划工作方面的能力	a. 项目为高级管理人员而设	b. 项目为高级管理人员和技术人员而设，至少指派一名过程安全人员	d. 项目为整个企业所有人员而设，包括能力维持与提高
9 危险识别及风险分析(HIRA)			
9.3.1 保持有效运行 *在项目或过程生命周期各阶段执行 HIRA 工作*			
2. 确定何时需要执行 HIRA	a. HIRA 属于常规设计审核范围	c. 执行初步 HIRA 和定期更新工作	d. 执行生命周期各阶段相关的一系列 HIRA
15 变更管理			
15.3.1 保持有效运行 *称职人员参与*			
5. 开展 MOC 系统培训	a. 开展非正式培训	b. 向相关人员集体发送电子邮件，公布 MOC 操作规程	d. 相关人员参加 MOC 培训和复训
22 管理审核及持续改进			
22.3.1 保持有效运行 *明确职责*			
1. 制定书面管理审核政策	a. 通用指南适用于所有要素	b. 具体指南确定了特定管理审核要求	d. 具体指南确定了针对各 RBPS 的具体要求

假定某工厂为中风险且过程安全文化氛围较为薄弱，在这种情况下，需要对第 15. 3. 1 “*开展 MOC 系统培训*”项下的工作活动进行扩展，不管需求率如何，都应要求全体员工参加 MOC 培训和复训工作。再举另一情形：同样的工厂，具备良好的过程安全文化氛围，此时，若需求率较低，可将 MOC 系统人员培训的要求放宽至非正式培训，若需求率较高，则可通过一次性统一培训满足要求。

假定某一工厂的过程活动属于低风险，则不管该工厂需求率高低或过程安全文化氛围强弱，仅需针对管理审核进行常规指导便能满足工厂过程安全要求。但若工厂的过程活动属于高风险，在这种情形下，若工厂需求率较低且拥有良好有效的过程安全文化，那么，也仅需遵循危险审查的常规要求；若需求率较高，则需针对风险管理的管理审核设置较为详尽的要求与指南；若工厂过程安全文化较为薄弱或雏形初现，则需针对各项 RBPS 要素的审查设置详尽的要求与指南。

2. 3 参考要素章节来设计和改进过程安全管理系统

本书旨在提供必要信息和工具以指导、帮助过程安全专业人士完成下列工作：(1)设计和执行过程安全管理系统或要素；(2)整改不完善的现有系统；或(3)为完善系统制定一条可持续改进的途径。第 3 ~第 22 章分别介绍了 20 个 RPBS 要素，每章内容的组织结构采取如下统一六段格式：

X. 1 – 要素概述；

X. 2 –关键原则和基本要求；

X. 3 –可能的工作活动；

X. 4 – 提高效能的方法示例；

X. 5 – 要素指标；

X. 6 – 管理审核。

其中，X 指特定章节编号。

第 23 章通过举例说明，介绍如何采用 RBPS 方法来(1)开发和执行过程安全管理系统初步设计工作；(2)改进不完善的过程安全管理系统；(3)采用绩效和效率改进措施来改进现有系统。第 24 章介绍了其他持续改进方法。

*本书内容*采用统一序列编排方式，方便背景不同、需求不同的用户参考借鉴。读者在看完第 1 章和第 2 章后，可对照表 2. 3 找出自己想要了解的内容所在章节。备注：表 2. 3 第二列中的 X 系指第 3 ~ 第 22 章的任意一章或多章。因此，“X”可代表本书中的多章。

读者若想要参考本书来设计并执行涉及一个或多个 RBPS 新要素的管理系统，或参考本书来彻底地修改现有过程安全管理系统一个或多个要素，须先纵观浏览第 23 章内容，随后，再仔细阅读涉及其想要执行或修改的 RBPS 要素的对应章节。第 23 章 23. 4 节给出了四个案例剖析，并附带一些说明，有助于读者了解如何能更好地利用要素各章提供的信息。

本书可灵活运用，并不要求读者去执行一个全新的 RBPS 系统，执行新 RBPS 要素，对现有系统或要素进行大修整或作其他重大变更。其用法包括、但不限于：

- 查看要素各章第四部分(X. 4)介绍的实例方法；
- 对比现有衡量指标与要素各章第五部分(X. 5)列出的衡量指标；

- 考虑执行管理审核工作；
- 对工厂内的过程安全管理项目开展自评工作；
- 指定对一个或多个 RBPS 要素有详细全面了解的关键人员；
- 更新过程安全培训以及其他沟通交流工具。

表 2.3　运用本书满足特定用户需求的相关建议

用户需求或目标	关键章节
制定或实施首个过程安全管理系统	X.1、X.2、23.2 和 23.4.4
改进不完善过程安全管理系统	X.2、X.3、X.5 和 23.4.3
采用绩效和效率改进措施来改进现有系统	X.4、X.5、X.6、23.3 和 23.4.1
通过向现有系统新添一个或多个要素来实现改进	第 3、5、7、17、20 和 22 章(具体由选定的新要素而定)和章节 23.4.2
一个或多个 RBPS 要素综述	X.1 和 X.2

各要素章节在其第四部分(X.4)给出相关实例，指导读者如何改进现有过程安全管理系统的效能，在以下两方面提供方法与思路：(1)如何提高过程安全管理项目效率，换言之，就是在减少投入的前提下，获得同样多或更好成果；(2)如何提高绩效，或促使项目更上一个新台阶。大多数策略方法都是由 CCPS 成员公司提供的，是他们经实践证明的确能提高其自身过程安全管理项目效能的策略。

本章开头提到的持续改进/全面质量管理方法涉及两个方面：绩效指标与管理审核。绩效指标和管理审核对于管理系统(包括过程安全管理系统)的改进是非常有效的工具。事实上，它们仅仅是本书所介绍的八个新要素中的其中两个。

对 RBPS 要素绩效的任何方面进行衡量，该行为本身就具备内在价值，它表明管理层非常关注并鼓励员工关注各项绩效要素。各要素章节第五部分列出了一系列由 CCPS 成员公司提供的绩效指标。此外，第 20 章介绍了如何制定并实施支持绩效指标要素的管理系统。

管理审核工作是对事故预防原则之一“吸取经验教训”的其他三个要素的补充。首先，管理审核工作是对定期审查工作的强力有效补充与促进。审核工作通常由一到多名专家执行。通过审核工作，能够有效发现过程安全管理系统和操作程序中的漏洞，有时甚至可以发现系统对相关工作活动的实施深度不够或贯彻不力。尽管如此，审核人员通常是每隔几年才会在一个工厂呆几天，并且现场员工通常能够知道审核人员的审核时间。有些情况下，当员工们得知工厂即将进行审核或知道审核人员已到达工厂时，会改变调整操作程序和行为。审核人员通常采用抽查方法，因此，除非工厂人员主动向审核小组指出风险，否则的话，常常会错过已知风险。另外，审核小组通常有固定的审查范围，而且审查过程大多走马观花，对于固定审核范围以外的或在审查人员不在场情况，审核小组可能难以发觉。审核工作的确有一定的成效，但其工作性质本身决定其所能提供的信息很有限。

相反地，由工厂管理团队开展实施的、透明且更为频繁的管理内审，因其在范围或规定方面所受制约相对较少，且其对“事件实际发生过程”的精确把握，非常有利于其工作开展。工厂管理人员和其他关键领导普遍知道哪些过程状况良好而哪些过程需要改进。此外，他们自身在工厂内的所处职位也方便其推行必要的改进措施。事实上，单单定期召开管理审核会议很有可能便能达到与绩效指标体系同样的效果，因为它反映了管理层的控制决心并促使此类决心目标在整个企业内得到层层贯彻。当工厂管理团队安排专门时间，定期内审，并处理过程安全问题时，这种做法本身也就向所有员工明确传达了这样一个信息：过程安全至关重要！

各要素章节均以“管理审核”一节内容收尾，但此段内容并未涵盖所有方面。况且，想要逐一完整列出所有内容，那也是不可能的。相反，第23章列出了那些涉及该章要素、广泛适用于各类工厂，且读者在制定其工厂管理审核过程时所必须借鉴的相关问题，此类问题清单是对第22章管理审核要素详细指南的补充。

本书介绍的其他信息使用途径，参见第23章。

I　对过程安全的承诺

《基于风险的过程安全(RBPS)》主要基于以下四个原则：(1)对过程安全的承诺；(2)洞察危险与风险；(3)管理风险；(4)吸取经验教训。要想确保过程安全，工厂应着重注意以下几点：

- 创建并保持过程安全文化；
- 确定、理解并遵守相应规范、标准、法规和法律的规定；
- 培养并不断提高组织能力；
- 劝说并协同包括雇员、承包商以及社区邻居在内的所有利益相关者共同参与、群策群力。

该原则由五大 RBPS 要素组成。要素名称及其在本书中的简称包括以下几个部分：

- 过程安全文化(*过程安全文化*)，第 3 章；
- 标准符合性(*标准*)，第 4 章；
- 过程安全能力(*能力*)，第 5 章；
- 全员参与(*参与*)，第 6 章；
- 与利益相关者沟通(*沟通*)，第 7 章。

每个要素的管理系统应该基于公司当前对工人所涉及的过程相关风险的理解。此外，人员、过程、工厂或产品的变更率(形成对资源的需求)以及公司及工厂的过程安全文化，也会对执行各 RBPS 要素管理系统的范围和灵活性产生影响。

第 2 章阐述了有关"风险理解"原则的总体运用、工厂的过程安全文化及资源需求、过程安全管理系统的创建、整改与改善等内容。第 3 章到第 7 章描述了开发管理系统时所需注意的一些关键事项，这些关键点有助于创造和维持核实的过程安全水平。各章节还涵盖了下面几方面内容：(1)如何提高工作绩效和效率；(2)如何跟踪主要指标；(3)如何进行定期审核并识别出管理系统需要改进的地方，从而不断体现对过程安全的承诺。

3
过程安全文化

1986年1月28日，挑战者号航天飞船从肯尼迪航天中心升空73s后爆炸，致使飞船上7名宇航员全部遇难。事故的起因如下：火箭右侧固体燃料助推器内的一个现场装配接头失效，导致热的可燃气体泄漏，泄漏的可燃气进而烧穿了飞船外挂燃料罐内的液氢箱。很快，相连的液氧箱也随之发生故障，进而发生了灾难性的爆炸，彻底摧毁了飞船。

总统委员会随后开展的调查揭示了NASA安全文化中存在的一些重大缺陷，这些缺陷使得那场灾难成为必然。这些缺陷包括：(1)过分聚焦生产产能，导致对某些安全异常情况忽视大意就本事故而言，人们一心只关注宏伟的发射计划能否顺利实施，对安全风险视而不见；(2)在飞船发射后的检查中发现，工作人员对安装接头受损程度不断加重的情况视为正常现象并逐步接受，尽管此类受损情况并不符合设计规范和安全规定；(3)NASA基于过往的成功经验，过分乐观的态度降低了对缺陷的敏感性；(4)等级观念和人事结构限制了信息的自由交流(尤其是存在分歧时)以及对NASA或承包商内部低层技术专家的信任。

17年后，哥伦比亚号航天飞机的失事表明在NASA安全文化中还存在另外的缺陷，包括没能从挑战者号事故中吸取经验教训。诸多挑战者号事故调查所发现的安全文化问题依然存在。哥伦比亚航天飞机事故的相关信息见第19章。

3.1 要素概述

发展、保持并优化企业的过程安全文化是RBPS“对过程安全的承诺”原则的五大要素之一。本章旨在介绍下列内容：(1)过程安全文化意味着什么；(2)一个健康的过程安全文化特点是什么？(3)企业如何着手完善其自身的过程安全文化？第3.2节介绍了该要素管理系统的关键原则和基本要求。第3.3节列出了体现此类基本要求的工作活动，并根据已认识到的风险、资源和企业文化的具体情况针对各项工作活动提出一系列相应的执行方法。第3.4~第3.6节则对以下几点加以阐述：(1)提升有效性的方法和具体程序；(2)要素的监控指标；(3)要素的管理审核。

3.1.1 要素定义和内容

所谓“过程安全文化”是指“决定过程安全管理方式的集体价值和行为的综合体现”(见参考文献3.1)。简言之，也就是“如何行事?”“期望目标如何?”和“没有监管的时候，该如何表现?”

当一个集体找到了可以为其全体成员创造共同利益的价值观念和行为方式后，一种文化则随之建立，此类价值观念与行为方式在此处系指能够确保实现工艺操作更高安全目标的价值观念和行为方式。随着该集体对这类观念和行为的推崇与强调，并且对由此带来的益处逐步适应并习惯，这类价值观念和行为方式将慢慢融入该集体的价值系统(见参考文献3.2)。

在一个具有深厚文化底蕴的集体中，根深蒂固的价值观反映在集体的活动中，要想真正融入集体，新员工也被期望认可这些价值观念。

尽管本章重点介绍*过程安全文化*，但此处提及的概念可以广泛地应用于一般的安全文化。甚至，在某种程度上可以断言：一个成功的*过程安全文化*需要一个良好的传统安全文化基础。

一个企业的过程安全文化是决定企业如何控制过程风险的一个重要因素。过程安全管理系统的失效往往与文化的缺失脱不了干系。相应地，开明的企业开始逐渐设法找出并解决过程安全绩效问题在安全文化上的根原因。

表 3.1 通过部分实例对比了过程风险控制在良好及不良的过程安全文化氛围下的不同处理方式。

3.1.2 重要性

通过对诸如 Longford 天然气处理厂爆炸(见参考文献 3.3)、Piper Alpha 钻井平台事故(见参考文献 3.4)等灾难性事件的调查发现：通常的过程安全文化缺陷也是造成其他重大事件的常见因素(Longford 和 Piper Alpha 事故将在第 9 章“危险识别及风险分析”和第 11 章“安全作业规程”中简要介绍)。例如：这两场事故都没有或缺乏构成良好文化的下列基本要求：

- 建立并强制执行过程安全绩效的高标准；
- 保持忧患意识；
- 确保公开有效的沟通；
- 对过程安全事件和问题提供及时响应。

本章稍后将介绍这些基本要求。

表 3.1　文化作为过程风险控制态度和实践的决定因素

不良的文化	*良好的文化*
不重视过程安全	安全操作必须与企业的核心价值成为一个整体
缺乏对过程安全的忧患意识	重视潜在失效并致力洞察风险，并找出相应的控制方法
用极少的资源控制剩余风险	针对已感知的风险，提供控制风险所需的相应资源
忽视安全事故苗头	重视吸取过往的经验教训，以防事故再次发生
经常接受不断下滑的绩效并将其正常化	致力不断提高绩效
依靠管理来识别危险并由其决定采取哪种措施	员工参与危险识别工作并可自行决定如何处理危险。在没有管理层参与的情况下，员工能够采取措施处理危险

管理系统及其相关政策及程序能否得到贯彻落实主要看相关个人与集体如何去实施或执行。例如，一项程序能够正确反映期望的意图且相关指南也足够详细。然而，这项程序能否得到圆满贯彻与实施还要看执行与实施该项程序的人员是否经过恰当培训、能够理解程序深层宗旨要义、承担自身工作职责、踏踏实实做事，不会自作聪明钻空子做出违背集体价值观念的事情。

一个集体(如公司、工厂和班组)的价值观念会影响员工个人的做事态度，在决定个人行为方面起着重大影响作用。一个良好的文化氛围可以让员工拥有良好的价值观念，使其明白为什么必须严格按照程序进行操作(操作规则之一)。

*过程安全文化*与操作守则概念直接相关，有关操作规则的具体内容见第 17 章操作纪律。第 17 章将“*操作纪律*”定义为“各级员工……以圆满完成各项工作任务、实现最佳成绩为目标……以警觉审慎的态度、运用全面的知识、保持敏锐洞察力、秉持必要自豪感与责任感履行他们的职责”。

虽然管理系统在很大程度上依赖程序，但并不存在能够预料并解决所有情形的实用程序。然而，过程安全文化所传达的价值观念可以帮助员工在没有书面条例或程序的情况下，或是在程序过期失效或在与企业通用价值观念和目标不符的情况下正确应对特定状况，能够理解、接受并做出正确的决策。一个良好的*过程安全文化*可以确保任何此类差异都能得到重视和解决。

存在高操作风险的情况及对安全管理系统带来极大挑战的环境必须具备良好的文化氛围，以便能够确保企业接受、理解并控制持续增加的风险。一些高风险/高效能系统如核动力航母及潜艇、空中交通管制系统及核电厂(见参考文献 3.5)都有实例可鉴。同样，在化工过程工业也存在着类似的风险，尤其是随着装置的不断扩大、越来越一体化、过程及环境操作条件越来越恶劣，给周边工厂及居民所形成的影响越来越高。

但是，读者切不可对此简单地理解成低风险工厂就可以容忍不良的过程安全文化存在。与高风险工厂相比，虽然低风险工厂的规定、标准或期望目标可能会略少或略低一些，但二者有一点是共通的，那就是无论此类规定、标准或期望目标高低与否，都必须予以严格遵守履行。良好的文化氛围有助于企业做出明智的风险管理决策，而不良的文化氛围则可能会促使企业通过基于风险的过程安全方法将不明智的决策合理化，进而导致一项或多项 RBPS 要素无法得到执行或执行不力。为此，若企业内存在或疑似存在过程安全文化方面的缺陷，企业应该在 RBPS 项目的筹划、执行和监控方面格外注意。

在一个竞争日趋激烈的全球商业环境中，面对成本压力、地理分隔、规模削减及重组诸多难题，一个企业要想在其所有立足领域实现并保持其最基本的安全承诺已变得越来越难。而文化的力量将帮助企业应对各种挑战。

但最终，人员的作为或不作为才是过程安全绩效的决定性因素，而决定个人行为且确保企业成功管理过程危险的决定性因素在于创造并维持一个良好的*过程安全文化*氛围(见参考文献 3.6)。因此，对于保障各 RBPS 要素最大程度地实施及确保各项 RBPS 理念的正确执行而言，良好的文化氛围至关重要。鉴于此，本书每一章都对章节主题要素与过程安全文化的关系进行了阐述。

3.1.3 对象和时间

良好过程安全文化的培养与保持涉及从会议室到生产区方方面面的细致工作与努力。如 3.1.4 所述，建立过程安全文化，企业员工人人有责。

若企业认为有必要对其文化进行重大改进，则需要通过精心策划采取相应措施，并需认识到这将是一项伴随企业存亡、需要划拨专门资源的长期不懈努力。文化氛围的改变不是一朝一夕就能实现的——这需要耐心和坚定不移的信念，(见参考文献 3.1)。

建立一个良好过程安全文化所需的行为方式和价值观念一旦确定，就应该将其作为所有企业员工的行为准则。由于会出现人事变动，因此需要不断向刚刚加入企业的新员工灌输这种集体价值观念和理念。诸如经济压力等的外部因素可能会对文化产生潜在的负面影响。尽管与实施重大变革相比，建立并维持文化氛围相对要容易一些，但无论如何这还是需要坚持不懈的努力。

3.1.4 职责分工

“对领导层而言，唯一真正重要的事就是创建并管理过程安全文化……”(见参考文献3.2)。企业领导层的首要职责就是确定是否需要改善企业过程安全文化，如果需要的话，则应促成此类改善与改进工作、建立良好的文化氛围并加以维护保持。但是，安全文化与安全意识一样同属体系职责，企业整个组织机构必须上行下效、方能执行落地安全过程文化的建立与保持。

如前所述，文化建立的基础是那些决定企业规范准则的共同价值观念、信念和认知。也就是说，文化是在社会集体就恰当价值观念和行为方式的构成内容所达成的一致认知的基础上发展而来的。如果集体成员对某一特定行为准则形成较为深刻的认知与理解，那么，心理层面就不会容忍那些违背准则的事件，并且会受到强大的社会压力去一致遵行此类行为准则(见参考文献3.2)。同时不断明确此类行为准则是企业所有员工的职责。

3.1.5 预期工作成果

期望的工作成果是一种良好的文化氛围，这种文化氛围包含了第3.2节中介绍的特征；并且最大限度地提高了其他RBPS要素及整个安全管理系统的效能。

3.1.6 实施过程

一个企业的过程安全文化是建立在其自身的过程安全价值观念基础之上的。领导层无法简单地通过发号施令来改变企业的价值观和信念，因此，文化氛围不是简单的通过强制执行就可以改变的。要想在企业内部成功实现安全文化的改观，就需要在企业内部提出与新价值观念和行为方式相关的目标与期望，与企业员工进行沟通与交流，并加以巩固、强化实施，以确保企业员工与单位成员认识并领会到此类新价值管理和行为方式所带来的良好效果(见参考文献3.2)。

领导层必须以身作则，为企业各级员工树立行为方式的合格典范，让企业成员明确看到预期行为方式的合理性及其预期收益。对于预期行为方式的加强重视及职责划分必须是正面、明确且肯定的。通过持续加强对正确行为方式的贯彻并将与重大收益相挂钩，管理层必将能够逐步改变组织的价值观念，将其导向正确的方向，使企业的过程安全文化从简单的依赖规章制度的模式切换为以价值观念为导向的文化氛围。

很多企业都已成功创建了良好的过程安全文化。这类文化常常是在公司之前应对重大事故的过程中以及在吸取公司以往数次重大损失事件经验教训的基础上逐步形成的。一些颇为幸运、未经历此类重大事故损失的单位可从自身行业或其他同类行业中吸取经验。还有一些单位则可能利用其傲人的过程安全记录来激励员工保持勤奋努力的工作作风，以维持这种良好记录(同时，尽量避免对过去的成绩产生骄傲自满的情绪；参见本章3.2.2的“*保持忧患意识*”)。

第3.3节详细介绍了建立和培养良好的过程安全文化的具体行为。

3.2 关键原则和基本要求

本节旨在介绍过程安全管理要素的关键原则和基本要求。对文化管理的迫切需要最早出现于不成熟的文化氛围。随着文化的日趋成熟，对文化管理的需要也会逐渐减少，并最终被企业领导层周密细致的监督和指导所取代。如果经查实企业内部仍有文化改进的需要，则视为过程安全文化仍处于发展进步中，尚未达到完善成熟。

在制定、评估、改进相应*过程安全文化*要素的管理系统时，需要贯彻下列关键原则：

- 保持有效运行；
- 创建并实施良好的安全文化；
- 监督并引导文化。

第3.2.1~第3.2.3部分对各原则的基本特征作了进一步介绍。第3.3节则阐述了体现上述原则相关的基本特征的一些常见作业活动。工厂管理层应负责评估因该要素改进而产生的风险和可能获得的潜在收益。工厂应该根据评估结果制定新的管理系统或更新现有的管理系统，根据确认的已知风险和/或过程危险来采取行动保障部分或全部基本特征，并执行部分或全部作业活动。

3.2.1 保持有效运行

在本书中，“保持有效的运行”是指确保规程得到长期一贯的实施。对于部分要素而言，可能需要将这一点作为要素的一个基本要求通过书面程序进行详述。就*过程安全文化*要素而言，下列四个基本要求可帮助实现并保持良好的过程安全文化。同时，下文还描述了良好的过程文化氛围中各要素基本要求的具体状态。

将过程安全发展成核心价值。企业对过程安全的价值不断加强与重视使得过程安全价值观在企业各级人员中深入人心。在某些极其浓厚的良好过程安全文化氛围下，该价值升华为道德使命。所有人都清楚了解自身言行举止对自身、同事、公司和社会所应负有的责任感，所有人不仅要对自己的行为负责，并有责任规劝制止他人的不当行为，从而促使个人与集体全面形成良好过程安全风气，杜绝任何违规现象。

提供强有力的领导。管理人员应当熟悉过程安全文化的基本概念和程序，并清楚了解自身在创建良好过程安全文化方面的职责所在。企业所有各级管理人员为过程安全计划和目标提供直观显著、积极持续的支持。高瞻远瞩、富有号召力的管理人员信守承诺、正确行事，通过沟通、行动、优先部署以及资源的划拨等方式来反映并体现他们的安全价值观。相关个人，如果致力投身于过程安全绩效的改进，并表现突出，在经过上级领导的绩效审核后，可擢升至领导岗位。过程安全被作为一项专业体系职责，在企业各级人员中得到贯彻实施。

建立并实施高绩效标准。围绕集体和个人建立并强化过程安全绩效高标准。在条件容许的情况下，可对标准作一些谨慎的修改。但是，绝不允许偏差常态化，换言之，绝对不可以对违规事项一再迁就，最终造成对标准要求的逐步侵蚀与弱化。企业对任何故意违反过程安全标准、规范或程序的行为实行零容忍。

记录过程安全文化重点和方法。文化不能人为设计或制造。相反，它是成千上万的人

员管理和员工作为(不作为)的结果，是个人观念和行为方式的形成基础。尽管如此，为了企业运营记录数据库的创建与维护，所有企业还是应该记录下实施或执行的所有重大、复杂活动。因此，一个企业应记录那些能够体现并维护过程安全文化的各项关键原则或措施。在部分情况下，此项工作可能仅涉及基本过程安全宗旨如政策或任务书等的直接记录。或者，企业也可选择较为正规化的文化建设形式，比如采用简明的书面管理规程，以书面形式阐述那些拟由特定人群或集体定期实施的具体文化评估、审核及学习活动。

3.2.2 创建并实施良好的安全文化

只有那些经证实可成功应对企业所面临的各种挑战的价值观念和行为方式才会为组织单位所接受，并逐步融入企业的过程安全文化系统(见参考文献3.2)。下列基本要求可帮助企业应对管理各种过程安全难题。

保持忧患意识。企业对过程危险及其潜在后果需保持高度警觉，不放过任何预示重大安全事故苗头的系统缺陷，时刻保持警惕。企业应努力避免对过去取得的业绩和良好的安全记录产生骄傲自满的情绪。在存在不确定因素的情况下，企业有责任确定某项活动或相关情形的风险是否可接受，确定后方可批准继续实施该活动，而不是在活动中确认高风险后再去紧急停止。

授权个人全面履行其安全职责。单位对安全相关职责需提供明确的授权和义务。因此，员工就会拥有必要的权限和资源以能圆满完成其岗位职责。员工接受职责分配并履行各自过程安全职责，管理层期待并鼓励单位所有成员分享各种过程安全问题。

听取专家意见。企业要高度重视个人及团体的发展和培训，相关人员是否有权做出关键过程安全决策取决于他/她的知识背景和专业技能，而不是他/她的头衔资历或职位。在审议过程安全事项方面，主管部门起着举足轻重的作用。企业需要雇有数量足够的专家人才以保证安全操作。

确保开放有效的沟通。企业纵向和横向沟通渠道畅通需有效。纵向沟通是双向的，即管理人员听取并发表意见。横向沟通则确保所有员工都能获知安全操作所必须了解的信息。所有沟通渠道均应进行监督以保证沟通效果并在必要时实施整改。必要时可以采用备用的或创新性的沟通渠道，以确保充分进行交流沟通。单位鼓励员工在发现违规情况时立刻上报，以便及早查出安全事故苗头(见参考文献3.5)。

建立一个问/学互动的环境。单位通过竭力增强员工的风险意识和理解来持续改进过程安全绩效。具体方法有很多种，包括：(1)进行适当及时的风险评估；(2)及时全面的事故调查；(3)吸取其他工厂或公司的经验教训；(4)在整个企业范围内分享并应用获得的经验教训。企业认识到造成灾难事件的原因通常都很复杂，因此，在处理过程安全事项的时候要避免简单草率。例如：对于因管道腐蚀而导致的泄漏事件，不可简单地更换管道就万事大吉，而是要考虑很多其他相关事宜，比如：管道的腐蚀率是否超标？如果是的话，是什么原因？这是否预示着一个无法避开、必须加以处理的工艺问题？相对已知的腐蚀率而言，检查频次是否足够？如果认为不够的话，为什么？

培养互信。员工要相信管理人员为了保障过程安全能够做出正确的决策。管理人员要相信员工可以肩负起自身的工作职责，并能够及时报告潜在故障和问题。同事之间要相信彼此做事的动机和行为。员工对系统的公正存有信心，可以如实地承认错误而

不用担心打击报复。企业的绩效、沟通以及行为方式能够实现以下几点：社区能够信任工厂，工厂也有信心不会被吊销执照，能够长期持续运营。但是，尽管存在着这种相互信任的关系，人们也还是愿意就自身过程安全风险控制相关的关键任务/活动接受他人的评估或检查。

及时应对过程安全事项和问题。企业意识到问题不等人，往往刚刚确认，其后果就接踵而至。因此，当务之急就是要对事件及时调查和审查，要及时把风险评估结果及时告知相关人员，并采取有效应对措施。操作规程和程序（或标准）之间出现的偏差要及时解决以避免偏差常态化。对员工关心的问题，单位要高度重视，及时报告并提出解决方案。

3.2.3 监督并引导文化

实现绩效的持续监督。单位对其绩效要保持适当关注。对预期指标和滞后指标保持追踪，进行趋势预测并做出响应。企业要密切地监督那些可能会影响过程安全绩效的操作情况、管理系统以及人员沟通问题（见参考文献 3.5）。

3.3 可能的工作活动

RBPS 方法建议，每项工作内容的深度要求应根据风险和所需的资源而确定，并与工厂文化相一致。某项工作内容的深度要求因各个工厂而异，同时即使在同一个工厂内，也可能随装置或工艺区域不同而发生变化。因此，在制定一个基于风险的过程安全管理系统时，读者应遵循以下步骤：

1. 评估工厂风险，同时调查工作内容所需资源与现有资源配置状况，以及工厂的安全文化。具体情况见第 2.2 节。
2. 评估执行过程安全文化各项关键原则的潜在收益。此类原则详见第 3.2 节。
3. 确定过程安全文化的基本要求（第 3.2.1 ~ 第 3.2.3 部分的基本要求），合理地管控风险。
4. 对于将要执行的每个基本要求，确定执行方法，选择本节所述的相应的工作内容。请注意，这些工作内容不可能对所有行业都是全面的，读者可能需要增加某些工作内容或修改本节所列的部分工作内容。
5. 对于将要执行的每项工作内容，确定所要求的深度水平。本节所列各项工作均设有两到五个具体实施方案，工作标准依次提高。每项工作采用序号标识，具体实施方案采用字母标识。

备注

相关法规可能具体规定了过程安全管理系统的某些要求或工作内容，或为特定工作内容规定了最基本的详细程度。因此，过程安全管理系统的设计和执行应同时遵守法规要求和本书中提供的指南。

3.3.1　保持有效运行

将过程安全建立成核心价值

1. 在美好的前景展望声明以及相应政策文件中清晰阐明过程安全的重要性。明确说明过程安全对企业的重要意义以及实现过程安全后的光明前景。
   a. 尽管前景展望声明和相应政策文件已经存在，但其可能并未及时根据内外部因素（如利益相关者有关改进过程安全绩效的期望）的影响而作出更新。
   b. 目前制定并实施了条理清晰、内容简明精确的前景展望声明和相应政策文件，并定期审核并视情况更新。
   c. 企业管理层要求并动员所有相关方参与过程安全前景展望和相应文件的编制与更新。
2. 确保过程安全受到适当的重视同时权衡企业其他目标（如生产、质量等）。
   a. 企业对于优先次序的期望是可变的。
   b. 企业对过程安全的重视度以及划拨提供的资源往往（但不总是）等同于生产、质量和企业其他目标。
   c. 企业对过程安全的重视度以及划拨提供的资源一直等同于或大于生产、质量和企业其他目标。
3. 企业对各级人员一贯反复强调过程安全的重要性。
   a. 企业管理层内部就过程安全的重要性很少展开沟通。
   b. 企业管理层和监督层内部就过程安全的重要性经常进行沟通与交流。
   c. 企业各级人员就过程安全的重要性保持经常性的沟通与交流。

提供强有力的领导

4. 培训管理人员以了解有关过程安全文化、前景、期望目标、岗位、职责和标准的内容。
   a. 与新管理人员就文化、前景、期望目标、标准、岗位、职责进行探讨。
   b. 对所有新老管理人员实施了过程安全文化的正式培训。
   c. 已制订过程安全文化正式培训计划，并定期进行复习巩固培训，根据需要进行更新。
5. 通过询问、衡量、评价、表扬或批评的内容来体现展示个人价值、优先顺序及对过程安全的关注。
   a. 管理层举止言行与前述有关个人价值、优先顺序及过程安全关注问题的主旨相符一致。
   b. 管理层主动寻求机会体现其个人价值、优先顺序以及对过程安全方面的关注。
6. 单位各级人员都应共同分担过程安全领导层的责任和义务。
   a. 仅针对中级监督及管理层建立了责任和义务。
   b. 针对所有管理层及监督层建立了责任和义务。
   c. 针对所有成员建立了责任和义务。

建立并实施高绩效标准

7. 执行相关程序，确定过程安全目标。

a. 以一种非正式的方式制定过程安全目标。

b. 企业建有制定并定期审核过程安全目标的正式系统。

c. 员工积极支持企业制定并审核过程安全目标。

8. 针对过程安全绩效的预期目标、实施计划以及相关过程安全政策与员工展开有效沟通，从而确保员工了解企业对他们的期望。

a. 以专项活动形式将企业在过程安全绩效方面的目标与期望告知员工。

b. 企业具有正式沟通系统(例如，通过书面程序文件或员工工作描述和培训的方式)用于过程安全政策、目标和计划方面的信息分享，以期实现预期的过程安全绩效目标。

c. 监督(b)项和沟通系统的效能，确保信息能够传达给工厂的所有工作人员。

9. 实现过程安全职责划分并强化过程安全义务。

a. 以专项活动形式进行过程安全方面的职责划分和责任限定。

b. 已实现过程安全方面的职责划分和责任限定并以非正式的方式予以加强。

c. 已实现过程安全方面的职责划分和责任限定，并实施定期审核且妥善更新。管理层针对合格和不合格的过程安全职责绩效，采取统一原则进行处置管理。

10. 对于故意违背过程安全政策、程序和条例的情况实行零容忍。指出那些在任何情况下企业都不容许出现的态度和行为方式。

a. 强制实施过程安全政策、程序和条例，但是有时会出现前后不一致情况。

b. 针对故意违背安全政策、程序和条例的行为，明确后果并积极予以实施。

11. 确保有关过程安全绩效的奖励规定以及整改措施得到贯彻落实。

a. 以不正式的方式执行奖励规定和整改措施。

b. 企业制定了实施奖励规定以及整改措施的正规程序。

c. 单位员工或其代表在决定绩效奖励规定以及整改措施方面的职责划分明确。

12. 找出并解决造成重大或长期违规行为或导致过程安全计划目标未能达成的原因。

a. 以非正式的方式调查违规行为的原因。

b. 对重大或长期存在的违规行为进行正式的根原因分析调查，旨在找出根原因，避免此类违规情况的再次发生。

书面阐述过程安全文化重点和方法

13. 以书面方式阐述企业采用何种方法评估并建立过程安全文化。

a. 过程安全政策或任务书(包括过程安全文化主题)形成书面文件并分发传达至工人。

b. 企业编制具体详细书面程序，列出各项过程安全文化政策的负责人并阐述文化监督方法以及改进/整改计划。

3.3.2 创建并实施良好的安全文化

保持忧患意识

14. 确保所有员工均通过必要培训教育充分地了解并认识到操作的相关风险(参见第9章"危险识别及风险分析")。

15. 确保所有员工均通过必要培训教育充分地了解并认识到违反现行安全操作规程及规

定会产生的后果(参见第 10 章“操作程序”)。

16. 确保对事件和未遂事件的调查、审查及危险评估所获得的经验教训已经得到广泛、频繁并有效地交流和分享(参见创建问/学互动环境)。
   a. 将经验教训传达给直接受影响的工作小组。
   b. 将经验教训传达给单位内所有人。
   c. 企业积累并交流分享从不同渠道获得的经验教训，此类渠道包括其他企业、工厂或公司，并采取有效途径确保已采取正确的措施。
17. 时刻提防企业内部因为过去的良好成绩而产生骄傲自满的情绪。
   a. 管理人员和监督人员通过非正式方法来保持单位成员的忧患意识。
   b. 已经采取正式的方法途径来保持单位成员的忧患意识，具体包括：(1)有效分享单位内外近期发生的事件及从未遂事件中获得的经验教训；(2)定期回顾公司及行业内曾发生的重大事件，温故而知新；(3)有效交流各项危险评估的经验总结；(4)针对操作及运营危险展开定期巩固培训。
   c. 通过实施上述(b)项各项工作、管理审核及调查，来检查员工在保持过程安全方面是否一贯勤勉，恪尽职守，有否出现思想上的懈怠。对危险评估和调查报告进行审查，观察各小组是否真正关注到了可能出现的潜在事故。

恰当授权，确保个人可全面履行其安全职责

18. 不断强化认识，反复强调所有员工均应对自身、同事及公司和团体的安全负责(参见“*建立并实施高绩效标准*”)。
   a. 以非正式方式强化此类职责。
   b. 针对此类责任对员工进行正式培训。
   c. 管理人员和监督人员通过培训、书面及口头沟通、会议、绩效审核等方式尽职尽责地灌输传达此类文化概念。
19. 为员工提供其履行过程安全职责所必要的资源。
   a. 按职责目标的轻重缓急分配相应资源，目标越重要，资源分配越优先。
   b. 按过程安全各项目标的具体需求妥善分配资源，或在可分配资源总量有限时，考虑采取其他变通途径实现各项目标。
   c. 在预算编制阶段即明确考虑到满足各项过程安全目标所需的资源要求，且为此类目标分配优质资源。
20. 赋予员工与其过程安全职责相对应的必要权限并给予相应支持。
   a. 个人权限与过程安全职责挂钩。
   b. 明确规定权限，例如在列出过程安全职责的工作描述中加以明确规定。
   c. 管理层在必要时应坚决支持员工的个人权限得到保证。

听取专家意见

21. 确定并提供可保证工厂安全运行的专家人才的数量和专业，采用正式程序评估相关变更的重要性(参见第 15 章“变更管理”和第 17 章“操作纪律”)。
   a. 以非正式方式来决定人员的配备、确保人员专业合理配置。
   b. 采用个人技能发展计划来管理包括人员调动在内的人员配备事宜，并对照有关工厂运营所需人员配备专业与数量的明确要求，对人员配备事宜加以评估。

22. 高度重视过程安全知识及专业技能。
    a. 员工自发主动地寻求增强其工作相关知识和专业技能的机会，但他们的这种努力并未得到太多实质性的支持。
    b. 企业积极鼓励员工去寻求各类可提高增强其工作知识和专业技能的机会，并给予整体支持。
    c. 个人发展为重中之重，企业需建立正式的个人发展计划并提供财政支持。
23. 在做重大决定的时候寻求专家意见，但要向专家们强调一点：必须各抒已见，说真话既是责任也是义务。
    a. 或许寻求了专家意见，但是以一种非正式的方式。
    b. 在特定的过程安全关键情况下，有正式明确规定要求专家参与。
    c. 建立正式组织网络架构，规定了专家在过程安全相关职能方面的职责与义务。

确保开放有效的交流与沟通

24. 听取员工意见并采取相应的应对措施，从而使得员工可以履行其交流分享有关问题的沟通职责。
    a. 管理层听取员工所关心的问题，但响应甚微。
    b. 管理层针对相关员工的意见及顾虑立即做出响应。
    c. 管理层施行积极主动的方式，听取员工意见，并给予反馈。
25. 强调信息及时沟通的重要性。
    a. 以特设专题方式进行培训或提供咨询。
    b. 将此内容纳入新进员工的入职培训及过程安全管理培训范围。
    c. 管理人员和监督人员寻找其他机会重申并灌输此类观念，例如：在事件调查教训总结时以及理论演习时进行强化教育。
26. 评估相关沟通渠道，确保信息沟通顺畅，并确认信息在传递过程中未经任何截留筛选。
    a. 管理层依靠非正式渠道来判定过程安全信息是否已得到妥善交流与沟通。
    b. 管理层通过与员工的私人谈话来判定过程安全重大信息是否妥善传达。
    c. 管理层对信息来源实施多渠道监督，以确认过程安全关键信息是否已经有效传达。信息来源包括会议记录、员工问卷、正式研讨和员工谈心谈话。
27. 建立相关系统，确保管理层能够深入基层，基层工人有渠道报告隐患并在操作安全管理政策、事项和需要方面发表意见。
    a. 管理层依靠特定专属机制来获取此类信息。
    b. 工人可以通过多种渠道来报告隐患，并为安全管理政策、事项和需要提供意见和建议。
    c. 设有可靠安全的匿名举报方式，员工如果担心得到打击报复，可以采取这种方式。

创建问／学互动的环境

28. 强调要求对于不符合标准或异常情况需保持警惕性(参见第 17.2.4 部分)。
    a. 未就此提供特殊培训或咨询，但采取非正式方式进行了沟通。
    b. 将此内容纳入新进员工的入职培训及过程安全管理培训范围。

c. 管理人员和监督人员寻找其他机会重申并灌输此类观念，例如：在事件调查教训总结时以及理论演习时进行强化教育。

培养相互信任

29. 制定文件化的规章制度，明确规定可接受及不可接受的行为方式的相关标准，并区分明知故犯和因系统原因导致的人为失误。公平公正地执行此类规章制度。

a. 企业针对此类问题的规章制度未形成书面系统。

b. 企业制定了书面文件化的规章制度并加以贯彻实施。

c. 企业制定了书面文件化的规章制度并持续监督其实施应用情况。单位积极查找系统根本原因并客观地找出那些人为因素的原因。单位已针对此类情况制定"零故障"政策，并将其有效地传达给员工。

及时应对过程安全事项及问题

30. 确保风险分析、审查和管理审核等已按照进度表执行(参见第9章"危险识别及风险分析"；第22章"审查"和第22章"管理审核及持续改进")。

31. 确保及时处理并解决从各种渠道了解到的过程安全问题、事项、提议和建议。

a. 按常规方式解决过程安全问题、事项、提议和建议，以专项方式来监督解决过程。

b. 针对过程安全建议和意见建立正式的跟踪系统，为了问题能得到及时解决实施严格的责任制。

3.3.3 监督并引导文化

提供持续的绩效监督

32. 执行并跟踪各项指标，指标由一系列合理平衡设置的创新及固定指标组成。随着时间推移不断监督结果，并根据不同情况作出不同响应(参见第20章"衡量及指标")。

a. 企业着重关注固定指标的衡量。

b. 企业监督与过程安全文化直接相关的预期和滞后指标的设置配比情况。

c. 企业密切监督创新及固定指标的绩效趋势，一旦发现任何过程安全文化缺陷，立即做出响应。

33. 遵守有关及时报告绩效数据方面的绩效标准。

a. 以非正式方式报告并落实。

b. 针对绩效数据的及时汇报工作正式限定并划分了职责与义务。

c. 在做好(b)项的基础上，管理层主动跟进那些缺漏或延迟的报告。

34. 对企业的过程安全文化进行定期审核。

a. 管理层执行非正式的评估工作。

b. 工厂、公司外的人员执行定期审核。

c. 有相关程序规定，在情况允许的情况下，由独立的第三方进行特别审核。

35. 努力找出那些可能会导致故障发生的文化因素并加以整改(如为什么企业会容许这种情况存在)，以便更好地履行过程安全职责。

a. 以尽职履行过程安全职责为目的所进行的问题/故障调查范围仅限于找出造成事

故的直接原因。

b. 以尽职履行过程安全职责为目的所进行的问题/故障调查范围涉及查找管理系统的原因。

c. 以尽职履行过程安全职责为目的所进行的问题/故障调查范围涉及查找并解决过程安全文化方面的原因。

36. 执行有效的管理审核系统(参见第22章“管理审核及持续改进”)。

3.4 提高效能的方法示例

本节提供了一些案例，这些案例做法能有效改进与过程安全文化有关的工作内容，并经工业实践证明可行。根据第3.2节中提及的关键原则，这些案例可分为以下两类：

(1) 能够提高过程安全文化绩效的方法。

(2) 在提升过程安全文化的效率，在保持绩效水准的同时尽可能降低资源消耗。

这些案例均源于工业实践、行业研讨会和CCPS会员单位。希望改进管理系统和本要素相关工作活动的读者，应检验这些方法，评估自己企业当前管理系统和工作活动的绩效和效率，然后按照第2.1节所述的基于风险的原则，选择和执行改进措施。

3.4.1 保持有效运行

提供安全文化培训。安全文化在提高企业过程安全绩效方面的作用与重要性不言而喻。但是，管理人员或监督人员在处理日常工作时往往照章办事，只重程序，一般不会想到要去主动积极地考虑安全文化因素或参与安全文化的建设。针对这种情况，企业应广泛针对公司和工厂管理层提供培训，讲解领导原则、企业效能以及过程安全文化对于过程安全性能的决定性影响及作用。同时，还应针对公司及工厂全体员工进行安全文化普及教育，使其了解安全文化的重要性，了解公司设立的过程安全价值、目标和目的。

管理层的远见及支持。每名管理人员的工作职责明确规定要具体包括与工人保持频繁的接触。并为确保其圆满履行此类职责限定了相关责任。

必要时通过调整领导层来改变文化。对于那些拒绝为必需的文化改变做出必要变动的管理人员，公司或企业管理层必须予以撤换。在极端情况下，这可能会涉及整个企业领导层的变动。

针对过程安全绩效建立切实、明确且平衡合理的责任机制。单位内部各级人员所实施的绩效强化措施，无论是积极和消极的，都必须是切实且明确的。所有员工的岗位工作描述中均应明确规定企业对其态度、行为方式和绩效方面的期望，并在定期绩效审核时加以审核。

- 制定并实施逐级惩戒制度，以处理那些违背过程安全职责的行为。
- 责任落实到人，管理人员必须切实地承担责任，不仅对其自身行为负责，还要对在其管理之下，实施各项绩效标准的整个企业负责。例如，企业发生重大死亡事故，多数公司都要求管理层负领导责任。
- 如装置或企业发生重大事件，要求其监督或管理负责人亲自向管理层递交事件调查结果。

- 确保管理人员的应负责任不受其工作地点改变或岗位调换影响。换言之，责任追究到底，即便换岗，管理人员也必须对其之前的所作所为或者不作为负责。
- 制定基于绩效的激励措施，以促进各项努力和成绩的取得，从而提高过程安全主动性与积极性。避免单纯为实现计划生产目标而采取经济收入刺激手段，却在实现过程安全目标方面不采取任何相对应的激励措施。有一点需要注意，此类激励措施有可能会促使部分人为获得奖励不惜违规操作。采取各项控制措施，确保基于激励措施的各项活动及其相关数据的质量和完整性。
- 执行过程安全提议计划，制定有效激励措施，对于那些真正可以提高过程安全的建议给予相应的奖励。

在整个公司范围内推行强化过程安全文化。使所有部门了解公司对过程安全文化的重视(如：研发部、设计部、公司人事部、市场营销部、运输部)，这将有助于体现并加强公司在此方面秉持的价值观念；同时，这还有助于确保管理人员从一个职能部门转到另一个部门时保持工作的连续性，因为他/她无需重新学习过程安全相关理念与举止行为。

定期召开领导层研讨会。工厂和公司领导人定期召开研讨会，找出领导或单位管理不力与过程安全事件之间存在的因果关系。通过案例学习，例如挑战者号事故或其他重大工业事故的学习，来获得重大的经验教训。首次研讨会可运用 CCPS 过程安全文化常识工具(见参考文献 3.7)。

以时事简讯的方式定期发布简报，供主要管理层和技术层了解情况。每月发布一个短小的时事简讯，重点介绍安全文化关键事项及成功案例。包括旨在提高管理、监督和技术员工安全意识和解决此类问题能力的借鉴和经验教训。此类简报有助于工厂领导层保持安全意识。

3.4.2 创建并实施良好的安全文化

企业各级人员参与过程安全主动性的计划和评估。员工亲身参与各项目标的制定、执行与监督以确定其效能，可增强其主人翁意识并提高其主动参与程度。

在沟通高需求阶段提高沟通频率。过程安全相关的沟通频率应随需求的增加而相应提高，如，在企业改组、单位经历重大变革、重大安全事故发生之后或审查不合格时都需要提高沟通频次。当人们无法得到其所需要的信息时，就会自行通过各种生产性的或非生产性的方法来弥补这种不足，管理层应先行掌握真实信息，公之于众，避免信息混乱，陷入被动。

向公司全体人员发放含有文化相关报道内容的时事短讯刊物。公司内部定期发行刊物，如：《CCPS 过程安全指标》，以此帮助保持对过程危险的忧患意识。

将强化安全文化这一主题列入公司现行安全目标。总结各项问题，诸如隐患意识松懈或偏差常态化趋势等，将其纳入当前运营政策及计划中，并做出有针对性的规定，从而避免员工产生这样一种误解：安全文化目标计划是一个凌驾于其他目标之上的一个新计划。

责令停工、引起相关方对紧急事件或长期顽疾问题的注意。在某些情况下，责令停工可实现更为有效、更加显著的信息沟通。通过停工打破常规，从而使得所有员工都可参加小组会议，共同解决各项具体的过程安全问题。停工这一举措充分体现了管理层对相关探讨问题的重视度超过了对生产经营作业的重视(换言之，管理层将过程安全置于生产利益之上)。停工也使得高层管理人员有机会深入基层，面对面地宣讲自身对过程安全目标的大力支持以

及管理层对触发停工整改的情况所持有的一些顾虑与看法。此类停工举措通常适用于一项非常严重的事故或在单位呈现明显绩效恶化趋势的情况。

3.4.3 监督并引导文化

定期审查和审核。很多公司发现通过定期调查来观察员工对安全相关主题的态度和认知可以非常有效地监督并保持单位的过程安全文化。对于高风险操作或者文化素养有待改进的区域，可以加大监督力度。对此类调查结果保持追踪监督，在以文化改变为目标实施各项针对性措施期间尤其需要跟踪监督结果。管理层应确定此类研究工作的力度，比如是在整个工厂范围内进行普查呢还是需要洞悉不同的工厂部门内不同的态度模式?

采用独立的审查人或审核人。为确保客观性，过程安全文化评估员应独立于受审单位。可以通过公司内部一个独立工厂的有资质的人员来进行审查，或者从公司外部雇佣专家进行审查。

对过程安全文化执行年度审核。包括在年度审核大会中对过程安全文化及绩效进行评估，公司的行政人员将与工厂的管理层讨论安全和商业绩效情况。

寻找造成过程安全绩效问题的更深层次的根本原因，并密切关注文化问题中的缺陷征兆。通过事件、审查结果、管理审核、设备故障等可以发现长期存在的绩效问题。应对这类情况进行充分调查，找出造成绩效不佳的隐藏的文化问题。例如，工厂管理人员可能会注意到员工回避 MOC 系统，但是没有采取措施来更正这一行为。管理层必须找出工厂中是什么助长了这种毫无顾忌地违背政策和程序的文化氛围。

3.5 要素指标

第 20 章阐述了如何以及何时利用指标来适度提高绩效的方法。本节将列举若干个指标实例，说明它们如何用于监测过程安全文化要素的健康状态，并按照第 3.2 节中提及的关键原则进行了分类。

除了明确关键核心指标外，还需要定期对指标进行跟踪和考核。有时，指标所需信息比较简单，例如员工总数指标。而有些指标需要多个参数才能确定，如员工的平均工龄指标，需要利用多名员工的工龄数据来计算平均工龄。部分指标用于跟踪动态变化率，如员工离职率指标等。动态变化率甚至可能是工厂最为关注的数据指标。由于工厂情况千差万别，需要自行确定指标的跟踪方法和考核方法，保证工厂 RBPS 管理系统的健康运行。

3.5.1 保持有效运行

- *上级管理人员视察现场的频率或者计划视察实际完成的百分比*。如数值低则说明上级管理层对员工意见和建议不够重视，且自身对实现良好过程安全绩效的积极性不够。
- *了解良好过程安全文化的重要性，并知道如何建立、强化过程安全文化的管理人员和监督人员比例*。如数值高，则说明企业非常重视推行正面的过程安全文化。
- *涉及过程安全主题且公司高级管理层积极参与的会议占比*。如该百分比不足的话，则说明管理层的态度，即过程安全不那么重要。

- ***根据其过程安全职责履行情况受到奖励或采取整改措施的百分比。***该指标可说明绩效责任度或强化情况。对比当前的绩效数据而言该百分比是否合理恰当。
- ***其他 RBPS 要素的绩效指标。***此类指标是否显示绩效逐步下滑、预示偏差常态化的苗头(例如，安全阀测试结果不合格剧增、无法满足风险分析计划要求、未按要求实施巩固培训计划等)。
- ***管理层沟通交流话题中，相比其他主题(如成本、质量以及生产等)，过程安全相关主题提及的频率与重视程度。***如频率或重视程度不足的话，则可表明管理层不重视过程安全。

3.5.2 创建并实施良好的安全文化

- ***尚未采纳落实的建议措施数量(此类建议源自风险分析、事件调查、审查、安全建议)。***此类建议的数量过大或呈现上升趋势可以说明企业对过程安全事项的响应度不够。
- ***每月上报的事件和未遂事件的数量。***此类数量的多少应适中，即足以说明企业采取了健全有效的报告系统，同时，又不至于多到说明过程安全管理系统存在较为严重的不足。
- ***完成事件调查并签发报告所需要的常规时间和最长时间。***时间长则说明企业未能认识到及时处理此类过程安全事项的重要性。
- ***由于危险行为或钻空子走捷径导致的未遂事件及事件的比例。***比例高则可说明在单位内部侥幸冒险心理严重。
- ***每年召开的过程安全研讨会次数。***如果会议次数过少，则可说明管理层对过程安全缺乏重视。
- ***过程安全会议规定出席人员的实际出席情况。***出席率过低则说明员工对过程安全参与度低。
- ***单位内交流分享相关过程安全数据的频率频次。***如频次低，则可说明管理层在通知工人有关过程安全绩效的事情上没有给予足够的重视。
- ***过程安全建议的平均响应时间。***管理层对于建议的响应时间过慢可能会打击员工的参与积极性。
- ***每月上报的过程安全建议数量。***如数量低则可反映员工在过程安全改善方面的参与度低，或者说明员工参与努力的回报率低。
- ***每月过程安全提议计划中的员工参与度。***如数值低则说明员工在过程安全提高方面的参与度，或者是员工参与的努力的回报率低。
- ***管理审核会议中管理人员的出席率。***出席人数过少说明领导层不重视过程安全绩效，或不重视管理目标的交流与沟通。

3.5.3 监督并引导文化

- ***相关过程安全指标制定且上报领导层的频次。***如该频次偏低，则可说明领导层对此类信息不够重视或没有认识到其重要性。
- ***有关员工态度或意识的定期调查结果。***调查结果是否反映出安全意识或认知度有上升或下降的趋势？该发展趋势能否反映企业的过程安全文化是否健全？

3.6 管理审核

管理审核系统的设计和执行详见第22章。为确保过程安全文化的正确运行，应对许多具体的管理问题进行定期检查。管理审查要首先评估被审核系统的有效性。企业过程安全文化尚有缺陷，或者变更管理系统的改进效果差强人意，那么管理层应寻找所有可能的整改措施加以实施。在某些情况下，企业有可能并未找出正确的整改措施予以实施，或者实施方向出现偏差。即使整改的结果令人满意，通过管理程序审查仍能检验资源是否充分利用？有些工作是不是有更为有效的实施办法或者事实上根本无需实施？管理层可结合上一节的各项指标，及个人观察、直接问询、结果审查、反馈来解决上述问题。讨论的工作内容和主题可包括以下内容：

- 在工厂巡查时，评估内务整体状况。虽然内务良好整洁并不能一定保证过程安全文化良好有效，但内务不佳却往往与安全文化的缺乏有关。
- 监督非口头沟通渠道，例如为工厂所有员工提供信息的海报、视频等。员工最关注的话题是什么？是过程安全还是诸如节约开支等其他主题？
- 与员工进行谈话，确认员工是否了解自身最关键的过程安全职责，或者是否了解他们所面临的最大过程安全危险。
- 根据谈话结果、行为纪律遵守记录及事件报告来确定那些抱着侥幸心理、不按规章制度要求、企图“走捷径”的员工是否受到纪律处分，即使他所谓的“捷径”侥幸“成功”(如尽管违背了程序但是增加了产量)。是否就谨慎遵守各项规章制度的行为树立典型，予以嘉奖？
- 确定是否已通过实施风险分析并针对事件调查结果吸取经验教训，充分避免了出现灾难性后果的可能性？风险分析的审核结果是否表明重大事件得到了应有重视，而不是司空见惯地被忽视或无视？
- 通过评估确认高绩效标准是否得以贯彻实施。在管理审核准备过程中，需要留心调查报告或其他信息来源，查看其中是否有监管人员变相认可违反标准或程序的行为，尤其是此类违规操作可带来相应运营的好处时。
- 确定各相关方所涉及的与过程安全相关的决策职责是否已明确划分，或者决策者在决策时是否征询此类人员的意见或建议。谈话内容是否可以揭示或确定技术及过程安全部门已充分参与到决策过程。
- 在与员工交流和谈话过程中，将员工表达的意见和建议与管理层通过其他交流渠道得到的信息进行对比，检查是否存在一些通过常规沟通渠道无法轻易了解或获知的潜在问题？
- 判断管理层发出的一些安全信息是否真正有效传达给员工？员工所了解到的信息是否与原始信息大致吻合，以保证沟通渠道的畅通无阻。
- 判断过程安全计划是否围绕“持续改进”的主题？工厂或公司里是否有人从战略性的角度思考过程安全管理系统改进的方法？会不会定期对计划目标做出挑战性的重大修改？

- 确定管理层在过程安全绩效指标审核工作上拟花费的时间与审核生产相关指标拟花费的时间安排是否平衡。
- 根据谈话内容以及对调查报告的审核来确认企业进行事件调查的初衷出发点属于寻找真相还是弥补过失。
- 估算管理人员到现场视察的次数和持续时间。此类视察是否能给工人提供足够的机会与管理层探讨交流有关过程安全的话题。
- 花时间直接观察工作活动，判断作业规程是否与相应的过程安全要求相符？

要想及时了解过程安全文化的当前最新动态，最有效的办法当属与员工频繁地面对面接触交流。通过接触交流有助于管理层实现下列期望和目标：(1)测试沟通渠道(员工是否真正听进去了管理层在说什么，管理层是否真正听取了员工的意见)；(2)假定此时已形成一个充分信赖的环境，相互沟通能使管理层直接了解员工的观点看法。通过接触沟通有助于对存在问题的方方面面进行深入探讨，也使得管理人员能够充分体现其在企业安全计划的价值。

参考文献

3.1 Jones, David, "Turning the Titanic – Three Case Histories in Cultural Change," CCPS International Conference and Workshop, Toronto, 2001.

3.2 Schein, E.H., *Organizational Culture and Leadership*, 3rd Ed., San Francisco: Jossey-Bass, 2004.

3.3 Hopkins, Andrew, *Lessons From Longford*, CCH Australia Limited, 2000.

3.4 UK Department of Energy, *The Public Inquiry Into the Piper Alpha Disaster* (2 Vol.), London: HMSO, ISBN 010113102, 1990.

3.5 Weick, Karl E. and Sutcliffe, Kathleen M., *Managing the Unexpected*, Jossey-Bass, 2001.

3.6 Jones, D. and Kadri, S., "Nurturing a Strong Process Safety Culture," 20th Annual CCPS International Conference, AIChE Spring Meeting, Atlanta, GA, April 2005.

3.7 Center for Chemical Process Safety, "Building Process Safety Culture: Tools to Enhance Process Safety Performance," http://www.aiche.org/CCPS/PSCulture.aspx.

补充文献

3.1 Frank, W. L., "Essential Elements of a Sound Safety Culture," AIChE, Process Plant Safety Symposium, Atlanta, GA, April 2005.

3.2 UK Health and Safety Executive, *Safety Culture: A Review of the Literature*, HSL/2002/25, 2002.

3.3 Columbia Accident Investigation Board Report, U.S. Government Printing Office, 2003.

4 标准符合性

2003 年 2 月 20 日，美国肯塔基州科尔宾城的一家制造厂发生爆炸和火灾，造成七名工人重伤。该制造厂专门为汽车工业生产玻璃纤维隔音隔热材料。调查人员发现爆炸系因生产区积聚的树脂粉尘燃烧所致，而火源则可能来自于一台失灵的烘箱。这次事故中涉及的树脂是生产玻璃纤维毡用到的一种酚醛树脂黏合剂。调查还发现，该公司在很大程度上并没有意识到存在粉尘爆炸危险，也没有意识到要采用建议的预防性操作规程及预防粉尘爆炸可采用的技术。此类技术在多种工业标准及指南中都有提及(见参考文献 4.1)。

4.1 要素概述

在工艺生命周期全过程中，识别并列出过程安全相关标准、规范、法规及法律是 RBPS 原则之“*对过程安全的承诺*”的五要素之一。本章旨在介绍用来确保适用标准、规范、法规及法律能够得以遵照实施的程序(*标准*)、该*标准*系统的特征以及企业单位为执行该*标准*要素可能会采取的一些措施。第 4.2 节介绍了该要素管理系统的关键原则和基本要求。第 4.3 节列出了体现此类基本要求的作业活动，并根据已认识到的风险、资源和企业文化的具体情况针对各项作业活动提出一系列相应的执行方法。第 4.4~第 4.6 节则对以下几点加以阐述：(1)提升管理系统有效性的方法和具体程序；(2)遵守标准要素的监控指标；(3)遵守标准要素的管理审核。

4.1.1 要素定义和内容

所谓“*标准*”系指识别、制定、获取、评估、传播及授权查阅对过程安全造成影响的各种适用标准、规范、法规及法律的系统。该*标准*系统旨在阐述内部及外部标准、国内及国际规范及标准，地方、州及联邦法规和法律。相关用户均能通过该系统轻松快捷地获取此类信息。从某种意义来说，该*标准*系统与各 RBPS 管理系统要素之间均存在相互影响、相互作用的关系。

4.1.2 重要性

了解并遵循*标准*有助于公司实现下列目标：(1)运行及维护工厂安全；(2)始终如一地执行过程安全操作规程；(3)最大限度地避免产生不必要的法律责任。*标准*可能会定期或不定期发生变更，因此*标准*系统也必须随之作相应调整，便于公司相应地调整其标准符合性活动。*标准*系统同时也是审查计划中用来判断管理系统是否符合应关注标准的依据。

4.1.3 对象和时间

为确保对标准的理解与解释及标准执行前后的一致性及标准效率始终如一，需要在公司范围内频繁地对*标准*变更进行初始识别与持续监控。另一方面，在各工厂内还需要执行一些*标准相关宣传*活动，以便让员工更好地了解州及地方法律法规。*标准宣传*活动应在工艺生命周期早期进行，确保工艺设计从一开始就符合相应规范及标准的规定，而不是到后期再花费巨大的代价进行修改。*MOC* 要素应涵括那些由标准系统引发的变更，而*审查*要素则监控须采取的各项标准符合性措施。

4.1.4 职责分工

通常，由具有技术背景且对适用标准和规范相关信息有需求的人员如设备或工厂设计师负责确定此类适用标准及规范。而适用法律和法规则由熟知此类法规的联邦、州及当地部门人员加以确定，此类人员应与公司法律部门人员密切合作，负责对标准进行准确阐释。

4.1.5 预期工作成果

*标准*系统产生的主要成果是：一套可查阅的、最新的、精确完整的文件、数据和信息。信息分为以下几类：公司内部方针、公认规范及标准、适用法律及法规。该系统所产生的副产品包括公司为确保标准得以有效且始终如一的遵循而形成的一些指导性文件。标准要素产生的各项成果用来促进其他要素的绩效。例如，确定公司须遵守的相关外部规范及标准有助于限定*审查*要素的适用范围。

4.1.6 实施过程

如果在公司范围内执行*标准*要素工作，则责任方需要编制一份列有所有适用要求的清单及保存所有此类文件的更新副本。通常来讲，需将此类信息传达给各厂各部门的相关负责人，以确保基层遵照执行。

若工厂标准变更频繁、对标准符合性程度的需求率高，那么应在*标准*程序中进行较为详尽的规定，并分配更多的人力资源来履行规定的职能和职责。若工厂对标准符合性程度的需求不高，则其在执行*标准*程序时具备较大灵活性——在一个部门或公司范围内可以只安排一人为多个装置提供咨询服务。一个工厂的过程安全文化越强大，以“绩效”为出发点的*标准*程序就越多，这使得其训练有素的员工在进行标准符合性管理时做出更理性的判断。如果工厂的过程安全文化不够成熟或仍在发展过程，它可能需要设立更多规范性*标准*程序，实施更为频繁的审查，加大管理及控制力度，从而确保严格执行*标准*。

4.2 关键原则和基本要求

要想实现生产、储存或使用危险化学品的工厂的安全运行及维护，就需要设立并实施强有力的过程安全管理系统。*标准*要素的首要目标就是确保工厂一直遵守适用标准、规范、法规及法律(包括公司在工厂生命周期全过程中采取的那些非强制法规规范)。长期遵守此类应关注标准有助于确保该工厂在安全、合法的状态下运行。

一个*标准*系统旨在创建一个正式程序来维系企业单位集体内部对此类义务的责任意识。*审查*和*管理审核*等其他要素则依据该*标准*要素规定的常规标准来判断公司是否履行了其过程安全职责。

表4.1举例说明了该要素阐述的一些过程安全职责。*备注：以字母顺序排列的职责清单仅系举例说明，并不涵盖所有内容。*

在制定、评估、改进*标准*要素相关系统时，需要履行下列关键原则：

- 保持有效运行；
- 执行工作活动；
- 贯彻实施决策、措施及使用标准符合性评估结果。

每个原则的基本要求将在第4.2.1～第4.2.3部分中进一步说明。第4.3节将阐述满足这些原则基本要求的典型工作活动。工厂管理层应评估要素改进的风险和要素改进产生的潜在效益。根据评估结果，管理层应建立一个管理系统或对现有管理系统进行升级，以满足部分或所有基本要求、执行部分或所有工作任务。但是，如果企业单位相应*文化*要素中未规定采用可靠的管理系统，那么上述工作活动都将徒劳无功。即便是最佳的*标准*活动，缺少了适当的文化依托，也无法实现工艺生命周期内对标准、规范、法规以及法律要求的持续遵循。

对于*标准*要素而言，风险有着以下双重含义：一是发生事件的风险；二是因违规而导致受到法规惩罚的风险。无论是哪种情况，通常风险越大，越需要保证*标准*程序的执行力度和严格度。例如，工厂存在的风险越高，就必须制定符合下列要求的详细书面计划：(1)指出适用的标准；(2)详细规定该工厂如何遵守各项标准；(3)如何与*标准*保持同步更新。风险较低的公司则可以采用一种通用政策，做到与适用规范和标准保持同步即可。

4.2.1 保持有效运行

当公司确定或规定了要采取的活动之后，肯定希望该项活动在工厂整个生命周期中都能得以正确且始终如一的贯彻实施。下列基本要求有助于确保工厂内所有过程安全管理活动在涉及各类人员及情况下均能得以妥善实施。

表4.1 过程安全相关标准、规范、法规及法律举例及出处

非强制性工业标准
•《美国石油学会推荐作法》(见参考文献4.2) •《美国化学理事会责任关怀® 管理系统和RC14001》(见参考文献4.3) •《ISO14001：环境管理系统》(见参考文献第4.4) •《OHSAS 18001：国际职业安全卫生管理系统》(见参考文献4.5) •《经济合作与发展组织——化学事故预防、准备和响应指导原则》2003版(见参考文献4.6)
公认规范
• 美国国家标准学会(见参考文献4.7) • 美国石油协会(见参考文献4.2) • 美国机械工程师协会(见参考文献4.8) • 美国氯气学会(见参考文献4.9) • 仪表系统以及自动化协会/国际电工委员会(见参考文献4.10) • 美国消防协会(见参考文献4.11)。
美国、联邦、州以及地方法律和法规
•《OSHA PSM》(29 CFR 1910.119)(见参考文献4.12) •《美国职业健康安全条例——常规义务条款》，第5(a)(1)章(见参考文献4.13) •《美国EPA——风险管理计划》(40 CFR 68)(见参考文献4.14)

续表

美国、联邦、州以及地方法律和法规
• 《清洁空气法》——一般责任要求，第 112(r)(1)章(见参考文献 4.15)
• 《加利福尼亚风险管理及预防计划》(见参考文献 4.16)
• 《新泽西州毒性物质灾害预防法案》(见参考文献 4.17)
• 《康特拉科斯塔县工业安全条例》(见参考文献 4.18)
• 《特拉华州极其危险物质的风险管理条例》(见参考文献 4.19)
• 《内华达州化学品事故预防计划》(见参考文献 4.20)
国际法律及法规
• 《用于控制重大危险设施的澳大利亚国家标准》(见参考文献 4.21)
• 加拿大环境保护局——《环境应急计划 CEPA》，1999（第 200 部分）(见参考文献 4.22)
• 《欧盟 Seveso Ⅱ号指令》(见参考文献 4.23)
• 《韩国 OSHA PSM 标准》(见参考文献 4.24)
• 马来西亚——职业安全与健康部门(DOSH)马来西亚人力资源部，第 514 号法令中第 16 部分(见参考文献 4.25)
• 《墨西哥整体安全及环境管理系统》(SIASPA)(见参考文献 4.26)
• 英国健康安全管理局《重大事故危险控制条例》(COMAH)(见参考文献 4.27)

确保始终如一地执行该标准系统。为确保始终如一地执行标准系统，应针对各项*标准*活动编制内容详尽程度达到要求的书面计划或程序，围绕第 1.4 节介绍的常规管理系统的各个方面展开论述。应详细界定*标准*系统应涵盖的范围，以确保涉及所有过程安全职责并对所有可能造成此类职责发生重大变化的情况实施监控。应适当详细界定用于监督重大过程安全职责(尤其是现有及预期规定)的特定机制。应委派相关人员监督该*标准*要素相关活动的整体情况，并对涉及特定情况及规章异常情况的问题/疑虑作出解释响应。此外，应确定具备资质的、有权豁免或免除某项内部标准的权威部门，但任何此类不符合标准的情况都应视为例外情况，不可正常化，且应记录其技术依据。

确定什么时候需要标准符合性。公司应判断潜在过程安全相关职责的适用性，此类职责涉及的应关注标准以及会影响工厂工作活动执行的相关阐释。此外，公司应监督此类标准符合性要求规定的截止日期以及此类职责的变更情况。明白此类标准符合性截止日期对于及时将外部过程安全职责融入 RBPS 活动而言至关重要。公司应该确定内部或非强制执行标准的适用性和截止日期，例如：新风险容忍标准的采用。

委任有资质的人员。无论标准计划制定得有多详尽明确，绩效好坏最终还是取决于具体负责执行该*标准*的人员。关键人员应对*标准*系统及其重大过程安全职责有一个基本的了解，而被安排负责实施具体*标准*的人员需要接受更为具体的培训。

确保标准符合性规定有效。一旦*标准*系统付诸实施，就需要定期对其进行监督、维护并进行整改，以确保其能以最佳状态高效运行。日常操作过程中为确保其效能，公司应考虑执行一些*标准*系统绩效及效率指标。但是，鉴于很少需要对*标准*系统进行实时状态评估，因此，数据采集及分析工作很有限。只需实施定期审查，就足以监督大部分*标准*系统工作活动的绩效，并能集中反映出该*标准*系统是否为过程安全人员提供了充足的信息。

4.2.2 执行工作活动

为维持标准、规范、法规和法律标准符合性所需执行的具体工作亦属于其他 RBPS 要素范围。本*标准*系统旨在向管理层和其他工作人员提供一个传达公司职责和标准符合性状况的交流沟通机制。此外，该*标准*要素也是监控职责变更及相关变更对公司所造成的潜在影响的关键点。

为标准活动提供相应的意见和建议。工厂或个人用户对*标准*要素相关的标准阐释、预期变更及新目标的监控要求各有不同。公司应为员工提供充分恰当的途径，使其能够及时了解标准、规范要求及更新情况。有些职责可能要求关键人员在特定过程安全活动或领域具备一定的资质或能力。

执行标准符合性保证活动。*标准*系统应持续不断地阐明当前所有职责和拟定职责，并将此类信息告知给所有会受到影响的人员。提供此类职责的总结提要，发生变更时应通过广播方式告知相关人员。公司应根据现有职责或潜在新职责的变更情况判断是否适用于工厂运行及对工厂运行相关的标准符合性是否存在影响。此类变更可能会导致额外的法规风险。*标准*要素人员应将公司过程安全职责变更相关事项告知给管理层、法规事务负责人以及业内组织，并提前拟定必要的活动来维持过程安全职责标准符合性，从而保证资源部署的充足性。

根据需要定期评判标准符合性状况并向管理层提交标准符合性状况报告。*标准*系统应与*审查*和*管理审核*要素妥善协调，确保为适于运行采取适当详尽的标准符合性审查。应定期向管理层报告标准符合性状况，尤其是产生的标准不符合问题。部分公司实施独立的标准符合性审查，而其他一些公司则采取综合审查方式。无论使用哪一种方式方法，*标准*要素负责人都应该要求执行审查要素，以在规定的截止日期前完成标准符合性保证审查。*标准*要素负责人必要时可能需要参与此类审查，确保各类过程安全管理系统和活动均能采用恰当合理的应关注标准。一旦实施此类标准符合性审查或审核，*标准*要素则成为向管理层提供标准符合性状态信息的反馈机制。

出现新信息或者发生变更时审核标准的适用性。*标准*系统应该帮助公司法务人员对潜在新职责或现有职责变更情况进行评估并帮助工厂判断此类新职责或职责变更对工厂运行的潜在适用性及标准符合性影响。该*标准*系统应将公司相关过程安全职责变更的信息告知工厂管理层、法务人员及业内组织。

4.2.3 贯彻实施决策、措施及使用标准符合性评估结果

标准符合性状况评估结果将决定公司应采取的措施。如果评估结果符合标准，除需要时将标准符合性状况通报外部各方之外，通常无需采取其他任何行动。如果评估结果不符合标准，则应通知管理层，同时，责令*标准*要素参与重新创建标准符合性的活动。*标准*要素就是所有符合记录的档案。

按需更新标准符合性文件和报告。对部分职责而言，只需按照符合应关注标准的规定方法来实施相关过程安全作业活动即可成功履行。而其他职责的履行则可能涉及通知或报告要求。当标准符合性状态变更时，*标准*要素人员可能需要相应更新标准符合性状态报告或其他文件。此外，公司应该更新那些应让人知晓的交流和培训内容，将过程安全职责的变更情况传达至相关人员。

就标准符合性情况进行交流或将标准符合性保证记录提交给相关外部机构。通知相应*标准*企业单位，并向相关企业单位和政府机构提交必要的标准符合性报告。必要时，就标准符合性状态与相关企业单位及政府机构进行交流。

保持要素工作记录。*标准*要素的主要目标就是为其他 RBPS 要素提供信息，以便其执行作业活动时能够确保符合所有过程安全职责的要求。工厂应该确定他们想要保持哪类与*标准*要素相关的记录，包括有助于证明标准符合性的记录。根据上述确定范围，管理层应编制一份记录留存政策。某些工厂可能需要留存法定提交文件的副本。

4.3 可能的工作活动

RBPS 方法建议各项作业活动的实施力度应根据其所涉及的风险大小、资源状况以及工厂文化差异而定。从而不同工厂各项作业活动的实施力度会各有不同，同样地，同一个工厂不同装置或工艺区的实施力度也有所不同。因此，要想发展一个基于风险的过程安全管理系统，读者应执行下列步骤：

1. 评估工厂内的风险，调查 RBPS 各项活动所需资源与可用资源之间的平衡状况，并审查工厂的文化。更多与此相关的情况请参见第 2.2 节。
2. 评估实现 RBPS 要素各项关键原则所能带来的潜在收益。这些原则详见第 4.2 节。
3. 根据步骤 1 和步骤 2 的评估结果，确定第 4 章第 4.2.1~第 4.2.3 部分所阐述的各项基本特征中哪些是妥善管理风险所需要的。
4. 对于将要执行的每个基本特征，确定具体执行方式，并从本章所列内容中选出相应作业活动。注意本作业活动清单并不能覆盖所有行业，因此，读者可能需要对本章所列作业活动清单进行添加或部分修改。
5. 对于将要执行的各项作业活动，判断其所需执行力度。本章所列各项作业活动均设有 2~5 个备选执行方案，依次体现执行力度的加大。需注意，本章所列的作业活动采用序号列项而备选执行方案采用字母列项。

备　注

规章制度对过程安全管理系统所需包括的特定特征或作业活动，或者特定作业活动的最低细化限度均有规定。因此，过程安全管理系统的设计和执行应该在规章制度以及本书基础上进行。

4.3.1 保持有效运行

确保始终如一地执行标准系统

1. 编制书面计划，列明所有过程安全职责。
   a. 备有非正式的程序。
   b. 备有简要的书面政策，规定与主要法律与法规要求保持一致。
   c. 备有书面计划，列出所有法规要求。
   d. 备有详细的书面计划，列出所有过程安全相关职责。
2. 确定*标准*要素负责人。
   a. 选择一名非正式的*标准*要素负责人。
   b. 委任一名场内或场外兼职*标准*要素负责人。

c. 工厂指定一名全职*标准*要素负责人。

d. 根据职责划分情况在工厂内指定多名*标准*要素负责人。

3. 为执行作业活动的人员规定职能和职责，以确保遵守适用过程安全相关标准。

a. *标准*要素人人有责。

b. 在各工厂区均指定一名工人专人负责监控所有标准的执行情况。

c. 所有标准要素职能/职责分配落实到各职能科室/部门。

确定何时需要确保标准符合性

4. 确认强制性及非强制性过程安全职责的来源及适用性。

a. 确定重大的法定职责。

b. 确定所有过程安全相关职责。

c. 为每个特定装置/工厂确定与公认良好的工程操作规程相关的职责。

5. 确定进度计划，以符合所有过程安全职责。

a. 重大法规及法律的标准符合性截止日期公布到位。

b. 在任务进度计划中跟踪维护所有重大过程安全相关法规/法律职责的标准符合性截止日期。

c. 在任务进度计划中跟踪维护所有过程安全相关规定的及非强制性职责的标准符合性截止日期。

6. 编制合适的风险容忍标准或指南，以便用来作出基于风险的决策(参见第9章)。

a. 使用非正式的风险容忍标准/指南。

b. 非正式地为几种情形确定风险容忍标准/指南。

c. 利用工业标准为部分情形确定风险容忍标准/指南。

d. 依据公司具体信息为多种情形确定风险容忍标准/指南。

委任具备资质的人员

7. 确定标准符合性工作所需的技术及法定知识/技能。

a. 部分标准符合性任务有经验要求。

b. 确定适用于主要法规及法律的通用标准符合性原则。

c. 针对标准相关活动涉及的所有重大法规/法律职责提出标准符合性资质及知识/技能要求。

d. 针对所有重大标准相关活动，包括非强制性措施，提出标准符合性资质及知识/技能要求。

8. 确定具备资质的技术及法规事宜负责人。

a. 由数人以非正式的方式充当*标准*专家的角色。

b. 正式委任数名人员为*标准*专家。

c. 委派一名具备资质的负责人来管理所有标准符合性事宜。

9. 为工人提供相关标准的初始培训及复习培训。

a. 提供非正式的培训。

b. 通过广播形式(如通过电子邮件)将*标准*操作规程一次性传达给所有人。

c. 为相关人员提供初始*标准*要素意识培训。

d. 为相关人员提供初始*标准*要素意识培训和复习培训。

确定标准符合性操作规程保持有效

10. 创建一份所有过程安全相关*标准*清单：
    a. 每个工厂内都保存一份*标准*清单，可以是电子版本也可以是硬拷贝。
    b. 由*标准*要素协调员保存该*标准*清单，所有相关人员都可以查阅。
    c. 除(b)项外，还可以通过网络系统查阅该*标准*清单。
11. 为所有*标准*符合性保证活动创建活动记录。
    a. 保存一份非正式的记录。
    b. 由公司法定标准符合性管理人员保存*标准*记录。
    c. 每个工厂内由*标准*要素协调员保存电子版*标准*记录。
    d. 由*标准*要素协调员负责保存网上的*标准*记录，使所有相关员工都能够查阅。
12. 收集并评估*标准*符合性活动相关的绩效/效率数据。
    a. 收集非正式的活动数据。
    b. 收集并评估基本法定活动数据。
    c. 每年收集并评估*标准*要素绩效指标。
    d. 定期收集并评估*标准*绩效及效率指标。
13. 为改进活动提供意见和建议，例如，绩效指标、管理审核和审查。
    a. 根据需要以一种非正式的方式提供意见和建议。
    b. 在审查之前，为管理层提供基本*标准*建议。
    c. 每年收集各项*标准*符合性指标。
    d. 在定期管理审核过程中，定期探讨*标准*绩效和效率指标。

4.3.2　执行工作活动

为标准活动提供相应的意见和建议

14. 征求公司有关标准、标准变更或阐释，或其他新措施的相关需求。
    a. 围绕*标准*进行非正式的交流沟通。
    b. 当潜在职责需要工厂提供意见建议时，则进行交流沟通。
    c. 关键人员了解公司内各项事宜负责人并存在一个非正式的联系网络。
    d. 为用户提供一个正式的网络或系统，以便查找与*标准*相关的需要。

执行标准符合性保证活动

15. 就法规及法律符合性情况与公司律师进行协调。
    a. 由法规及法律人员对*标准*事项进行非正式监督。
    b. 由工厂及法律/法规部门定期协调*标准*事项。
    c. 定期与所有相关方讨论*标准*事项并按需与相关方进行交流。
16. 向所有相关人员传达符合性职责情况。
    a. 确定有需求时，进行非正式的交流沟通。
    b. 围绕职责对部分人员进行非正式的交流与培训。
    c. 具备正式的对操作人员进行职责通知/培训的系统。
    d. 具备正式的对所有潜在受影响人员进行职责通知/培训的系统。

17. 为所有需要 *标准*材料的人员提供获取渠道。
    a. 个人自行自发获取材料。
    b. *标准*档案集中存放在中心区域，并将其存放情况告知相关人员一次。
    c. *标准*档案集中存放在中心区域，并定期将其存放情况告知相关人员。
    d. 以电子方式编制 *标准*档案并定期通知相关人员。
18. 参与或配合 *审查*要素活动。
    a. 向 *审查*人员提供 *标准*档案概要信息。
    b. 授予 *审查*人员查阅 *标准*档案的权限。
    c. 除(b)项外，向 *审查*人员提供适用 *标准*相关的公司决策培训。
19. 采用恰当方式监控 *标准*的变更情况。
    a. 员工按需对 *标准*来源实施非正式监控。
    b. 由个人负责以非正式方式监控 *标准*来源。
    c. 由指定专人负责定期监控 *标准*来源。
    d. 按需与相关人员确定 *标准*来源和变更情况并与之交流。
20. 为相关 *标准*来源制订并维护符合性进度计划表。
    a. 部分职责存在多种非正式符合性进度表。
    b. 工厂负责人维护非正式符合性进度表。
    c. 存在多种正式的符合性进度表。
    d. 针对所有已知职责制定并维护一份统一的符合性进度表。
21. 保持遵守并履行各项过程安全相关职责。
    a. 有关各方非正式监控某一重要职责的履行情况。
    b. 有关各方正式监控某些职责的履行情况。
    c. 相关人员正式监控所有重要职责的履行情况。
    d. 相关人员定期监控所有职责的履行情况。

按需定期判断符合性状况并向管理层提交状态报告

22. 要求在规定的截止日期之前，*审查*要素执行符合性保证审核。
    a. 以非正式方式提出对职责履行情况进行评估。
    b. 具有正式的、符合性审核申请进度计划表。
    c. 除(b)项外，还有 *标准*要素人员定期提出符合性审核要求。
23. 参与必要的审查工作，确保 *审查*人员采用适当的应关注标准执行相关的过程安全职责。
    a. *标准*要素人员偶尔参与到符合性审核中。
    b. *标准*要素人员定期参与到所有重大符合性审核中。
    c. *标准*要素人员定期参与到所有符合性审核中。
24. 将符合性情况反馈给管理层。
    a. 偶尔提供符合性情况反馈。
    b. 定期提供一些法规规定的符合性情况反馈。
    c. 定期提供所有法规规定的符合性情况反馈。
    d. 追踪所有职责的符合性情况反馈并定期就此进行沟通交流。

出现新信息或发生变更时，审核标准的适用性

25. 根据潜在的新职责或原有职责的变更情况，判断潜在适用性以及对工厂运行的符合性影响。
    a. 存在一个非正式的评估过程，用以评估职责变更情况。
    b. 根据已发现的变更进行职责审核。
    c. 个人评估现有重大职责和新职责适用性相关的变更。
    d. 个人按需评估所有符合性职责履行情况。
26. 应将公司相关过程安全职责变更的顾虑与想法告知管理层、法务人员及业内组织。
    a. 存在非正式的交流沟通程序。
    b. 针对重大事件交流沟通新的职责或适用性。
    c. 定期就新的职责或适用性进行交流沟通，并将其正式纳入公司管理过程。
    d. 除（c）项外，还通过公司网络对新适用性或职责进行交流沟通，并进行追踪监控，直至其完成。

4.3.3 贯彻实施决策、措施及使用标准符合性评估结果

按需更新符合性文件和报告

27. 根据状态变更按需修订符合性文件。
    a. 以非正式的方式来更新新适用性或职责文件。
    b. 偶尔就重大职责对符合性指南进行更新。
    c. 通过一个正式的程序定期更新重大职责符合性指南。
    d. 通过一个正式的程序定期更新所有职责符合性指南。
28. 对应让人知晓的沟通以及培训事项加以修改，以向员工传达过程安全职责变更情况。
    a. 采用非正式方法随机对一些职责进行沟通与交流。
    b. 采用非正式首次披露的方式对重大职责变更情况进行沟通与交流。
    c. 采用正式首次披露的方式对大部分职责的变更情况进行沟通与交流。
    d. 定期回顾培训所有职责的变更情况。

交流符合性情况或提交符合性保证记录给相关外部机构

29. 提交必要的符合性报告给相关企业单位和政府部门。
    a. 各工艺负责人或工厂人员按需交流符合性情况。
    b. 企业管理层负责总体监督所有符合性报告职责的履行情况。
    c. 工厂法规符合性管理人员确保已经编制好所有必要的报告。
    d. (b)项和(c)项。

保存要素工作记录

30. 保存符合性活动相关记录。
    a. 由问题/工艺负责人保留非正式记录。
    b. 由一人负责保留正式的、重大法规相关的符合性职责记录。
    c. 由一人负责保留正式的、所有法规相关的符合性职责记录。
    d. 除(c)项外，为*标准*职责记录编制一个电子或网络系统。

4.4 提高效能的方法示例

本节列举了若干经行业实践测试、旨在提高*标准*要素相关作业活动效能的方法实例。根据第4.2节中首次提及的关键原则，可将此类方法实例归为以下两大类：

1. 用于提高要素核心活动绩效的方法；

2. 在降低资源消耗但保持必要绩效水准的条件下提高要素核心活动效率的方法。

这些实例均源自于工业操作规程调查结果、研讨会和CCPS成员公司提供的资料。想提高自身管理系统以及与该要素相关的作业活动的读者有必要了解本节所表明的思路、评估当前管理系统和作业活动绩效和效率，之后按第2.1节介绍的基于风险的各项原则确定并执行相应改进措施。

4.4.1 保持有效运行

针对每项职责编制一份具体的标准审核程序。公司可能需要遵守若干*标准*职责并相应确定非强制性的符合性目标。在作出此类目标承诺之前，应对收益、成本以及符合性进度计划表进行全面的审核，确定所拟定的职责和进度计划表是否属于最佳符合性方案。

4.4.2 执行工作活动

为各职责的标准审核规定最低的详尽程度。该要素应为*审查*要素提供应关注标准，以便执行审查工作。同时，公司应该确定审核的详尽程度，避免符合性评估程序过度实施。

为员工提供详尽的符合性指南，确保员工能够了解。有些法规和标准很复杂，需特别了解技术或以“绩效”为出发点的用语和要求。详尽的指南有助于确保公司员工面向于正确的符合性目标。

维持内部通讯的畅通，使所有相关各方及时了解变更情况。各企业单位以硬拷贝或电子版方式提供法规及业内信息的服务。订阅此类信息可有效与新措施保持同步，并有助于确保公司知晓即将承担的各项新职责。

为相关人员提供关于相关标准的培训。要想遵循标准，公司员工和承包商必须首先了解此类标准。适当的培训可以为过程安全相关人员提供必要的知识背景，便于其更好地理解标准，知道如何才能更好地遵循标准。

参与标准制定过程。如果公司积极参与对各项法规活动进行监控的业内组织，就可以提前了解各项即将付诸实施的法规，甚至可以对其施加正面影响。制定各项*标准*的业内组织对公司各个工厂会产生重大影响。加入相关团体和协会有助于确保公司掌握主动，在要求正式出台前考虑公司的技术状况，从而减少给公司带来的负担。

4.4.3 贯彻实施决策、措施及使用标准符合性评估结果

审核法规的适用范围。定期审核法规适用范围有助于确保工厂保持对新法规或已修订法规阐释的了解，有助于最大限度地降低收到违法传唤的可能。

4.5 要素指标

第 20 章阐述了如何以及何时利用指标来提高绩效的相关内容。本章还列举了诸多可用来监控*标准*要素的指标实例，按照第 4.2 节中首次提及的关键原则作了分类。

除了找出高价值指标外，读者还需要确定如何最好地选择追踪的指标进行考量。有时，一项常规数据便可满足信息需求，例如员工总数。其他情况下，如通过平均员工的工作年限来获得每名员工在该工厂的平均工作经验，则需要两个或多个参数才能提供完整数据。还有部分指标需跟踪其变化率，如员工流动率等。在某些情况下，变更率才是最为关键的数据。由于具体情况各有不同，因此，读者需要自行判断如何跟踪并呈现数据，从而最为有效地监控工厂 RBPS 管理系统的健全完善程度。

4.5.1 保持有效运行

- ***确认过去一年中确定及采用的标准新来源的数量。***如果在很长一段时间里没有任何新来源，则说明该计划效率低下。
- ***参与标准活动培训的人员数量。***如果人数多或呈增多趋势，则说明该计划积极有效。
- ***标准审核所用的平均日历时间。***数值大或者呈现上升趋势，可能说明需要提高效率。另一方面，如高于平均审核量或具一定复杂性，则所耗时间偏长也属合理。

4.5.2 执行工作活动

- ***每年现有标准的修订量。***如果在很长一段时间内的数值都很低，则说明*标准*审核活动效率低下。
- ***每年参加的标准企业单位会议的次数。***数值低或呈现下降趋势，则说明参与到*标准*参与及监控活动中的公司员工减少。
- ***标准要素人员参与审查的次数。***数值低或显示为零则说明与*审查*要素相关的活动*标准*效率低下。
- ***确定的标准适用性变更的次数。***数值低则说明计划活动的效率低下；数值高则预示管理层应意识到资源预算相关的新符合性责任压力。

4.5.3 贯彻实施决策、措施及使用标准符合性评估结果

- ***每年违规事件的数量。***如数值高则说明工厂人员没有遵循*标准*或*审查*计划不符合法规规定。
- ***每次审查中不符合非法定标准的违规数量。***数值高则说明工厂人员没能遵守*标准*规定，或者非强制执行或内部标准的*审查*计划失效。
- ***标准系统审核完成与所有项目收尾期间的平均日历时间。***时间长则说明计划不够充分或一项后续作业活动失效。

4.6 管理审核

管理审核的整体设计和执行方式见第22章。但是，仍有许多特定问题/讨论主题需要管理层定期检查审视，以确保*标准*要素的管理系统正常运行。尤其是，管理层首先必须了解接受审核的系统是否运转正常、达到系统目标。如果企业单位在遵守公认标准、规范、法规和法律方面尚有欠缺的话，或者并没有因为管理系统的改变而有所改善，那么，管理层应找出可能的整改措施加以实施。在某些情况下，企业单位有可能并未找出真正需要实施的整改措施予以实施，或者说并没有实施必要的措施。即使整改措施的结果令人满意，但通过管理审核仍能检验资源是否被滥用或超用？部分工作是不是有更为有效的实施方法或者有哪些工作事实上根本无需实施？管理层可结合第3章中列出的指标与个人观察情况、直接询问、审查结果、主题反馈内容来回答上述问题。讨论的活动和主题包括下列内容：

- 联邦、州以及地方法规审核反馈。
- 确认公司标准和指南是否为最新版本。
- 审核用于审核及修订公司标准及指南的进度计划表。
- 确定符合性执行计划是否得以圆满实施。
- 确认相关人员参与到法规及业内监督活动中。
- 审核公司员工在最近业内会议中的出席情况。
- 按照公司标准审核最新首次披露/执行计划的状态。
- 确定用于处理公司标准/指南编制情况的任务项是否已过期。
- 确定是否已经收到任何违法传唤。
- 确保法规阐释指南已及时更新。
- 审核员工对在符合性事项上的资源利用情况。

此外，绩效指标需不断更新，*标准*要素负责人通常会尽力了解造成指标呈现任何趋势或异常的原因。最后，若要计划任何用以处理已知法规问题的重大近期*标准*活动，通常需向管理审核委员提交一份简要的说明。

管理层对*标准*活动的审核结果应反映出工厂领导层了解及重视*标准*。通过管理审核，工厂人员可了解是否有充足的时间及资源用于维持法规、工业和内部标准符合性的工作。

管理审核会议有助于更好地(1)执行各项计划*标准*活动；(2)参与法规宣传工作及业内组织；(3)编制内部指南。对于实现该要素的作业活动而言，此类会议还可提供相应的机会，确定提高其效率的方法。此外，一个有效的管理审核程序能让领导层了解*标准*的重要性，明确*标准*程序在维持符合性状态及保持工厂在业内、社区以及政府部门心目中的形象所起到的关键作用。

参考文献

4.1 *Combustible Dust Fire and Explosions at CTA Acoustics, Inc. Corbin, Kentucky February 20, 2003*; U.S. Chemical Safety and Hazard Investigation Board, February 15, 2005. http://www.csb.gov/index.cfm?folder=completed_investigations&page=info&INV_ID=35.

4.2 American Petroleum Institute, 1220 L Street, NW, Washington, DC 20005. www.api.org

4.3 American Chemistry Council 1300 Wilson Blvd., Arlington, VA 22209. www.americanchemistry.com

4.4 ISO 14001 – Environmental Management System, International Organization for Standardization (ISO), Geneva, Switzerland. www.iso.org/iso/en/iso9000-14000/index.html

4.5 OHSAS 18001 – International Occupational Health and Safety Management System. www.ohsas-18001-occupational-health-and-safety.com/

4.6 Organization for Economic Cooperation and Development – Guiding Principles on Chemical Accident Prevention, Preparedness, and Response, 2nd edition, 2003, Organisation for Economic Co-Operation and Development, Paris, 2003. www2.oecd.org/ guidingprinciples/index.asp

4.7 American National Standards Institute, 25 West 43rd Street, New York, NY 10036. www.ansi.org

4.8 American Society of Mechanical Engineers, Three Park Avenue, New York, NY 10016. www.asme.org

4.9 The Chlorine Institute, 1300 Wilson Blvd., Arlington, VA 22209, www.chlorineinstitute.org

4.10 The Instrumentation, Systems, and Automation Society/International Electrotechnical Commission, 67 Alexander Drive, Research Triangle Park, NC 27709. www.isa.org

4.11 National Fire Protection Association, 1 Batterymarch Park, Quincy, Massachusetts, 02169. www.nfpa.org

4.12 Process Safety Management of Highly Hazardous Chemicals (29 CFR 1910.119), *U.S. Occupational Safety and Health Administration, May 1992. www.osha.gov*

4.13 Section 5(a)(1) – General Duty Clause, Occupational Safety and Health Act of 1970, Public Law 91-596, 29 USC 654, December 29, 1970. www.osha.gov

4.14 Accidental Release Prevention Requirements: Risk Management Programs Under Clean Air Act Section 112(r)(7), 40 CFR 68, U.S. Environmental Protection Agency, June 20, 1996 Fed. Reg. Vol. 61[31667-31730]. www.epa.gov

4.15 Clean Air Act Section 112(r)(1) – Prevention of Accidental Releases – Purpose and general duty, Public Law No. 101-549, November 1990. www.epa.gov

4.16 California Accidental Release Program (CalARP) Regulation, CCR Title 19, Division 2 – Office of Emergency Services, Chapter 4.5, June 28, 2004. www.oes.ca.gov

4.17 Toxic Catastrophe Prevention Act (TCPA), New Jersey Department of Environmental Protection Bureau of Chemical Release Information and Prevention, N.J.A.C. 7:31 Consolidated Rule Document, April 17, 2006. www.nj.gov/dep

4.18 Contra Costa County Industrial Safety Ordinance. www.co.contra-costa.ca.us/

4.19 Extremely Hazardous Substances Risk Management Act, Regulation 1201, Accidental Release Prevention Regulation, Delaware Department of Natural Resources and Environmental Control, March 11, 2006. www.dnrec.delaware.gov/

4.20 Chemical Accident Prevention Program (CAPP), Nevada Division of Environmental Protection, NRS 459.380, February 15, 2005. http://ndep.nv.gov/bapc/capp/

4.21 Australian National Standard for the Control of Major Hazard Facilities, NOHSC: 1014, 2002. www.docep.wa.gov.au/

4.22 Environmental Emergency Regulations (SOR/2003-307), Environment Canada. www.ec.gc.ca/CEPARegistry/regulations/ detailReg.cfm?intReg=70

4.23 Control of Major-Accident Hazards Involving Dangerous Substances, European Directive Seveso II (96/82/EC). http://europa.eu.int/comm/environment/seveso/

4.24 Korean OSHA PSM standard, Industrial Safety and Health Act – Article 20, Preparation of Safety and Health Management Regulations. Korean Ministry of Environment – Framework Plan on Hazardous Chemicals Management, 2001-2005. www.kosha.net/jsp/board/viewlist.jsp?cf=29099&x=19565&no=3

4.25 Malaysia – Department of Occupational Safety and Health (DOSH) Ministry of Human Resources Malaysia, Section 16 of Act 514. http://dosh.mohr.gov.my/

4.26 Mexican Integral Security and Environmental Management System (SIASPA), 1998. www.pepsonline.org/Publications/pemex.pdf

4.27 Control of Major Accident Hazards Regulations (COMAH), United Kingdom Health & Safety Executive, 1999 and 2005. www.hse.gov.uk/comah/

5 过程安全能力

1995 年 4 月 21 日，新泽西州洛迪一家特种化学品厂的一台装有连二亚硫酸钠、铝粉、碳酸钾和苯甲醛混合物的混合器爆炸。爆炸引发一场严重火灾，造成五名员工死亡、多人受伤。该厂的大部分设施在大火中焚毁，附近其他装置也遭到破坏或重创，经济损失估计为 2000 万美元。据 EPA/OSHA 联合化学事故调查组(JCAIT)推断，爆炸的直接原因是在混合操作期间无意中将水和热量引入与水可反应的物料中。在紧急排放混合器内物料时，物料着火，发生爆燃。根据 JCAIT 的调查，事故的根本原因和影响因素如下：

- 对工艺危险性的分析不充分，未采取相应的预防措施；
- 标准操作规程不健全，培训不到位；
- 混合操作和排放混合器内物料的决策是依据不充分的信息作出的；
- 所用混合器不适合被混合的物料；
- 工厂与混合技术供应商之间的沟通不充分；
- 消防人员和应急响应人员的培训未达到要求。

这个事件说明，过程安全能力的欠缺可能导致企业各层面对危险性理解不足，最终作出错误的决策。例如，在 EPA/OSHA 发布的联合调查报告(见参考文献 5.1)中特别指出：

- 在过程危险识别与分析期间，未能充分地识别和分析危险；
- 操作人员的培训未达到要求；
- 缺乏指导应急响应决策的信息。

5.1 要素概述

开发、维护和增强组织的过程安全能力，是 RBPS *过程安全承诺*原则中的五个要素之一。本章将介绍过程安全能力的含义、过程安全能力的属性以及组织如何增强自身的能力。第 5.2 节介绍了 *能力*要素管理系统的关键原则和基本要求。第 5.3 节描述了支持这些基本要求的工作活动，并根据识别出的风险、资源和企业文化，提出可能适合于各项工作活动的一系列方法。第 5.4~第 5.6 节将包括：(1)提升过程安全能力管理系统有效性的方法和具体程序；(2) *能力*要素的监测指标；(3)过程安全能力的管理审核。

5.1.1 要素定义和内容

开发和保持过程安全能力包括三种相互关联的行动：(1)连续性的提高知识和能力；(2)确保需要信息的人能够获得相关信息；(3)持续应用所学到的知识。

在学习方面，包括为开发、维护或更新知识所付出的努力。它的范围从根据具体要求开发新信息的狭义任务(例如通过开展试验提供危险识别及风险分析小组所需要的数据)，到维护及更新整个组织或化工行业某领域知识库的广义努力。学习方面还包括保存人本知识

(包括接班人计划)的结构性方法。

过程安全能力与 RBPS 系统的*过程安全信息*和*培训*要素密切相关。*能力*要素常常生成新的信息，而*过程安全信息*要素则提供对这些信息进行分类和储存的方法，以便在需要的时候能够调用。过程安全*能力*要素的重点在于组织层面的学习，而*培训*要素则主要阐释为开发和维持每个工人的能力所付出的努力。

*过程安全能力*要素涉及增加知识量，不管是否接到申请，适当时应将获得的最新知识传递给组织的相关部门。最重要的是，过程安全*能力*要素能够支持工艺知识在各种场合的应用，以帮助风险管控和提升工厂绩效。

5.1.2 重要性

虽然重大过程安全事故相对罕见，但这些事故造成的损失可能是巨大的。必须主动学习，不可忽视教训。企业正在以前所未有的速度发生变化。收购、剥离、重组和关键人物的辞职，使得企业比以往任何时候都难以简单地依赖人脑中的知识来保持能力。与此同时，信息技术的发展使得企业能够有效地控制、扩充和管理信息库，并可在任何时候、任何地方获取这些信息。但是，只有有能力的人才能将信息转化为知识。需要强调的是，知识管理，而不是信息管理，才能有助于组织识别和管理风险，保持竞争力。

5.1.3 对象和时间

开发和保持过程安全*能力*几乎可在组织的任何地方实施。观察与分析相互结合，就会有新的发现，组织*能力*便可得到增强，文献检索和参加技术会议等日常任务是一种很好的方式。在高效组织内，学习良机无处不在，需要注意的是，保持和提升组织*能力*是一个持续的过程。

5.1.4 职责分工

*过程安全能力*要素涉及各类人员。多数情况下，会任命一位工程师或技术专家来带领团队，负责收集和维护与某个技术或工艺有关的知识。但是，信息如果不加以利用，其价值是有限的。因此，必须设法在整个组织内收集和利用信息，通过可通过由公司领导、主管人员、工艺工程师、维修人员和工厂管理人员等参与的协同项目和得升项目来实现。

5.1.5 预期工作成果

过程安全*能力*要素的主要成果，是对知识的理解与解读，有助于组织更正确地决策和提高个人在面临异常状况时采取正确行动的概率。它与第 8 章所述的*过程安全信息*要素不同。*过程安全信息*要素主要是收集书面形式的数据和信息。尽管*能力*要素也产生书面记录，但它对其他 RBPS 要素的主要输出是理解。由*能力*要素提供的信息几乎可支持其他每个 RBPS 要素。

*能力*要素与许多其他 RBPS 要素之间相关关联。例如，它直接补充了*培训*要素，后者的重点是个人能力。它还与*标准*要素有关，特别是在与外部组织分享知识、影响行业标准和行动指南等方面。

一般情况下，由*能力*要素产生的最富实质性的工作成果是技术手册。即使大部分所收集的信息涉及到书面文档，但记录经验丰富的员工凭直觉感知或辨识的东西并非总是可靠或可行的。因此，*能力*要素的另一个重要工作成果是有效的管理人员变动的方法。

收集信息所需的费用通常较少。诸如参加会议、阅读论文、支持协同项目(例如 CCPS 物理性质设计研究所)或加入行业技术委员会等活动。相反，改进工艺理解可能需要长期的研究努力。无论如何，将仅由一堆技术论文构成的工作成果送交运行装置的经理、主管人员和技术人员，效益可能微乎其微。为了使投入回报率最大化，信息必须经过评价，与运行装置相关联，并以能支持阅读、追溯和(适当时)应用的形式加以保存。

5.1.6　实施过程

与一些其他 RBPS 要素不同的是，对于“能力如何执行”这个问题并不存在简单的答案。最重要的一个因素是需要高级经理承诺支持学习，以及支持与公司内兄弟单位(或者其他公司)分享工厂装置的新信息和看法。承诺一旦履行，就会产生很多学习和与其他人互动的机会。有些信息只能通过辅导和合作来传递，这两种活动一般都需要得到管理层的积极支持才能确保成功。一个典型的活动是接班人计划，这是一项有意识的活动，旨在确保关键职位由具有专门知识和经验的人出任。

5.2　关键原则和基本要求

一个生产、储存或使用危险化学品的工厂，为实现安全操作和维护，需要建立过程安全能力。即，工厂应通过管理系统实现以下几项内容：(1)帮助组织积极地识别对过程安全至关重要的学习需求；(2)支持组织、员工学习知识或获得重要知识；(3)促进组织具有基于风险的决策的知识能力；(4)与其他工厂(在某些情况下包括竞争对手)分享信息。当开发、评价或改进任何过程安全*能力*要素管理系统时，应遵守以下基本原则：

- 保持有效运行；
- 开展有助于保持和增强过程安全能力的活动；
- 评估并分享成果；
- 调整计划。

每个原则的基本要求将在第 5.2.1~第 5.2.4 部分中进一步说明。第 5.3 节阐述了满足这些原则基本要求的典型工作活动。工厂管理层应评估风险和*能力*要素的改进产生的潜在效益。根据评估结果，管理层应建立一个管理系统或对现有管理系统进行升级，以满足部分或所有基本要求的要求，执行部分或所有工作任务，这将取决于所感知的风险和/或所识别的危险。但是，如果相应的*文化*要素没有使用可靠的管理系统，则这些步骤将无效。如果没有正确的*文化*，即使是最佳的管理系统也不能产生有能力的组织。

5.2.1　保持有效运行

几乎所有公司都声称自己是一个渴望拥有高能力的学习型组织。然而获得成功的公司，都是通过制订目标和计划有意识地鼓励学习的。一般来说，组织要在过程安全能力方面投入，需要满足以下一个或多个条件：

- 某个业务有预期的效益，以及为获得这些效益必须要投入一定的资源；

- 组织本身很重视技术，并特别重视增强其过程安全能力；
- 组织认为，应根据基于事实支持的知识作出决策，组织机构方面的显著改进将促进更好的决策，从而减小风险、提高绩效。

如果没有强大的业务或文化驱动力，当业务遭遇下滑时，以提高组织能力为目标的书面计划和程序会迅速消失。

***制定目标*。**制定的目标需要得到技术和生产组织联合支持(并得到企业重视)，这有助于确保努力产生有意义的结果。相反，如果目标的唯一指标是促使异常损失事件更少发生，管理层将发现很难确定这些努力是否得到回报，同时，也很难维持对这些活动的支持。如果目标可以考核并可与企业总绩效挂钩，则比较容易得到必要的资源支持。

***任命监督执行人*。**保持和增强过程安全能力是每个人的责任，但不可能每个人都拥有很高的优先级。为了解决这个潜在的问题，常常需要指定本要素的总负责人，如由一名技术、环境、安全、健康的高级经理或工程小组承担。其他情况下，这个任务也可分配给一个广受尊敬的高级工程师。在公司范围内任命一个监督执行人有助于确保统一的行动指南，促进工厂之间的信息交流。

***识别潜在收益*。**在多数情况下，洞察和管理风险所做的努力还会产生其他实质性收益。例如：如果缺乏同类装置的相关知识经验，则可能导致过程安全事件反复发生，也可能会导致低收率、产量、高维修费用、质量缺陷增加和客户投诉增加等，从而给企业带来更频繁的损失。事实上，如果不能同时保持和增强对公司有益的工艺装置总体知识，则很难保持过程安全能力。因此将保持和增强过程安全知识与保持和增强整个组织能力紧密联系在一块，才会产生更好的经济效益。

制定学习计划。当建立了目标，确定了责任人后，应确定为达到该目标所需要的资源，并同时关注预期收益与所需资源/投资的价值之比。David Garvin 将学习计划表征为：

- 积极提出不确定的问题：“我们还需要知道其他什么信息和这一信息可能产生什么收益?”
- 确认每种不确定性的假设。
- 通过实验和学习，提出测试每种假设和解决每个关键的不确定性的方法。
- 对假设-测试任务进行排序，确立最优实施路线(尽快、尽可能低成本向前推进)。
- 记录学习，保持*能力*，并为未来的学习计划提供参考(见参考文献 5.2)。

此外学习目标能否实现还取决于责任人任命、目标转化为具体的行动说明、预期收益和预算的编制等。

倡导学习型组织。鼓励建设一个学习型组织，有助于创建、获取、解读、转化和保存知识的活动。学习型组织善于将新知识转化为新的行为方式并管理学习过程，从而突出重点，使目的更明确。学习是通过计划和跟踪明确的需求而产生的。

David Garvin 为学习型组织定义了以下六大特征：

- **承认并接受差异**，支持对不同的意见和数据进行讨论和评价。
- **及时提供反馈**，并且采用灵活的方法开展工作活动。如果提出了一种可能更好的新方法，则及时对当前的方法进行评估。
- **鼓励新的想法**，提倡跨跃式想法，以改变对风险的理解和提升操作效果。一个小小的增量改变，在开发和保持*能力*及管理风险方面可能起到很大的作用，但是增量方法不能排除新的思维和行为方式。

● **保持对外部的关注**，对组织外部提出的想法或方法不擅自打折，而是通过评价来确定它们是否符合本企业的实际与目标。同样，当研究行业内先前的事故时，一个学习型组织会意识到“它可能会在本企业发生”，并采取措施来预防事故，提升安全水平。

● **容忍误差和错误**，但要从中吸取教训。显然，导致严重后果的错误是不能容忍的，但如果不鼓励创新、分析错误和倡导进一步学习，将有碍于改进。凡事不能过分苛求完美。

● **建立并定期更新学习计划**，确保将努力的重点放在提高能力上，并重新确证学习活动的成效和预期费用。

Garvin 进一步确定了组织中经常遇到的五大“学习障碍”。当组织出现这类学习障碍迹象时，应及时发出警报。它们是：

● **盲点**——狭隘的视野，错误的假设，破坏性的技术。
● **过滤**——忽略或不重视与现有范例不相符的信息。
● **缺乏信息共享**——无效的共享，信息囤积。
● **错误解读**——缺乏逻辑性，情绪性偏见，事后诸葛亮。
● **不作为**——无能为力或不愿意行动。

5.2.2　实施有助于保持和增强过程安全能力的活动

仅仅靠人、预算、规划和目标，是不足以产生积极的改变的；必须通过具体行动改进能力。

任命技术代表。任命一个技术代表负责保存工艺装置的共同知识，包括与过程安全相关的知识。一般情况下，该技术代表可为与该工艺及其技术密切相关的高级工程师或技术专家。同时，一个人的技能不可能覆盖所需要的各类知识和经验，任务常常涉及到由其他人承担的协调工作。

在一些情况下，这个概念可拓展到对保持和增强能力至关重要的各个技术领域。例如，企业任命某位公司代表负责材料科学/腐蚀工作。还有许多其他技术领域，任命技术代表对于开发专业技能是至关重要和持续有效的。在有些情况下，公司还会致力于通过合资项目推动行业，例如支持专业学会和协会发布规则、标准和建议等行动指南。

以文档形式保存知识。维持和分享知识的一种方式是将信息收录在技术手册中。技术手册通常参考内部设计标准或外部规则/标准，这有助于保存设计团队的思考过程。理解设计人员的初衷，对于设计变更的评估是至关重要的。当前在许多情况下，技术手册完全是电子格式的，有时还与相关文档之间存在超链接。

在这个剥离、收购等瞬息万变的时代，以文档形式保存专业工艺知识越来越重要。在一项剥离中，只需大笔一挥，就能终止了解项目工艺知识及专家意见的过程。同样，一个专业的买家会评估一个拟收购项目的所有方面，包括伴随有形资产而积累的知识和专业能力。如果收购对象没有保存知识和专业能力，则资产将贬值。

确保信息可被查询。作为过程安全*能力*要素工作活动的一部分，收集的知识要想有用，必须是可以查询的。它们与*过程安全信息*要素（见第 8 章）收集的信息之间有一个明显的区别，即储存在过程安全文件夹中的数据要求有更高的结构性。例如，如果一个工艺工程师对紧急泄压系统的设计存在疑问，他需要知道（1）该数据存在；（2）该数据作为过程安全信息，

存在哪个文件夹内。与此相反，如果一个工程师负责评估某个房间是否适合作为避难所，该工程师不太可能知道在2001年的CCPS会议录中有介绍避难所地点选择技术的论文，同时该工程师也不太可能知道该书可以从公司办公楼的中心图书馆中借阅。因此为了便于查询相关信息，必须对信息进行分类或编制索引。

大部分管理机构将信息保存在他们的内部网站上，利用搜索引擎来查找相关文档。同样，组织也将信息保存在内部网站上，利用搜索引擎的检索功能查找相关文档。

提供结构性的目录表。即使信息在开发或发现时进行了良好的通报，但是可能不会立即出现信息需求。因此，一个良好的新信息通报方法固然重要，但并不足以确保在需要时可以获得信息。

在过去，信息由一个固定的团队来管理。大部分人终身供职于一家公司，并且通常在工厂的同一个业务部门。公司会聘用图书馆员或记录员来帮助保存和管理信息。在将来，这个岗位很可能被高效、高智能检索软件工具所取代。如何在这个瞬息万变的时代管理信息是当前的挑战。常用的方法是提供一张结构性的目录表，其中列出一组标准化的技术问题/内容，并可链接到相关文档。而另一种较先进的用户友好型(但也是维护密集型)的方法是提供嵌入式链接，使用户能够快速跳转相关文档。这类链接可配备指针或电子超链接，假设相关文档中也包含链接。这种方式与通过一个单独的指针访问文档(例如，与图书馆中央卡片文件中的一个单独的参考文献类似)相比，用户通过登录该信息网站查询相关信息的可能性更大。

将知识传递给合适的人员。建立和维护过程安全专家库，为在公司内“传播”新信息提供了一种方法。一个组织，如果所有层面都理解了“什么可能出错、如果出错后果如何、出错的可能性有多大、可以或应采取哪些措施来管理风险”，与那些放任员工自行操作或未意识到风险的组织相比，会更有效地管理风险。但是，最有效的方法是，沟通必须是有针对性的、潜在有用的和技术合理的。列入进行新知识如何应用的研讨会，可为知识的学习、网络化管理和一致应用提供机遇，这也有助于使新信息具有清晰性和脉络性。大量的通报工具，例如电子邮件，是有效的，但如果滥用，将会变为无效。

应用知识。即使企业鼓励储备有用的信息和倡导学习，但如果不正确应用，几乎毫无意义。作为学习事件的一部分，或作为改进知识、提高理解能力或组织能力的一部分，工厂还应确定任何可能的后续步骤。尝试制定可传递真正价值的学习计划，并进行审查，有助于组织更好的管理风险，优化操作，并为将来开展类似的活动提供案例。

更新信息。及时更新最新信息比提供用于检索的结构性目录更加困难。这个任务对于定义严谨明确的文档(例如操作程序或工程图纸)比较方便。但是，对于一些或由第三方发表的结构零散的技术信息较难更新。例如，如果一个装置改变了某个反应所用的催化剂，可能会编写新的化学品安全技术说明书，更新配方、程序和培训教材，这些改变需要通过*变更管理*要素授权和记录。但是，催化剂有关的符号有时是手写在催化剂供应商技术手册中产品处置指南部分。当需要对催化剂变更进行授权时，这类专属信息很可能被忽略而未得到更新。

提倡人与人之间的交流。工人必须应用规则、技能和知识来成功执行日常任务。规则可以通过阅读掌握，技能可以通过实践形成。但是对于识别危险和管理风险至关重要的知识和理解，通常需要与业务专家进行互动。这种互动为员工提供了一个机会，使他能够一方面

观察专家如何处理信息，另一方面更好地理解哪些问题专家认为至关重要的，以及专家如何和为什么识别这些重要问题。

制订人事变动计划。公司通常需要通过接班人计划来保持知识资本。这涉及确定组织内的重要岗位，特别是那些要求特殊技能或经验的岗位。一旦这些岗位被确定，管理层将开展以下工作：(1)确定某在职人员一旦退休、辞职或发生其他人事变动，组织内有谁能够接替他的职务(有时任命不止一个可能的接任者)；(2)尽可能以无缝衔接的方式对已确定填补空缺的员工进行培训。这个培训过程可能需要数月或数年，一般要比在职人员选择新职位时所需要的时间长得多。如果未制定人事变动计划，不仅会增大风险，而且当有知识的工人离开时会造成明显的损失。

从外部资源收集知识。一个人或一个组织是无法垄断知识的，也不可能拥有与某个操作有关的所有答案。即使工厂没有直接的竞争对手，管理风险的系统和方法可能也会被作为公司内或行业内其他组织的基准。

正如 Cole 和 Klein 在《怎样成为一颗安全之星》的论文中所指出，任何一个人或甚至任何一个组织，都不可能拥有所有问题的答案(见参考文献 5.3)。但是，各种风险都必须加以管理。Cole 和 Klein 建议，安全绩效主要管理人员有权访问涵盖各种专业领域的团队，通过这些团队的链接了解更广泛的信息。

AIChE，以及化工行业的许多部门一道，长期以来一直倡导跨界学习，特别是在过程安全领域。比如：(1)由 AIChE 主办的每年氨安全研讨会，(2)氯气学会，(3)许多化学品生产商协会(包括生产或使用丙烯酸酯、甲基丙烯酸酯、氰化物、氨和乙烯等化学品的公司)。此外，一些公司积极提倡将其安全管理系统与核能或航空工业的对应系统相比较，以激发新思维。

5.2.3　评估并分享成果

良好的管理系统具有计划-执行-核查-行动的特点。在一些情况下，这些步骤很明确也很难遗漏。如果工厂通过一个项目将装置产量提高 20%，在速率增长的情况下，既定的“核查”步骤，会融入项目之中。但是，这个模式一般不适用于过程安全*能力*要素的提升活动，因为组织一般不考虑收益，会继续为提升活动提供资源。如果公司定期检查过程安全*能力*要素提升活动产生的价值，则更有可能保持活动的生命力。

评估现有努力的成效。评估*能力*要素各种活动实现的收益，需要从以下 2 方面定期评估这些活动：(1)是否满足既定目标；(2)能证明资源需求的合理性。

了解运行装置的需求。工作活动常常由工艺工程师、业务专家、多个工厂或一个大型工厂内多个装置的过程安全专家来实施。*能力*要素目标与运行装置之间的密切配合，有利于确保*能力*要素提升活动能够成功，也有利于加强过程安全专家与运行团队之间的关系。

5.2.4　调整计划

定期(例如每年一次)审核提高过程安全能力的活动状态。一方面关注当前正在顺利开展的工作，另一方面重点关注即将到来的挑战；修订计划活动更加适用于需求。这个管理审核活动将在第 5.6 节中论述。

5.3 可能的工作活动

RBPS方法建议，每项工作内容的深度要求应根据风险和所需的资源而确定，并与工厂文化相一致。某项工作内容的深度要求因各个工厂而异，同时即使在同一个工厂内，也可能随装置或工艺区域不同而发生变化。因此，在制定一个基于风险的过程安全管理系统时，读者应遵循以下步骤：

1. 评估工厂风险，同时调查工作内容所需资源与现有资源配置状况，以及工厂的安全文化。具体情况见第2.2节。
2. 评估执行过程安全能力各项关键原则的潜在收益。过程安全能力关键原则详见第5.2节。
3. 根据第1和第2步的结果，确定过程安全能力的基本要求(第5.2.1~第5.2.4部分所述的基本要求)，合理地管控风险。
4. 对于将要执行的每个基本要求，确定执行方法，选择本节所述的相应的工作内容。请注意，这些工作内容不可能对所有行业都是全面的，读者可能需要增加某些工作内容或修改本节所列的部分工作内容。
5. 对于将要执行的每项工作内容，确定所要求的深度水平。本节所列各项工作均设有两到五个具体实施方案，工作标准依次提高。每项工作采用序号标识，具体实施方案采用字母标识。

备 注

相关法规可能具体规定了过程安全管理系统规某些要求或工作内容，或为特定工作内容规定了最基本的详细程度。因此，过程安全管理系统的设计和执行应同时遵守法规要求和本书中提供的指南。

5.3.1 保持有效运行

制定目标

1. 为保持和增强过程安全能力，制定一组可考核的目标。
   a. 确定总体目标，但不将其转化为可考核的个人目标。
   b. 将一些目标纳入关键人物的年度绩效计划中。
   c. 为一个或多个部门制定目标，并广泛地宣传这些目标，以及在实现每个目标的过程中所做的定期更新。

任命一名监督执行人

2. 为保持和增强过程安全能力的活动指定监督执行人。
   a. 过程安全能力通常仅限于确保符合法规和工业标准明确规定的能力。
   b. 保持过程安全能力的责任被特别列入过程安全管理协调员或过程安全管理工程师的职责说明中。
   c. 保持每个要素过程安全能力的责任被列入组织内适当的业务专家的职责说明中，

例如，指定一名可靠性高级工程师对改变的检查方法进行评估，并适当引进新技术。

d. 保持过程安全能力的责任由一名高级经理监督执行，他受到代表公司各个职能部门的官方支持。活动与努力应无缝融合，以保持和增强组织在核心领域的总体能力。管理层定期审核既定目标的完成情况。适当时将个人贡献也纳入绩效目标中，作为公司绩效管理过程的一部分定期审核。

识别推定效益

3. 将保持和增强过程安全知识的努力与支持近期业务目标的活动相联系。
   a. 效益主要体现在事件或未遂事件发生率的降低，或法规符合性的提高，在过程安全能力与业务其他方面之间不存在明显的联系。
   b. 虽然有一些联系存在，但该努力主要由预期效益所驱动。例如，由一个可靠性小组进行一项研究，以确定延长安全阀的测试间隔时间是否会超过既定的风险容忍标准。
   c. 组织采取一种整体方法来保持和增强技术能力，增强过程安全能力的活动是实现业务目标总战略中的一部分。

制定学习计划

4. 根据确定的目标，制定相关活动或计划，以提高能力和实现组织目标，同时为该计划提供资金。
   a. 已制定提高能力的正式目标，但未对实现这些目标的活动编制预算。
   b. 已制定目标并划拨了所要求的资源和费用，但未对运行工厂实施的新活动划拨费用。
   c. 已制定目标，并支持为完成目标开发的新活动。
   d. 已确定完成目标的具体活动，并为其配备了资金和人员。
5. 为过程安全能力要素相关活动制订更长期(例如3~5年)的计划。
   a. 已制定部分目标，并且有些经理心中已有长期改进愿景，但是未制定书面战略规划，也未对支持目标的活动编制预算。
   b. 已制定计划，并根据所预期的投入回报情况对支持该计划的活动给予支持，或根据具体情况拨款。
   c. 提高过程安全能力的书面计划被纳入业务部门的战略规划中。为支持计划的执行，已编制支持开发和实施新活动的预算。
   d. 除了(c)项外，指定关键人物负责支持长期规划，并确定预期成果。

倡导学习型组织

6. 制定组织目标，开展有助于创建、收集、解读、传递和保存知识的活动。
   a. 管理层支持个人通过学习提高能力的活动，特别对在人工时/资源方面做出突出贡献的个人。
   b. 组织赞赏和评价能够促进学习的活动，并充分支持由组织内个人发现的机遇，但整体根据目前已制定的管理策略，通过学习来提高总体组织能力。
   c. 组织敏锐地认识到学习与能力之间的联系，努力识别能通过学习提高能力的机遇，评价可能实现的收益，并在此基础上制订和投资一些计划，以鼓励有目标的学习。

5.3.2 实施有助于保持和增强过程安全能力的活动

任命技术代表

7. 为公司的每类工艺装置任命一名技术代表。
   a. 由每个工厂的生产或设计经理负责保持和增强工艺技术知识。
   b. 任命高级工程师或科学家来保持过程安全 *能力*要素的技术知识，例如紧急泄压阀、催化剂等。但是，未建立相应的正式系统来任命技术代表(即专家)。
   c. 对每类工艺装置任命一名技术代表，主要帮助排除工艺装置故障和实施具体的改进项目，信息大部分保存在这个人的记忆中和/或个人文件夹内。
   d. 对每类工艺装置任命一名技术代表，由一个能代表组织各个职能部门的正式关键人物对其提供支持。根据该技术代表及关键人物取得的工作成果制定改进目标。
   e. 除了(d)项外，任命一名技术专家主动监测与过程安全有关，特别是与公司或工厂操作工艺有关的潜在的标准变更。(这项活动常常与“开展标准符合性活动”的关键原则下所列的 *标准*要素活动有重叠)。
8. 任命一名技术代表负责更宽泛的、对公司至关重要的技术领域，例如腐蚀、静设备的检查、动设备的预警、粉尘爆炸危险等。
   a. 这个活动的大部分工作由希望在某一特定领域拓展个人能力的高级工程师发起。
   b. 由技术经理日常审核公司能力(包括过程安全能力)，任命技术代表或根据需要调整现有任命。

以文档形式保存知识

9. 编写技术手册，以文档的形式保存工艺装置历史数据以及对保持过程安全能力至关重要的知识。
   a. 工艺装置知识主要保存在工厂工程师文件夹内，工艺装置历史常常仅限于由长期员工保存的知识。书面历史信息仅限于诸如事件调查记录、变更日志、设备检查记录等项目，其中部分记录定期清除。
   b. 所有与工艺装置有关的重要报告和工程文档的副本保存在指定的位置，例如特定的文件柜，该文件柜由技术代表保管。
   c. 利用一个正式系统来收集文档，然后为文档编排索引或以可调用的方式保存，一旦申请即可获得。
   d. 技术代表积极参与工艺装置信息的汇编，包括与过程安全有关的信息。由这个人保存受控的信息登记簿，供所有受影响的个人/组织(例如生产、维修、工程、研究和开发)使用；并由他安排时间定期收集公司内外的新信息，对登记簿进行相应更新。
   e. 由技术代表负责以可调用的方式保存过去的设计、操作和维修决策的依据。例如，在某个程序上加上一个注释：“由于我们从阀门制造商处收到的关于……的信息，所以增加了本程序的第 4.3 步”；或通过加一段话说明使用了一个特定的部件：“因为装置 X 的一个电动阀发生故障，造成……所以我们在此特别使用了带气动执行机构的 NAMCO 阀。”
10. 控制技术手册变更。

a. 不存在正式的手册或中央信息汇编本，但是，许多文档保存在个人文件夹内，技术代表试图保存最新记录。

b. 对文件夹的访问受到物理锁或受保护的电子文件夹的限制，但是，有很多人员具有访问权限。未指定具体某人作为“守门人”，来负责确证手册中增加的信息。

c. 利用一个非正式系统来控制技术手册的变更，例如普遍的做法是在技术手册变更之前与技术代表商量。

d. 技术手册被列入工厂正式文档控制系统的范围内，已建立一个技术手册变更审核和批准程序，其中包括由“拥有”手册的技术代表审核/批准。

确保信息可被查询

11. 以工厂可以检索的方式保存可获得的信息。

a. 将信息固定保存在一个位置，并为其配备文件夹/文档登记簿。

b. 编制一个登记簿，将大部分信息保存在计算机网络上，可从公司内任何地方进行查询。

c. 将大部分信息保存在公司网络上，可从公司内任何地方进行查询。此外，配备文档登记簿和关键词或词组等检索方法。员工清楚地知道，当需要时，技术文件可以查询，信息可以共享。

提供结构型目录

12. 提供一种能快速找到技术信息的方法，以方便现有信息的维护，并以合理方式保存新信息。

a. 以最方便的数据形式收集和保存信息，例如，工艺装置历史数据和事件报告按照日期保存，活性等危险信息保存在关于紧急泄压系统设计的工程文件夹中。

b. 在公司内规定一种通用的标准数据结构，相关文档按照这种结构列出，日常补充或调用文档的技术人员熟悉并帮助维持该结构。

c. 在相关文档中包括有效的链接或交叉参考，这些链接被日常维护和更新。

d. 除了(c)项外，任命一名数据管理员来管理信息/数据。

将知识传递给合适的人员

13. 主动将重要安全信息传递给可能受影响的工厂和关键人物，不依赖他人来发现对某种信息的需求。

a. 定期将生产操作人员和主管人员的初训和复训的内容与技术手册中的信息进行比较，必要时进行更新。

b. 将最近生成的信息发送给负责更新程序和培训手册的人员，但是这种通报是单向的，除非接收人要求澄清。

c. 对技术支持人员进行初级和进修培训，以确保他们了解技术手册所包含的信息，以及这些信息的结构如何。以及时、有针对性的方式，将新信息传递给所有受影响的人员。

d. 以有利于讨论信息和它们在工厂中应用的方式执行(c)项。例如，在公布泄压阀新设计标准的同时举办研讨会，工程师们可在会上向业务专家质询。

应用知识

14. 制订和定期审核工艺装置新知识应用情况，以更好地管理风险、提升操作绩效或达到其他一些重要的组织目标。

a. 对改进知识的机遇通常给予支持，但员工并不普遍期望制订具体计划来应用新知识。

b. 管理层大力表扬通过新知识或学习事件产生实质性效益的事例。

c. 组织的所有层面期望应用新知识，在每次重要的学习事件之后，制订和执行书面行动计划。

d. 除了(c)项外，管理层定期检查应用知识所产生的效益，并部分依据先前努力的效益，确定将来活动的优先顺序。

更新信息

15. 除了控制变更外，当信息已经失效或受到工艺变更的影响时，对信息进行更新。

a. 由技术代表每年审核变更日志的副本，以确定技术手册哪些需要变更。

b. 如果相关部门认为变更足以影响手册并且向技术代表提供变更细节，则由技术代表更新信息。

c. 将所有变更通知技术代表。除了履行与变更授权有关的所有职责外，技术代表还确定是否应更新技术手册。保持技术手册处于最新状态所需要的行动是*变更管理*要素的组成部分。

d. 除了根据工厂所作的变更或生成的新信息修改技术手册外，技术代表还根据工厂外发生的事件，例如事件或新技术开发，修改技术手册。

提倡人与人之间的交流

16. 由技术代表安排时间亲临操作装置现场，对每个装置的当前操作情况获得第一手资料，以提出安全改进的可能性事件。

a. 保持和增强过程安全能力在很大程度上是每个工厂操作团队或工程团队的责任。

b. 当工厂人员无法解决与工艺有关的问题或判明某个特别重要的事件的原因时，指定具体“专家”，接受咨询。

c. “专家”与生产装置之间的互动是日常工作，最常发生在装置试车或新设备投运时。

d. 技术代表与工厂人员的互动是日常工作。

制订人事变动计划

17. 在接班人计划中考虑个人和组织能力。

a. 制定接班人计划，对高级经理进行培训；在该计划中，大部分人至少有一次被委派参与过程安全实践。

b. 制定接班人计划，对生产经理和技术人员进行培训。在计划中正式要求任职者至少有一次被委派参与过程安全实践。

c. 制定接班人计划，传达到组织内所有部门，并扩大到生产和维修主管人员、操作人员、技能人员和维修计划员等岗位。

d. 按(c)项所述已制定接班人计划，所述计划目标包括在过渡期间保持组织的能力和重要知识；并使能力随时间而增强。

从外部资源收集知识

19. 参加行业协会和通过其他途径了解别的公司如何实施过程安全管理。

a. 管理层原则上支持不固定地出席技术会议和交流会，除非绩效极为不佳。

b. 鼓励参加技术会议和交流会。

c. 鼓励某些员工在技术或贸易协会中担任领导职务，以使公司通过公布它所掌握的最佳实践或参与规则、标准或导则的制定，与其他行业成员分享信息；并及时了解业内其他公司的动态。

5.3.3 评估并分享成果

评估现有努力的成效

20. 定期将能力改进总体计划中制定的目标与支持*能力*要素的工作活动所取得的效益进行比较。

a. 没有制定正式计划或目标，而是通过一种管理审核程序来定期检查活动所取得的效益。

b. 一些目标被纳入关键人物的年度绩效计划中，作为个人年度绩效考核过程的一部分审核其进展情况。

c. 保持和增强过程安全能力的努力状态，是管理层定期会议上的一个永久议题。

d. 利用一个正式的管理审核程序来确定已取得哪些可考核的效益，并将实际效益与制订计划时确定的目标进行比较。

了解运行装置的需求

21. 在确定*能力*要素工作活动的目标和评估其成效时，向运行装置层面的人员征求意见，根据他们的观点确定哪些需求仍未得到满足。

a. 根据过程安全专家的对运行装置的实际需求建议，确定是否要继续执行特定的活动，以保持或改进过程安全能力。

b. 在项目审核会议上，技术组织提出意见，由高级生产经理确定哪些意见是合理的投资。

c. 过程安全专家和其他技术人员与运行装置合作，以识别需求，理解满足该需求可产生的潜在效益，并根据对风险的理解和该计划对风险的影响，发起新的活动或继续现有活动。

d. 根据(c)项所述工作的结果，由高级生产和业务经理监督执行具体活动。

5.3.4 调整计划

22. 根据运行装置高级管理层和关键人物的定期审核，调整计划或划拨给各个计划/活动的资源。

a. 管理层支持保持和增强过程安全能力的努力，但是在企业绩效不佳时仍存在削减所有*能力*要素活动资源的倾向。与此相反，当企业绩效极佳时，管理层很容易在未仔细查看预期效益的情况下就追加资金。

b. 以一个固定资源的水平为过程安全部门调配人员和资金(可能因为通货膨胀而调整)，并以合适的比例分配给*能力*要素提升活动。

c. 制定一个正式的程序来定期评估和调整优先顺序和资源，以合理、透明的方式调整提供给支持*能力*要素活动的资源。

5.4 提高效能的方法示例

本节提供了一些案例，这些案例做法能有效改进与过程安全能力提升有关的工作内容，并经工业实践证明可行。根据第5.2节中的关键原则，这些案例可分为以下两类：

1. 能够提高过程安全能力工作绩效的方法；

2. 提升过程安全能力管理的效率，在保持过程安全能力管理绩效水准的同时尽可能降低资源消耗。

这些案例均源于工业实践、行业研讨会和CCPS会员单位。希望改进管理系统和本要素相关工作活动的读者，应检验这些方法，评估自己企业当前管理系统和工作活动的绩效和效率，然后按照第2.1节所述的基于风险的原则，选择和执行改进措施。

5.4.1 保持有效运行

指定一名公司责任人分管过程安全能力计划的每个要素

由这些责任人促进信息分享和交叉学习。支持某个工厂的要素责任人为相关活动的公司领导。在大多数情况下，这些公司要素责任人在每个工厂建立一个要素责任人网络，由责任人网络对普遍关心的问题进行审核、确定优先顺序并处理。

指定技术代表负责过程安全管理中的技术部分。由这些代表负责维持组织内与特定过程安全有关的知识。很多组织特设常务工作组或将责任分配给某个高级工程师，由他保持组织在特殊领域的共同能力，例如化学品活性、紧急泄放设计(特别是对于可能涉及失控反应的场境)、易燃性和防火等。

指定某人跟踪业内其他公司、行业组织的信息动态和技术文献。由这个人负责收集事故教训或可能与公司运行装置有关的其他技术信息。如果这个责任未正式落实到具体某个人，许多宝贵的教训可能被忽略或组织有可能有多人犯同样或类似的错误(这个活动常被纳入技术代表的职责范围)。

指定组织内一人或多人跟踪事故、新技术进展和其他信息。在可能的信息源列表中包括电子出版物，例如CCPS的《过程安全信标》和《过程安全进展》、化学安全局的《新闻通告》及许多类似的服务。但是，如果将跟踪这些新信息源看作是每个人的责任，则有可能变成没人感觉到他个人对这项任务负有责任，进而导致重要的信息可能被忽略；或者由于多名工程师同时跟踪、检索和试图解决同样的问题导致人员时间浪费。选择合适的人选承担这项活动，有助于减少忽略重要问题的可能，同时不会对总体人力产生明显的影响。

为新任装置经理和主管人员制定装置专属培训模块。主管人员和装置经理常常在未接受有关工艺、工艺危险性或对保持安全至关重要的正式系统培训的情况下被调往一个新岗位。第5.2.2部分描述的技术手册提供了一种以简单明了的方式保存这一信息的机会。尽管已有通报工具，新任命的经理和主管人员也必须尽快了解工艺危险以及在风险管理方面至关重要的控制方法。

为新工程师开设过程安全课程。刚毕业的工科大学生很少了解过程安全的管理系统和相关技术。不能指望新工程师能够简单地获得这些信息，如果不学习，其后果可能会因重新设计工艺或安全系统造成经济损失或导致重大人员伤亡。一些公司为新进员工制定了正式轮

岗培训计划。例如，新进人员可在四个职能区中的每一个岗位工作6个月，以形成对组织较为完整的了解。在部分工程师的轮岗培训中增加过程安全职能，可为组织培养出充分了解过程安全的员工。

定期举办过程安全相关主题的技术研讨会。对新工程师，除了结构化的培训课程外，定期邀请专家就组织内广泛感兴趣的过程安全相关主题举办研讨会和培训。

将本厂过程安全计划与其他厂或公司进行基准比。没有哪个工厂能够垄断过程安全能力，任何工厂都可能从其他工厂找到可借鉴的地方。一些公司制定了结构性的比较计划，而另一些公司则打算下一步实施；他们将这些计划与业内其他公司运行的类似工厂进行比较。由于公司对于防止竞争对手获取商业秘密信息是很敏感的，这类比较通常会受到限制。但是，组织可采取以下两种可行的方式：(1)与附近工厂的代表会面，就一个特定的过程安全活动进行讨论，例如评价当地承包商的绩效；(2)邀请同行业公司分享已证明有效的活动或系统细节，例如，*变更管理*要素的某个特定方面。

5.4.2　实施有助于保持和增强过程安全能力的活动

指定技术代表。由这些人负责收集、组织和保存公司内与某个特定类型装置有关的所有技术信息。

建立技术中心。由每个中心负责过程安全的不同方面，一些中心可用虚拟形式代替物理形式(即人员不集中在一处，但是组织可无缝隙运作)。

这种方法对于处理大部分工厂共有、且需要基于专用技术认知的问题特别有效。例如，公司常常指定一个人或一个小组作为公司的技术中心，设计紧急泄压系统、防止粉尘爆炸、测定热量、减小静电危险和防止火灾。在许多情况下，应用同一概念实施风险分析，并由一名受过特殊培训和富有经验的专家或中心小组来领导定量风险研究。如果一个公司选择建立技术中心，应对这个中心进行广泛的宣传。

持续对过程安全研究和开发工作进行投资。在方案合理的基础上，投资开发过程安全研究适用的计算机模型、分析方法或其他能够提高过程安全效率的工具。Steven Covey在其《高效人士的七个习惯》一书中说明了“磨快锯子”的重要性(见参考文献5.4)。使用磨损的工具或错误的工具，即使在最好的情况下，也会对生产力产生不利影响甚至可能导致劣质的工作成果。在过程安全领域，有效的工具可显著提升绩效，例如，一种能快速准确地预测气体下沉对公众影响的大气释放模型，可为应急响应人员提供有价值的信息。

维护详细的内部网站，向企业所有工厂的所有员工提供过程安全管理工具和信息。这个网站可能包括关于当前和历史绩效、每年目标、关键资源、所有RBPS要素专家、培训计划、与其他数据库的外部链接、事件趋势、工具、危险识别和风险分析检查表、开车准备等信息，以及支持*资产完整性*要素的技术信息和任何必要的其他信息。其内容应包括每一个RBPS要素，由一名指定责任人/内容代表定期对内容的准确性和适时性进行审核。

采集各种培训计划样本，一旦作出决策保持统一形式。组织常常通过培训来开发和改进能力，大部分改进能力所需的培训由外部公司提供。外部培训可能十分昂贵，在进行较大投资前可考虑通过小规模试验来测试培训计划。这样组织便可评价各个计划中所提出的方法的成效，评估计划的总体适用性，确定在哪些方面必须定制或修改培训，以与组织内部的惯

例做法保持一致。但是，一旦选定了某个培训计划，应确保员工参加被批准的培训计划，从而采取统一形式来处理组织内安全或相关问题。

*在培训和类似活动中加入先前事件的教训。*许多公司会发送一封电子邮件或类似的通告，列举从每个事故中吸取的教训，但是该通报仅发送一次，而且通常是不及时的。例如，从维修停车事故中所吸取的教训应在停车之前审核，而不是在最初收集或发布信息时审核。

另外还可将先前事故的来龙去脉加到培训中，以强调程序的重要性。例如，对由于未遵守某个步骤而导致的一次事故进行简短的说明，有助于吸引受训人员的注意。这还有助于将死记硬背工作转化为理解。

许多工厂要求主管人员或高级职员举行每日或每周安全交流会。向参加培训的人员提供授课资料，确保教训不被遗忘。

*确保培训计划中包含了对过程安全能力十分重要的议题。*为了确保操作活动中的能力，公司常常要花相当多的时间和精力为操作人员和技能人员开办初训和复训课程。为过程安全协调员、工艺危险分析团队成员或团队领导、事故调查组成员或领导开办正式的培训课程(除了经验和技能要求外)，可能会产生类似的效益。

*经常召开过程安全交流会。*过程安全事件通常是偶发事件。保持能力的一种方法是定期交谈什么方面可能出错，并强调工厂现有的重要安全措施，以帮助防止或抑制诱发事故的场景。将这些安全交流会作为一种双向互动活动。例如，陈述与某个事件有关的事实，要求小组成员根据他们的知识和经验来假定事件可能已发生，并提出一些在事故发展期间会失效的技术或管理控制措施。为了使效果最大化，提出问题供小组在轮班内讨论；第二天再召开会议，讨论小组所得出的结论，如果安全交流会所依据的是真实的事件，将小组结论与实际发生的情况进行比较。可将这个概念扩大到要求小组回答工艺专业问题，例如，“为什么在将下一批物料加到混合罐之前我们总是要检查罐内的 pH 值?”，特别是当与高(或低)pH 值有关的危险并不明显或未被很好地理解时。

*保持公司传承的生命力。*除了举办过程安全课程和经常召开过程安全交流会外，还应设法帮助组织记住特定的过程安全教训。例如，让每个工厂编写一份简介，并在公司的所有工厂之间分享。在每个轮班开始时利用这些故事作为“工具箱”或“五分钟”安全交流会议题，将能产生以下效果，(1)增强员工的安全意识；(2)帮助公司保留安全教训记忆；(3)为安全交流会提供相关主题；(4)减轻主管人员每日提供安全议题的负担。

5.4.3 评估并分享成果

*如果可能，以可考核的指标来表示目标。*本要素某些方面的目标具有独立的考核指标，但在许多情况下，软措施必须满足要求。例如，比较简单的是，确定新工艺工程师的培训课程是否满足过程安全要求；稍为困难的是，确定培训课程是否 充分满足过程安全要求；更加困难的是，衡量本活动的投入回报率。但是，一些活动，例如任命一个技术代表和编写一份技术手册，应有利于改进已确定的指标，例如产量、收率和设备利用率。只要能在传统指标与过程安全能力作业活动之间建立联系，该指标就会产生积极结果；如果绩效在没有明显原因的情况下恶化，则需要仔细检查支持 RBPS 活动的效能。

5.4.4 调整计划

将增强能力纳入公司的战略规划中。 由高级管理层仔细审核战略规划并定期更新。如果业务部门认为保持过程安全能力是重要的，它会希望制定改进计划，并定期调整计划，以取得与业务其他重要方面一样的结果。

5.5 要素指标

第20章阐述了如何以及何时利用指标来适度提高绩效的方法。本节将列举若干个指标实例，说明它们如何用于监测过程安全能力要素的健康状态，并按照第5.2节中提及的关键原则进行了分类。

除了明确关键核心指标外，还需要定期对指标进行跟踪和考核。有时，指标所需信息比较简单，例如员工总数指标。而有些指标需要多个参数才能拿确定，如员工的平均工龄指标，需要利用多名员工的工龄数据来计算平均工龄。部分指标用于跟踪动态变化率，如员工离职率指标等。动态变化率甚至可能是工厂最为关注的数据指标。由于工厂情况千差万别，需要自行确定指标的跟踪方法和考核方法，保证工厂RBPS管理系统的健康运行。

5.5.1 保持有效运行

- ***将实施学习计划相关活动的实际支出与预算进行比较。*** 相比于感觉，实际培训及学习活动的强度大小与部门绩效的关系有时更为密切。如果支出与计划明显偏离（高或低），应进行检查，以确定支出的增加是否真正产生了价值；或者支出的减少是否降低了组织的过程安全能力。
- ***将增强过程安全能力的目标纳入每位经理、主管人员和技术人员的个人绩效计划中，并注意随时间的变化趋势。*** 将过程安全能力目标纳入每年的绩效计划（或个人目标），有助于确保将过程安全能力的提高融入人力资源系统中，并可以对个人的具体任务进行定期审核和调整。
- ***就促进学习的计划效能开展意见调查。*** 评价员工调查结果，将其作为一种方法来确定在倡导学习型组织方面的投资是否已收回，投资成效是否随时间而改变。

5.5.2 实施有助于保持和增强过程安全能力的活动

- ***由于组织不吸取事故教训，导致防护措施失效所导致的事件再次发生的频率。*** 这是对过程安全能力的直接量化指标，但可能会明显滞后。
- ***当前技术代表职位的数量（或百分数）。*** 职位虚设表示工厂或业务部门不重视保持过程安全能力。
- ***技术代表在与运行装置面对面接触方面所付出的小时数（每年）。*** 这个指标表征为保持和增强工艺（及过程安全）能力所付出的努力水平。如果随时间呈下降趋势，可能表示管理层的支持减弱。
- ***由事件调查组确定的造成事件的基本物理或化学现象在组织内不为人知的频率。*** 这个指标是对过程安全能力的直接考核，但是，因为过程安全事件(包括未遂事件)频率很低，在能力下降与察觉到本指标的变化之间可能存在明显的滞后。

- *技术手册的使用(如果以网络形式实施则为“检索”)的次数*。稳定的上升趋势表示工厂认为技术手册有用；相反，稳定的下降趋势可能表示该信息难以找到、过期或者无相关性。
- *技术代表或技术中心接到问题后的平均响应时间*。响应时间呈上升趋势可能表示资源不充分，该系统可能由于运行工厂关注度的丧失而完全失效；也可能表示用于保持能力或提供当前最新信息的资源不充分。
- *技术专家为每个运行装置排除故障或与其他人员一道排除装置故障所付出的小时数(每年)*。稳定下降趋势(或急剧下滑)可能表示工厂不重视技术专家资源或技术专家资源是无效的或管理层不支持在工厂之间传播知识的努力。
- *单位时间向技术中心提出问题的数量*。稳定上升趋势可能表示工厂认为这是个有效的资源，或可能表示运行工厂能力的丧失。
- *工艺变更与技术手册更新的比值*。这个指标的减小可能是一个早期警告，表明技术手册上的信息未保持在最新及准确状态。
- *公司内有最新接班人计划的工厂或业务部门数量*。这一指标是对管理层是否保持关键职位能力承诺的直接考核。请注意，这些计划一般定期更新而不是连续更新，员工可能会理所当然地认为，该计划将按照计划更新。
- *与技术代表或技术中心讨论的议题或利用技术手册(假设它在网上)搜索到的议题数量*。当制定未来的*能力*投资计划和/或制定未来几年的培训计划时，应考虑涉及某个特定主题的问题。
- *就如何储存技术信息和检索效果开展意见调查*。可将调查作为一种可靠便利的方法，对信息储存和调用机制的效能进行评价。

5.5.3 评估并分享结果

- *就组织能力及其随时间的变化趋势开展意见调查*。特别随时间的推移，取得一致的票数是困难的，但仍应密切关注组织对其*能力*感知力的下降。
- *就每个技术中心的作用开展意见调查*。一般而言，当公司建立了技术中心时，会进行一些实验，确定哪些技术领域需要加强，如何最好地协调运行工厂与技术中心之间的沟通及其他互动。此外，某个技术领域的相关性可能会随时间而改变。因此，开展意见调查有助于纠正当前问题和指导未来规划。

5.5.4 调整计划

- *就参加技术会议的作用开展意见调查*。公司经常投入相当大的资源加入技术组织，包括参加技术会议。开展定期调查或利用其他指标来衡量这些努力产生的价值，将有助于公司调整投资策略，更好地满足所感知的需求。

5.6 管理审核

管理审核系统的设计和执行详见第 22 章。为确保能力要素管理的正确运行，应对许多具体的管理问题进行定期检查。管理审查要首先评估被审核系统的有效性。企业能力管理不到位，或者变更管理系统的改进效果差强人意，那么管理层应寻找所有可能的整改措施加以实施。在某些情况下，企业有可能并未找出正确的整改措施予以实施，或者实施方向出现偏差。即使整改的结果令人满意，通过管理程序审查仍能检验资源是否充分利用？有些工作是不是有更为有效的实施办法或者事实上根本无需实施？管理层可结合上一节的各项指标，及个人观察、直接问询、结果审查、反馈来解决上述问题。讨论的工作内容和主题可包括以下内容：

- 审核已制订的*能力*要素目标。识别任何应增加的重要需求，终止或重新定位任何不再需要的能力提升活动。此外，审核在实现每个剩余目标方面所取得的进展。
- 审核学习计划，确定它是否有助于改进组织能力。
- 讨论 Garvin 的“学习障碍”(盲点、过滤、缺乏信息分享、有缺陷的解读和不作为)，重点检查组织在学习方面的行为模式。
- 对计划执行情况进行审核，有助于促进组织学习和提高能力。讨论在计划批准与执行之间出现的变化。这些变化时是否反映了为连续改进所作的努力，或是否反映出该要素缺乏管理层的支持？
- 审核由于提高组织绩效的努力所产生的效益。在这一方面，哪些努力造成的改变直接改进了风险管理或提高了绩效？
- 审核技术代表名单。询问接受支持的工厂，确定技术代表是否按照需要提供支持。
- 审核有代表性的技术手册样本，确定它们是否处于最新状态，是否可以查询，是否对用户友好的，换言之，信息是否很容易找到。
- 如果企业组建了领导团队来推动过程安全管理计划的改进(假设每个工厂派一名代表)，对这些团队中的部分人员进行调查，了解他们是否认为他们的参与提高了时间利用效率。他们是否能列举出为工厂所作的过程安全能力提升努力产生了实质性效益？他们是否能提供例证，表明他们的输入帮助了公司内的另一个工厂？他们是否支持继续参与这个团队？如果否，将这一信息提供给该项目的公司主管，请求他们进行具体的改进或减少对该项目的支持。
- 审核关键人物的接班人计划，这些关键人物包括：
  - 每个工厂的管理团队；
  - 技术代表；
  - 过程安全专家和 RBPS 要素责任人；
  - 关键技术人员。
- 审核既定关键职位候选人的培训和发展计划，采取措施重新启动已中止的计划。
- 安全操作工厂需要具有专业能力，对确定和保持这些专业能力的程序进行检查。检查这类程序是否存在并被遵守？
- 讨论在关键职员职位或高级技术职位即将出现的任何已知的变动，确认已制定相应的人事变动计划。

不管所问的是什么问题，管理审核应力求评估组织在若干个层面上的状况。过程安全能力的深度是否足够？理解是否超出操作经验的范围？当发生偏差时，关键人员是否正确理解设计意图而做出适宜的决策？此外，关键人员是否对装置具有足够的认知？如果整个组织只依靠一个人对所有的棘手的问题出艰难的判断，这个人突然辞职或因彩票中奖而提前退休，会发生什么情况？管理审核为组织如实地评估其状况，并为采取措施提供指导。积极地解决这一问题至关重要，对于能力的丧失，最好的情况会导致资产的损失，需要相当多的时间和金钱才能加以恢复；而最糟的情况，则可能表示管理过程安全承诺的 RBPS 原则陷入了崩溃。

参考文献

5.1 Joint Chemical Accident Investigation Team investigation report no. EPA 550-R-97-002, U.S. Environmental Protection Agency, October 1997.

5.2 Garvin, David, *Learning in Action*, Harvard Business School Press, 2000.

5.3 Cole, Bruce C. and Klein, James A., *How to be a Safety Star*, American Society of Safety Engineers Professional Development Conference, June 25, 2003.

5.4 Covey, Stephen R., *The 7 Habits of Highly Effective People*, Simon and Schuster, New York, 1989.

6 全员参与

对于一名年轻的工艺工程师，他在工作中可能经常会遇到以下尴尬的时刻：他对某工艺或设备如何操作运行的细节进行了详细阐述，未料想一名经验丰富的操作工回复道："你说的没问题，但是，你知道星期天凌晨3时这些工艺流程和设备发生了什么事情吗？让我来告诉你吧！"之后年轻的工程师就会明白一个道理；操作工可提供颇有价值的工艺知识及专业经验，这些内容是对教科书、计算机模型及理论方面的重要补充。

企业也常常会遇到类似可更加深入地了解员工知识及专业水平的机会。与工程师相比，操作工和维护人员对某些特殊问题及其解决方法的见解可能更为深入可信。而与工厂管理人员相比，工程师则对某一任务过程的潜在安全及商业风险的见解要更深远些。与具有30年工作经验的公司员工相比，恰巧留意到工厂的声响或气味异于前两天的承包商维护人员，对工厂的安全保证起着更为重要的作用。

6.1 要素概述

促使企业内各级人员积极参与是RBPS之"*对过程安全的承诺*"原则的五大要素之一。本章讲述了为支持过程安全管理系统的制定、执行及改进，各级员工应履行的各项工作职责。第6.2节讲述了本要素管理系统的关键原则和基本要求。第6.3节列出了体现此类基本要求的工作活动，并针对各项工作活动，根据已知的风险、可用的资源和企业文化的具体情况，提出了一系列相应的执行方法。第6.4~第6.6节包括：(1)提升全员参与有效性的方法和具体程序；全员参与要素的监控指标；(3)全员参与要素的管理审核。

6.1.1 要素定义和内容

企业各级人员与各岗位员工均有责任去加强并确保企业的运行安全，但是有些员工可能并不完全清楚怎么去做。一些企业也未能有效地全面有效地利用员工的专业知识，甚至还可能会阻挠员工参与或执行那些在企业看来属于"不务正业"的安全工作。而"全员参与"要素则提供了这样一种机制，使得公司及承包商员工能积极参与RBPS管理系统的设计、制定、执行及持续改进的各项活动。

人员的有效参与表现在如下几个方面：制定员工参与活动的书面计划；就RBPS管理系统各要素的形成与员工进行商讨；给予员工及员工代表查阅RBPS管理系统所有相关信息的权限。

全员参与机制让企业管理层与各级员工之间形成一种交流协商的沟通关系。该要素的目的并不是要创建一个所有员工或小组都有权制定RBPS管理系统内容的机制。但是，要想实现员工对安全的有效参与，管理层需适当并客观地考虑员工提出的意见建议。

如果没有特别指出，本章下文所用"员工"这一术语包括公司员工及承包商员工。

6.1.2　重要性

在生产一线直接参与装置运行及维护的员工最易接触过程危险，全员参与要素的设定为其提供了直接保护自身安全的合理机制。此外，这些员工可能是最了解工艺常规运行及设备和工厂日常维护相关详情的人员，其独有的经验则可能是工厂获得某些信息的唯一来源。全员参与要素使管理体系与此类富有价值的专业知识之间建立起一种正规的获取机制。

全员参与要素也确保了员工有途径获取所需要的信息来开展各项工作，包括履行 RBPS 管理系统相关执行职责所需的信息。

全员参与要素可直接贯彻执行或帮助加强完善如第 3 章所述的过程安全文化的若干基本特征，例如：

- **个人授权**：全员参与要素明确规定了员工在 RBPS 管理系统计划、执行及改进过程中的任务、职责及权限。
- **尊重专业知识**：全员参与要素为员工创建了在装置运行及维护中分享自己专业知识的机制，通过沟通交流，提高员工自身专业知识水平。
- **开明有效交流与沟通**：全员参与要素为员工和管理人员之间的交流与沟通提供了多各种途径。
- **相互信任**：通过加强员工与管理层之间有关过程安全问题的对话与互动交流，全员参与要素为培养企业内部各级人员之间的相互信任提供了机会。
- **响应性**：管理层对员工建议作出响应的方式与及时性将是能否实现全员参与要素宗旨的主要决定因素。响应慢、未响应或敷衍响应均会造成最佳响应时机的延误，员工参与的积极性也将大受打击。

6.1.3　对象和时间

全员参与要素与所有过程安全活动均存在密切相关的关系。因此，全员参与要素从 RBPS 管理系统的设计阶段开始，并贯穿整个系统的执行及持续改进过程。

应定期组织安排全员参与要素相关活动。例如：定期征询操作工其再学习培训项目是否合适。此外，作为全员参与计划的一部分，应设立员工意见征求及反馈的持续机制，使得员工能够持续提供意见反馈。

管理层有责任向员工提供 RBPS 管理系统相关信息的使用权限，此项职责属于长效职责，伴随所有此类信息的制定与修改全程(见第 8 章“工艺安全信息管理”)。

6.1.4　职责分工

管理层协同员工共同建立全员参与要素相关的程序及系统，阐述人员如何寻找参与 RBPS 各要素制定与执行的时机。全员参与程序也规定了员工有责任和义务对 RBPS 管理系统的制定、执行及改进提出建议，并针对管理层对建议的响应状况提出意见。

管理层确保员工可充分获取全员参与计划相关所需的信息。

最后，员工应按照全员参与要素宗旨的要求，积极参加过程安全管理系统的各项活动。

本章论述的全员参与仅考虑存在两方团队的情况——公司和员工。如果一个工厂有工会组织，则情况相对复杂，工会组织及其合同工作规定可能会影响到全员参与要素的各项活动。

6.1.5　预期工作成果

全员参与要素可帮助 RBPS 管理体系实现如下效果：

- 明确的人员职责划分。
- 满足所有使用者的当前需求。
- 通过管理关注及持续全员参与，保持管理体系的持续更新状态。
- 向员工提供必要的信息，让其了解其可能接触到的危险，为其履行 RBPS 管理系统提供必要支持与帮助。

全员参与要素会衍生有关 RBPS 要素执行及改进的相关建议，这些建议应交由相应的要素管理员负责考虑、响应及决定相应措施的执行。

本要素的另一预期成果是实现企业各级员工的积极参与，员工对圆满执行 RBPS 管理系统的决心更为坚定且更具主人翁精神。

6.1.6　实施过程

全员参与要素的执行通常涉及下列几个方面：第一，确定员工在 RBPS 管理系统执行过程中能够及应担当的常见职责；第二是建立促进全员参与的机制。随着全员参与计划的实施，可能会找出并确定全员参与相关的其他机会。执行过程应可灵活变通，主动接纳预料之外的全员参与机会。

根据英国健康安全局(UK HSE)规定，表 6.1(见参考文献 6.1)列出了英国(UK)健康安全局(HSE)规定的鼓励全员参与的通用项目。

员工的职责之一包括就 RBPS 管理系统的设计、形成、执行及持续改进给出评论并提出相关建议。应建立建议征求及提交机制，并制定建议评估和作出管理响应的规程。

表 6.1　英国 HSE 健康安全局提出的全员参与建议

政策	政策编制或审核过程中全员参与
组织	
控制	应明确员工职业健康及安全职责
沟通	员工应参与职业健康与安全信息的沟通
资质	员工应参与培训的规划及实施过程
公司	建立安全委员会的架构 提出建议方案
计划	
目标/计划	员工应参与制定职业健康与安全计划/目标
风险评估	员工参与风险评估
采购	员工参与采购设备、材料等
设计	员工协助设计新的工作方法
问题解决	员工参与问题的解决
风险控制系统的运行	员工参与风险控制系统的规划
测量方法	
积极监控	员工帮助执行检查、观察等
反应监控	员工参与事故及未遂事件调查及危险识别
审查及审核	员工参与健康与安全系统效率、效能及可靠性审查并根据监控及审查获得的数据，参与系统性绩效审核

此外，须明确哪些信息应与员工分享，并建立信息获取途径与机制。雇主有权要求那些需查询商业机密信息的员工在签署保密协议后才可查询商业机密信息。

书面政策、规程或程序应适用于上述某些活动的控制与记录(见第 6. 2. 1 部分)。

6. 2　关键原则和基本要求

一个生产、储存或使用危险化学品的工厂，如果要实现安全运行及维护，就需员工的积极参与，员工应了解工作场所内的危险，了解处理这些危险的工程措施及管理流程，此外还应接受并努力履行自身任务及职责，共同创建安全的作业环境。在制定、评估或改进全员参与要素管理系统时，应贯彻落实下列关键原则：

- 保持有效运行；
- 执行工作活动；
- 监控系统的效能；
- 积极推进全员参与计划。

每个原则的基本要求将在第 6. 2. 1~第 6. 2. 4 部分中进一步说明。第 6. 3 节将阐述满足这些原则基本要求的典型工作活动。工厂管理层应评估风险和该要素改进产生的潜在效益。根据评估结果，管理层应建立一个管理系统或对现有管理系统进行升级，以满足部分或所有基本要求、执行部分或所有工作任务，这将取决于感知的风险和/或所识别的过程危险。需要说明的是，如果企业的过程安全文化要素未包含如何使用可靠的管理系统，那么采取此类方法是徒劳的。管理系统再好，若缺少正确的安全文化依托，也不能保证员工的积极应用。

6. 2. 1　保持有效运行

当工厂一旦决定执行某项全员参与活动时，工厂希望在整个生命周期内都能正确一致地执行该活动。当涉及多种人员构成与复杂工况时，为保证全员参与的可靠执行，应满足以下基本要求：

确保统一的全员参与要求。为确保正确一致地执行全员参与计划，应建立合理适度的全员参与书面程序或文件(应与第一部分第 1. 4 节所论述的有关通用管理系统的要求相一致)。对于设有工会的工厂，有关全员参与计划的内容也可在工会与公司共同商定的作业规章制度中加以体现。

各 RBPS 要素为员工参与要素的设计、形成、执行及持续改进提供了机会。具体要素相关程序文件中应确定并指出那些较为通用常规的活动。应建立相关机制处理响应员工提出的建议(例如：如何处理程序变更提议或维护频率变更建议)。此外，全员参与要素本身可能也需制定更多的常规程序文件。

虽然对特定要素相关建议的落实跟进属于相应的要素负责人的工作职责，但是，事实证明：委派专人负责监控全员参与要素的执行(即由其负责实施全员参与要素负责人的职能)还是有必要的。

指派具有能力的人员执行。所有工厂人员均应大致了解全员参与计划的相关内容，以便适时参与并互动。所有员工都应意识到自己有责任积极参与到 RBPS 管理系统的设计、形成、执行及持续改进，人人有责。新委任指派的人员在参加新员工入职的过程安全管理系统

培训时，应同时了解熟悉全员参与计划。在工人安全及信息会议和工前安全会上，定期回顾计划内容有助于保持员工对此类计划的了解并强化意识，从而有助于其参与这一计划。

各要素的管理负责人须弄清其在下列各方面所负有的职责：(1)要求及接受员工参与；及(2)对员工提出的建议作出及时的响应。

6.2.2 执行工作活动

提供合适的输入。员工参与计划的输入包括员工在 RBPS 管理系统的设计、形成、执行及持续改进过程中的积极参与以及提出的建议。书面计划文件至少应指出公司或规章要求的员工参与机会(如有)。

运用正确的工作程序并形成要素相关工作成果。不同的要素将涉及不同的全员参与作业规程及工作成果。例如，针对操作规程类要素，一项操作规程可能会涉及到下列几方面：(1)操作人员提交规程变更建议；(2)规程协调员对建议进行审核，决定是否采纳修改建议、原则上采纳还是否决；(3)向提出建议的员工作出答复，说明所采取措施的依据；(4)与其他员工代表共同审核拟采取的措施；(5)采取必要的措施(如有)，以执行步骤(2)中作出的决策。最终工作成果包括修订后的步骤(如适用)、已提交建议和有关决议的记录。

上述有关操作规程的所有步骤都很重要；其中，有一点尤为关键，那就是步骤(2)中的决策必须是公开透明的，步骤(3)中的反馈必须恰当，尤其是否决建议的时候。要想实现全员参与计划的有效实施，必须让员工感受到其付出的努力与投入的时间必将获得正面回报，当然并不意味着不能对建议予以否决。

6.2.3 监控系统的效能

确保全员参与计划持续有效。全员参与计划一旦施行，必须定期监控、维护及采取整改措施，确保其保持最佳的运行绩效及效率。应妥善选择并确定各项指标，监控全员参与计划各项职责，以提高相关 RBPS 要素的效能(见第 6.5 节)。

评估 RBPS 要素绩效时应对要素执行过程中全员参与的相关性及数量加以考量。例如：审查结果显示企业的操作规程过时，这就意味着需要员工更多地参与操作规程的修订和更新。解决这一不足的方案包括以下几种：较为正式的操作规程改版修订程序；以小组为单位对所有操作人员的工作统一进行定期审核及更新程序。员工应参与确定采用以上哪种方案来改进。

第 6.6 节提出了若干个管理审核活动，可用于监控全员参与效能。

6.2.4 积极推进全员参与计划

激励工人参与。鉴于全员参与计划的特点，若缺少了员工的积极参与，则无法达成全员参与计划各项预期目标。因此，需要采取必要手段来激励员工参与，尤其是计划推进伊始，来激励员工参与。对于那些长期以来不要求也不接受员工参与此类活动企业，或管理层过去对安全程序的支持较为薄弱的企业来说，尤其应该如此。

为员工设置新的参与机会。计划文件中的任务清单无法囊括员工参与 RBPS 管理系统设计、形成、执行及改进的所有机会。随着 RBPS 管理系统的形成以及企业过程安全文化的成熟，可能会产生或出现新的员工参与机会。全员参与计划应可灵活变通，随时纳入此类新出

现的参与机会。

将全员参与计划取得的成果公之于众。分享执行计划取得的成果能激发员工的参与兴趣。在展示该计划所取得的正面效益时，应阐明参与员工努力付出得到的回报以及管理层在RBPS管理系统设计、制定、执行及持续改进过程中对员工参与的积极接纳。

6.3 可能的工作活动

RBPS方法建议，每项工作内容的深度要求应根据风险和所需的资源而确定，并与工厂文化相一致。某项工作内容的深度要求因各个工厂而异，同时即使在同一个工厂内，也可能随装置或工艺区域不同而发生变化。因此，在制定一个基于风险的过程安全管理系统时，读者应遵循以下步骤：

1. 评估工厂风险，同时调查工作内容所需资源与现有资源配置状况，以及工厂的安全文化。具体情况见第2. 2节。
2. 评估实现全员参与要素各项关键原则所能带来的潜在收益。此类原则详见第6. 2节。
3. 根据第1和2步的结果，确定全员参与要求管理的基本要求(第9. 2. 1~第9. 2. 4部分所述的基本要求)，合理地管控风险。
4. 对于将要执行的每个基本要求，确定执行方法，选择本节所述的相应的工作内容。请注意，这些工作内容不可能对所有行业都是全面的，读者可能需要增加某些工作内容或修改本节所列的部分工作内容。
5. 对于将要执行的每项工作内容，确定所要求的深度水平。本节所列各项工作均设有两到五个具体实施方案，工作标准依次提高。每项工作采用序号标识，具体实施方案采用字母标识。

备 注

相关法规可能具体规定了过程安全管理系统某些要求或工作内容，或为特定工作内容规定了最基本的详细程度。因此，过程安全管理系统的设计和执行应同时遵守法规要求和本书中提供的指南。

6.3.1 保持有效运行

建立统一的全员参与要求

1. 编制书面程序文件，以管理全员参与所有要素，并控制各RBPS要素所涉及的*全员参与*活动。此类文件应满足下列几项要求：(1)阐述各RBPS要素相关的，参与RBPS管理系统设计、形成、执行及持续改进所需的员工任务；(2)确定强制性的全员参与活动，例如：公司或规章要求的活动，以及确保此类活动全员参与的机制；(3)各RBPS要素负责人及其他管理人员涉及全员参与事项的相关任务及职责。
   a. 书面程序文件只涉及规章明文要求。
   b. 针对各类*全员参与*机会，编制了有针对性的书面程序。
2. 确定*全员参与*要素的负责人，定期对该要素进行监控并确保其效能。

a. 各 RBPS 要素负责人应对其负责的要素所涉及的 *全员参与*事项进行监控。

b. 工厂已指定 *全员参与*负责人，由其兼顾该要素的监控。

c. 工厂已指定 *全员参与*负责人，并给予其时间及资源，让其定期监控、宣传并提升该要素。

指派具有能力的人员执行

3. 对所有员工进行 *全员参与*要素相关的意识培训。

a. *全员参与*要素相关的信息以非正式的方式进行分享交流，如通过电子邮件。

b. 可在新员工上岗培训时即对其进行首次全员参与意识培训。

c. 定期再培训。

4. 为 RBPS 管理系统各岗位涉及人员提供详细培训。

a. 为关键人员提供一次有关 *全员参与*的首次详细培训。

b. 关键人员需参加定期的再培训。

6.3.2 执行工作活动

提供合适的输入

5. 制定相关系统帮助员工有计划地、便捷地参与各 RBPS 要素的执行过程；例如：邀请员工加入风险分析小组。

a. 针对常规活动建立了正式的系统。

b. 针对所有 RBPS 要素的涉及员工参与的活动建立了正式的系统。

6. 制定相关系统，使员工能够针对 RBPS 管理系统的设计、形成、执行及持续改进相关问题提出自己的意见征求及收集系统。来收集相关人员对操作程序的修订存在的意见建议或针对相关信息及工前安全会的反馈意见。

a. 建立了非正式的系统。

b. 针对部分活动建立了正式的系统。

c. 针对所有常规活动建立了正式的系统。

制定恰当的工作程序并形成要素工作成果

7. 制定相关规程来要求管理层在考虑及响应员工建议时予以遵行。此类规程有助于保证管理层对员工提出的 RBPS 管理系统相关建议作出正确且及时、正确的响应。

a. 作出响应，但响应速度慢。

b. 通过行政命令要求必须及时对建议进行考虑及给出响应。

c. 对响应时间进行监控，如发生超时响应，则按需采取必要整改措施。

8. 确保 *员工*在提出相关建议后能收到正确的反馈信息，包括：处理建议的依据及方法说明。

a. 提供非正式的反馈。

b. 编制正式的书面反馈意见并进行追踪。

c. 记录员工参与情况并对表现出色者予以表扬。

9. 针对争议(诸如员工对管理层否决建议的决定存在争议)的解决制定了相关方法机制。

a. 通过非正式的途径机制解决争议。

b. 制定并执行了正式的程序，由管理层负责仲裁所有争议。

c. 管理层和员工代表组成委员会，共同裁决所有争议。

10. 确保及时执行*全员参与*计划采纳的建议。
    a. 根据具体情况确保执行的及时性。
    b. 制定规章制度要求必须及时执行此类建议。
    c. 对响应时间进行监控，如发生超时响应，则采取必要整改措施。

6.3.3 监控系统的效能

确保全员参与制度持续有效

11. 针对*全员参与*要素绩效及效能设定各项关键监控指标(见第6.5节)。
    a. 对主要滞后指标进行跟踪监控。
    b. 已建立一套范围较广的预期及滞后指标且进行不定期跟踪。
    c. 设立一整套的预期及滞后指标并加以定期跟踪。

12. 通过指标发现的*全员参与*绩效方面的问题，提供及时的整改方案及整改机会。
    a. 根据具体情况确保整改方案的及时性。
    b. 制定规章制度要求必须及时给出整改方案。
    c. 对响应时间进行监控，如发生超时响应，则按需采取必要整改措施。

6.3.4 积极推进全员参与计划

激励各方积极参与全员参与计划

13. 鼓励执行可提高*全员参与*力度的正式及非正式的各项活动，例如：安全建议奖励计划、安全抽奖活动、其他参与激励措施、工作观察程序、安全委员会及焦点小组，以及巡检管理。
    a. 在某些特别情况下才会根据情况要求激励*全员参与*。
    b. 有组织地实施相关举措，以更大程度地调动*全员参与*的积极性。
    c. 通过各种方法努力调动*全员参与*的积极性，对此类努力的效能进行监控并按需更改。

14. 采取措施确保承包商员工能积极参与*全员参与*计划(承包商，尤其是临时或短期承包商，参与本计划可能存在较大困难)。
    a. 承包商员工视情况参与*全员参与*计划。
    b. 直接接触过程危险的承包商员工定期参与*全员参与*计划。
    c. 承包商各级人员均积极响应*全员参与*计划。

全员参与计划中为员工设置新的参与机会

15. 对全员参与管理书面程序进行必要修订，以正式的方式纳入新的参与机会。
    a. 根据具体情况适时寻求新的全员参与机会。
    b. 全员参与新机会一旦确定即纳入正规书面程序。
    c. 公司主动寻求新的全员参与机会并将其纳入书面程序。

将全员参与计划取得的成绩公之于众

16. 积极推广公布全员参与计划，其目标、执行进度及已取得的显著成效。
    a. 根据实际情况，选用合适的方式公布并推广全员参与计划。
    b. 当全员参与计划成效的日益显著时进行推广与宣传。

c. 工厂强有力的宣传全员参与计划及其成效。

6.4 提高效能的方法示例

本节提供了一些案例，这些案例做法能有效提升全员参与要素的工作绩效，并经工业实践证明可行。根据第 6.2 节中首次提及的关键原则，这些案例可分为两大类：

1. 能够提高全员参与工作绩效的方法。

2. 提升全员参与的效率，在保持全员参与绩效水准的同时尽可能降低资源消耗。

这些案例均源于工业实践、行业研讨会和 CCPS 会员单位。希望改进管理系统和本要素相关工作活动的读者，应检验这些方法，评估自己企业当前管理系统和工作活动的绩效和效率，然后按照第 2. 1 节所述的基于风险的原则，选择和执行改进措施。

其他示例见参考文献 6.1，可从英国健康安全局网站下载。

6.4.1 保持有效运行

- **制定公司级的全员参与计划制定基本框架或标准**。工厂可着力于详细执行计划的制定，明确岗位及职责划分，满足工厂在全员与方面的需求。
- **在基于风险的前提下，明确不需管理层涉足、员工可自行解决的问题的级别**。比如对操作程序作出的文字编辑方面的变更或类似的微小变更。针对这些问题，制定由员工执行的变更管理控制措施。
- **确保工人能够切实参与安全政策及程序的制订、修订以及各项安全目标及计划的设定**。人们往往对其参与制定的规定与目标更有责任感(见参考文献 6.1)。
- **设立安全监督职位，由员工志愿者担任，主要起到咨询与顾问的作用**。提供安全监督方面的额外培训，针对危险识别、工作安全评估及行为安全等关键主题展开培训。通过安全监督机制来促进新员工上岗培训、促进安全相关信息的交流、安全会议的召开等等(见参考文献 6.1)。
- **为所有的操作人员和维护人员提供危险识别及基本风险评估相关的培训**。员工对过程危险的了解与评估，有助于员工理解 RBPS 管理系统运行与持续改进的重要性。

6.4.2 执行工作活动

- **推行员工作业安全观察计划**。使用作业观察卡或建立互评互审系统，为员工提供直接参与的机会，有助于推动员工更深入、全面地参与 RBPS 管理系统运行。
- **执行一个独立于任何 RBPS 要素的建议提交及响应流程**。尽管每个要素都具有其独特的建议流程(例如：操作程序建议提交流程)，但是，一个较为通用的建议流程能确保各 RBPS 要素之间的平衡。
- **使企业各级人员充分参与现场安全及内务检查的定期计划程序**。必须强调此类检查组成人员必须包括较高级别的工厂管理层及其直接下属，但此类检查组并不一定由此类高级管理层负责领导(见第 17 章操作纪律)。
- **在工艺安全培训计划中开展非正式的 what-if 练习**，例如桌面推演。这些程序的制定及执行均需员工的大力参与和支持(见第14章“培训及绩效考核”)。

- **每年开设一次工艺技术或过程安全课，该课程的设置以及授课都有员工的广泛参与。**该课程既能让员工培训师及导师强化学习经验，也是促使更多员工参与非传统角色的一种机制。
- **制定正式的顾问程序，规定由具有经验的高级员工帮助经验较少的人员成长。**此类程序应弥补正规培训程序的内容空白，通过恰当的补遗堵漏，实现下列两点目的：(1)确保去伪存真，杜绝坏习惯及错误理解在企业内部的散播；(2)获取相关经验教训，将其纳入正规培训程序。
- **指派有经验的操作人员及维护人员进入项目设计组，**将操作及维护人员在具体操作以及维护方面的实践知识带入设计组。
- **定期召开厂外会议，在会议中，各级员工共同给出系统改进的潜在机会。**厂外会议能使参与者免受工作现场的纷扰，使其能专心当前会议，同时也可以显示出企业对全员参与的高度重视，愿意为这类会议提供资金支持。
- **使用基于网络的电子调查程序来收集生产及研发车间的反馈。**此类调查另辟蹊径，找出问题、工具及解决方法，从而进一步提高RBPS管理系统质量。此类调查工作的范围会涉及部分通常不太会参与传统建议程序的员工，例如研究员及工程师(见第5章“过程安全能力”)。
- **传达安全信息或安全政策时，应采用便于读者提供反馈的方式(例如：可按虚线撕下的纸张，以进行书面交流)。**员工越容易操作，其给出反馈的可能性越大(见参考文献6.1)。
- **组织单位各级员工组成RBPS要素的职能小组。**例如：变更集中管理(MOC)集中小组审核相对重大的变更申请，以确保工厂内对变更的处理前后一致，不遗漏对任何关键MOC的控制。企业可选择建立过程安全控制委员会，吸纳员工作为委员会成员，定期对所有RBPS要素进行审核，并对RBPS要素相关的所有变更进行审核及批复。
- **安排员工脱岗负责完成某项关键RBPS任务。**暂时解除此类员工的常规工作职责，如：指令操作人员在白天正常工作时间帮助重新编制规程或制定新的RBPS管理系统，确保他们有时间专注相关RBPS任务，同时进一步强化企业对全员参与计划的重视。
- **在员工工作计划表中预留专门时间，使其能够完成全员参与活动。**如无法完全解除员工的日常职责(如上所述)，则应须给予适当的补贴，使员工满意其在全员参与方面的职责(见参考文献6.1)。
- **在管理人员的工作计划表中预留专门时间，要求其定期花时间到工作场所调研。**通过管理人员及员工之间的直接联系及讨论，员工可就RBPS管理系统绩效问题提出反馈并可征询管理层的意见。如果员工能事先得知并充分利用这些机会，那对于要素的执行就会很有帮助。
- **建立质量研讨小组解决RBPS管理系统问题。**组建各种员工小组解决问题并提出解决方法，从而提高工艺质量及生产率。
- **建立工厂内部网络，解决共性问题。**利用这一网络系统，各工厂可收集其他公司或工厂正试图解决同类问题的员工的相关建议，充分共享其经验并吸纳其观点。

- **扩大员工参与范围**。公司总会有一些员工高度自觉地积极履行全员参与任务。在不影响这些员工积极性的前提下，争取能够发动其他人来合理分担职责，这样，公司才能从范围最广的员工参与度中获益。

6.4.3 监控系统的效能

- **促使员工参与制定合适的 RBPS 指标，令其负责监控此类指标并负责向管理层进行相关汇报**。员工一旦在绩效监控过程中肩负实质性的任务，自然而然地会更加努力提高 RBPS 管理系统绩效(见参考文献 6.1)。
- **针对全员参与活动保持各项记录，以备后查**。如果系公司或法律要求的全员参与活动，则保持此类记录属于法定要求。对非法定要求的活动记录，应保证资料足够的详细度，确保管理层可依据这些资料来判定全员参与计划是否鼓励实施相应活动，从而促进 RBPS 管理系统的改进。
- **开展定期调查，以监控员工态度并收集资料**。此类调查应提供预期指标，在工人参与程度和力度发生变化时，其可发出早期预警信号。

6.4.4 积极推进全员参与计划

- **树立成功典范，激励员工对全员参与计划的兴趣**。确定 RBPS 有待改进的事项，授权员工小组解决此类事项问题。为小组成功完成任务提供必需的资源及自主权，在其取得成功后，宣传成功案例。强调管理层从善如流，期待员工为下一轮待解决的问题提出建议。
- **制定相关程序，在员工实施安全行为时由其同事同僚予以横向褒奖与认可，这种来自同事同僚的横向褒奖与认可有时是一种非常有效的激励因素**。但是，更为有形的奖励(例如：经济手段)应重点放在那些超出日常预期目标的出众绩效上。
- **与工厂经理及部分员工召开小型非正式的会议**。通过这些会议讨论安全问题，收集员工反馈信息并强调全员参与。制定后续会议计划，确保所有员工均有机会参与。
- **利用电子公告板，作为面对面会议的一种补充手段**。张贴会议记录、其他交流信息、改进申请及决议、初步事件报告、全员参与成功案例等信息，供所有员工阅读。

6.5 要素指标

第 20 章阐述了如何以及何时利用指标来适度提高绩效的方法。本节列举了监控全员参与要素有效性的针对性指标，并按照第 6. 2 节中提及的关键原则进行了分类。

除了明确关键核心指标外，还需要定期对指标进行跟踪和考核。有时，指标所需信息比较简单，例如员工总数指标。而有些指标需要多个参数才能拿确定，如员工的平均工龄指标，需要利用多名员工的工龄数据来计算平均工龄。部分指标用于跟踪动态变化率，如员工离职率指标等。动态变化率甚至可能是工厂最为关注的数据指标。由于工厂情况千差万别，需要自行确定指标的跟踪方法和考核方法，保证工厂 RBPS 管理系统的健康运行。

6.5.1 保持有效运行

- **接受过全员参与及职责培训的员工比例**。如该指标低，则表明企业未充分强调及重视全员参与。
- **接受过全员参与及职责培训的管理人员比例**。如该指标低，则表明企业未充分强调及重视全员参与。

6.5.2 执行工作活动

- **参加过关键活动的员工的百分比，例如过去1年内提交建议、参与风险评估小组或参与调查等的员工的百分比**。如该比值低，则表明部分员工缺乏参与意识或企业对全员参与工作不够重视。
- **员工建议的提交比例及该指标随时间的变化**。如比例低则反映员工参与过程安全改进的参与度低或员工认为其参与这项活动的投入回报不成比例。这一指标在不同时间段的变化能指示出员工参与度的增加或降低，当然也可能是因为管理系统的相关变更导致该比例发生变化而已。

6.5.3 监控系统的效能

- **未处理的建议数量(未决定是否接受或否决)及平均/最长搁置期**。未处理的建议数量多或搁置期长则表明企业未充分强调及重视全员参与工作。
- **已接受但未执行的建议数量及平均/最长搁置期**。已接受但未执行的建议数量多或搁置期长则表明企业未充分强调及重视全员参与工作。需进一步调查判断此类拖延问题是否只存在于全员参与要素或企业对其他 RBPS 要素相关建议措施也普遍存在拖延搁置的情况。
- **已接受的建议百分比**。如该比值低，则说明：(1)管理层对建议的接受能力较低；或者员工提出的建议质量低或不符合建议程序的要求(这种情况说明有必要开展额外的员工培训)。

6.5.4 积极推进全员参与计划

- **员工对其过程安全职责的认知态度的调查结果**。如调查结果表明员工对其过程安全职责的认知度高则表明全员参与要素得以成功执行。

6.6 管理审核

管理审计系统的设计和执行详见第22章。但是，仍有许多特定问题或讨论主题需要管理层定期检查审视，以确保过程安全文化要素的管理系统正常运行。管理层首先必须了解接受审核的系统是否运转正常、达到系统目标。如果企业的过程安全文化尚有欠缺的话，或者并没有因为管理系统的改变而有所改善，那么，管理层应找出可能的整改措施加以实施。在某些情况下，企业有可能并未找出正确的整改措施予以实施，或者实施方向出现偏差。即使整改的结果令人满意，通过管理程序审查仍能检验资源是否充分利用？有些工作是不是有更为有效的实施办法或者事实上根本无需实施？管理层可结合上一节的各项指标，及个人观察、直接问询、结果审查、反馈来解决上述问题。讨论的工作内容和主题可包括以下内容：

- 确定全员参与计划文件是否定期更新以纳入新确定的参与机会。
- 评估内务整理规程与员工安全职责的挂钩情况。不良内务规程表明工人参与度不足，进而影响全员参与要素的执行。
- 确认员工建议中最频繁及最近频繁提及哪些 RBPS 要素？较少提及的要素是否真的无懈可击，还是被忽视或遗忘，或许只是因为管理层对要素的重视度？
- 与员工讨论过程安全职责。员工是否普遍视过程安全计划为己任，还是认为加强 RBPS 管理系统是他人的职责？
- 审核安全观察卡样本，了解建议质量及范围。例如：这些卡片是否反映出这样一个问题：那就是建议提交人其实大可自行解决所建议的问题？果真如此的话，则表明个人对安全绩效职责的觉悟程度较低。
- 确定经常参与 RBPS 管理系统活动的是哪些员工？相关活动是不是固定由一个相对固定的成员小圈子执行？还是成功地广泛动员全单位的员工积极参与？
- 就 RBPS 管理系统的参与活动与员工展开讨论，了解其参与活动的动力及动机所在。他们参与活动是迫于义务不得已而为之还是因为他们觉得值得一做？
- 对围绕 RBPS 管理系统执行的交流内容进行审核。这些交流内容是否充分讲述了全员参与的成功案例典型？
- 通过与员工谈话来了解并确定员工是否认为管理层已充分回应了员工对 RBPS 管理系统提出的改进建议。员工是否觉得管理层已正确考虑了他们提出的建议？所采纳的建议是否得到及时贯彻执行？
- 根据记录审核及与承包商员工的讨论结果，判断承包商是否有效地融入全员参与计划中。如果员工能在计划中共同分担责任，则 RBPS 管理系统将会更有效。全员参与要素提供了这样一套机制，让员工在管理与加强促进自身安全的计划过程中充分发挥其实质、有形及重要的作用。

参考文献

6.1 UK Health and Safety Executive, Employee Involvement in Health and Safety: Some Examples of Good Practice, WPS/00/03, 2001, www.hse.gov.uk/research/hsl_pdf/2001/employ-i.pdf.

补充阅读文献

UK Health and Safety Executive, Workforce Participation in the Management of Occupational Health and Safety, HSL/2005/09, 2004, http://www.hse.gov.uk/RESEARCH/hsl_pdf/2005/hsl0509.pdf.

7 与利益相关者沟通

与利益相关者沟通(*沟通*)要素之前并未正式纳入传统过程安全管理系统。但是，下列两个事件促使相关机构开始关注与利益相关者沟通要素并着手开展相关活动。事件之一：1984年印度博帕尔事故发生后，加拿大化学品制造商协会的部分成员公司，包括随后的美国化学理事会(ACC，原名为化学品制造商协会)成员公司在内，建立了一项"责任关怀®"强制行动计划。众所周知的"社区意识与应急响应(CAER)(见参考文献7.1)"即属于ACC责任关怀计划的基本管理实践惯例之一，许多工厂依据CAER宗旨成立了社区顾问团(CAP)(见参考文献7.2)。

事件之二：20世纪90年代末，美国国家环境保护局(EPA)颁布了相关规定，要求涉及可能危害公众的危险物料工厂遵守EPA风险管理计划(RMP)规则(见参考文献7.3)，并努力与社区群众就风险事宜展开对话与交流。因此，在人口密集的大型工业基地内，相关公司联合举办了一系列的区域性RMP交流与沟通大会，有些甚至还制定了为期数年的活动计划，旨在实现下列目标：(1)促使利益相关者团体参与计划，(2)了解他们的担忧和需求，(3)创建沟通计划，(4)执行计划活动，(5)追踪结果。得克萨斯州的休斯敦曾举办过此类活动，规模甚为壮大，超过120家工厂联合举办了长达4年之久的RMP沟通活动，使得他们构建并促进了与社区群众、管理机构、当地应急响应机构及民办社会团体之间的关系。

工厂与利益相关者的关系会影响过程安全与工厂运营。例如，1998年，加利福尼亚州的一家服务于半导体行业的专业气体再包装公司提出工厂规模扩大申请，尽管一家全国性环保团体给予反对，但是鉴于其长期有效的沟通计划，该公司获得了当地强有力的支持，最终还是获得了批准。

7.1 要素概述

在工厂生命周期内与利益相关者建立并保持良好的关系是RBPS之"*对过程安全的承诺*"原则的五大要素之一。本章描述了与相关外部利益相关者确认、约定并维持良好关系的相关程序(*沟通*)。第7.2节讲述了本要素相关管理体系的关键原则及基本特征。第7.3节列出了体现此类基本要求的工作活动，这些方法与认知的风险、所需资源及企业文化密切相关。第7.4~第7.6节则对以下几点加以阐述：(1)如何提高管理系统效能的方法和具体程序；(2)用来监控该要素的指标；以及(3)本要素适用的管理审核相关事项。

7.1.1 要素定义和内容

与利益相关者沟通(*沟通*)系一项旨在实现下列目标的程序：(1)找出可能受公司设施运营影响的个人或组织并与他们就过程安全展开对话；(2)与社区各单位、其他公司、专业团体、当地、州以及联邦政府建立关系；(3)提供有关公司及工厂产品、工艺、计划、危险及风险的准确信息。本程序确保管理层根据不同单位的具体情况披露切实相关的过程安全信息。同时，本要素鼓励公司内部同类工厂之间、公司与业内其他公司之间共享相关信息并作经验交流。此外，本要素还提倡工厂深入当地社区，就工厂会对社区带来影响的相关活动以及相关信息进行沟通与交流。

7.1.2　重要性

与业内同行分享信息可提高各公司的过程安全。主动与社区及政府利益相关者共享信息可建立相互之间的信任并彼此达成承诺。信任是支持工厂获得许可经营权的重要因素，而监管机构更愿意与相互信任的工厂合作解决相关问题。公众越了解工厂的过程安全系统，就越相信公司会采取任何合理预防措施保护环境和民众安全。因此，应通过提高信息透明度以及应急响应度形成一套有效的沟通计划，从而增加所有利益相关者对公司的信心。

7.1.3　对象和时间

信息共享及建立关系的时机如下：(1)员工举行诸如“对话学校团体”“对话服务社团”“直面老年中心”等主题的社区活动期间；(2)计划内的业内会议、社区会议等活动举办期间；(3)发生意外事故等突发事件以及执行常规检查期间。任何发生在相关工厂、公司其他工厂或业内其他工厂的事件都有可能使得公司成为人们关注的焦点。此外，许多公司会例行举办面向社区的志愿者活动，例如，学校活动、周围环境清洁、美化建设、历史遗址保护、绿地扩大及有利于建立良好关系的工厂参观活动。

7.1.4　职责分工

任何传递信息或宣传公司形象的人员都是潜在的沟通人员。关键人员不仅仅包括管理人员，还包括那些与社区群众日常接触的人员，例如接线员、接待员、保安人员。因此，应为关键*外协*员制定一整套应对从活动计划到事件发生后召开新闻发布会等一系列外协活动的沟通技能培训计划。但是要记住，要确保沟通的正确性与适应性，在制定并实施*外协*计划时，应征询相关法务人员的意见，从而避免泄露商业机密。

有良好过程安全文化背景的工厂往往设有更多以绩效为出发点的*沟通*程序，确保其培训有素的员工在与利益相关者团体沟通时具备良好的判断力。而在过程安全文化方面尚属起步或不完善的工厂，需要加强沟通程序的编制力度、提高培训频率，同时也需要更为有力的管理控制系统，以确保程序规范性并实现良好的公众风险沟通。

7.1.5　预期工作成果

*沟通*系统的主要成果体现在成功地与利益相关者沟通，相互建立信任并达成承诺。当公司发生负面事件或纠纷时，来自利益相关者的支持性意见可能就是解决问题的无价资源。外协系统的附属成果还包括沟通计划、信息、工具、手册、培训材料及相关记录。此外，*沟通*要素的成果可用来促进完善其他要素的绩效。例如，了解社区群众的担忧并参与地方应急预案委员会的活动，可为工厂应急计划的持续改进提供必要的资料，而该计划是应急要素的组成部分。

7.1.6　实施过程

公司对相关关键人员进行培训，训练他们如何在计划活动举办期间与重要的利益相关者团体互动，并为员工提供日常接触及面对公众所需的资源。此外，为了协助解决相关突发性事件，公司还需向相关高层管理人员提供相关危机公关与外协技巧技能培训。

对于风险较高的情形，在执行*沟通*要素时需要更严谨、更全面。相反，风险程度较低的公司可以采用较为宽松的形式执行*沟通*活动。对于*沟通*要素而言，风险具有两重意义：(1)经历事件的风险；(2)因工厂、公司内部其他工厂、业内其他工厂发生过程安全问题导致利益相关者出现负面反应的风险。风险较高的情形可能需制定较正式风险沟通计划，以向利益相关者提供详细信息并保持更新。而在风险较低的情况下，由训练有素的关键员工以非正式的方式实施一项常规社区沟通政策便足够了。

7.2　关键原则和基本要求

生产、储存或使用危险化学品的工厂要想实现安全操作与维护必须具备有效的过程安全管理系统。工厂*沟通*要素的首要目标就是与利益相关者保持良好关系，与所有相关行业、政府及社区建立并保持联系，方便信息传递，增进各群体间相互了解，实现长期互动并加强相互间的信任。

建立、评估或提高任何关于*沟通*要素的系统时，应贯彻下列关键原则：

- 保持有效运行；
- 确认沟通需求；
- 执行工作活动；
- 信守承诺并完全兑现。

第7.2.1~第7.2.4部分对各原则的基本要求作了进一步介绍。第7.3节则阐述了体现上述原则相关基本要求的一些常见工作活动。工厂管理层应负责评估因该要素改进而产生的风险和可能获得的潜在收益。管理层应该根据评估结果制定新的管理系统或更新现有的管理系统，以保障部分或全部基本特征的实现。但是，若相关的过程安全*文化*要素未涉及可靠管理体系的使用，则采取此类步骤也不会奏效。*沟通*活动举办得再好，若缺少正确的文化依托，也不能保证在工厂发展期间与利益相关者维系良好的关系。

7.2.1　保持有效运行

当一家公司确定或规定了应实施的某项作业任务时，肯定希望能在整个生产过程或其他类似过程的生命周期内自始至终正确贯彻实施该项任务。公司的人员及具体情况多种多样，在具体贯彻实施沟通的相关做法时应考虑下述基本要求的落实：

确保前后一致地贯彻执行。为实现前后一致地贯彻执行，*沟通*要素应指定专人负责监管沟通环节，应对各种特殊提问、问题或紧急情况。*沟通*系统应包含：(1)处理各种外协/沟通情况的策略；(2)落实*外协*需求变更的方法。

委任具备资质的人员。和所有RBPS要素一样，沟通绩效好坏都是由参与执行*沟通*任务人员的资质决定的。因此，公司所有人员应对社区沟通任务有基本的了解，知道如何正确

支持这些工作与活动。但是，并不是公司所有人员都需全面详细了解如何与业内或主管部门进行互动，只有具体承担沟通任务的关键人员需得到专业培训，其中包括危机公关与沟通培训。

保持规程的有效性。一旦*沟通*系统落实到位，则需采取相关常规监管、维护及整改措施，保持该系统处于最佳有效运转状态。第 7.5 节提供了相关绩效与效率指标实例，有助于监管外协活动的范围、频次及效能。

公司为确保沟通效能，应考虑通过建立数据收集与分析系统运用各项考量指标来有效掌握、评估*沟通*系统的实时状况。技术及沟通方面的专业人员应考虑安排沟通审查活动，从而确保*沟通*要素的长期效能。第 7.6 节对沟通相关管理审核活动进行了阐述。一般情况下，通过此类审核及较正式的审查活动可暴露出沟通工作中的空白与漏洞，找出那些需实施整改的效率低下的工作。

7.2.2 确认沟通需求

要想实现有效沟通并建立关系，需要确认关键利益相关者、锁定具体目标受众、了解未来前景、编制相关公司信息及主题和规划传达地点(见参考文献 7.4)。应根据风险程度和所确立的利益相关者需求来确定需要投入的人力物力及投入力度。举例来说，对厂外的潜在影响极低，且与所在社区关系融洽的工厂需求较低；而在最坏情况下影响范围可波及几英里外的居民、且在安全与环境方面的记录极差的工厂需求较高。公司/工厂应采取有效方法确定需求度，并在此基础上进一步确定应与各利益相关者交流沟通的信息类型与内容。一个能够满足并解决所有各类利益相关者主要需求与问题的*沟通*系统应具备如下基本特征：

确认相关利益相关者。许多信息资源都可用来确认支持工厂的利益相关者。例如，社区团体及社区顾问团的反馈信息。员工及承包商通过人员参与活动，也可帮助确认。

限定适当范围。应对公众沟通的话题与范围加以限定，将沟通工作重点放在那些对利益相关者而言较为重要的问题上，而且有助于保护商业机密。集中精力、重点关注那些至关重要、切实相关的问题有助于有效满足利益相关者的需求。有时社区讨论焦点往往集中在一个问题上，例如环境问题；但是，这不意味着公司就可以忽略其他问题，诸如事故风险、工厂过程安全信息及紧急响应计划等相关重要问题。

*沟通*系统应分清各类沟通活动的优先次序，从而最大程度地扩大其对利益相关者的影响，尽可能提高资源利用率。同时，应在危机公关计划阐明在哪些情况下公司需要迅速加大沟通力度并引入外界资源。

7.2.3 执行工作活动

一旦确认了关键利益相关者、锁定了具体目标受众后，就可整合相关公司和工厂信息，建立沟通工具(见参考文献 7.4)。企业单位应制定相关计划，与业内、社区团体及主管单位保持常规互动的关系。对公司或工厂而言，一个恰当的沟通策略必须具备以下基本特征：

找出恰当的沟通途径。公司代表人与利益相关者之间存在大量的互动机会，但是一般情况下，由于资源有限，公司必须从中筛选出最有效的活动。

创建恰当的沟通工具。一旦确定了沟通目标，管理层就可决定拟传递的信息范围、采

用最恰当的媒体方式并筛选出最佳方案。为沟通目的而创建的沟通工具应积极用于现场演示至互动网站等适宜场合。相关人员需评估用于沟通活动的产品以确定其效能。

共享相关信息。公司应建立一套信息筛选程序从公司日常工作活动相关信息中筛选出那些涉及利益相关者的内容，然后由指定人员通过已设立的沟通渠道将重要信息传达出去。

保持对外关系。应与相关重要利益相关者团体建立并保持常规联系。公司应定期举行利益相关者会议并建立例行与会制度，从而使公司参与例行化，而不是待问题出现后公司才着手参与。此外，应吸取重大事故经验教训并传达给相关关键人员。

7.2.4 信守承诺并完全兑现

如果公司代表在沟通活动中承诺将提供更多其他信息，则此类承诺应不折不扣地予以落实兑现(见参考文献 7.4)。请考虑下列基本要求：

- *兑现向利益相关者许下的承诺并接收相关反馈信息*。坚持兑现承诺是建立信任最好的方法。公司应慎言许诺，一旦许诺，就应更为谨慎地确保诺言的兑现与落实。因此，应建立一套跟踪系统，用于监控和跟踪*沟通*承诺的兑现与落实情况。
- *将相关利益相关者的担忧告知管理层*。一旦收到利益相关者的反馈信息，就立刻将此类信息上报管理层，以便后者及时做出恰当的回应，同时确保管理层始终了解社区的问题与顾虑。
- *记录相关沟通大事*。记录这些活动有助于确保单位保持重视不松懈。通过会晤活动，管理层可及时洞察利益相关者的最新想法及当前存在的相关问题，加以分析与评估，并将其纳入未来沟通计划考虑事项或当前沟通计划的修订事项。

7.3 可能的工作活动

在 RBPS 方法中，各项工作活动的实施力度应根据其所涉及的风险大小、资源状况以及工厂文化差异而各有不同。因此，不同工厂各项具体工作活动的实施力度各有不同，同一个工厂不同单元或工艺区的具体工作活动的实施力度也会有不同。因此，要想创建一个基于风险的过程安全管理系统，需要执行下列步骤：

1. 对工厂内的风险进行评估，调查 RBPS 任务所需资源量及可用资源之间的平衡度，并审查工厂文化背景。该程序详见第 2.2 节。
2. 评估实现 RBPS 要素各项关键原则所能带来的潜在收益。此类原则详见第 7.2 节。
3. 根据步骤 1 和步骤 2 的评估结果，从第 7.2.1 ~ 第 7.2.4 部分所阐述的各项基本要求中确定出哪些是管理风险所必须实施的基本要求。
4. 对于必须实施的基本要求，确定具体实施方式，并从本章所列内容中确定必要的工作活动。切记，本章所列的工作活动清单并不能覆盖所有行业，因此，读者可能需要对其进行必要添加或修改。
5. 对于需要执行的各项工作活动，确定所需执行力度。本章所列各项工作活动均设有 2~5备选执行方案，执行力度逐渐加大。需注意，本章所列的工作活动采用序号列项而备选执行方案采用字母列项。

备　注

规章制度对过程安全管理系统所需包括的要求特征或工作活动，或者特定工作活动的颗粒度均有规定。因此，过程安全管理系统的设计和执行应该在规章制度以及本书基础上进行。

7.3.1　保持有效运行

确保前后一致地贯彻执行

1. 围绕对外沟通、信息共享及沟通活动的实施编制指导计划。
   a. 采用非正式程序。
   b. 涵盖沟通事宜各方面的简明书面程序。
   c. 详细阐述沟通活动的书面计划。
   d. 针对各利益相关者编制具体详细的交流沟通书面程序。
2. 指定一名沟通系统负责人负责日常监控沟通系统的效能。
   a. 指定一名厂内或厂外临时兼任的系统负责人。
   b. 多名负责人分别对沟通要素的不同方面负责。
   c. 指定一名全职系统负责人全面负责沟通要素。
3. 确定沟通系统的工作范围，以便分享各类型的信息并监控变更来源。
   a. 以非正式的方式限定范围。
   b. 总体限定了共享信息类型及相关情况。
   c. 明确规定多种共享信息的类型及相关情况。
   d. 针对各类具体情况加以举例说明，从而明确规定多种共享信息类型及相关情况。

委任具备资质的人员

4. 限定负责信息共享和沟通的相关人员的岗位职责。
   a. 由临时人员非正式地承担岗位职责。
   b. 由工厂经理负责沟通相关工作。
   c. 明确规定了工厂具体沟通工作相关的岗位职责。
5. 对所有员工提供有关沟通系统的认知培训和复习培训。
   a. 提供非正规训练。
   b. 向所有人员进行一次沟通程序的传达与推广(如通过电子邮箱)。
   c. 向相关人员提供沟通认知初始培训。
   d. 向相关人员提供沟通认知初始及再培训。
6. 向所有在沟通系统内担任具体职位的关联管理人员提供培训。
   a. 提供非正规的沟通培训。
   b. 向所有人员进行一次有关基本沟通培训的传达与推广(如通过电子邮箱)。
   c. 向关键人员提供一次详细的沟通培训。
   d. 向关键人员提供具体的初始/再培训。培训内容包括聘用在新闻广播界有丰富经验的访谈人员进行相关角色扮演练习的课程。

保证操作规程的有效性

7. 保存所有沟通会晤相关的经验教训总结，协助沟通程序日常管理。
   a. 将具体总结内容纳入装置员工大会的会议记录。
   b. 在沟通员的办公室保存一份*总结拷贝备查*。
   c. 由沟通员保存每次*会晤*的详细记录，以便相关关键人员查阅。
   d. 保存电子版总结或将其发布到网上，以便所有相关人员查阅。
8. 建立并收集沟通绩效及效率指标相关的资料。
   a. 具体资料妥善收集。
   b. 偶尔收集基层社区群众的意见或看法。
   c. 一年收集一次利益相关者的意见或看法。
   d. 执行利益相关者综合调查并定期分析结果。

7.3.2 确认沟通需求

确认相关利益相关者

9. 从以下人员中选出相关观众群：员工、承包商、主管部门、社区团体、公司其他工厂及业内其他公司。
   a. 根据最低规范要求确认社区利益相关者。
   b. 由少数管理人员确认相关利益相关者。
   c. 编制并维护一份内外兼顾的利益相关者综合清单。
10. 以促使所有利益相关者团体参与为目的，建立相关计划。
    a. 针对首要利益相关者，制订相关特定计划。
    b. 针对首要利益相关者，制订相关正式计划。
    c. 针对所有相关利益相关者，制订一套非正式*沟通*策略。
    d. 针对多种利益相关者，制订一套综合性策略并加以维护。

确定适用范围

11. 确认适用于各类利益相关者团体的具体信息类型。
    a. 针对首要利益相关者，编制一份临时特定清单。
    b. 针对有利害关系的利益相关者，编制一份总清单。
    c. 针对各利益相关者，编制一份正式、定制清单并加以维护。
12. 确认信息共享的常规机会。
    a. 针对首要利益相关者，制订一份非正式计划表。
    b. 针对有利害关系的利益相关者，制定一份正式计划表。
    c. 除实施上述(b)项工作外，定期监控并更新计划表。
13. 针对突发性事件，制订一套危机公关计划。
    a. 针对首要利益相关者，制订一套计划。
    b. 针对有利害关系的利益相关者，制订一套正式计划。
    c. 针对所有确定的利益相关者，制订并维护覆盖多种危机公关活动的相关正式计划。

7.3.3 执行工作活动

确定恰当的沟通途径

14. 确定各类确定的利益相关者所采用的沟通的方法与途径。
    a. 各类沟通方法均是临时性、因时而异的。
    b. 针对首要利益相关者，确定正式沟通途径。
    c. 针对所有确定的利益相关者，确定正式沟通途径。

创建恰当的沟通工具

15. 创建恰当沟通工具。
    a. 使用临时特定的沟通工具。
    b. 创建适用于各类沟通途径(如小型会议、社区集会、大型会议等)的通用沟通工具。
    c. 除实施上述(b)项外，另针对各利益相关者确定专用的沟通工具。
16. 根据沟通会晤中吸取的经验教训相应调整/更新相关沟通工具。
    a. 一般情况下，只有在相关参与人员指出沟通工具存在内容方面的错误或问题时，才会更新沟通工具。
    b. 负责分发沟通工具的人员应负责确认工具的更新失效状况。
    c. 具备一套用来更新所有沟通工具的正式管理系统。
    d. 除实施上述(c)项外，根据以往沟通工作得出的经验教训，修改并更新与所有确定利益相关者直接的沟通工具。
17. 根据需要确定并创建新的沟通工具。
    a. 只有在确定需求时，方开始创建新的沟通工具。
    b. 具备一套正式管理系统，用于确定是否需创建新沟通工具。
    c. 针对各利益相关者，均具备一套确定沟通新需求的正规程序。

共享相关信息

18. 参加信息共享/沟通活动。
    a. 视具体情况参与*沟通*活动。
    b. 指定代表定期参与*沟通*活动。
    c. 安排关键员工参与所有计划内*沟通*活动。
    d. 除实施上述(b)项外，另采用正式程序筛选恰当人员参与针对各利益相关者的沟通活动。
19. 当出现如工厂事件、公司/业内事件等意外沟通“机会”时，应执行危机公关计划。
    a. 仅在工厂发生意外事件时，方启动危机公关计划。
    b. 仅在任何新闻媒体提出质疑时，方启动危机公关计划。
    c. 除实施上述(b)项外，还主动向新闻媒体机构提供相关信息。
20. 充分利用实现安全目标、被管理机构评为绩效良好等正面的成绩与事件，将其作为加强沟通和扩大影响的机会。
    a. 只有重大正面事件发生时，方对外宣传与沟通。
    b. 依据具体不同情况对外界宣传正面事件。
    c. 定期对外宣传沟通所有正面事件。

21. 加入具体行业组织，与同行共享相关信息并收集其他资料。
    a. 参加计划外、非正式沟通经验交流活动。
    b. 定期参加沟通经验交流活动。
    c. 通过正式程序筛选合适人员参与所有计划内沟通经验交流活动。
    d. 除实施上述(c)项工作外，还需共同主持举办相关沟通经验交流活动。

维护对外关系

22. 监控各利益相关者，确定相关信息需求是否得到满足。
    a. 根据具体情况临时性查询首要利益相关者的需求/顾虑。
    b. 定期监控首要利益相关者的需求/顾虑。
    c. 定期监控所有利益相关者的需求/顾虑。
23. 加入业内团体，确保公司始终参与业内最新沟通活动。
    a. 临时性地参加活动。
    b. 定期出席沟通活动。
    c. 除b以外，还共同发起和组织工业界沟通活动。

7.3.4 信守承诺并完全兑现

兑现向利益相关者许下的承诺并接收相关反馈信息

24. 坚持记录沟通任务项追踪日志，确保及时提供所需信息。
    a. 记录临时日志。
    b. 针对首要利益相关者提出的要求，记录相关正式日志。
    c. 针对首要利益相关者提出的要求，记录相关正式日志及回复日期。
    d. 针对所有利益相关者提出的要求，记录相关正式日志，追踪后续回复过程直到任务完成为止，并将日志归档以便以后参阅。
25. 当面逐个征求所有利益相关者的反馈意见，确定他们的顾虑及相关问题是否已得到解决。
    a. 临时获取反馈意见。
    b. 收集首要利益相关者的非正式意见反馈。
    c. 收集所有利益相关者的正式意见反馈。
    d. 除实施上述(c)项工作之外，还需电话联络关键联系人，就相关反馈交换意见。

将利益相关者的顾虑告知管理层

26. 向关键人员定期提供涵盖利益相关者参与活动、看法及顾虑的简报。
    a. 根据具体情况提供的临时简报。
    b. 每年向所有人员传达(如通过电子邮件)一次总体信息。
    c. 发生重大事件后向关键人员提供相关详细简报。
    d. 定期向关键人员提供详细的回顾性简报。
27. 确定公司近期对利益相关者存在影响的计划，着手计划各项活动，收集意见、确定潜在顾虑、解决问题。
    a. 制订针对首要利益相关者的活动。
    b. 制订针对所有利益相关者的活动
    c. 在向所有利益相关者通报正式计划前完成上述(b)项活动。

记录相关沟通会晤活动

28. 记录信息共享的相关活动。
    a. 单独保存相关记录。
    b. 记录关键人员 *沟通*活动。
    c. 记录所有 *沟通*活动中与利益相关者进行互动的总体信息。
29. 记录经验教训，供日后会晤借鉴。
    a. 根据具体情况非系统性地临时收集相关记录。
    b. 记录在与利益相关者互动环节所获得的经验教训并与关键人员分享。
    c. 记录在所有 *沟通*活动中与利益相关者互动环节所获得的经验教训并与所有参与人员分享。

7.4 提高效能的方法示例

本章列举了若干经行业实践测试、旨在提高 *沟通*要素相关工作活动效能的方法实例。根据第 7.2 节中首次提及的关键原则，可将此类方法实例归为以下两大类：

1. 用于提高要素核心工作活动绩效的方法。
2. 在降低资源消耗但保持必要绩效水准的条件下提高要素核心工作活动效率的方法。

这些实例均源自于工业操作规程调查结果、研讨会和 CCPS 成员公司提供的资料。想提高自身管理系统以及与该要素相关的工作活动的读者可根据本章节所显示的思路，评估当前管理系统和作业任务绩效和效率，之后按第 2.1 节介绍的基于风险的各项原则确定并实施相应改进措施。

7.4.1 保持有效运行

- ***定期审核所有沟通活动相关数据、频次及各利益相关者对此类活动的分担情况***。几乎所有工厂都希望与各类相关利益相关者建立并保持良好关系，但是有时候，某些工厂可能因为公司事务繁多而疏忽了与重要利益相关者之间的联络与关系维护。在这种情况下，应将与各风险承担着的沟通活动纳入正式规章约束范围，从而有助于公司维护各方关系、避免与一个或多个重要利益相关者失去联络。
- ***跟踪记录查证效率低下或缺失情况的全过程所费工时***。任何重大沟通活动都需花费人力工时。按活动类型分别记录所费工时有助于在某些活动或团体耗费过多工时的时候给予提醒。
- ***定期审查参与专业会议及业内团体会议的人数***。与其他公司保持联系是获取业内相关沟通信息的重要来源渠道。掌握会议及业内集会的水准及召开次数，可助于提醒管理层某些特定活动的资源承诺是否不足或过度。
- ***对关键人员提前进行沟通培训***。任凭未经培训的人员贸然面对媒体势必导致较差的沟通结果。提供公众、媒体沟通方面切合实际的培训是确保 *沟通*成功的重要因素。
- ***促使高级或行政管理层参与战略性沟通活动***。利益相关者都想与具备权限、可作出承诺的可靠公司代表沟通交流。一般情况下，利益相关者期望获得执行管理层有关长期计划或重大目标方面的相关承诺，但是，工厂经理及相关人员在工厂具体活动或防范措施方面的了解与知识通常更深刻且更具可信度。因此，公司应努力与最得力的信息员核对、调整好相关信息，防止不匹配。

- *针对相关棘手问题提供沟通再培训*。部分公司在社区*沟通*方面可能存在长期性的顽疾问题，因此，提供有针对性的相关培训可帮助关键人员在关键情况下充分把握*沟通*机会。

7.4.2 确定沟通需求

- *对于那些已无法再吸引目标利益相关者或不能在利益相关者之间带来巨大反响的沟通活动，应相应降低其投入力度，减少资源浪费*。如果相关沟通活动不能吸引利益相关者或利益相关者对其已失去兴趣，这种情况下，降低投入力度(参与度)是节约沟通资源的明智选择。换句话说，就是以最低消耗方式与对其将来有利的群体保持联系。
- *调查利益相关者，确定相关重大问题/顾虑并将计划重点放在重大问题上*。工厂管理层必须了解利益相关者最关心的问题。一般情况下，工厂可通过调查利益相关者、正式关注团体，或通过阅读报纸文章或读者来信等相对非正式的方式监控社区顾虑的问题，从而确保*沟通*精力投入目标精准，能发挥最大威力。

7.4.3 执行工作活动

- *创建定制沟通工具模版*。应提前创建重要信息模板，印刷介质模版、小册子及其他标准项目随时备用，不要等到每次要用时，方根据具体情况临时制作宣传工具。
- *对于举办频次最高且耗费时间最多的相关沟通活动，应提供检查表协助沟通专员的相关工作*。应针对反复举办的活动建立检查表，确保所有沟通工作逐项完成。
- *简化新闻稿及宣传稿的审核批准过程*。设计一套只需相关必要部门及人员参与的审核程序。

7.4.4 信守承诺并完全兑现

- *承诺一体化追踪系统*。RBPS 系统内的许多要素都作出了有最终期限规定的承诺。将*沟通*承诺纳入其他诸如*风险*、*事件*、*审计*等要素的承诺范围，从而有助于确保对所有承诺实施跟踪并予以及时兑现。

7.5 要素指标

第 20 章阐述了如何以及何时利用指标来提高绩效的相关内容。本章节还列举了诸多可用来监控沟通要素绩效的指标实例，按照第 7.2 节中首次提及的关键原则作了分类。

除了找出高价值指标外，读者还需要确定如何最好地对选择追踪的指标进行考量。有时，一项常规数据便可满足信息需求，例如，员工总数。其他情况下，如平均工作年限，则需要两个或多个参数才能提供完整数据。还有部分指标需跟踪其变化率，如社区顾问团(CAP)会议平均参与人数等。此外，其他一些考量指标，如每季当地报纸编辑收到的负面或不利来信数量，可能需跟踪记录其比例，在某些情况下，变更率才是最为关键的数据。由于具体情况各有不同，因此，读者需要自行判断如何跟踪并记录数据，从而最为有效地监控工厂 RBPS 管理系统的健全完善程度。

7.5.1 保持有效运行

- *持续参与的 CAP 成员数量*。如该数量降低，则可能表示成员对工厂危险的关注度降低了或成员认为其参与对工厂操作并没有产生积极影响。
- *工厂接到的投诉次数*。应调查任何投诉比率显著上升情况，确认是否存在长期顽疾问题。如数量降低，则可能表明社区成员关注度不够或工厂过程安全有所提高。
- *民意调查结果*。组织并实施恰当合理的调查可有效查明沟通要素活动的效能，帮助工厂将精力集中于外协活动，赢得该领域资源投资方面的最大回报。
- *通过媒体报道发布"重要信息"的百分比*。如果相关新闻稿件或"重要信息"没有发布出去或发布次数较少，则管理层应与媒体沟通联系，了解任何潜在的问题。
- *管理机构在公共论坛发布有利于公司的正面言论数量*。由公正、有资质的机构发布的正面评述言论是建立信誉的重要因素，如该数量下降则可能表明与相关机构的关系正在恶化。
- *激进分子团体发表不利于公司的投诉/演讲数量有所降低*。负面反响越小可能就表示公司沟通活动越有效。
- *管理机构批准相关请求*。如果管理机构积极回应公司提出的批准或放宽政策的请求，则可能意味着工厂绩效及沟通工作力度正在逐步提升，因此，针对该公司的积极进取精神，管理机构给予相关奖励，鼓励其继续提高。
- *为遵循规章制度所发生的费用*。该费用上升则可能表明公司绩效正在下降或与监管者的关系正在恶化。
- *沟通培训成本*。如该成本意外增加，则可能表示功效降低或需采取措施应对不良事件。相反，成本显著减少可能表示培训投入力度减弱。

7.5.2 确认沟通需求

- *社区群众发出信息请求的次数*。次数上升可能表示更多社会群体有兴趣知晓*沟通*努力成果，或表示公司应纳入沟通计划的外部问题增加了。数量降低可能意味着公司*沟通*投入成功满足社区群众的信息需求，或是表示社会群体的兴趣正逐渐减退。
- *监管者年度质询次数*。次数降低可能表示监管者对公司过程安全努力成果表示满意，且与其所在管理机构的沟通投入取得了卓越成就。
- *新确认的利益相关者数量*。数量降低可能表示需增添沟通计划及资源投入；数量上升可能表示计划成功。
- *新版(修订版)沟通计划数量*。发行新版(修订版)计划可能意味着沟通活动增加或沟通需求上升。

7.5.3 执行工作活动

- *CAP 会议召开次数及出席率*。数值高或有上升趋势则表明社区群众兴趣增高且沟通计划活动需求上升。

- ***参加装置参观团及开放参观日等沟通计划活动的社区群众数量***。数值高或正在上升表明社区群众对沟通计划兴趣增高；数值低或正在下降可能表示群众兴趣正逐渐消退，或是公司沟通活动已满足社区群众在互动及信息共享方面的需求。
- ***就沟通及危机管理主题经过初始培训及再培训的关键人员数量***。数量降低则表明沟通计划岌岌可危。
- ***公司代表出席同业会议分享业内重大经验教训为目的会议次数***。数量下降可能表示单位参与同业沟通活动数量正在减少。
- ***公司召开新闻发布会的次数***。数值平稳或有上升趋势表明公司沟通计划的有效实施。
- ***每月(每年)外协活动数量***。达到目标值表明公司各项活动按部就班地得到落实与实施；低于目标值可能表示公司在沟通方面欠缺努力；超过目标值可能表示沟通需求上升。
- ***沟通会议召开次数***。数值高或有上升趋势表明社区群众兴趣较高，且沟通活动及投入资源需求上升。
- ***准备、召开 CAP 会议的花费时间***。数值高或有上升趋势可能表示需要提高效率，或是出现了更多棘手的沟通问题。
- ***参加同业会议所发生的成本***。数值高或有上升趋势可能表示公司正在加大投入力度，或是表示需要提高相关效率。

7.5.4 信守承诺并完全兑现

- ***向社区群众许下承诺与兑现承诺的比值***。比值高意味着公司需在向社会群体兑现承诺方面加强努力。
- ***对社区咨询给予回应的时间***。时间长或有上升趋势可能表示需加大沟通资源投入或提高回应效率。
- ***回应信息共享请求的花费成本***。成本上升可能表示需加大沟通资源投入或提高相关效率。
- ***召开管理审核会议讨论沟通问题的次数***。数值低表示需重新调动管理人员的积极性。

7.6 管理审核

管理审核的整体设计和执行方式见第 22 章。但是，仍有许多特定问题/讨论主题管理层需要定期检查审视，以确保过程安全文化要素的管理系统正常运行。管理层首先必须了解接受审核的系统是否运转正常、达到系统目标。如果企业单位的过程安全文化尚有欠缺的话，或者并没有因为管理系统的改变而有所改善，那么，管理层应找出可能的整改措施加以实施。在某些情况下，企业单位有可能并未找出真正需要实施的整改措施予以实施，或者说并没有实施必要的措施。即使整改措施的结果令人满意，但通过管理审核仍能检验资源是否被滥用或超用？部分工作是不是有更为有效的实施方法或者有哪些工作事实上根本无需实施？管理层可结合上一章中列出的指标与个人观察情况、直接询问、审查结果、主题反馈内容来回答上述问题。讨论的活动和主题包括下列内容：

- 审核利益相关者的反馈意见，确认是否有任何迹象表明利益相关者对某些特定主题的注意力已转移以及利益相关者是否收到了公司有意传达的信息。

- 检测社区群众提出信息共享的请求率及相关回应率。如果因为兴趣减退导致请求率有所变动，应确认是否可以缩减相关投入或加大力度尝试重新吸引利益相关者的注意力。如果回应率出现下降，应检查下降原因，确认是否需增添资源或转移重点。
- 审查当地应急规划员或消防部门的所有反馈信息，此类信息应转达*应急*要素相关人员进行处理。反馈率有所变动或反馈意见态度口气发生变化可能表示需增加*沟通*活动。
- 记录参加装置开放参观活动的人数。活动举办成功吗？将来应扩大规模吗？是否会吸引更多人加入利益相关者？
- 审查沟通活动参与人的意见与想法。相关预期传达信息是否已成功转达至受众？如果没有，原因是什么？
- 就员工从其朋友以及社区组织处接收到的信息及反馈进行评估。考虑执行员工调查活动。工厂是否是一个好“邻居”？如果不是，*沟通*活动能帮助其提高声誉吗？
- 审查近期市民投诉率、明显严重性及投诉趋势。市民投诉更频繁？市民投诉问题日趋细化？是否由某一个人或某激进小团体引领代表大部分投诉源进行投诉？如果答案是肯定的，这些是否会造成工厂的大问题（例如，引起地方当局的过度关注与监控）？
- 审查网站点击率。管理层是否了解所有突变原因？
- 评估解决相关沟通问题的资源运用情况。资源运用趋势是否能如实反映该要素的计划及目标？如果不能，需修改计划吗？

指标更新后，*沟通*要素管理人应特别用心了解导致任何趋势或异常情况的原因。另外，如果计划即期举行沟通活动解决已确认的公共关系问题及相关社区群众顾虑的问题，应将该计划活动纳入简报内容，提交管理审核委员会。

此外，一套有效的管理审核程序能督促提醒整个领导层时刻铭记沟通的重要性并积极履行自身职责、积极维护工厂在业内、社区及政府心中一贯的良好形象。一般情况下，管理审核人员是决定*沟通*成功的关键因素。如果*沟通*活动存在不足之处，审核人员应自我检讨自己是否尽职、是否已投入了必要的时间和精力。

参考文献

7.1 *Community Awareness and Emergency Response Guide (CAER)*, American Chemistry Council, Arlington, VA, 1995.

7.2 *Community Advisory Panel Guide*, American Chemistry Council, Arlington, VA, 1996.

7.3 The Chemical Safety Information, Site Security, and Fuels Regulatory Relief Act, Public Law (PL) 106-40, August 5, 1999. http://yosemite.epa.gov/ oswer/ ceppoweb.nsf/ content/csissfrra.htm.

7.4 *RMP Communication Manual,* American Chemistry Council, Arlington, VA, 1999.

Ⅱ 洞察危险与风险

基于风险的过程安全管理系统(RBPS)建立在四项原则基础上：(1)对过程安全的承诺；(2)洞察危险与风险；(3)管理风险；(4)从经验中学习。为了洞察危险与风险，企业应注重于：

- 收集、保存和维护过程安全信息；
- 开展危险识别及风险分析研究。这项原则涉及两个RBPS要素，分别是：

第8章，过程知识管理(简称*知识*)以及第9章，危险识别及风险分析(简称*风险*)。

这两个要素的管理系统基于公司当前对工人所面临的与过程相关的风险的理解。此外，人员、工艺、设备或产品的变更频率(决定对资源的需求)，以及公司内部及下属企业的过程安全文化，也会影响正确执行每个RBPS要素正确执行的范围和灵活性。

在第2章中，结合企业资源需求和过程安全信息，以及过程安全管理系统的创建、修正和改进，讨论了关于风险理解的一般应用。在第8章和第9章中，将介绍在建立支持洞察危险与风险的管理系统时需特别考虑的各种因素。此外，还将介绍一些方法，以(1)改进绩效和效率；(2)跟踪关键指标；(3)定期审核结果并且提炼管理系统下一步的改进内容，保证整体运行满足过程安全管理目标。

8 过程信息管理

1999 年 2 月 19 日，美国宾夕法尼亚州理海州发生一起爆炸事故，造成 5 人死亡、14 人受伤，附近几栋建筑物受损。此次爆炸是某厂首次工业规模生产羟胺期间发生的。根据化学安全及危害调查局(CSB)的调查报告(见参考文献 8.1)：

该事件证实了在整个危险化学品生产工艺的开发、设计、施工和开车过程中，执行有效的过程安全管理和工程管理的必要性……“过程信息及档案工作”和“投资项目过程安全审核”方面的欠缺是造成此次事件的重要原因。

CSB 的报告进一步指出：

在工艺设计期间，对过程安全信息的收集、理解和应用不充分，未能有效管理羟胺的爆炸性分解危险。在中试装置操作期间，管理层就已知道当羟胺浓度超过 70%(质量)时具有燃烧爆炸的危险，并已写入《化学品安全技术说明书》(MSDS)中。然而，这一危险并未在工艺设计、操作程序、减低风险措施或工艺操作人员防范手册中充分体现。根据设计，羟胺生产工艺将羟胺溶液浓缩到 85%(质量)以上，明显高于物质安全技术说明书中提及的具有爆炸危险的 70%(质量)。

CSB 调查结论是：过程信息的匮乏和实践不力是导致此次爆炸的直接原因。

8.1 要素概述

收集、保存和维护过程信息是 RBPS 洞察***危险与风险***原则中的两个要素之一。第 8.2 节将说明过程信息要素管理系统的关键原则和基本要求。第 8.3 节阐述了满足这些基本要求的工作活动及相关方法，这些方法与认知的风险、所需资源以及企业文化密切相关。第 8.4~第 8.6节包括：(1)提升过程信息管理系统有效性的方法和具体程序；(2)过程信息要素的监控指标；(3)过程信息要素的管理审核。

8.1.1 要素定义和内容

*信息*要素主要是指以文档形式记录的信息，例如：(1)书面技术文件和技术规范；(2)工程图纸和计算书；(3)工艺设备的设计、制造和安装技术规范；(4)其他书面文件，例如《化学品安全技术说明书》(MSDS)。在本章中，*过程信息*一词将作为这些信息的统称。*信息*要素所涉及的工作活动与特定数据的汇编、分类和使用有关，这些数据通常以纸质或电子格式记录。需要注意的是，*知识*隐含着对数据的理解，而不只是对数据的汇编。因此，*过程*安全要素(见第 5 章)可作为*过程*信息要素的补充，因为它有助于确保用户能够正确理解作为本要素一部分而收集的信息。

*过程*信息要素与*过程*安全能力要素在其他方面也有密切的关联。*能力*要素所涉及的工作活动能够：(1)促进个人和组织学习；(2)帮助组织确保将重要信息保留在集体记忆中。

作为*能力*要素一部分而生成的技术手册和其他书面文件，常常通过*信息*要素管理系统保存和分发。作为*信息*要素一部分而开发的信息通常具有适用于所有工艺的高度结构性。此外，信息要素保存的信息要素准确、完整和易于理解的信息，并可根据需要查询。相反，作为*能力*要素一部分而汇编的技术手册常常包括历史信息，它的结构性较差，而且根据公司研究和技术部门当前开展的项目，极有可能包括一些“正在开发”的信息片段。

由*信息*要素收集和维护的信息往往可回答以“What(什么，多少)”开头的问题，例如“这台换热器的换热面积和总传热系数是多少?”而*能力*要素则可帮助过程信息的用户回答以“Why(为什么)”开头的问题。例如“为什么这台换热器的尺寸比常规应用所需尺寸大10倍?”*信息*要素所包括的工作活动可确保信息：(1)处于最新而准确的状态；(2)以便于检索的形式保存；(3)负责过程安全相关工作的员工在必要时查询。

8.1.2　重要性

对风险的理解依赖于准确的过程信息。因此，*信息*要素是整个基于风险的过程安全管理概念的支柱，不理解风险就不可能有效地应用RBPS方法。过程信息也是其他RBPS要素的支柱。例如，*程序*、*培训*、*资产完整性*、*变更管理*和*事件*要素，全部依赖于作为*信息*要素一部分而收集和维护的信息。

8.1.3　对象和时间

过程信息的开发和保存从过程生命周期的最初开始，直到过程生命周期结束。例如，早期在实验室进行的新材料开发、新材料表征、合成路线评价(包括失控反应的可能性或其他固有危险)等工作，通常会成为过程信息的一部分。在过程生命周期的设计、危险性审核、施工、试车和运行阶段，持续不断收集信息。许多企业特别重视在开展风险分析或变更管理审核之前对过程信息的准确性和完整性进行审核。某些特殊危险的知识，对于工艺装置的安全封存、退役和拆除常常是至关重要的。知识通常在多个收藏地点保存和维护，但一般而言，过程信息应随时可供运行装置的关键人员使用。

8.1.4　职责分工

在整个过程生命周期内，知识的积累和更新责任涉及各种组织。在过程生命周期的早期阶段，知识通常由中心研究室、开发和设计团队开发。在过程生命周期的详细设计和施工阶段，由于详细设计常常由外部工程公司承担，所以大部分信息由外部工程公司开发。在装置的试车和开车前后，维护和扩充知识的责任就转移到装置所在的企业。在其他情况下，知识由企业 以外的团队保存，例如负责装置设计的工程公司或工程承包商。化学品危险信息主要由供应商或企业研究部门开发，然后提交给企业。例如，大部分原料危险信息写入其生产公司出版的MSDS中和产品或化学品专属的导则中。

8.1.5　预期工作成果

*信息*要素的主要成果是：(1)支持生命周期各阶段过程安全活动的准确、完整和最新的信息，(2)用于保存和检索这类信息的系统。过程信息通常包括：

- 书面技术文档和技术规范；

- 工艺设计基础；
- 设备设计基础；
- 工程图纸和计算书；
- 工艺设备的设计、制造和安装技术规范；
- 其他文档，如化学品危险信息、MSDS 等。

另一个工作成果是相关的工程导则或标准列表，参见第 4 章中的详细描述。保存工程导则或标准档案，有助于确立统一的最低限度技术规范/要求，识别可能受导则或标准变更影响的设备，从而确保过程安全。

这些工作成果定义了其他几个 RBPS 要素的技术内容和工作活动。例如，容器和其他设备的最高允许工作压力和温度常常可直接定义*程序*要素中的安全运行限值。同样，由*信息*要素维护的安全系统列表与操作程序中的安全系统说明直接对应，可作为输入来确定应包括在*资产完整性*要素范围内的设备。过程*信息*要素与*能力*要素之间的紧密联系已在第 5.1.5 部分进行了说明。最后，过程*信息*要素的工作成果是*风险*要素的重要输入，而洞察风险是整个基于风险的过程安全管理概念的核心。

8.1.6 实施过程

过程信息通常按照如下方式收集和分类：(1)保存在文件柜或图书馆内的硬拷贝文件；(2)保存在计算机网络中的电子文件或数据库。尽管数据库方法在技术上更先进，可简化搜索、方便查询，但是只要企业员工接受过信息查询培训、理解信息内容并且尽力使信息保持在最新而准确状态，这两种方法都同样有效。

8.2 关键原则和基本要求

一个生产、储存或使用危险化学品的企业，为实现安全操作和维修，需要对危险进行识别，在大多数情况下还需要对与危险相关的风险进行评估。准确而完整的过程信息对于危险识别和风险评估至关重要。有关设计意图、操作方法、设备额定参数和过程危险的知识，可有力支持本书所述的基于风险的方法的应用。此外，对于许多其他 RBPS 要素(包括操作*程序、培训和资产完整性)，信息要素可作为一个中心数据库提供重要信息*。

指导过程*信息*要素的方针通常应规定哪些信息必须由所有企业/装置收集，哪些信息应根据危险性而收集(例如高危险性化学品的存在数量超过规定值)，哪些信息应根据特殊危险性而收集，以支持在过程生命周期各个阶段开展的危险识别、风险分析及其他 RBPS 活动。

在建立、评价或改进过程*信息*要素的任何管理系统时，应遵守以下关键原则：

- 保持有效运行；
- 按照便于检索的方式对过程知识分类；
- 保护和更新过程知识；
- 使用过程知识。

每个原则的基本要求将在第 8.2.1～第 8.2.4 部分中进一步说明。第 8.3 节将阐述满足这些原则基本要求的典型工作活动。工厂管理层应评估风险和本要素改进产生的潜在效益。

根据评估结果，管理层应建立一个管理系统或对现有管理系统进行升级，以满足部分或所有基本要求、执行部分或所有工作任务，这将取决于感知的风险和/或所识别的过程危险。但是，如果企业文化中没有建立起危险识别和风险控制的文化，则这些步骤将无效。

8.2.1 保持有效运行

为了充分识别过程危险和分析风险，需要准确而完整的过程信息。RBPS 方法不可能在不洞察危险及风险的情况下使用，而后者又取决于过程*信息*要素。

设计和建设一座现代化、高效、安全的工艺装置，需要投入巨大的人力物力。除了最初的投入外，随着时间的推移，几乎所有装置还要为提高产量和/或效率而不断改进。设计、建设和优化装置所需要的信息是具有重要的价值的企业资产。过程信息是保证企业长期生存和不断成功的基础，应建立一个管理系统来保护和推动这类信息的使用。打造一套收集、维护和保护公司过程信息的惯例做法，有利于保护这些能真正体现业务意义的重要资产。该管理系统应包括以下所述的基本要求。

确保统一执行。制定书面指导方针有利于定义范围、说明不同的任务和确保管理系统统一执行。这个指导方针还将分配汇编和维护各部分过程信息的具体责任。如果制定安全方针是由若干个部门共同负责，那么形成书面意见就更为重要，这常常是最有效的管理过程信息的方法。例如，企业安全部门可能负责更新准确的 MSDS，同时一名工艺方面的高级工程师也在负责更新工艺技术信息。在某些企业中，会由专门的“技术代表”进行识别和更新先进的工艺技术信息，他可能同时负责对企业所有装置中同类的工艺单元进行过程信息的收集和归档(这个概念已在第 5 章中较详细地叙述)。尽管这种责任分配模式具有明显的优点，但如果职能与责任不明确，也可能导致过程信息的缺失或疏于维护。最后，该指导方针应提出保存记录的要求，以便：(1)保护最新而准确的过程信息，防止仅因其多年未改变而被随意处置；(2)执行公司关于保存作废文件的政策。

简而言之，过程*信息*要素的指导方针应明确规定：

- 由企业维护的信息类型；
- 负责维护保存在*信息*要素内的各部分信息的人员或部门名单；
- 员工 /承包商开展工作所需要的*信息*要素文件的存放地点；
- 创建或更新*信息*要素内的各类文件/工作成果；
- 过期过程信息的存档和不需要信息的定期清除；
- 特定法规要求；
- 文件保留要求。

定义范围。过程*信息*要素的范围包含若干个部分。首先，企业 需要判断 RBPS 管理系统将在全厂范围还是只在某些装置应用。因为 RBPS 方法需要危险和风险知识，所以只要企业未选用其他方法，这个要素便适用。例如，一个基于标准的过程安全方法常常更加适合为办公大楼服务的公用工程系统。但是，基于标准的方法，以及其他长期形成的过程安全管理方法，需要一定的过程信息。其次，企业还需要确定应包括哪种类型的信息。

为了支持风险分析工作和有效管理支持当前操作所需要的信息，企业通常选择收集必要的信息(例如表 8.1 所列)，或确定某些特定的信息不适合某个工艺(见参考文献 8.2)。

表 8.1 过程信息的典型类型

化学品危险信息

- 毒性信息
- 允许接触限值
- 物理数据
- 活性数据
- 腐蚀性数据
- 热及化学稳定性数据
- 典型污染物(例如空气、水)与工艺流体和公用工程系统所含不同物料意外混合产生的危险后果
- 热力学数据
- 量热数据
- 特殊危险
  - 冲击敏感性
  - 自燃性质
  - 化学稳定剂，包括净化(除去稳定剂或其他化学组分)的影响
- 最大爆燃或爆轰压力和火焰速度
- 工业卫生数据

工艺技术信息

- 简化的工艺流程图或极简单的工艺流程框图
- 工艺化学，包括可提供在产品或工艺开发阶段实验记录本记载的信息
- 与确信不希望发生的副化学反应有关的危险性(例如当处理氯代有机化合物时副产物二噁英的生成)
- 物料和能量平衡
- 最大预定存量
- 工艺参数(例如温度、压力、流量或组成)的安全上下限，以及偏离安全上下限的可能后果
- 绝热反应温度和相应的系统压力，根据预期和可信最糟状况下的物料组成而确定
- 分离设备的设计信息和设计基础(例如维持安全操作所需的最小回流比)
- 叙事格式和/或简单逻辑图形式的控制系统逻辑说明
- 根据后果分析绘制的表示超压或有毒物质暴露危险的影响区域/距离的地图及/或表格

工艺设备信息

- 结构材料
- 管道及仪表流程图(P&ID)
- 电气防护等级划分图
- 泄放系统的设计基础和计算书，包括任何火炬系统
- 排气系统的设计基础和计算书
- 适用的工艺设计规范和标准列表
- 安全系统(例如联锁、检测或抑制系统)
- 工艺设备的机械数据/设计基础表
- 设备制造图
- 管道规格
- 轴测图
- 控制系统逻辑图、回路图和联锁表
- 仪表数据，包括现场仪表、报警、联锁系统等的注册表或关键参数数据库
- 电气数据，包括单线图、电机数据库和接地/连接图
- 设施数据，包括标有地下公用工程和工艺管道位置的平面图、结构图和结构分析、固定消防系统的设计和设计基础信息，热/爆炸负荷和防火/防爆墙信息
- 固定或专用起重机的设计基础和分析
- 安全喷淋器/洗眼器、灭火器及其他安全设备的位置
- 便携式多功能设备

最后，企业必须确定在过程生命周期内需要哪些信息。在过程生命周期的最初阶段，作为*风险*要素一部分，需要收集危害信息进行各类危害因素辨识。在稍后的开发阶段，需要较详细的工艺数据来支持较系统性风险分析活动。因此，过程*信息*要素的指导方针应明确各个阶段的不同要求，确保与*风险*要素的需求相匹配，从而避免工艺团队消耗过多精力在开发生命周期中尚不需要或不确性过高的数据或信息。

请注意，与特定工艺设备有关的过程信息要求应根据设备类型、设备的故障形式和故障后果(换言之风险)来确定。对于某种特定形式的管壳式换热器，从可能被保存的过程信息来看，各台设备之间几乎没有差别，正确管理风险所需要的信息强烈依附于它们的实际用途。例如，一台换热器用于冷却液压油，并假设液压系统的功能丧失不会造成不安全后果；而另一台换热器用于保持冷却以防止反应失控，显然后者的知识要求将比前者高得多。因此，对于一台给定的设备，收集和维护哪些信息在很大程度上取决于风险。

一些企业选用称之为“一站式”的*信息*要素管理系统来管理所有与工艺相关的信息。每个过程安全要素生成或需要的信息都保存在一个单独的管理系统内。这些信息覆盖面很广，从*资产完整性*要素所需要的原始设备制造商操作和维护手册，到*事故*要素所需要的完整的安全事故日志和事故调查报告副本等。

企业还需确定是否对不同装置或生产区提出不同的要求，如果是，则应确定每个装置或生产区的*信息*要素范围应包括哪些信息。例如，企业可选择将所有工艺/制造区域的电气单线图存档，以利于电气设备的维修和故障排除，但不要求将储存干燥物品的成品仓库的类似信息存档。

所要求的理解或知识深度还取决于该工艺是否为独一无二的、是否已被充分理解、是否只在少数装置上运行，或是否完全由现成设备组成。例如，一套将氨转化为硝酸铵的装置，较之一套使用氨作为制冷剂的装置，需要更深刻地理解化学品活性危险。

最后，企业需要将每个工艺当前可用的信息与表 8.1 中所列的过程信息进行实际比较。新建和/或监管严格的企业可能拥有大部分的装置过程技术信息(表 8.1 中所列部分知识，如特殊危险，将不适用于大部分企业)。有两个企业：一个企业购进各种非危险化学品，将其与化学性质稳定的易燃液体(例如醇类或酮类)混合，生产消费品，然后将这些产品包装、出售给消费者；另一个企业将基本的烃转化为易燃但却稳定的溶剂，供上述企业混合使用。如果这两个工厂同时使用基于风险的方法管理安全，前一个企业所需要的知识范围将远远小于后一个企业。

在一些情况下，较老的装置可能会缺失大部分过程信息，特别是与设备和技术有关的知识。如果一个由公司工程部门开发并维护过程信息的企业后来被售予另一家公司，这可能是一个严重的问题。在这种情况下，读者可能不知道先去收集哪些过程信息，或它们当中有多少是真正需要的。

基于风险的方法的基础是建立基于风险的过程安全管理系统，对风险的理解取决于足够的过程信息。避开*信息*要素，直接跳到*风险*要素，是一个轻率之举。因为即使风险已被充分理解，但只有很少的过程信息被保存或根本无保存，要想可靠地应用其他几个 RBPS 要素也是非常困难的。例如，因为无法获得技术规范或其他设计基础信息，所以无法回答“是否满足设计规范”这个问题，如此一来，要想有效地应用*变更管理*要素就非常困难。尽管建立

(或重建)全套过程信息的成本高昂，但缺乏这类信息的企业应竭力为本书所述的许多要素建立合理的 RBPS 过程信息管理系统。

因此，面对“在缺乏完整的过程信息的情况下如何推行 RBPS”这个问题，唯一明确的答案是“谨慎行事”。法规可能要求企业保存表 8.1 中所列的部分知识。在这些情况下是否遵守法规要求，既是一个基于风险的决策，也是一个法律/业务决策。RBPS 方法对法律决策所提供的唯一的指导意见是，作为最低要求，公司必须遵守法律法规。如果不存在法律法规要求，公司可利用以下“筛选方法”来确定信息识别的优先顺序。

- 危险，而不是风险，通常是第一个良好的筛选工具。如果企业内不存在易燃物质或可燃粉尘，电气防护等级划分图很可能被列为较低的优先级。
- 获取信息所投入的时间和资金也是良好的初步筛选工具。化学品危险信息常常可从供应商处免费获得。部分工艺技术信息可能已由化学家或工程师简单地书面陈述。
- 支持*风险*分析要素所需要的信息应位于优先级列表的顶端。如果企业决定使用危险与可操作性方法作为初步风险分析工具，它将(作为最低要求)需要表 8.1 中所列的大部分化学品危险和工艺技术信息。它还将需要表中所列的部分设备信息，例如，一张完整的安全系统列表和最新的管道及仪表流程图(P&ID)，包括控制逻辑信息(如果未在 P&ID 中显示)。工艺设备信息部分所列的许多项目是过程危险分析(PHA)团队所不需要的，包括起重机轴测图和设计基础数据，尽管在会议期间，可能会派队员去现场核对与这些数据要素有关的项目。
- 对于支持*风险*管理要素(见第 10 章~第 18 章)平衡所需要的信息，应给予较高的优先级。例如，管道规格可帮助防止不利于过程安全的变更，一些轴测图通常可支持作为*资产完整性*要素一部分的管道检查。

建立健全化学品的活性和不相容性危险档案。许多化学物质的属性是一柄双刃剑——既可使其有用(反应生成其他物质)，也可使其具有重大危险。负责识别危险和分析风险的团队是过程信息的主要用户。如果被分析的过程涉及活性化学物质，该团队将需要有关反应危险的信息。

MSDS 常常提供一些关于危险物质的活性和不相容性危险的信息。但是，这些信息有时是不全面或难以理解的。此外，MSDS 不一定能够回答诸如“如果冷凝器的冷却水供应中断会发生什么情况”“如果操作人员在向反应器内加入催化剂之前未加入溶剂会发生什么情况”或“如果搅拌器停止转动会发生什么情况”等问题。如果没有明确、易于理解的化学品反应危险信息，团队可能会忽视危险的存在，或即使过程是本质安全的，也会推荐使用昂贵的系统来防止或抑制反应危险。这两种结果都是我们所不希望的。化工过程安全中心(CCPS)有本书《管理化学品反应危险的重要实践》，从中可获取与化学品反应危险有关的详细信息(见参考文献 8.3)。

指定有能力的员工负责。有能力的员工对于维护和扩充知识至关重要。随着技术的进步，所生成或收集的信息数量急剧增长，任何人只要拥有一台联网计算机，就能获得大量的信息。这就导致了这样一种趋势：信息的收集和维护由技术能力或操作经验有限的人来承担。例如，许多公司任命一名事务员来负责更新 MSDS 文件(硬拷贝或电子形式)。尽管这个想法本身没什么不妥，但收到一份新的或更新后的 MSDS 文件时，必须由一名有能力的技术人员来判断其中作了哪些修改，这些修改与工人的安全和健康有无牵连。因为一般人消化

信息的速度不如信息生成的速度快，所以，任命“专家”来审核最新获取的知识，以便快速识别和评估任何修改所产生的影响，比以往任何时候都更为重要。

8.2.2 按照便于检索的方式对过程知识分类

不能有效查询的信息就像一团乱麻。设计基础、制造商图纸/数据报告、技术规范和其他过程信息等关键数据，常常因为文档没有很好地整理和分类而被丢弃。而比一团乱麻更糟的情况是，将最新信息和过期信息随意混合存放在一处。在极端的情况下，它就是一个个陷阱，让用户在毫不怀疑的情况下使用过期信息。

使信息便于查询并且结构化。见过程安全*能力*要素(第5.2.2部分)中所述的基本要求。

防止信息的疏忽性丢失。目前许多企业将大部分或所有过程信息保存在网络服务器中。这样做有很多优点，包括能够廉价储存大量信息，可从附近的任何地方访问信息，可打印备份副本，可以只读的形式保护文件，可按照合理的结构对资料进行分类等。一些企业在文档中引入了超链接，使相关文档之间建立更好的关联。

这种方法的一个缺点是，有些文档可能需要随时查寻，但在某些情况下，却无法满足这一点。所以，使用计算机保存文档的企业应确保最新版本或重要文件(例如MSDS)能够随时查阅。为此，通常要求将关键文件的一个最新纸质副本保存在企业内的某个地方，或将多个副本保存在带有紧急电源的独立计算机内。

过程信息应容易查找。在设有中心工程组的企业，这通常不是一个问题。中心工程组的一个典型职能是保存设备和工艺文件。但是，许多企业在后来撤销了中心工程组，因此当维护信息的职能部门在组织内消失后，正式的档案系统很快便不复存在。过程信息一旦丢失，要付出昂贵的代价才能找到或重新创建。

在中心档案室文件内保存计算书、设计数据和类似信息。数据、计算书和类似“备份”信息常常保存在参与各部分过程信息开发的人员的文件柜中，而工作结果文件却常常保存在企业的“正式”过程信息数据库内。这样可大大减少集中保存的信息数量，使结果文件更容易查询。但是，详细信息很可能随着时间的推移而丢失，在将来只好重新创建。例如，某个工艺是在惰性溶剂中进行放热化学反应，其目的是通过溶剂的沸腾移走反应热量，溶剂蒸气冷凝后再返回反应器。原始的过程危险分析团队很可能希望了解与预期热负荷有关的冷凝器的能力，而设计工程师可能已确定按照预期热负荷的八倍设计冷凝器。若干年后，可能会由另一个危险分析团队负责评估提高反应物与溶剂之比(以增加产量)的建议所具有的过程危险。如果妥善保存了包含过程信息的原始设计计算书，要估计由于比例的改变而造成的安全裕度的改变将要容易得多。如果找不到计算书，则需要重新计算，这将不仅增加了产生错误的机会，而且增加了过程设计团队的工作量。请注意，这是一个有效利用超链接的绝好机会，因为可将计算结果保存在概要文件内，然后通过超链接进入包含详细计算的文件。

信息档案应关注用户体验。在建立档案时应考虑终端用户的需求。采用统一的数据结构通常是有利的。建立和推行符号、术语、分析方法和软件标准，可节省员工在组织内部调动时的培训费用。在P&ID上使用统一的符号特别重要，因为在评估危险和在开展与许多RBPS要素(协助管理风险)相关的工作活动期间，*风险*要素常常使用这些符号。除了使用统一的符号外，一些企业还为设备位号建立了标准命名系统。例如，换热器HE-1234冷却水进水管线上的气动球阀可以编号为FV-1234-CS，冷却水回水管线上的流量控制阀可以编号

为 FCV-1234-CR。统一使用一种标准格式，并用一组标准前缀来命名设备类型、标准后缀来命名设备用途，有助于减少人为错误。*警告……这个方法可能不适合现有工艺，因为改变位号很可能导致许多看似错误的情况发生，而且代价相对较高(改变设备位号可能影响所有P&ID、现场标签、计算机化维护管理系统、控制室显示器、设备文件等)。*

编制一套标准表格，对信息加以概括或将用户引导到特定资料的存放地点，是一种非常有用的方法，而且成本较低。例如，概括了紧急泄压系统设计基础计算结果的表格，可使用户快速查明设计人员曾考虑过哪些情况、每种情况的结果以及系统的能力。这种保存信息的方法较只是简单提供原始计算书要有效得多。例如，用户无需翻遍整本计算书来确定紧急泄压系统的设计团队是否考虑过对危险分析团队极为重要的某个过压原因。

如果有些法规、企业标准或地方规定所需要的某些信息不适用于某个工艺，应将这一事实清楚记录在案，以防止有人花费大量的精力查找并不存在的信息。

8.2.3 保护和更新过程知识

控制和限制对过期文件的访问。用户应能够很容易将最新信息与过期信息相区别。在许多情况下，这可通过一种简单的方法来实现，即只提供最新的信息副本，用户可根据需要打印文件副本。例如，可将 P&ID 以企业每个人都可浏览并可打印最新版本的形式加以保存，而编辑权利和访问先前版本的权利仅限于编制者和其他一两个人。许多企业选择执行稳健的文档控制系统，包括执行自动或程序控制，使所有的文件在打印时都带有一个截止日期。其他控制系统则采用物理方法将过期打印文档和电子文件隔离在只能由少数员工访问的区域，而这些员工清楚知道这些信息是过期的，保存它们只是为了存档的目的。

在一些情况下，文件中的某些部分可能仍然有效，而另一些部分则已经作废。例如，当公司改变分析方法时，一些紧急泄放系统的规格计算可能不受影响，而其他计算可能受其影响，必须重新进行。在这种情况下，重要的是要标出当前文件中的过期部分，用一个指针指向可发现最新信息的部位。

文件控制失败的另一个常见原因是，出于保护信息这个主要目的建立了一个“过程安全信息文件室”。这样做常常是因为在审查中发现部分过程信息放错了位置。为了集中保存文件，企业指定某人查找和复制当前由工程、维修、生产和安全部门保存的文件。因此，为防止信息丢失而产生了一套平行文件。但是，只为这一目的而创建的文件时常常导致：(1)花费大量的精力使文件持续保持同步；或(2)无法使文件室内的文件保持在最新而准确的状态，从而降低了它们的价值。

确保准确性。*信息*要素提供了企业在某一给定时刻的静态“快照”。但是，几乎没有哪个企业是静态的。为了改进操作或应外部的要求，变化时有发生。如果不能积极地查明变化原因同时更新过程信息，过程信息将很快失去可靠性和准确性。如果变化发生后过程信息没有随之更新，企业可能最终必须对所有过程信息进行全面的技术审核和更新，这个代价可能非常昂贵。

一些企业没有资源来维护所有与其过程信息相关的电子文件。对于图纸文件尤其如此，因为许多企业已经撤销了工程部或制图组。这些企业常常依靠公司团队或承包商来更新需要特殊软件和/或专能的图纸及其他文件。在这种情况下，重要的是建立一个稳健的管理系统，将图纸的一套硬拷贝作为该系统的正式文件，这些图纸是“红线图”或是随变化而更新的并存文件。这些“红线图”被定期复制，送去修订。采用这种方法时必须注意：(1)将这些文件的任何其他副本清楚标记为非正式或过期副本(例如计算机网络上的图纸文件)；(2)对所有可能受影响的工人进行培训，利用书面程序强制推行该管理系统；(3)利用返回修订后的图纸或其他文档更新文件；(4)建立一个管理系统来观察在文件送去修订之日与返回之日中间发生的变更(例如用不同的颜色表示这些变更，当图纸返回时将这些变更转移到修订后的图纸上)。

由于人为错误，过程信息可能包含一些不正确的信息。随着时间的推移，这些错误将不断被发现和纠正。人们可能会认为，过程信息的准确性和完整性会逐渐提高。但是，外部的变更，例如供应商改变了替换零件的规格，常常在公司的*知识*管理系统之外发生，因此其记录没有更新。要维持最新而准确的过程信息，不能只是简单地保存文件，而应将过程信息的定期审核纳入管理系统。例如：

- 化学品危险信息可作为危险分析或与*风险*要素相关的其他活动的一部分，由安全专家定期审核。
- 工艺技术信息可与相应的操作程序同时审核，以便：(1)帮助审核人员确定操作程序是否已更新，能反映出过程信息相应部分的重要变更；(2)识别需要更新的过程信息。
- 及其他重要设备信息可在装置过程危险分析定期重新确证之前进行现场验证。
- 可在本要素定期管理审核之前对设备信息取样审核，以判别设备信息的总体准确性。

防止疏忽性变更。许多企业允许在未经严格审批的情况下对过程信息进行纠正。在纠正 P&ID 错误之前，执行复杂的危险审核程序，可以制止在发现错误的当时随意纠正信息。这是考虑到“P&ID 错误”有可能是由于对过程的疏忽性变更或未经授权的变更所造成的，如果对 P&ID 随意纠正，可能使得这些变更在几乎未经任何审核的情况下被固定下来！因此，对过程信息的变更应由有资质的人控制和授权，由他们裁定某个“纠正”不是对某个疏忽性/未经审核的工艺变更的永久性授权。

防止物理(或电子)删除或错误存档。包含重要过程信息的文件有时会丢失或放错位置。一个常见的原因是用户从中心文件夹中物理删除一个文档而又无法恢复。保存在个人文件夹中的文件常常由于岗位的调动而丢失。负责文件数据库的部门可能撤销，当保存文件的物理空间更换了不具备相关专业知识的新用户时，文件常常因为例行删除而损失。即使文件保存在索引齐全的中心文件夹内，它们也可能由于企业的重组或剥离而损失。因此，应采取控制措施对共同构成过程信息的文件正本或正式副本提供物理保护。

随着能快速将纸质文档扫描为电子文档的复印机以及能提供廉价保存方式和稳定程序进行数据备份的计算机网络的问世，许多企业正在将其过程信息转移到计算机网络上。这类系统具有许多优点，但应注意防止数据的疏忽性丢失。因为许多备份操作每晚进行一次，所以该系统可能使良好的文档或资料被损毁的文件覆盖掉。选择仅使用电子文件的企业应仔细评估数据错误和丢失的可能性，采取适当的安保措施来防止数据的丢失。例如，在每次定期审核后，将数据备份到网络上的一个存档区(或保存在磁盘上)。企业还应确保拥有能够阅读可移动电子储存介质所需的硬件，以及能够打开数据文件的软件。

支持适当的变更管理。在*变更管理*要素中包括了一个关于识别变更的关键原则(见第15章)。此外，第8章相关部分将简单地论述能否在变更未经审批的情况下更新过程信息。

*信息*要素不应成为变更管理过程的驱动因素。相反，*变更管理*要素应包括一种方法，(1)将所提出的过程信息的变更通知管理员，(2)向设计、审核和批准变更的人员提供基础数据、图纸和其他信息，(3)提供一组更新后的过程信息或一张过程信息变更列表。*信息*要素应采用一种方法来证实过程信息在变更执行后得到了适当的更新。例如，信息要素应确保生成的是“竣工”图纸，或“批准用于施工”的图纸在变更执行后已得到现场验证。

过程信息管理员可通过两种特殊的方式支持*变更管理*要素。第一，管理员应随时询问过程信息是否在变更申请未获批准的情况下进行了变更。尽管有时可能需要在未获变更授权的情况下进行更新，但这是一种非正常情况。部分负责维护过程信息的人员保持随时询问，将有助于防止疏忽性/未经授权的变更。第二，如果用*信息*要素作为技术和工程信息的中心数据库，它可帮助识别两种或多种可能会相互影响的变更同时获准的情况。例如，一个过程工程师正在执行一个小的变更，与此同时中心工程小组正在执行一个会严重影响另一个装置的重大变更，而且将在执行小变更的部位与该装置连接。设置一个系统来核实图纸和其他信息的修订情况，有利于确保这两个部分都能了解当前提出的有关变更。

8.2.4　使用过程知识

过程信息如果只是闲置在文件夹中的文件，它将毫无价值。如果存在以下情况，知识的利用率将很低：

- 无法访问文档；
- 较难在文档内找到信息；
- 员工不太相信过程信息是最新而准确的；
- 员工不知道如何查询过程信息。

前三个条件已在第 8.2.1~第 8.2.3 部分节的关键原则中加以说明。为了生成、采集和整理过程信息，公司投入了大量的人力、物力。为了从这一投入中获得回报，员工必须接受培训，了解哪些过程信息是可以获得的，为什么它们很重要，如何查阅知识，如果出现可能影响这些信息的变更应该做些什么，当变更被批准执行时如何更新信息。

确保信息便于查阅。企业应向新员工介绍过程信息的存放地点和内容。向新员工介绍的详细程度应与新员工的岗位责任和他们查阅过程信息的需求相适应。确保认知的工作活动应与日常查阅过程信息的新员工的培训/定岗融为一体。刚毕业的大学生很少了解支持过程安全的管理系统和技术领域。指望新来的工程师仅凭零散的工作经历就能查到这些信息，其后果可能因重建过程信息而造成经济损失，甚至发生重大事故。培训重点应放在哪些知识是可以获得的，如何查阅知识，以及如何更新知识。

确保过程信息有用。仅仅能够了解和查阅过程信息可能是不够的。企业还应确保信息处于最新、准确和完整的状态。完整性不能只用一张事先拟定的检查表来衡量，任何对过程信息缺失的评估都应理解整个过程生命周期内的风险。

8.3　可能的工作活动

RBPS 方法建议，每项工作内容的深度要求应根据风险和所需的资源而确定，并与工厂文化相一致。某项工作内容的深度要求因各个工厂而异，同时即使在同一个工厂内，也可能随装置或工艺区域不同而发生变化。因此，在制定一个基于风险的过程安全管理系统时，读者应遵循以下步骤：

1. 评估工厂风险，同时调查工作内容所需资源与现有资源配置状况，以及工厂的安全文化。具体情况见第2.2节。
2. 评估执行过程信息管理各项关键原则的潜在收益。过程信息管理关键原则详见第8.2节。
3. 根据第1和2步的结果，确定过程信息管理的基本要求(第8.2.1～第8.2.4部分所述的基本要求)，合理地管控风险。
4. 对于将要执行的每个基本要求，确定执行方法，选择本节所述的相应的工作内容。请注意，这些工作内容不可能对所有行业都是全面的，读者可能需要增加某些工作内容或修改本节所列的部分工作内容。
5. 对于将要执行的每项工作内容，确定所要求的深度水平。本节所列各项工作均设有两到五个具体实施方案，工作标准依次提高。每项工作采用序号标识，具体实施方案采用字母标识。

备 注

相关法规可能为过程安全管理系统规定了某些特征或工作活动，或为特定工作活动规定了最基本的详细程度。因此，过程安全管理系统的设计和执行应同时遵守法规要求和本书中提供的指南。

8.3.1 保持有效运行

确保统一执行

1. 制定过程*信息*要素书面指导方针。
   a. 过程信息根据具体情况汇编和维护。
   b. 将汇编和维护过程信息的责任纳入PSM(过程安全管理)协调员或PSM工程师的职责范围。
   c. 将汇编和维护过程信息的责任融入企业长期形成的惯例做法中，这些责任应得到广泛的理解。
   d. 制定正式的*信息*要素书面指导方针，以满足在第8.2.1部分陈述这个基本特征时列出的所有项目的要求。将汇编和维护过程信息融入企业长期形成的惯例做法中。

定义范围

2. 在书面指导方针中定义*信息*要素的范围，包括企业每个装置应创建/汇编的各类信息和文件。
   a. 过程信息根据具体情况汇编和维护。
   b. 在书面指导方针中说明企业内各指定区域所需要的过程信息。
   c. 在书面指导方针中明确说明每个装置或工艺区域所需要的过程信息。
   d. 在书面指导方针中明确说明每个装置或工艺区域所需要的过程信息，以及汇编和保存信息的执行标准。

e. 除了(d)项外，在书面指导方针中还应包括检查表或表格，列出普通类型设备所需要的信息类型。这些表格根据风险的大小而定制，例如，用于向高压工艺设备提供烃的压缩机，较之用于提供公用工程空气的压缩机，其表格要严苛得多。

3. 汇编表 8.1 中所列的化学危险信息、工艺技术信息和工艺设备信息。
   a. 根据具体情况汇编和维护过程信息。
   b. 对某类过程信息(例如 MSDS)进行汇编、维护并配置齐全的索引，但是大部分过程信息根据具体情况汇编和维护。
   c. 对大部分基础过程信息进行汇编和维护，除了一些因缺少配套基建而无法收集的信息，比如非法规要求或保险公司专门要求的信息。
   d. 对全套过程信息进行汇编和维护，对所有工艺区域采用统一的结构，其详细程度因危险和风险而异。
4. 在*信息*要素书面指导方针中，明确规定哪些过程信息是过程生命周期的必备要素。
   a. 过程知识根据具体情况汇编和维护。
   b. 在*信息*要素书面指导方针中，仅提出在生命周期的装置设计和操作阶段对过程信息的要求。
   c. 在*信息*要素书面指导方针中，提出在生命周期的所有阶段对过程信息的要求。

建立健全化学品的活性和不相容性信息档案

5. 在*信息*要素书面指导方针中，包括建立化学反应危险档案的特定标准。
   a. 化学反应危险档案通常仅限于 MSDS。
   b. 在书面指导方针中要求装置将所有化学品的 MSDS 保存在装置内，并采用特定的表格/矩阵记录数据，以概括装置内通常存在的化学品(包括公用工程蒸汽、水、空气和任何常见污染物)的混合危险。
   c. 在书面指导方针中明确说明哪些危险必须规避，并列出参考文献，以帮助用户评估特殊危险，例如自身活性、反应失控的可能性、震动敏感性、自燃或粉尘爆炸的可能性、具有特殊危险的副反应以及与粒度等物理属性有关的其他危险。
   d. 除了第(c)项外，在书面指导方针中要求采用适当的实验室方法对化学反应危险进行评估。

指定有能力的人员负责

6. 确保有能力的人负责：(1)维护最新而准确的过程信息；(2)审核过程信息的变更。
   a. 过程信息由指定的高级工程师汇编和维护。大部分文件保存在该工程师的办公室内。通常不对由于企业外部因素引发的变更进行审核，确定它们对装置可能的影响。例如，企业无法审核 MSDS 或供应商产品安全导则的更新情况。
   b. 明确指定汇编和维护过程信息的责任，但这个工作活动通常仅限于将文件保持在最新状态。通常不对由于企业外部因素引发的变更进行审核。
   c. 明确指定汇编和维护过程知识的责任。由过程安全专家或有能力的工程师审核过程知识的变更或更新，但一般不告知装置人员所发生的变更。
   d. 除了(c)项外，经常对过程知识的更新进行总结，并将总结报告分发给工厂相关人员。

8.3.2 按照便于检索的方式对过程知识分类

确保信息随时可用并且具结构性

见*能力*要素的相应工作活动(第5.3.2部分)。

防止知识疏忽性丢失

7. 按照设备或信息类型，而不是投资项目号、变更授权号、日期、项目领导人姓名等，对文件分类保存。
   a. 过程知识保存在中心文件室的项目文件夹内，同时/或保存在负责设备安装的工程师的个人文件夹内。项目文件夹按照项目号分类，文件按照年月顺序保存。
   b. 过程知识保存在中心文件室内的文件夹内，按照装置分类。
   c. 过程知识按照设备位号分类，作废信息打上明显的标记后，转移到归档文件夹内或丢弃。
8. 设法消除过程知识平行副本，特别是如果它们未作为*知识*要素的一部分获得批准。
   a. 过程知识保存在中心文件室内，按照装置分类，但有些部门成员喜欢复制个人副本。
   b. 过程知识保存在某个中心档案室，企业的惯例做法是使用这些中心档案室的信息而不是项目或个人文件夹中的信息。

在中心档案室文件内保存计算书、设计数据和类似信息

9. 保留支持过程知识的计算书和数据。
   a. 过程知识和支持数据/计算书无限期保存在个人文件夹内。
   b. 过程知识中包括计算结果或关键数据，以及拥有支持这些结果的背景信息的人员名单。
   c. 所有支持过程知识的计算书和数据保存在中心档案室文件内。
   d. 过程知识汇总为一张总表保存，任何相关数据或计算书作为引用参考文献(通过超链接或文件编号查询)。

信息档案应关注用户体验

10. 制定关于分析方法、符号、术语和软件的标准。
    a. 尽管没有公司内部标准，但采用外部标准。例如，一些项目的P&ID符号基于设计承包商提供的标准，而其他项目的P&ID符号则基于仪表、系统及自动化协会(ISA)所推荐的实施规程。
    b. 按照一种非书面标准惯例做法，统一使用符号、术语和软件；但是，负责开发所需信息的人员可自由选择一种适当的方法，不需遵守这种标准惯例做法。
    c. 公司已制定软件标准，以及可从文献中查寻的方法、符号和术语参考标准。但是，正在运行的工厂可能无法获得这些参考标准，所以用户可适当偏离标准。
    d. 公司已制定软件标准，以及可从文献中查寻的方法、符号和术语参考标准。正在运行的工厂一般可获得这些参考标准，所以严禁用户偏离标准。
    e. 公司已根据长期工业实践制定软件、方法、符号和术语标准。在标准中详细说明了要求，并且根据需要列举实例来加强理解。有时这些标准由每个工厂可获得的参考文献进行补充。

11. 使用表格或其他高度结构性的方法来概括结果，并/或指出工厂过程知识文件夹的存放地点。
    a. 过程知识根据具体情况汇编和维护。
    b. 过程知识保存在指定的档案室内，不过档案以一种结构化但低效的顺序(例如按照年月顺序)保存，并且没有交叉参考。
    c. 每个装置建立一个过程知识登记簿，其中包括过程知识的存放地点。
    d. 工厂内的所有装置或公司内的所有工厂采用标准结构来保存过程知识。这种结构广为人知并妥善建档保存。
12. 如果公司指导方针或法规要求某种类型的过程知识，而这种过程知识不适用于某个特定的装置或过程，用文件明确说明这种过程知识的不适用性以及为什么不适用。
    a. 已经确定过程知识标准档案结构，但如果认为该知识不适用或不重要，这些档案只是空的。
    b. 已经确定过程知识标准档案结构。但如果该知识不适用，在档案内放一张便笺，说明决定不收集和保存该信息的依据。

8.3.3 保护和更新过程知识

控制或限制对过期文档的访问

13. 采取一种方法控制或限制对过期过程知识的访问。
    a. 过程知识根据具体情况汇编和维护，没有系统控制这种信息。
    b. 过程知识保存在中心档案室内，用户应能找到最新版本的文件。
    c. 任何过期过程知识都带有明显的标记。
    d. 用登记簿记录所有过程知识，包括版本号和发行日期。要求用户在使用文件前与登记簿对照版本号或发行日期。
    e. 将过期过程知识存放在一个单独的、作有清楚标记的地方，或在文档中的过期部分打上清楚的标记，以防止无意使用。

确保准确性

14. 定期审核过程知识的准确性。
    a. 通常在使用前审核过程知识。要求用户在使用前必须首先确定工程图纸或其他工厂专属技术信息的准确性。
    b. 维护和定期审核过程知识的责任通常在岗位职责中说明。组织内部要求过程知识(1)被定期核查，(2)处于最新而准确的状态。
    c. 除了(b)项所列的活动外，建立一个正式系统定期全面评估过程知识，以确保过程知识的完整性和准确性。
15. 定期评估过程知识的准确性，必要时收集新的信息，或向*能力*要素申请新信息。
    a. 在开展危险分析和风险评估之前，与其他强烈依附于过程知识的活动一道，对过程知识进行更新和/或扩充。任何错误或遗漏一经发现立即更正。
    b. 建立*能力*要素与*知识*要素的密切连接，将作为能力要素活动一部分而发现的新信息不断传输给知识要素。

防止疏忽性变更

16. 指定具备相关知识和经验的人审批对过程知识的纠正和更改。
    a. 由过程工程师或设计人员更新过程知识不需要审批。当某种过程知识（例如P&ID）经现场验证后，通常认为现场条件是正确的。因此，当该过程知识被更新以反映当时的现场配置时，只需简单审核即可。
    b. 过程知识与现场设备之间如存在差异，通常应提醒相关工艺工程师注意，由他确定哪一方是正确的，并在此基础上进行适当的变更。
    c. 过程知识与现场设备之间如存在差异，通常应提醒受影响区域的一个或多个具有公认专长的高级技术人员注意，以消除差异。
    d. 过程知识与现场设备之间如存在差异，通常应提醒一名或多名高级技术人员的注意，由他根据对设计人员意图的理解确定哪一方是正确的。某种形式的明显不一致应作为长期未遂事件进行调查。

防止物理（或电子）删除或错误存档

17. 定期调查企业内是否有不同的部门另外建立了并行的知识文件系统。如果发现该系统不是专门为了存档的目的或未在*知识*要素书面指导方针中充分说明，则应采取措施加以制止。
    a. 一些个人或组织保存有与正式过程知识文件并行的文件，只要这些文件标有日期并清楚注明为副本，管理层通常允许这种情况存在。
    b. 不鼓励建立并行的文件系统。
    c. 如果发现一个经过批准、并行和不受控制的文件系统，作为管理系统失职的一次未遂事件处理。
18. 在各个工厂保存受保护的过程知识档案，定期更新存档文件。
    a. 所有过程知识在另一个地点保存第二个副本（通常是业务部门的工程办公室），这些文件应定期同步更新。
    b. 过程知识大部分保存在计算机文件夹内，偶尔制作备份磁带或磁盘，保存在现场外的安全地点。未保存在计算机文件夹内的备份信息副本也保存在现场外的相同地点。这两套文件同时更新。
    c. 除了（b）项外，为了阅读在电子介质上保存的数据，应确保硬件和支持软件能够阅读数据。如有必要，可将数据文件转移到较新的介质上，或以新的格式保存。

支持适当的变更管理

19. 确保设计人员和其他指定汇编和维护信息的人员理解“变更”的定义和*变更管理*要素的范围。作为更新过程知识日常工作流程的一部分，这些人员应确认是否所有变更都经过授权。
    a. 工程师和其他人员在使用过程知识之前通常应对其进行确认。
    b. 确定过程知识是否需要更新的具体步骤包括在*变更管理*要素中。更新信息的申请应尽快处理。
    c. 除以上（b）项外，在*知识*要素中还包括确认变更已被授权的步骤。
20. 提供一种方法确保过程知识的真实性，防止由于未授权的变更损坏信息。
    a. 过程知识在带有行政控制方法（例如借阅卡）的中心档案室内存档，但允许无限制的访问。经过培训的工厂人员不会增加或更改任何信息，除非他们认为现有信息是不完整或不正确的。

b. 过程知识保存在中心档案室内，但访问受到控制。采取一些行政控制方法防止用户在未经某种授权的情况下增加或更改信息。如果要从过程知识存档处取走文件，必须使用借阅卡。

c. 过程知识大部分保存在计算机网络的只读文件夹中，一般可在终端计算机浏览或根据需要打印。

21. 采用一种方法检查过程知识副本的修订情况。

a. 过程知识保存在一个受保护的地点，由一个人控制。当两个或多个人同时修订相同的过程或系统时，这个人应能够知道。

b. 如果多个人同时执行与工厂相同部分有关的变更时，纸质借阅卡系统应发出报警。但是，只有当原始文档被借阅时，这个系统才会动作，如果原始文档只是被复制然后归还给图书馆，它不会动作。

c. 变更申请号在变更授权过程的早期发放，可能受变更影响的过程知识被贴上旗形标识。当申请人申请一个带旗形标识的文档时，他将得到警告变更申请正在进行中。

(与识别变更相关的工作活动见第 15. 3. 2 部分)

8. 3. 4　使用过程知识

确保信息便于查阅

22. 确定需要使用过程知识的员工是否充分了解如何使用和如何解读它所包含的数据。如果存在差距，应开展适当的培训。

a. 在定岗培训期间或通过正式的辅导系统，向新来的工程师和其他员工介绍所保存的大部分过程知识。

b. 在初期培训利用一个模块向新来的工程师和其他技术人员介绍过程知识和*知识*要素。也可通过培训来说明如何维护和使用这些知识。

c. 除了正式的培训模块外，定期安排审查，以确保企业保存和适当使用过程知识的能力。例如，要求操作人员能够找到并解读《化学品安全技术说明书》(MSDS)中的信息，要求工程师能够找到并解读图纸，要求维修人员能够找到并使用诸如设备检修历史之类的记录。

确保过程知识有用

23. 在装置生命周期内的每个阶段，评估信息是否能够满足*风险*要素和其他 RBPS 要素的要求。

a. 在定期评估或审查时，主要是将过程知识文件与规定最低要求的检查表相对照。

b. 定期审查有利于确定每个装置或操作阶段所需要的过程信息是否为(1)充分的、(2)可用的、(3)便于查阅的和(4)实际可行的。

c. 通过该要素的管理审核，检查过程知识是否满足所有运行模式和生命周期阶段的要求，找出差距并独立于*审查*要素加以解决。

8.4　提高效能的方法示例

本节将列举一些经过工业验证的方法实例，说明如何改进与*知识*要素有关的工作活动的效能。这些例子可按照第8.2节首次引入的关键原则分成以下两类：

(1) 改进支持本要素的活动绩效的方法；

(2) 通过使用较少的资源来保持必要的绩效水平，以改进支持本要素的活动效率的方法。

这些例子源于工业实践调查、研讨班和CCPS成员公司的输入资料。希望改进管理系统和本要素相关工作活动的读者，应检验这些方法，评估当前管理系统和工作活动的绩效和效率，然后按照第2.1节所述的基于风险的原则，选择和实施改进措施。

8.4.1　保持有效运行

编制并发布一份过程知识维护责任人的简单索引。企业无法维护准确的过程知识常常有两个原因，(1)这个责任正式指定由一个人承担或(2)由整个组织集体承担。这两种极端的做法各有弊端。一是虽然指定专人负责维护过程信息，责任比较明确，但它实际上是建立了一个架空的职位。并且没有哪一个人有能力评估所有信息的完整性、准确性或质量，特别是对于囊括多套装置的大型企业。

二是，企业常常在它们的总体方针中列出过程知识的各个部分，然后交给整个组织负责，以确保信息的收集和维护。当收集和维护过程知识的责任以这种方式由整个组织来承担时，过程知识很容易遭到损坏，特别是如果组织经历了重大的结构调整时。同时，这种去中心化的信息保存模式很难让人知道正式过程知识的存放地点，从而导致效率低下或可能产生诸如以下风险：(1)需要重新创建信息；(2)保存在个人或本地文件夹中的信息有可能过期；(3)根据不完整或不准确的信息作出决策。

当使用分散负责方式时，控制过程知识的一个有用工具是一张简单的三列式表格。第一列为过程知识的各个部分，第二列为信息正式版本的存放地点，第三列为拥有信息并负责确保信息处于最新、准确和有效保护状态的人员的姓名或职务。

建立一个集中的基础设施。许多公司建立了一个集中的基础设施，例如位于计算机网络或企业内联网系统中的数据库，以促进过程知识的传播和维护。如果没有这个基础设施，每个部门就会建立自己的系统，这将提高过程知识总维护成本和培训成本，并且可能无法防止过程知识在企业重组过程中丢失。

利用中心技术团队开发和维护过程知识。一些公司利用工程中心或技术团队开发和维护过程知识。当它拥有多个运营类似或相同工艺的较小工厂时，这样做可能特别有效。此外，对于投资较大的项目，过程知识通常由中心团队或工程公司开发，在项目完成时交付给工厂(或在某些情况下交付给工程中心团队)。

建立安全条件/特征档案并将其纳入工艺设计中。工艺设计人员常常以确保装置安全、稳定地操作来规定操作条件。例如，一种工艺涉及两种化学物质在惰性溶剂中的反应，工艺设计人员可能会根据冷却水中断故障来确定溶剂与反应物的最低质量比。随着时间的推移，对产品的需求可能增长，而产量受到从产品中分离出溶剂的工艺步骤的限制。为了提高产

量，生产部门可能最终会同意减小溶剂与反应物之比。生产部门可能举出的理由如下：因为反应器运行十年来从未发生过任何事件，而改变率不超过 20%，所以减小该比值不会造成任何问题。事实上，将循环比减小 20%可能不会引入危险，但是下一次再减小 20%却未必如此。更重要的是，只有当偶然发生持续数小时的供电故障，操作人员无法启动柴油动力紧急冷却水泵时，才可能发生失控反应。这种情境不一定会在任何给定的年份出现，但在工厂的生命周期内出现的可能性非常之大。如果工厂了解设置最低循环比的技术依据，管理层可能就不会授权这种变更。因此，当规定了安全操作条件时，也应对其决策背后的依据建立档案，以防止将来的变更产生不安全的条件。

扩充过程知识将高效操作所需要的信息包含在内。在一些工厂，政府法规和公司审查创建了一种激励机制，以(1)限制过程知识的范围；(2)将一套“原始的”中心档案结构化保存，以使它们能直接反映法规要求或公司标准。保存第二套无法轻易访问而且仅覆盖选定设备的档案系统是很昂贵的，而保存原始文件所具有的价值通常并不证明这项支出是合理的。

使过程知识管理要素成为所有过程知识的中枢。现代数据库和网络为信息的快速链接提供了机遇。诸如：(1)事件报告；(2)*资产完整性*计划中所包括的设备列表；(3)获准(和被否决)变更的登记簿等资料，不是过程知识的构成部分。但是，没有理由不将数据索引扩大到将所有与过程安全有关的信息和知识包括在内。因此，*知识*要素可作为个人查找信息的起点，查找过程可利用地图将用户引导到其他文档和最新索引，也可利用有效的“友情链接”进入包含相关信息的其他文档。

8.4.2 按照便于检索的方式对过程知识分类

建立中心过程知识数据库。一些公司将他们的所有过程知识输送到一个中心团队，由他们管理用于维护信息的数据库计划，适当时提供只读访问途径。因为在运行的工厂内，数据库的设计和管理通常不是技术小组的核心能力，所以将建立过程知识和保存过程知识的职能分离可提高效率。其必然的优点是，这个系统有利于强化过程信息高度的结构性。

开发记录过程知识的标准模板或成套表格。与数据库类似，标准表格有利于确保信息的完整性，因为表格中的空格表示信息正在丢失。此外，标准表格有利于提供结构性并有利于将来转化为电子数据库。

创建部分完成的过程知识表格或数据库一些公司在全世界很多地方运营几乎完全相同的装置。为积极有效地创建一套全面的过程知识，他们建立了标准表格或数据库。这些表格由公司中心团队填写部分内容、由工厂人员完成、由工厂维护。这些表格可以是能产生某些计算结果的电子表格，例如根据用户输入的流量得到热量和物料平衡。这个系统减少了重复劳动，有利于减少信息遗漏或错误的概率，并有利于明确组织内由谁负责开发和维护各部分过程知识。此外，如果过程知识保存在高度结构化的数据库内，可非常有效地对公司团队开发的信息进行变更。

将过程知识交付格式列入新投资项目的工作范围。许多公司利用外部工程公司承担新建工厂或现有工厂重大改造项目的设计和施工。为防止工程公司提供的文档可能与工厂的过程知识结构不一致或不能满足工厂的所有要求，应在工作范围内包括所指定的过程知识格式。

提供过程知识的前后脉络。如果没有前后脉络或定义，*知识*要素中所包含的数据将变成一堆杂乱无章的资料和图形。过程知识不是仅供过程安全专家使用的，不能认为所有用户都能理解所有专业术语或拥有随时访问专业术语定义和说明的权限。

减少排除故障、装置检修和小投资项目对工程资源的需求。如果没有最新而准确的过程知识，在解决过程问题、安排大修或执行小投资项目时常常需要从广泛地现场跟踪管道和设备开始。一家工厂仔细跟踪了每年的检修支出，在1992~1998年间计划和支持检修所需的工程支出减少了75%。根据报告这种减少是由于信息可访问性和准确性的提高，其中包括过程知识、设备维修计划和设备维修准备的正式程序。

创建公司或工厂专属的安全数据表。依照初衷，MSDS并不是为某个用户工厂专门编写的，它们包含了大量不适用于操作人员、维修人员和其他日常使用人员的信息。为了避免引起混乱，一些公司从供应商的MSDS中摘录部分数据并在此基础上增加了工厂专属的标准，创建各种危险工艺化学品的安全数据表。例如，在MSDS中可能推荐使用丁腈橡胶手套，而在工厂专属的安全数据表中可能规定使用“蓝橡胶手套”或工厂操作人员或维修人员通常使用的类似手套。按照类似的方式，一些公司对MSDS中包含的日常信息制定了快速指南，例如：操作人员和维修人员需要的个体防护设备要求，应急响应人员需要的危害等级、特定物质不相容性、个体防护设备要求，以及设计/工程团队需要的材料物理性质。

8.4.3 保护和更新过程知识

将过程知识的错误管理失效作为未遂事件处理。公司投入了大量的资源来开发过程知识和其他技术信息。但是，如果工厂未能维护这些信息，它将很快变得残缺不全而毫无用处。一旦这种情况发生，公司常常需要花费大量的资金来更新或重建过程知识。缺乏最新而准确的过程知识也会使风险分析团队无法识别和正确分析事故情境，因而可能导致难以承受的风险或本应可以防范的事件。从任何一方面来看，过程知识都是需要保护的重要资产，过程知识的损失应作为涉及财产损失或损坏的其他事件来处理。

建立知识要素与变更管理要素之间的电子链接。一些工厂使用软件递交变更申请和记录申请批复结果。在这些软件包中常常包括复选框，以确定哪些文档将受变更的影响，必须进行更新。在每个复选框内“打钩”，通过电子通信方式链接到相应信息的拥有人，以：(1)增大相关人员得知信息需要更新的可能性；(2)减少确定需要通知哪些人来更新信息的时间。与任何系统一样，这种通信方式应该是双向的，负责变更的总责任人应确保受影响的文档确实得到更新，而不只是将文档更新申请发送给各个文档的拥有人。

8.4.4 使用过程知识

将过程知识的维护充分融入日常工作中。将维护过程知识的责任分配给最可能从信息中获得价值的部门。例如，如果维修部门的人员必须经常查阅原始设备制造商维修手册中的技术信息，应考虑将此部分过程知识的拥有权授予维修部门而不是工程或安全部门。这种方法要求在整个组织内广泛理解维护过程知识的责任。

8.5 要素指标

在第 20 章中，介绍了如何利用指标来提高绩效以及这些指标何时适用。本节将列举若干个指标实例，说明它们如何用于监测*知识*要素的健康状态，这个要素按照第 8.2 节首次引入的关键原则保存。

除了选择高价值的指标外，读者还需确定如何最好地衡量他们选择跟踪的每个指标。在一些情况下，一个有序的数字可提供必要的信息(例如，工人总数)。在另一些情况下，例如平均经验年数，需要对两个或多个属性增加索引，以提供有意义的信息。此外，一些指标可能需要作为一个速率来跟踪，例如员工流动率。有时，变化速率可能是最重要的。因为各种情况不尽相同，读者需要确定如何跟踪和提供数据，以最有效地监测其工厂 RBPS 管理系统的健康状态。

8.5.1 保持有效运行

- ***包括：发现未启用要素的事件调查次数***。事件调查组有时发现，基本危险信息：(1)已写入过程知识文档，但在装置层面并未广为人知；或(2)已在文献中广泛报导，但未写入过程知识文档或过程技术手册(关于技术手册的说明见第 5 章)。如果*知识*要素是有效的，这个指标应随时间而减小。
- ***PHA 团队的建议项数量，主要指因信息难以获取导致过程信息不充分的建议项***。一个建议如以“确定是否(存在某个危险)和……”或“评估(安全系统)的能力和……”开头，可能表示重要的信息未包括在*知识*要素内。
- ***过程知识数据库中空白记录的数量或百分数***。这是一个衡量过程知识完整性的指标。如果采用数据库来保存过程知识，完整性很容易跟踪。请注意，这个指标不能确保该信息是准确的，也不一定能提供一种基于风险的方法对装置或工厂之间的过程知识状态进行比较，因为某些“空白记录”较其他记录具有高得多的风险。

8.5.2 按照便于检索的方式对过程知识分类

- ***包括：PHA 团队的建议项数量，主要指信息获取时过程信息不充分的建议项***。这个指标可能会与先前提出的与不可获得的过程知识相关的指标相混淆。一个建议如以“确定是否(存在某个危险)和……”或“评估(安全系统)的能力和……”开头，可能表示重要的信息不存在，也可能表示很难确定过程知识的存放地点。这两种情况都是不希望的，但是它们的整改措施可能大相径庭。
- ***确定用户是否相信过程知识是可以访问的定期意见调查结果***。尽管意见调查可能带有一定的主观性，但数据相对容易收集，并能反映用户对*知识*要素状态的相信程度。
- ***维修计划员或采购部门找不到技术规范和类似数据的情况次数***。过程知识的一个功能是提供必要的信息，以确保维修材料和检修零件符合技术规范要求。如果只能等待工程师去开发或查找这些信息可能既费时又费钱。
- ***如果过程知识保存在网络中，链接失败的次数或百分数***。将过程知识保存在公司内联网上具有很多优点，同样，相关信息的链接也使用户受益匪浅。但是，这些链接必须加以维护和更新，以保持它们的可用性(例如，目标文件夹的变动可能使链接无效)。

8.5.3　保护和更新过程知识

- *在定期审核期间过程知识的准确性*。现有工作活动(例如 P&ID 的现场确认，它们通常在风险评估活动之前完成)产生的结果可能也有利于了解过程知识的准确性随时间的变化。
- *在审查或评估期间必须从个人文件夹中获取过程知识(或报告副本等)的次数*。这个指标可明确反映保存和保护过程知识的管理系统是否运作正常——数值越大，系统的效率越低。但是，作为一个可随时间(或在工厂之间)而改变的指标，要想有用，必须制定一个标准化的统计取样方法。
- *提出“纠正”过程知识的变更申请的数量*。这是一个确定过程知识的准确性是否随时间而改变的简单方法。
- *工程部门花在重建过程知识方面的时间*。重建过程知识常常是一项费时又费钱的工作。如果有大量、超出预期水平的资源应用于这项工作，应密切检查*变更管理*要素的效能和/或*变更管理*要素与*知识*要素之间的联系。
- *与完成过程知识更新有关的变更申请的积压*。这个指标无法解释的增大可能表示没有足够资源可用于更新过程知识。相反，由于业务的构成方式，可能会存在一个自然周期。例如，如果几乎所有变更和改造都在小修期间发生，积压可能会随着小修的进行而临时增加。
- *变更申请关闭后随机检查过程知识文件的结果*。具有严格变更管理系统的工厂将设置一个步骤来审查部分(也许是全部)已关闭的变更申请，以确定是否所有活动(包括过程知识的更新)均已完成。通过这些可能基于归一化的审查结果，例如每个变更授权的错误数，可以一窥*变更管理*要素与*知识*要素之间的联系。
- *修订图纸所需要的平均天数*。如果工厂对在计算机网络上找到最新而准确信息的期望值很高，这将是一个尤其重要的指标。
- *关于更新 P&ID 的变更申请(包括设备变更)的获准比率*。这个指标的大幅变化表示管理系统的某一部分已经改变，或有另一个因素影响*变更管理*要素或*知识*要素。
- *确定用户是否相信过程知识是最新而准确的定期意见调查结果*。尽管意见调查可能带有一定的主观性，但数据相对容易收集，并能反映用户对*知识*要素状态的相信程度。
- *随机检查 MSDS 文件是否完整、最新和准确的结果*。在很多工厂，这些数据可快速、一致地采集。由于它的高度影响力，其检查结果可强烈表示整个*知识*要素中的弱点。

8.5.4　使用过程知识

- *过程知识的访问频率*。如果过程知识以很容易获得访问数据的方式保存，这个指标可在一定程度上反映它的使用情况。但是，访问量可能受检修或其他非经常性事件的强烈影响。

8.6 管理审核

管理审核系统的设计和执行详见22章。为确保过程信息管理的正确运行，应对许多具体的管理问题进行定期检查。管理审查要首先评估被审核系统的有效性。企业过程信息管理不到位，或者变更管理系统的改进效果差强人意，那么管理层应寻找所有可能的整改措施加以实施。在某些情况下，企业有可能并未找出正确的整改措施予以实施，或者实施方向出现偏差。即使整改的结果令人满意，通过管理程序审查仍能检验资源是否充分利用？有些工作是不是有更为有效的实施办法或者事实上根本无需实施？管理层可结合上一节的各项指标，及个人观察、直接问询、结果审查、反馈来解决上述问题。讨论的工作内容和主题可包括以下内容：

- 审核工厂的*知识*要素方针，确保分工明确责任到位。过程知识的每个方面是否都有专人(姓名和职称)负责维护？
- 对某些数据库(例如图纸文件、MSDS文件或设备记录)进行取样，确定数据是否存在，并且是否处于最新而准确的状态。
- 审核审查结果，确定是否存在任何明显差距。证实：(1)这些差距已被弥补；(2)差距的根本原因已经查明；(3)由于同一根本原因造成的其他差距已被查清和弥补；(4)为消除造成这种情况的根本原因，已对管理系统作了改变。
- 如果已制定在风险分析之前审核过程知识的政策，可建立发现状态的“过程知识报告卡”(即所需更正的数量和类型)。总体准确性是否可接受？是否有个别装置显示出极好的结果？这些装置的惯例做法是否可在全厂推广？
- 对入职不久的新员工进行面试，确定他们是否能找到与其岗位职责相关的过程知识。例如，操作人员应能找到MSDS中的信息，工艺工程师应能找到涉及过程知识任何方面的信息，等等。此外，确定这些信息是否能及时找到。
- 审核用于防止过程知识丢失或疏忽性更改的方法。是否可防止由于某个事件(例如建筑物失火、洪水、硬盘或其他电子介质故障)造成的损失？
- 审核存档(过期)文件的保存方法。存档文件或图纸是否可能与当前版本的相同文件混淆？
- 对组织进行调查，确定是否有非正式系统在维护部分过程知识或密切相关的信息。如果发现有多个不同步的系统，查明它们存在的原因(例如有人对主数据库的真实性缺乏信任)，确定这个问题的解决方法。
- 如果在审核时有一些相关项目正在进行，例如从纸质文集件转换为电子储存系统，确定该项目是否按计划进行。如果不是，查明应由管理层清除的可能障碍。
- 确定有多少工程正努力正用于重建丢失或错放的信息。
- 确定有多少努力已用于开发新的过程知识。
- 确定有多少努力已用于更新现有的过程知识。

管理层可通过各种途径对本要素进行审核，但是所有途径都应回答以下三个问题：

- 正确管理风险和安全操作工厂所需的信息是否被完好保存并广泛理解？
- 这个信息准确吗？

• 工厂员工是否能够及时找到共同构成过程知识的最新而准确的信息?

上述一个或多个问题的答案如果是否定的，应对其展开调查。管理审核应为识别这个及所有 RBPS 要素管理系统重要差距提供一次机遇，以制订计划，及时有效地弥补差距。

参考文献

8.1 *The Explosion at Concept Sciences: Hazards of Hydroxylamine*, Chemical Safety and Hazard Investigation Board Report 1999-13-C-PA, Washington, DC, March 2002.

8.2 Center for Chemical Process Safety, *Guidelines for Process Safety Documentation*, American Institute of Chemical Engineers, New York, 1995.

8.3 Center for Chemical Process Safety, *Essential Practices for Managing Chemical Reactivity Hazards*, American Institute of Chemical Engineers, New York, 2003.

补充阅读文献

Kletz, Trevor, *Case Histories of Process Plant Disasters*, 4th edition, Elsevier Science, Burlington, Mass., 1999.

Kletz, Trevor, *Lessons from Disaster: How Organizations Have No Memory and Accidents Recur*, Gulf Publishing Company, Houston, Texas, 1993.

Lees, Frank P., *Loss Prevention in the Process Industries, Hazard Identification, Assessment, and Control*, 2nd edition, Butterworth-Heinemann, Oxford, England, 1996.

Perry, Robert H. and Green, Don W., *Perry's Chemical Engineers' Handbook*, 7th edition, McGraw-Hill, New York, 1997.

9
危险识别及风险分析

1998 年，在澳大利亚维多利亚州 Longford 天然气处理厂发生了一起重大火灾爆炸事故，2 人死亡，8 人受伤(见参考文献 9.1)。该事件造成该厂的一个气体分离装置损坏，两个其他装置停车。结果，全州天然气供应中断，25 万名工人由于工厂生产和商业活动停止被迫回家。事件的起因是工人试图采取措施阻止工艺条件变化导致一台换热器金属材料进一步脆化。如果事前开展适当的风险研究，应能够识别出贫油物料中断对工艺设备造成的低温危险。在事故发生的三年前，工厂制定了风险分析计划，但未能执行。这起事故表明工厂需要建立有效的管理系统，确保按计划及时开展风险分析，同时考虑正常和异常的操作状态，并及时向员工通报风险研究的结果。

9.1 要素概述

一个全面的危险识别及风险分析(或称*风险管理*)系统是 RBPS ***洞察危险与风险***原则中的核心要素。本章将介绍 RBPS 的风险含义、风险管理系统的属性和组织如何有效执行危险识别及风险分析程序。第 9.2 节描述了 RBPS 中*风险管理*要素的关键原则和基本要求，第 9.3 节阐述了满足这些基本要求的工作活动及相关方法，这些方法与认知的风险、所需资源以及企业文化密切相关。第 9.4~第 9.6 节包括：(1)提升风险管理系统有效性的方法和具体程序；(2)风险管理要素的监控指标；(3)风险管理要素的管理审核。

9.1.1 要素定义和内容

危险识别及风险分析(HIRA)是一个风险管理活动的总称，它包含了在工厂的整个生命周期内，通过识别危险和评估风险，确保将员工、公众或环境所面临的风险始终控制在企业风险容忍标准以内的一切活动。HIRA 主要阐述以下三个问题，其详细程度与分析对象、生命周期阶段、可用信息和资源相对应。这三个主要的问题是：

- 危险——会发生什么(不好的事情；什么会变坏)？
- 后果——后果有多严重？
- 可能性——发生的频率有多高？

在回答这些问题时，应根据目标和决策的需要完成适当深度的分析，因为分析不充分可能导致不当的决策，而过度的详细分析则浪费资源。目前已有一系列工具可满足各种分析要求：(1)简单危险识别或定性风险分析工具包括危险与可操作性分析(HAZOP)，如果-怎么样(What-if)/检查表分析(Checklist)，故障模式及影响分析(FMEA)；(2)简化的风险分析工具包括故障模式、影响及危害性分析(FMECA)和保护层分析(LOPA)；(3)详细的定量风险分析工具包括故障树、事件树等(见参考文献 9.2，9.3，9.4)。例如，一些公司可能认为只要有爆炸危险存在，不管其可能性大小，一概视为不可接受的风险。而另外一些公司则愿意通过执行适当的规范和标准，容许爆炸风险存在。还有一些公司可能不愿意接受爆炸风险，除非能够证明爆炸事件的发生频率低于 10^{-6}/年。

HIRA 涵盖了从定性到定量的整个风险分析范围。过程危险分析(PHA)是一个满足美国特定法规要求的 HIRA。由图 9.1 可见，风险分析范围从广泛的对象到特定的事故场景，其分析要求也随之提高。请注意，随着风险研究范围的更加集中和更加详细，其分析成本也在增加，但是如果只分析少数几个有代表性的或有限的场景，那总成本有可能下降。

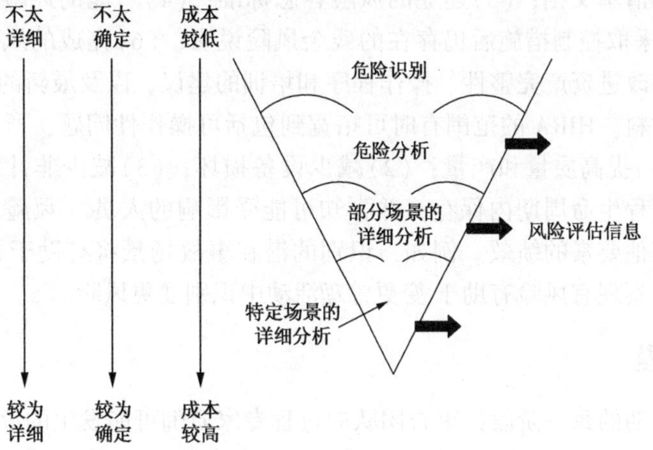

图 9.1　危险评价和风险评估水平

9.1.2　重要性

为了管理风险，必须首先识别危险，然后对风险进行评价，判定风险是否可接受。在过程生命周期内，有效的风险分析进行得越早，将来过程或活动的安全操作成本可能就越低。通过这些研究，识别洞察风险，可为工厂大多数过程安全管理活动奠定基础。在任何阶段不正确的风险感知都可能导致有限资源的无效使用，或导致企业不知道风险已超过公司或社区的实际容忍限度。

9.1.3　对象和时间

HIRA 审查可在项目全生命周期的任何阶段进行——概念设计、初步设计、详细设计、施工、正式运行、停运或报废拆除。一般而言，危险识别进行得越早(例如在概念设计阶段)，消除或管理危险的成本越低。早期设计阶段的研究一般在公司或项目部的办公室内进行；装置开车前、运行期间或停运前的研究，通常在装置现场实际环境下进行。

9.1.4　职责分工

HIRA 研究一般由一个专家团队组成，成员包括工艺、设备(材料)和操作专家等。团队的主席通常由经过风险分析方法正规培训的人担当。当采取选定的技术进行分析时，根据需要团队成员可能包括工程、操作、维护和其他专业的专家。

在生命周期早期阶段一项简单的危险识别可由一位专家进行；但是，更加危险或复杂过程的风险研究，特别是在生命周期的后期阶段，通常需要组建一个多专业的专家团队来负责分析。操作和维护人员早期介入审查过程有利于及早识别危险，以最低的成本将其消除或控制。当研究完成后，管理层必须决定是否采纳分析团队提出的建议措施，已达到风险控制的目标。

9.1.5　预期工作成果

*风险管理*系统的主要过程安全成果是：(1)风险分析计划和风险分析指南；(2)识别的过程或活动的风险清单文档；(3)建立的风险容忍标准；(4)可能的风险控制措施、决议和实施行动；(5)在采取控制措施后仍存在的残余风险说明；(6)完成的风险分析报告。其他工作输出可能包括改进资产完整性、操作程序和培训的建议，以及最新的风险管控行动跟踪列表和风险告知材料。HIRA 的范围有时可拓宽到包括可操作性问题，所以工作输出也可能包括以下建议：(1)提高质量和产量；(2)减少设备损坏；(3)减少非计划停车。风险研究结果通常在整个过程生命周期内保存，并告知可能受影响的人员。*风险管理*要素的工作成果也可用于改进其他要素的绩效。例如，识别的潜在事故场景将有助于*应急管理*确定应急相关的场景，而洞察现有风险有助于*变更管理*活动中识别变更风险。

9.1.6　实施过程

在项目生命周期的每一阶段，审查团队向过程专家质询可能发生的危险，并评估这些危险的风险大小。常用的审查方法包括简单的定性检查表、复杂的定量故障树分析(见参考文献 9.2，9.3，9.4)等。审查结果记录形式可采用图 9.2 所示的工作表，但根据项目所处的阶段和所用的评估方法，其记录的详细程度会有所不同。对运行阶段的风险分析一般需要定期开展，更新和重新确证风险结果。

危险	原因	后果	保护措施	建议
1. 火灾				
2. 溢流				

图 9.2　典型的定性风险分析结果记录表格

9.2　关键原则和基本要求

一个生产、储存或使用危险化学品的工厂，为实现安全操作和维护，需要建立一个有效的系统来识别危险和判断与危险相关的风险是否得到充足的控制。*风险管理*要素为所有新过程和现有过程建立了一个正式的、以文件形式保存的、适用于整个生命周期的审查程序，其重点聚焦于危险的物料、设备及其分布的区域位置(周边的人员、敏感的环境和其他易损的资产)。这些审查结果概括了与过程有关的风险，应向所有可能受影响的工人和利益相关者通报。

在建立、评估或改进任何*风险*管理系统时，应遵守以下关键原则：

- 保持有效运行；
- 识别危险与评价风险；
- 评估风险并制定基于风险的决策；

• 信息评估结果的跟踪关闭。

每个原则的基本要求将在第 9. 2. 1~第 9. 2. 4 部分中进一步说明。第 9. 3 节将阐述满足这些原则基本要求的典型工作活动。工厂管理层应评估风险和风险要素改进产生的潜在效益。根据评估结果，管理层应建立一个管理系统或对现有管理系统进行升级，以满足部分或所有基本要求、执行部分或所有工作任务，这将取决于感知的风险和/或所识别的过程危险。但是，如果企业*文化*中没有建立起危险识别和风险控制的文化，则这些步骤将无效。

9. 2. 1 保持有效运行

当一个公司决定要实施某项活动时，它希望能够在该过程和其他类似过程的整个生命周期内正确、统一实施这项活动。风险管理系统要在工厂各类人员之间和各种情形下可靠的执行，应满足以下基本要求：

建立风险管理系统的相关文件。为了统一执行，应书面建立详略得当的*风险管理程序*，该程序或书面计划应符合第 1. 4 节所讨论的一般管理系统的要求。HIRA 程序应清楚阐述开展 HIRA 活动对公司的益处，并向管理层和员工展示这些活动的价值。

将 HIRA 活动融入项目或过程的全生命周期。一个*风险管理*系统应能确定在项目生命周期内的哪些节点开展风险分析。它应仔细定义每个研究的范围，以确保所有类型的过程和活动均被考虑。风险程序应定义生命周期内特定节点处的审查程序及相应的详细程度，制定相关指南以选择适当的分析方法。

明确定义 HIRA 的分析范围，确保充足的覆盖面。一个风险管理系统应能处理管理层希望控制的所有类型过程风险。例如，一些公司可能将蒸汽烧伤的可能性作为一种过程风险，而另一些公司则可能将其排除在风险之外，因为他们不将蒸汽作为*风险管理*系统范围内的一种危险化学品。公司应确定哪些工艺和物料应实施 HIRA，同时确定需要考虑的后果类型，例如员工死亡、公众疏散或装置停车等。

此外，风险管理系统应规定何时实施 HIRA。一些公司可能要求在项目生命周期内进行一系列的分析，而另一些公司则可能仅满足于工程设计审查。每个分析要求都应目标明确，例如识别本质更安全的设计方案，它应与审查时可用的过程安全信息相一致。当定期更新风险分析内容或再次分析前一个研究时，如果分析范围发生改变，则必须明确指出变化的范围。改进的风险管理系统应当对风险系统内变化去除项的技术依据进行记录。

定义风险管理系统的物理范围。管理层根据所希望控制的过程风险的类型，定义 HIRA 的适用物理范围。一些公司可能选择将工厂内的每种工艺或设备设施包括在内，而另一些公司则可能仅考虑其存量超过特定化学品列表中阈限的工艺或设备设施。物理范围应进一步细分为工厂单元(装置)、区域或活动，以便开展 HIRA。其目的是为了明确边界，以清楚确定需要开展 HIRA 的设备，特别是共用设备的确定，例如可能连接到若干个装置的火炬系统。在理想的情况下，每个单元应具有明确定义的一组输入、输出，以及与其他装置的接口界面。此外，应明确定义范围内包括的相关活动。例如一台间歇式反应器，它每条独立产品线可能都需要分析。此外还需要分析包括开车、停车、维修和其他非常规工作任务有关的危险。

人员的能力要求。对于风险管理程序，要想 HIRA 工作取得效果，参与人员要有相关的能力。HIRA 人员除了具备专业特长外，还需要根据其在 HIRA 活动中担任的相应角色(分析

主席、记录员或参与者)接受详细的 HIRA 培训。*风险程序应指定相关人员负责以下职责*：(1)管理 HIRA 活动，(2)根据相关要求，制定 HIRA 计划和重新分析计划，(3)培训 HIRA 主席，(4)跟踪 HIRA 建议的落实，(5)根据需要提出风险管理措施。

执行一致的风险判别标准。管理层应向风险评估团队告知企业的风险容忍标准，以使他们做出风险判别。风险容忍标准可以是一种简单的定性的方式，例如要求工厂必须遵守公认的和广泛接受的良好工程规范，或必须将风险降低到最低合理可行的状况(ALARP 原则)。管理层也可出资制定企业过程安全标准并要求执行。但是，以上两种方法都不可能为所有情况提供指南。因此，一些组织建立了一种风险矩阵(例如图 9.3 中所示)，对于任何场景都可以严重性和可能性的等级来判断风险是否可以接受。等级的分类标准可以是定量的或定性的。除此之外，一些公司还选择了(或政府强制要求的)一些绝对的数字化风险容忍度标准，要求风险事件不得超过所规定的概率，例如，在某个工厂，员工年度死亡频率不得超过 10^{-4}/年。

除了制定特定的风险容忍标准外，公司还应确定各类风险控制措施的优先顺序。例如，在各类风险措施中，一个公司可能优先推荐选择本质更安全的设计方案；或优先选择被动控制措施，然后才是主动控制措施，或者优先选择工程措施，然后再选择管理措施。

风险	*影响邻近区域的严重后果*	*影响多个区域的严重后果*	*影响工厂大面积的严重后果*	*影响厂区外的严重后果*
每年一次以上	*要求采取行动，除非风险已降低到 ALARP*	*要求在第一次机会来临时采取行动*	*要求立即采取行动*	*要求立即采取行动*
每几年一次	*要求采取行动，除非风险已降低到 ALARP*	*要求采取行动，除非风险已降低到 ALARP*	*要求在第一次机会来临时采取行动*	*要求立即采取行动*
工厂生命周期内一次	*不要求采取行动*	*要求采取行动，除非风险已减小到 ALARP*	*要求采取行动，除非风险已降低到 ALARP*	*要求在第一次机会来临时采取行动*
预期在工厂生命周期内不会发生	*不要求采取行动*	*不要求采取行动*	*要求采取行动，除非风险已降低到 ALARP*	*要求采取行动，除非风险已降低到 ALARP*

图 9.3　风险矩阵示例

管理 HIRA，确保运行有效。风险管理系统一旦建立，便需要定期实施监测、维护和改进来保持最高的绩效和效率。为了确保有效性，公司应确认 HIRA 活动定期开展和重新确证，以反映工厂发生的变更。过程安全人员应定期审核风险管理程序，确保有效执行。一般来说，这些审核将发现执行 HIRA 过程中存在的问题，然后提出整改措施，甚至还能够再次明确 HIRA 分析的关键技术细节，以确保 HIRA 的科学性。

9.2.2　识别危险与评价风险

一旦定义了分析范围和物理范围，便可进行危险识别。目前有许多危险识别技术，但在所有情况下，必须回答“会发生什么(什么可能出错)?”这个基本问题与关注的后果相对应。当危险导致的后果超过阈值时，则需要根据后果的严重性、发生的可能性和安全措施的有效性，确定风险的大小。为了使工厂采用和执行合适的审查规定，应考虑以下基本要求：

收集并使用适当的数据来识别危险和评价风险。要对危险进行全面审查，必须依据准确的过程信息（见第8章“过程信息管理”）。工厂应编制一张资料清单供HIRA团队使用，HIRA依据的资料清单应记录在书面*风险*计划或审查程序中，或以其他方式记录在案。具体所需的资料清单取决于实施HIRA所处的生命周期阶段和分析对象相关的感知风险，同时也取决于是定性分析还是定量分析。

选择适当的HIRA方法。对于每种预期的风险分析类型，应选择一个适当的方法。简单地说，在低危险情况下，可能只需要一个基本审查过程即可；在较复杂的高危险情况下，可能需要多个审查过程并使用不同类型的审核方案。每份审核方案中应包括审查人员的数量和资质，并规定审查次序（顺序开展、平行开展或基于团队的审查）。在制定审查方案时，应考虑以下问题：

- 可供审查使用的信息；
- 审查所需的专业技能；
- 可接受的危险识别和风险评价方法；
- 基于风险的决策所需要的结果类型、准确性、精确性和确定性要求。

确保HIRA审核人员具有相关专业技能。一般情况下，HIRA主席应独立于所分析的工艺过程，不应亲身参与过新工艺的设计或现有装置的操作。除此之外，审查团队人员应拥有与工艺类型和感知风险相适应的多种专业背景，以便进行全面的危险性审查。可以指定相关审查人员，列出他们的姓名、职务（例如操作工、工艺工程师，工艺化学师，维护人员）、经历和培训情况等（例如机械工程师与可靠性工程师，现场操作人员与控制室操作人员）。复杂的工艺过程可能需要具有多年经验和经过正式培训的特殊人才。如果现场没有这类人才，可以邀请其他工厂、供应商或咨询机构等相关的专业人才参加。

按照HIRA所处的生命周期阶段要求和可用的过程信息，完成相应深度的风险分析。HIRA活动中会用到多种不同的分析技术，这取决于过程生命周期阶段、可用信息和评估需要。不管选用哪种方法，在HIRA中都应阐述发现的相关技术问题。这些问题也与生命周期阶段和研究目的密切相关。此外，公司可能希望对过程生命周期每个阶段采用的分析技术和相应详细程度提供相关的指南。

编写详细的风险评估报告。任何HIRA报告至少应说明分析范围、所识别的危险和风险，以及关于进一步分析或减低风险的建议。风险评估报告不仅应告知读者在分析时所认知的风险，而且应为生命周期后期阶段的审查或重新确证提供基础。该报告应阐述建议的相关依据，以使管理层能够确定是否采纳建议，以达到减低风险的要求。在一些情况下，风险评估报告还必须按照某种格式编写或包括法规部门所规定的特定内容。

9.2.3 评估风险并制定基于风险的决策

一旦识别出危险并完成与危险有关的风险分析，就必须判断风险是否可接受。一些公司可能认为，如果系统符合一个最低标准（例如一个条例或规范）的要求，某个风险是可以接受的；而其他公司可能要求将该风险减低到最低合理可行的状态。还有一些公司则可能认为，该风险在任何情况下都是不可接受的，除非找到本质更安全的替代方案（见参考文献9.5），否则就要求项目重新选址或放弃。以下将论述公司在采用和执行风险可接受标准时应满足的基本要求。

*应用风险容忍标准。*管理层必须明确在项目生命周期每个阶段的风险分析中如何应用风险容忍标准。如果一项审查仅关注危险，则必须在该水平上应用风险容忍标准。例如，技术 A 有可能对厂外造成影响(存在危险)，而技术 B 却不会。如果管理层(或社区)不能容忍任何厂外风险，则必须选择技术 B，无论技术 A 如何具有优势。

在生命周期的后期，风险容忍度标准可应用于每种被识别的场景。例如，当评估卸料作业相关的事故场景时，一个团队判断有根软管可能会破裂，将造成大量物料外泄，但现有的设施可以切断泄漏，减轻后果。从定性角度来看，卸料系统可能满足标准，是可接受的。但是，具有更严格标准的公司可能要求对该场景进行保护层分析(LOPA)，以确定它是否满足风险容忍度要求；或进行详细的定量风险分析。

在所有情况下，风险分析团队应以风险容忍标准为指导决定什么时候建议是需要的、什么时候建议是可选的、什么时候建议是多余的。公司的指南还应指出，在某些情况下可能不需要考虑风险容忍标准。例如，如果设计不能满足法规或国家政策的要求，无论风险判断结果如何，也必须要采取整改措施。或者，如果某项建议能以极低的费用进一步降低可容忍的风险，在希望将风险减低到最低合理可行状态的愿景下，这项建议就可能值得考虑。

*选择适当的风险控制措施。*考虑到风险容忍标准，管理层应建立一个系统来确保选择最适当的风险控制措施。特别是在工程设计时，应对主动控制和管理控制与本质更安全和被动控制所产生的实际生命周期费用(不仅仅是投资)加以权衡。不然的话，初始投资较低的控制方案，可能因为高昂的操作和维修成本而使生命周期费用剧增。

另一个难点是，采纳任何减低风险的建议都可能同时减小(或增大)其他方面的风险。因此，其他风险控制的优先级可能会相应降低(或提高)。如果全盘采纳风险分析提出的所有建议，而不考虑它们之间的相互影响，可能会错误地将资源投放到不必要控制的风险上，从而造成对其他风险的控制不力。

9.2.4 信息评估结果的跟踪关闭

管理层应通过正式方式，落实风险团队提出的每项建议，或执行所提出的改进，或采取一种替代的减低风险的措施，或不接受相关建议而接受现有风险，此时需要记录不采纳建议的理由并存档。项目早期审查的建议可在下一步的设计中进行落实。但如果装置正在运行，任何整改措施都必须遵守*变更管理*程序。如果建议所解决的是一个低风险问题，它的采纳有时会延迟，但无论如何，各项建议应仔细跟踪，尽早落实。为了确保获批的 HIRA 结果被正确的执行，应考虑以下基本要求：

*向管理层通报重要的结果。*一旦一个 HIRA 完成，应向管理层通报研究结果。显然，管理层应审查所有进一步减低风险的建议，并决定是否采纳该团队的建议。但是，管理层还应审查团队认为在现有控制条件下是可以容忍的风险。特别是，一些企业要求分析团队向管理层提交可能导致重大后果的事故场景汇总文件，并由相关的负责人确认风险是否可接受。这有利于确保相关管理层了解控制这些风险所需的必要控制措施的重要性。

*建立剩余风险档案。*剩余风险系指将风险减低到最低合理可行状态后剩余的风险。含蓄地说，剩余风险是装置运行过程中可容忍的风险。因此，风险评估提供了一条底线，将来的风险判断可从这条底线开始。例如，公众态度的改变可能迫使公司考虑它的风险容忍度。如果剩余风险已清楚地用文件记载，则只需直接将现有风险与任何新的风险目标进行比较即

可。而且，如果提出了某些变更，就可以对剩余风险变更的影响进行评价。

落实建议并跟踪完成行动情况。风险评估生成的所有建议都应及时处理。每条建议都应分配给适当的人选，并设定完成最初评估的截止日期。评估应考虑建议的成本和效益、复杂性和执行难度。如果建议被修改或否决，应将其理由依据存档。对于所接受的建议，应制定具体行动计划。(请注意，一条建议可能需要多个行动计划，而一个行动计划可能解决多条建议)。行动计划应规定责任人和执行截止日期。管理系统应跟踪所有行动的状态直至完成，并应定期审查系统，以确保合规。

对于项目早期风险评估生成的建议，其实施方案可在后续审查时进行评估。但是，对于运行装置的整改措施，则必须提交给*变更管理*系统。在采取永久性风险控制措施之前，所需的任何特殊或临时风险控制措施都应作为变更来管理。

内部通报结果。工厂应制定一个程序来(1)规定向谁告知风险；(2)规定风险告知的内容和详细程度，换言之，是简单了解即可，还是需要更详细的培训；(3)规定某种方法确保及时告知风险；(4)规定某种方法，确保能够使相关的员工正确的认知风险。

外部通报结果。一些风险信息对于社区或其他外部组织可能很重要。在装置生命周期的运行阶段，可能需要将风险评估结果总结整理后，向公众、当地应急管理部门或法规部门通报。这类通报应仔细设计，同时如第7章“与利益相关者沟通”所述，需要考虑有效的风险交流通报程序和法规考虑。

保存风险评估记录。风险管理系统一个重要的工作成果是经过正确保存和审查的HIRA记录。但是，如果未保存HIRA审查过程的记录，HIRA系统的更新、重新确证或审查将是相当困难的。公司应决定保存哪类HIRA记录，并制定保存方针。越来越多的HIRA记录采用电子版的方法保存，例如一般的字处理文档、电子表格或数据库应用，或专门为开展定性和定量风险评估及保存相关文件而设计的软件。但是，这种方法只有在整个过程生命周期内都保留查看老电子文件的能力时才是适当的。对于查询需求率较低的简单系统，纸基记录系统可能仍然较为合适，也可能是查询记录的最简单方法。

9.3　可能的工作活动

RBPS方法建议，每项工作内容的深度要求应根据风险和所需的资源而确定，并与工厂文化相一致。某项工作内容的深度要求因各个工厂而异，同时即使在同一个工厂内，也可能随装置或工艺区域不同而发生变化。因此，在制定一个基于风险的过程安全管理系统时，读者应遵循以下步骤：

1. 评估工厂风险，同时调查工作内容所需资源与现有资源配置状况，以及工厂的安全文化。具体情况见第2.2节。
2. 评估执行风险管理各项关键原则的潜在收益。风险管理关键原则详见第9.2节。
3. 根据第1和第2步的结果，确定风险管理的基本要求(第9.2.1~第9.2.4部分所述的基本要求)，合理地管控风险。
4. 对于将要执行的每个基本要求，确定执行方法，选择本节所述的相应的工作内容。请注意，这些工作内容不可能对所有行业都是全面的，读者可能需要增加某些工作内容或修改本节所列的部分工作内容。

5. 对于将要执行的每项工作内容，确定所要求的深度水平。本节所列各项工作均设有两到五个具体实施方案，工作标准依次提高。每项工作采用序号标识，具体实施方案采用字母标识。

备 注

相关法规可能具体规定了过程安全管理系统某些要求或工作内容，或为特定工作内容规定了最基本的详细程度。因此，过程安全管理系统的设计和执行应同时遵守法规要求和本书中提供的指南。

9.3.1 保持有效运行

建立风险管理系统的文件要求

1. 制定并执行正式的风险管理程序。
   a. 风险管理的总方针。
   b. (a)项，制定适用于所有过程的通用指南。
   c. (a)项，制定详细指南，规定在生命周期内的每个阶段*风险分析*的要求和定期开展风险分析的要求。
   d. (c)项，开发一个自动的、电子化的*风险工作流程系统*。

将 HIRA 活动融入项目或过程的生命周期

2. 确定何时开展 HIRA：
   - 实验室规模开发
   - 中试运行或半工业规模
   - 概念设计
   - 装置选址前
   - 订购长周期设备前
   - 详细设计
   - 施工前
   - 开车前
   - 运行期间
   - 停车前
   - 拆除前

   a. 将 HIRA 作为正式设计审查的一部分。
   b. 在开车或移交之前开展 HIRA。
   c. 开展一轮初始的 HIRA，然后进行定期更新。
   d. 在生命周期的每一阶段开展一系列相应的 HIRA。
3. 规定运行装置定期开展风险分析或风险核对的时间周期。
   a. 只有重大变更发生时才需要重新进行分析确认。
   b. 规定定期重新分析确认的时间限制，即使未发生变更。
   c. (b)项，如果满足特定的标准，则必须重新进行分析。

明确定义 HIRA 的分析范围，确保适当的覆盖面

4. 在风险管理程序明确需要考虑的后果类型及其严重性，例如：
   - 工人受伤人数超过阈限
   - 公众受伤人数超过阈限
   - 环境损坏超过阈限
   - 财产损坏超过阈限
   - 业务中断损失超过阈限
   - 公司声誉受损超过阈限

a. 仅仅定性描述后果类型，例如，损失的时间，发生火灾或有毒物泄漏。

b. 规定后果的等级，例如，造成 10-30 天停车的事故

c. 建立定量的标准，例如年度致死率为 3×10^{-5}/年。

5. 确定需要开展风险分析的工艺系统和化学品。

a. 由管理层决定选择哪些工艺系统和化学品。

b. 只包括特定化学品存量超过规定阈限的工艺系统。

c. 包括涉及特定化学品的工艺，而不管其数量多少。

d. 包括所有工艺系统、化学品和能量源。

6. 确定所要求的每项分析的最低目标。

a. 规定总体目标，例如改进安全。

b. 根据关注的后果，确定具体的目标。

c. (b)项，规定具体目标，例如，提出本质更安全的设计方案，符合法规和标准，或风险低于某目标值。

定义风险管理系统的物理范围

7. 建立要求进行风险分析的装置和活动列表。

a. 由管理层决定相关范围。

b. 规定适用的区域和相关活动。

c. (b)项，明确定义工艺类型、边界。

d. 所有活动都需要实施 HIRA。

选择有能力的人员

8. 定义*风险分析*活动的角色与职责。

a. 由项目经理或运行经理负责风险分析活动。

b. 由指定人员负责监督风险程序和协调相关资源。

c. 所有角色与职责均分配到岗位或部门，并纳入个人或部门绩效考核。

9. 指定一个岗位作为*风险管理*系统的责任人，负责日常的效能监测。这个人有权解决纷争，必要时可采取有计划的整改措施。

a. *风险管理*要素负责人是一个临时或轮换的职位。

b. 指定一名固定的*风险管理*要素负责人。

10. 对所有受影响的员工和承包商开展*风险管理*系统认知培训。

a. 对每个人，开展一次风险管理要求的宣传(例如通过电子邮件)。

b. 对受影响的工人开展一次初期培训。

c. 对受影响的工人开展初期和进阶培训。

11. 对指定在*风险管理*系统中承担特定任务的所有员工和承包商开展详细培训。

a. 对 HIRA 主席开展一次详细的首次培训。

b. 对 HIRA 主席开展详细的首次培训，他们必须定期以主席身份开展 HIRA，以便维持自身的资质。

c. 对主要 HRIA 人员(组长、记录员和团队成员)开展详细的初始和进阶培训。

制定统一的风险判断标准

12. 定义风险判断和风险容忍度基础。

a. 由管理层确定。

b. 使用与当前法规和标准一致的定性标准。

c. 使用分级标准，例如低级、中级和高级。

d. 使用定量标准，例如死亡频率<1/10000 年。

13. 在 HIRA 程序中规定风险控制方法的选择标准。

a. 在 HIRA 程序中规定风险控制满足最低规范和标准的要求。

b. (a)项，规定风险控制要满足风险可接受标准。

c. 在 HIRA 程序中建立相关指南，指导选择控制措施将风险减低到最低合理可行。

14. 保持最新的风险容忍标准

a. 根据管理层的决定或对某次事件的回应修订风险容忍度标准。

b. 定期收集损失数据，定期审核风险容忍标准。

c. 根据损失和利益相关者的期望，主动修订风险容忍标准。

确认风险管理规定有效运行

15. 保持所有 HIRA 审查正常运作。

a. 保存每个工艺/过程的 HIRA 日志。

b. HIRA 日志由工厂*风险*管理者保存，并可由所有受影响的人员查询。

c. HIRA 日志由电子方式查询，到期时会自动提醒。

16. 建立*风险管理的*绩效指标

a. 收集*风险*活动的基础数据。

b. 每年收集*风险*绩效数据。

c. 定期收集*风险*绩效和有效性数据。

17. 根据 HIRA 绩效指标，为风险管理的内部审核提供输入。

a. 执行内部审核，但仅提供定性信息帮助审核人员聚集 HIRA 区域。

b. 定期向内部审核人员提供 HIRA 绩效指标。

9.3.2 识别危险与评价风险

收集和使用适当的数据识别危险和评价风险

18. 考虑正确评估风险管理范围内的风险所需要的所有类型的信息。工厂应考虑编制适当的信息源清单，供审查人员使用。

a. 要求团队采用现有的信息按计划进行，并根据需要申请缺少的资料。

b. 审查组长们一致认可的能够执行 HIRA 的资料信息的最低需求清单。

c. 提供各类风险评估的最低要求资料清单，并强制执行。

选择适当的 HIRA 方法

19. 使用适当的 HIRA 方法。

a. 审查人员利用自身的识别能力和判断能力。

b. 为所有危险审查提供通用的安全问题/危险检查表。

c. 为选择适当的技术提供定性指南。

d. 对具体的情况，规定采用的分析技术。

20. 确定(1)在审查中必须解决的问题，而不管采用什么技术；以及(2)审查结果的质量要求。

a. 每个审查人员列出他自己关注的问题列表。

b. 对将考虑的问题，提供简单的通用列表。

c. 建立标准，确定哪些问题必须考虑。

确保 HIRA 参与人员具有合适的专业能力

21. 规定 HIRA 参与人员的资质条件。

a. 规定特定的岗位职责。

b. 规定参与人员资质，只有合格者才允许参与。

22. 对每一种分析项目，规定 HIRA 审核团队成员所必需的专业要求。

a. 非正式的选择资深人员。

b. 一般通用的专业要求，不考虑分析的方法。

c. 对每种分析方法，给出具体专业的要求。

23. 选择有资质的主席或组长。

a. 主席对所用的风险分析方法拥有一定的经验。

b. 对关键人员开展关于风险分析方法的领导力培训。

c. 对主席和组员均开展风险分析技术培训。

24. 对团队主席和参与者开展风险容忍标准的培训。

a. 根据工作经验，理解风险容忍度标准。

b. 在每次分析开始，根据需要开展风险容忍标准的非正式培训。

c. 对 HIRA 主席开展关于风险容忍标准的正式培训。

d. 对 HIRA 主席和队员开展关于风险容忍标准的培训。

按照 HIRA 所处的生命周期阶段要求和可用的过程信息，完成相应深度的风险分析活动。

25. 按照 HIRA 所处的生命周期阶段要求和可用的过程信息开展合适的 HIRA。

a. 给出过程阶段划分的通用导则。

b. 制定不同过程阶段的详细导则。

c. 对不同生命周期阶段提供详细的指南。

26. 根据过程生命周期阶段可用信息，阐述相应技术风险问题。

a. 规定基本问题。

b. 仅规定运行阶段的问题。

c. 规定生命周期每个阶段的问题。

27. 针对过程生命周期阶段，制定以适当的方式解决本质安全问题。

a. 规定本质安全问题，但不制定计划。

b. 规定并解决每个生命周期阶段的本质安全问题。

编写详尽的 HIRA 报告

28. 将分析得出的危险、风险和建议，以正式报告的形式编写。

a. 制定非正式报告导则。

b. 制定正式报告编写和审查指南。

c. 制定正式报告编写和审查导则，并附有报告样本和标准。

29. 记录风险控制措施。

a. 记录满足标准要求的主要控制措施。

b. 在报告中列出具体的工程和管理控制措施。

c. (b)项，明确风险控制措施需要执行的资产完整性管理程序要求。

d. (c)项，给出安全运行限值和操作限制条件。

9.3.3 评估风险并制定基于风险的决策

应用风险容忍标准

30. 在 HIRA 中，描述团队的决策。

a. 通过非正式途径给团队选择的方案。

b. 制定书面计划，但不规定任务和责任。

c. 通过书面程序，向团队提供一般方案的列表。

d. 向团队提供具体方案的列表，由团队履行其在风险管理中的职责。

选择适当的风险控制措施

31. 规定优先使用的风险控制措施。

a. 工程控制优先于管理控制。

b. 被动控制优先于主动控制。

c. 优先采用本质更安全的方法。

9.3.4 信息评估结果的跟踪关闭

向管理层通报重要结果

32. 向管理层通报所识别的风险和减低风险的建议。

a. 应管理层要求进行通报。

b. 利用正式系统向管理层通报。

c. 利用正式系统向管理层通报，并将建议的采纳情况和风险的接受情况记录存档。

建立剩余风险档案

33. 为每个操作、装置和工厂建立剩余风险档案。

a. 利用非正式系统建立部分剩余风险档案。

b. 利用正式系统建立剩余风险档案。

c. (b)项，定期更新信息。

落实建议并跟踪行动的完成情况

34. 认真处理 HIRA 建议，记录它们的落实情况，包括具体的落实行动，以及根据风险和收益确定行动的优先顺序。

a. 根据具体情况跟踪行动项目。

b. 利用正式系统跟踪行动项目直至完成。

c. 利用正式系统确定行动项目的优先顺序并进行跟踪，直至项目完成。

内部通报结果

35. 定期向受影响的人员(包括承包商)通报风险。

a. 利用非正式系统向人员通报风险。

b. 利用正式系统向操作人员通报风险。

c. 利用正式系统向所有可能受影响的人员通报风险。

向外部通报结果

36. 向利益相关者(包括应急管理机构)通报所识别的危险和风险、减低风险的建议和剩余风险。

a. 应利益相关者的要求进行通报。

b. 启动正式系统向当地紧急预案委员会(LEPC)书面通报

c. 启动正式系统向 LEPC 书面通报并扩大至社区领导。

保存风险评估记录

37. 将 HIRA 结果与审查人员使用的关键资料和信息一并存档。在备用地点不同媒介上保存结果。按照规定期限(例如 1 年、5 年或过程生命周期内)保存 HIRA 结果和关键资料及信息，以支持其他 RBPS 工作活动。

a. 短期保存少量 HIRA 记录。

b. 保存详尽的 HIRA 记录，直到下一次分析或重新确证。

c. 在过程生命周期或更长时间内可靠保存详尽的 HIRA 记录。

9.4 提高效能的方法示例

本节提供了一些案例，这些案例做法能有效改进与*风险管理*有关的工作内容，并经工业实践证明可行。根据第 9.2 节中的关键原则，这些案例可分为以下两类：

1. 能够提高风险管理工作绩效的方法；

2. 提升风险管理的效率，在保持风险管理绩效水准的同时尽可能降低资源消耗。

这些案例均源于工业实践、行业研讨会和 CCPS 会员单位。希望改进管理系统和本要素相关工作活动的读者，应检验这些方法，评估自己企业当前管理系统和工作活动的绩效和效率，然后按照第 2.1 节所述的基于风险的原则，选择和执行改进措施。

9.4.1 保持有效运行

使用标准的文档格式。HIRA 可采用十几种格式进行记录，但过多的格式会对其他人以后重新确证分析结果或使用分析结果带来不便。为了减少这种不便，公司应对每种 HIRA 技术规定优先的记录文档格式并使其标准化。例如，一些企业倾向于将每种偏离的风险等级列入危险与可操作性分析(HAZOP)研究中。在这种情况下，标准 HAZOP 分析记录中应包括风险等级信息一栏，即使并非总是要用到这个等级。这将有助于 HAZOP 主席和分析成员在分析时满足所有相关要求或说明偏离的理由。采用标准格式将有助于后来使用分析结果的人快速找到所需要的信息。

记录格式标准化的概念可拓展到包括全部分析工作表。例如，可将典型的原因和保护措施列入在一张标准 HAZOP 工作表中。这样可使主席在分析会议期间利用该信息助推头脑风暴开展，并针对具体情况确定适当的信息。分析组长通过使用模板工作表，可方便、有效地完成完整、一致的分析。

使用标准检查表。许多 HIRA 研究依靠问题检查表来识别危险或确保风险已得到充分的控制。但是，与其强制每个分析主席建立个人检查表数据库，不如由组织编制标准检查表，

然后分发给所有分析主席使用，这样效率要高得多。例如，一张危险识别检查表可能包括物体坠落、粉尘和化学烟雾等问题。即使这些危险并不存在，但是要求每一个人在分析时都要对照检查表一一考虑这些危险，这样做可改进总体的分析质量。即使可能不存在明显的物体坠落，冬天排气管排出的蒸汽也可能凝结为大块的冰凌，坠落后损坏下方的精密设备。如果检查表中没有关于物体坠落的特定问题，该团队就可能不会考虑这种危险。

*风险管理*要素负责人需要将全部问题列表汇编，然后上传到公司内网上。任何承担危险分析的人都应能够下载和使用最新的检查表。如果需要增加一些问题来改进检查表，则检查表应很容易升级，所有后续研究将从这一改进中受益。

分析方法的标准化具有类似的优点。例如，某个公司可能希望按照一致的规定解决所有下属工厂的选址问题，或可能希望通过保护层分析(LOPA)来评估那些后果严重的场景。通过将标准方法和任何相关工具上传到内网上，所有 HIRA 主席都能高效、一致地使用。

提供前期研究结果。许多 HIRA 研究与其他已完成的研究是类似的，但不幸的是，分析组长可能不知道有其他研究。有时，在先前类似的研究基础上进行修改来解决当前的问题要比开展一项全新的分析更有效。因此，将以前的 HIRA 研究结果汇编成可检索的数据库，供所有 HIRA 主席或负责人查询，可提高效率。*风险*管理负责人是承担这项任务的合适人选。当一项符合组织标准的分析完成时，将只读版本的报告上传到公司内网。任何人都可通过关键词或文本片段对数据库进行检索，查找类似的分析，然后最佳的研究起点。

培养和选用 HIRA 业务专家(SME)。几乎所有人经过培训都可施行心肺复苏术，但很少有人具有专业医师的技能。同样，几乎所有人通过学习都可领导 HIRA，但很少有人能像一个训练有素的业务专家(SME)那样高效领导 HIRA。一个组织内理想的 HIRA 主席人数取决于工作负荷——每个人都有日常的领导机会但又不致超负荷工作。让一个有经验的人领导几项研究，远比让一个新人来领导同样的研究更有效。小工厂的 HIRA 需求有限，可通过由一个 SEM 同时分管其他工厂或根据需要聘用一名外部专家来达到同样的效率。

合并小的研究。高昂的总费用与各项 HIRA 研究有关——分析前的准备、组织一个精英团队、将结果整理归案。因此，将一个装置作为一个整体来分析可能要比将它分解为若干个较小的研究更有效。但是，如果所需要的天数很长，需要进行团队成员的替换，或所需要的专家人数使得团队变得庞大臃肿，这是把装置作为一个整体进行分析的效率将大打折扣。

按照过程安全原则培训设计人员。在理想的情况下，HIRA 研究应证实设计人员已识别危险并采取了适当的风险控制方法，因此，无需进一步采取措施。而在实际过程中，HIRA 团队通常发现在设计或计划活动中存在许多缺陷。为了纠正现状，可能需要对每个结果或建议付出巨大的努力，特别是对于设计后期发现的问题。对于大部分设计人员，如果其设计已经进行过 HIRA 分析，则将在未来的设计中避免出现类似问题。但是，向设计人员积极宣传过程安全原则以避免错误，要更为有效。

设置和推行项目阶段把关要求。在装置建成后再修改设计图纸或申请排放许可证将付出很高的代价，而在项目生命周期的初期识别和抑制风险则要有效得多。所以，可通过设置阶段关卡来指导从生命周期的一个阶段到下一个阶段的设计。这些要求可采取检查表的形式来证实(例如)：(1)所提出的紧急响应预案是否能够应对所提出的化学品泄漏问题；(2)工厂是否拥有(或可获得)相关许可证；(3)所要求的 HIRA 是否已完成；(4)所有问题是否已得到令人满意的解决。表 9.1 列出了需要在项目生命周期不同阶段解决的各类 HIRA 问题，

以帮助减少昂贵意外的发生机会。

分析方法多样化。每种 HIRA 方法都有各自的优点和缺点。如果仅采用一种方法来分析高危险系统，一些风险可能会被低估或忽略。在一些情况下，用另一种技术再次分析该系统可能会发现原先研究所忽略的问题。

扩大分析范围将经济影响包括在内。很多公司是为了达到法规要求而将*风险管理*要素集中在安全和环境问题上的。然而，在法规强制要求出现之前的很长时间，一些公司是为了经济效益而自愿实施 HIRA 的，例如减少装置停车、提高设备利用率、提高产量。即使扩大分析范围将经济影响包括在内会提高对资源的需要，但其效益的增加也几乎总是超过成本的增加。

任命独立的风险分析主席或负责人。风险分析如果由一个独立的审查人来领导，效率要高得多，因为几乎没有人能够有效地挑出自己工作的毛病。如果某系统的审查由设计该系统的人来领导，任何当前设计存在的风险都可能被低估或忽略。同样，如果现有系统的审查由负责操作或运行该系统的人来领导，一些常见的风险可能会被误判。

9.4.2 识别危险与评价风险

在 HIRA 准备期间对 RBPS 要素进行审查。在 HIRA 准备期间对许多其他 RBPS 要素(例如*信息*、*可靠性*、*变更管理*)进行日常评估，可在几乎不增加人力的情况下完成对其效能和完整性的审查。可编制一张简单的问题检查表，例如

- 图纸是否可获得？
- 图纸是否准确？
- 变更是否存档？
- 保护设施是否按照计划进行检验？

表 9.1 在各生命周期阶段需要解决的问题示例

生命周期阶段	可解决的技术问题
概念设计	化学品毒性和活性危险
	火灾/爆炸危险
	环境危险
	允许限值
	选址标准
	本质安全
工艺流程图	总图布置
	建筑物要求
	电气防护等级
	最坏场景
	应急响应预案
	本质安全
	允许限值
	危险物料存量
	对影响的定性估计

续表

生命周期阶段	可解决的技术问题
详细设计	操作错误
	单个故障点
	多个故障点
	安全完整性等级
	公用工程故障
	工艺偏离
	定量评估频率和影响
施工	重型起重机
	现场变更
	员工水平
	现有工艺中断
	公用工程中断
开车后	操作错误
	维修错误
	临时活动
	安全完整性等级
	应急响应预案
	工艺偏离
停运	残余物释放
	残余物反应
	废物处置
	其余工艺中断

如果发现严重缺陷，必须在HIRA实施之前加以纠正；或者将分析结果存档，以供下一次审查借鉴。

对HIRA记录建档提供管理支持。有经验的HIRA组长和组员一般是高薪酬的资深职员。如果该组长同时负责召开会议和整理会议笔记，则团队可能有相当大的一部分时间要浪费在等待组长处理完他的笔记上。另外，平时从事技术工作的组长，也必须开始将时间花在撰写分析报告上。因此，选择一个行政助理或低级职员来整理会议笔记、帮助主席准备HIRA报告，可大大提高效率，在经济上也是合理的。

配置适当的团队组成。法规和公司标准有时会对团队组成提出一个最低要求。除此之外，公司还应对必要的队员数量做出基于风险的判断。对简单的低危险系统，一个可满足最低要求的团队即可；在危险性较高的情况下，可能需要一个经验较丰富、技能多样化的较大团队。但是，即使需要一个较大的高技能团队，让一些专家“随叫随到”，也比让他们在审查过程中坐上数小时，只是为了回答几个问题更为有效。

让其他工厂的人员加盟团队，以促进交叉学习。HIRA的效能与团队的知识和多样化水平直接相关。让来自不同班次、工厂类似装置、其他工厂类似装置的有经验的人加盟团队，可使HIRA研究受益于经验的多样化。此外，队员本身可通过小组讨论，了解他们先前不知道的事实和经验，最终可提高风险判断质量。当队员带着如何改进或解决自己问题的新想法返回他们正常的工作岗位时，这种交叉学习也可产生显著的效益。

举行虚拟会议。组建一个专业化的 HIRA 研究团队常常需要大量的资金。然而，将每个人召集到一个地点来举行审查会议并非是必需的。在许多情况下，如果需要邀请其他地区的专家(可能包括团队领导)参加会议，采取互联网或视频会议是一个更有效的方法，因为无需路途时间和差旅费用。对于简单的分析以及没有常驻专家可参加会议的小型工厂，这种方法尤其有价值。但是，如果远途参会者因为其他事务缠身或由于虚拟会议设施的限制而无法看见、听见、参加讨论和交流等，这种效率上的优越性便大打折扣。

根据危险和潜在后果选择分析方法。从简单的检查表到复杂的后果模型，HIRA 工具形式多样。如果简单的工具即可满足要求，使用复杂的工具将会造成效率的大幅降低。同样，简单的工具并非总是能够分析复杂的系统。为了选择一个适当的分析工具，可根据危险和潜在后果进行初步筛选。如果(例如)这种筛选无法识别有毒化学品危险，或如果这些危险源虽然存在但数量很少，以致最严重的后果受到限制，则可使用较为简单、不甚严苛的 HIRA 方法分析风险，而不必将资源浪费在对简单系统的过度分析上。相反，如果筛选识别到严重后果，则表明使用复杂的 HIRA 方法可能是适当的。

将讨论限制在分析范围内和关注的后果等级上。HIRA 会议可能会打开一个装满问题的潘多拉盒子，但是，团队只应讨论规定范围内的问题。例如，如果一项研究的目的只是为了查明过程安全问题，那么长时间地讨论改进经济性的机会，然后再将这些讨论结果和建议整理归案，将是件非常低效的事情。在规定的范围内，应为关注的后果定义最小阈限。例如，如果研究范围是员工受伤，则可能会将只需急救处理的情况排除在外。主席应正确引导团队讨论，将重点集中在研究范围和严重性阈限上。其他可能提出的问题应简单记下，提交管理层考虑或进一步研究，但在此次会议上不进一步讨论。

部分分析自动化。软件工具可显著提高 HIRA 团队的效能。数字化工具过去一直用于事件频率、后果和风险的定量分析。但是，计算机也能大大加快定性风险分析。例如，可使用不贵的软件根据用户定义的结点生成 HAZOP 报告模板。电子表格可使 LOPA 自动化，改进结果的一致性。当使用计算机将部分 HIRA 研究自动化和标准化时，可显著提高分析效能。在整个组织内部应将自动化方法标准化，以同时提高效率和效能。

回顾先前发生的事件。改进 HIRA 团队批判性思维的一个好方法是回顾分析对象(或类似对象)先前发生的事故。这样做除了可提醒队员注意这些事件外，还可帮助摒弃“坏事不可能在此发生”的心态。虽然*事件*管理是主要的信息来源，但回顾其他工厂的事件也是有用的。许多事件的经过已由政府主管部门在网上公开，这些主管部门包括美国职业安全与健康管理局(OSHA)、美国环保局(EPA)、美国化学品安全与危险调查局(CSB)、英国健康、安全和环境署(HSE)等。其他描述事故的出版物包括：美国化学工程师协会(AIChE)的《过程安全进展》，化工过程安全中心(CCPS)的《过程安全事件数据库》，由 Trevor Kletz 教授编著的大量书籍，以及美国石油学会的《应吸取的安全教训摘要》。

9.4.3 评估风险并制定基于风险的决策

根据风险等级把握分析的深度。大部分 HIRA 工具使用一个简单的风险矩阵来管理分析深度。当确定一种事故场景时，主席可指导团队根据现有防护设施确定它的风险等级。如果风险处于风险矩阵中的可容忍区域，则无需采取进一步行动，团队继续向下进行。否则，分析主席应鼓励团队更详细地考虑这种场景，直到提出切实可行的降低风险的建议。

用符合标准检查取代独立的分析。在许多情况下，一个标准设计如果符合公认和普遍接受的良好工程实践，便可理所当然地推断它可将风险减小到可容忍的水平，因为这些实践

是从各个行业数百年的操作经验中提炼的。在这些情况下，与实施一系列独立的 HIRA 研究相比，确保设计符合公认标准更能有效符合法规和工业实践的要求。这些“良好工程”的要求可作为检查表中的问题进行审查，采用“如果–怎么样”类型的问题可证实不存在任何独特的危险。这种基于知识的方法通常可在正式工程设计审查期间实行，最终报告可由签字的图纸和一张使用的标准列表构成。

*审核所有后果严重的场景。*当辨识出一个后果严重的场景时，要么认为它的风险是可接受的，要么提出减低风险的建议。在这两种情况下管理层都应慎重地对这类场景作进一步审查，以证实它们的风险可以接受，或确保公司减低风险的标准在整个组织内统一应用。这些审查还可形成研讨会，帮助缺乏经验的领导提高技能。

9.4.4　信息评估结果的跟踪关闭

*维持最新的 HIRA。*大部分组织要求运行装置的 HIRA 应定期更新。这一般包括更新原先的报告，使其能够反映自上次分析以来的任何变更(见参考文献 9.6)。一些公司不是等数年后再更新 HIRA，而是维持一个最新的版本。当变更发生时，审查团队根据需要对受影响的节点进行修订、增加或删除。这样做可使下一次重新分析较快完成，因为所有变更都已归档。重新分析团队主要需要证实变更的准确性，寻找(1)任何未发现的彼此间的相互作用，或(2)未认识到的对总体风险的影响。

*根据风险确定整改措施的优先顺序。*由 HIRA 研究提出的所有建议都应尽早落实，但并非所有整改措施都是同等重要的。根据风险对整改措施评分是一个有效的方法，可将宝贵的资源首先配置给最重要的问题。但是，当有可用的资源时，只是因为风险为低风险而延缓整改的做法是不合适的。将建议及相关的风险评分输入表格、电子表或数据库存档，是一种可促进基于风险的分级的有效方法。这可使任何人能有效地对结果分类，以检查内部的一致性(类似的风险应具有类似的评分)，并很容易首先选择较高的风险采取整改措施。

*使整改措施的跟踪集中化和自动化。*几乎每项 HIRA 研究都将生成整改行动建议。确保这些建议及时落实的最有效的方法是将所有建议集中到一个中心追踪数据库内。这将便于管理层跟踪整改措施的状态，根据需要重新确定工作的优先顺序、合理落实。中心数据库还可为任何需要了解某个整改措施的状态或最终落实情况的人，提供溯源性。

9.5　要素指标

第 20 章阐述了如何以及何时利用指标来适度提高绩效的方法。本节将列举若干个指标实例，说明它们如何用于监测*风险*要素的健康状态，并按照第 9.2 节中提及的关键原则进行了分类。

除了明确关键核心指标外，还需要定期对指标进行跟踪和考核。有时，指标所需信息比较简单，例如员工总数指标。而有些指标需要多个参数才能确定，如员工的平均工龄指标，需要利用多名员工的工龄数据来计算平均工龄。部分指标用于跟踪动态变化率，如员工离职率指标等。动态变化率甚至可能是工厂最为关注的数据指标。由于工厂情况千差万别，需要自行确定指标的跟踪方法和考核方法，保证工厂 RBPS 管理系统的健康运行。

9.5.1　保持有效运行

- ***每类 HIRA 分析过期数量。***较大的数字通常表示计划受到资源限制或缺乏管理层支持。在监管状态下，较大的数字还表示未履行职责的区域。

- *要求完全重新分析的项目比例*。异常大的数字可能表示原始研究进行得不当或*变更管理*要素已经失效。
- *审核发现问题的数量*。审核可能根据公司或法规的要求聚集有关的特殊问题，例如审查范围、报告完整性或结果有效性。这个数字如果异常大，可能表示研究进行得不当，或可能反映*过程安全信息*要素存在缺陷。
- *资深 HIRA 组长、记录员和参与者的数量*。这个数字如果意外减小，可能表示由于资源缺乏造成眼前工作积压。
- *HIRA 资源需求和团队效率*。HIRA 资源需求仅指参与 HIRA 分析活动花费(不包括建议的落实)的人工小时数，效率是用该总人工小时数除以所执行的 HIRA 数、会议天数、所分析的结点数或所产生的建议数。这个指标的意外减小可能表示管理层没有能力提供开展工作所需要的资源。这个指标的意外增大可能表示 HIRA 输入数据的质量下滑，例如图纸不完整，或试图将 HIRA 并入正式工程设计的审查中。这个指标的增大也可能表示团队领导才能或队员能力下降。

9.5.2 识别危险与评价风险

- *所安排的各类 HIRA 的数量*。这个指标可反映资源要求。这个指标呈下降趋势或意外骤减可能表示所要求的研究没有开展。
- *发布一份 HIRA 报告所需要的时间*。这个指标的增大可能表示团队主席或管理审查人员对 HIRA 活动给予低优先级。
- *所采用的技术*。这个指标的意外改变可能表示向分析技术不太合适。

9.5.3 评估风险并制定基于风险的决策

- *所提出的管理控制、主动工程控制、被动工程控制和本质更安全的替代方案的建议百分数*。这个指标表示在执行本质更安全的方案时生命周期早期的审查是否有效，以及团队是否理解公司所偏爱的风险控制方案。它还表示经理是否试图将控制风险的负担从投资转移到操作和维修成本上。
- *实际损失与风险可接受损失的比值*。**当实际损失持续地超出公司风险可接受标准内的预期损失值时，即表示***风险管理适用*范围不够宽或团队对工程和管理控制的效能寄予了过高的信任。
- *每项分析研究或每年的建议数量*。从理论上讲，对于一个给定的装置，这个数字应随着时间而下降。但是，从全厂来看，由于工艺、设备、程序、人员和风险容忍度的改变，新的问题总是不断产生。这个数字的意外下滑可能表示团队不够完善，分析团队的能力正在丧失，或分析团队正在接受更高的风险。
- *每次重新分析确证生成的建议数量*。异常大的数字可能表示原始研究进行得不当或*变更管理*要素已失效。

9.5.4 信息评估结果的跟踪关闭

- *到期未落实的建议数量*。这个指标表示管理层为达到可容忍的风险水平所付出的努力。
- *重复建议的百分数*。较大的数字可能表示从先前研究中吸取的教训未在组织内通报或以前的整改措施已失效。

- *完成整改措施所需要的平均时间*。这个指标的增大往往表示低优先级整改措施已积压数月或数年，仍在计划之中。在监管状态下，它表示在“尽早”抑制风险方面的失败。
- *被管理层否决的建议百分数*。较大的数字可能表示团队未能理解公司的风险标准或管理层目前愿意接受比风险可接受标准还要高的风险。
- *管理层对风险标准的异议(愿意接受更高的风险)*。较大的数字表示有的经理不接受公司风险容忍准则，或表示管理层目前愿意接受较风险容忍准则更大的风险。
- *剩余风险*。这个指标用于跟踪在执行整改措施之后，归属于公司风险矩阵中各种分类的数量。如果大量的情境落入“风险减低为可选项”一类，可能表示团队(或经理)没有努力将风险减低到合理可行状态。在公司范围上，这个指标表示实际损失情况是否与通过 HIRA 活动预测的风险一致。
- *内部/外部风险通报*。较小的数字可能表示员工未介入*风险*要素，或公司未试图保持与社区的对话。

9.6 管理审核

管理审核系统的设计和执行详见第 22 章。为确保风险管理的正确运行，应对许多具体的管理问题进行定期检查。管理审查要首先评估被审核系统的有效性。企业风险管理不到位，或者变更管理系统的改进效果差强人意，那么管理层应寻找所有可能的整改措施加以实施。在某些情况下，企业有可能并未找出正确的整改措施予以实施，或者实施方向出现偏差。即使整改的结果令人满意，通过管理程序审查仍能检验资源是否充分利用？有些工作是不是有更为有效的实施办法或者事实上根本无需实施？管理层可结合上一节的各项指标，及个人观察、直接问询、结果审查、反馈来解决上述问题。讨论的工作内容和主题可包括以下内容：

- 审核针对当前过程或项目安排的 HIRA，确定它们是否适合各自的生命周期阶段。
- 确定 HIRA 方法是否根据装置和活动的风险而选择。
- 确认 HIRA 的范围足以涵盖整个风险范围。
- 确认所要求的 HIRA 按时完成。
- 调查 HIRA 是否未按计划如期开始，确定延期是否是由于缺乏信息、缺乏组织或专家资源、或规划不当而造成。
- 确认即将开始的 HIRA 已获得充足的资源，包括相应的业务专家。
- 确认*过程安全信息*要素对于所计划的分析而言是最新的。
- 审查参与 HIRA 的团队资源所需要的额外工作时间。
- 考虑有资质的主席与队员的组合，调查是否只有几个人实际参与了审查。
- 确定当前分析使用的是最新版本(例如检查表、报告模板)。
- 确定风险研究是否不正确地列出了防护系统异常而发生的故障，例如，消防水系统由于火灾而发生的故障。
- 确定风险研究是否过于乐观地估计了未纳入*资产完整性*计划的工程控制的作用。
- 确认 HIRA 表格被正确填写。
- 确定由不同团队、区域和部门做出的风险判断是否与风险标准一致，并且彼此一致。

- 确定是否对每种具有不可接受风险的场景提出了建议或对大部分勉强可容忍的场景提出了建议。
- 调查在分析会议结束到报告发布之间是否存在长时间的延误。
- 确认各项建议正在按时落实，特别是简单的建议，例如，在程序中增加注意事项。
- 确定是否有些建议的整改措施到期未执行或又被重新安排。
- 对审查发现的任何*风险管理程序*进行调查，确定是否已采取整改措施。
- 调查是否发生 HIRA 中未预测到的事件，如果已预测到，是否控制到位。
- 调查在被视为低风险的装置中发生的任何严重事件。
- 通过*事件*要素的跟踪，确认实际损失与 HIRA 预测和企业风险容忍标准一致。

不管所问的是什么问题，管理审核应力求评估组织在若干个层面上的状况。危险识别的深度是否足够？风险理解是否超出操作经验的范围？当发生偏差时，关键人员是否正确理解风险而做出适宜的决策？此外，关键人员是否对风险具有足够的认知？如果整个组织只依靠一个人对所有的风险做出艰难的判断，这个人突然辞职或生病，会发生什么情况？管理审核为组织如实地评估其状况，并采取措施避免由于危险识别不到位、风险长时间认知不到位而发生损失事件。管理审核所揭示的任何缺陷应按照第 22 章所述加以消除。

参考文献

9.1 *Report of the Longford Royal Commission*, Government Printer for the State of Victoria, 1999.

9.2 *Guidelines for Hazard Evaluation Procedures (Second Edition with Worked Examples)*, Center for Chemical Process Safety, New York, 1992.

9.3 *Layer of Protection Analysis – Simplified Process Risk Analysis*, Center for Chemical Process Safety, New York, 2001.

9.4 *Guidelines for Chemical Process Quantitative Risk Analysis (Second Edition)*, Center for Chemical Process Safety, New York, 1999.

9.5 *Inherently Safer Chemical Processes: a Life Cycle Approach*, Center for Chemical Process Safety, New York, 1997.

9.6 *Revalidating Process Hazard Analyses*, Center for Chemical Process Safety, New York, 2001.

补充阅读文献

Safety Digest of Lessons Learned, American Petroleum Institute Publication 758, 1981.

Ⅲ 管理风险

基于风险的过程安全管理(RBPS)建立在四项原则基础上：(1)对过程安全的承诺；(2)理解危害和风险；(3)管理风险；(4)从经验中学习。为了管理风险，工厂应注重于：

- 制定书面程序，以便：(1)说明装置如何安全开车、运行和停车；(2)提出其他适用的运行模式；(3)当操作人员在遇到工艺异常/不安全条件时的操作提供书面指导。
- 执行一体化的安全工作方针、程序、许可证和惯例做法，以控制维修和其他非常规作业。
- 开展设备管理相关活动，确保设备的制造和安装符合技术规范，并且在整个生产周期内满足生产要求。
- 管理和评估承包商及其承担的工作，确保相关风险处于可接受状态，确保承包商不会暴露未识别的危险或承担具有未知或不可容忍风险的工作。
- 开展培训及其相关活动，确保组织的各层面人员均有可靠的个人能力。
- 确认和管理变更。
- 确保装置和装置操作人员做好充分的开车准备。
- 维持极高的个人能力水平，特别是操作人员、维修人员和其行为直接影响过程安全的其他人员。
- 做好应急准备，管理紧急事件。

这项原则由9个RBPS要素支持。它们的名称及在本书中使用的简称为：

- 操作程序(*程序*)，第10章；
- 安全作业规程(*安全作业*)，第11章；
- 资产完整性及可靠性(*资产完整性*)，第12章；
- 承包商管理(*承包商*)，第13章；
- 培训及绩效考核(*培训*)，第14章；
- 变更管理(*MOC*)，第15章；
- 开车准备(*准备*)，第16章；
- 操作纪律(*操作*)，第17章；
- 应急管理(*应急*)，第18章。

这些要素的管理应基于公司对当前运行的装置及其相关过程的风险认知。此外，人员、过程、设备或产品的变更速率(决定对资源的需求)，以及公司内部及下属工厂的过程安全文化，也会影响正确执行每个RBPS要素的管理范围及其实施的灵活性。

在第2章中，我们讨论了关于风险理解的一般应用，它们需要结合资源需求和工厂过程安全文化，创建、修正和改进过程安全管理系统。在第10~第18章中，我们将介绍在建立、执行和维护有效的风险管理系统时需要特别考虑的各种因素。在每一章中还将包括相关意见，以：(1)改进绩效和效率；(2)跟踪关键绩效指标；(3)定期审核结果，识别管理系统改进建议，从而提升过程安全。

10 操作程序

1994 年 12 月 13 日，美国爱荷华州尼尔港一座硝铵厂在即将再次开车前发生爆炸。事故导致 4 人死亡，18 人住院救治。公众被命令撤离到距工厂 15 英里之外的地区，财产损失估计达 1.2 亿美元。该装置曾先前临时停车 18 个小时，当操作人员准备再次开车时发生爆炸。美国国家环境保护局(EPA)化学事故调查组的结论是，爆炸是由硝铵厂缺乏书面的临时停车操作程序而引起的(见参考文献 10.1)。

10.1 要素概述

能够确保正确制定程序，并及时修订，同时统一遵守操作程序(*程序*)的 RBPS 要素，是 RBPS **管理风险**原则中的九大要素之一。第 10.2 节将说明操作程序管理的关键原则和基本要求。第 10.3 节将列出支持这些基本要求的工作活动及其相关方法，这些方法与认知的风险、所需资源和企业文化密度相关。第 10.4～第 10.6 节将包括：(1)改进操作程序管理有效性的方法和具体程序；(2)操作程序要素的监控指标；(3)操作程序的管理审核。

10.1.1 要素定义和内容

操作程序是正规的书面指令(包括以电子方式储存或根据需要打印的程序)：(1)操作程序列出给定任务的操作步骤，(2)规定了执行这些步骤的执行方式。好的操作程序应能详细地说明工艺、危险性、工具、防护设施和控制方法，以便操作人员能够洞察危险，确认安全控制措施有效，证实工艺过程在按照预期的方式在运行。操作程序还应给出当系统出现异常时排除故障的方法。操作程序应规定何时执行紧急停车，还应提出特殊状况下的操作方式，例如当某台设备停用时的临时操作。操作程序通常用于控制产品切换、工艺设备的定期清洗、设备维修准备和由操作人员承担的其他日常工作等。操作程序管理要素的范围仅限于说明在装置的安全开车、运行和停车(包括紧急停车)过程中执行的操作程序。操作程序是对*安全作业和资产完整性*程序的补充，这两部分的内容将分别在第 11 章和第 12 章介绍。

10.1.2 重要性

始终保持较高的个人能力是任何过程安全管理的一个重要方面。实际上，个人能力不够将对操作的各个方面都会产生不良影响。如果没有书面操作程序，工厂可能无法保证每个操作人员能够遵守指定的程序和方法，甚至无法保证每个操作人员按照指定的方式统一执行某项任务。

10.1.3　对象和时间

操作程序通常由工厂在实施操作之前制定。即使操作的目的是开发或优化一种生产方法，例如中试装置，也应制定书面操作程序，以确定安全操作范围，规定所有的操作限制条件。当一些变化发生，影响到程序中所包含的操作方法或其他信息时，应及时更新操作程序；操作程序应定期审核，以确保它们处于健全状态。

10.1.4　职责分工

操作程序常常由操作人员(在本章中，操作人员一词系指通过控制系统或对现场设备的操作直接控制工艺的人。请注意，许多工厂使用其他名词，例如技工，来描述这个职位)和参与度很高并具有工艺操作知识的工艺工程师共同制定。操作人员、主管、工程师和经理通常要参与新程序的审批或现有程序的变更。如果操作程序有可能对其他工作小组(例如维修小组)有影响，也应邀请这些人员参与制定。在一些工厂，由技术文件编写人员将业务专家(例如有经验的操作人员或工程师)的意见转化为操作程序。

10.1.5　预期工作成果

*操作程序*要素的主要是建立最新、准确、有用的书面指令，以满足常规操作、非常规或非经常性任务及特殊高危险的任务。在许多情况下，编写书面程序是为了指导对生产目标至关重要的不同低风险或简单的任务，或当一个任务包括一系列涉及多人或多部门时。也需要设立书面程序。这有利于确保每个人理解他们在任务中的职能/职责，使工作效率最大化。

除了可对操作人员提供有用的指导外，操作程序还可帮助为*培训管理*要素提供重要信息，并为执行有效的*操作程序*要素提供客观的绩效标准。但是，操作程序通常不是培训手册。操作程序的编写应足够详细，以使有资质的工人能够用统一的方式成功地执行任务。

10.1.6　实施过程

依据所执行的任务，制定一套有效的操作程序。一旦规定了任务，应根据执行人员的能力，并使每个程序适当地结构化。除了编写一张任务列表(与程序列表相应)外，还需确定适当的程序编写格式。每个程序使用统一的高度结构化的格式，可使操作人员快速找到不同类型的信息。

10.2　关键原则和基本要求

一个生产、储存或使用危险化学品的工厂，其安全操作和维修，要求所有层面的人员，从经理和工程师到操作人员和技师，都要有可靠的个人能力。*程序*、*培训*、*文化*和*操作*要素，为提高人员可靠性水平奠定了基础。

*操作程序管理*要素通常将对所有操作程序提出要求，分配程序制定、使用和定期审核的职责，规定操作程序文件的控制。操作 *程序*要素给出了书面程序要求指南，并定义工厂中存在的各类书面程序之间的界面，例如操作程序、安全作业程序、维修程序、质量控制程序等。

在建立、评估或改进*程序*管理系统时，应遵守以下关键原则：

- 保持有效运行；
- 确定需要哪些操作程序；
- 制定程序；
- 使用程序改进个人的能力；
- 确保程序得到维护。

每个原则的基本要求将在第 10.2.1~第 10.2.5 部分中进一步说明。第 10.3 节将阐述满足这些原则基本要求的典型工作活动。工厂管理层应评估风险和本要素改进产生的潜在效益。根据评估结果，管理层应建立一个管理系统或对现有管理系统进行升级，以满足部分或所有基本要求、执行部分或所有工作任务，这将取决于感知的风险和/或所识别的过程危险。如果公司没有建立使用可靠管理系统的文化，这些都将无效。如果没有正确的文化，即使最佳的管理系统也不能确保程序被正确的制定、维护和使用。

10.2.1 保持有效运行

最新而准确的书面操作程序有助于确保每个班次按照一致、安全的方式操作工艺过程。书面程序还有助于确保同一个人每天(或各批之间)的操作一致。一致的操作，即使它不是最优操作，也将产生一致的结果。工艺工程师及其他负责改进操作质量的人可据此识别能够改进安全、产品*质量*、*产量*、流通量等的变更机遇。一致的操作还将有助于工厂确定变更对这些参数的影响。

建立管理控制系统。正如书面操作程序有助于提升操作人员一致操作水平，书面*程序*要素管理系统的书面说明有助于保持和连续改进操作程序的质量，继而改进按照这些程序执行的任务的可靠性。书面的*程序*要素管理应明确规定：(1)谁有权制定、变更和批准操作程序；(2)如何制定或变更程序；(3)向操作人员通报变更或新程序的方法；(4)每名操作人员熟练操作的责任。

规定程序的格式和内容。操作程序已有许多的格式(程序格式的详细说明见第 10.2.3 节)。一个工厂所使用的操作程序格式数量是一个权衡的结果，多种格式可使程序编写人灵活选择最适当的格式，但太多的格式容易使操作人员产生混乱。除了规定格式外，操作程序管理控制系统还应(1)规定操作程序必须包含的基本内容，(2)确保程序内容符合所有法规要求。

程序一般由多人编写。如果不制定专门的标准，可能会使操作程序由于格式、结构和内容的多样化而难以使用，操作人员在面临过程异常或其他不安全条件时可能会由于缺乏适当的操作程序而束手无策。并且，因为操作程序通常是在装置层面上制定的，而操作人员常常在装置之间调动，因此一个企业在操作程序上采用统一的格式，将有助于减少操作人员、工程师或其他工人从一个操作装置调到另一个操作装置时的学习时间。如果所有装置的操作程序采用统一的结构、格式和内容，一个新上岗的操作人员将能够更快、更有效地在操作程序中查找到相关信息。

对操作程序的文档实行控制。几年前，一名负责工厂燃烧加热炉点火的操作人员在开车期间由于加热炉爆炸而死亡。该操作人员是严格按照贴在加热炉附近墙壁上的吹扫程序进行操作的。然而该吹扫程序已经过期，墙壁上的操作程序并没有包括控制室操作程序手册中的一些

重要步骤。

对文档实行控制可以确保只使用最新的程序。过去更新程序手册是一项费工费时的工作。现在做法是将最新的程序储存在计算机网络上的一个只读区域，以减小控制文档所需的工作量。这样做有利于所有人员查询并可防止文档丢失或发生未经授权/疏忽性的改动。在打印的副本上应标注截止日期，它常常与打印日期相同。如果没有计算机网络可用，通常可将每个程序的一份最新打印副本保存在控制室内。

10.2.2　确定需要哪些操作程序

在书面程序中，应描述相关的工作任务，这取决于有资质的操作员工的知识、技能和能力。如果不能提供足够详细的必要程序，则将造成操作人员可靠性下降。但是，太多的程序，或含有无关信息或过于详细的程序，则使用起来十分困难。对非常规运行模式应给予特别的关注，因为它们所涉及的风险常常远高于常规操作。

开展任务分析。因为编制操作程序主要是改进员工的操作能力，所以需要制定一份全面的工厂人员任务(或假设任务)列表，，以确定需要编制哪些程序是一个良好的起点。此外，一些相关法规，例如 OSHA PSM 或食品与药品监督管理局的良好作业规范，以及一些组织的标准，例如国际标准组织 ISO 9000 标准体系，可帮助规定操作程序的最小任务范围及应包含的内容。

确定需要哪些程序及相应的详细程度。许多常规任务仅仅只需要进行适当的培训。例如，程序中常常包括诸如“打开(某个)阀门”的步骤。如果在操作人员培训课上已讲解过打开和关闭阀门的正确方法，则在程序中通常就不会规定如何打开该阀门或如何确定该阀门是否完全打开。这是操作人员在获得资格之前必须掌握的一个技能。但是，如果某个阀门具有非同寻常的特性，例如一个机械互锁装置，则在程序中应规定打开该阀门所需的特殊动作。

在有些情况下可能不需要程序，例如任务执行不当造成的后果不严重时，或任务执行不当的可能性极小(例如出错的机遇很小，而且如果发生错误操作人员会很快会得知并纠正)。确定需要书面程序的先决条件是，如果缺乏程序，任务将无法执行或不能一致地执行。如果不执行一项任务或以任意的方式执行一项任务的后果是可以接受的，则可能不需要书面程序。例如，在控制室倒空垃圾桶是一项必须定期执行的任务，但不倒空垃圾桶或将垃圾倒在错误的废物箱内，其后果可能是可以接受的。相反，对于清理少量危险溢漏物的吸收剂的处理，则需要规定书面的处理程序，因为这种物质处理不当可能会：(1)使其他工人接触危险源；(2)违背废物处理监管法规的要求。

程序所需的详细程度与下列因素密切相关：(1)与任务有关的风险；(2)指定任务执行人的知识、技能和能力的函数。程序中应包括足够多的细节，从而有利于新来的或资历最浅的人员能够顺利地执行任务。试图使程序详细到绝对保证每一个人都能正确执行任务，常常会使程序过于冗长繁复，以致可能无法使用。一般而言：

- 对于洞察到高风险(或在某些情况下高危险)的工艺或活动，通常规定其指导程序通常需要较高的：(1)正规性；(2)范围覆盖率和(3)详细程度。
- 对于正在打造或尚未形成过程安全文化的工厂，可能需要更规范的操作程序和更强制有利的管理系统，以适当管理风险，确保良好的操作训练。
- 对于生产灵活布置的工艺/装置(例如中试装置)，常常根据需要生产多种产品，虽然生产过程受到训练有素并富有经验的工程师和科学家的直接监督，但是人们对这些生产过程只有有限的认知。这类工厂在操作步骤或操作条件方面具有较大的灵活性，它们将更多的重点放在安全操作限值和操作限制条件而不是严格的工艺条件上，因为对许多产品而言后者可能尚未被很好地理解。

- 对于一个具有较好正规的培训计划和较低员工流失率的工厂，书面操作程序常常可以不必很详细(但应当知道的是，如果员工稳定性遭到破坏，无经验的人员几乎没有时间或经验来改进操作程序)。相反，一个具有简单培训计划的工厂，可能需要较详细的书面程序来帮助确保可靠的个人能力。

考虑所有运行模式。在对任务进行分析时，一个常见的错误是只关注在分析当时发生的活动。如果这样，分析很可能会忽略某些非常规模式的运行。例如，在一个生产单一产品的连续运行装置的日常操作期间，指定一个分析人员去确定由操作人员执行的任务，他不可能观察到诸如开车准备、停车、退料和清洗、维修准备这些任务。尽管大部分连续装置在超过98%的时间内以正常的稳态运行模式运行，但是与其他模式相关的风险通常远超过总风险的2%。事实上，与开车、停车和其他非常规操作相关的风险可能超过常规操作的风险，即使与常规操作的暴露风险(以每年小时数计)相比，其他运行模式的暴露风险微不足道。

10.2.3 制定程序

一旦任务列表编制、审核完毕，便可制定程序。程序的制定可能是一项复杂的任务，特别是如果对任务的执行方法有分歧。但是，如果能鉴别任务执行方法上的差异、消除差异并就某种指定方法达成一致意见，则可改进整个工厂的操作并帮助降低风险。

必须提供统一、可用的格式提供。训练有素、经验丰富的操作人员不常使用程序作为主要参考文件，换言之，不是在每次执行任务时都逐步按照程序操作。统一的格式可使操作人员更快地找到信息，从而可提高遵守程序的可能性。显然，这种通常的做法也存在例外。对于一些关键或高风险操作，要求操作人员每天都严格遵守复杂的程序；一些被严格监管的行业，例如部分核能和制药行业，同样每天使用复杂的程序。

使用适当的格式。程序的最佳格式取决于任务。表10.1列出了若干种程序格式，并列举了每种格式通常可能适用的情境。如第10.2.1部分所述，一个工厂所用程序格式的数量是一个权衡的结果——较多的格式提供了较大的灵活性，但可能造成混乱。

在一个工厂内可使用不同的格式，有时甚至在一个程序中也会发现不同的格式。例如，轨道车卸载程序选用大纲格式可能最佳，然后在附录中插入一张检查表，操作人员可将检查表带到现场，确认每个重要步骤是否完成。安全操作限值、安全系统说明和排除故障指南常常采用多列表格的形式，但这对于涉及一系列步骤的操作，例如轨道车卸载，通常不是一个很好的选择。

确保程序中说明了预期的系统响应、如何确定一个步骤或任务已被正确执行以及与错误或遗漏有关的可能的后果。为了确保一致的个人操作能力，操作程序中应规定每一个步骤、预期会出现什么样的系统响应(如果有)、下一步做什么、哪些操作有时候需要根据系统的响应而定。例如，如果某个步骤的目的是向反应器中加入物料，可能要求操作人员确认某个阀门是否打开或检查操作面板上显示的流量数据/总流量，如果加量过多，则采取某些

行动；如果加量不足，则向反应器中补加物料。

表 10.1 程序格式

类型	说明
叙事体	用较长的篇幅详细说明如何执行某个任务，段落可能不编号。叙事体格式尽管应用广泛，但可能会造成混乱，难以理解。这种格式应避免使用。
段落	带有编号的短小段落，一般混合使用命令和被动语态描述。应用广泛，优于叙事体格式，但比较口语化，通常不如大纲格式，有用。
大纲	由词组、句子和段落组成，首行开头空格、采用不同格式的编号并对信息进行逻辑分组。常常用于顺序或批操作。
剧本	按照执行人或逻辑子任务对步骤分组。常常用于协调两个操作人员或操作装置之间的行动，特别是当步骤的顺序很重要时。
T 字板	一种两列格式，左列为基本行动，右列为细节、备注等。可使程序较长，但减少了通常包括在行动步骤中的"杂音"，有助于突出特殊细节。特别适用于将一个按步骤执行的程序与任务安全分析相结合，所用方式可使混乱和混淆的可能性最小化。
多列表格	表格形式，包含多个信息区。常常用于排除故障指南或将其他文档/程序连接在一块的地图。
流程图	由方框、菱形和箭头构成的图形，包括简短的行动和条件说明。常用于排除故障指南或事务处理程序，特别是用于显示决策步骤(这种格式已证明对核装置的紧急响应行动非常合适)。
检查表	简短的步骤说明，仅提供基本行动，一般有空格供打钩或签名。最常用于简单重复的操作，例如危险物质卸载。如果步骤对于安全操作很重要，正如在重要的非常规操作任务中(例如大修前的停车和大修后的开车)，或如果要求有成功操作的记录(例如填写好的检查表)，这种格式特别有用

(根据参考文献 10.2 改编)

说明安全操作限值和偏离安全操作限值的后果。安全操作限值通常结合设备设计限值和工艺动力学，为重要的工艺参数(例如温度、压力、液位、流量或浓度)而设置。如果系统响应可能非常剧烈以致连续操作的风险变得不可接受，通常需要设置安全操作限值。在这种情况下，程序中应简单明确地说明对某种状态的响应。例如，一台反应器正常操作温度为 90℃，根据失控反应的可能性，将安全操作限值定为 120℃。在这种情况下，程序中应简单明确地说明，如果由于任何原因反应器温度达到 120℃，应排除故障，采取有效措施中止反应。其措施可能包括停止反应进料、将系统冷却能力手动设置为 100%、加入特殊物料以终止反应等。

操作人员在开展问题排查和采取正确的措施前，首先不可或缺的环节是对操作人员进行培训，编制书面程序，并让操作人员认知各种行动过程的潜在后果。操作人员如能清楚地洞察危险、有好的健康安全文化，则最有可能察觉危险状态并采取相应措施。将过程危险写入书面程序中、在培训期间强调这些危险、对关键步骤再次强调危险、明确提示偏离安全操作限值的后果，有助于操作人员理解风险。如果在程序中说明了与特定工艺步骤有关的工艺控制行动、连锁和安全系统，可进一步提高操作绩效。

规定操作限制条件。操作限制条件通常视具体工厂或具体工艺而变化。例如，一个操作限制条件是在火炬未投用的情况下不得操作装置，或当火炬未投用时应采取一定的措施来管理风险——包括停车——当火炬停用时。另一个常见的操作限制条件是在打雷闪电期间停止易燃物质的卸载。

提供简明扼要的说明。在按步骤执行的操作程序中不应详细说明工艺原理。过多的叙述容易掩蔽行动步骤，使程序不易使用。但是，详细的说明非常适合于培训和排除故障使用，这些信息

应包括在某类书面文档中，例如培训手册、工艺技术手册，或作为程序手册的特殊章节。

在一些情况下，程序中的某个步骤可能会使操作人员接触到异常严重的危险。例如，在卸载装有高毒性物质的轨道车时，接触有毒化学品的危险相当大，特别是如果卸载软管损坏时。在这种情况下，应利用醒目的“警告”“当心”或“注意”等提示语来强调特殊危险，指导操作人员采取特殊的保护措施，例如在打开轨道车阀门之前用氮气对软管试压，或在卸载期间穿着合适的个体防护设备(PPE)。如果应用得当，这些提示语是一种通报危险性增大和帮助管理风险的极有效方法。

用检查表补充程序。与程序结合使用的检查表是一个有力的工具，其有效性已在各种场合中证明。例如，领航员在起飞前复核书面检查表，尽管他们在每次飞行前都要核对相同的设备(甚至可能已能够一字不差地复述检查表)。但是，检查表通常并不具体说明如果发现问题应如何处理，而是提出参考某个书面程序，或指导用户向某个特定的个人或组织咨询，以帮助解决问题。尽管检查表常常是操作程序的补充，可帮助减小人为错误的可能，但它们很少能取代操作程序。

有效利用图片和图形。图片和图形已证明是一种通报信息的有效方法，特别是如果任务要求操作人员确定某个特定表盘或显示器、开关、阀门等的位置时。通过图片或图形显示这类装置的位置(用箭头或其他方法清楚指出其位置)，常常比通过书面说明它们的位置更加有效。

制定书面程序控制临时或非常规操作。操作程序中应合适的说明偏离既定程序的操作。目前至少有三大类临时程序：(1)装置试车或试验；(2)特定条件下的操作；(3)非经常性操作。

试验作为一项临时变更通常需要授权，在相应的程序/说明中应包括变更授权。

条件操作是这样一类指令：“当环境温度超过90℉时，启动备用冷却水泵。”这是一个仅适合于某个时段永久性指令。为了防止制度性记忆丢失，这些条件指令应列入正常操作程序或故障排除指南中。

非经常性操作包括部分工艺停止运行的操作(例如因为检修、检查或设备故障)、为某些维修或非常规活动做准备，等等。一般来说，临时程序的首次发布应通过*变更管理*要素获得授权，但实际操作时，应按照临时程序规定的步骤执行。相比于批准一项临时变更申请，发布一个临时操作程序的重要优点是，可将从过去执行操作中吸取的教训收集并包括在书面程序中。这有助于管理风险和提高下一次执行相同任务时的操作效率。

按照合理方式对任务分组。可按照各种方式对任务分组，例如按照设备、运行模式、操作类型等分组。任务的分组不存在唯一的最佳方法。例如，指导正常操作的程序最好是按照每个重要的单元操作分组，开车准备程序最好是按照设备类型(阀门组、仪表和控制器、过滤器和粗滤器元件等)分组，卸载检查表最好是按照材料类型分组。使用合理、一致的方法将有助于减少培训时间，提高程序利用率。

建立相关程序间的链接。只要有可能，各程序之间应建立清楚的链接，特别是如果程序之间的关系比较密切，或如果程序可合理地包括在不止一个区域或程序手册中。例如，处理小溢漏和释放的程序可合理地包括在溢漏控制和对策方案中，也可包括在为整个装置提供相关安全信息的程序中或特定操作程序中。不管选择哪种方案，都应确保在其他合理的位置设置索引。这将有利于这类信息的使用，而不必将相同的信息包括在多个位置(否则可能使程序维护成为难题)。但是，过多的交叉参考将查询变得很难查询，并可能使工人试图凭记忆工作。尽管将总装置开车程序链接到制冷系统独立的、特定的开车程序中是恰当的，但在

一个操作步骤中，例如“确认制冷剂液位在70%~80%之间”，让工人从一个程序进入另一个程序是不恰当的。

有效性确认，确保实际操作与预期操作一致。在编写或更新程序时，一个重要的任务是确保程序草案能真正反映预期操作。为了做到这一点，应由一个或多个操作人员确认程序能反映当前的操作，程序中的步骤可以安全可靠地执行。这个步骤还应考虑在偶尔或异常情况下谁有可能使用该程序，并评价程序中是否包含了足够的细节(再次提醒：程序的编写应可使新来的或资历最浅的操作人员能安全有效地执行任务)。这个步骤常常包括由一名业务专家和一名具有执行该任务资质但不是业务专家的操作人员(例如，装置的一名替班操作人员或一名最近上岗的操作人员)进行现场有效性校核。整个过程应记录存档。

但是，程序需要能说明完成任务的正确方法，该方法不一定一成不变。如果一个重要的步骤在实际操作中被省略，例如确认关键工艺参数，当下一次更新该程序时，这个步骤就可能被排除在程序草案之外或被删除。因此，有能力的技术人员应独立审核新程序和现有程序提出的变更，以防止接纳错误的建议或做法。在有效性确认过程中，要求将程序与(1)当前方法和(2)预期方法进行比较。

一旦程序得到确认，那么接下来同样重要的就是人人遵守。对程序进行确认的过程也是一种对操作人员进行程序进修培训的过程。所有操作人员都可能被要求审核对安全操作尤为重要的程序，而对操作人员的现场意见有助于确保符合程序符合要求。如果工厂建立了强大的过程安全文化，操作捷径或书面程序与正常习惯做法之间的任何其他差异都将在现场审核期间浮出水面；在一些情况下，操作人员将叙述他们发现的其他有用方法。应对这些变更进行审核并且常常：(1)增加到程序中；或(2)在程序中特别禁止(如果确定该捷径是不安全的)。在这两种情况下，都应利用*变更管理*要素对程序的变更进行管理，并通过适当的培训给予支持。

10.2.4　使用程序改进个人能力

不遵守的程序几乎毫无价值。如果容忍或认可仅凭记忆操作或按照正式程序的替代程序操作，可能导致高度不可预测的、甚至是不安全的操作。为了促进程序的使用，用户应可根据需要随时随地获得程序。

培训时使用程序。使用程序指导培训有助于确保受训人员熟悉程序、懂得如何正确执行任务，从而使他们今后可能会更多地参考程序。一般来说，人们不愿花时间来查找书面程序或其他参考文献，除非他们相信这些文献确实存在。使用程序作为培训辅助教材可：(1)帮助受训人员熟悉程序的内容和格式；(2)提高程序的价值；(3)允许培训教员或其他业务专家识别程序中的错误或遗漏。但是请注意，程序中常常只包括步骤列表，并不解释设备/系统如何工作。这类程序可补充但不能取代培训手册(关于提供培训的更多信息请见第14.2.3部分)。

组织负责要求统一遵守程序。在大多数情况下，操作人员不是为遵守程序负责，他们总是对最终的生产负责，例如产量、收率或产品质量，但这些结果并非总能受他们控制。在一些情况下，竭尽全力提高产量甚至会受到管理层的褒奖，操作员可能会增加少量催化剂来提高产量或为了不延误装运日期而略去最终洗涤步骤，如果这些行为得到纵容的话(或作为一件好事来看待)，当下一次生产进度落后时，操作人员可能会试图增加更多的催化剂或略去其他步骤。不安全操作就可能很快发生。管理层应负责创建人人遵守程序的安全文化。如果缺

乏遵守程序和标准的文化，管理层让操作人员对遵守程序负责是很困难的，甚至是虚伪的。

确保程序可随时获得。程序应可随时供操作人员使用。一种普遍的做法是将程序保存在工厂计算机网络上，根据需要打印。尽管这大大简化了文档控制，但在停电、网络故障等情况下操作人员可能无法访问程序。所以无论在什么情况下，控制室都应有一份最新版的纸版操作程序(副本)。因为公用工程故障常常会造成其他装置事故或与这些事故同时发生，这一点特别重要。同样，应将其他关键文件的受控纸质副本保存在关键地点，以便随时使用和查寻。例如，应急响应预案和化学品安全技术说明书的副本可保存在紧急响应团队的车辆上或集合区。

10.2.5 确保程序得到维护

过去，一些企业将书面程序看作是参考手册。即，并不期望程序处于100%的最新或准确状态，而是用它们来说明工艺如何操作，有时用于排除故障。已经证明，这种管理做法对于确保过程安全和其他有效操作是不够的。在一个动态操作环境中，静态程序的准确性及有效性将随时间而快速衰减。因此，确保程序得到维护和及时修订是至关重要的。如果发生不遵守操作程序的行为，则必须对违规行为进行调查和纠正。

管理变更。管理程序变更的有效做法将在第15章中进行详细说明。在变更程序的同时必须更新培训课程的内容，并且必须让包括培训教员在内的所有技术/支持人员了解程序的变更，这一点无论怎样强调都不过分。

大部分工厂都在每个程序的开始或结束时保存变更日志。这有助于当新版程序首次发布时强调变更的总体意图，帮助提醒操作人员最近发生的变更，特别是对于不经常使用的程序。变更日志也有助于证实由其他RBPS要素(例如*风险*、*培训*、*事件*和*审核*要素)提出的建议已经得到落实。此外，一些工厂通过使用不同的字体和/或在空白处加竖线，突出新版本中所作的变更。

许多通常在加工行业中使用的管理系统，通常都要求对操作程序和其他重要文档实施控制。例如，许多工厂自发执行ISO 9000/ISO 14000系列标准和/或美国化学理事会的责任关怀管理系统®和RC 14001系列标准。为了使效率最大化和防止造成混乱，企业应采用一个管理系统来满足适用于工厂操作程序的所有文档控制要求。

及时纠正错误和遗漏。尽可能使用按照用户友好的格式编写并且详略得当的程序。当操作人员发现程序中有错误和遗漏时必须及时纠正，其原因有二：第一，不纠正错误或遗漏可能导致人为错误。第二，迟迟不纠正错误就等于发出一个信号："差不多"就得了。最终导致的后果是，如果大家都知道这个程序不正确而且没有尽快纠正，操作人员凭什么相信按照程序操作是至关重要呢?

定期审核所有操作程序。即使有最有效的变更管理，并且有严格遵守程序、及时纠正程序的文化，也不能始终确保程序处于最新而准确的状态。例如，如果大量的操作程序受到变更的影响，负责执行变更的团队可能无法更新部分受影响的程序。因此，即使制定了有效的*变更管理*计划，程序也会变得不一致。程序应定期接受审核，以确保处于最新而准确的状态。因为操作人员十分熟悉操作程序，他们常常可就程序如何审核及审核频率提出有帮助的见解(见*人员参与*要素)。关于程序审核方法或间隔时间的决策，可能还会受法规要求的影响。

不同审核所要求的间隔时间是不同的，但若平时按照变更管理的要求维护程序，一般为

1~3年不等。在大部分工厂，与执行操作程序相关的风险相差甚大，而且审核间隔时间和人员安排常常不是基于风险的。RBPS方法鼓励工厂在确定审核周期和人员安排时考虑风险(例如，审核团队是只限于一或两名操作人员还是另外包括一名高级工程师或所有班次的代表?)。

工厂管理层在确定审核周期时应以事件为基础，而不是以日历为基础。例如，在即将进行计划检修时审核装置停车程序，较之固定地安排每年一次或每两年一次审核该程序更加合理。程序审核和更新也可在重大事件之后进行。例如，记录从一次停车和后续开车中吸取的教训，然后立即对程序做出相应调整，而不是等到下一个审核周期再作调整。如果那样，促成事件发生的程序错误或问题可能会被遗忘或没有解决。最后，应避免在同一个季度或同一个月内对所有程序进行审核——较大的工作量容易分散审核人员的精力。

10.3 可能的工作活动

RBPS方法建议，每项工作内容的深度要求应根据风险和所需的资源而确定，并与工厂文化相一致。某项工作内容的深度要求因各个工厂而异，同时即使在同一个工厂内，也可能随装置或工艺区域不同而发生变化。因此，在制定一个基于风险的过程安全管理系统时，读者应遵循以下步骤

1. 评估工厂风险，同时调查工作内容所需资源与现有资源配置状况，以及工厂的安全文化。具体情况见第2.2节。
2. 评估执行操作程序管理各项关键原则的潜在收益。这些原则列于第10.2节。
3. 3. 根据第1和2步的结果，确定程序管理的基本要求(第10.2.1~第10.2.5部分所述的基本要求)，合理地管控风险。
4. 4. 对于将要执行的每个基本要求，确定执行方法，选择本节所述的相应的工作内容。请注意，这些工作内容不可能对所有行业都是全面的，读者可能需要增加某些工作内容或修改本节所列的部分工作内容。
5. 对于将要执行的每项工作内容，确定所要求的深度水平。本节所列各项工作均设有两到五个具体实施方案，工作标准依次提高。每项工作采用序号标识，具体实施方案采用字母标识。

备　注

相关法规可能具体规定了过程安全管理系统规某些要求或工作内容，或为特定工作内容规定了最基本的详细程度。因此，过程安全管理系统的设计和执行应同时遵守法规要求和本书中提供的指南。

10.3.1 保持有效运行

建立管理控制系统

1. 制定书面的操作*程序*要素管理，确定指导方针，阐述制定、更新和维护操作程序的过程。
   a. 通常规定由生产部门根据感知需要(在某些情况下，作为对事件的回应)制定书面

操作程序。

b. 书面文件明确规定对操作程序的要求，但并不具体包括管理系统的所有方面，例如职能与职责、最低要求技术内容、在哪些情况下要求有书面程序。

c. 以书面形式，对操作*程序*要素管理系统的所有方面做出规定。

2. 在操作*程序*要素管理系统的书面文件中规定具体的职能与职责。

a. 通常规定由生产部门负责*程序*要素的所有方面。

b. 在通用书面方针中规定由生产部门负责制定和更新程序，并将责任分解到具体个人，例如部门培训协调员或白班主管。

c. 在正式书面计划文件中，规定由*程序*要素和所有相关部门(例如操作、培训、工程、安全)在*程序*要素中的相关职能与职责。

控制程序的格式和内容

3. 在*程序*要素管理系统的书面文件中，提供所有操作程序可接受的格式/结构列表或说明。

a. 制定通用的格式要求，但是不同区域的程序按照不同的格式编写。

b. 在书面方针中规定操作程序的典型样本格式。

c. 在书面方针中规定各类操作程序可接受的格式。

4. 提供内容指南，说明操作程序中应包括哪些内容。此外，对哪些信息应包括在相关文档(例如培训或工艺技术手册)中提供指南。

a. 在书面方针中提供关于内容的通用指南。

b. 在书面方针中规定哪些内容应包括在操作程序中。

c. 除了(b)项外，还给出了包括不同类型操作程序的内容样本，并附有详细的例子。

对操作程序的文档实行控制

5. 采取一种措施防止访问和使用老版本程序。实行工具箱安全审查，以确保现场工人不会使用个人拷贝的过期、带有标记的程序。

a. 操作人员将一份新版程序保存在控制室的合页夹内，并对相关人员进行最新操作程序的培训(而不是他们先前复制/打印的副本)的培训。

b. 制订正式文档控制程序。对更新后的程序加上封页，要求接收者应确认他们已按照要求更新了自己的手册，废弃被取代的程序。

c. 制订正式文档控制程序。受控副本带有清楚的标记，保存在控制室内以备查寻。程序通常根据需要打印，用相对较短的截止日期或类似方法清楚标明这些副本为非受控文件，以确保它们不会在将来的某个时候被不当使用。

10.3.2 确定需要哪些操作程序

开展任务分析

6. 确定每个操作人员或合理划分的操作小组应执行的任务。

a. 根据生产部门的感知，或在某些情况下根据对事件的回应，确定任务以及是否需要书面程序。

b. 主要根据法规要求确定操作任务以及是否需要书面程序。

c. 根据操作人员开展的日常任务分析，确定任务以及是否需要书面程序。

d. 针对所有运行模式进行全面的任务分析；确定任务，制定合适的程序。

7. 对任务列表进行有效性确认。

a. 由管理层根据相关的感知需要对任务进行确认，包括过程安全事件和其他导致损失事件的事故，例如造成生产中断的设备故障。

b. 任务列表根据采用操作人员最低的任务需求而编制，但由区域主管进行有效性确认。

c. 任务列表的有效性由操作人员和区域主管联合确认。

d. 由有代表性数量的操作人员、业务专家和主管确认任务列表，决定每项任务是否需要程序。

确定需要哪些程序及相应的详细程度

8. 审核任务列表，确定哪些任务需要书面程序。

a. 根据相关的认知制定程序，包括过程安全事件和其他导致损失事件的事故，例如造成生产中断的设备故障。

b. 审核任务列表，为复杂任务制定程序。

c. 为所有确定的任务制定程序，而不管任务的复杂性如何或任务执行不当会有什么风险。

d. 按照风险大小审核任务列表。例如审核人员提问："如果不正确执行这项任务可能出现什么错误?"以及"发生错误的概率有多大，书面程序是否会影响这种概率。"然后根据这些风险问题的答案，确定是否需要制定程序并划分它们的优先顺序。

9. 确保*程序*与*培训*要素之间相互协调。*程序*中未说明的简单任务应(1)包括在*培训*中，或(2)列入上岗资格考试中(因此需在某个岗位选择工人之前提出相关要求)。

a. 程序的编写者根据培训的层次，并向培训部门建议程序需要重点培训的部分。

b. 由主管和培训协调员对列表上所有任务，考虑不同的培训要求，不管该任务是否有书面程序，并培训意见向培训部门反馈。

c. 由操作人员、主管和培训协调员、过程安全员及其他关键人员组成的团队，按照风险大小审核任务列表。由这个团队决定，将风险内容包括在培训课程中，为其制定书面程序或两者同时实行，这是一种最佳的风险管理方案。

10. 审核操作人员的培训计划，确定操作程序所需要的详细程度。

a. 程序是否需要培训，由负责编写各自材料的人员决定。

b. 为所有任务开发培训模块，而不管相关程序的复杂性。

c. 组成小组审核任务清单，确定哪些任务在开发操作程序时需要来自培训主管部门的人员参加。

d. 按照风险大小审核任务列表，审核团队应考虑如何加强培训与作业程序管理，使之在风险管理中同时发挥最佳作用。

考虑所有运行模式

11. 在任务列表中包括所有运行模式，例如，临时停车、年度大修停车、紧急停车、各类停车后的开车、首次开车、临时操作和正常操作。

a. 程序中只考虑正常操作、开车和停车模式。对所有其他运行模式，要求操作人员向主管部门咨询。

b. 在书面程序中通常考虑所有预期运行模式，但其详细程度应根据频率而非风险而定。

c. 程序中考虑所有运行模式，包括设备维修准备等任务。如果需要增加任务，在操作开始前由相关人员制定并审核书面程序并审核。

12. 形成一种惯例，为预期的紧急操作制定意外事件程序。

a. 制定单独的停车程序，指定用于正常和紧急停车。对其他状况的回应交由主管部门决定。

b. 制定紧急停车程序，明确规定何时启动紧急停车及如何执行紧急停车。

c. 为全范围的预期紧急条件制定程序（例如公用工程中断、自然灾害、人为破坏），明确规定何时执行这些程序，并在排除故障程序、操作限制条件、安全操作限值和紧急停车程序之间建立清楚的联系。

13. 形成一种惯例，为危险的一次性操作（例如装置退役）制定程序。

a. 只有当项目经理确定在操作的特殊阶段具有异常危险时，才制定一次使用程序（例如装置退役）。

b. 如果该项活动需要资金，通常需要一次使用程序（例如装置退役）。

c. 在工厂*变更管理*要素的范围中包括一次性事件，例如退役和破坏，要求将书面程序作为变更授权的一部分。

10.3.3 制定程序

使用适当的格式

14. 使用统一的格式编写程序，为每项任务选择最佳类型的程序。

a. 所有程序（例如操作、维修、实验、安全作业及其他程序）按照一个分段格式的模板编写。

b. 全厂操作程序按照一种标准化结构化方式进行编写。

c. 操作程序采用一种标准方法结构化，但允许作者同时采用其他格式，例如表格、检查表或流程图，如果它们可提高程序价值的话。

确保在程序中说明预期的系统响应、如何确定一个步骤或任务已被正确执行以及与错误或遗漏有关的可能后果。

15. 确保程序清楚地陈述应该做什么，对于重要的步骤或任务，如何确定这些步骤或任务已被正确执行。

a. 程序中包括一般的“当心”和“警告”提示语，但通常不包括确认关键/指定条件的步骤。

b. 程序中一般包括确认每个预期条件是否存在的步骤，而不管这些条件是否重要。

c. 程序中考虑了正确完成程序中各个步骤的重要性，并规定了适当时采用的确认步骤。根据其重要性，一些任务要求操作人员签字、第二人确认或主管签字。

16. 详细地描述与错误或遗漏有关的后果，以（1）强调关键步骤的重要性，（2）提醒操作人员可能发生的事情，以使他们很快发现错误或遗漏并做出相应反应。

a. 程序中包括“当心”或“警告”提示语。

b. 程序中包括摘自危险分析文件的后果陈述，但很少对错误与有害后果建立明确的关联关系。

c. 在程序、排除故障指南和相关文件中对错误/遗漏与特定有害后果建立明确的关联关系。

说明安全操作限值和偏离安全操作限值的后果

17. 当存在偏离限值的情况，并可能导致不安全的条件时，应为每个工艺参数设定安全操作限值。而且，对于每个安全操作限值，说明超过限值的潜在的后果，以及为避免工艺参数偏离安全限值或当工艺参数确实超出安全限值时使工艺恢复安全状态所采取的步骤。

a. 所设定的限值范围相当狭窄，在这些狭窄的限值范围内操作可确保安全生产，并有助于实现产量和产品质量指标。但是，操作程序不直接说明安全操作限值、偏离限值的后果，以及为防止或减轻超出安全操作限值的后果而采取的步骤。

b. 安全操作限值可在操作程序中找到(或有时可从中推断)，但它们并非都总是清楚地说明。

c. 操作程序中清楚地说明了安全操作限值以及(1)与超过限值相关的潜在后果和(2)操作人员为防止或减轻超过限值的后果而采取的步骤，在操作程序中清楚地说明。这些限值包含在程序中的某个特定章节或很容易查找到，因为它们在所有程序中都以统一的格式提供。

说明操作限制条件

18. 清楚说明每种运行模式的限制条件，例如，如果某个安全系统停止工作，是否停止工艺过程。

a. 操作限制条件仅作为开车条件列出。

b. 操作限制条件(开车和连续操作)直接在操作程序中说明。

提供简明扼要的说明

19. 避免将操作步骤夹杂在大段的叙述当中。

a. 将程序和培训手册紧密融为一体，以使每个操作步骤不仅可告诉操作人员该做什么，而且具体说明如何执行每个步骤。例如，在程序中不说"打开阀门 HV-113"，而是具体地说怎样打开 1/4 圈球阀，以及为什么在程序的这个节点上打开 HV-113 阀门很重要。

b. 在程序中提供足够的背景和与安全有关的信息，但是也明确规定行动步骤。

c. 除了(b)项外，所用的程序格式应便于操作人员遵守程序中的每个行动步骤，同时能尽快提取关键安全信息，这些信息以"警告""当心"和"注意"等提示语提供。

用检查表补充程序

20. 当操作顺序很重要或当某些步骤必须在进入下一个操作阶段之前完成时，在程序内包括检查表。

a. 编制了许多检查表，但它们通常不为程序所补充。

b. 并行编制程序和检查表，在定期程序审核时，对两者进行交叉核对。

c. 以适当方式共同编制程序和检查表，以便用户能够在需要时查阅检查表、程序或两者。

有效利用图片和图形

21. 适当时可插入一些图片和图形。
    a. 程序通常以叙事格式编制，很少包括图纸、图形或图片。
    b. 程序主要由视频和数字图片组成，用画面表示操作人员如何执行某项任务；很少提供书面指南。
    c. 图片用于加强理解，但为了清楚起见，很少对源文档进行修改。例如，使用P&ID扫描图而不是简化的控制图来说明控制逻辑。
    d. 如果有助于加强理解，也可使用图形和图片；图形不要求很详细，只要能辅助书面说明即可。

制定书面程序控制临时或非常规操作

22. 形成制定临时程序的惯例，特别是对于低频率重复发生的活动，即：不常执行但在将来肯定会再次执行的程序。
    a. 由生产部门确定是否需要为临时操作制定程序，但是对花时间来为一次性或非经常性操作制定程序存在争议。
    b. 非常规运行模式，例如容器内部检查前的准备这类特殊活动，通过*变更管理*要素获得授权。根据变更授权要求，对每种运行模式的预定活动至少应进行简单的书面说明。
    c. 非常规操作一般制定非常规操作程序，应注意该程序的任何变更或改进。这些程序在活动结束后更新归档，以便下次开展活动时使用。

以合理方式对任务分组

23. 为最终用户合理使用，制定程序编号或索引系统。
    a. 用编号系统表示内容，但很少采取其他方式(例如，用不同的前缀来表示操作、维修和实验室程序，但前缀后面的数字是按顺序编排的)。
    b. 建立一个主索引系统，在统一的基础上用程序编号来表示程序的类型、工艺区域和其他可能的信息。
    c. 建立一个全面的编号系统，帮助操作人员快速找到所需程序和相关文档，例如检查表；其索引包括对这些文档的电子链接。

建立*相关程序间的链接*

24. 当程序相互之间有关联时，提供清楚、直接的参考，这种链接参考不能太多。
    a. 每个程序的前页包括一长串参考或相关程序列表。例如，如果检修某台设备需要上锁/挂牌时，所有程序均以工厂的主上锁/挂牌程序作为参考文献。
    b. 在程序的适当节点处提供参考文件。
    c. 在程序的适当节点处提供电子链接，并维护该链接。

对程序有效性进行确认，确保实际操作与预期操作一致

25. 确认最新的操作程序与现有及预期操作一致。
    a. 确保实际操作与书面程序一致是主管的岗位职责，并由主管监控有效性。
    b. 所有程序在发布前必须由操作人员或主管确认和批准。
    c. 所有程序在发布前由不同班次或工作组的多名操作人员和主管确认。在选择这个小组成员时应有意识地覆盖部门有经验的人员和不同专业的人员，以确保程序与当前操作相一致。

26. 对新程序有效性进行确认，确保它们能够反映预期操作。
   a. 程序在发布前由操作人员和主管监控有效性。
   b. 对新程序有效性进行确认是工艺工程师的岗位职责，但不建立正式的跟踪系统。
   c. 建立正式系统，确保程序在发布前进行了有效性确认和定期重新确认。

10.3.4 使用程序改进个人能力

培训时使用程序

27. 使用程序作为培训辅助教材。
   a. 程序是新操作人员培训的主要书面教材。程序中说明了执行任务所需的步骤，但不解释整个系统如何操作。
   b. 将程序分发给受训人员，而培训教员主要使用其他培训教材，让受训人员在课后阅读和审核程序(可能在课后对某个节点)。
   c. 除了审核(或熟悉)程序外，培训过程还包括使用优质的培训教材对程序中的信息加以补充。

组织负责要求统一遵守程序

28. 监测事件报告，以此作为违背既定操作程序的证据。
   a. 操作人员主要对结果(例如产量、质量参数等)负责。如果由于未遵守程序而导致损失(例如安全事故、产量损失、设备损坏)，则由操作人员将承担不遵守程序的负责。
   b. 每个班次的操作人员必须每班多次在日报上记录不同时段的工艺条件，这些日报由主管定期审核。如果未能保持预定的工艺条件，必须注明，特别是当偏离正常条件造成损失事件时，例如产品不合格。
   c. 操作人员主要对遵守程序负责，而不管这些程序是否与保持一定的工艺条件或符合其他书面规定有关。
   d. 除了(c)项外，建立一个自动监控系统连续扫描过程是否处于非预定状态，并提供每个班次异常事件简要报告。操作人员应在这个报告上做简单注释，由每个班次进行审核。

29. 对提出改进建议给予奖励，但不奖励超出程序范围的行动，不管其后果如何。
   a. 由于操作人员的错误而发现的生产率的改进，例如由于略去某个步骤而缩短了批操作周期，可以认可但不鼓励。
   b. 按照统一方式处理违规操作，而不管这个违规操作是导致了损失事件，还是改进了生产工艺。

确保程序可随时获得

30. 确保操作人员可随时获得程序。
   a. 所有程序均保存在主管办公室的文件柜内(或类似地点)。
   b. 如果需要，还可在控制室、卸载间或其他地方获得程序。
   c. 可在网络服务器上获得程序，只要计算机网络正常，可对程序进行访问或打印。
   d. 在控制室或其他地方，操作人员至少可获得每个程序的一个纸质副本，在全厂范围也可通过计算机网络获得程序。

10.3.5 确保程序得到维护

管理变更

见与*变更管理*要素更新程序有关的工作内容列表(第 15.3.5 部分)。

31. 定期审查操作程序与培训计划之间的链接，以确定培训计划的内容(包括培训教员的知识)是否处于最新状态。
    a. 培训计划主要以程序和由其他操作人员提供的岗位培训为基础，换言之，培训计划的“内容”不会超出书面程序和当前惯例做法的范围。
    b. 定期审核培训资料，必要时进行更正。
    c. 将*变更管理*要素应用于程序的变更，有助于确保培训手册和其他书面培训资料得到更新，使培训教员了解变更情况。
    d. 建立培训资料/计划与操作程序之间的链接，以确保不会发生程序变更后相关培训资料未得到更新的情况。

使用程序并及时纠正错误和遗漏

32. 形成识别程序错误并及时纠正的惯例。
    a. 只在程序定期的程序修订期间发现和纠正程序中的错误或遗漏。
    b. 已建立一个系统，使操作人员能在执行过程中发现程序中的错误，即使很少发现错误。如果发现了错误，可在勘误表或临时表单中公布纠正内容。定期纠正程序中的错误。
    c. 鼓励操作人员在日常使用程序时，发现程序的错误和遗漏。很大一部分变更源于程序的日常使用而不是定期审核或修改的结果。所提出的更正经过审核后，及时并入现有程序。
33. 提供一种方法，可快速澄清、纠正打印或语法错误，或做出其他调整来改进程序。
    a. 所有的程序变更必须通过*变更管理*要素审核。因此次要更正通常在每年程序审核/更新期间进行。
    b. 授权培训协调员更正程序，只要这种更正不增加或删减某个行动步骤，便无需经过*变更管理*审核或进一步授权。
    c. 除(b)项外，生产经理必须同意这种变更，并由生产经理决定是否需要通知操作人员。

定期审核所有操作程序

34. 定期重新对程序的有效性进行审核，确保它们能够反映预期操作。
    a. 要求操作人员使用程序并报告任何错误或遗漏。
    b. 由操作人员或主管定期审核程序，但不对程序进行日常技术审核。
    c. 定期审核程序以确保其准确性是工艺工程师或主管的岗位职责，但不建立跟踪系统来确认这一审核是否进行。
    d. 利用一个正式系统对程序进行定期审核和重新确证，以确保其技术准确性。
35. 定期确认实际操作是否符合操作程序中所列的步骤。
    a. 确保实际操作符合书面程序是主管的岗位职责。由主管监测程序执行的一致性，但不建立一个系统来定期比较程序以确认绩效。

b. 建立一个正式系统，来监控实际操作是否与操作程序一致(与简单的程序审核相比)，这个过程将贯穿全年。

36. 根据风险或其他客观标准(包括操作人员及其他相关人员的输入资料)确定程序审核间隔时间。

a. 所有程序按照相同的频率进行审核。

b. 所有程序按照相同的频率进行审核，但审核力度根据认知风险而调整。

c. 审核频率根据认知的风险和其他客观标准(例如审核时间的长短)而定，审核力度根据认知的风险而调整。

37. 如果在程序有效性确认时或确认期间发现实际操作与程序之间存在差异，则需要更新操作方法，并且：(1)更新程序和培训/通知受影响的人员(见*变更管理*要素中程序变更授权附加信息)；或(2)重申遵守程序的要求。

a. 当发现程序与惯例做法之间存在差异时，由生产经理决定是否更新程序或改进惯例做法。程序变更不列入*变更管理*的范围。

b. 阐述有效性确认时或确证或确认期间发现的程序差异，但不向操作人员做专项通报；而是要求他们通过阅读相关文件、查阅电子邮件来了解相关变更或在下一次使用程序时发现这些变更。

c. 相关差异通过*变更管理*系统消除，对程序变更的审核在班前会上进行，或通过其他一些能与每个可能受影响的操作人员直接接触的方式进行。

10.4　提高效能的方法示例

本节提供了一些案例，这些案例做法能有效改进与操作程序有关的工作内容，并经工业实践证明可行。根据第 10. 2 节中的关键原则，这些案例可分为以下两类：

1. 能够提高操作程序工作绩效的方法；
2. 提升操作程序管理的效率，在保持管理绩效水准的同时尽可能降低资源消耗。

这些案例均源于工业实践、行业研讨会和 CCPS 会员单位。希望改进管理系统和本要素相关工作活动的读者，应检验这些方法，评估自己企业当前管理系统和工作活动的绩效和效率，然后按照第 2. 1 节所述的基于风险的原则，选择和执行改进措施。

10.4.1　保持有效运行

牢记过去。重复犯错只会加剧企业运营成本。如果工厂或公司维持更新了详细的工艺技术手册(如第 5 章所述)，操作工人可以查询操作程序与技术手册之间的相互引用链接，帮助操作人员回答这个问题：“为什么我们要以这种方式操作?”这类相互作用参考可帮助工厂认清与某个变更相关的安全风险，因为当变更发生需要更新程序时，负责人可能会去查阅技术手册中的相关内容。

10.4.2　确定需要哪些操作程序

当确定需要哪些操作程序时，应仔细检查培训要求和最初的操作人员资质要求。过程工业领域的许多工厂以丰厚的薪酬吸引训练有素的资深操作人员，或聘用只对某个特定装置

有丰富经验的操作人员。这样做的一个好处是，尽管程序仍必须告诉一个资深的新操作人员应该*做什么*，但工厂可决定仅对*如何*执行任务作稍为简单的描述。程序编制人员在编制作业程序时大多没有考虑到工艺装置的实际需求，而是详细描述如何执行任务，从而只是简要的地陈述每一个步骤的危险因素、预期系统响应和故障排除。

10.4.3 制定程序

对相同的装置发布统一的操作程序。一些公司在多个工厂内，有操作完全相同(或近似相同)的工艺，这时就可以制定一套标准的操作程序或模板，然后由每个工厂可根据需要自行修订。这样做除了可提高效率外，还可在各厂之间分享最佳实践的极有效途径。

以合理方式划分程序。试图在一个程序内涵盖所有操作步骤，可能会导致文件冗长而难以使用。将程序划分为合乎逻辑的、易于管理的几大块，可以提高效率。例如，间歇操作的化工装置倾向于制定第一套程序来描述如何操作一台设备(例如反应器标准操作程序)，制定第二套配方程序来指导每种产品的生产(例如具体产品的批次)。正如人们从不将烤箱使用说明书包含在每张菜谱中一样，反应器操作程序也不会包含在反应器所生产的每种物料的程序中。但是，操作人员应十分熟悉这两类程序，程序编制人员应谨慎确定重要说明和当心/警告提示语的位置。例如，当生产每批物料时，操作人员在批次生产时使用检查表，设备专属程序仅作为参考文件在需要时使用，重要说明和当心/警告提示语很可能包括在批次产品生产程序中。

对多个程序共有的条文建立链接。大多数公司的程序中包括了为多个程序所共有的某些条文。例如，涉及剧毒物质的某些任务的PPE(个体防护设备)要求可能不同于工厂使用的标准PPE要求，但对所有涉及这种特定化学品的操作都是相同的。将这些条文包括在每个程序中是正确的，但如果标准发生变化，找到并修改所有这些条文可能非常困难。通过将程序中的这类信息进行电子链接，只需在一个地方完成变更，当下一次使用程序时这一变更就会在所有程序中被复制。(请注意，这种方法要求在完成变更后重新打印所有受影响的硬拷贝程序手册)

任意使用图形和图片。如果培训教员需要用一张图片来说明如何执行某个程序，可在程序中插入图片、图形或其他图案帮助理解。

使用表格将不同类型的信息分开。按照表格形式制定程序有助于使信息结构化，从而更容易查寻。例如，一个程序可用一张六列表格来表示。每一行的第一个列只是步骤编号，随后各列依次是行动步骤、预期系统响应、如果系统未按预期方式响应如何操作(排除故障)、警告/当心提示语，以及记录数据和/或步骤完成签名的位置。这种方法的关键是所有操作程序或一大类程序在各列使用相同的标题，因而操作人员能快速找到关键信息。

保持一致。程序的格式、符号和术语应尽可能保持一致。例如，编制一张标准的首字母缩略语表将有助于减少混淆。是否使用备注、当心或警告提示语，应根据客观标准，而不是由编制者本人的爱好来决定。在格式/结构方面即使存在较小的差异，即使程序编制得很好，也可能对读者造成干扰，如果程序编制得很差，则会造成混乱(例如读者可能不知道字体的改变是否意味着对某个部分的强调，如果是，为什么)。

确认非常规操作是否与实际操作相符。在大修或其他涉及多项(及高强度)非常规操作的高活动性期间，工人有时必须按照操作程序中未充分说明的特殊方式执行步骤，此时应鼓励操作人员记录这种情况。当作业结束后，审核这些潜在的改变，修订程序，将所吸取的教训永久性地保存下来。在一些情况下，细小的改变不会影响正常操作，但可能影响开车、停

车、维修准备或其他非常规活动。例如，一个工厂可能为两台不同的设备制定了维修准备程序。过去，这两个任务是毫不相干的。但是因为近期的一个改变，第一个程序的第四项任务必须在第二个程序的第七项任务前进行。这个微小的差别在*变更管理*审核时不一定被发现，但在实际进行设备维修准备时却可能发现。如果当时没有将这个发现记录下来，则在将来程序审核时可能会被忽略，特别是如果两个程序独立审核时。因此，这个教训必须记取。

10.4.4　使用程序改进个人能力

定期审查程序遵守情况。除了通读程序以确保它们是最新而准确的外(也可略过此步)，将程序带到现场，通过直接观察一名或多名操作人员如何执行该程序所涵盖的任务，对其进行确证。

消除各班次之间的差异。在一些工厂，各个班次的操作略有不同。通过指定操作人员定期审核每班的操作，可识别差异，停止不安全的习惯做法，确定最佳操作做法，推动持续改进。

利用多列表格将程序与培训手册融为一体。在许多情况下，操作程序手册与培训手册是彼此分开的独立文件。显然，当过程和操作方法发生改变时，需要花费精力来同步更新两本手册。分开保存手册的优点是操作程序的步骤不会被培训手册中的叙述性文字所掩蔽。解决这个问题的一种创新方法是将与每个步骤有关的各类信息分离出来，保存在一个数据库中。保存在此类数据库中的信息的类型可包括：

1. 步骤编号或索引；
2. 行动步骤；
3. 设备的物理位置，包括(例如)用带箭头的图片具体说明打开哪个阀门；
4. 预期的系统响应；
5. 如果过程未做出预期响应所采取的步骤(排除故障)；
6. 与这个步骤有关的安全操作限值和操作限制条件；
7. “警告”“当心”或“注意”提示语；
8. 其他相关备注；
9. 操作原理(为什么这个步骤很重要？系统正在干什么)；
10. 设备说明(设备如何操作)。

一旦这个数据库建立，可通过选择不同的数据元素创建各种文档。例如，可通过打印第1，2和7列创建可带到现场的简单的检查表，可通过打印第1，2，4，6和7列创建较复杂的程序，可通过打印1，2，4和5列创建排除故障指南，培训手册可包含所有的10列。以这种方法将操作程序与培训手册合二为一有助于减少保存两个手册需要花费的精力，以及为响应每个变化而更新程序、检查表、排除故障指南和有关文件所需付出的努力。

10.4.5　确保程序得到维护

在确定程序审核间隔时考虑风险。一些工厂按照固定的时间间隔(通常为每年一次)审核所有程序。正如第10.2.5部分所讨论的，根据事件(例如即将进行的大修)而不是日历启动审核可能更为恰当。此外，在确定审核间隔时应考虑过程危险、不遵守程序可能造成的后果的严重性，以及操作本身的风险。操作人员对这个问题将有其独到的见解，所以应征求他们的意见。在确定

审核间隔时，应将更多的精力放在高风险装置或过程上，确保其程序处于最新状态。

使用电子文档管理系统来保存/控制程序。许多工厂使用电子文档管理系统(EDMS)来控制图纸和其他与工程相关的资料，也可利用计算机管理系统控制程序，例如，将程序保存在计算机网络中指定的只读区。EDMS 的优点包括：(1)能更好地跟踪程序的历史变更情况并将老程序存档；(2)能确定程序是否需要审核或更新，因此防止两个人以不协调的方式处理变更问题；(3)能自动跟踪和报告 10.5 节所确定的若干个指标。

使用电子日历系统提醒即将到来的审核日期。对于定期任务(例如程序审核)，应按期向上级报备并提前留出充足的预备期。一些工厂建立了预防性维修作业日程表，提醒操作小组什么时候程序到期需重新认证。

多个操作相同工艺的工厂同时审核程序。一些公司在多个工厂内，有操作完全相同(或近似相同)的工艺。从理论上说，操作程序应大体相同，只是设备位号、工厂专属的数据等明显不同。由一组人员审核多个工厂的相应程序有助于节省这项任务需要的总人工时间，更重要的是，它可帮助识别操作方法上的差异，因而能够帮助识别和消除不必要或不安全的惯例做法，促进在全公司内分享最佳操作实践。

指定操作人员承担程序审核的主要责任。在一些工厂，只指定工程师或其他技术人员负责操作程序的定期审核，以确定它们处于最新而准确的状态。这就要求审核人员将时间花在：(1)学习如何准确地执行任务；(2)观察被指定执行任务的操作人员(或其他人员)，以确定程序中是否有事项未正确执行或遗漏；(3)纠正执行偏差。此外，审核人员还需要评估程序使用人员是否能够理解和遵守程序。让操作人员或主管直接参与定期程序审核，有助于以有效的方式解决这些问题。操作人员和/或主管直接参与程序审核还有助于将程序的责任和所属关系推向用户层面。

将程序审核与培训融为一体。在许多工厂，指定操作人员会审核一个或多个程序，以确定它们是否处于最新而准确的状态。如果复修培训计划主要集中在使用程序的操作人员上，可将审核与培训融为一体。被指定参与全面审核的操作人员，在程序审核过程中同期开展对其他操作人员的整个程序(或一组程序)的复修培训。

10.5 要素指标

第 20 章阐述了如何以及何时利用指标来适度提高绩效的方法。本节将列举若干个指标实例，说明它们如何用于监测程序要素的健康状态，并按照第 10.2 节中提及的关键原则进行了分类。

除了明确关键核心指标外，还需要定期对指标进行跟踪和考核。有时，指标所需信息比较简单，例如员工总数指标。而有些指标需要多个参数才能拿确定，如员工的平均工龄指标，需要利用多名员工的工龄数据来计算平均工龄。部分指标用于跟踪动态变化率，如员工离职率指标等。动态变化率甚至可能是工厂最为关注的数据指标。由于工厂情况千差万别，需要自行确定指标的跟踪方法和考核方法，保证工厂 RBPS 管理系统的健康运行

10.5.1 保持有效运行

- *每年更新的标准操作程序的数量或更新程序所花费的人工小时(每年、每季度或每*

月，取决于审核周期)。下降趋势可能表示在维护程序方面需要投入更多的关注或资源。

- *审核和批准程序所花费的人工小时*。下降趋势可能表示审核慢慢变成了例行公事。

10.5.2 确定需要哪些操作程序

- *已完成任务程序需求分析的装置数量*。较小的数字可能表示程序需求未得到充分的分析。
- *如果任务分析需要定期更新或重新有效性确认，是否符合相关进度表*。进度表符合性(对于不连续的任务，例如审核)是一个绩效指标。

10.5.3 制定程序

- *包括：经审查或评估发现遗漏部分必要内容的程序数量*。尽管这是一个滞后指标(可能在数年之后发现缺陷，其时间长短取决于审查周期和每次审查的彻底性)，但只要确定有遗漏，工厂都应大范围抽样或对所有程序进行严格检查，以确定这种情况是否为个别现象。除了可帮助工厂确定哪些程序需要更新外，抽样还是检验历史或预期审核周期合理性的时间指标。
- *通过变更授权，允许每个装置(每年)重复进行临时操作的数量，换言之，通过临时变更管理授权进行临时操作而不是制定一个临时程序*。通过审核变更管理日志，专业人士可快速确定属于这一类的变更数量。如果工厂打算为非经常但重复出现的任务制定书面程序，这个指标应随时间的推移而下降。请注意，如果工厂选择根据需要制定程序，该变化速率可能较低。

10.5.4 使用程序改善个人能力

- *因程序不清导致无法获得或理解而引发的事件/缺陷报告的数量*。这个指标的增加可能清楚表示程序要素存在问题。在大多数工厂，相对于程序使用和指标更新，事故的发生频率是极低的。因此，这个指标不一定会对程序要素管理系统逐渐下滑的绩效做出快速回应。
- *提出需要修改程序的事件调查的数量*。同样，这个指标的增大可能表示*程序*要素存在问题，但它不一定会对管理系统或惯例做法的改变做出快速回应。
- *变更管理(MOC)授权范围未覆盖的程序变更的百分数*。如第15章所述，工厂必须确定其*变更管理*要素的范围。如果变更管理的范围中包括了程序变更，则衡量是否符合要求并确保程序变更得到适当审核的一个简单的方法是，将程序变更的数量与涉及程序变更的MOC授权数量进行比较。
- *在现场加注释的程序的百分数*。如果日常中需要的程序发生关键信息的遗失，并且程序变更存在障碍，那么一些操作人员会在程序中手写说明或注释。这些注释本身并非坏事，事实上它们不仅对使用程序的操作人员有用，而且通常对负责定期审核和更新程序的人员很有帮助。但是，这类注释表明程序维护更新管理方面存在问题。
- *相信程序处于最新而准确状态的操作人员的百分数*。通过对操作人员的意见调查，可能有助于尽早发现程序准确性的变化。请注意，接受调查的人可能会将他们对程序当前状态的感知与他们对程序准确性、明确性及内容的预期进行比较。因此，在操作程序并未发生变化或甚至稍微改进的情况下，由于*安全文化*和*操作*要素的积极改变，造成对所有其他 RBPS 要素预期的相应提高，可能实际上会推动本项指标及类似指标的下滑。

10.5.5 确保程序得到维护

- ***过期未审核的程序的数量***。这个数字的增大表示程序处于逐渐过期的危险中。
- ***纠正／更新程序的平均时间***。确定应更新程序的日期与修订后程序发布日期之间相隔时间延长，可能表示需给予程序维护更多的关注和资源。在极端的情况下，如果程序更新滞后时间很长，可能最终造成操作人员和其他负责维护程序的人员放弃把程序更新到最新且准确的状态。
- ***装置或操作程序的平均年龄，以及最新和最老有效版本的平均年龄***。一旦一组有效的操作程序建立，程序变更的总速率应反映：(1)装置设计或操作；或(2)影响操作程序内容的管理系统的变更速率。如果程序的变更速率低于设备、操作方法或管理系统的变更速率，程序可能已经过期。请注意，这个指标的最佳基准很可能是工厂内的类似装置。
- ***简明扼要并且包括所有必需内容的程序的百分数***。编制一张程序目次检查表(根据工厂该要素的指导方针)，请每个装置的操作人员审核若干个程序，以确定它们是否简明扼要并包括：
  - ○ 清楚的行动步骤，适当时还应包括预期系统响应，以及如果未观察到预期响应的话该如何操作；
  - ○ 安全操作限值、偏离限值的后果、维持过程在安全操作限值内应采取的步骤；
  - ○ 运行限制条件；
  - ○ 检查表(适当时)。

10.6 管理审核

管理审核系统的设计和执行详见第 22 章。为确保程序要素的正确运行，应对许多具体的管理问题进行定期检查。管理审查要首先评估被审核系统的有效性。企业程序管理不到位，或者变更管理系统的改进效果差强人意，那么管理层应寻找所有可能的整改措施加以实施。在某些情况下，企业有可能并未找出正确的整改措施予以实施，或者实施方向出现偏差。即使整改的结果令人满意，通过管理程序审查仍能检验资源是否充分利用？有些工作是不是有更为有效的实施办法或者事实上根本无需实施？管理层可结合上一节的各项指标，及个人观察、直接问询、结果审查、反馈来解决上述问题。讨论的工作内容和主题可包括以下内容：

- 审核有代表性的程序样本，确定它们是否符合既定内容和格式标准。
- 当审核程序时，检查它们是否已按照规定进行了审核，确认在工作场所不存在过期程序。
- 观察工人的习惯操作做法，确定他们是否经常参考操作程序。如果不，查明原因。例如，程序是否：

  ○ 不是用户友好型的(即一项任务牵涉多个程序，或必要的信息只能在参考文件中获得)？
  ○ 过于详细？
  ○ 已经过期？
  或者，是否存在一种偏见，认为只有无经验的操作人员才参考程序？
- 当使用检查表时，确定是否有人定期审查检查表，以确认准确性/完整性，确保检查表中所记录的数据符合：(1)相关程序；(2)管理层对执行该任务的要求。审核这些审查结果。
- 确定：(1)审核是否正按照计划完成；(2)审核结果是否通常表示正在维护的程序处于最新而准确的状态。
- 审核生产的产量和质量指标，确定不同班次、小组、区域或部门之间是否存在明显的绩效差异。如果存在，确定是否有个别人违反已批准的程序(请注意，不遵守程序可能产生异常好的绩效，也可能产生异常差的绩效)。
- 讨论整个组织是否感觉到对遵守程序负有责任。良好的结果是否比良好的生产绩效更有价值？工厂现场的管理层如何向操作人员表明他们只需要对遵守程序负责(明智地遵守程序和标准)，而不是对生产结果负责(做能获得更高产量的事)？是否有操作人员因为通过捷径提高产量而受到褒奖？

操作程序应保持最新、准确的状态，内容完整、简明扼要，并且易于理解和执行。除了有利于确保过程安全外，程序还有利于确保可靠的个人绩效，从而有利于确保预期的产量、收率和产品质量。显然，基于合理程序的可靠的个人绩效将有益于整个企业。如果*程序*要素不符合既定标准，主要管理人应仔细检查他们对*程序*要素的承诺并采取必要的整改措施，以达到预期的绩效水平。

参考文献

10.1　*Chemical Accident Investigation Report – Terra Industries, Inc. Nitrogen Fertilizer Facility, Port Neal, Iowa,* U.S. Environmental Protection Agency, Region 7, Emergency Response and Removal Branch, Kansas City, Kansas, issued January, 1996.

10.2　Bridges, William G. and Williams, Thomas R., Create Effective Safety Procedures and Operating Manuals, *Chemical Engineering Progress*, December 1997.

补充阅读文献

Center for Chemical Process Safety, *Guidelines for Writing Effective Operating and Maintenance Procedures*, American Institute of Chemical Engineers, New York, 1996.

11 安全作业规程

1988 年 7 月 6 日傍晚，英国 Piper Alpha 海上钻井平台起火爆炸，造成 167 人死亡，平台毁坏。事故直接原因是夜班工人把当天早些时候停运维修的一台凝析油注入泵投入使用造成的。当天夜班工人知道此次维修事件，并且要想启动维修泵必须由他们授权电工在电机控制中心合闸才能完成。夜班操作人员可能接到通知，维修组已经完成全部维修工作或该维修活动推迟了。但是，他们不知道承包商负责的另一项维修作业尚未完成。事实上，承包商人员已拆除凝析油注入泵出口管线上的安全阀，准备重新校核安全阀。在当天下午 6 点下班前，这个安全阀还没有安装上投入运行。当该泵启动时，导致大量的凝析油泄漏，最终导致这场灾难(见参考文献 11.1)。

11.1 要素概述

控制维修和其他非常规作业相关风险的 RBPS 要素，是 RBPS *管理风险*的 9 个要素之一。第 11.2 节将描述安全作业要素管理的关键原则和基本要求。第 11.3 节将阐述了满足这些基本要求的工作活动及相关方法，这些方法与认知的风险、所需资源以及企业文化密切相关。第 11.4 节~第 11.6 节将包括：(1)提升安全作业管理系统有效性的方法和具体程序；(2)安全作业要素的监控指标；(3)安全作业要素的管理审核。

11.1.1 要素定义和内容

程序通常分为三大类：第一类为操作程序，正如第 10 章所述，通常用于指导产品生产活动。第二类为维修程序，正如第 12 章所述，通常涉及设备的试验、检查、校准、维护或检修。第三类为安全作业程序，常常需要许可证(即一张包含授权步骤的检查表)，它填补了其他两类程序之间的空白。安全作业程序帮助控制危险并管理与非常规作业有关的风险。

在本章中，非常规活动系指在操作程序中未详细说明的任何活动。所谓的非常规不是指活动发生的频率，而是指活动是否属于将原料转化为产品的正常流程中的一部分。接通和断开连接进行铁路槽车卸料作业，可能属于操作程序的适用范围；而关断连接，进行压力变送器的拆除和校准作业，则是一项非常规工作任务，它属于安全作业程序(*安全作业*)需要管理的活动。

对于带压操作进行压力变送器校准，这种作业需要将操作、维修和安全作业程序集于一体，从而来防止事故和过程异常。例如：

- 操作程序要求操作人员将与变送器有关的压力控制回路设置为手动控制，当工作结束时恢复自动控制。根据所存在危险的大小，操作程序也可能说明如何对最靠近变送器的手动阀与变送器之间的空间进行清理、排液和洗消。
- 安全作业程序和许可证有助于确保负责执行任务的仪表技术员与生产人员之间进行

沟通。程序和许可证还有助于确保仪表技术员拆除了指定的变送器，以及在拆除变送器前将相应的阀门设为锁关(或在管线排空的情况下设为锁开)。如果必须在具有电气防护等级的区域打开防护罩，安全作业程序还应包括防火措施。

- 维修程序有助于确保校准工作的正确执行，还有助于保护仪器技术员免遭各种危险。

安全作业程序通常用于控制动火作业、积蓄的能量(上锁/挂牌)、压力容器或管线开孔作业、进入受限空间及类似操作。更全面的安全作业规程列表见第11.2.1部分。一些工厂还将防止标准工业危险(例如坠落)包括在本要素的范围内。安全作业规程常常为法规所要求，而不管工厂存在多少化学品或其他危险物质。

施工作业可采用(如果可能影响工厂其他操作的话则应采用)安全作业程序。安全作业程序还有助于防止设备因维修、施工或其他非常规活动(如在地下管线附近挖掘活动，工艺设备的吊装)而发生损坏。

11.1.2　重要性

非常规作业，例如只是拆除Piper Alpha平台上的一个安全阀以重新校准，就会增大风险，并极可能直接导致酿成重大事故。安全作业程序是工业安全管理中的一个重要因素。例如，1992~2002年，在美国有80人是在进入受限空间期间由于氮气窒息而死亡(见参考文献11.2)。单因接触这一种惰性气体造成的死亡率就约为8例/年，而因EPA RMP(见参考文献11.3)规定监管的130种剧毒和易燃物质之一泄漏造成的死亡率为6.5例/年(或5年33例)，两者死亡率没什么明显差别。尽管这两者不能来直接比较，也不能证明惰性气体较其他危险物质更危险，但它确实说明安全作业程序对保护工人安全、防止诸如Piper Alpha重大事故是非常重要的。

11.1.3　对象和时间

一般由公司层面制定安全作业管理程序，规定作业的程序和许可。这些程序和许可证由运行的工厂按日使用，以控制非常规作业风险。

11.1.4　职责分工

安全要求一般由总公司或分公司的安全管理机构发布。具体程序和做法通常由各厂的安全管理组织负责制定，然而有些公司会制定一套通用程序，然后在工厂层面根据用途进行修改/调整。许可证通常由经过培训的操作人员、主管或安全专员发放/授权。安全作业程序的使用和非常规作业的正确实施，常常由操作人员、维修人员和承担作业的承包商共同负责。

11.1.5　预期工作成果

*安全作业*要素的主要工作成果是由作业程序和许可证构成的一体化系统，它有助于保护工人免遭危险，防止在非常规工作任务期间工艺物料或能量的突然泄漏。安全作业规定常常在工厂层面进行规定，以解决以下管理问题：(1)*安全作业*要素的范围；(2)职能与职责；(3)安全作业程序/许可证与其他RBPS要素中程序之间的关系。

通常在工厂规定中，说明哪些活动无需特殊控制、哪些活动要求特殊作业许可证、哪些活动被禁止，在程序中提供作业实施细节，在许可证中描述特定作业的危险性并规定相应的安全保护措施。程序和许可证有助于让工人洞察危险，当开展非常规工作任务时，能够指导作业人员采取适当的措施来管理风险。安全作业程序是对操作程序和维修程序的补充，也为有效执行*安全作业*要素提供了客观的绩效标准。

11.1.6　实施过程

非常规作业通过程序和许可证系统控制。在许多情况下，每项非常规任务都需要许可证，作业涉及多个班次时，在每个轮班开始时都要对许可证进行更新或重新授权。

11.2　关键原则和基本要求

对于一个生产、储存或使用危险化学品的工厂，其安全操作和维修要求所有层面的人员，包括经理、工程师、操作人员和技师，都要具有可靠的个人能力。安全作业程序，与操作程序、维修程序和培训一道，为提高个人可靠性水平奠定了基础。

通常，*安全作业*管理规定或程序说明了安全作业许可涵盖的各种活动，并为相关活动指定子程序，如：进入受限空间，上锁/挂牌，管线开口/打开工艺设备等。此外，安全作业管理程序还规定什么作业需要申请作业许可证。在设备从正常状态进入维修状态，再返回正常运行状态过程中，作业管理程序还帮助确定某项任务的完成人和谁控制设备的人员。

制定、评价或改进*安全作业*要素，应遵守以下关键原则：

- 保持有效运行；
- 有效控制非常规作业活动。

每个原则的基本要求将在第11.2.1~第11.2.2部分中进一步说明。第11.3节将阐述满足这些原则基本要求的典型工作活动。工厂管理层应评估风险和风险要素改进产生的潜在效益。根据评估结果，管理层应建立一个管理系统或对现有管理系统进行升级，以满足部分或所有基本要求、执行部分或所有工作任务，这将取决于感知的风险和/或所识别的过程危险。但是，如果企业文化中没有建立起安全作业的文化，则这些步骤将无效。如果没有正确的文化，即使最佳的管理系统也不能保证安全作业规程能有效执行。

许多法规部门，包括美国职业安全与健康管理局，制定了严格要求的法规，用于指导本章所述的许多活动。公司在决定接受(或更特殊地是拒绝接受)本节所列某些或所有关键原则和基本要求时，除了风险之外还应考虑法规要求。

本章不提供适用于美国或任何其他国家工厂的安全作业规程或法规要求的综合列表。

11.2.1　保持有效运行

安全作业管理程序应：(1)规定*安全作业*要素的范围；(2)确定由哪些安全作业程序和许可证来控制各种非常规工作任务；(3)规定在执行*安全作业*相关活动时的职能与职责，包括谁可授权非常规作业或这种授权如何委托和控制。管理程序还应规定*安全作业*要素的物理范围(即某些要求在何处适用)，以及这些要求在过程生命周期内如何改变。最后，该管理程序还应包括一张参考列表，以便查询控制各种非常规工作任务的子安全作业程序。

定义范围。安全作业要素的范围包括若干个方面。第一，工厂需要决定控制哪些类型的非常规作业。一般的安全作业程序和/或许可证控制的作业活动见表 11.1。

第二，工厂需要决定安全作业程序在哪些方面适用。在一个工厂内，成品仓库的危险与化学品处理区域的危险可能相差甚远。一般来说，一些安全作业程序，例如动火作业和上锁/挂牌，适用于整个工厂；而另一些安全作业程序，例如车辆许可和入内控制，仅适用于高危险工艺区域。

一些工厂通过特殊授权来控制高危险工艺区域的所有维修和相关工作。此外，根据危险或对风险的认知，某些作业活动只能由资深专家授权。例如，工厂可规定只有在资深辐射安全专家的直接监督下，才允许实施涉及使用电离辐射(例如工艺管道和设备的 X 射线探伤)的作业。

表 11.1　安全作业要素包括的典型活动

控制一般危险或防止员工接触危险源/危险环境的安全作业程序：
- 上锁/挂牌和/或高能危险的控制；
- 管线开口/打开工艺设备；
- 进入受限空间；
- 动火作业授权，包括使用不符合电气防护等级要求的设备；
- 未授权人员进入工艺区域；
- 在正常/常规运行期间进入特殊区域(例如可能存在特殊危险的房间，机械设备的运动、转动等工作范围)；
- 登高作业许可；
- 高空作业/坠落防护。

防止可能产生次生重大事故影响的安全作业程序包括：
- 工艺区域内或周边的开挖活动；
- 在工艺区域内驾驶车辆；
- 工艺设备的吊装；
- 在工艺区域内或周边使用其他重型施工设备；
- 管线和设备带压开孔。

控制特殊危险的安全作业程序包括：
- 使用炸药/爆破操作；
- 使用电离辐射(例如拍摄工艺设备的 X 射线图像)。

防止安全系统未授权损坏的安全作业程序包括：
- 消防系统的维修；
- 泄放装置的临时隔离；
- 联锁装置的临时旁路或摘除

*安全作业*要素还应包括特别的施工活动。施工危险可能延伸到作业区域以外，可能影响工厂的其他装置，例如在挖掘期间偶然切断地下公用工程或工艺管线，或在附近产生火源。相反，施工人员也可能面临来自工厂其他装置的危险。在施工阶段，可根据风险的大小，简化施工作业的某些许可证要求或不需要作业许可，如果它们只是覆盖了常规施工活动，例如焊接。如果明显不存在特殊危险，每天对相同的施工活动重复发放许可证，会让人产生自满心态，认为安全作业程序也就这样。

规定在工厂生命周期的哪些阶段使用安全作业程序。一个普遍的错误概念是，与化工操作有关的风险开始于大量的化学品首次投入生产，结束于装置停车。许多事故场景的后果

严重性可能与物料的存量成比例，所以在装置生命周期的早期或末期阶段，许多危险并不存在或明显较小。但是，一些危险，例如施工期间的坠落，或停运期间接触残余物料，即使在很少或没有工艺物料的情况下也会存在。

某些危险主要存在于生命周期的早期或末期阶段。在早期实验室和中试开发阶段，风险可能未被很好地理解，特别是对于新产品、新合成路线或新工艺。装置退役时也存在各种独特的危险。一些装置在退役之前闲置多年。混合物中较轻的组分已经挥发，留下高度黏稠的液体或固体物质，因而很难完全从工艺管线和设备中排出。此外，装置停车时存在的残余工艺物料可能发生反应，生成其他具有完全不同危险的化合物。

所有这些因素表明，在过程生命周期的每个阶段都需要有效的安全作业程序。安全作业管理程序还需要一定的灵活性，以使工厂在生命周期的不同阶段有区别地使用一些安全作业程序。

确保统一执行。制定一套安全作业程序有助于工厂管理非常规作业的相关风险。安全作业程序一般要求开展某种形式的危险评估，制定一系列安全保护措施以确保作业顺利进行。这通常要求一个由有效安全作业程序、检查表、临时操作程序、维修程序、特种工作作业票、许可证及其他程序构成的一体化系统，用以集中规定：

- 待实施的作业；
- 作业涉及的设备；
- 作业有关的危险；
- 排液、吹扫或清理设备的步骤；
- 安全保护措施，例如隔离能量来源和工艺物料；
- 在非常规作业期间对现场条件和工人绩效的必要监测；
- 作业人员使用的个体防护设备(PPE)；
- 将设备控制正式交给作业小组的方法；
- 检查、试验或其他步骤，确保设备完成了作业前的准备工作；
- 实施非常规作业程序；
- 设备恢复运行的步骤，包括启动前检查、检测和试验，例如泄漏检查、轴线校准和转动检查；
- 将设备正式交还给生产部门控制的方法。

选择有能力的人员。尽管本节前面列出的所有作业都被视为非常规作业，但其中一些较为罕见并且可能具有更高的风险。一些作业的授权和实施显然需要特殊的专能。例如，工厂有时使用炸药来驱出设备内固化的工艺物料或破碎储罐内熔结的固体。这种做法，以及其他特殊的非常规作业，在缺乏对风险充分理解的情况下会引入不可接受的风险。1921 年，一个使用炸药破碎肥料的常规操作导致爆炸发生，500 人死亡。

1921年 9月 21日在德国奥堡，大约 450t 硝铵 /硫铵混合物发生爆炸，导致约 500人死亡。在 1921年以前，通常采用常规炸药(例如甘油)来破碎采用其他方法很难奏效的大块物料。事实上，在 1921年 9月 21日以前,使用这种技术破碎硝铵肥料已超过 20000次而未发生过一次爆炸(见参考文献 11.4)。

尽管这个文本框内所引述的例子已年代久远，但它强调了一点：有些巨大的危险我们并不知道(至少对于实施非常规作业的人员如此)。

尽管选择有能力的人来审核非常规作业的相关危险总是很重要的，但同样重要的是，应选择有能力的人来制定程序、发放许可证和实施涉及固有危险的物质和方法的非常规作业。但是，不能完全听从“专家”的意见。将专家建议与现场实际、具体装置经验相结合，是识别非常规作业的相关危险并管理风险的一种有效方法。相比于作业许可证管理，工厂常常根据感知的风险，通过*变更要素*来管理某个非常规作业，从而实施更高的安全要求。

11.2.2 有效控制非常规作业活动

有效管理非常规作业的相关风险，需要稳健的系统、全面的培训和认知、健全的文化和勤奋。

制定安全作业程序、许可证、检查表及其他书面标准。书面程序和许可证对于有效地统一控制非常规作业是相当必要的。安全作业程序一般包括检查表，它可：(1)强调在作业期间可能遇到的特殊危险；(2)规定适当的安全保护措施。

安全作业程序可能适用于全厂或某台特定的设备。如果风险为一般性质的，例如通常涉及火灾危险的动火作业，一个全厂范围的程序加上许可证/检查表作为补充通常便足够。如果危险是某类设备或某台设备特有的(例如消防系统维修)，通常需要特定设备的作业程序。在一些情况下，安全作业程序、许可证和特定设备说明书需要由第 10.2.3 部分中所述的特定任务临时操作程序或维修程序加以补充。不管怎样，标准化的程序和许可证对维修和承包商人员，以及其他在工厂内实施非常规作业的人员有利，这样他们便不必学习工厂各个装置的不同标准。

安全作业程序应要求在(1)设备放空准备维修之前；和(2)维修完成时，设备责任人/使用人与指定的作业实施人员进行双向沟通。安全作业程序通常包括检查表或作业授权许可证。

发放和授权作业许可证可确保双向沟通，确定作业实施人员必须遵守的书面条件。许可证应由独立于作业组，且经过培训、具有评估作业危险所需知识和经验的人员发放。例如，可指定经过适当培训的一线主管和某些操作人员负责批准其装置内动火作业许可证的发放。主管和操作人员一般应：

- 是作业实施区域的负责人；
- 非常熟悉该区域内的危险，特别是火灾危险；
- 熟悉可能受动火作业影响的相邻区域的危险(假设危险会蔓延到装置区域以外)，并与相邻区域负责人进行沟通；
- 了解正在进行的其他活动，这些活动可能给计划作业带来风险；
- 能够独立确认已针对所计划的动火作业危险采取了相应的安全保护措施。

相反，在一个拥有多套装置的工厂，操作人员或一线主管未必是批准对全厂消防系统进行维修作业的最佳人选，因为潜在的受影响区域将远远超出他所负责的区域。此外，一些许可系统可能要求授权人受过特殊的训练或拥有专长。例如，一个工厂可能规定，挖掘作业许可证只能由工厂工程师才能签发，该工程师能够根据需要仔细检查埋地管线区域。

许可授权前的作业现场检查也是一项重要的保护措施，因为许可授权人可能会注意到一些不安全的状况，而这些状况没有明确地包含在与作业许可相关的检查表中。

当非常规作业完成时，要求由操作小组和指定的作业实施小组各派一名代表共同检查作业区域，将有助于防止在设备恢复运行时发生事故。除了检查作业区域外，这个团队通常还负责确保阀门开关正确、工艺管线上的盲板已拆除、排气管和排液管上的盲板已重新装好、转动设备旋转方向正确、下水道和排水沟已盖好、挂牌上锁已摘除、栅栏已拆除，等等。这些惯例做法常常被并入*准备*要素。应密切监测*安全作业*要素与*准备*要素之间的过渡，以确保不会存在缺口并且具有一定的重叠度或冗余度。

批准的许可证应放在醒目位置，以使操作人员和主管知道所有开放或正在进行的工作任务。当在作业许可证的有效期内某些变化发生时，这有助于更好地判断这些变化可能对风险有什么影响。例如，有两台非常重要的电动泵(其中一台为安装备用泵)，同时设有蒸汽透平驱动作为备用，如果透平驱动泵无法运行，操作人员可能就会很谨慎地选择将每周切换一次的电动泵推迟几小时。

工厂还应提供一种方法提醒员工注意当前没有进行和尚未完工的作业。除了采取行政控制手段(例如在指定位置张贴通知)外，一些工厂还建立了“部门锁”作为上锁/挂牌程序的补充(但不是取代)。例如生产部门将对停运或由于某种原因而未运行的设备加上部门锁和挂牌。如果需要检修，维修部门也将在开始检修设备时加上他们的部门锁。*注：维修部门锁是除维修人员加在设备上的个人锁之外的锁*。当维修人员当天离开或被指定执行其他任务时，他们将摘除个人锁。但是，维修部门锁仍保留在设备上，直至维修工作结束、维修小组认为设备可以投用为止。同样的方法也可用于提醒员工，承包商的工作尚未完成。如果有这类提醒，Piper Alpha 平台的工作人员可能就会意识到摘除凝析油注入泵上的锁、恢复其运行是不安全的(Piper Alpha 事故的简述见本章开头)。

许多工厂通过发放通用许可证(有时称为作业授权)、开车作业、低温作业、作业控制或安全作业许可证来控制所有非常规作业，即使这些特殊的非常规作业许可证没有一种适用。通过使用通用非常规作业许可证，工厂可实现设备责任人/使用人与指定任务执行人之间的良好沟通。

一些工厂对某些低风险水平的作业免除使用作业许可证。免除作业列表中一般包括：

- 设备经过恰当的洗消后，在指定车间区域进行的维修活动；
- 在指定焊接区域进行的动火作业；
- 少数电气和电子维修活动，前提条件是这些活动不在工艺区域进行，并且没有工人直接与高压导体接触，例如，更新插件式模块和控制器/计算机卡；
- 在公路和地面进行的日常维修，只要不发生永久性交通堵塞，并且工作远离工艺区域；
- 运行设备的润滑。

这张列表有时会扩大到包括工艺设备的少量调节/检修(例如，上紧法兰或阀门盘根)和对工艺影响很小的常规维修活动(例如振动监测)，只要负责该区域的操作人员口头授权即可入内工作。

免除某些高频率、低风险活动的作业许可，可防止许可证发放人产生“文书”工作的感觉。以相同方式处理所有非常规作业而不管其风险大小，可使许可证发放人员变得自满。如果这种自满情绪发展到一定程度，工厂可能会开始由办公室或控制室发放许可证，而不去充分理解即将实施的作业，并且/或不对作业现场进行检查。

对员工和承包商开展培训。与任何管理系统一样，良好的绩效在很大程度上取决于个

人能力。员工和承包商必须懂得如何有效地授权和开展非常规作业。*安全作业*要素包括三个方面的培训，它们是：

- 理解安全作业程序及相关许可证的系统；
- 认清通常与非常规作业相关的风险；
- 遵守程序并正确填写许可证和检查表。

安全作业指南、许可证协议、特定设备程序、特种任务程序、特殊装置程序和惯例做法等错综复杂，极易混淆。在对许可证发放人员或许可证所涉非常规作业人员进行培训时，用一张流程图或逻辑图来表示各种程序与许可证之间的关系具有很好的效果。如果仍然容易混淆，可考虑简化安全作业程序系统。

关于如何察觉危险和如何察觉何时存在未知风险的培训，则要复杂得多。工人察觉危险的能力取决于他的经验、培训和知识，也取决于他是否具有警惕性。这种能力还和其他RBPS要素，包括*文化*、*能力*、*风险*、*培训*和*过程知识*要素，紧密相关。适当地实施这些要素，再加上在任命和培训许可证授权人时认真地评估这些因素，将有助于确保许可证发放人员尽责尽职地管理与非常规作业有关的风险。

控制特别危险区域的进入。公司在控制参观者和承包商进入方面已有很长的历史，而不管作业的性质如何。除了保护业务机密和商业秘密信息外，控制进入还有助于：(1)防止由于参观者或承包商的无意识行为造成的安全或操作事件；(2)如果事件发生可最大限度地减少受伤人数。

许多公司已将他们的进入控制措施扩大到包括不直接参与工艺操作的员工(有时称为非操作人员)，例如，维修工人、技术和实验室人员和经理。这种改变部分是出于对法规要求的回应。操作人员应充分了解和控制他们所负责的工艺区域内的所有活动。限制非操作人员进入可使操作人员：(1)授权/控制对工艺区域的进入；(2)了解工人何时离开工艺区域。在授权进入时，操作人员可向工人说明该区域当时存在的所有特殊危险。此外，进入者应告知操作人员来访的目的、特殊作业地点和任何预定活动，万一发生紧急情况或意外操作问题，这将对操作人员有所帮助。在一些特别重要的操作期间，操作人员(或主管)甚至可拒绝来访，请求来访者在危险或敏感操作完毕后再来。

在一些情况下，可能需将程序范围扩大到控制在正常条件下可能不是极其危险的工厂的某些部分的进入。例如，一个公司可能认为，让失控间歇反应的物料泄放到顶部而不是收集槽内是可接受的，这是因为：

- 顶部通常没有人；
- 失控反应是不经常发生的意外事件；
- 顶部的高度使得失控反应期间泄放的工艺物料不可能对厂房外(或厂房内)地面人员产生不可接受的风险。

在这种情况下，该公司可能会制定一个未经反应器操作小组的许可严禁进入顶部的程序。只有当反应器闲置时才允许进入顶部，从而限制进入顶部开展维修或其他作业的许可数，以保护人员安全。同样，一些工厂规定，未经管理层授权和未使用合适的个体安保设施，任何人不得在某些操作阶段进入工艺区域。这种惯例做法通常仅限于含有即使量很少也会立即危害人体健康的物料的工艺。

加强安全作业程序、许可证和其他标准的使用。以下途径可确保统一执行安全作业程

序和许可证：(1)合理设计的，广泛理解的书面操作程序和许可证；(2)在整个组织内开展认知培训；(3)对操作人员、维修人员、许可证授权人员、按照许可证作业的承包商、主管开展更深层次的培训；(4)时常检查工作现场。

因为推行安全作业程序和发放/授权安全作业许可证的责任常常由厂内十几人甚至数百人分担，对*安全作业*要素相关作业活动的实施可能会出现不一致。培训粗浅、系统混乱、缺乏操作锻炼或不够勤勉，都是不能统一实施作业活动的潜在原因。解决绩效不均衡或较差的第一步是识别这种状况的存在之处。负责日常安全/环境卫生审查的人员应该对正在进行的维修作业活动进行抽样检查，以确保相关的许可证已到位、许可证中规定了相应的条件、工人按照程序作业并与许可证要求一致。检查频率应根据感知的风险而定。例如，在正常运行期间，每周30min的检查可能是合适的；而在大型连续装置的停车期间，有数百名合同工人同时再某时段工作，可能就需要每天检查几次。

审核许可证填写情况。许可证中常常包含错误，例如未填写所要求的现场，作业条件似乎与任务不匹配，许可证授权人或作业实施人未完成所要求的培训。如果只是简单地填写许可证而不对其进行审核，无异于：(1)无法了解人员在作业许可方面的培训需求或系统问题；(2)创建了一个有多项许可不符合程序要求的文件，而这些错误最终会被审查人员发现。某些人发放的许可证有时字迹模糊。尽管发放许可证的人能够认清并表示它符合控制安全作业程序的要求，但字迹模糊的许可证无法让作业人员有效了解相关危险、安全保护措施和安全操作条件。如果填写完毕后对许可证进行审核，所有这些问题都能很快被察觉并及时得到纠正。

许可证常常由主管、维修计划员或其他了解整个*安全作业*管理规定、装置和危险知识的人进行审核。如果一张许可证内容齐全准确，专业人士只需一两分钟即可审核完毕。持续的许可证审核还可提供一个指标来跟踪随时间变化的绩效，并有助于确定复训的需求。

11.3 可能的工作活动

RBPS方法建议，每项工作内容的深度要求应根据风险和所需的资源而确定，并与工厂文化相一致。某项工作内容的深度要求因各个工厂而异，同时即使在同一个工厂内，也可能随装置或工艺区域不同而发生变化。因此，在制定一个基于风险的过程安全管理系统时，读者应遵循以下步骤：

1. 评估工厂风险，同时调查工作内容所需资源与现有资源配置状况，以及工厂的安全文化。具体情况见第2.2节。
2. 评估执行安全作业规程各项关键原则的潜在收益。安全作业关键原则详见第11.2节。
3. 根据第1和第2步的结果，确定安全作业的基本要求(第11.2.1~11.2.2部分所述的基本要求)，合理地管控风险。
4. 对于将要执行的每个基本要求，确定执行方法，选择本节所述的相应的工作内容。请注意，这些工作内容不可能对所有行业都是全面的，读者可能需要增加某些工作内容或修改本节所列的部分工作内容。

5. 对于将要执行的每项工作内容，确定所要求的深度水平。本节所列各项工作均设有两到五个具体实施方案，工作标准依次提高。每项工作采用序号标识，具体实施方案采用字母标识。

备 注

许多法规部门，包括美国职业安全与健康管理局，制定了严格要求的法规，用于指导本章所述的多项活动。因此，公司在决定接受(或更特殊地是拒绝接受)本节所列某些或所有关键原则和基本要求时，除了风险之外还应考虑法规要求。

本章不提供适用于美国或任何其他国家工厂的安全作业规程或法规要求的综合列表。

11.3.1 保持有效运行

确保统一执行

1. 制定一项规定或一项程序，描述如何利用程序和许可证授权，控制非常规作业。
   a. 安全作业程序的设计应满足法规要求。
   b. 公司制度要求，必须合理的确定需要开发哪些程序和许可证，并列举各种实例。
   c. 工厂里有具体的程序，描述了*安全作业*要素，并明确规定该要素的范围、任务和职责。
2. 在公司制度/工厂管理程序中包括安全作业程序和许可证所需的最低要求信息(见11.2.1部分)。
   a. 信息应满足最低法规要求。
   b. 工厂不制订统一的安全作业规程，而是按照统一格式制定安全作业程序，它们通常解决(满足)一组共性的问题(要求)。
   c. 工厂制订安全作业规程，规定在每个安全作业程序、检查表和许可证中包括的最低要求。

定义范围

3. 阐述程序或许可证覆盖哪些非常规作业(或不覆盖哪些)。
   a. *安全作业*要素的范围根据法规要求而定义。
   b. 在*安全作业*要素的范围中包括根据早先事件及法规要求已经执行的惯例做法。
   c. 在公司制度中阐述必须编制哪些程序和许可证。
   d. 在工厂安全作业规程中列出所有安全作业程序，并举例说明它们在非常规作业中的应用。
4. 在书面安全作业管理程序中说明工厂是否有些部分可以不要求执行作业程序或作业许可。
   a. 通常，没有书面规定，明确哪些作业需要遵守安全作业程序，但是已经形成了良好的作业实践要求，并通过培训强制推行。
   b. 在作业管理规程中，用表格或其他方法清楚说明工厂每个安全作业程序的适用(或不适用)场合。

c. 每个安全作业程序都包括范围部分，清楚说明它在工厂的适用(或不适用)场合。

5. 对于处理剧毒或危险化学品的装置，制定特殊安全作业程序，以说明特殊危险和/或控制作业。

a. 在公司制度中提出这个问题，但工厂内并不存在这类特殊危险；在工厂的制度或作业管理规程中不反映这个要求。

b. 不制定书面的指南，而是由工厂关键人员时刻留意某些非常规操作所具有的特殊危险，例如使用炸药或电离辐射。此外，对于特别危险的工艺区域授权非常规作业时，需有一名主管介入。

c. 在工厂的政策/安全作业规定中，包括所有非常规作业并提出特殊要求，例如对某些高危险作业的临时变更授权。

规定在工厂生命周期的哪些阶段应用安全作业程序

6. 使用安全作业程序来控制开车前或装置永久性停车后发生的典型活动。这类活动包括施工、停运和拆除。

a. 在施工、停运或拆除期间是否使用安全作业程序由项目经理决定。

b. 在安全作业管理规程中，规定在装置/工厂生命周期的哪些阶段应用安全作业程序。

c. 除了(b)项外，在安全作业管理规程中还具体规定了在整个工艺装置的生命周期内应用哪些安全作业程序。

选择有能力的人员

7. 确保许可证授权人员：(1)拥有理解各种危险的能力和经验；(2)掌握与危险有关的风险管理方法。

a. 许可证可由任何操作人员、维修工人、主管或装置维修计划员发放。

b. 许可证必须由核心安全委员会的区域安全代表或轮班代表授权。

c. 许可证只能由已完成某些培训(有时是复训)的指定人员授权。

d. 提供各类许可证指定授权人员名单。通过正式程序，根据知识、经验和是否完成特种许可证培训来决定每份名单的人选。

8. 确保许可证授权人员了解危险

a. 许可证可由任何操作人员、维修工人、主管或装置维修计划员发放。所有这些人员通常应了解装置内存在的危险和相应的安全保护设施。

b. 许可证必须由区域安全代表授权，这些人应定期参加会议和短期课程，以提高他们的危险识别和安全管理技能。

c. 许可证只能由管理层指定的有经验的人授权。被指定人员必须(1)完成以危险识别为重点的培训；(2)知识经验丰富，许可证发放人员应“懂别人不懂的事情”。

9. 打造一种鼓励大家对所有操作的安全性提出质疑的氛围，包括对非常规活动，即使该非常规活动已由“专家”列入计划并实施(注：这个作业活动与第3.2.2部分所述文化要素的基本特征——保持警惕性密切相关)。

a. 将质疑态度视为一种积极态度，但只有当提出有效的问题时才是如此。

b. 工厂文化倡导“安全第一”的理念，鼓励所有员工对所有作业活动的安全依据提出质疑。

c. 工厂文化倡导“安全第一”的理念，准许工人停止他们认为任何不安全的作业活动，直到他们的担忧被消除。

11.3.2　有效控制非常规作业活动

制定安全作业程序、许可证、检查表和其他书面标准

10. 编制程序和/或许可证，控制适用的非常规作业活动。
 a. 口头授权作业，通常在晨会上由生产主管与维修主管讨论决定。由承担作业的个人负责控制(例如打开联锁切断开关)。
 b. 大部分作业通过设备责任人/使用人(例如操作人员或生产主管)与指定承担作业的人讨论，口头授权。
 c. 在作业授权和控制程序中包括某些活动(例如动火作业)的书面许可证。
 d. 采用由程序、许可证和检查表构成的一体化文件，与物理控制方法(例如加锁和栅栏)一道，对非常规作业进行授权和控制。例如，用部门锁补充个人锁，这样在维修人员未摘除维修部门锁的情况下，停运维修的设备便不可能重新投用。
11. 要求操作设备的小组或负责作业区域的小组与承担非常规作业的小组直接进行沟通。
 a. 由承担作业的人员负责控制(例如打开联锁切断开关)。承担作业的人员常常只有在认为其他区域可能受作业影响的情况下，才会通知其他人。
 b. 由区域主管授权作业，通常在控制室讨论会或每天的工作计划会上决定。
 c. 安全作业程序要求：(1)只能由有资质的人代表负责设备运行的部门发放；(2)在发放许可证的程序中包括作业现场检查。
12. 确保已向装置操作人员或其他可能受影响的人员清楚通报正在进行的作业。
 a. 由维修人员或其他指定承担作业的班组在开始作业前口头通知操作人员。
 b. 由操作人员或主管发放张贴在作业现场的书面许可证。
 c. 对所有非常规作业发放许可。所有公开许可张贴在作业现场和指定区域，例如控制室内的专用公告栏上。
 d. 除了(c)项外，选择一种非常醒目的方法来警示操作人员留心未完成的工作，包括安全保护措施，以防止操作人员在作业完成前投用设备。
13. 建立一个非常规作业许可或类似系统来控制所有非常规工作任务，即使没有其他安全作业程序或许可适用。这个系统可对某些装置区域和/或低危险任务实行特殊豁免。
 a. 作业授权系统主要采取口头方式，并以工厂的长期惯例做法为基础。
 b. 正式的作业授权和控制程序/许可系统以法规要求为基础。
 c. 所有非常规作业必须获得授权，许可只能由区域安全代表或轮班安全代表授权。
 d. 所有非常规作业必须获得授权，许可只能由多位受过培训并操作或负责作业区的人员授权。当作业完成时，通过作业班组与设备责任人/操作人员之间的正式沟通关闭许可。

对员工和承包商开展培训

14. 对所有员工开展认知培训。
 a. 员工通过在岗培训了解作业许可系统。

b. 在新员工定岗之前，向其发放书面的安全作业规程、程序和许可要求。

c. 通过新员工培训和定期进修培训宣传安全工作规定、程序和许可，同时通过实际操练或其他方法确定是否每个受训人员已全面了解该系统。

15. 对日常授权或承担非常规作业的员工进一步开展培训，详细介绍一体化的安全作业程序和许可系统。

a. 只有经理、工程师、主管、高级操作人员和安全技术员有资质发放作业许可，管理层根据这些人的教育程度、经验和所接受的通用安全培训，认为他们已掌握了作业许可要求和流程。

b. 当员工被列入授权许可发放人名单时，接受1~2h的指导，指导的重点主要是如何填写许可证。

c. 被授权的许可发放人接收初训和定期复训，培训时着重介绍：(1)程序的变更；(2)工厂、公司或行业内最近发生的涉及非常规作业的事故；(3)全厂普遍容易混淆或误解的要点。

16. 确保许可授权人很好了解实施非常规作业时通常遇到的特殊危险，并对这些特殊危险具有警惕性。

a. 按照惯例做法，未经工厂或装置经理的批准，不得进行特别异常的非常规作业(例如使用炸药或电离辐射)。

b. 许可授权人通常参与危险审核和风险分析，充分了解工厂在大部分常规和非常规操作期间存在的危险。

c. 除了参与危险审核外，许可发放人平时还审核来自工厂其他部门、类似工厂或业内其他公司的“事件教训”总结报告，特别是该危险与工厂直接有关时。

控制特别危险区域的进入

17. 建立一个系统来控制与工艺操作无关的人员进入工艺区域。这个系统应包括一种方法，确保在操作人员与需要进入受控区域的其他人员之间进行适当的口头沟通。

a. 在通往工艺区域的大门上或走道上张贴告示，写上“未经批准，不得入内”的字样。

b. 承包商在进入工艺区域之前必须在控制室登记，来访人员在无员工陪同下不得进入工艺区域。

c. 经理、维修人员、技术人员和实验室人员及其他非操作人员在进入工艺区域之前必须通知操作人员，但不需要直接对话。

d. 所有非操作人员在进入工艺区域之前必须去控制室签字，离开时也必须签字。

e. 除了(d)项外，外来人员在进入和离开工艺区域时必须刷电子胸卡。这个系统保存有连续的电子日志，可从控制室和工厂的其他重要位置查寻，显示每个工艺区域的在场人员。

18. 控制进入存在特殊危险的工厂区域。

a. 由主管或项目经理决定，用警戒带将特别危险区域围住。

b. 在特别危险区域用设置围栏并告知危险。工人很少穿越这些边界。

c. 除了(b)项外，任何人在进入围栏区域前必须通知操作人员。

d. 除了(c)项外，使用硬围栏，例如临时金属壁板或围墙，对特别危险或敏感区域实行隔离。

加强安全作业程序、许可和其他标准的使用

19. 建立作业区域日常检查系统，以确定：(1)是否遵守安全作业程序；(2)许可条件是否适当；(3)是否遵守许可条件。
    a. 检查通常由作业区域主管进行。由该主管确保及时采取纠正措施，但仅报告明显违反安全作业程序或许可条件的情况。
    b. 所有经理、主管、工程师和其他技术人员必须定期开展安全审查，审查方案中应包括对非常规作业的检查，以确保安全作业条件落实到位。
    c. 所有经理、主管、工程师和其他技术人员必须每周开展一次安全审查，审查结果由安全部门总结并归纳出趋势。
    d. 对工厂的关键人员开展实施安全审查的培训，包括使用定义明确的方法对非常规作业活动进行审查。报告并跟踪这些被称为安全和不安全行为的审查结果，以确定*安全作业*要素执行力是否下降。

审核许可证填写情况

20. 在填写好的许可证存档或废弃之前，对其进行审核，根据审核结果，采取措施改进许可证的准确性和完整性。
    a. 当有效期满或作业结束时，许可证作废。
    b. 当作业结束时，收回许可证并保存一定的时间。
    c. 将每张许可证的一个副本返回给指定人员(例如区域安全代表、维修计划员、操作组长)，由其进行审核，以确定：(1)许可条件是否适当；(2)要求的所有现场任务是否完成；(3)许可证字迹是否清楚。如果发现不当之处，向指导如何正确填写许可证的具体授权人反映。
    d. 除了(c)项外，一旦发现有系统性问题，立即通过特殊培训课程、施工安全会或程序审核加以解决。

11.4 提高效能的方法示例

本节提供了一些案例，这些案例做法能有效改进与安全作业要求有关的工作内容，并经工业实践证明可行。根据第11.2节中的关键原则，这些案例可分为以下两类：

1. 能够提高安全作业管理工作绩效的方法；
2. 提升安全作业管理的效率，在保持安全作业管理绩效水准的同时尽可能降低资源消耗。

这些案例均源于工业实践、行业研讨会和CCPS会员单位。希望改进管理系统和本要素相关工作活动的读者，应检验这些方法，评估自己企业当前管理系统和工作活动的绩效和效率，然后按照第2.1节所述的基于风险的原则，选择和执行改进措施。

11.4.1 保持有效运行

通过持续培训提高危险识别水平。众所周知，人为失误是事故的主要原因，而许多人认为失误源于对风险的认识不足。例如，几乎所有工人都掌握窒息危险知识，但他们仍常常在未采取任何安全保护措施的情况下自愿进入受限空间去帮助昏迷的同事，结果造成两人而

不是一人死亡。所以应确保所有授权或实施非常规作业的人真正认识危险。

发现机会杜绝人为失误，特别是当存在大量非常规作业管理时。许多安全作业程序在宽松的条件下运作良好。在正常运行期间，一套装置每天可能发放一或两张许可证，几乎所有现场作业都由工厂维修部门承担。由于作业次数较少，工人技能和熟悉程度较高，工人可集中力量完成有限的任务。但是，在这些条件下运作良好的系统，当系统承受压力时可能会崩溃。例如在计划停车期间，十几项任务同时在一套装置内进行，每天发放一百多张许可证，数百名承包商工人在现场作业。这一切都为人为失误的发生提供了可能条件。在这种严苛的条件下，可考虑增加视觉提示物来帮助减少错误。例如，工厂可为每个作业组指定一种独特的颜色。当发放切管作业许可证时，发放人可使用与该组颜色相应的颜料带对行将打开的法兰作标记。同样，要求各作业组在他们安装的所有盲板的手柄上涂上与其指定颜色相同的油漆。如果后来某个作业组成员被要求拆除由其他小组颜色作标记的盲板，他将知道这件事情是错误的。或者，如果作业结束时盲板仍然存在，则很容易判断哪项任务可能还未完成。

鼓励高级管理人员亲力亲为。在积极更新安全作业程序和惯例做法的过程中，管理人员具有相当大的现场感召力。例如，一个工厂正在引入一种新的作业许可证来控制该厂的所有非常规作业，此时它很可能将大量的时间和精力投入在支持编写程序和许可证、加强它们首次发布后的使用、研究任何所出现的不当等上面。当在安全会议或培训课堂上介绍这种新的作业管理方法时，装置经理可利用这个机会决定他的参与程度。他可以选择：(1)将培训委托给安全员，自己处理其他事务；(2)在培训开幕式上讲话，说明该方法的重要性，然后将会议交给安全员负责；(3)亲自领导培训。三种方案中领导对作业许可的支持程度依次提高，从而安全作业执行力也可能依次提升，而风险依次降低。领导通过亲自参与培训，向员工展示了领导层十分重视安全作业程序管理。

11.4.2 有效控制非常规作业活动

让基层发放和授权许可证。一些工厂只允许主管或安全专员发放许可证，从几方面来看这可能是一个沉重的负担。其一，根据工厂的规模，一个人的部分或全部时间可能要花在穿梭于各个作业场所之间发放许可证。其二，让维修人员或承包商人员等待许可证批准可能会造成额外的经济损失。等待许可证批准不仅影响效率，而且会延误工期、推迟后续开车。这些延误可直接影响总停车时间，因而影响产量。

因此，由操作人员发放许可证具有强大的经济驱动力。这种方法可能非常成功，因为操作人员通常非常熟知他们所在区域的危险，并且可随叫随到发放许可证。让操作人员发放许可证还有利于操作人员与指定实施非常规作业的人员之间的沟通。但是，这个系统只有在以下条件下才可正常运作：(1)指定发放/授权许可证的操作人员接受过良好的培训；(2)工厂文化使得操作人员能够做出决策而不是简单地填写表单。此外，由于许可证发放人和授权人数量的增加，控制力度减弱。在工厂制度和程序中必须明确说明如何使用许可证，并为某些情况提出最低安全保护要求，例如具体的个体防护设备。当使用这种高度分散的方法时，需要特别采取以下行动：审核许可证和正在进行的非常规作业，并将其作为工厂日常/经常性安全检查计划的一部分。

将安全观察范围扩大到同事。各种安全检查计划，例如安全和不安全行为审查或正式

常规作业现场检查计划，可能会导致主管和技术人员不堪重负。一种替代方法是借助操作人员和维修人员实施这些检查。因为一旦发生过程事件，这些人常常首当其冲，所以他们对装置的安全尤为关注。这种做法也有利于*人员参与*和*文化*要素的提升。在一个具有先进过程安全文化的工厂内，大部分工人将支持这种努力。他们一般了解安全计划，特别是*安全作业*要素，知道它们是为防止员工在工作时受到伤害而设计的一套系统性的政策和程序。最后，正如教育他人可迫使自己更全面地掌握知识一样，参与正式的安全检查计划可提高每个参与者的安全技能，特别是在危险识别和采取适当的防护措施方面。

采取多个副本的形式。加强操作团队与作业团队之间沟通的另一种方法是，将许可证副本保存在控制室。许多工厂使用多个许可证副本，一个送回控制室，另一个张贴在开放作业许可的指定区域。这可使操作人员快速确定哪些任务正在进行当中，哪些设备被牵涉在内。当作业结束时，从告示板上取下许可证副本，签字，作废或送交装置主管审核。但是，从效率观点来看，采取多个副本的形式可能会适得其反。一些工厂使用一式四页的形式，将填写好的许可证副本分别送交安全、维修、操作人员和工程部门。如果工厂在不同文件夹内保存多个填好的作业许可证副本，应确定：(1)是否有充分的理由在审核之后继续保存任何填好的作业许可证副本；(2)是否有任何理由将多个副本存档。

利用视觉辅助物。如果变化时常发生，例如在间歇生产装置，可利用视觉提醒物显示各台设备的当前状态，提醒员工注意非常规作业危险。例如，在控制室内的固定位置设置一块状态板，显示每台重要设备的当前状态，有助于员工随时获得信息，特别是当在某个给定时刻有多个非常规作业同时进行时。

将检查表加载到个人数码助理(PDA)上。纸质许可系统的一个优点是，许可证可成为设备责任人与指定作业人之间的某种形式的合同。但是，没有人愿意阅读长篇累牍、密密麻麻、其中大部分内容并不适合任何特定任务的合同。另一种方法是开发应用软件，将其安装在可带入现场的个人掌上电脑上。这样就可以绘制决策树来帮助许可证发放人识别危险(例如产生火焰或火花的操作)，将许可证发放人姓名输入到适当的许可证/检查表中(在本例情况下为动火作业)。许可证必须是可打印的，以使现场人员很容易查询许可条件，并使操作人员或其他设备责任人了解哪些许可活动目前正在进行。PDA 系统的优点是：(1)许可证可下载到中心数据库文件夹内，并且更容易保存供后期审核使用；(2)因为许可证可根据需要打印，所以许可证/检查表的内容很容易增加或修改；(3)如果发放人未将所有必要的许可证/检查表带到现场，他们不会试图凭记忆工作。PDA 系统还可确保不会遗漏需要填写的作业现场，并可使许可证字迹清楚。这类系统的一个缺点是，发放人在 PDA 上仔细查看检查表后，需要额外的时间来打印和分发许可证。

开发计算机辅助培训(CBT)模块编制许可证。一些培训，特别是通常不需要作决策的程序培训，可有效地通过 CBT 进行，工人可在需要时复习 CBT 模块。

采用程序部分自动控制的许可证发放系统。在安全作业许可证中，规定了很少需要许可证授权人确认的条件。例如，工厂可能要求动火作业许可证发放人每 12 个月接受一次复训。同样，可能要求指定担任动火警戒的人参加定期复训。但是，许可证发放人很少确认动火警戒人的培训状态，在发放许可证时只是询问是否完成培训而已。计算机对于跟踪和管理这类资料非常有效，可将用于发放作业许可证的数据库与培训/资质数据库链接。自动化系统还可根据一组逻辑法则对相关许可证实行链接。例如，系统可通过编程不允许在区域消防

系统损坏的情况下发放动火作业许可证，同样，不允许在受影响区域，在开了动火作业许可证的情况下发放消防系统维修许可证。许可系统中采用程序自动控制，可使发放人解放出来而将重点放在特殊工作条件和独特危险上。

对于已许可的作业，进行每日审核。大部分非常规作业都会提前一天或几天计划。非常规作业可能会增加操作人员的负担。例如，经常要求操作人员密切监视承包商，或在仪器校准期间将控制回路置于手动模式操作。少量的非常规作业是不可避免的，但是，如果许多非常规作业同时出现，潜在的操作风险可能相当大。如果同时有其他因素增加了班组的负荷，情况更是如此。例如，内操人员休假由现场操作人员越级替班、用装卸工代替现场操作人员，资深操作人员生病。在这些条件下，与一般非常规工作任务有关的风险可能会变得不可接受。通过每天审核所有计划和非计划作业，以及生产和维修部门的人员配备及培训状态，经理可评估较高风险的非常规作业的强度。同时，根据当前人员的配备、培训和经验水平，决定哪些作业风险是可接收的。

对不经常但会重复出现的作业，制定程序。当制定重大停车计划时，需要确定所计划的非常规工作任务中哪些不需要遵守特定工作程序或检查表支持。考虑制定一个特定工作程序来：(1)强行规定，停车前应由经验丰富的人员进行作业程序审查(停车时该人员可能无法及时到场)；(2)帮助确保作业活动以安全方式实施；(3)建立作业实施方法档案，以便改进将来的停车计划和效率。

对最后一点进一步解释：即使许可证已对每个应实施的步骤进行了说明，但是它很少会在任务完成后保存很长时间。数年之后，人员已经遗忘了前期作业活动中的教训，特别是如果它们只是某个任务所独有的。尽管一些事件不经常出现，例如对压力容器进行 10 年一次的内部目测检查，工厂会隔 10 年再次实施，过去奏效的方法可作为下一次计划活动的良好起点。如果制定了这类程序，应建立一个可靠的管理系统来：(1)在活动实施后更新程序，以发现程序编制者未预料到的细微差别；(2)在下一次使用前，仔细审核作业程序。

在危险识别培训中列举真实的伤亡事故例子，并尽可能实行互动。为加强工人对危险的理解，一个好方法是重新温故先前事故的总结报告。这些事故在许多文献中被详细叙述，例如：(1)*过程安全会议*；(2)由 Trevor Kletz 撰写的几本书；(3)由美国石油学会出版的《*安全事故教训*文摘》；(4)由化工过程安全中心(CCPS)出版的《*过程安全灯塔*》(分别见参考文献 11.5、11.6、11.7 和 11.8)。此外，政府机构，例如美国职业安全与健康管理局(OSHA)和美国化学安全与危险调查局(CSB)，发布的事件安全警示录或调查报告(例如参考文献 11.2 中的 CSB 报告)。这些报告是日常安全讲座或部门安全会议的绝佳资料。如果时间允许，可对导致事故发生的事件进行总结，要求员工识别危险，提出风险控制方法的建议。此外，可考虑让操作人员和设备管理人员回顾工厂近期发生的所有事故。最近经历过未遂事件的员工，由于对防止或减轻事故伤害的防护措施的重要性有亲身体验，所以他们可能是特别有效的培训教员。

11.5 要素指标

第 20 章阐述了如何以及何时利用指标来适度提高绩效的方法。本节将列举若干个指标实例，说明它们如何用于监测*安全作业*要素的健康状态，并按照第 11.2 节中提及的关键原则进行了分类。

除了明确关键核心指标外，还需要定期对指标进行跟踪和考核。有时，指标所需信息比较简单，例如员工总数指标。而有些指标需要多个参数才能拿确定，如员工的平均工龄指标，需要利用多名员工的工龄数据来计算平均工龄。部分指标用于跟踪动态变化率，如员工离职率指标等。动态变化率甚至可能是工厂最为关注的数据指标。由于工厂情况千差万别，需要自行确定指标的跟踪方法和考核方法，保证工厂 RBPS 管理系统的健康运行。

11.5.1 保持有效运行

- *安全作业相关活动的培训计划执行情况*。培训计划执行率下降可能表示组织正在减少对这个要素的重视。培训计划执行情况可用以下指标衡量：完成某个或一组特殊培训模块的员工百分数、实际举办的培训班数占计划的百分数，或其他指标，这些指标可帮助确定是否按计划开展指定培训活动。
- *执行新的安全作业规程或对现有系统进行重大改进的进展*。停滞不前表示需要额外的资源或加强管理。可使用一张简单的柱状图跟踪这个指标的进展。当监控多个相关的执行计划进度时，可使用甘特图表示计划的执行情况。
- *正确填写的许可证的比例*。正确填写的许可证的比例降低可能表示需要加强培训。此外，安全作业许可证常常归档保存，以便检查员或企业审查员的定期审核。如果许可证未被审核并且在它们上交后未立即采取整改措施，工厂便：(1)失去一个识别问题的机会和对相关人员进行培训的机会；(2)在不知道的情况下为将来审查发现错误埋下了伏笔。

11.5.2 有效控制非常规作业活动

- *与非常规作业有关的受伤人数*。受伤人数的增加，特别是相对频繁出现的急救事件的增加，可能是*安全作业*要素存在问题的一个早期信号。
- *与非常规作业有关的未遂事件的次数*。这个指标的增加也可能表示*安全作业*要素存在问题。但是，未遂事件通常以相对低的频率出现，这个指标可能不会及时反应工厂的作业管理的变化情况。
- *在常规审查中发现的不安全条件或许可证违规(在一致的基础上)*。即使建立了适当的系统并正在实施日常检查，如果许可证违规呈上升趋势，则表示需要对非常规作业的管理给予关注。
- *到期未进行定期审核的安全作业程序的数量(或百分数)*。这个数字呈上升趋势可能表示需要对安全作业程序的审核给予更多的关注或资源。
- *由事件调查组查明的、与未正确应用或遵守安全作业许可证相关的事件起因数量*。这个指标的增大可能清楚表明*安全作业*要素存在问题。但是，相对于*安全作业*要素的相关作业活动，被正式调查的事件通常以极低的频率发生，这个指标可能不会及时反应工厂的作业管理正在恶化的情况。
- *实际完成的作业观察/审查次数占计划的百分数*。如果工厂选择以分散形式发放和授权安全作业许可证，平时必须对作业现场进行检查，以确保工厂的政策和程序得到正确的贯彻和执行。这个指标的下降表示支持*安全作业*要素的管理系统可能正在失效。

- ***不正确交接班的频率***。通过书面报告加强各轮班之间的沟通，并定期将交班报告中的信息与已发的作业许可证的记录相比较，将有助于在班组沟通中识别过失。这个指标的增大表示可能需要就交接班程序开展进修培训。
- ***每年修订的安全作业程序数量(或百分数)***。程序修订速率呈下降趋势可能表示需要对安全作业程序的维护给予更多的关注或资源。
- ***许可证从申请到发放之间的平均时间***。工厂应采取措施缩短维修或承包商人员的等待时间。最终，过长的等待时间可能会迫使他们在未得到许可的情况下开工，或向组织发出一个信息：有效地利用时间是不重要的。
- ***发放一张作业许可证所花费的平均时间，例如，用发放许可证所花费的总时间除以所发放的许可证数量***。这个指标的下降可能表示许可证发放人工作不够尽责。这个指标的上升可能表示工厂安全作业许可证发放系统的效率下降。如果由多个人发放和授权许可证，这个指标可能很难获得。
- ***编写、审核和批准安全作业程序所花费的人工时***。这个指标可反映努力程度随时间的变化，但是对这个指标的解读，应考虑修订安全作业程序的实际工作负荷。

11.6 管理审核

管理审核系统的设计和执行详见第22章。为确保安全作业规程的正确运行，应对许多具体的管理问题进行定期检查。管理审查要首先评估被审核系统的有效性。企业安全作业管理不到位，或者变更管理系统的改进效果差强人意，那么管理层应寻找所有可能的整改措施加以实施。在某些情况下，企业有可能并未找出正确的整改措施予以实施，或者实施方向出现偏差。即使整改的结果令人满意，通过管理程序审查仍能检验资源是否充分利用？有些工作是不是有更为有效的实施办法或者事实上根本无需实施？管理层可结合上一节的各项指标，及个人观察、直接问询、结果审查、反馈来解决上述问题。讨论的工作内容和主题可包括以下内容：

- 审核安全作业程序及相关许可证的范围，确定非常规工作任务是否在未得到适当控制的情况下进行。
- 审核安全作业程序及相关许可证的范围，以识别本质低风险的活动。如果平常对极低危险的作业也发放许可证，确定这样做是否会使许可证发放人对该要素的重要性失去敏感性。
- 审核现场惯例做法，确保在装置现场管理设备的小组负责人或区域(一般为生产)负责人员与授权在该设备作业的小组之间履行了双向沟通。确保在每个关键时刻均进行了有效一致的沟通，例如任务开始前、交接班时和任务结束时。
- 审核现场装置责任人如何让所有潜在受影响人员了解在其责任区进行的非常规作业。许可证授权人是否充分认识了危险并采取了合理的控制方法？其准确性和完整性是否正得到改进？
- 检查由临时操作程序控制的作业与要求进行安全作业许可的作业之间的平衡。例如，一个装置按照维修作业单每月对容器进行一次高压喷水清理，是发放一个安全作业许可证对该任务授权，还是为其制定一个永久性的、经过批准的程序？

因为大多数工厂非常规作业发生的频率极低，经理可通过抽时间亲临工艺区域观察作业的执行，最有效地监测绩效。与许多其他 RBPS 要素不同的是，只要足够仔细，观察者应很容易发现该要素绩效的高低。

这种直接观察方法的一个潜在的缺点是，尽管它可以反映工厂遵守程序的情况，但不能反映出该厂与类似工厂的相比绩效到底怎么样。在这一方面，第二方或第三方安全审查是对管理审核和直接观察方法的有效补充。审查还可用于识别机会以提高本要素相关工作的效率。

最后，经理和主管，而不是任何其他人，必须每天强调安全人人有责。尽管对每个 RBPS 要素都可这样说，但是要了解许多 RBPS 要素的实施情况，不是简单地在工厂走上一圈就可以完成的。定期的管理审核会议固然重要，但是经理和主管的自身行为更能直接影响*安全作业*要素的效能。当经理和主管能够带头遵守程序时，工人必然会随之效仿。一个经理如果能放下手头工作去评估某种情况，纠正某个违反安全作业程序的工人的行为，实际上是在说安全作业程序和许可证是重要的。因此，各级主管和管理层都应牢记，当观察到不安全行为或不安全条件时，必须抽时间调查和纠正，否则将面临失去个人信用和损害工厂整个*安全作业*计划信用的风险。

参考文献

11.1 Lees, Frank P., *Loss Prevention in the Process Industries, Hazard Identification, Assessment, and Control*, 2nd edition, Butterworth-Heinemann, Oxford, England, 1996.

11.2 U.S. Chemical Safety and Hazard Investigation Board, *Safety Bulletin, Hazards of Nitrogen Asphyxiation*, No. 2003-10-B, June 2003.

11.3 Kleindorfer, Paul R., *Accident Epidemiology and the U.S. Chemical Industry: Preliminary Results from RMP*Info*, Center of Risk Management and Decision Processes, The Wharton School, University of Pennsylvania, March 6, 2000.

11.4 Guiochon, Charles, *What Might Have Happened in Toulouse (France) on September 21, 2001*, Société Française de Chimie, 2002.

11.5 Kletz, Trevor, *Case Histories of Process Plant Disasters*, 4th edition, Elsevier Science, Burlington, Mass., 1999.

11.6 Kletz, Trevor, *Lessons from Disaster: How Organizations Have No Memory and Accidents Recur*, Gulf Publishing Company, Houston, Texas, 1993.

11.7 Safety Digest of Lessons Learned – Section 4, Safety in Maintenance, American Petroleum Institute Publication 758, 1981.

11.8 *Process Safety Beacon*, published electronically each month by the American Institute of Chemical Engineers' Center for Chemical Process Safety.

12
资产完整性及可靠性

过程工业发生的很多事故是由设备故障引起的。未能及时检测到物料的泄漏，有可能会导致发生灾难性事故。例如：1984 年 11 月 19 日早晨，墨西哥城一条从炼油厂至储存终端轻烃输送管道发生了破裂。腐蚀逐渐侵蚀了管道。泄漏的轻烃很快遇到火源，引发了一系列的火灾及爆炸，导致大约 500 人丧生(见参考文献 12.1)。

然而，因设备故障造成的灾难性事故不止限于未检测到(或未处理)的材质逐渐劣化，也不仅限于过程工业。1979 年 5 月 25 日，一架 DC-10 飞机机翼上支撑左边引擎的支架失效，从芝加哥的奥黑尔(O'Hare)机场起飞时坠毁。美国国家运输安全协会(NTSB)推断，坠机前 8 周更换一些内部轴承时，采用了不当维护程序导致了支架损坏。更换程序要求先移除引擎后才可拆除引擎支架。航空公司为了省时省钱，要求机修工同时拆除引擎和支架，使用叉车支撑引擎。换班时，叉车液压系统发生故障，导致引擎失去支撑，进而导致支架损坏。其后，飞机多次飞行一直未有人发觉这一损坏情况，但每飞一次，损坏情况就越发严重。在最后一次的起飞过程中，支架失效，导致左引擎从机翼上脱落。该起坠毁事故造成包括 2 名地勤人员在内的 273 人遇难，是迄今为止美国历史上伤亡最惨重的航空事故。事故发生后，联邦航空管理局责令停飞全部 DC-10 型飞机，等待检查支架。两家航空公司营运的另外 6 架飞机也查出类似的支架损坏情况。这两家航空公司都采用了同时拆除引擎和支架的减省程序(见参考文献 12.2)。

12.1 要素概述

资产完整性是一种 RBPS 要素，帮助确保设备按技术规范正确地设计、安装，并在生命周期内按设计用途正常使用，是支撑 RBPS“*风险管理*”的 9 大要素之一。本章讲述了基于风险的管理系统的属性，旨在确保关键设备及安全系统的完整性及可靠性。第 12.2 节讲述了本要素相关管理体系的关键原则及基本要求。第 12.3 节列出了体现此类基本要求的作业活动，并根据已认识到的风险、资源和企业文化，给出了各项作业活动的实施办法。第 12.4~第 12.6 节主要阐述：(1)提升资产完整性管理有效性的方法和具体程序；(2)资产完整性要素的监控指标；(3)要素审核相关事项。

12.1.1 要素定义和内容

资产完整性要素是指系统化地实施某些工作活动，如必需的检查及测试，确保重要设备在其生命周期内适用于预期用途。具体来讲，本要素相关的作业活动主要侧重于：(1)防止发生灾难性的危险物料泄漏事故，或突然的能量释放事故；(2)确保用来防止或缓解此类事故影响的关键安全或公用工程系统具备较高的可用性(或可靠性)。

12.1.2　重要性

设计及维护设备，使其保持对过程行业来说极为重要的用途和功能。避免危险物料泄漏和确保安全系统在需要时发挥作用，是任何一家工厂均应具有的两大基本职责。

12.1.3　对象和时间

资产完整性活动范围宽泛，包括寻求设备设计、检验、测试或可靠性方面最新技术的技术研讨会，以及工厂操作人员开展例行巡检工作，发现泄漏、异常噪音及气味，或检测其他异常状况。但总的说来，该要素主要包括：(1)维护人员及承包商人员在运行装置内开展的各项检查、测试、预防性维护、预测性维护和维修活动；(2)确保这些活动正确实施的质量保证程序，包括各项程序及培训工作在内。资产完整性要素相关活动在多处开展并贯穿于装置整个生命周期。

12.1.4　职责分工

资产完整性活动贯穿企业多个组织层面。行业技术委员会和组织持续致力于开发最新技能，提高正确设计及检查、测试及预防性维护(ITPM)操作规程相关的技术水平，确保设备在投料试车阶段及其正式投用后的整个生命周期内合于使用。公司(或职能部门)往往在资产完整性方面成立卓越中心、建立公司标准以及促进进步，持续提高工艺设备的安全性及可靠性。对在役装置而言，*资产完整性*要素相关活动是日常运营工作中不可或缺的组成部分，这些活动要求操作人员、维护员工、检查员、承包商、工程师及其他与设备设计、说明、安装、操作或维护相关人员全程全力参与。

12.1.5　预期工作成果

*资产完整性*要素的工作成果包括如下各项：

- 开展的各项初始检查、测试及其他活动，确认设备制造、安装符合设计规范适于开车运行，由此形成的报告及数据；
- 为确保设备适于使用，由受过相关培训或具备认证资质的人员根据符合公认标准的书面程序所实施的各项 ITPM 工作所产生的工作成果；
- 受过培训的人员按照相关适用书面程序及指令实施的设备受控维修及调整；
- 一个用来控制必需的维护工作、修理配件及其他修材料的，确保设备合于使用的系统系统；
- 为防止设备因如下各项原因而出现故障的质量保证程序：(1)零件/材料的误用；(2)不正确的制造、安装或维修方法(如本章开头部分所述的不正确的支撑引擎)。

*资产完整性*要素的主要目标是确保设备的可靠性能，按照设计目标，遏制、防止或消除危险物料或能量泄漏后果。尽管本要素相关工作活动的正确实施对人员绩效要求较高，但本要素的最终工作成果是实现可靠、可预期的设备运行。

12.1.6　实施过程

*资产完整性*程序的有效性在于能够通过管理活动确保以下各项：

- 正确设计、制作及安装设备和系统；
- 在设备设计限值范围内运行装置；
- 受过培训及具备资质的人员使用经批准的程序按计划实施并完成各项 ITPM 工作；
- 遵循设计规范、工程设计标准及生产商的建议执行维修工作；
- 正确采取措施来整改通过各种途径发现的不足与缺陷。

12.2 关键原则和基本要求

实现生产、储存或使用危险化学品工厂的安全运行及维护，要求设备可靠运行，以及可靠的人员绩效。安全尤其依赖于企业对泄漏事故的预防，和维持安全及公用工程系统的高度可靠性/可用性，阻止或减缓危险物料或能量的释放。经验表明：安全运行与可靠的操作直接而紧密相关，实现安全及可靠操作的条件通常也能提高整个工厂的可用性，并带来其他相关益处。

*管理资产完整性*要素的政策应针对各项特定任务，确定要素范围、划分相关岗位工作与职责。此外，该政策通常应实现下列各项要求：(1)确定支持本要素的程序及培训标准；(2)规定各类设备制定 ITPM 计划的标准或技术依据；(3)阐述管理系统以及确保实现下列各项：(a)准确、及时上报设备缺陷；(b)按照技术规范及生产商建议制作、安装及维护设备。

在制定、评估或改进*资产完整性*要素管理体系时，应贯彻落实下列关键原则：

- 保持有效运行；
- 确定*资产完整性*程序范围内的设备及系统并安排 ITPM 任务；
- 开发和维护知识、技能、程序及工具；
- 确保装置持续合于使用；
- 处理设备失效及缺陷；
- 分析数据。

第 12.2.1~第 12.2.6 部分对各原则的基本特征做了进一步介绍。第 12.3 节则阐述了体现上述原则相关的基本要求的一些常见工作活动。工厂应评估改进该要素而产生的风险和潜在收益。基于这些评估，管理层应开发新的管理系统，或更新现有的管理系统，根据确认的风险和/或过程危害，实施部分或全部基本要求，执行部分或全部工作活动。但是，如果相应的文化要素不包括可靠的管理体系使用，则不会奏效。管理体系再好，若缺少正确的文化依托，亦不能保证实现高度的资产完整性，以及设备/系统可靠性。

12.2.1 保持有效运行

企业若决定采用正式*资产完整性*程序，应制定书面政策或程序，指导该程序的执行及实施。这些文件应阐明该要素相关管理系统的范围、任务与职责、标准及其他方面的要求。

制定书面程序说明/政策。工厂制定的书面政策应满足下列要求：

- 指导*资产完整性*要素在工厂/单元层面的实施情况；
- 明确公司程序、行业标准及规章，以确定检查、测试及维护活动的最低可接受的应关注标准；

- 用于指导*资产完整性*工作日常活动的相关参照文件以及辅助程序；
- 明确*资产完整性各项*工作活动的相关要求，例如具体要素记录留存要求；
- 规定*资产完整性*要素相关的岗位工作与职责。

尽管*资产完整性*工作活动大部分是围绕 ITPM 各项任务来开展的，但这些工作活动也仅仅*资产完整性*是要素的一个方面。除非具备下述条件，否则最好的 ITPM 项目也一样会失败：

- 正确设计、制造及安装设备；
- 由训练有素的人员按照正确的程序/方法进行维修；
- 维修部件及维护材料符合技术规范；
- 具备缺陷修正程序，从其他设备/系统的缺陷或未遂事件中吸取教训。

有关*资产完整性*要素的政策或程序应明确回答这些问题。

确定资产完整性要素的范围。资产完整性要素范围应包括：装有包容危险物料的设备，或者用于预防或减缓危险物料灾难性泄放、能量意外释放影响的安全/公用工程系统。有些公司片面解读法规要求，尽可能简化纳入资产完整性要素范围的设备清单。然而，基于风险的过程安全则要求全局观念，根据设备失效和/或故障模式的风险，决定本要素范围。但无论如何，该要素的相关政策应明确管理层的意图，将相关设备包括在资产完整性程序之内，或排除在资产完整性程序之外。

基于标准的设计和 ITPM 任务。使用标准的前提是我们能相互分享经验，从中受益，尤其是从发生率低，但后果严重的事件中吸取经验教训(本章中，术语“标准”包括规范、工程标准、推荐的操作规程、公司或行业专用标准，以及第 4 章中所述的规章)。广泛接受的标准通常反映了整个行业或某个业务领域的经验。设计系统、采购设备及计划 ITPM 各项任务时，宜依据公认的标准。广泛接受的标准经过实践检验，并被认为是正确的，它们通常属于业内遵循的应关注标准。此外，这些标准还会定期更新，以反映所有利益相关者(设备设计方、生产商、用户等)的新信息。在某些司法系统，监管部门直接将行业标准作为法规强制要求。

委任合格的人员。在各项标准、检测方法以及公认的工程设计及维护规程方面，遵循并保持与之相称的能力，需要花费大量的时间及成本。保持这种专业水准，公司需要依赖公司内部的技术专家，或利用外聘承包商及顾问的专业技能。(这是第 5 章“能力”要素中首次提及的“技术代表”概念的引申。)各工厂指派人员，透彻研究各项可能采用的标准范围，了解现有标准的变更，掌握以及新标准颁布的动态，通常是一种资源利用率低下的做法。从商业角度出发，宜将此职责统一交由中央/共享资源或技术人员联盟小组来承担(一人负责 API、ASME 及国家出版局，另一人负责 NFPA 出版物等等)。这一做法还能促进公司或企业保持互通，分享最佳实践、程序、经验，以及特别是正反经验信息。规模较小的公司往往依靠外部专家，包括雇用具备相关资质的承包商来执行特定检查工作。不管由谁来执行该工作，保持专业水准的各项工作应与“能力”和“标准”要素相融合。

根据新知识更新操作规程。出于下列各项原因，仅仅依赖标准中所发布的信息可能不足以实现*资产完整性*要素各项工作活动的最佳操作规程：

- 从新信息的发现至其正式被纳入标准范围往往需要几年的时间，因而等待并非明智之举。DC-10 型飞机支架受损引发的相关事故为我们如何快速反应、预防类似事故提供了很好的范例。如果监管机构未立即要求停飞所有 DC-10 型飞机并责令 100%检查支架，其他 6 架飞机则有可能在维护或检查标准修订完成前便已发生引擎脱落事故。

- 某些故障模式往往只发生在特定用途或工艺上。负责更新某类工艺设备(如：泄压装置)相关标准的委员会可能不会考虑应用面窄、针对特定用途的事项。
- 大多数情况下，开发的 ITPM 新方法或改进方法要历经数年才会被纳入标准内容。较新的工艺技术有时能提供更有用的信息、实现更高价值。
- 公司(或行业部门)在执行 ITPM 各项任务时，发现故障或意外状况自省："我们这里也会发生类似故障或意外吗?"。每家公司应根据风险状况，确定如何吸取从某类过程或装置事故中所吸取的经验教训。

公司可通过多种途径及时了解最近发生的、最终将会影响标准的事件，如经常阅读行业期刊、参加行业会议及行业协会的工作会议。ITPM 各项任务变更很多是由下列原因造成的：(1)设备失效检查；(2)事件调查或风险分析小组建议；以及(3)生产商通知。还有一些变更则是公司过程安全程序目标所要求的。例如：公司的风险承受能力发生变化时(见第 9.2.1 部分所述)，除其他变更之外，可能要求对 ITPM 各项任务实施专项审查。

因此，公司和工厂应积极探索与其资产完整性程序相关的新知识。工厂应根据新的信息，选择进行下列各项工作：(1)执行额外的 ITPM 任务；(2)变更现有 ITPM 任务的范围或频次；(3)将现有工作活动扩展到其他设备/系统；或(4)更改工作活动、频次或范围，从而减少工作投入。

在装置单元层面，建立信息发布传播的途径，并积极推动操作规程的持续改进。添加到公司知识库的工作活动通常经一人或小型委员会把关。管理层需审核待添加的内容，判断其对公司所有工厂的意义，甚至更为重要的是，判断其对工厂内各装置单元的意义。这些内容的措辞应通俗易懂，以便各工厂维护主管和检验主管均能理解。进行沟通交流时，也应明确指出工厂装置应针对新信息应采取的具体行动措施。

将资产完整性要素与其他目标相结合。执行 ITPM 计划时如忽视维护设备，轻者会造成设备效率低下，重者会导致风险增加。例如：假定某工厂通过执行不同方案，分别提高过程安全、产品质量及产量，同时假设有一特定仪表对这三项方案而言都很重要。这三个小组分别独立作业，可能会导致签发三份不同的预防性维护工作指令，定期校准这一特定仪表。仪表技师每次测试或校准传感器时，有可能会产生程序错误，使得仪表的可靠性低于未校准之前。不能有效整合上述三项方案的建议，事实上会加大仪表故障风险。而且，重复过度维护也是低效的。即使方案计划要求执行各项不同的 ITPM 任务，统一计划安排并实施各项维护任务也不失为一种节约成本、减少停工检修时间的有效做法。

12.2.2 确定资产完整性程序范围内的设备及系统并安排 ITPM 任务

资产完整性要素范围包括：装有危险物料的物理设备，或者设计用于预防或减缓危险物料泄漏、能量意外释放影响的安全/公用工程系统。

确认资产完整性要素所包括的设备/系统。以明确无歧义的措辞规定可靠性程序中应包括的设备。最好按功能而非设备描述来规定此类设备是否属于资产完整性要素范围。例如：处理高危险性物料的工厂主要目标之一就是要保持密封，让危险物料留在管道及容器内、阻止其他任何物料(氧气、可能引发失控反应的污染物等)进入系统。另一大目标是确保安全

系统及关键公用工程系统能够预防或减缓事故：(1)发挥其预期功能；(2)按需运行。因此，保证洗涤塔内能够减轻毒气泄漏影响的泵及风机正常运行以及维持洗涤塔底部碱浓度达到规定水平，这两项工作虽然由操作人员负责实施且纳入操作程序而非维护程序，仍属于资产完整性要素范围内的工作。

制订 ITPM 计划。设备及系统确定后，下一步则是确定应执行的工作。此类工作很大程度上依据标准、生产商的建议以及工厂/公司设备历史来确定。ITPM 计划通常规定了各项工作的频次，以及其他支持信息，如程序和检查员资质。需要注意的是风险在 ITPM 计划制订过程中起着关键作用。基于泵的失效后果，ITPM 任务应包括：(1)持续监控工况，例如：旋转设备的关键流体温度监控或振动分析；或(2)定期润滑泵和同步的目视检查；或(3)简单地运行泵直到失效(不实施 ITPM 任务)。此外，某一特定故障发生的概率，以及某一特定 ITPM 任务可预测故障发生的概率，也是 ITPM 计划的制定依据。我们直观地根据风险来制定 ITPM 决策。比如，绝大部分汽车车主会将汽车前灯一直用到出现故障，但是会定期检查制动系统。这是因为：(1)从根本上来讲，前灯有备份，(2)预测液压管或制动踏板故障比预测照明灯泡故障要相对简单，以及(3)灾难性的制动系统失效可能会导致严重后果。

许多工厂使用基于标准的风险管理系统来确定安全仪表系统(SIS)，设计用来对不安全的过程状况进行响应，实现或维持过程安全运行。此类管理系统例子包括：美国仪表、系统及自动化协会(ISA)发布的 ISA 84.01 系列标准，以及国际电工委员会(IEC)发布的 IEC 61508 及 IEC 61511 标准。这些管理系统通常依靠：(1)“危害识别及风险分析”要素结果，以及(2)公司的风险承受能力来确定 SIS，以及 SIS 应具有的风险降低能力。此类风险降低能力高低采用 SIS 相关安全仪表功能(SIF)的安全完整性等级(SIL)来区分。在实际过程中，SIL 明确了 SIF 需求时的失效率上限。需求时的失效率(SIL)取决于失效模式、组件可靠性、系统结构以及测试/维护工作活动。通常来讲，对于某项给定设计，测试时间间隔越长，需求时的失效率也就越高。因此，未经专门分析，不得随意更改 SIS 相关的 ITPM 任务。

设备状况变化时，更新 ITPM 计划。工厂经常要添加或移除设备，或是变更设备用途。我们通过“变更管理要素”来管理此项工作活动，同时要求“资产完整性要素”更新，纳入资产完整性程序、分配 ITPM 任务，也许还要针对新增 ITPM 任务制定新程序或开展相应人员培训工作。

12.2.3　开发和维护知识、技能、程序及工具

资产完整性要素相关工作活动的圆满完成有赖于训练有素的人员使用合适的工具、并按照书面程序执行工作活动。本文中，工具包括：(1)执行检查、测试及维修所用的装置，以及(2)规划 ITPM 各项任务，及储存/分析这些工作活动产生的大量数据的系统。

制定检查、测试、维修及其他关键维护工作活动相关的程序。如第 10 章所述，书面程序有助于实现可靠的个人绩效。有些程序在每次执行工作时都会用到，而其他程序则用作故障诊断参考资料，或工作未按照计划进行时才用到。不管怎样，如未形成指导某项工作的相关书面文件，不仅会导致工作杂乱无章，而且会给执行此项工作的人员带来潜在的伤害。书面程序应对下述工作活动做出规定：

- 检查及测试；
- 关键维修；

- 维护准备工作；
- 设备/安全作业控制。

操作程序通常具有独立性，并针对特定装置单元设定的，而指导 ITPM 各项任务和其他资产完整性要素工作活动的程序往往是针对某一特定设备，并由一整套截然不同的程序组成，如：

- 安全工作规程控制整个工厂范围内的非常规作业，包括上锁/挂牌以及管线断开。
- 设备移除及清污程序，通常是针对某一化学的或具体的服务系统。
- 检修或大修程序(通常为原始设备生产商[OEM]的维护手册、对 OEM 手册的引用或依据 OEM 手册另行编制的现场维修程序)。
- 重新安装程序，往往是针对某一特定设备和服务系统。
- 指导设备检查及测试工作的通用程序/操作规程，例如：旋转及对中检查、检漏及工况检查。此类工作活动往往是针对某一特定设备和服务系统。
- 将设备控制职责移交给生产部门的安全作业程序。

上述书面程序内容往往被纳入专项维护作业的工作计划中。例如，对于一个相对常规的工作活动——拆除发烟硫酸的系统中用一个 3 英寸的压力安全阀替代一个 2 英寸的压力安全阀，进行测试及翻新，然后恢复该安全阀运行。该阀门在进口和出口管道上设有隔断阀。此项作业与相关停车同步进行(当容器打开、并断开系统连接时)，以便打开容器设置另一条备用泄压管路。在这一假设案例中，需要应用下列九项工作活动和培训要求，这九项工作不是专门针对这个压力安全阀或容器的。

1. 根据从停用容器上拆除压力安全阀的安全作业程序，要求设立另一条泄压管路。因此，操作人员确认容器已清空，并清洁完毕，并根据管线断开/打开工艺设备作业的安全作业程序，批准实施容器顶部上 2 英寸盲板法兰的拆除作业。
2. 管线断开程序明确规定：(1)拆除前，如何隔离压力安全阀使其与容器及尾气总管断开；(2)管线进出口处设临时支撑；(3)如何断开压力安全阀上的法兰。
3. 将泄压阀运至地面的有关传动装置属于机械培训范围，此部分内容程序内并未专门阐述。
4. 由于阀门用于发烟硫酸系统中，针对发烟硫酸系统作业而编制的专项安全作业程序，提出了如下要求：(1)管线断开时必须穿戴何种个人防护用品(PPE)；(2)在将阀门从装置单元中移除之前，以及拆除后运出场外之前，该如何清洗设备。按本程序清洗压力安全阀后，应将其送往外部车间进行检查及翻新。
5. 阀门维修车间保留“VR”标记，该标记要求车间按照标准及生产商的建议来执行指导初始抽检、翻新，及最终测试工作的程序。
6. 阀门拆除后，按照其他维护程序规定，由工厂维护人员对进出口管道进行目检。这些程序也规定了隔离阀打开的条件，或隔离阀未打开时应如何检查管道。
7. 阀门维修车间交还阀门后，维护技工依据法兰设备通用安装培训要求重新安装阀门。
8. 针对泄压阀维护工作的专项程序指导如何给进出口隔断阀打铅封。
9. 最后，按照安全作业程序的规定，将压力安全阀及相关容器控制权移交给操作人员、打开进出口管线隔断阀门，并关闭备用泄压路径。

上述任何一项工作活动均非专门针对特定压力安全阀而设定的。通过构建这种程序架构，使一整套程序与单个作业计划挂钩，既能充分控制所有与该项任务相关的工作，又能保持灵活性，与广泛的项维修工作活动按需组合与搭配。

此外，安全作业程序通常对维护期间内设备的所有权做出规定。例如：在某些工厂内，设备上锁之前，所有权归生产部门所有，而设备上锁以后，则归维护部门负责。而在其他工厂内，设备控制权一直归生产部门掌握，除非设备从生产工艺区内拆除。尽管对于职责的过渡交接目前尚无最佳控制方法，但如果在执行所有必要步骤之前未能明确职责，则可能会在设备拆除或恢复运行时造成事故（“安全作业”及“运行”要素也阐述了类似的问题；分别参见第 11.2.2 部分及第 17.2.3 部分）。

培训员工及承包商。许多设备的制作、安装、测试、检查、预防性维护及维修工作活动，需要相关工作人员具备专业知识。第 14 章阐述有关制定并实施培训计划，确保高水平绩效的相关内容。承包商应具有类似的培训项目。因为执行这些工作活动的员工通常在一个工厂内的不同单元（或对于承包商而言，为多个工厂）工作，因此，他们必须接受相关培训，了解其所在单元中的工艺概况，以及各单元内存在的危险因素。向员工提供此类信息，帮助他们：（1）认识异常或危险工况；以及（2）保护自己及工作同伴不受危险因素的伤害。

确保检查员持有相关证书。ITPM 任务应用的标准要求员工持有特定的证书，包括压力容器及管道检查员、焊工、无损检测工，有时还包括电工及其他技工。许多资格认证程序要求人员定期参加复试，或在某个领域或工作岗位上持续从业。此类认证程序能有效保持员工的专业技能水平、使其定期接触并了解最新规程与技术。

提供合适的工具。拥有合适的工具，知道如何正确使用工具及保持工具良好工况的重要性无论怎么强调都不为过。对无损检测及其他先进的测试/检查方法而言，尤为如此。这类要求不仅限于在工具箱内放置特定的测试工具并了解工具正确使用方法，相关人员还要了解在具体情形下哪项或哪组测试能提供最佳的结果。

例如：假设换热器中的管道发生故障，致使有毒化学品泄漏至公用工程系统中，并由此给距离事发地点很远的单元带来有毒危险。尽管工厂很容易对管束进行水压测试，但简单的压力测试可能不足以检测到管道破裂点或减薄的管束。管理层应确定从安全角度考虑，了解管道实际状况是不是至关重要的，如是，应选择最佳工具（如涡流探伤）确认管道实际状况。如该工厂没有涡流探伤及数据分析工具，未曾开展相关培训，则应雇用合适的承包商执行该工作。如非常有必要获知结果，则使用合适的工具尤为重要。

另一个关键工具则是计算机化的维护管理系统（CMMS）。尽管维护计划、进度及设备历史记录可以采用人工系统，但大量 ITPM 任务及数量庞大的相关数据实际上要求必须使用 CMMS。CMMS 帮助：（1）计划及安排 ITPM 各项任务；（2）储存信息，如：设备历史记录、维修数据及维护程序；以及（3）找出慢性失效。要使 CMMS 成为一个有效工具，工厂员工应能有效输入数据，并轻松创建设备历史报告。这些报告以及其他信息有利于管理人员根据风险信息对下列事项做出决策，例如：（1）更换还是维修设备；或（2）增加、删除或更改 ITPM 相关任务。

分析数据也需使用软件。时间长了，测试及检查会产生大量数据，参数的变化率情况同样重要，甚至比测量绝对值更重要。如果所有数据收集并记录在纸上，分析数据、预测未来状况及计划未来测试，将会是非常耗时的工作。

12.2.4 确保装置持续合于使用

无论程序、工具及其他条件，资产完整性要素成功的最终衡量标准是确保设备按照预期目的适于使用至少应维持到下次计划检查的时间。例如全系统内，设备必须做到在需要时随时可用，并能在特定时间内以一定性能水平持续运行。该性能通常通过结合 ITPM 各项任务与质量保证措施来实现。

在工厂试车期间，进行初次检查及测试。制作及安装过程中，设备、系统及工厂应进行检查/测试。很多情况下，设备在制作及安装过程中就需要执行多项检查作业，以确保其符合技术规范。就像盖房屋结构之前必须先检查地基一样，制作及安装工艺各阶段应正确测试及检查，降低因工作质量差(或设计/技术规范不充分)所导致的进度脱节风险，以及项目成本超支。

许多公司在制造商的车间内对定制的大型物品进行检查。此举旨在确保设备按设计制作，避免以后需要现场改造，或让公司难以判定那些不符合规范要求的设备是否“勉强可用”。

初始测试包含控制、警报及联锁等测试工作。应制定相关书面程序，指导如何执行这些测试及检查工作活动。一般情况下，这些程序是工厂全生命周期 ITPM 程序的基础。除控制回路校准及测试外，还应测试或验证关键软件。

应保留初始测试及检查数据，因为其提供了宝贵基准信息，可根据这些信息来确定工艺设备关键特征的变化率，例如壁厚。

运行期间执行测试及检查。运行期间，使用合适的测试及检查方法持续监控设备状况。尽管测试及检查应按标准执行，但常根据设备历史、ITPM 任务结果及设备失效后果来调整工作安排及/或间隔时间。使用广泛适用的方法，如目检法，来确定异常情况，找出需要采用更为严格的检测方法的特定对象，最大可能地提高 ITPM 项目的价值。例如：容器检查员可根据目检结果，要求对特定区域进行射线照相检查。

执行校准、调整、预防性维护及维修工作。应定期开展某些工作活动，取代测试工作，不论测试结果如何，这通常是由该工作活动的成本与状态监控成本，并综合考虑如不执行或延迟执行该项作业可能会导致失效的可能性来决定的。例如：我们根据里程间隔更换油，而根据状况监控情况来更换轮胎，在一定程度上是因为油分析成本超过更换油成本(代价较低的工作活动)，而轮胎检查成本远远要低于轮胎更换成本(代价适中的工作活动)。

规划、控制及执行维护工作活动。应尽可能控制、计划所有维护工作活动。妥善计划的维护工作活动比未计划的维护工作活动更为有效，而且妥善计划的维护工作更有可能正确地执行、使用合适的零件及程序(维护部门分配工作前，计划员通常会确保这些条件到位)。制定工作计划有利于通过非常规作业的请求批准，并协调设备所有者/用户(生产)与执行工作的员工(维护)之间的合作。

确保备件及维护材料的质量。持续安全运行有赖于保持完整性。大多数工艺设备的寿命期都很长。企业更愿意维修、检修或重新改造设备，而不愿更换设备。因此，备件及材料须符合技术规范要求。

各设备所用备件相关的信息应提供到位，方便查阅。为各设备创建物料清单或备件清单，有助于预防(或揭示)随意变更。例如：在 CMMS 中，为每台泵指定适用的密封有利于防止随意变更，也有利于防止重复之前不当变更，例如：如之前曾错误地更换泵密封，在更换密封时，如果简单地使用“惯例式”方法，会固化类这种未经批准的变更。

确保检修、维修及测试工作不降低安全性。在试车过程开展特定测试、检查及其他工作活动能帮助确保新设备正确制作及安装，同理，必须执行某些工作活动，确保新的或检修的设备符合技术规范。这些工作活动应与第 16 章开车准备中讲述的预审查相结合。

12.2.5　处理设备失效及缺陷

虽然根据检查及测试数据采取行动是理所当然的事情，但在实际贯彻过程中，可能会遇到一些问题。某些工厂的检查档案中充斥着诸多被置之不理的建议。造成这一偏差的原因有很多，包括建议缺乏针对性、没法为维修工作提供必要停工期、维护预算资金不足以及对仔细审查检查/测试报告的必要性认识不到位。

及时处理会引起失效的状况。资产完整性要素范围内的设备出现失效时，应及时维修或停运，或在维修之前，采取措施，保证待修设备的安全性。

有些案例中，设备会随时间慢慢老化或退化，立即维修或更换并不是可行的选择，例如：压力容器或工艺管道的腐蚀。在这种情况下，工厂应评估继续运行此类设备的风险，可能会实施频繁的检查工作，确定其短期内的老化速度。在其他情况下，设备会被重新分级，或避免全负荷运行，直到更换设备。即使设备维修或更换前，暂时被重新分级，也应频繁检查设备，密切监控设备状况。

其他情况下，设备老化是无法预测的设备的。因此，频繁检查及重新分级对掌握灾难性破裂的可能性于事无补。在这种情况下，必须回答第 9 章中的三大风险问题中的两个(即可能会出现哪些失效场景？事故后果会怎样？)以判定设备是否可继续运行；失效可能性肯定会被评估为非常高的水平。

审查测试及检查报告。审查测试及检查报告，以及：(1)对检查员提及的缺陷进行维修；或(2)记录无需维修的原因。对于由承包商执行的测试和检查工作，这项工作开展起来比较棘手，因为从完成现场工作到报告往往要跨越相当长的时间。此外，某些报告不包括总结建议。要在制定工作范围，或检查服务规范时，明确这一要求，确保检查报告不仅内容完整，还要及时完成，并方便使用。同样，如果工厂已制定了报告格式或电子数据结构标准，确保将该要求传达至实施检查工作的单位。在任何情况下，必须建立并实施相关机制，检查员发现可能会引起迫在眉睫的风险时，应立即上报。

审查结果，由点及面找出其他问题。意料之外的测试或检查结果应引起对其他设备是否存在缺陷的质疑。例如：若容器厚度严重变小，连接容器的进出口管道也会可能变薄，特别是用相同材料制成的管道。同样，如金属材质不良造成阀门失效，应立即怀疑由同一供应商生产的，或同批次/船次的其他阀门是否存在同样问题，并对其进行检查。

使用结构化方法调查慢性失效。某些失效的起因是系统性、隐蔽性的。根据潜在故障后果及持续产生的维修/更换费用，工厂有时采用事故调查方法，调查设备慢性的故障。但是，应谨慎选用***慢性失效***根原因调查方法。过多调查、或调查随机失效，可能造成资源使用效率低下。调查所有设备故障也可能会导致调查工作草率了结，即便潜在的原因确实属于系统性的原因。

规划维护及维修工作活动。避免出现“下次设备发生故障”时再计划维护及维修。工厂

在掌握风险的前提下，在关键修理备件抵达、或设备可实现安全停车之前，临时检修设备关键部件，保持继续运行，这种情况不罕见。但应尽快制定计划，并实施维修活动。临时(可能不到最佳)维修的持续时间是促使风险增长的因素之一，将运行时间延长至下次检修则会增加风险。针对某项风险，在一周内完成永久性维修，尚能勉强接受，如果拖延两个月就会变得不可容忍。

此外，与非计划停工相关的工作计划往往流于失败。首先，发生在夜晚或周末的故障概率超过75%。因此，下次故障发生时，维护部门无法得到关键的技术或后勤保障。其次，生产人员及倒班维护人员可能会关注让工艺重新运行起来，而没有时间按照可接受的标准，执行维修工作。最后，有计划的维护工作耗时较少，并更有可能一劳永逸地彻底解决问题。

12.2.6 分析数据

及时掌握某一特定部位的具体设备的工况，其价值在一定程度上是有限的。资产完整性要素旨在合理判定设备：(1)目前是合于使用的；(2)至少在下次检查或测试前，将持续合于使用。因此，收集并分析数据通常是必要的。

收集及分析数据。很多情况下，检查或测试数据的变化速率，至少与数据本身同等重要。如12.2.3部分所述，做到如下工作至关重要：

- 高效收集及储存数据；
- 确定变化速率(某些情况下，确定该速率是上升、下降还是保持不变)；
- 推测未来状况，并预测设备何时会不再符合性能规范、或其他关键限值；
- 识别其他异常情况。

尽管可以手工收集及分析数据，但从长期来看，这需要耗费巨大人力、花费昂贵代价。

调整检查频率及方法。有时，检查及测试数据表明需要执行其他工作活动、改变工作活动执行间隔时间、或中止工作活动。

按需执行其他检查或测试。可经常执行筛选测试或检查，检测异常状况。一旦检测到异常情况，可能需使用其他更为专业的方法来分析故障范围，在某些情况下，帮助制定计划，以便将设备恢复至可接受状态。这种情况对执行ITPM各项任务的人员来说非常普遍(见第12.2.4部分中详述)。但是，有些情况下，需要对收集的数据进行彻底的分析，才能确定是否需要其他或更为严格的测试。

制定更换或其他整改方案。很多情况下，测试及检查数据能指导工厂制定资本支出项目。加深对设备状况变化速度的了解，有助于工厂制订更换计划或其他整改方案，有助于工厂管理风险、和业务部门管理资本支出项目。

数据归档。确定适当的测试及检查报告保存要求。保存期限应视数据的价值而定。例如：联锁例行功能测试记录除可用来向审查小组证明测试工作已按照要求实施外，基本别无他用(注意，这是法律上的有效性要求，但公司可决定只保存最近两三次测试的记录)。状态监测的相关数据，如振动或热成像数据，应基于测试方法相关的技术要求，确定其保存要求，并且足以向审查员证明，是按照计划实施的测试工作。

有些数据在工艺生命周期内应一直保存。例如：测厚数据、放射线检测结果(即：X-射线胶片)、对检查员具有特殊意义的实况照片等，对设备状况变化速度进行评估时，需使用这些数据。此外，这些数据有时对其他工作来说也是非常有用的。例如：内部组件状况可能会导致导致产品质量、收率或产量发生突然变化。如在之前的检查过程中已对这部分工艺拍摄了射线照片(质量、收益或产量问题出现之前)，调查小组可能要求重新拍摄照片，为假设机理的可信度提供直接证据。

12.3 可能的工作活动

RBPS 方法建议各项工作活动的实施力度应与风险相适应、受资源情况约束、并且与工厂文化差异相融合。因此，具体工作活动在不同工厂的实施力度不同，同一个工厂不同单元或工艺区的实施力度也有所区别。因此，要想创建一个基于风险的过程安全管理系统，需要执行下列步骤：

1. 评估工厂的风险，调查 RBPS 工作活动所需资源量及可用资源之间的平衡度，并审查工厂文化背景。该程序详情请参见 2.2 节。
2. 预估执行 RBPS 要素各项关键原则所能带来的潜在收益。此类原则详见第 12.2 节。
3. 根据步骤 1 和步骤 2 的评估结果，从第 12.2.1~第 12.2.6 部分所阐述的各项基本要求中，确定哪些要求是妥善管理风险所必须的。
4. 对于必须实施的基本要求，确定具体实施方式，并从本章所列内容中确定必要相应工作活动。切记，工作活动清单并不能覆盖所有行业，因此，读者可能需要针对本章所列的工作活动清单进行必要的添加或修改。
5. 对于需要执行的各项工作活动，判断其所需执行力度。本章所列各项工作活动，依执行力度的增加，列出了 2~5 个备选实施方案，需注意，本章所列的工作活动采用数字排序，而备选实施方案采用字母。

备 注

相关法规可能具体规定了过程安全管理系统某些要求或工作内容，或为特定工作内容规定了最基本的详细程度。因此，过程安全管理系统的设计和执行应同时遵守法规要求和本书中提供的指南。

12.3.1 保持有效运行

制定书面程序说明/政策

1. 制定书面政策阐明工厂完整性要素相关的工作活动。
   a. 没有一个包括所有程序的整体政策或项目，但广泛认为应由工厂维护经理负责资产完整性要素相关的所有工作活动。
   b. 资产完整性要素书面政策程序阐明了规章及公司要求。该政策将资产完整性要素相关的所有工作职责明确分配给工厂维护经理。
   c. 书面政策或计划性程序明确了如何实施资产完整性要素。该政策或程序阐明了要素范围、关键工作活动清单，并明确划分各项工作活动相关职责。

确定资产完整性要素的范围

2. 通过明确下列两项内容阐明资产完整性要素的范围，(1)如何确定所包含的设备，及

(2)政策适用及不适用的单元或区域。

a. 资产完整性要素范围包括用于防止灾难性危险物料释放(主要通过保持密封)的设备。但资产完整性要素往往未明确包括消除灾难性事故影响的安全及公用工程系统，但可根据公司、规章或保险公司要求另行规定。

b. 资产完整性要素范围包括含有危险物料的设备，以及帮助预防或减缓灾难性危险物料释放、或意外能量释放影响的安全/公用工程系统。

c. 在(b)条规定基础上，资产完整性要素采用基于风险的方法，识别遭受各类损失的设备，例如，营业中断、导致环境遭受长期破坏、社区信誉损害。

基于标准开展设计及 ITPM 各项任务

3. 确保相关人员了解、并遵循标准中规定的要求和推荐做法。

a. 设计文件在很高层面引用了相关标准。例如：技术规范要求根据 ASME B31.3 标准安装管道系统，但未提供详细说明帮助工厂人员判断制造商及承包商是否遵循标准。

b. 设计及安装新设备时，遵循了相关要求，并根据相应标准规定 ITPM 各项任务，如：压力容器检查应符合 API 510(见参考文献 12.3)。

c. 工厂人员充分了解标准要求，并在日常工作中使用标准来规范相应设计、安装及 ITPM 各项任务。在很多情况下将要求转换为工厂程序，省去了查阅、详细了解原始标准的烦琐工作。

4. 制定公司或工厂标准，将各类设备的设计、测试及检查要求综合纳入标准内容。

a. 各工厂员工制订 ITPM 计划时，必须明确、并遵循相应标准。

b. 公司工程设计标准引用各类设备设计、安装及 ITPM 各项任务的外部标准。

c. 公司有一套综合指导方针，工厂可更好地掌握标准中的要求。该指导方针指明参考标准的特定章节，帮助使用人员找到更详细的信息。

委任能够胜任的人员

5. 主动收集有关设计、测试及检查要求的最新进展资料与信息。

a. 工程师阅读技术杂志，了解标准变更。一旦发现新变更，通常开展更为详细的调查，并变更操作规程(如适用)。

b. 在资产完整性要素方面起着关键作用的人员应定期参加短训班；此类课程有时会讲述各种设备设计、测试及检查要求相关的新思路。

c. 在(b)条基础上，公司指定一个或多个管理员来负责更新标准知识、了解变更，并帮助工厂正确贯彻落实各类设备相关的设计、测试及检查要求。

d. 在(c)条基础上，公司积极推动并支持人员加入负责编制及颁布标准、且与其运营工作密切相关的技术委员会。加入委员会的相关人员应监控是否出现设计、测试及检查操作规程相关的新技术方法，并通过公司内部的正规网络或工作小组传达该信息。

6. 在公司内指定特定的人员，负责监控标准是否变更、或新出现适用于公司旗下工厂的新标准。

a. 公司图书馆内应具有适用标准最新版本，新版本购置到位后，应通过电子邮件告知所有工厂的工程设计及维护经理。

b. 从公司工程团队中指定一名工程师负责审查标准新版本，将该变更告知相关人员，必要时，帮助工厂修订操作规程或程序。

c. 在(b)条基础上，公司积极鼓励参与负责制定及颁布各项与公司运行密切相关的标准技术委员会。

根据新知识更新操作规程

7. 根据不同来源收集到的信息，采取恰当的措施来改进设计、测试及检查操作。

a. ITPM 操作通常只有在受到外部刺激后才会发生变更，如：供应商通知或外部审查。

b. 在(a)条基础上，其他 RBPS 要素结果(例如：变更管理、事件)往往会导致 ITPM 操作的变更。

c. 在(b)条基础上，工厂管理层积极努力跟进 ITPM 操作相关的最新技术动态，通过小规模测试来验证新开发的操作，并将经实践证明有效的新操作付诸实施。

在单元各级人员内部建立起有关操作的信息传播持续改进机制

8. 公司内部建立便于资产完整性要素相关信息传播的网络，具体包括下列各项：

- 标准变更(或新标准)；
- 新发现的失效模式、或测试/检查方法；
- 设备失效及设备历史；
- 有效的操作实践。

a. 员工通过非正式的沟通渠道，将此类信息告知其他工厂内的相关人员，例如：兄弟工厂内的维护经理主动分享信息及最佳操作实践。

b. 中央工程部门对此类信息进行监控。通过电子邮件、公司内部网络或公告牌之类的途径传达新信息。

c. 负责监控设计、测试及检查方法(可能适用于一部分设备)最新动态的公司技术代表定期视察各工厂，对现有及已计划好的工作活动进行审核，并确保规章、标准及公司要求得以妥善遵循。

资产完整性要素与其他目标相结合

9. 确保资产完整性要素相关工作活动与提高设备可靠性，缩短停工时间、提高产量、收益和质量的方案相结合。

a. 管理层将资产完整性要素工作重点放在特定设备/系统上，确保最关键设备实施最重要的 ITPM 任务。尽量避免“范围渐变”。

b. 资产完整性要素允许一定程度的扩充内容范围渐变，但设备可靠性、资产完整性、质量改进及类似项目总体分开实施，只有当各项目负责人决定协同工作时，才将其合并实施。

c. 支持资产完整性要素的工作活动和资产完整性要素范围以外相同目标的工作通常由相同团队执行。尽管会区分资产完整性要素范围以外和以内的设备，但在分配 ITPM 各项任务时，该团队倾向于合并这些工作活动。

d. 在工厂内，将资产完整性要素的工作活动与所有提升维护及运行工作密切结合。

10. 定期审查各类设备(或单个设备)的 ITPM 计划，判断是否存在冗余情况，或按特定顺序执行的工作活动，能否更高效地完成。

a. 并没有规定需要定期审查维护计划。但偶尔会出现需要审查计划的事情，比如，为了节约成本、事故发生后，或设备失效后。

b. 时不时地，委任特许小组提升设备可靠性。这些小组一般审查维护计划，但通常只关注有限类型的失效模式，如：导致产品质量不良的失效模式、降低工厂产量的失效模式，等等。

c. 定期审查维护计划，主要是平衡不同设备之间的工作活动（即：对某一特定类别的设备，按照标准间隔时间，执行同一工作活动）。

d. 定期审查维护计划；考虑到预设失效模式及相应的风险，确保ITPM各项任务的执行程度和间隔时间适当。可减少ITPM任务、基于风险的变更与确定新工作活动同等重要。使得工厂可以只关注“少数几个重要的工作活动”。

12.3.2 确定资产完整性程序范围内的设备及系统并安排ITPM任务

确定资产完整性要素范围内的设备/系统

11. 列出资产完整性要素范围内的设备

a. 编制文件，列出资产完整性要素范围内的所有主要设备（容器、储罐、泵停车系统等），如：电子表格、数据库应用程序，或手工标注于管道及仪表流程图上。

b. CMMS中清楚地标明资产完整性要素范围内的设备。

c. 在（b）条基础上，*变更管理程序*自带检查表中列出特定的问题，帮助用户判断计划中的变更是否会影响CMMS中储存的数据，此外，适用时，还包含有CMMS记录的更新确认步骤。

制订ITPM计划

12. 对于确定的每一台设备，根据标准、生产商建议、设备历史、内部要求及特定设备失效预期后果，制订相应ITPM计划。

a. 尽管尚未制订ITPM计划，但通常会根据工厂对适用标准的理解，以及经实践证明、满足工厂同类设备要求的相关ITPM工作任务，在CMMS中规定设备预防性维护工作活动。

b. 分配ITPM各项任务时，为各类设备制订ITPM计划模板。

c. 在（b）条基础上，记录所有工厂ITPM计划以外的事项，例如：以储罐外部测厚代替储罐内部目查储罐，记录例外做法的原因。

13. 基于ITPM计划，在CMMS中建立预防性维护工单。

a. 将维护部门执行的任务工单CMMS中。

b. 将维护部门及检查承包商的任务工单存入CMMS中。

c. 将所有ITPM任务（不包括操作人员执行的日常工作活动）相关的工单存入CMMS中，包括通常由ERT人员执行的紧急响应设备检查工作，以及由操作人员执行的少量ITPM任务。

14. 对于SIS，制订ITPM计划，帮助确保各系统符合各SIF规定的风险消除要求。

a. 工厂无SIS。

b. 通过变更管理要素，对SIS的测试力度、或ITPM的间隔时间，进行变更审查及批准。但是，工厂无专门的方法来表明哪些设备或ITPM工作活动与SIF相关。

c. 除(b)条外，在CMMS中标记出与SIF相关的ITPM各项任务，提醒人员注意在测试延期、ITPM各项任务发生变更，或SIS发生更改时，应遵循的特殊要求。

设备状况发生变更时更新ITPM计划

15. 在变更授权程序中列出行动步骤，以便：

- 更新ITPM计划。
- 在CMMS中建立ITPM各项任务。
- 为各种维修作业建立物料清单，并将备件(即使该备件是无库存物件)与设备相挂钩。

a. 变更管理程序包括一份更新可用的维护记录的说明。

b. 变更管理程序包括一份检查表，表针对CMMS中通常会受变更影响的各项数据要素列出相关核查问题。

c. 变更管理程序包括一份详细的检查表，明确了在提出变更申请时应更新哪些记录。变更申请人应确认在变更单关闭前，更新所有记录。

d. 除(c)条外，变更管理要素包括定期审查，以独立确认各项维护记录已按计划完成更新。

12.3.3　开发和维护知识、技能、程序及工具

制定检查、测试、维修及其他关键维护活动相关的程序

16. 制定程序及检查表，作为ITPM各项任务实施的依据与指南

a. 程序通常只是一些列出工作任务的检查表，对于非常规、较为复杂的程序、或因无法正确实施程序而导致事故发生时，会列出具体步骤。

b. 程序罗列出必须实施的具体步骤或活动，并设空白页或空白位置，供检查人员签名或记录关键步骤数据。该程序还包括警告、告诫及必要提醒文字相关内容。

c. 除(b)条外，各项程序列出了各项数据记录的合格范围。

d. 除(c)条外，各项程序对过程安全关键事项要求进行二次复验。

17. 确定关键维修活动

a. 维护小组大体了解哪些维修工作较为关键，这些工作只能分配给维护经验和技术丰富的维护人员。

b. 保留关键维护活动清单。每项工作活动应按需包含相应的程序及特定的培训单元。

c. 关键维护程序应纳入维修人员培训课程，只有通过相关培训的员工方可从事此类岗位工作。

18. 一旦确定了关键维修工作，应判断生产商维护手册，以及安全作业程序是否能满足维修工作的管理与控制要求。如不能的话，则应制定书面程序，以填补所发现的空白。

a. OEM手册保存于中央档案内。维护人员如察觉生产商手册及安全作业程序未充分描述要执行的工作活动，则需与主管(或可靠性工程师)进行商讨。

b. OEM手册附有工厂特定的程序及检查表。工厂特定的程序内容包括使设备进入

安全维护状态的步骤、检查表、留供签名或记录关键数据的空白处，以及用以恢复设备运行的步骤。

19. 针对所有 ITPM 及关键维修活动，制订工作计划阐明下列各项：
- 适用的程序(通常按使用顺序列出)。
- 所需维修备件及维护材料。
- 所需的特殊工具。
- 特别校准要求，如用于校准的仪表是否遵循国家或国际标准等。
- 从事此项工作的人员应具备的资质。

a. 未建立检测及测试活动相关的工作计划；但通常可获得规定检修部件和特殊工具的 OEM 手册。

b. 除 OEM 程序外，为 ITPM 及关键维护维修活动制订工作计划。

c. 除(b)条外，ITPM 及关键维活动的工单上应留出一定空白位置供工作人员注明作业计划遗漏的地方。维护计划员或主管对这些备注进行审查，并适当变更该工作计划。

培训员工及承包商

第 14 章中讲述了培训程序相关的工作活动。

确保检查员持有相关证书

20. 了解检查员应具备的特定资质要求，并确保检查员持有适用标准所规定的证书。

a. 工厂根据检验机构自身的陈述与声明来确认其所聘检查人员是否为具备资质的合格检查人员。

b. 工厂逐一评估所有检查员的资质但认可同等培训与经验代替相应标准提出的某些资质证书要求。

c. 工厂要求所有的承包商检查员均持有相应标准规定的证书，但认可具备同等培训与经验的自有维护人员。

d. 工厂要求所有的检查员持有相应标准规定的证书。

提供合适的工具

21. 提供执行测试及检查所需的工具及培训。

a. 日常工作中可使用专业工具。通常由供应商的服务工程师提供培训。

b. ITPM 计划中罗列的任务需要进行全面审查，确定是否需要工具和开展培训工作，并在需要时提供工具和培训。

22. 提供测试数据及设备历史记录储存所需的工具及培训，数据及记录的存储应做到方便查阅。

a. 对测试/检查数据及设备历史记录进行归档，但无法用电子方式对其进行检索或查阅。

b. 使用电子方式对测试数据及设备历史进行归档，但只有具备规定权限的用户才可获得定制的报告或检索资料，工厂层面的人员通常不在此列。

c. 使用电子方式对测试数据及设备历史进行归档，工厂层面的人员通常可检索资料或获得定制的报告。

12.3.4 确保装置持续合于使用

在工厂开工试车期间，进行初始检查及测试

23. 进行初始检查，以便：
    - 确认设备正确制造及安装。
    - 收集基准数据，用于确定判断后续测试或检查期间的变化速度。

    a. 通常只在产生特殊问题之时或发生事故之后才执行初始检查。

    b. 在项目工程师明确要求时实施初始检查。

    c. 公司标准要求制造商提供主要设备(如：压力容器及储罐)的初始检查报告。

    d. 在不考虑设备是否处于良好工况的情况下，由检查小组判断需执行哪些初始检查并收集基准数据，例如：收集所有关键管道系统组件的基准厚度读数。

实施测试及检查

24. 按照 ITPM 计划开展测试及检查工作。

    a. 将 ITPM 各项任务输入 CMMS 中，但某些工作活动因设备不到位而延迟执行或跳过。

    b. 将 ITPM 各项任务输入 CMMS 中，通常按计划执行。

    c. 除(b)条外，工厂已建立了一套程序，批准延迟或略过的 ITPM 各项任务；应提供这些情况的理由，并应交给管理层进行审查及批准。

执行校准、调整、预防性维护及维修活动

25. 按照 ITPM 计划对日常预防性及预测性维护活动进行计划并执行。

    a. 根据工厂内之前发生的事故，或历史失效率来分配校准、调整、预防性维护及维修活动。

    b. 校准、调整、预防性维护及维修活动通常以 OEM 建议为基础，但要根据工厂内历史失效率的需要较频繁地执行。

    c. 除(b)条外，工厂已建立了一套程序，用以批准延迟或跳过的校准、调整、预防性维护及维修活动；这些情况应由管理层正式批准。

26. 根据状态监控活动的结果或其他标准(如：运行时间或运行周期)计划并执行设备检修工作。

    a. 按照生产需求计划检修工作。

    b. 生产计划程序考虑设备检修需求，规划维修停车作业。

计划、控制及执行维护活动

27. 计划维护工作，包括维修及 ITPM 工作。

    a. 每班工作开始时，由维护主管决定应执行的工单内容(如：零件及材料有库存，设备就绪可用)。根据优先顺序以及当时是否具备实施条件来分配工作。

    b. 生产及维护小组之间每周召开计划会议，确定下周的工作清单。根据已确定的清单，计划 ITPM 及维修工作。

    c. 除(b)条外，计划各项重要的维护工作。工作开始时，给维护人员发一个工作箱，工作箱内包括如下各项：零件或物料清单、特殊程序或指令，需填写的工作许可证、安全设备及完成工作所需的其他物品。

28. 批准所有非计划性的维修工作。

a. 大多数的白班工作均由维护主管计划及安排；不当班的维护人员通常按照生产操作人员的口头要求进行维修或调整。

b. 未建立正式的、用来批准非计划性维护工作的系统；但是，维护人员在进行微小调整以外的任何工作之前，按惯例先通知其主管或倒班主管，然后再执行。重大的非计划性工作应输入并提交工作申请，以形成设备历史记录。

c. 只有倒班主管(规模较大工厂内，则为倒班维护主管)才有权批准非计划性维修工作。重大的非计划性工作应输入并提交工作申请，以形成设备历史记录。

确保备件及维护材料的质量

29. 制定关键备件及维护材料相关的技术规范。

a. 虽然制定了技术规范，但采购部门有权否决，或至少要求维护或工程部门说明使用特别昂贵零件或材料的理由。

b. 虽然制定了技术规范，但并不打算替换不符合技术规范的物品，只是可不经申请人许可进行替换。

c. 虽然制定了技术规范，但只有在提出采购申请时，申请人明确允许的情况下，方可进行替换。该规定并不排除采购人向申请人询问替换的零件/材料是否满足用户要求。

30. 确保供应商提供的部件和材料符合技术规范要求。

a. 一般情况下，由收货人按照采购单检查装箱单。

b. 仓库人员将零件放置于指定储存位置时，确认零件正确无误。

c. 除(b)条外，维护人员应非常了解变更管理要求，且参加过相关培训，能对照实物核对零件编号。

d. 除(c)条外，在采购系统中对关键零部件或原材料进行标记，并将其放置在收货平台附近的“质量控制待检区”。检查人员或其他受过培训的人员根据材料成分(材料合格标识)、材料硬度或其他关键特征的测试结果对其予以放行、入库。

31. 确保存放维护零件及材料的仓库井然有序，且管理良好。

a. 备件主要保存于无人管控的仓库内，但以合乎物流要求的方式储存零件，如：根据设备类型、结构材料进行储存。

b. 备件存放于有职员管理或有其他控制方式的集中仓库内。零件上标有储存编号，该编号与 CMMS 中的物料清单或备件清单密切相关。

c. 除(b)条外，关键零件均设有条码标签，在签发零件时，扫描该条码。申领零件的人输入设备或工单编号，库存控制系统复核，确认该零件已获得相关批准，可用于设备上或可按工单签发该零件。

32. 关联维修备件与设备

a. 告知维护人员对替换零件进行检查，确保该零件编号与要替换零件的编号一致。

b. CMMS 中储存有各设备物料清单或零件清单；CMMS 根据物料清单，按工单签发零件。

c. 按设备项目相关的工单签发零件，并将与零件及设备项目相关的数据储存于 CMMS 中。一旦工单或设备项目所需零件与 CMMS 中物料清单不符时，CMMS 会提醒签发零件的人员注意。

确保检修、维修及测试不会降低安全性

33. 在预防性维护、维修及检修程序中，建立相关步骤，确保设备移交给生产组时，处于合于使用的状态。

a. 开展任何最终测试相关任务的决定，交由指定的执行该项工作的维护部门做出。不管怎样，培训中包含了大多数设备所需的最终测试，且具备适用的操作规程，可执行正确的任务。

b. 就绪性要素中设有检查表，该表列出了旋转检查、检漏、校准确认及仪表或联锁可操作性等选项。维修组根据已执行的工作，选择合适的任务并在完成各项任务后签字确认。

c. 工作计划中明确规定了各项最终测试任务，在此类工作活动完成后，由维护人员签字确认。

12.3.5 处理设备失效及缺陷

及时处理可能会导致失效的状况

34. 如发现资产完整性要素范围内的设备存在缺陷，及时从运行工厂中移除该设备，或采取适当的保护措施，在维修或更换之前，确保其安全运行。

a. 如缺陷设备没有立即停机，那么通常采取谨慎的措施来保证安全。但是，并没有正式的程序来批准缺陷设备的继续运行。

b. 制定正式程序，批准存有缺陷的设备继续保持运行。但这一程序并不适用于因ITPM或维修活动造成缺陷的情况，如：安全系统受损或联锁不能使用。

c. 不管缺陷的起因如何，上报所有的缺陷事件，制定并实施正式的、用来批准存在缺陷的设备继续保持运行的程序。

d. 除(c)条外，管理层经常(至少每周)对缺陷事件进行审核，并基于该缺陷设备、其他所有存在缺陷或失效设备以及工厂运行的风险，对该缺陷设备能否继续保持运行的决策进行审核。

审核测试及检查报告

35. 审核测试及检查报告并：(1)对检查员提及的缺陷进行维修；或(2)记录为何无需进行维修。

a. 审核测试及检查报告的职责划分给一个或多个经验丰富的人员；但是，并未以正式系统方式就建议维修工作如何以书面方式记录作出规定，或当审核人员认为无需针对检查人员相关意见、关心或建议作出响应时应采取哪些措施。

b. 审核测试及检查报告的职责划分给一个或多个经验丰富的人员，并且存在记录维修工作完成情况的标准方法；但是，当审核人员认为无需针对检查人员相关意见、关心或建议作出响应时，并未以正式系统方式明确应采取哪些措施。

c. 管理资产完整性要素的政策或管理系统程序明确规定：(1)由谁负责审核测试及检查报告；(2)如何编制维修工作相关记录文件；(3)若不执行建议维修工作时，如何以书面方式记录此类情况；以及(4)由谁批复测试或检查报告中的建议。

检查结果，找出其他更多问题

36. 如设备状况的变化率比预期的要快，则：(1)判断其他设备是否存在能够引发意外情况或缺陷的同类状况；以及(2)执行合适的检查或测试活动，判断该设备工况是否良好。

a. 按计划执行 ITPM 各项工作，并及时处理缺陷。由维护或工程部门决定是否采取进一步行动。但是，未建立正式的、要求审核类似工厂内设备测试或检查方法或间隔时间的程序。

b. 按计划执行 ITPM 各项工作，并及时处理缺陷。此外，对类似设备或类似工厂内的设备进行审查，以帮助了解问题涉及范围。例如，若容器及从容器通出/通往容器的管道由类似的材料制成，检查员发现容器壁腐蚀程度要比预想的严重，则响应措施应包括全面测试及检查进出口管道。

采用结构性方法来调查慢性失效

参见第 19.3.5 部分有关慢性失效趋势、分析及调查相关的工作活动。

计划维护及维修活动

37. 计划维修及维护活动，以便在具备足够技术及后勤保障的前提下及时执行。

a. 通过正式的程序如变更管理程序来批准临时维修工作。计划好定期维修，但是，非关键维护工作往往会推迟至下次发生故障。

b. 通过正式的程序如变更管理程序来批准临时维修工作。为临时维修指定有效期，并于该有效期之前尽量执行永久性维修。

c. 通过正式的程序如变更管理程序来批准临时维修工作。通常来讲，尽快执行永久性维修。在决定采取非计划性停车还是推迟维修计划、执行永久性维修时，应妥善考虑相关风险因素。

12.3.6 分析数据

收集及分析数据

38. 确定有效收集及分析数据的方法，并突出标注异常状况。

a. 数据主要采用现场笔记手写方式或借助文字处理应用程序来进行记录。

b. 手动将数据输入电子表或类似的应用程序中，但并非以随时间推移而有利于设备状况变更分析的方式储存。

c. 手动将数据输入软件程序中，并实现下列作用：(1)预测设备生命周期；(2)识别慢性失效；以及(3)评估测试或检查间隔时间。

d. 直接从检查工厂下载数据装入指定的软件程序中，以分析信息、预测设备生命周期并生成其他报告。

e. 除采用(a)~(d)条规定的方法记录数据外，相关人员应关注异常零部件。交出异常磨损零件样本做进一步检查，有时要进行正式调查。

调整检查频率及方法

39. 根据测试及检查活动结果，适当调整检查或测试间隔时间。

a. ITPM 结果评估通常局限于判断设备的当前状况是否合格。

b. 有时使用 ITPM 各项任务结果来调整时间间隔。

c. 定期审查 ITPM 结果，评估状况变化率。利用这一数据以及对故障模式的理解，来调整 ITPM 各项任务时间间隔或方法。

按需执行额外的检查或测试工作

40. 以分层分级的方法实施检查。

a. 使用统一的方法。例如：所有的泵都包括在振动监测项目中。

b. 按具体情况确定 ITPM 各项任务，并分阶段实施。尽管目检和其他简单的方法是主要的方法，若有规定，也可采用其他方法。

c. 除(b)条外，应考虑故障后果。不管 ITPM 其他结果如何，应基于风险，计划额外的 ITPM 各项任务。

计划更换或其他整改措施

41. 使用测试及检查结果来计划检修、更换或其他整改措施。

a. 按计划执行 ITPM 各项任务。尽管其初衷并非用于指导未来资本预算、检修计划的制定，但一旦发现设备存在缺陷或发生故障，还是以积极及时的方式进行修理并更换。

b. 制定资本计划或下年的非常规维护开支计划时参考 ITPM 各项工作结果，但并未制定正式的程序来明确此项要求。

c. 工厂保留列明各主要设备项目计划退役日期(或下次大检修日期)的记录簿或数据库。这些数据根据 ITPM 各项任务结果定期更新，并用其来计划资本及维护预算。

数据归档

42. 保存检查数据，以便随时可用，例如：按设备而非执行检查的年份或执行检查的承包商来对数据及报告进行归档。

a. 将列有 ITPM 各项任务结果的报告归档，但是根据工作活动执行时间、负责此项工作的承包商或其他与设备无直接关系的指标进行归档。

b. 按照设备识别系统(如：标签号)对列有 ITPM 任务结果的报告进行归档。

c. 大多数 ITPM 结果保存于电子数据库中，并在 CMMS 中各记录备注栏中记录其他记录存放位置(例如：工程部门内的维护档案、管道数据库、设备档案)。

12.4 提高效能的方法示例

本章列举了若干经行业实践验证、可提高资产完整性要素相关工作活动效能的方法实例。根据第 12.2 节首次提及的关键原则，可将此类方法实例归为以下两大类：

1. 用于提高要素核心活动绩效的方法。

2. 降低资源消耗，维持必要绩效水准，提高该要素核心活动效率的方法。

这些实例均源自工业操作规程调查结果、研讨会和 CCPS 成员公司提供的资料。想提高自身管理系统，以及与该要素相关工作活动的读者，有必要了解本章节所透露的思路、评估当前管理系统和工作活动绩效和效率，然后按第 2.1 节介绍的基于风险的各项原则确定并实施相应改进措施。

12.4.1 保持有效运行

制定关于 ITPM 各项工作的公司标准。第 12.2.2 部分中讲述的 ITPM 各项任务应以标准、生产商建议以及特定设备在工厂(或公司/行业内同类型的工厂)内类似使用环境下的历

史记录为基础。但是，要审核所有数据及规定一套合理的要求需做大量的研究。公司或企业若建立一个部门，专门负责此工作，并制定一套基于所有相关信息以及适用于运行工厂工作条件范围的ITPM各项任务，便能实现效率更高、更为一致的ITPM计划。这一方法也有助于工厂之间更好地分享好的操作规程。公司标准通常涉及下列八大主题。

- 设备识别/设备分级。
- 各类设备的ITPM指南：
  - 压力容器；
  - 储罐；
  - 换热器；
  - 管道系统；
  - 泄压及放空装置；
  - 旋转动设备(进一步可细分为泵、压缩机、搅拌机等)；
  - 仪表；
  - 控制系统；
  - 联锁及紧急停车系统；
  - 公用工程系统(根据公用工程类型进一步划分)；
  - 减缓系统；
  - 应急响应设备。
- 各类设备的检查及测试要求。
- 各类测试或检查相关的程序及检查表模板。
- 各类ITPM任务相关的培训及证书要求。
- 各类设备的质量保证标准/检查表。
- 缺陷管理程序样本。
- 资产完整性要素相关的特定ITPM任务审查方案。

12.4.2 确认资产完整性程序范围内的设备及系统并安排ITPM任务

建立从风险分析工作到ITPM计划之间的清晰联系。公司投入大量的精力来识别危险及分析风险。这些工作的副产品即是一系列可阻止或减缓所分析的事故场景后果的安全措施。基于不同的技术，后果(或有时则为安全措施)均具有相应的风险等级。该信息能为负责制定ITPM计划的小组提供明确的指导方向。某些工厂也执行保护层分析，以便更深入了解特定事故场景相关的风险，这一技术方法直接产生了一套独立保护层(IPL)以及各IPL相关的最大可接受失效概率。这些数据和设备历史知识及供应商提供的失效率(如果可用的话)可用来设计ITPM战略，帮助实现可靠性目标。

正式将危害识别与制定ITPM计划相结合。某些公司使用正式的危险识别/筛选工具来确定各个单元在过程安全项目中的"严格等级"。这些工具通常采用矩阵形式，在一根轴上列出各种物料的固有危险(一旦发生泄漏会给公众带来重大危险的剧毒性物料、储存温度超过正常沸点的极其易燃的物料、易燃液体等)，并在另一根轴上列出物料数量(以质量为单位)。交叉的区域为ITPM各项任务的分配提供了额外的指导。因此，对于内有受压液化的高毒性气体且高于一定容量的压力容器来说，工厂可选择：(1)执行要求远高于适用压力容器检查标准的ITPM各项任务；(2)针对内含非腐蚀性可燃液体的储罐应用基于标准的最低检查要求。

根据风险情况，考虑将某类设备运行至失效。某些公司通常认为所有的设备失效都能而且应该得到避免。尽管花更多时间和精力执行资产完整性要素相关的工作活动来检测和防止设备失效是可行的，但许多失效(或失效模式)不会导致不可接受的后果。制定 ITPM 计划时，应考虑：

- ITPM 各项任务能防止的失效/失效模式相关的后果。
- 预期失效率。
- ITPM 各项任务能帮助检测或防止失效的可能性。
- ITPM 各项任务引发的风险，例如：可能存在危险的设备、设备恢复运行时发生错误等等。
- 工作活动总成本，包括损失的生产时间、ITPM 各项任务相关的设备准备工作花费、对产品质量/产量的影响等等。此事项与造成设备损坏或停工的失效模式尤为相关，但不太可能会导致不可接受的安全后果。

以此为基础，制定从技术到商业前景均合理的 ITPM 计划。

根据平均失效时间(MTTF)确定仪表测试间隔时间。某些公司按同一时间间隔测试或校准一定类型的所有仪表。因为 ISA 84.01 系列标准的出台，仪表和控制设备制造商顺势发布 MTTF 数据。我们可根据工程分析及可接受失效率，而不是仅仅依靠判断及经验，使用这些数据来确定测试或校准间隔时间。

备 注

MTTF 作为测试间隔时间会导致相对高的失效率；但是 MTTF 数据可用来调节测试间隔时间，尽量提高资产完整性工作活动价值。

12.4.3 开发和维护知识、技能、程序及工具

利用当地院校提供的培训资源。许多地方性院校，尤其是社区院校，迫切希望开展特种工作课程，特别是在该领域存在良好的就业机会时。例如：许多的工厂目前从此类项目招募仪表技师而不主张内部学徒制。

要求设备供应商提供培训。设备供应商经常提供特定设备相关的短期、实践培训课程(例如：1 小时至 1 天)。该培训对提高接受培训的维护员工的技能及知识可能极为有效。一般情况下，供应商如在主要设备项目的初始采购中综合考虑了这一要求，提供培训很少或不费成本。

利用某一工厂的检查员审查另一工厂的程序及操作规程。审查资产完整性要素要求深刻了解标准知识。缺乏该方面知识的审查小组往往雇用第三方专家来审查部分程序。另一个方法则是使用同类型工厂中经认证及有经验的检查人员。此举亦能推动互相学习；受审查的工厂与借出检查员的工厂均能通过该方法获益。但是，指定进行审查的检查员应：(1)深刻了解标准知识，并了解该标准如何用于行业内的其他公司；且(2)接受过审查方法相关培训。

12.4.4 确保装置持续合于使用

执行基于风险的检查项目。近年来，工厂已运用多项基于风险的分析技术以期制定出更加基于绩效的资产完整性程序。事实上，某些检查标准，如：美国石油学会(API)510(见参

考文献 12. 3)以及 API 570(见参考文献 12. 4)如今均吸纳了“基于风险确定检查要求”的相关规定。同样，API、美国国家标准学会(ANSI)以及其他颁布标准的企业也已制定了标准及建议操作规程，从而鼓励人们采用基于风险的技术方法，确定检查及测试要求，此类标准与操作规程包括以下各项：

- API-580 基于风险的检验，以及 API-581 基于风险的检验-基本资源文件(见参考文献 12. 5)。
- ANSI/ISA-84. 00. 01-2004 第 1 部分(IEC 61511-1 Mod)，功能安全：过程工业部门安全仪表系统-第 1 部分：结构、定义、系统、硬件及软件要求(见参考文献 12. 6)。

许多企业发现使用风险分析技术来确定 ITPM 各项任务具备如下多项好处：

- 确保采用结构化、系统化且技术上可行的方法来做出决策。
- 加深了解系统运行知识以及特定设备故障造成的因果关系。
- 通过明确评估风险确保将 ITPM 资源分配到其最能发挥作用的区域，从而确保将资源重点分配到最重要的失效上。

让操作人员参与资产完整性要素。在某些工厂内，维护及生产部门之间似乎有道屏障。生产部门负责生产产品；维护负责保持设备正常运行。实际上，操作人员往往能察觉设备何时未正常运行。生产部门成员树立设备主人翁意识，并让操作人员经常巡检该区域，检查异常状况，将有利于在设备发生失效前探测到异常状况(类似方法参见第 3 章、第 6 章及第 17 章中的工作活动或改进方法)。

将某些测试及预防性维护工作活动分配给操作人员。某些工作活动应分配给操作人员，尤其是那些不需要特殊工具或高级专业培训的工作活动。操作要素中有若干个基本特征——包括“监控设备状态”以及“维护仪表及工具”(参见第 17. 3. 3 部分)均明确了这一点。实际上，某些 ITPM 任务如由操作人员执行，则能产生更为有用的结果。例如：工厂通常配有备用发电机，为关键设备提供电源，若工厂外发生电力故障，操作人员应启动并监控此类设备。应急发电机相关的典型 ITPM 任务为：定期启动，运行一段时间，并监控仪表以确保所有的系统正常运行。将该工作活动分配给电力故障期间可能需要启动及运行发电机的操作人员有如下好处：(1)为新手提供实践培训机会，尤其是当所有操作人员轮流执行该工作活动时，(2)解放了维护人员，让其执行需要专业培训及设备的工作活动，以及(3)能让工厂更好地全面观察发电机的可靠性。

执行连续状态监控系统。技术发展使得我们可通过相关技术对某类设备执行连续状态监控并能节省成本。例如：振动传感器能永久安装于关键旋转设备上并在操作人员的控制台上发出过度振动特征(如：振幅、频率及关键参数变化率)警报，提供较为及时的潜在失效警报。收集实时监控信息和对操作人员控制台上不可接受状况发出警报，有利于识别与缓解之前被判定为随机事件的失效的影响。

12. 4. 5 处理设备失效及缺陷

在设计阶段考虑 ITPM 各项任务。设计员和项目工程师通常在设计阶段忽略维护和 ITPM需求。与有经验的维护人员开展设计审核，落实以下事项：(1)可达性，(2)维护工作的可隔离性，以及(3)可靠性，并分配资金落实他们提出的建议方案，如此，可在工厂生命周期内带来重大收益。

12.4.6 分析数据

结果趋势。定期审查测试数据，检测设备状态的变化。如果随着时间流逝，设备寿命逐步缩短，则应挑剔地审查维护程序，以判断表面不相干的失效是否由同一原因造成的，如：维护策略、零件供应商或工艺运行变更。使用该信息更好地做出有关共因因素的决策，以及 ITPM 各项任务严格程度及频率相关的决策。

充分利用 CMMS 软件中的设备可靠性分析工具。许多公司购买功能极强的软件系统来管理维护工作活动。这些系统初始运行时通常较为混乱。试车期间的焦点主要放在维持各项操作的持续性上。那些能够帮助用户分析设备可靠性、修理历史等等的工具，属于"第二阶段"规划工作范围，在工单处理、规划预防性维护工作、盘库、计时和其他基本 CMMS 功能预期运行一段时间过后，才规划第二阶段工作。绝大多数情况下，不会产生第二阶段举措。因此，负责了解停工起因或其他可靠性相关问题的用户往往编制简单的电子表来分析数据。尽管这一努力可能是实现短期结果的权宜之计，但要长久下去，需付出昂贵的代价。执行 CMMS 固有模块，支持计量工作及推动设备可靠性的改进，并帮助确保持续支持这些工作。

投资于能通过分析工艺数据监控设备状态的软件。许多工厂已实施带有数据历史模块的分布式控制系统，该控制系统能以很低的成本收集大量数据。但是，指定工程师或其他人定期审核数据，只是为了查询工艺设备绩效是否出现下降，所付成本是极高的，不太可行。软件包可连续监控设备，并可通过进行相关设置、在绩效发生重大变化时提醒工艺工程师或发出可靠性警告信息。例如：一台泵显示出需要不断增加更多的动力来驱动输入轴(某一确定的输出要求)的趋势，则可能表示某些组件磨损或需执行调整/预防性维护工作活动。

使用有效的工具来分析可靠性及失效数据。许多最初开发用来支持改进产品质量的工具也可用来分析其他类型的数据。那些已掌握 6 sigma 程序、统计质量控制(更加具体地说，则为控制图标)及类似工具的使用方法的工厂往往会发现，利用这些已掌握的使用方法来分析资产完整性要素产生的数据要比开发制定出一种新方法更为有效。

12.5 要素指标

第 20 章阐述了如何以及何时利用指标来提高绩效的相关内容。本章节还列举了诸多可用来监控资产完整性要素的指标实例，按照第 12.2 节中首次提及的关键原则作了分类。

除了找出高价值指标外，读者还需要确定如何最好地对选择追踪的指标进行考量。有时，一项常规数据便可满足信息需求，例如，员工总数。其他情况下，如平均工作年限，则需要两个或多个参数才能提供完整数据。还有部分指标需跟踪其变化率，如员工流动率等。在某些情况下，变更率才是最为关键的数据。由于具体情况各有不同，因此，读者需要自行判断如何跟踪并呈现数据，从而最为有效地监控工厂 RBPS 管理系统的健全完善程度。

12.5.1 保持有效运行

- ***展示简图，说明哪些工厂或单元已完全执行特定项目或操作实践***。有时，仅需展示这一信息并在管理层会议上对其进行审核，便可激发管理兴趣/支持。

12.5.2 确认资产完整性程序范围内的设备及系统并安排 ITPM 任务

- *资产完整性程序所涉及的设备数量*。尽管这一数量对隔离工作来说意义不大，但可用作资产完整性程序的对比依据，尤其当公司在多个工厂中运行类似工艺过程时。若要按照设备类型细分数据(如压力容器、储罐、安全联锁、泵、搅拌机、仪表控制回路等等)，该指标则更具意义。
- *已经不在工厂内的设备产生的 ITPM 工单数量(每月或每季)*。比预计数量高则表示资产完整性与变更管理要素之间的对接联系很差。如 CMMS 中的预防性维护工单及 ITPM 计划未随设备的移除而更新，则很有可能其在新设备安装时也未更新。

12.5.3 开发和维护知识、技能、程序及工具

- *持有各种所需证书的检查员/维护员工数量*。该指标下降可能意味着出现技能空白方面的前导指标或 ITPM 任务累积量超标。

12.5.4 确保装置持续合于使用

- *逾期未实施的 ITPM 工作数量(或百分率)*。逾期未实施的 ITPM 任务数量(或比率)高，则表示资源受限或用于计划维护的设备不到位。
- *每月紧急/非计划性维修工单的数量*。资产完整性要素的一大主要目标即为减少意外/故障维护工作。尽管许多意外故障不会涉及资产完整性要素范围内包括的设备，这一指标上升则为工厂内维护程序整体效能下降的前导指标。
- *检查小组累积的工单，换句话说，计划的工作活动尚未逾期*。同逾期未实施的ITPM任务数量相似，累积则表示资源受限。但是，与逾期未实施的 ITPM 任务数量相比，该指标是更有效的前导指标。
- *每月/季在 ITPM 各项任务上投入的总时间*。投入这些工作活动的时间量下降则表示维护部门的工作重心发生变化。注意这一变化可能是按照相关周期要求故意发生的或属于有意为之的预期结果(例如：对冗余或不必要的校准工作活动进行优化会导致 ITPM 任务所有时间减少)。

12.5.5 处理设备失效及缺陷

- *当前正在实施的临时维修数量(延期维护项目)*，这一指标也属于风险前导指标。如该指标仅限于那些计划在开停车作业范围之外完成的维修(例如：零件抵达时进行维修)而非那些在断电或开停车工作延长期间必须实施的维修，则其对确定维护工作计划而言也是极为有效的衡量指标。
- *延期实施的维修总数，如：留待下一次开停车时处理的已知缺陷*。备注：这一指标往往随时间成直线上升，至下次维护停车时，迅速下降。但是，增加率可能属于风险前导指标。
- *处理/整改缺陷所用的平均时间*。该指标也属于风险前导指标，可用来显示快速修理设备的能力有否发生变化。但是，在持续运行的工厂中，这一指标受少数几个缺陷的影响极大，这些缺陷计划留待下次开停车时再维修。工厂需从这一指标中剔除“开

停车工作”，使其走势图真正具备示意功能。

12.5.6　分析数据

- *发现故障的 ITPM 任务数量(或百分率)*。资产完整性要素的一大目标无疑是在造成灾难性事故前发现并整改故障隐患。但是，这一指标的增加则表明与设备故障相关的风险正逐步增加。
- *设备可靠性(或可用性)*。类似于先前的指标，可靠性(或可用性)下降则表示设备失效相关风险逐步增加。

12.6　管理审核

管理审核的整体设计和执行方式见第 22 章。但是，仍有许多特定问题/讨论主题需要管理层定期检查审视，以确保资产完整性要素的管理系统正常运行。尤其是，管理层首先必须了解接受审查的系统是否运转正常、达到系统目标。如果企业的资产完整性尚有欠缺的话，或者并没有因为管理系统的改变而有所改善，那么，管理层应找出可能的整改措施加以实施。在某些情况下，企业有可能并未找出真正需要实施的整改措施予以实施，或者说并没有实施必要的措施。即使整改措施的结果令人满意，但通过管理审核仍能检验资源是否被滥用或超用？部分工作是不是有更为有效的实施方法或者有哪些工作事实上根本无需实施？管理层可把上一章中列出的指标与个人观察情况、直接询问、审查结果、主题反馈内容等结合起来回答上述问题。讨论事项和主题包括下列内容：

- 对比工厂 ITPM 任务分配计划与公司标准。查看该计划是否涉及相关例外规定？如有的话，则审核这些例外规定的合理性，确保其仍有效。
- 对自上次管理审核起通过的 ITPM 计划例外事项进行审核(备注：本条应只涉及未执行的工作活动，而非个别当前逾期或随后将执行的 ITPM 任务)。总体而言，查看这些例外规定是否合理，或工厂内部是否存在不执行某项 ITPM 任务(工厂某一个单元不执行各类 ITPM 任务)的潜在趋势？
- 对使用新方法/试验法获得的检查或测试结果进行审核。这些方法是否产生预期的效益？是否应将其推广应用至工厂内的其他区域/设备？
- 对维护部门职员持有的特定专业证书进行审核。自上次管理审核后是否发生变更？如持有关键证书的职员不久会退休，则审核计划，以培训接替人。
- 判断是否因随机事件或系统性问题导致无法符合 ITPM 工作计划。对于已识别的系统性问题，判断是否为了评估风险而提前进行了审核？
- 对貌似随机出现的逾期 ITPM 任务进行判断，确定其主要起因。
  - 是否因设备无法使用？
  - 是否因人们普遍认为工作活动不可能及时完成而故意缩短 ITPM 各项任务的间隔(如按照预定时间设置的“止闹按钮法”)？
  - 当设备到位可用时，维护或检查小组是否尚未准备就绪以执行工作活动？
- 审核哪些检查活动属于常规外包，哪些由维护部门职员执行。从风险管理及商业角度来看，此类安排是否合理？

- 审核与计划维护工作部分相关的指标。如已计划好工作，OEM 零件及车间手册往往应已到位，待负责实施该项工作的人员完成相关培训、如数到位时即可按计划实施工作。另外，非计划性维护工作的增加可能反映出潜在的意外故障率增加。
- 对旨在降低维护成本的新维护程序及工作方法进行审核。降低成本对设备可靠性、按计划完成的 ITPM 各项任务或本要素其他关键指标有什么影响(如有)？
- 审核显示慢性设备失效的帕累托图，并判断工厂是否设立相关规程将这些失效视为长期事件(未遂事件)进行上报及调查。

设备可靠性加人因可靠性是管理风险的关键。此外，这两大要素均是可靠运行的必备条件。针对该要素的管理审核往往从设备可用性或绩效之类的指标相关问题着手。但是，管理审核必须更深入探究以检查支持资产完整性要素的工作活动的质量。在过去 10 年内未发生灾难性过程安全事故未必就能可靠预测出下一年会不会发生灾难性事故；同样的，之前未出现过灾难性设备失效并不能表示资产完整性要素完全有效运行。管道可能会因腐蚀而发生故障、容器上的管口可能会裂化、缓解事故后果的安全系统可能早就发生了失效。因此，进行该要素管理审核时须审查细节情况，提出尖锐的问题，如："我们遗漏了多少 ITPM 任务？"，以及"目前有哪些在用缺陷设备或实施了哪些临时维修工作？"。此外，维护及合同人员可能会犯错，从而危及设备的完整性。培训程序及规程是否充分？回答这些及其他苛刻但基本的问题，是了解资产完整性要素真实健全程度的关键。

参考文献

12.1 Lees, Frank P., *Loss Prevention in the Process Industries, Hazard Identification, Assessment, and Control*, 2nd edition, Butterworth-Heinemann, Oxford, England, 1996.

12.2 NTSB Report Number: AAR-79-17 (NTIS Report Number: NTISUB/E/104-017), American Airlines, Inc., DC-10, N110AA, Chicago International Airport, Chicago, IL, May 25, 1979, adopted on 12/21/1979.

12.3 API 510, *Pressure Vessel Inspection Code: In-Service Inspection, Rating, Repair, and Alteration*, ANSI/API 510-2006, American Petroleum Institute, 9th edition, June 2006.

12.4 API 570, *Piping Inspection Code: Inspection, Repair, Alteration, and Rerating of Inservice Piping Systems*, ANSI/API 570-2000, American Petroleum Institute, 2nd edition, October 1998.

12.5 *Risk-Based Inspection*, API-580. American Petroleum Institute, Washington, DC, 2000.

12.6 *Functional Safety: Safety Instrumented Systems for the Process Industry Sector – Part 1: Framework, Definitions, System, Hardware and Software Requirements ANSI/ISA-84.00.01-2004 Part 1 (IEC 61511-1 Mod)*, The International Society for Measurement and Control, Research Triangle Park, North Carolina, 2004.

补充阅读文献

Base Resource Document – Risk-based Inspection, API-581. American Petroleum Institute, Washington, DC, 2000.

Center for Chemical Process Safety, *Guidelines for Mechanical Integrity Systems*, American Institute of Chemical Engineers, New York, 2006.

13 承包商管理

第 11 章*安全作业规程*对阿尔法火灾爆炸事故进行描述，并指出此灾难是因为工人未遵循一项安全生产活动程序导致大规模碳氢化合物泄漏而引发的。事后调查结果反映：负责相关维护工作的合同主管事先未受过相关安全生产活动程序培训，而负责钻井平台上生产活动的承包商紧急响应培训力度不够(甚至缺失)是造成此事故出现严重伤亡的可能原因。

13.1 要素概述

通过执行操作规程来确保承包商工人安全开展生产活动且外包服务不会增加或加重工厂操作风险，这是 RBPS 之***“管理风险”***原则九大要素之一。本章规定了承包商和业主在执行*承包商管理*程序中各自应履行的职责。其中，第 13.2 节对此要素管理系统的关键原则和基本特征进行了介绍。第 13.3 节列出了支持此类基本特征的生产活动，并介绍了一系列执行各项生产活动可以选用的适用方法，在实际执行各项生产活动中，企业应根据自身对风险的认识、资源和企业文化从中选择适用方法。第 13.4~第 13.6 节介绍了提高管理系统和支持此要素的特定项目效能的方法；用于监控此要素的指标；以及可能需纳入管理审核范围的事项。

13.1.1 要素定义和内容

各行各业常常倚重承包商，一是因为其专业技能水平高，二是有些生产活动特别危险，需要由承包商完成，常常是在生产活动频繁时期，如维护开停车期间，要用到承包商。正是因为上述因素，加上承包商工人可能对工厂危险和操作不熟悉，给安全使用外包服务带来了前所未有的挑战。*承包商管理*是一项涉及各项控制措施的系统性工作，目的是确保外包服务既能支持工厂安全操作，又能实现公司过程安全和人员安全绩效目标。此要素在选择、采购、使用和监控方面对外包服务进行了规定。

货物采购或场外设备制造过程由资产完整性质量保证部门负责，因而*承包商管理*对此并未规定。虽然，最关键的承包商安全工作通常涉及距离工艺危险最近的工人或是高风险生产活动人员(施工生产活动人员)，但负责较为简单和常规工作的承包商的安全需求也须纳入*承包商管理*程序。

13.1.2 重要性

公司为节约内部资源，越来越倾向于将各式各样的服务(如设计、施工、维护、检查、测试和增员)委托给他人执行。通过外包，公司能实现多重目的，如：(1)获取非日常或持续需要的专业技能知识；(2)在资源需求异常高时，补充公司有限资源；(3)增加员工人数，又避免支付直接雇佣员工产生的管理费用。

然而，使用承包商意味着需要将一个外部企业纳入公司风险控制工作范围中。使用承包商，可能会将不熟悉工厂危险和保护系统的员工置于存在工艺危险之地。反过来，承包商开展生产活动，又会给工厂人员带来新的危险，如特殊化学品危险或 X 射线源等。不仅如此，承包商现场生产活动还会无意中抵触或忽视工厂安全控制措施。因而，公司必须认识到外包势必会带来新挑战，并确定相应生产活动。例如，制定有别于直接雇佣员工的承包商培训与监管要求。总之，公司在选择承包商时，必须严谨审慎，并采用严格控制措施，来管理承包商服务(见参考文献 13.1)。

公司和承包商只有通过合作，才能共同营造一个安全工作场所，保护员工、社会和环境，并保全公司利益(见参考文献 13.1)。

13.1.3 对象和时间

*承包商管理*在双方签订服务合同之前，早已拉开帷幕。公司须建立候选承包商资格审查制度，不仅要审查承包商技术能力，还应审查其安全程序和安全记录。

在开工前，对承包商工人开展入场教育和培训。公司须规定此类培训职责，通常明确由总承包商以及业主负责的培训项目，并明确界定工厂生产活动内各承包商的职责划分。

公司必须定期监控承包商安全绩效，审查承包商管理系统。合同接近尾声时，对承包商以往安全绩效进行评估，帮助确定哪些承包商可以与之续签合同或可以考虑以后继续合作。

13.1.4 职责分工

在执行*承包商管理*要素时，除了承包商人员自身担负起一部分责任，工厂或企业内的公司员工也须承担不少工作。在承包商和公司确立委托关系前，事先需要确定承包商、公司与工厂人员之间的责任划分情况。在公司内，需担负起相应职责的部门包括但不限于操作部门、维修技术部门以及工厂、公司的过程安全部门。承包商管理项目常常由采购部门负责管理，但必要时，采购人员也须参与其中。

13.1.5 预期工作成果

*承包商管理*要素预期成果包括：

- 创建一份经预审合格的候选承包商清单；
- 选择安全程序有效以及安全记录良好的承包商；
- 对承包商及其员工开展培训，使其了解相关风险、工厂安全控制措施及程序和个人安全责任，并在对上述有所了解的基础上，安全地提供服务；
- 承包商安全完成外包生产活动，且质量和生产率有所提高；
- 妥善记录承包商挑选过程、承包商实施服务期间的安全绩效以及对承包商进行评估以便确定将来有合作可能的其他相关事项。

除此以外，*承包商管理*要素的成果也可用来促进其他要素的执行，例如承包商工人必须经过相关培训，来妥善执行*安全操作规程*，承包商工人须切实纳入*人员参与*计划。

13.1.6 实施过程

外包服务范围广泛，将一项特别专业的服务委托给个人执行，或与大型企业(其下可能含有很多分包商)订立合同，由其提供几百名身怀不同技能的工人，负责大型施工项目或长周期的维修项目，均属于此范围。承包商可能驻场几小时，完成其分内工作后即撤场，也可能会长期进驻一个工厂，长达几十年。有些承包商直接参与工艺过程，并接触到工艺危险；而在另外一些情况下，新建项目毗邻运行中的装置单元，无论在哪种情况下，公司均须采取有效控制措施，隔离承包商，避免其接触工艺危险。有些承包商的工人很固定，而有些承包商的工人流动率会很高。

*承包商管理*要素必须定义明确而又不失灵活，能应付一系列潜在情况。公司须在一份书面计划说明中，明确执行此类生产活动涉及的职责范围和程序，并指明承包商筛选和选择的具体标准。

13.2　关键原则和基本要求

要保证生产、储存或使用危害化学品工厂的操作和维修安全，需要对采用的外包服务进行控制，也就是，工厂应执行管理系统，来实现下列目标：(1)选择承包商时，考虑承包商安全资质这一因素，(2)确保承包商了解设备和操作危险，且工厂人员了解承包商生产活动可能会带来的潜在危险，(3)承包商在执行外包服务期间，保持安全绩效的高标准。

下述关键原则在制定、评估或改进*承包商管理*要素的管理系统时，必须予以明确：

- 保持有效运行；
- 执行要素活动；
- 监督*承包商管理*系统效能。

第13.2.1~第13.2.3部分对各原则的基本特征作了进一步介绍。第13.3节阐述了体现上述原则相关的基本特征的一些常见生产活动。工厂管理层应负责评估因该要素改进而产生的风险和可能获得的潜在收益。根据评估结果，制定管理系统，或对现有管理系统进行改进，有取舍地解决部分或所有基本要素，并基于对识别出的风险和工艺危险的认识，执行部分或所有生产活动。但是，如果企业相应的*过程安全文化*要素中未规定采用可靠的管理系统，那么上述生产活动都将徒劳无功。即便是最佳的管理体系，缺少了适当的安全文化依托，也无法实现外包服务的安全交付。

13.2.1　保持有效运行

一旦公司确定需实施或执行的生产活动，则其肯定希望能在工厂整个生命周期内一如既往地贯彻实施此类生产活动。为保证*承包商管理*操作规程在全公司或全工厂内得到贯彻落实，需考虑下列基本要素：

确保执行一贯性。为保证执行一贯性，必须编制一份程序或书面计划，充分详细地说明*承包商管理*要素，并明确通用管理系统各个方面(具体参见第1.4节)。此类计划需确定：

- 候选承包商公司预选要求以及承包商选择要求，包括评估其以往安全绩效和安全程序充分性的明确标准。
- 承包商人员入场教育和培训要求，以及培训工作负责人员需要保留的记录。
- 结合工厂安保程序和紧急响应程序，确定承包商出入和撤离相关事项。在碰到需要很多承包商人员在工厂内生产作业的大型施工项目、长周期活动以及其他类似情形时，此事项可能尤为复杂、工作量尤为繁重。

- 遵循公司、工厂的特定要求。须确立相关生产活动的责任人及其责任范围，并分配责任(公司或承包商)。还同样须确定记录的保留要求(如伤害和疾病日志、环境泄漏报告)，并分配责任。
- 必要知识产权信息保护要求，如保密协议要求。
- 用于监督承包商安全绩效的审查和监督要求，包括在合同收尾时开展的承包商整体安全绩效评估。需保留相关记录，为以后承包商选择工作提供参考依据。

很多公司发现，指定一人负责工厂的*承包商管理*计划，很有必要。若工厂较小，此名人员可一人完成大部分甚至全部项目的监管工作。而工厂较大或*承包商管理*系统更为复杂时，则可能需要增派人员，以便妥善履行现场监管工作。*承包商管理*要素负责人可能需要负责承包商评估和选择工作，此项工作或可交由地区或公司内专职人员负责。*承包商管理*要素负责人可以从任何职能岗位选拔，但是必须与采购岗位和工厂安全岗位(很有可能还有操作和维护技术岗位)有紧密关联。管理层须根据相关生产活动的多样性，明确负责*承包商管理*计划的工厂和公司人员的职责范围。

确定需要承包商管理的内容。*承包商管理*计划文件须明确定义，并指导如何确定需执行*承包商管理*计划的外包服务。通常依据外包服务的潜在安全严重性、承包商员工接触的危险性质和严重程度，来决定是否应将外包服务纳入*承包商管理*计划。例如，承包商负责的工艺工厂维修生产活动应纳入*承包商管理*计划，而行政大楼的外包保洁服务因行政大楼远离工艺现场很有可能不必纳入*承包商管理*计划内，但工艺工厂控制室内的保洁服务很有可能需纳入*承包商管理*计划。

*承包商管理*计划须确保承包商雇来提供主合同项下的现场服务的分包商同样遵循其规定。主合同须确立公司在分包商批准事宜上的权利。公司监管职责(参见下文)同样适用于承包商和分包商。

委任具备资质的人员。公司在执行*承包商管理*计划时，需要具备各种专业知识背景的人员参与其中。员工需要掌握(或至少熟悉)下列知识：

- 过程安全管理原则；
- 传统过程安全原则；
- 施工安全原则；
- 与上述三项有关的当地、区域或国家法规；
- 工厂工艺、危险、安全系统和安全程序；
- 采购操作规程和规定。

职责可分配落实到多人头上，对此类人员开展相关培训，确保各负其责、各司其职。

确保操作规程持续有效。公司应保留相关记录，来证明选定的承包商资格。此类记录包括：(1)承包商安全绩效信息(如以往伤害和疾病统计数据)；(2)其他绩效数据信息(用于计算工人保险赔付基准额度的调整比例)；以及(3)承包商安全程序信息。有时，保留因其安全绩效或安全程序落选的承包商信息也很重要(万一公司以后需要用到此类信息为选择过程提供证据或进行抗辩)。

公司在确定*承包商管理*要素产生的各项记录保管期限时，应咨询公司法律顾问。公司通常会保留承包商在合同期间的履约记录，包括伤害和疾病日志、事故调查、安全检查结果和其他绩效审查记录。除此以外，在有法律规定时，公司还需保存其他记录，比如 OSHA PSM 规定保留的事故调查报告。

13.2.2　执行要素活动

选择合适承包商。很多公司都保留一份预选承包公司或后期合同潜在的投标人清单。此类清单是根据潜在承包商提供的初步资料，并结合终审过程中产生的更为具体的评估结果来编制的。公司以前的承包商，若以往表现令人满意，会自动列入此清单中。

公司须在招标书中对承包商提出安全绩效和安全程序内容方面的要求和预期目标，并作为合同终稿的一部分。预期目标须明确具体，在通用要求——遵循“所有适用法规”(见参考文献 13.1)的基础上加以进一步扩展。为避免重复劳动，公司应明确指出其在合同执行期间应履行的安全职责。表 13.1 列出了美国石油学会(API)从投标人获得的信息(更为详细的清单，参见附录 B)。

承包商最终选择程序应指出对候选公司工作能力和安全资格的要求，根据工厂*承包商管理*计划中的标准来评估每家候选公司。而从预选候选公司名单中选择承包商时，须要求名单中的候选公司提供安全绩效和安全程序等方面的最新信息，并在整套招标文书明确此要求。

表 13.1　承包商评估所需的安全程序以及安全绩效资料

- 工伤和疾病事件发生率；
- 经验修正率(如适用)；
- 承包商安全人员配备计划，介绍承包商指定负责安全的现场人员，及其专业特长和权利范围；
- 描述针对承包商所有现场生产活动员工的入场安全培训；
- 承包商安全违规行为需强制执行的惩戒措施程序；
- 承包商制定的针对酒精、受控药品和武器的政策和程序；
- 由承包商负责提供的安全设备清单；
- 描述承包商对生产活动危险的看法以及用以避免或降低事故发生概率的措施；
- 承包商为符合适用法定要求而制订的程序说明；
- 承包商员工培训计划阐述

(见参考文献 13.1)

决定是否续延承包合同时，必须像最初选择承包商时一样提出相关事项，并根据当前合同履行期间双方合作情况做出决定。记录须充分详尽，并保存一定期限，作为决策依据。

有时，某项关键或紧急工作需要由承包商完成，但唯一一家合格或招募到的承包商又无法达到工厂*承包商管理*计划中有关安全绩效或安全程序内容的要求，考虑到上述情形有可能会发生，公司在制定*承包商管理*计划时，通常会制定一条针对此情形的破格入选条款。此类破格入选通常由级别高于*承包商管理*要素负责人的人员进行审批，并设立专项监督计划，在此类承包商实施生产活动时专门严加监督(比如，可能需要开展更为频繁的检查和审查工作，乃至 24 小时连续监督)。在决定是否破格入选或在确定是否需要对承包商实施专门特殊监督时，可能需要开展风险评估工作。

对安全程序执行过程和绩效提出明确要求和职责。大多数公司要求承包商应具备达到公司类似水准的安全标准。即便在招投标阶段公司已就安全绩效的要求和预期作了相关要求，在承包商确定后，公司仍须就此类要求和预期目标与承包商一起进行进一步更为详细具

体的回顾与强调。公司可在与承包商管理层召开的工前会议进行此类回顾与强调。通过召开工前会议：(1)双方就安全绩效预期目标达成明确共识；(2)正式确定公司与承包商的职责；(3)明确双方需共同考虑的问题，例如，工作证批准、急救职责、事件汇报与调查、紧急响应以及基本和特种安全设备供应方面的问题。

应积极寻找可使承包商人员参与 RBPS 计划的机会，并鼓励承包商人员参与计划工作(参见第6章人员参与)。

确保承包商人员受过相应培训。需要对现场承包商员工开展工厂专题培训，包括：

- 工厂危险；
- 工厂安全和安保规章制度；
- 工厂安全系统和程序；
- 应急响应程序；
- 工厂安保程序，包括承包商出入限制(如限制进入的工厂区域)；
- 相关安全作业规程(参见第11章安全作业规程)；
- RBPS 计划基本原则，包括承包商人员 参与项目的预期参与程度；
- 其他个人安全职责。

当然，承包商还须负责其人员安全，确保其人员以安全有效方式完成其岗位职责范围内的特定生产活动。如需具备资质证书或专项技能，则承包商还须负责确保其人员持有资质证书，并定期进行专项技能复训与巩固，保持人员技能水平。

对所有承包商人员的培训要求可能因人而异。若确有提高空间，则双方须达成一致，约定依据相应事项(例如承包商生产活动类型以及生产活动区域内的危险)来确定培训要求。例如，对于某些培训专题，所有承包商人员须至少全面接受低层次的培训；然后，其中部分人员还需根据具体要求接受更为详尽、更高层次的培训。有时，承包商还需参加某些相关的应急响应培训和演练(参见第18章)。此外，还需确定承包商需要参加的复训项目，长期承包商可能每年或每隔一段时间要参加一次相关专题的培训。

公司在确定培训要求时，须谨记“同工种、同标准”的原则。坚持此原则，与工厂员工同工种的承包商人员须得到工厂员工同样的培训。

总承包商越来越倾向于雇佣母语非工厂主导语言的工人，在这种形势下，培训要求、培训资料以及培训管理程序必须采用双语。

须明确培训管理职责。虽然承包商也可能提供某些培训项目，但现场专题培训通常由工厂提供，不仅如此，若工厂愿意，还可提供一些常规培训，比如防坠落培训等，否则此类培训由承包商提供。

需保留相应培训记录，记录下培训主题、培训时间、培训师和培训对象。有相应法律规定时，还需保留其他记录，例如用于证明培训成效的途径(考试或登记备案的监管评估)。此类要求均应在*培训*计划中体现出来。

履行公司安全绩效职责。公司必须向承包商提供其安全完成外包服务所需的相关信息。公司须提前将工厂安全政策、生产活动控制程序以及通用生产活动规范等签发给承包商，以便承包商对其员工开展培训。在公司要求承包商提供某些培训时，公司应提前向承包商提供上述培训所需的信息。此类信息包括但不限于过程简介、过程危险以及紧急事件汇报和应急响应要求。除此以外，公司可能还要根据承包商执行的生产活动向承包商提供技术信息(如 P&ID)。

通常主要由承包商负责及时向公司汇报生产活动执行过程中遇到的安全问题，但公司负责确保所有承包商明确了解并履行此项职责，并在得知过程问题后，及时采取响应措施，并解决问题。同样，承包商还须告知公司其生产活动涉及的特殊危险，以便公司通知其所有员工以及可能受到牵连的其他承包商，然后公司负责评估危险，确保风险控制到可接受的级别。

承包商的生产活动可能会影响到其他 RBPS 要素，对此，公司须进行相应规划并进行响应。举例说明：如*知识*要素便是受到影响的常见要素，其中涉及承包商出于工作需要、带入工厂的《化学品安全技术说明书》(MSDS)。承包商需通知工厂其生产活动可能给工厂带来的危险，而工厂也必须将信息传达至相关人员。

工厂代表与承包商代表必须保持必要的沟通交流，商讨安全生产进度和相关安全事项。工厂代表必要时还须参加工作计划会议。

公司须依据相应方针，保存承包商安全生产的相关记录。此类记录包括(但不限于)签发的安全生产许可和安全生产计划。有时法律规定，除了上述记录外，公司还须保留承包商员工伤害和职业疾病记录(警告：通常记录政策不得取代特定法定要求，如规定保留期限等等；公司政策与法规要求这二者存在冲突时，必须妥善加以明确与解决)。

承包商某些生产活动可能会对现有安全系统和程序构成潜在威胁。例如，在生产活动执行期间(如开停车)将拖车式移动办公室、工具拖车或午餐供应设施带入工厂内。一旦引入此类设施，就必须面对此类设施的种种问题。如这些设施的选址问题以及其是否符合区域电气防护等级标准以及紧急车辆进入新增拥堵通道，等等。不仅如此，承包商的生产活动还可能会给周边工艺装置单元造成影响，因而，工厂代表必须采用*变更管理*来控制此类临时设施的位置与配置。

13.2.3 监督承包商管理系统效能

审查承包商选择过程。承包商筛选和选择过程文件应由未参与此过程的一名权威人士负责定期审查。审查工作的目的，旨在确认公司在承包商选择过程中是否按要求以可靠方式获得*承包商*提交的安全程序和绩效信息，并对其进行了全面彻底审核。承包商的选择是否依据了这些信息。当存在必须破格入选情况时，应审查确认此类破格入选是否得到正式授权，是否已采取相应控制措施，以解决公司作出破格入选的实际困难。

监控和评估承包商安全绩效。虽然承包商应负责监督其员工行为，并贯彻安全绩效要求，但为了保证工厂安全，公司责无旁贷。因而工厂管理层需依据风险情况建立承包商生产活动监督制度。换言之：(1)若承包商拥有非常好的安全程序和良好安全记录，并且与业主有着长期合作的历史；或是(2)外包给承包商的工作本身或承包商生产活动风险很小时，则仅需开展频率较低的监督工作。但要是公司以前几乎没与承包商打过交道，或是承包商安全记录勉强达标，则公司需对承包商开展更为频繁的监督工作。

公司须抽查、突击检查承包商生产活动情况，检查对象包括 24 小时轮班，具体工作包括：检查承包商是否贯彻落实安全程序、是否符合工作许可证要求、是否保持安全工作条件。而正式审查工作则是查看承包商记录，包括培训和资质技能考核记录。

公司代表须留意涉及承包商生产活动或员工的事件和未遂事件，并监督承包商在遇到事件和未遂事件时如何开展工作、作出响应。不仅如此，公司还需确认承包商开展的事件调查工作是否全面彻底，承包商在得出调查结果后，是否据此采取相应应对措施。若是未遂事件或事件对过程安全存在影响或潜在影响，则由公司领导负责此类未遂事件或事件的调查工作。

若经过审查，确定承包商安全绩效不合标准，则公司必须采取适当补救措施来提高绩效。并将问题及解决方法登记备案。若是重大安全问题得不到解决，公司须勒令该承包商离开工厂，并终止合同。

合同结束之时，工厂须开展承包商全面绩效审查工作，审查承包商安全职责履行方式及水准。此类审查记录将作为决定以后是否与此承包商继续合作的重要依据。

公司通过密切监督承包商生产活动和安全绩效，来加强承包商安全意识，督促其作出安全承诺。承包商通过与公司频繁交流安全问题，强化自身对工厂预期目标的认识，以便更好地了解并执行公司安全文化。

13.3 可能的工作活动

RBPS 方法建议，每项工作内容的深度要求应根据风险和所需的资源而确定，并与工厂文化相一致。某项工作内容的深度要求因各个工厂而异，同时即使在同一个工厂内，也可能随装置或工艺区域不同而发生变化。因此，在制定一个基于风险的过程安全管理系统时，读者应遵循以下步骤：

1. 评估工厂风险，同时调查工作内容所需资源与现有资源配置状况，以及工厂的安全文化。具体情况见第 2.2 节。
2. 评估执行 RBPS 要素各项关键原则的潜在收益。承包商管理关键原则详见第 13.2 节。
3. 根据第 1 和第 2 步的结果，确定承包商管理的基本要求(第 13.2.1～第 13.2.3 部分所述的基本要求)，合理地管控风险。
4. 对于将要执行的每个基本要求，确定执行方法，选择本节所述的相应的工作内容。请注意，这些工作内容不可能对所有行业都是全面的，读者可能需要增加某些工作内容或修改本节所列的部分工作内容。
5. 对于将要执行的每项工作内容，确定所要求的深度水平。本节所列各项工作均设有两到五个具体实施方案，工作标准依次提高。每项工作采用序号标识，具体实施方案采用字母标识。

备 注

相关法规可能具体规定了过程安全管理系统规某些要求或工作内容，或为特定工作内容规定了最基本的详细程度。因此，过程安全管理系统的设计和执行应同时遵守法规要求和本书中提供的指南。

13.3.1 保持有效运行

确保始终如一地执行

1. 建立*承包商管理*要素的执行程序。
   a. 已根据具体情况执行*承包商管理*程序；

b. 已制订*承包商管理*程序，并形成相应文件，提出基本法定要求；

c. *承包商管理*程序内容已进行延伸扩充，以阐明相关事项：如将承包商人员纳入RBPS *人员参与*计划、*文化*传播等等。

2. 指定一名负责人，负责整个工厂的*承包商管理*程序。

a. 有针对性地监督*承包商管理*程序；

b. 正式明确*承包商管理*程序监督工作，并明确责任人。

3. 明确*承包商管理*程序监督工作的公司或工厂人员的职责划分。

a. 视具体情况临时划分职责；

b. 正式划分职责；

c. 通过有效责任制体系来进一步划分职责。

确定什么时候需要执行承包商管理

4. 确定*承包商管理*程序的适用范围。

a. 视具体情况临时规定*承包商管理*程序的适用范围；

b. 要求以书面形式明确规定*承包商管理*程序的适用范围和服务范围；

c. 在(b)项工作基础上，定期重新评估适用范围，并作必要更新。

5. 确保分包商了解*承包商管理*程序要求。

a. 由总承包商负责向分包商传达*承包商管理*程序要求；

b. 由工厂员工负责，确保分包商知晓*承包商管理*程序要求。

委任具备资质的人员

6. 对工厂人员进行培训，使其能胜任*承包商管理*程序监督工作。

a. 开展非正式培训；

b. 开展正式培训；

c. 在(b)项基础上提供必要的复训。

确保程序执行有效

7. 7. 保留承包商选择时决策记录(中标及不中标承包商的资料与记录)。

a. 合同执行有效期间保留记录，但合同结束后不久即销毁记录；

b. 必要时，保留可查证的记录，以备诉讼和计划不时所需，例如，以后审查工作，改进管理程序。

8. 在合同执行有效期间，保留承包商安全绩效记录，包括检查和审查结果、伤害统计数据以及事件调查结果。

a. 合同执行有效期间保留记录，但合同结束后不久即销毁记录；

b. 必要时，保留可查证的记录，以备法律和绩效不时所需，例如，在日后的审查工作中及时发现改进的机会。

9. 保留承包商人员参与执行 RBPS 管理系统的相关记录。

a. 合同执行有效期间保留记录，但合同结束后不久即销毁记录；

b. 必要时，保留可查证的记录，以备法律和绩效不时所需，例如，在日后的审查工作中及时发现改进的机会。

13.3.2 执行要素活动

选择合适的承包商

10. 编制并保留预审候选承包商清单。
    a. 临时保留预审候选人清单；
    b. 编制清单，并根据合同执行结束时的评估结果，定期更新清单。
11. 将公司预期目标纳入招标文书中，一并签发给候选公司。
    a. 招标文书中虽提出了总体安全目标，但并未详细说明特定预期目标；
    b. 在招标文书中明确规定安全预期目标；
    c. 在(b)项基础上，同时要求投标人在标书中明确实现安全预期目标的程序。
12. 根据承包商的职能及工作能力、以往安全绩效和安全程序健全程度来选择承包商。
    a. 承包商评估工作重点放在技术能力上；
    b. 承包商评估工作包括全面权衡并评估承包商技术能力、以往安全绩效和安全程序健全程度；
    c. 在(b)项的基础上，进行承包商评估时还与承包商负责监督职能绩效和安全绩效的人员进行会谈。
13. 在决定以后是否继续选择该服务商或续约时，考虑公司之前与承包商合作情况。
    a. 制定并实施非正式系统以在承包商选择过程中评估承包商以往绩效；
    b. 制定并实施正式系统以在承包商选择过程中评估承包商以往绩效；
    c. 在(b)项的工作基础上，在承包商选择过程中，同时强调对承包商以往绩效的考核。
14. 制定严格受控的豁免政策，对于只有唯一可招募到的承包商，但承包商不能满足承包商管理中对安全程序和绩效的要求时，制定相关破格入选条件。
    a. 存在非正式的豁免政策；
    b. 制定正式的豁免政策，包含对所针对的承包商加强监督的条款，实施这一政策并进行密切监控；
    c. 除(b)项外，仅在出现极端情况下才可以豁免。

对安全程序执行过程和绩效提出明确要求和职责

15. 与选定的承包商召开开工前会议，提出安全事项，双方就公司对承包商的安全绩效预期目标达成明确共识，明确公司与承包商在安全程序上的职责划分，并商讨RBPS管理系统执行过程中承包商人员的参与事宜。
    a. 召开非正式开工前会议；
    b. 召开详细的开工前会议；
    c. 除(b)项外，双方还通过开工前会议达成的共识，形成相关文件，予以正式化，并作为合同的一部分。

确保承包商人员参加相关培训

16. 确定适合承包商人员的培训要求。
    a. 视具体情况因人而异地提出培训要求；
    b. 确定常规培训要求，但并不针对不同生产活动类型或工作场所加以区分；

c. 明确规定培训要求需依据风险、生产活动类型和生产活动场所加以制定；

d. 除(c)项外，定期审查培训要求，并在必要时，予以更新，保持与时俱进。

17. 确定相关的培训职责。

a. 临时提出相应培训职责；

b. 正式明确并书面提出培训职责；

c. 除(b)项外，监控培训效能，并在必要时，变更培训职责。

18. 向承包商人员进行安全意识培训，并确认成效。

a. 提供初始培训；

b. 除(a)项外并提供必要的复训；

c. 除(b)项外，同时回顾承包商绩效和事件资料，并将其作为输入资料参与对培训计划的更改。

19. 为承包商人员提供详细的培训，并评估培训成效。

a. 提供初始培训；

b. 除(a)项外，还提供必要的复训；

c. 除(b)项外，同时回顾承包商绩效和事件资料，并将其作为输入资料参与对培训计划的更改。

20. 保留培训记录，包括培训考试记录。

a. 有针对性地保留培训记录；

b. 在合同执行有效期间保留记录，但在合同结束之后不久即销毁记录；

c. 必要时，保留可查证记录，以备计划和诉讼不时之需。

21. 确定必须持有资格证书的工种，如焊工、重型设备操作工、无损检测技术员等等，并确保上述资格证书记录的保存。

a. 以非正式方式保存证书记录；

b. 在合同执行有效期间保留记录，但在合同结束之后不久即销毁记录；

c. 必要时，保留可查证记录，以备计划和诉讼不时之需。

22. 确保承包商参加的培训与工厂内相应工种的人员参加的培训要求相当。

a. 承包商员工参加部分相应的培训；

b. 承包商参加工厂中同工种人员相同的培训。

23. 承包商工人参加所有相关的应急响应演练。

a. 承包商人员参加应急响应演练；

b. 承包商人员参与应急响应演练的计划与实际实施。

公司履行相关职责

24. 向承包商提供充足的信息，包括用于控制生产活动的安全政策和相关程序，以及通用工厂安全规则。

a. 向承包商提供信息，由承包商向其员工公布此类信息；

b. 工厂人员对承包商人员开展工厂政策和程序培训；

c. 在(b)项工作基础上，建立正式体系，定期更新提供给承包商人员的信息。

25. 及时响应承包商提出的安全问题，并抓紧解决。

a. 工厂人员及时响应承包商人员提出的安全问题；

b. 已建立正式系统，专门响应承包商人员提出的安全问题；

c. 除(b)项外，同时监督承包商人员安全问题响应及时性以及响应措施适宜性。

26. 参与作业活动计划制定和评估。

a. 若承包商作业活动存在最重大风险，则工厂人员应参与活动计划制定与评估；

b. 工厂人员通常参与作业活动计划制定和评估；

c. 工厂人员参与所有作业活动计划的制定和评估。

27. 保留承包商伤害和疾病记录。

a. 承包商告知工厂人员承包商伤害和疾病情况；

b. 工厂人员仅保留法规或公司政策规定的承包商伤害和疾病记录；

c. 工厂人员保留违反法规或公司政策规定的所有承包商伤害和疾病记录。

28. 保留安全生产活动记录，例如签发的作业活动许可证等。

a. 仅在发生事故时或为防以后打官司保留安全作业活动记录；

b. 在合同执行有效期间保留安全作业活动记录，但在合同终止后不久即销毁合同；

c. 保留支持审查工作的安全作业活动记录，从而提高系统绩效。

29. 持续控制承包商的临时设施。

a. 视具体情况采用随机方式控制承包商的临时设施；

b. 采取正规有效控制措施来控制承包商的临时设施；

c. 在(b)项工作基础上，同时将此类控制措施纳入工厂*变更管理*过程。

30. 将承包商提供的信息纳入*过程安全信息*程序内容。

a. 视具体情况随机地将承包商提供的信息纳入*信息管理程序*范围；

b. 建立正式系统，将承包商提供的信息纳入过程安全信息管理程序范围。

13.3.3 监督承包商管理系统效能

审查承包商的选择过程

31. 执行承包商选择过程审查程序。

a. 对承包商选择过程开展非正式审查工作；

b. 对承包商选择过程开展正式审查工作；

c. 在全公司范围内，对承包商选择过程开展正式审查工作。

监督、评估承包商安全绩效

32. 对承包商作业活动进行现场突击检查。

a. 对承包商作业活动进行不定期现场突击检查；

b. 对承包商作业活动时常进行现场突击检查；

c. 对承包商现场作业活动展开严格检查，检查小组成员包括更高级别的工厂管理人员。

33. 出席承包商安全会议。

a. 工厂人员偶尔出席承包商安全会议；

b. 工厂人员时常出席承包商安全会议；

c. 工厂高级管理人员例行出席承包商安全会议。

34. 定期审查承包商记录。
   a. 工厂人员视具体情况随机性审查承包商记录；
   b. 制定并实施了正式的承包商记录审查程序；
   c. 除(b)项外，同时与更高管理层一同审查承包商记录审查记录。
35. 审查承包商事件和未遂事件调查的规定和报告。
   a. 工厂人员视具体情况随机性地审查承包商事件和未遂事件调查规定和报告；
   b. 制定并实施专门用来审查承包商事件和未遂事件调查规定和报告的计划；
   c. 除(b)项外，还同更高管理层商讨审查结果；
   d. 承包商事件纳入工厂事件管理程序范围，工厂和承包商代表组建小组，调查事件。
36. 必要时，执行整改措施，解决承包商安全绩效问题。
   a. 整改措施仅针对最为严重的问题或违规行为；
   b. 整改措施得到普遍执行，来解决问题或处理违规行为；
   c. 对承包商人员实行与工厂人员相同的绩效标准要求。
37. 在合同结束时，评估承包商绩效，并登记备案。
   a. 在大额合同结束时，评估承包商绩效；
   b. 在大额合同结束之际，在决定续约前，开展评估工作；
   c. 在所有合同结束之际开展评估工作。

13.4 提高效能的方法示例

本节提供了一些案例，这些案例做法能有效改进与承包商管理有关的工作内容，并经工业实践证明可行。根据第13.2节中的关键原则，这些案例可分为以下两类：

1. 能够提高承包商管理工作绩效的方法；
2. 提升承包商管理的效率，在保持管理绩效水准的同时尽可能降低资源消耗。

这些案例均源于工业实践、行业研讨会和CCPS会员单位。希望改进管理系统和本要素相关工作活动的读者，应检验这些方法，评估自己企业当前管理系统和工作活动的绩效和效率，然后按照第2.1节所述的基于风险的原则，选择和执行改进措施。

13.4.1 保持有效运行

承包商管理程序文件中必须包含检查表、资格预审和评审标准表格。标准表格有助于确保评估工作的贯彻实施。此类表格样本见参考文献13.1~参考文献13.3。

利用矩阵表评估并确定除特定外包服务外所应采取的行政管理及控制：公司应按照相关外包服务的安全重要性来制定适合的筛选、资质及能力的要求。举例来说，风险较高的生产活动必须进行更为详细具体的培训，并且严格对进出进行专业控制。API建议在针对承包商作业活动的相关风险进行评估时，应考虑下列各项因素，同时，给出一张风险评估矩阵表(见参考文献13.2)。

- 工作性质和地点；
- 是否有可能接触到工作现场的危险；

- 承包商是否有可能会造成危害；
- 作业活动期限；
- 承包商开展类似工作的经验以及专业技能。

13.4.2 执行要素活动

以多方合作方式联合开展承包商评估和承包商人员培训工作。在一些工业化程度较高的地区，公司发现，由多家公司联合举办承包商评估和培训，甚至分享工程结束时的绩效评估结果益处多多。有时，通过独立的第三方单位便能实现上述职能，此类单位的能力在业内具备良好口碑，为各企业输送合格学员。不仅如此，部分此类单位及机构还为企业提供承包商管制筛选和初步背景调查服务。在互联网搜索“承包商安全顾问”或通过在其他地区的公司推荐，常可找到此类机构。

委托第三方单位展开承包商预审工作。目前市场上有专门的服务公司提供承包商预审服务，他们根据公认标准预审承包商，且服务公司还可起到信息中介的作用，为公司推荐具有特定专业知识的承包商。

在公司层面建立一个候选承包商预审系统。一部分公司发现，将预审工作交由公司内的专职部门负责，效率更高，工厂人员随后只需从公司清单中挑选一家合格的承包商即可。

制定一套公司承包商筛选和选择标准的程序、要求等，并且在公司的所有工厂、区域推行。此类标准将有助于在全公司范围内贯彻执行承包商管理程序，尤其当承包商选择工作是由工厂专门负责时，这种做法更具成效。

与承包商管理人员会谈，确定他们对高标准安全绩效的重视态度以及承诺。投标文件中所包含的承包商安全程序仅是纸上空谈，而与承包商管理人员会谈，能进一步了解承包商程序的执行重点。

在公司不同工厂之间分享承包商评估结果。分享评估结果，有助于确保一个工厂避免采用被另一工厂合理拒绝的承包商。

建立职责划分矩阵，来正式确定公司与承包商就安全事项达成的约定。此矩阵有助于保证关键的安全职责不被忽视。

建立公司与承包商的长期关系。在其他经营活动允许的情况下，与特定承包商保持长期关系具有如下好处：(1)降低筛选工作负担；(2)给承包商提供一个机会，让其更好地学习、了解公司安全预期目标；(3)帮助承包商更有效地融入本公司的安全文化。

在承包商提交投标书前，召集潜在投标人开会。通过开会的方式，与潜在投标人一同查看特定的安全问题和要求，以此确保投标人了解公司对其提出的要求，并确保后续投标文书中包含有关安全程序和绩效的必要信息。

出席乃至帮助召开承包商安全会议。指派一名工厂代表出席承包商安全会议，来强化公司安全的预期要求，回答工人问题，汇总需解决的问题，从而增进沟通交流，提高安全程序效能。

使工厂安全程序与承包商安全程序紧密挂钩。此项工作包括但不限于建立相同绩效目标和相同监督程序，有些公司将承包商安全绩效纳入工厂安全绩效计划。

在可能的情况下，制定各项决不可违背的安全要求和预期要求。向承包商所有人员明确一点：一旦承包商有任何人员违背此类要求，则其将被立即驱逐出工厂，情节严重时，甚

至会连累与其有关联的所有其他工人统统一并被驱逐出工厂。

与承包商商谈并确定安全绩效奖惩措施的合同条款，视承包商安全绩效的优劣，给予奖励或设定惩罚扣款范围。此类合同条款将会强化安全预期的要求。

要求承包商制定并实施相关程序，以保证其人员满足岗位职责要求，且不因外界影响而降低能力。外界影响包括吸毒、过度疲劳和情感问题。用于监督并防止此类影响的程序对于在高风险区域工作的承包商尤为重要。

采用计算机辅助培训和测试方法。除了视频和现场演示外，公司越来越依赖计算机这一媒介来实施承包商入场教育和其他培训。计算机辅助测试可随机选题、出题，可减少作弊现象，确保参加重考的考生无法通过死记硬背上次考试试卷答案的方式作弊。计算机化还可帮助保留培训和测试记录。

鼓励工厂员工承担职责，为承包商员工提供入场教育和培训。部分公司发现：比起工厂向承包商提出培训要求，期望承包商据此正确培训其员工，不如选择由工厂实施培训能更好地贯彻落实培训要求。

与工厂主承包商(总承包商)共同合作共同成长，提高承包商的技能培训或建立承包商培训中心。部分公司发现：委托长期合作的工厂主承包商为工厂其他承包商提供培训成效斐然。

入场培训合格证明与通行控制两手抓。在顺利通过入场教育或培训之后，方可向承包商授予门禁卡或证章。承包商需定期重新参加培训，这是允许其继续进入工厂的前提条件。越来越多的公司认为，在安全帽上贴标签来表明安全帽所有者顺利通过培训这一做法只能反映安全帽曾为经过培训的人员所有，但并能确保当前佩戴此安全帽的人员通过培训。

鼓励承包商利用外部培训资源和项目。此类资源包括美国国家施工教育与研究中心和其他类似的组织机构提供的培训项目。

将承包商人员与工厂人员的培训合并起来。工人工种类似(即承包商发挥的功能与工厂员工相同)，其培训要求可能相同或极为类似。将承包商人员与工厂人员的培训合并起来，常常是最节省成本的方法。

让承包商工人参与执行 RBPS 管理系统，如安全观察系统等。参见第 6 章“全员参与”。

确保承包商人员具备上报安全问题的途径。承包商安全系统与工厂员工汇报安全问题或建议的系统相同或相等。此类系统能方便跟踪安全问题，并作出响应。

让承包商人员参与过程安全改进活动并参加工厂安全成果庆祝活动。此类参与活动会提高承包商人员投入工厂安全工作的积极性。当工厂和承包商安全程序和指标存在紧密联系时，此类活动就显得尤为重要。

13.4.3 监督承包商管理系统效能

向工厂员工强调监督承包商安全绩效职责的重要性。工厂员工在发现承包商作业活动存在不安全做法或情况时，需加以解决，或上报管理层，这项工作也是其职责之一。

委托第三方安全检查员监督承包商的作业活动。因以往安全绩效或安全程序缺陷而被破格入选的承包商，可聘请第三方检查员监督其执行情况。有些公司还聘用第三方人员，来增援公司资源，并委托其监督所有承包商安全绩效、内部管理实践等等。

确保承包商安全统计数据审查工作属于定期工厂管理安全绩效审查工作范围。工厂管

理层需要了解承包商的安全统计数据，以便敦促承包商提高其安全绩效。

13.5 要素指标

第20章阐述了如何以及何时利用指标来适度提高绩效的方法。本节将列举若干个指标实例，说明它们如何用于监测承包商管理要素的健康状态，并按照第13.2节中提及的关键原则进行了分类。

除了明确关键核心指标外，还需要定期对指标进行跟踪和考核。有时，指标所需信息比较简单，例如员工总数指标。而有些指标需要多个参数才能拿确定，如员工的平均工龄指标，需要利用多名员工的工龄数据来计算平均工龄。部分指标用于跟踪动态变化率，如员工离职率指标等。动态变化率甚至可能是工厂最为关注的数据指标。由于工厂情况千差万别，需要自行确定指标的跟踪方法和考核方法，保证工厂RBPS管理系统的健康运行。

13.5.1 保持有效运行

- *降低承包商以往安全绩效或当前安全计划的资质要求、实施破格入选的频次*。此频次可说明企业是否过于频繁地实施破格入选？准入门槛是否过低？能否导致安全记录不良或安全程序薄弱的公司也能轻而易举地进入工厂？
- *根据作业活动完成情况的评估结果认为以后可继续合作的承包商比率*。数值低表明承包商并未有效地实施筛选工作。数值高则通常反映筛查过程很有成效，但数值持续偏高也可能表明作业活动完成情况评估工作存在问题，未发挥甄别功能。

13.5.2 执行要素活动

- *按时开展的必要承包商培训占所有必要承包商培训数值*：较低时表明与目标还存在一定差距，需要加以提高，需开展调查，找出培训未能及时进行的潜在原因。
- *需进行根原因分析的承包商相关事故或未遂事故比率*：数值低表明承包商未履行安全承诺、吸取事故和未遂事故教训，另一方面也向公司发出明确警告：承包商管理层未全身心地投入安全工作。
- *承包商安全会议召开频率以及出席率*：数值较低时，可能反映承包商对安全程序不是特别关注。
- *承包商人员提出的安全程序改进建议条数*：数值较高时，通常反映承包商人员积极参与工厂安全计划。
- *承包商提出，但未得到落实的建议条数(即公司代表尚未解决的建议)或建议搁置时间*：数值较高表明响应迟缓，打击承包商人员继续参与项目的积极性。

13.5.3 监督承包商管理系统效能

- *承包商安全绩效衡量指标*：指标包括伤害或疾病发生率、未遂事件和事故发生率。数值较高，可能表明承包商安全程序不全面、承包商安全文化不足或公司对承包商生产活动监管力度不够。但事故报告中出现未遂事件率较高时，则常可认为承包商正积极努力提高安全。

- ***工厂调查后发现事故根本原因与承包商生产活动有关的事故和未遂事件比率***：分值较高时，可反映承包商安全程序或承包商安全文化存在不足之处，或是反映公司对承包商的监管力度不够。
- ***承包商作业活动遵守安全作业规程的相关统计数据***：参见第 11 章安全作业规程。
- ***作业活动安全评估、现场检查、安全操作规程执行审查和其他安全审查过程中发现的负面问题数量或频率***：若数值偏高，可能表明承包商安全程序或承包商安全文化尚有不足。但数值偏高，也可能反映公司对承包商作业活动的监督力度尚可，能在问题出现后找到问题，但还不能在问题出现前，发现前兆，并防微杜渐，因而力度仍有待加强。

13.6 管理审核

管理审核系统的设计和执行详见第 22 章。为确保承包商管理的正确运行，应对许多具体的管理问题进行定期检查。管理审查要首先评估被审核系统的有效性。企业承包商管理不到位，或者变更管理系统的改进效果差强人意，那么管理层应寻找所有可能的整改措施加以实施。在某些情况下，企业有可能并未找出正确的整改措施予以实施，或者实施方向出现偏差。即使整改的结果令人满意，通过管理程序审查仍能检验资源是否充分利用？有些工作是不是有更为有效的实施办法或者事实上根本无需实施？管理层可结合上一节的各项指标，及个人观察、直接问询、结果审查、反馈来解决上述问题。讨论的工作内容和主题可包括以下内容：

- 确定承包商是否符合承包商和分包商选择规定的所有适用要求。
- 根据公司内部基准以及工厂操作规程的审查结果，确定工厂在接纳承包商/承包商资质考核方面是否做到一视同仁。是否对个别承包商区别对待(最好是在整个部门或公司开展管理审核工作)？
- 审核承包商安全绩效指标，确认是否存在负面发展趋势。若存在负面发展趋势，则是否已展开调查，并是否采取相应补救措施。
- 确定工厂管理人员是否与所有承包商代表举行定期会谈，提出、讨论和解决安全问题。审查这些会议讨论的内容以及会议决定的行动的事执行状况。
- 根据出席承包商安全会议后的感受或审查承包商安全会议得出的结果，确定会议是否从头到尾保持高质量水平，会议主题是否得到解决。
- 承包商事故纳入工厂事故管理程序，工厂和承包商代表组建小组，调查事故，定期检查现场情况，并监督承包商生产活动方式。通过观察，洞察承包商的安全态度？
- 参与承包商事件调查过程，并审查承包商事件调查报告，确定调查工作力度和质量是否充分。是否找出根本原因，是否及时提出建议？建议是否及时得到落实？
- 与熟悉承包商作业活动的工厂员工讨论承包商安全绩效。他们认为承包商安全绩效是在提高，还是在降低？是否存在不足之处？
- 承包商事件纳入工厂事件管理程序，工厂和承包商代表组建小组，调查事件评估直接监督承包商作业活动的工厂员工个人绩效，比如，现场监督时间是否够久，监督次数是否适当？监督程度是否与承包商作业活动风险级别相宜？

- 确定公司是否正在开展必要的承包商审查工作。审查工作是否按时完成？是否根据审查结果采取相应措施(建议是否得到落实)？
- 根据与承包商工人的商讨结果，评估其对可能接触的过程危险、紧急响应程序以及个人安全行为责任是否有充分了解。

采用外包服务的做法将逐步在化工行业内普及。只有制定完善的承包商管理程序，采用基于危险的管理方法，方能确保外包工人有效地参与到企业单位各项风险生产活动中。

参考文献

13.1　API Recommended Practice 2220, *Improving Owner and Contractor Safety Performance*, September 1991.

13.2　API Recommended Practice 2221, *Manager's Guide to Implementing a Contractor Safety Program*, June 1996.

13.3　CCPS, *Contractor and Client Relations to Assure Process Safety*, 1996.

补充阅读文献

International Association of Oil & Gas Producers, HSE Management – *Guidelines for Working Together In a Contract Environment*, Report No. 6.64/291, 1999.

HSE, *Use of Contractors – A Joint Responsibility*, INDG368, ISBN 0 7176 2566 4, 2002.

14 培训及绩效考核

位于法国里昂附近的一家炼油厂，其液化石油气(LPG)罐区先后发生闪火和沸腾液体扩展蒸气云爆炸(BLEVE)，此次事故造成18人死亡，81人受伤(见参考文献14.1)。炼油厂气体储存设施遭到破坏，火势蔓延至附近的液态烃储罐。此次事件是由于一名员工的操作不当引起的。当时，该员工正在装置现场进行LPG球形储罐底部排水操作。发生事故的装置采用双隔断阀设计。在本次事故中，该名人员使用上游导淋阀来调节导淋管线内的流量，LPG流经该上游导淋阀时发生闪蒸导致上下游阀门被冻住，无法关闭，LPG从打开的导淋阀处泄漏至大气中。如果该名员工使用下游阀门来调节流量，那么当LPG开始闪蒸时，上游阀门就不会因为被冻住而无法关闭，此时就有可能阻断LPG泄漏。该事故告诉我们：管理系统需确保员工接受正确的程序培训并定期确认其绩效令人满意。

14.1 要素概述

培训员工并确保其能正确执行关键任务是RBPS之***“管理风险”***原则的九大要素之一。围绕过程安全管理系统，本章阐述了培训的意义、优质培训系统所具备的特征以及企业为加强培训程序所采取的措施步骤。第14.2节讲述了本要素相关管理系统的关键原则及基本要求。

第14.2节描述了RBPS中培训管理要素的关键原则和基本要求，第14.3节阐述了满足这些基本要求的工作活动及相关方法，这些方法与认知的风险、所需资源以及企业文化密切相关。第9.4~第9.6节包括：(1)提升培训管理系统有效性的方法和具体程序；(2)培训管理要素的监控指标；(3)培训管理要素的管理审核。

14.1.1 要素定义和内容

培训是对员工工作和任务要求及执行方法的实践性指导。培训可在教室或工作场所内开展，其目标是让员工至少能符合最低限度的初始绩效标准、保持技能水平或提升能力以适应更高要求的工作。通过个人绩效考核，了解员工对培训内容的理解和实践应用情况。绩效考核工作是一个持续不断的过程，旨在确保员工符合绩效标准并确认哪方面需要加强培训。

14.1.2 重要性

始终坚持高标准个人绩效是过程安全程序的一个关键方面；个人绩效不合格会对生产的各方面产生负面影响。工厂如果缺乏相应力度的培训及绩效考核程序，将无法保证员工按照规定的程序及规程自始至终地完成工作任务，无法达到最低可接受的标准。

14.1.3 对象和时间

培训既可在工作场所也可在教室内开展。特定工作岗位的员工独立上岗作业前应先完成相关培训。之后，应按工作需求继续参加再培训。从理论上讲，首先应开展需求分析，确定特定岗位员工至少应具备的知识、技能以及能力(KSA)后，根据需求分析的结果，开展培训工作。此类分析也包括对规章、规范、行业标准或公司政策强制规定要求的分析。之后，制定培训程序，使符合职业资质要求(如具备基本的读写能力)的人员能够通过培训获得完成某项特定工作所需的技能。然后，通过绩效考核系统测试受过培训员工的初始资质，之后定期测试，证明其具备所需 KSA 及独立工作的资质。

14.1.4 职责分工

应确定部门人员圆满完成部门工作所需的 KSA。因为涉及雇用、工作安排及留用决策，这项工作通常由人力资源部负责整个过程。通常部门相关人员或指定的具体人员负责制定培训计划并协调培训任务。业务专家(SME)或受过培训且具备培训员资质的厂外专家负责具体的培训。根据考核的具体要求，可选择由具备资质的同事、培训师、管理人员、人力资源人员或第三方进行绩效考核。

14.1.5 预期工作成果

培训要素的成果是一套工作绩效标准及各工作岗位所用的初始及复训需求表。对于采用内部资源实现的培训，应编制培训材料。而通过其他方式进行的培训，则应形成合格供应商清单。应为每个员工建立培训记录，记录个人的培训需求、初始及再培训完成的日期，以及未来培训项目计划表。此外，负责培训的工作组应形成书面文件，详细论述采用的绩效考核方法，并向考核人员提供考核员工所需的资源(测试模板、学员学习情况与行为检查表等)。*培训*要素的成果也可用来促进其他要素的绩效。例如：向员工讲授公司历史将会强化文化要素，教导员工认识危险将会改善*风险*、*变更管理*及*运行*要素。

14.1.6 实施过程

为了编制一套行之有效的培训材料，应先确定需执行的工作及任务。任务一旦确定后，则要确定执行此项任务的人员及申请该工作岗位的人员应具备的 KSA。如果他们的能力存在不足，则应编制或购买培训材料及程序，使员工掌握所需的 KSA。此外，使用所需的 KSA 清单，制定相应的测试方法，可合理确保员工具备所需绩效资质。最后，通过测试目前已被认定为具备资质的员工，验证培训方法，制定出新员工合格标准。

14.2 关键原则和基本要求

对于生产、储存或使用危险化学品的装置，要想实现安全运行及维护，应要求各级员工(上至管理人员和工程师，下至操作人员和技工)均具备相应的资质。培训及其他绩效保障活动是实现高标准人员可靠性的基础。本书中所指的培训，不仅包括运行、维护、安全作业及应急计划及响应程序培训，还包括整个过程及其风险相关的培训。

工作活动按类别通常可分成基于技术的活动、基于规则的活动以及基于知识的活动等几类，每类活动所需的培训及绩效考核各有不同。例如：一项普通的任务——驾驶车辆，当一个人第一次开车时，主要是基于知识的活动。驾驶员需有意识地遵守交通法规，尽量保持速度及距离，转向前注意打转向灯，以及完成其他与驾驶相关的各种活动。经过多次驾驶活动，一个人可以掌握一些规律，如在上坡时需要加大油门以保持行驶速度，在高速驾车时增加车距等。经过持续不断的练习，与驾驶相关的行为逐渐形成惯性后，在驾驶时，驾驶员很少会主动思考各种与驾驶相关的知识。当掌握这些技能后，大多数款型的车辆也便能驾驶了。

同样，对于更为复杂，危险性更高的工艺装置：(1)对于具备资质的员工来说，某些任务应成为习惯性任务，如启动离心泵；(2)某些任务受到程序支配，如间歇操作；(3)某些任务要求具备广博的知识，如对飞温进行故障诊断。对于工艺装置来说，重点在于确定各工作岗位员工的培训需求，并确保其一直具备完成必要任务所需的能力。

目前，与工作相关的培训能确保可靠的个人绩效。一方面，可防止过程安全事故的发生；另一方面，可改进事故真正发生后的响应工作。按照需求定期测试及再培训可确保员工保持所需的 KSA。图 14.1 阐述了整个*培训*系统的任务顺序。

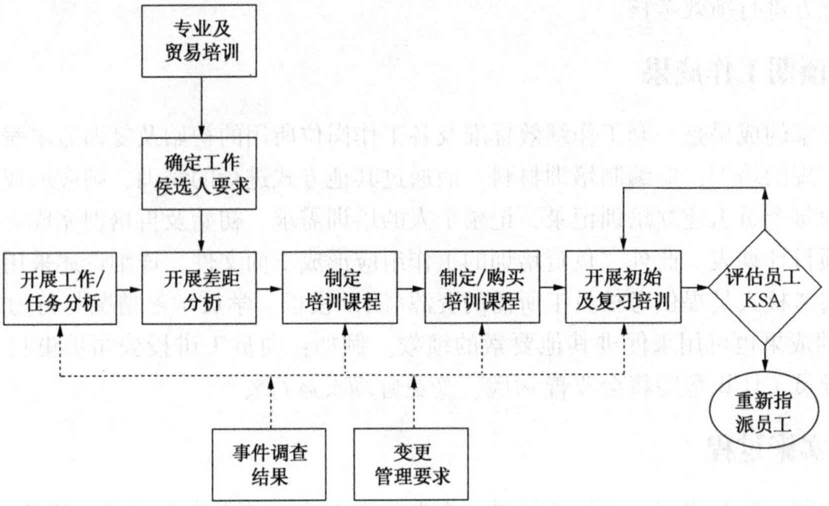

图 14.1　培训系统任务

在开发、评估或改进培训要素管理系统时，应贯彻落实下列关键原则：

- 保持有效运行；
- 确定培训需求；
- 提供有效的培训；
- 监控员工绩效。

每个原则的基本要求将在第 14.2.1～第 14.2.4 部分中进一步说明。第 14.3 节将阐述满足这些原则基本要求的典型工作活动。工厂管理层应评估风险和培训要素改进产生的潜在效益。根据评估结果，管理层应建立一个管理系统或对现有管理系统进行升级，以满足部分或所有基本要求、执行部分或所有工作任务，这将取决于感知的风险和/或所识别的过程危险。但是，如果相关的文化要素未涉及对卓越绩效的追求，则这些步骤也不会奏效。管理系统再好，若缺少正确的文化支撑，也无法培养出值得信赖的员工。

14.2.1 保持有效运行

书面培训计划是实现员工可靠绩效的基础。首先需要确定员工可能执行的工作及任务，然后选择并培训员工，持续监控其绩效。管理系统应能在过程整个生命周期内坚持实现这些目标。

定义角色和职责。需要员工执行的必要任务通常会在培训及绩效考核系统的书面说明中明确，而管理层须明确规定由谁负责这些任务。各部门负责开展工作/任务分析，确定部门内员工需要具备的KSA。管理人员及人力资源部负责规定工作申请人员的最低资质要求。之后，责任部门(或培训部门)需制定培训程序，用以提高：(1)工作申请人员的KSA，以使其能顺利完成工作；或(2)在职岗位人员的KSA，以满足其他工作要求。然后，通常由各部门负责确定新员工及在职员工的考核方法及最低合格标准。根据测试性质，各小组将在人力资源部门指导下负责完成测试管理和评估。若有员工达不到最低标准，责任部门通常会提供再培训。企业需建立相关政策，阐明如何对待不符合或不能保持最低绩效合格标准的员工。

验证培训方案有效性。通过绩效考核测试、定期审查以及事故根原因调查均能确定培训方案的有效性。例如：在一次绩效考核中员工不合格率偏高，管理系统应要求开展更为频繁的再培训或选择其他更有效的培训方法，如课堂培训改成现场培训。开展审查工作，可能会发现员工未按培训中规定的方法操作，其原因可能是知识欠缺(培训缺陷)或操作纪律欠缺(管理缺陷)。若每次的事故调查均确定根原因为“培训缺陷”时，管理层应开展调查，确定该结果反映出的是否属于：(1)个别独立缺陷，(2)还是需要采取整改措施的系统性问题，(3)或是原因与培训无关，而是由于上述提及的管理缺陷。

培训文档控制。培训材料应受控，并在发生变更时进行更新。应通过“*变更管理要素*”控制变更，变更审核过程应确定需要更新的培训材料情况。此外，应保留培训及绩效考核记录，为确定每个员工在各类工作任务方面的资质以及其他或再培训需求提供便利。绩效考核测试记录可能含有机密信息，应对其进行控制；但是，员工应有权查阅自己的培训记录。

14.2.2 确定培训需求

当在职员工或工作申请人员当前的知识、技能以及能力达不到圆满履行工作所需要求，即需要进行培训。通常可通过绩效考核找出这些差距，确定培训需求。

开展工作/任务分析。培训的目的是为了维持或提高员工完成工作/任务的能力，因此，确定培训需求前应先确定工厂内员工要执行的工作。可以通过工作/任务分析，确定员工要执行的工作及任务。此外，某些规章要求(如：OSHA PSM 或 FDA 良好作业规范)以及标准(如：ISO 9000系列标准)也规定了最基本的任务范围及培训内容。通过分析，可确定各工作所需的KSA并形成相应文件。例如：加入催化剂时，员工可能需将10 kg重的口袋提到反应器顶部；因此，只有能提起该分量的员工才能执行该工作。

确定工作候选人的最低要求(或基本要求)。确定最低要需求：(1)确定培训的基本要求；(2)影响劳动力储备及工资等级的重要管理任务。例如：某项工作可能要求员工驾驶叉车。管理层必须决定，是提供较高的工资招募具有叉车工资质的求职人，还是支付较低的工资招募不具备资质的人，再对其进行叉车操作培训。显而易见，后一个决策要求公司具备叉

车工培训程序。同样，对于控制室内操之类的职位，公司如果只考虑雇用那些具备三年现场经验的员工，那么应安排使员工胜任该项职位所需的培训。对于某些特殊职位，管理层可从外聘请具备相关资质的人员，而不是培训员工来从事该工作；但是，不管是公司员工还是承包商，该职位上的人员需参加同等级别的培训以具备该职位所需的能力。

确定培训需求。求职人工作要求及最低资质确定后，可使用简单的差距分析确定培训的类型及范围。有时会涉及确定培训类别(“技能”培训、“法规”或“知识”培训)，这与具体的程序直接相关。例如：对于“启动某泵”之类的程序，如果泵启动工作是员工作为一名合格的操作人员必须具备的技能，则编制程序时，简单陈述“启动泵 101”是可行的，不必详细说明如何设置进出口阀门的位置或如何启动电机。从另一个方面来说，对于某些复杂的程序，即使某些员工每日执行，也不能视为具备该项技能。例如“轨道车卸料”，不管员工培训与否，书面程序应充分详细地讲述轨道车卸料规则，让最近才取得资质或刚刚达到资质要求的操作人员根据这些步骤圆满执行任务。建立培训程序时，应确保员工能符合最低标准。有些任务需要执行人员具备广博知识，对这些执行人员的培训极具挑战性。因为，任务的成功执行通常需要判断力，而判断力又是从成功培训及实践经验发展而来的。

除特定任务培训外，培训程序还应向员工介绍过程概况及其危险。这有利于员工辨识危险，在自身及他人安全不受威胁的情况下正确开展相关工作。访客及承包商进入工厂前，也需参加该培训。

最后，培训的类型取决于员工是岗位新招人员还是岗位现职人员，新员工须参加所需 KSA 的培训，有经验的员工可只参加绩效分数低或长时间未执行任务的再培训。作为*人员参与*要素的一部分，需要确定员工的培训内容及其频次。

培训程序具有逻辑性。我们可采用多种方法组织并实施培训程序，可根据设备类型、运行模式、任务类型等划分成若干培训课程单元。组织培训时，工厂内不同岗位员工或工作(如管理人员、技术员、化学品操作人员、维护人员以及环保技师)的相关培训模块均应按一定的逻辑路径逐步开展。此外，应说明需要理解的逻辑点“及/或”需要具备的技能。通过这种具有逻辑性及前后一致的方法，有利于尽量缩短培训时间，并提高培训效能。

管理变更。第 15 章详细讲述了过程变更管理及变更引起的培训扩充或更改的实践。这些实践同样也适用于培训课程内容、材料或形式上的变更管理。

14. 2. 3　提供有效的培训

虽然培训地点和培训方式可能会有所不同，但培训目的始终只有一个，那就是帮助员工顺利完成自己的工作。此处的“顺利”是指员工能按规定的绩效标准要求完成所需的工作。

编制或购买培训材料。积极参与培训过程的人员一般能得到更好的培训效果。因此，参加泵对中培训的员工应动手执行泵对中工作。然而，仅仅通过停运一下锅炉给水泵，就期待学员掌握泵对中，这可能不切实际，因此可能还需要现场演练各项作业，才能达到要求。传统的课堂培训仍是提供相关种类培训的最佳途径，尽管“讲师”可能是一台电脑，或课程需要按员工完成任务所需的时间要求划分成若干短小的单元模块。

在岗培训可以使员工学习工作两不误，因此，这种培训方式广受欢迎。但是，这种培训方式经常会遇到一个难题，那就是学习机会总是随机出现的，无法进行系统规划。例如：某个班次一名员工当班时，碰上换热器泄漏，可能就会学会如何隔离及排空换热器，而下个班次的另一名员工则可能会学到如何将换热器恢复运行。因此，在进行在岗培训时，应制定一份培训计划，列明每个员工作为某项工作监督人员或共同作业人员必须具备的各项关键技能。

考虑时间安排。执行某项任务前，最好先做好培训计划，尤其是再培训。例如，执行计划停车前是开展装置停车程序再培训的最佳时机。但是，应急停车之类的许多程序则可能随时都需要，员工需随时准备执行该任务。这些情况下，应经常安排复训，确保绩效可靠。理想状况下，应将异常状况相关的非正式培训作为日常任务加以实施。在恰当时机，随机抽查员工遇到“如果-怎么样”情景时的响应。抽查到的员工需要展示其如何开展诊断工作，如何采取响应措施。

交叉培训。在可行的情况下，培训单元模块应设计相关交叉培训内容。例如：开展处理小释放或泄漏相关的培训时，从逻辑上来讲，培训内容可包含针对各种泄漏物料危险性的复训以及如何正确佩戴呼吸器的复训。合并培训单元时，应明确规定多重目标。

确保培训提供到位。工厂员工减少往往也会导致企业为员工在正常上班时间制定、提供或接受的培训时间减少。培训变成员工和管理层都不喜欢的加班任务。计算机技术可通过针对具体个人需要，提供篇幅短小的培训单元模块，解决这一难题。计算机还可提出问题、监督测试及记录结果。这种方法虽然并不是万能的，但对于某些类型的培训来说确实有效，可尽量降低成本，并能以最适合员工时间计划的方式提供培训。

14.2.4 监控员工绩效

绩效考核远非要求员工能正确回答笔试中的几个问题那么简单。培训效能唯一的评定标准就是看员工能否成功完成各自的工作。笔试题、现场观察、质量审查等仅仅是管理层用来评估当前个人绩效的工具。绩效不佳则可能由培训不足所造成，或由其他因素导致，如：药物滥用、疾病或体力衰退。绩效考核系统的目的在于检测出各类起因导致的不合格绩效，以便对其采取正确的整改措施。

测试员工初始能力。各工作岗位应明确规定顺利完成工作必备的知识、技能以及能力。绩效考核系统用来在准予员工独立工作之前确认员工具备这些知识、技能以及能力。资质考核常常是阶段性过程，当员工成功展示某些最低知识、技能以及能力后，准予其以实习生身份进厂工作，但必须在具备相关资质的称职员工的密切监督下工作。实习生参加完在职培训后，应向独立审核人证明其已掌握技能或熟练完成工作，以取得完全资质。此种方法也有利于测定导师的绩效，导师满意学徒工的绩效后，方才推荐其获得资质。

定期测试员工。具备资质的员工应定期参加测试，确认其具备顺利完成工作所需的知识、技能以及能力。这些测试按照不同的工作要求，大体可分为三大类。大多数公司让员工定期参加体检，确认其基本体能情况(包括体力、听力、视力、肺活量)。此外，体检还能发现其他影响绩效的不良因素，如药物滥用或隐疾。技能测试相对要直接些。顾名思义，技能系指能胜任某事。因此，在日常生产活动中，能很快发现绩效问题。因而，许多公司优先测试需经常用到的技能，如：打开阀门或校准仪表。然而，技能日久不用，会变得生疏，因此员工必须定期执行某些任务(如：启动应急发电机)来保持必要的资质水平。

若是基于知识的任务，要保证员工执行此类作业的绩效难度更大。员工能否诊断出故障起因？员工能否确认该状况下适用的程序？简单的笔试是很难全面衡量此类知识的掌握情况的。某些公司要求定期执行关键工作相关模拟测试，评估员工是否有能力处理现实生活中很有可能从未发生的状况。有时则需要通过全方位演练来测试整个工作团队的综合能力。

定期审核所有的资质要求。即使是最有效的变更管理程序，外加支持培训的文化依托，也不能确保所有的资质要求均能做到与时俱进而又面面俱到。许多情况下，改变是层出不穷的，在职员工学习新东西，适应新情况，但其岗位描述中可能并未反映出新的知识、技能以及能力要求，例如：如何设置新的计量设备？或者，在下班期间如何在主管不在的情况下来确保动火作业许可证的签发工作。如果平常负责某项工作的操作人员不在，从另一装置区过来的、具备资质的替代人员未必了解所有与该工作相关的细微差别。因此，执行定期程序审核的同时，还应评估员工资质要求并按需对其进行更新。

14.3 可能的工作活动

RBPS 方法建议，每项工作内容的深度要求应根据风险和所需的资源而确定，并与工厂文化相一致。某项工作内容的深度要求因各个工厂而异，同时即使在同一个工厂内，也可能随装置或工艺区域不同而发生变化。因此，在制定一个基于风险的过程安全管理系统时，读者应遵循以下步骤：

1. 评估工厂风险，同时调查工作内容所需资源与现有资源配置状况，以及工厂的安全文化。具体情况见第 2.2 节。
2. 评估执行培训要素各项关键原则的潜在收益。培训管理关键原则详见第 14.2 节。
3. 根据第 1 和第 2 步的结果，确定培训及绩效考核的管理基本要求(第 14.2.1~第 14.2.4 部分所述的基本要求)，合理地管控风险。
4. 对于将要执行的每个基本要求，确定执行方法，选择本节所述的相应的工作内容。请注意，这些工作内容不可能对所有行业都是全面的，读者可能需要增加某些工作内容或修改本节所列的部分工作内容。
5. 对于将要执行的每项工作内容，确定所要求的深度水平。本节所列各项工作均设有两到五个具体实施方案，工作标准依次提高。每项工作采用序号标识，具体实施方案采用字母标识。

备　注

相关法规可能具体规定了过程安全管理系统规某些要求或工作内容，或为特定工作内容规定了最基本的详细程度。因此，过程安全管理系统的设计和执行应同时遵守法规要求和本书中提供的指南。

14.3.1 保持有效运行

划分职责

1. 制定书面的*培训*要素管理程序，阐述培训材料创建、更新及维护过程。
   a. 适用于所有要素的通用指南。

b. 阐明各工作岗位培训要求的详细指南。

c. 阐明各工作岗位培训要求以及培训材料创建、更新及维护过程的详细指南。

d. 由主管与同事持续监控绩效，并对那些反映出知识、技能以及能力缺陷的行为加以整改。

2. 在监管培训要素的管理过程中引入特定角色和责任。

a. 根据具体需要临时划分职责，通常由工作组控制。

b. 形成相关书面文件对要求加以说明，但未明确划分创建及更新培训材料相关的工作职责。

c. 制定正式的书面程序文件，阐明培训材料创建、更新及维护相关的职责及工作范围等。

3. 说明*培训*要素和其他 RBPS 要素之间的关联，尤其是*变更管理及程序*要素之间的关联。

a. 将程序用作培训材料，作为*变更管理*的一部分，根据具体情况进行更新，通常在操作就绪审查中对其进行确认。

b. 具备论述关联的书面说明，但未分配该任务的执行职责。

c. 正式的书面程序文件论述联系；定期监控程序执行的情况。

4. 确定培训师的资质。

a. 根据具体情况挑选培训师；培训师未接受正式的培训。

b. 根据具体情况，从已受过培训师资质培训的人员中挑选出培训师。

c. 培训师需接受过培训师资质相关的培训，需精通所教授的科目，并需根据持续进行的培训及学生反馈保持自身教学水平。

验证程序效能

5. 确认判断培训程序效能的指标。

a. 通过受训人员判断效能。

b. 由公正的观察员判断效能。

c. 培训结束后，通过学生测试及绩效分数判断效能。

d. 通过员工工作成果判断效能，例如，错误率较低、工艺稳定性好、事件率低，等等。

6. 定期评估员工能否保持执行工作所必需的知识、技能以及能力。

a. 发生事件后，审核工作绩效。

b. 员工若能通过计划复训测试，则表示知识、技能以及能力水平符合要求。

c. 由主管与同事持续监控绩效，并对那些反映出知识、技能以及能力缺陷的行为加以整改。

7. 定期评估现场作业规程，确认其与培训保持一致。

a. 发生事件后进行评估。

b. 在定期确认程序准确性前，先进行评估。

c. 在发生重大变更后、再次确认程序准确性之前，对所有班组进行评估。

8. 审核事件调查结果并整改与培训程序缺陷相关的根原因。

a. 重复培训事件相关人员。培训只能减少人为错误，并不能消除极易出错的状况。

b. 根据事件调查结果修订培训材料。

c. 修订培训材料，以提出确定事件根原因的缺陷。

控制文件

9. 建有并维护最新版、并经认可的培训材料图书库。
   a. 讲师自行保管文件。
   b. 各部门保留自己的档案。
   c. 建有总部集中图书库。
   d. 建有总部集中图书库，定期审核材料并控制材料更新。
10. 规定相关方法，确保在过程发生变化后，更新相应培训材料。
   a. 偶尔更新培训材料。
   b. 定期更新培训材料。
   c. 将更新培训材料当作*变更管理*的一部分。
11. 规定相关方法，以便跟踪员工培训记录，如完成的课程、绩效记录、计划需求，等等。
   a. 员工负责保管自己的记录。
   b. 各部门保留其所培训的员工的记录。
   c. 统一的系统集中保留各员工全面培训记录。
   d. 统一的系统集中保留各员工全面培训记录，并预测个人及工厂培训需求。

14.3.2 确定培训需求

执行工作/任务分析

12. 识别每一个员工(或工作小组)执行的工作及任务。
   a. 员工执行需完成的工作。
   b. 对区域或部门，建立通用的工作说明。
   c. 对每一个岗位，进行具体的工作说明，规定具体的职责。
13. 识别顺利执行工作及任务所需的知识、技能以及能力。
   a. 员工按需要培训。
   b. 建有区域或部门所需的知识、技能以及能力书面清单。
   c. 建有各工作岗位所需的知识、技能以及能力书面清单。
14. 征求员工对顺利完成各项工作及任务所需培训的建议。
   a. 考虑员工对培训的建议。
   b. 征求员工对区域或部门培训的建议。
   c. 征求员工对各工作岗位培训的建议。

确定工作候选人的最低要求(或基本要求)

15. 确定能为公司提供训练有素员工的外来用工源(如协会或中等专业学校)。
   a. 确定外来用工源。
   b. 选择拥有技能培训优势的用工源，如焊工及技师。
   c. 选择拥有技能及过程安全培训优势的用工源。
16. 确定哪些技能需要从劳动力资源市场直接招聘而非内部培养。
   a. 制定雇用计划，但经常变动，并影响培训工作量。

b. 临时雇用的员工应具备所需知识、技能以及能力，否则终止其相关职位的雇用关系。

17. 确定所需的口头及书面语言技能。

a. 规定语言技能。

b. 规定并测试语言技能。

18. 确定工作岗位是直接雇佣的人员担当，还是由承包商员工担当，若是承包商人员，则确定由谁负责承包商人员的培训。

a. 雇用计划经常变更，并影响培训工作量。

b. 承包商人员需证明具备所需知识、技能以及能力，否则终止其相关职位的雇用关系。

19. 确定工作岗位需要外雇人员还是需从内部提拔人员。

a. 雇用及提拔计划经常发生变动，并影响培训工作量。

b. 细化最低经验要求并执行。

确定培训需求

20. 分析工作待候人的技能与所需技能之间的差距。

a. 确定通用培训需求。

b. 确定特定培训需求。

21. 分析工作岗位在职人员的技能与所需技能之间的差距。

a. 确定通用培训需求。

b. 确定特定培训需求。

22. 对基于知识、基于规则及基于技能的任务培训要求进行分类，与书面操作及维护程序保持一致。

a. 培训深度通常与程序编制的详细程度相当。

b. 程序编制人员认定的各技能均有相应的培训模块；换言之，针对“使用天平”这项工作设一个培训模块，与操作指导程序中“样品称重”相对应。

23. 确定过程危险的培训对象及培训深度。

a. 只培训那些单独进入工艺装置的人员。

b. 只培训那些进入工艺装置的人员。

c. 培训任何一名可能与应急事件相关的现场人员。

d. 培训任何一名与应急事件相关的人员。利用参与或应急要素，对厂外人员按需培训或通知厂外人员。

24. 确定过程安全培训对象。

a. 只培训操作人员及挑选出的维护人员。

b. 培训操作、维护及工程人员。

c. 培训操作、维护、工程及管理人员。

d. 培训工厂内从事日常工作的人员。

按逻辑关系将培训划分为若干课程项目

25. 将培训模块按逻辑关系组编成若干学习课程。

a. 确定个人培训模块的前提条件。

b. 为各种职能岗位如：技术人员、化学品操作人员、维护员工、主管、管理人员等等专门设计培训程序。

管理变更

（见第 15 章“变更管理”中的生产活动清单）

14.3.3　提供有效的培训

编制或购买培训材料

26. 确定各培训模块最佳呈献方式（例如：实时、录像带/DVD、交互型计算机）以及培训地点（例如教室、车间、实验室、模拟装置、运行装置、厂外地点）。
   a. 按实用性确定培训媒介及地点。
   b. 按目标确定培训媒介及地点。
   c. 按目标及培训后绩效反馈确定培训媒介及地点。
27. 编制或获取课程计划、演示及练习材料。
   a. 根据具体情况，利用可用的资源编制材料。
   b. 编制材料，以支持基于目标的课程计划。
   c. 根据学生的评估情况、培训后的绩效水平以及从内部及公众事件调查结果的经验教训定期更新材料。
   d. 为绩效不良的目标区域特别定制（c）条及补习培训材料。
28. 审核课程计划、演示文稿及练习材料的质量。
   a. 讲师审核材料。
   b. 审核人不带偏见的审核材料。
   c. 独立审核材料，选取部分目标听众小规模试行。

考虑时间安排

29. 确定员工或访客进厂前需完成哪些培训。
   a. 进入工艺区的人员需接受过程危险概述培训。
   b. 所有进厂人员均需参加过程危险、应急程序及工厂常规规定相关的概述培训。
   c. 所有进厂人员均需参加过程危险、应急程序及工厂常规规定相关的培训。并且，证明所有进厂人员已通过培训了解了相关内容。
30. 识别员工在开始一项具体工作相关培训前，需完成哪些培训。
   a. 进入工艺区前需参加过程危险、应急程序及工厂常规规定相关的培训。
   b. 无人陪同进入区域所需的员工常规培训。
   c. 员工常规培训以及员工从事特定任务所需的课堂培训。
31. 开展执行复训（既是为了保持技能，也是为了符合规章要求）。
   a. 安排复训，以符合规章要求。
   b. 安排复训，以符合规章要求及装置开车之类的过程活动。
   c. 安排复训，以符合规章要求及过程需求，并在必要时，根据从事件及未遂事件中总结出来的教训安排复训。
32. 随机抽查员工对“如果-怎么样”情景的反应情况，并让其演练如何采取响应措施，并将此做法逐步演变成操作规程。

a. 异常状况培训仅限于计划好的类别。

b. 主管随时向员工提问如何管理异常状况。

c. 员工随时互相提问如何管理异常状况。

培训内容相互交叉

33. 确定可实现多重培训目标的培训模块。

a. 为各培训目标制定独立的培训模块。

b. 培训模块用于满足若干个部门的需求。

c. 培训模块用于实现多个培训目标。

确保培训有效

34. 按需提供培训。

a. 培训基本上属于需要加班完成的任务。

b. 调整员工日程表，以便其能参加培训课程。

c. 按员工的需求提供培训。

14.3.4 监控员工绩效

测试员工初始资质

35. 建立测试求职人员能力的方法。

a. 测试求职人员是否具备常规知识、技能以及能力。

b. 测试求职人员是否具备与工作相关的特定知识、技能以及能力。

36. 建立测试方法，测试培训人员进步程度，是否达到最低合格绩效标准。

a. 讲师对受训人员的进步程度进行评价。

b. 在培训程序的特定阶段，测试培训人员是否具备与工作相关的特定知识、技能以及能力。

37. 对未达到或失去初始资质的员工，确定补习培训要求。

a. 无限期地继续再培训员工，直至其证明其已具备所需的知识、技能以及能力。

b. 规定员工试用期，以便其在试用期内证明其已具备了所需的知识、技能以及能力。

c. 使员工暂停执行危险工作任务，直至其证明自身已具备了所需的知识、技能以及能力。

定期测试员工

38. 确定需定期测试的知识、技能以及能力，以保证绩效。

a. 相关知识、技能以及能力的初训及复训完成后，对此部分知识、技能以及能力开展测试。

b. 复训完成后，测试复试员工是否具备熟练员工应具备的、整套的知识、技能以及能力。

39. 建立熟练员工的测试方法。

a. 测试员工是否掌握实践知识。

b. 员工需展示并证明其已有能力完成需执行的工作。

c. 员工需展示并证明其已具备相关能力并了解所需执行的工作。

40. 建立了可提醒管理层注意错误率快速上升的指标。

a. 笔试分数是唯一的指标。

b. 模拟绩效测试打分。

c. 对于关键任务，员工需取得 100 分，并需接受训练，使其熟练精通。

定期审核所有的资质要求

41. 建立资质要求矩阵或数据库，并定期更新。

a. 确定初始资质要求。

b. 确定资质要求并定期更新。

14.4 提高效能的方法示例

本节提供了一些案例，这些案例做法能有效改进与培训管理有关的工作内容，并经工业实践证明可行。根据第 14.2 节中的关键原则，这些案例可分为以下两类：

1. 能够提高培训管理工作绩效的方法；

2. 提升培训管理的效率，在保持培训管理绩效水准的同时尽可能降低资源消耗。

这些案例均源于工业实践、行业研讨会和 CCPS 会员单位。希望改进管理系统和本要素相关工作活动的读者，应检验这些方法，评估自己企业当前管理系统和工作活动的绩效和效率，然后按照第 2.1 节所述的基于风险的原则，选择和执行改进措施。

14.4.1 保持有效运行

培养业务专家成为培训师。照本宣科并非有效的培训方法。相比而言，业务专家(SME)在授课时能利用工作场所的真实案例来阐明和充实概念，更能获得成年的受训人员信赖，同时也能更好地让受训人员投入培训过程。业务专家也能校正教材内容并按需更新教材，使之与现行规程保持同步。业务专家自身应接受过培训师资格培训，从而保证其授课效能。

14.4.2 确定培训需求

培训员工后备力量。有时，疾病、已计划好的休假等等均会导致持续旷工行为，通过适度加班也无法弥补。为了应对这种情况，工厂应建立并维护一支受过培训、灵活机动的员工后备力量，一旦发生岗位空缺，能够及时填补跟上。

根据危险及潜在后果选择培训方法。培训工具范畴广泛，既包括简单的自学手册，也包括复杂全面的演练。如采用简单工具即可满足要求，那么这时使用复杂工具，则属于浪费行为。然而，简单的工具却无法让员工做好管理某些复杂状况的准备。要使培训过程更为成效，方法之一即是根据危险及潜在后果进行初步筛查，例如：若经筛查未发现严重危险(如：失控反应)，或潜在危险本身就很有限(如：因反应物数量少)，则通过简单讲课或演示即可确保风险处于可容忍范围之内，从而防止因对小风险过度培训而造成资源浪费。相反，若通过筛查发现存在严重危险或重大后果，则明确指出需要开展严格的演练和训练工作，这样便可防止将资源浪费在无所成效的培训上，避免了后期的必要补救工作。

自动化培训管理。软件程序可简化培训管理过程，并提高管理绩效。数据库一旦载入员工姓名、工作职位以及培训要求后，数据库软件便可跟踪各员工的当前状况及后期的培训

需求。查询程序能快速显示目前哪个员工具备执行任务的资质或何时安排培训课程来保持员工资质水平。此外，还可编写软件，在培训到期后自动通知员工及管理人员。

14.4.3 提供有效的培训

使用标准培训模块。制定新的培训模块需消耗大量的资源，对那些不经常开展培训项目的人员更是如此。若建有标准的培训模块，业务专家便能提高培训材料编制速度。标准模板也有利于培训师充分利用可得的视听教材、演示材料及车间设备来充实培训教材，确保教材的有效性。标准化的材料可供多个工厂共享，以进一步提高效率。

通力合作，开展培训。某些类型的培训属于多个危险化学品工厂必须实施的通用培训。与其他工厂或公司合作，工厂付出一部分费用，便可保证有受过培训的劳力储备可用。例如：一家公司可建立一个培训单元模块数据库并加以维护，供公司内所有工厂使用。得克萨斯市承包商安全委员会就是一个很好的例子——企业间通过合作、保证该地区的训练有素的承包商资源，进而简化现场专项培训。

开展虚拟及基于计算机的培训。为每个轮班及偏远工厂工作人员或因疾病或假期离开工厂的人员提供培训花费不菲，此时，可借助计算机或虚拟平台进行培训。

某些类型的培训不需要所有人员在同一时间在同一工厂中集中进行。多数情况下，互联网或视频会议技术能更有效地让培训师在异地提供培训及/或学员在异地接受培训，而不需花费差旅时间及费用。未能参加直播课程的人员可录制课程，并在需要时重播课程。但是，如果远程参与者受其他任务干扰或其参与程度受虚拟会议设备限制，其成效也颇为差强人意。

计算机辅助培训(CBT)可实现类似效能。员工可按照自己的日程安排学习 CBT 模块，在进入下一课前，计算机会确认员工对某个主题的理解程度。CBT 是理想的复训工具，因为它允许员工通过测试来证明其已掌握了材料，而无须浪费时间复习基本的信息，还可在员工执行任务前及时提供培训。CBT 随时都可更新，所有员工可直接获取最新更新信息。但是，CBT 也有缺点。它不能像现场讲师一样回答一系列的提问，也限制了同事之间的培训互动。

根据风险安排复习培训。某些企业在假定所有人都应接受同等培训的基础上计划复训。安排员工参加培训教材普考测试可提高整体效率，但是该测试对那些已了解并掌握培训教材内容的人来说也是一种时间上的浪费与负担。一个更好的系统应该更为个性化，在安排复训课程时，(在规章约束范围内)既考虑了任务的紧要性，又兼顾了员工的既往绩效，例如：经常要用到手持式呼吸器(SCBA)的员工及在之前的培训课程中取得高分的员工 3 年内可不安排参加复训。反之，不经常使用 SCBA 的员工或之前在培训课程中未取得高分的员工则安排每年都参加复训。

复训与程序审核工作相结合。定期更新程序，员工应定期参加复训。在员工参加复训的同时，安排其审核程序，可同时满足这两项要求。

重点培训装置现场操作员工。员工一旦了解并掌握了装置运行方面的知识，就会更注意遵守程序步骤，因为他们明白如果违背程序步骤会导致的后果，同时，他们也能更容易地识别出违规行为，并诊断违规行为的起因。主管工程师应负责编制培训技术内容，而有经验的操作人员一般在工程设计人员的支持下提供材料。作为复习培训程序的一部分，应定期提供技术培训。

提供模拟培训。实践学习是最为有效的成人培训法之一。然而在很多情况下，许多员工必须参加培训，以便处理那些较为罕见但曾发生过的状况。模拟训练不仅要求员工执行日常任务，还要求其处理异常任务，方便其找到状况的最佳处理方法，又不会给工艺运行带来风险。

分享从事件调查中学到的经验教训。将从全面事故调查中学到的教训分享给面临类似状况的其他员工是极具价值的。这些经验教训是极有力的培训工具，因为其来源于现实装置状况，且可能已对同事构成严重威胁或影响。此种培训不仅能够提高*风险及变更管理*要素中风险分析参与人员的效能，还有利于保持忧患意识，促使员工遵循运行及安全作业要素中的最佳操作规程。

14.4.4 监控员工绩效

复训自动筛选。软件工具能大大降低复训的负荷量。员工复训任务到期之时，自动化系统可向员工发送一份提醒电子邮件，该邮件附带计算机辅助培训模块的链接。如果该员工的测试成绩令人满意，该系统记录测试通过。否则，则安排员工参加另一种形式的复习培训。

将培训安排在假期较少的时期。许多员工的计划假期会与其他事件的时间冲突(学校假期、狩猎期等)。将培训安排在假期较少的时期，公司能尽可能地提高出席率并能将补课需求降至最低。

14.5 要素指标

第 20 章阐述了如何以及何时利用指标来适度提高绩效的方法。本节将列举若干个指标实例，说明它们如何用于监测培训要素的健康状态，并按照第 14.2 节中提及的关键原则进行了分类。

除了明确关键核心指标外，还需要定期对指标进行跟踪和考核。有时，指标所需信息比较简单，例如员工总数指标。而有些指标需要多个参数才能拿确定，如员工的平均工龄指标，需要利用多名员工的工龄数据来计算平均工龄。部分指标用于跟踪动态变化率，如员工离职率指标等。动态变化率甚至可能是工厂最为关注的数据指标。由于工厂情况千差万别，需要自行确定指标的跟踪方法和考核方法，保证工厂 RBPS 管理系统的健康运行。

14.5.1 保持有效运行

- *根原因为培训及绩效不到位的事件率*：呈上升趋势表示培训要素存在缺陷。
- *提供培训的业务专家的人数*：考虑具备资质的 SME 数量，该指标表明谁在真正执行培训。如只有少数人在执行大部分工作，则可能找出最具才能及能力最强的资源，或可能找出缺席(表明其不支持培训工作)的装置人员、部门人员或管理人员。
- *不符合培训要求的人数*：数量高则视为管理人员乐意接受比公司风险承受指标更高的风险。
- *培训预算变动率*：该指标突然下降则表示管理优先次序改变，对员工技能的投入下降。
- *已审查的课程开课率*：该指标下降则表示管理层对培训内容以及教学质量不够关注。

- ***具备过程安全管理资质的人员数量***：风险分析主管、变更管理主管、程序编写人员、培训师、事件调查主管等均需参加专门的培训，以获取资质。当人数下降，低于最低人员配备要求时，则表示过程安全管理系统存在严重问题或失效(可能因资源匮乏而引起的)。

14.5.2 确定培训需求

- ***到期未参加培训的员工数量***：该指标是资源受限或程序缺乏管理支持的症状。在有控制的情况下，其也突出显示了未履行哪方面的义务(例如：操作人员应履行的3年复训)。
- ***培训过期员工的百分率***：该指标呈上升趋势则表示所需培训无法提供，管理层未给予员工时间参加培训，或未在适当的时间提供培训。
- ***错过计划培训课程的员工的百分率***：数量高或呈上升趋势则表示(1)管理缺乏责任感，或(2)将培训定为优先次序略低的项目。该指标突然上升则表示计划安排与其他装置状况(如停车)、个人优先选择(如学校假期)或不可预见的事件(如流感爆发)发生冲突及受到排挤。
- ***按计划提供培训课程的百分率***：呈下降趋势或突然下降则表示培训为优先次序较低的项目。
- ***已计划的各类培训课程的数量***：该指标反映了员工、材料及工厂的资源要求情况。呈下降趋势或突然下降则表示未开展所需培训。

14.5.3 提供有效的培训

- ***为个人、轮班、部门及工作岗位花费的培训时间***：该指标突然下降则表示员工技能投入下降或培训效能增加。该指标突然上升则表示装置工艺、人员配备级别或工作分配发生重大变更。
- ***认定培训恰当且有效的员工率比例***：该指标呈下降趋势则表示所需培训具有重复性或讲课水平低下。管理层应考虑更新培训材料或安排员工参加免培训测试。
- ***班级、个人、轮班、部门及工作岗位的平均测试分数***：该指标随时间改变则表示培训效能、雇用标准、员工经验及/或员工能力的改变。
- ***花费在CBT模块上的时间***：个人模块呈下降趋势则表示每个人都熟知该材料，都能通过测试，或是个人未真正学习该材料。

14.5.4 监控员工绩效

- ***需参加补习培训的员工百分率***：该指标呈上升趋势则表示原来的培训材料或授课方式不佳，或复训所需的时间间隔太长。
- ***答错某一道考题的员工百分率***：该指标突然上升表示问题措辞有欠妥当，主题不明确，或是员工的实践经验与“正确”答案有冲突。
- ***通过免培训测试的员工百分率***：该指标呈上升趋势则表示经验及能力的增加，测试难度不够或员工互通答案。
- ***模拟培训中的错误数量***：数量异常高则表示原始培训不佳或复习培训时间间隔太长。错误也表示人机界面、程序或作业规程方面存在问题。

14.6 管理审核

管理审核系统的设计和执行详见第 22 章。为确保培训管理的正确运行，应对许多具体的管理问题进行定期检查。管理审查要首先评估被审核系统的有效性。企业的培训管理不到位，或者变更管理系统的改进效果差强人意，那么管理层应寻找所有可能的整改措施加以实施。在某些情况下，企业有可能并未找出正确的整改措施予以实施，或者实施方向出现偏差。即使整改的结果令人满意，通过管理程序审查仍能检验资源是否充分利用？有些工作是不是有更为有效的实施办法或者事实上根本无需实施？管理层可结合上一节的各项指标，及个人观察、直接问询、结果审查、反馈来解决上述问题。讨论的工作内容和主题可包括以下内容：

- 调查是否存在制度要求的培训迫在眉睫或即将过期；
- 调查计划培训意外延迟，例如：因缺乏培训材料、缺乏领导或专家资源，或计划不良而延迟；
- 确认在员工绩效审核期间，专门讨论了培训及发展需求；
- 审核既定工作所需的课程数量及其内容之间的相似性；
- 确定相关 SME 是否正在编制及讲授培训材料；
- 确定使用多种培训教学方式，如讲座、在职培训、CBT 等等是否合适及有效；
- 确认正在使用最新版的适用资源(例如：检查表、课程模板)；
- 审核开展必要的培训所需的加班时间；
- 确认是否定期更新课程材料，讲述新知识、绩效问题及通过事件调查、学员反馈等方式获得的经验教训；
- 评估培训材料的简单更新工作(如纠正幻灯片措辞)是否拖延了很长时间；
- 确认除正式的培训课堂外，同事之间是否时常互相观摩学习；
- 审核不同小组、区域及部门的绩效分数，并对不一致的绩效结果进行调查。

不管所问的是什么问题，管理审核应力求评估组织在若干个层面上的状况。培训的深度是否足够？绩效考核是否超出日常操作任务？当发生偏差时，关键人员是否具备所需的知识并能做出适宜的决策？此外，关键人员是否具备充足的知识深度？如果整个组织只依靠一个人来培训所有员工，这个人突然辞职或生病，会发生什么情况？管理审核为组织如实地评估其状况，并采取措施避免因知识不足或执行不力导致损失事件发生或者在工作经验丰富的技能员工流失前，采取相关的措施。管理审核所揭示的任何缺陷应按照第 22 章所述加以消除。

参考文献

14.1　Lees, Frank P., *Loss Prevention in the Process Industries, Hazard Identification, Assessment, and Control*, 2nd edition, Butterworth-Heinemann, Oxford, England, 1996.

15 变更管理

变更管理(MOC)是一种实时的过程风险评估及控制系统。英国Flixborough泄漏爆炸事故就是变更管理缺失的惨痛教训。该分水岭事件的发生源于一套环己烷氧化反应器之间管道的临时变更不当。1974年3月，在英国Flxiborough的一座工厂内，为在设备维修时维持生产，工厂决定在六台串联的反应器中的第五台反应器位置上设置临时旁通管道。维修作业完成后，在1974年6月1日重新开车时，这条临时管道发生了突然破裂，泄漏了约60000磅的高温工艺物料，其主要成分为环已烷。高温物料形成的蒸气云团发生了气体爆炸，爆炸能量约为15t TNT当量。事故摧毁了整个工厂，并对周围居民区及商业区造成巨大损坏，共有28名员工死亡，89名员工及周边居民受伤。

该临时管道是一条配有膨胀节的大尺寸管道，但负责此项变更的工作人员缺乏相关专业知识，仅仅简单参照大尺寸高压管道系统管件的设计规范进行了变更设计。就如官方报告所述："……他们不知道自己并不了解"。如果实施有效的变更管理系统，在实施变更前发现该设计缺陷，就可以避免一场灾难的发生。

15.1 要素概述

变更管理贯穿工厂整个生命周期，是RBPS ***管理风险***原则的九大要素之一。本章阐述了变更管理的相关要求，包括：(1)变更识别；(2)评估危险；(3)变更审批；(4)必要的风险控制及后续活动；第15.2章阐述了变更管理系统的关键原则及基本要求。第15.3章阐述了满足变更管理基本要求的工作活动及其相关方法，这些方法与变更带来的风险、所需资源以及企业文化密切相关。第15.4章~第15.6章包括下列内容：(1)提升变更管理系统有效性的方法及具体程序；(2)变更管理有效性监控指标；(3)变更管理的管理审核。

15.1.1 要素定义和内容

变更管理的目的是确保对过程实施变更时不会带来新的危险或增大原有风险(见参考文献15.1和参考文献15.2)。变更管理包括变更的审查和授权，主要涉及设备设施设计变更、操作程序变更、劳动组织变更以及变更实施前的风险评估结果审查(确保变更不会引入新的危险，同时不会增加员工、公众及环境的现有风险)。此外，变更管理还包括将变更情况及时告知所有潜在影响人员，并实时更新操作程序、过程安全信息等相关文件。

15.1.2 重要性

未经合理审查就对危险工艺过程实施改变，将会显著增加发生过程安全事故的风险。

15.1.3 对象和时间

变更审查通常发生在在役装置，在工厂整个生命周期中涉及新改扩建投资项目策划与设计时，也需要开展变更审查。对实质性“改变”应开展变更审查，简单的“同类替换(RIK)”则无需实施变更审查。

15.1.4 职责分工

首先，由相关人员(部门)提出变更申请；然后由具有资质或有能力的人员(一般非MOC发起人)进行变更审查，判断实施变更是否会带来负面风险，并提出相应风险管理措施；最后，由变更审批人(独立于审查小组外)对该变更进行最终审批，变更审批人将根据审查评估结果，对该变更申请予以批准实施、要求修改或驳回。通常变更过程会涉及各类人员，需要及时告知或培训，同时修订变更涉及的相关技术文件。

15.1.5 预期工作成果

变更管理的主要成果体现在对变更进行了严格审查及授权，并确保在变更过程中合理的风险控制建议落实到位。其他成果还包括：对RBPS其他相关工作活动进行相应修订或更新，例如：修改过程安全信息、变更告知/培训。变更管理也有助于推动其他RBPS要素的实施。例如：一份经审批的变更申请是确定下一步工作活动的必备条件。

15.1.6 实施过程

企业一般会制订详细的变更管理程序或制度来管理所有的非同类替换变更活动，并采用变更审查表单来记录审查结果。在变更审查过程中，变更申请人员(部门)应提供必要的信息并附在变更审核表单之后。只有变更申请经审批通过后，方能实施变更。在变更实施前，应告知所有相关人员，必要时还应提供详细培训。对于后续活动，包括更新相关工艺安全信息和其他RBPS要素，应评估确定哪些需要在开车前执行，哪些需要推迟至开车后执行。实施过程涉及所有工作活动都应进行追踪监控，直至项目完成。

通常，风险越高越需要制订全面系统的变更管理程序，例如，制订详细书面程序明确规定变更识别要求、风险审查要求和管理要求。如果风险较小，可适当灵活地实施变更管理，例如：制订通用的变更管理程序，由经过培训的员工来执行该程序。

对频繁变更的工厂，需要制订更为详尽的变更管理程序和部门人员的业务职责分工。若工厂变更需求较少，则可以较为灵活地执行变更程序。当工厂具备良好的过程安全文化条件时，可选择基于绩效的变更管理程序，允许训练有素的员工灵活使用良好的工程经验进行变更管理。如果工厂的过程安全文化仍处于发展阶段或者尚未稳定成形，则需要制定并实施更为严格的变更管理程序，进行更多的培训，实施更加有效的控制，从而确保变更管理程序执行到位。

15.2 关键原则和基本要求

对于生产、存储或使用危险化学品的工厂，需要建立完善的过程安全管理系统来实现装置的安全操作及维护。变更管理的目的就是对所有非同类替换(RIK)的变更建立一种正规的(通常形成书面文件)授权程序，以此避免在设备设施设计、生产活动、操作、劳动组织或制度变更时，产生以下负面影响：(1)带来预料之外的新危险；(2)对原有危险增大其风险。

变更管理还能确保及时将变更信息告知相关人员，同时，对与之相关的过程安全信息、程序、培训材料和其他相关文件进行及时更新。在制订、评估或改进变更管理相关要求时，应遵循下列重要原则：

- 保持有效运行；
- 变更识别；
- 风险评估(评估可能造成的影响)；
- 变更审批；
- 完成后续活动。

第 15.2.1~第 15.2.3 部分对各原则的基本要求作了详细介绍。第 15.3 节阐述了为满足基本要求所开展的常见工作。工厂管理层应评估变更管理改进产生的风险和收益。管理层应根据评估结果制定新的管理系统或更新现有的管理系统，以此满足全部或部分相关要求。

15.2.1 保持有效运行

当工厂一旦决定执行某项变更活动时，工厂希望在整个生命周期内都能正确一致地执行变更活动。当工厂涉及多种人员构成与复杂工况时，为保证变更管理系统可靠执行，应满足以下基本要求：

建立统一的变更执行要求。为确保正确一致地执行变更，应建立合理适度的变更管理书面程序或文件(应与第一部分第 1.4 节所论述的有关通用管理系统的要求相一致)。程序(文件)应详细界定变更管理的范畴，确保涵盖各类变更并将所有重大变更纳入监控范围。应制订合适的变更审查程序。

指派具有能力的人员执行。即使变更管理程序制定得非常详尽明确，其效果好坏还取决于参与执行审查的人员。工厂内的所有人员都应对变更管理规定有一个基本认识，知道如何正确遵循执行而不是违反变更要求引发事故。需要对承担变更管理相关职责的人员进行进一步培训，例如，工艺/设备危害培训、危害辨识与评估技术培训等。此外，应按变更管理要求，指定专人监控变更管理活动，处理变更过程中的相关问题、事项及紧急情况。

保持变更管理程序有效运行。变更管理程序需要定期监控、维护及改进，以确保变更管理系统高效运行。为确保有效执行，公司应建立表征变更管理系统运行的关键绩效指标(第 15.5 节详细阐述了关键绩效指标)，并设立数据收集及分析系统来评估变更管理程序的实时状态。过程安全人员应通过变更管理审计来监控长期管理情况，以发现变更管理执行过程中存在的缺陷。

15.2.2 变更识别

在进行变更审查前首先要开展变更识别。工厂应制定有效措施识别设备设施/作业相关的变更类型、变更来源或原因。为了确保变更管理系统能够识别出所有潜在的重大变更情况，必须满足下列基本要求：

确定变更管理的适用范围。变更管理系统应能合理识别所有可预见的变更情况。可以通过以下活动确定可能的变更类型：(1)查看历史活动记录，例如：工厂检维修工单、事故报告、危险或风险研究报告、审计报告和设计审查报告；(2)现场考察工作活动；(3)工作人员访谈。变更审批表应能明确变更种类，例如，在变更审批表中列出常用的变更类型清

单，供使用者钩选。表格中应设置一个“其他”变更种类，用以涵盖其他非常规变更情况。

此外，变更管理系统还应明确：(1)变更具体位置；(2)变更执行紧迫性要求，如应急变更要求；变更期限要求，如临时变更期限要求；变更执行过程中的特定情况。一个好的变更管理系统应记录常规变更和特殊变更的技术文件。

管理变更来源。每项工作都应记录监控并进行变更扫描，确保所有工作都能按照要求执行。为尽量减少变更遗漏(无意识地)，在变更管理系统中，可对每一类重大改变列出同类替换(RIK)与实际变更的范例，这些范例可用于员工变更意识培训以及详细培训。

15.2.3　风险评估(评估可能造成的影响)

一旦确定为变更，就要对其进行详细评估，判断变更是否会带来新危险或增加已有危险的风险。针对各类变更类型应实施适用的审查程序，并满足下列基本要求：

提供合适的资料信息来管理变更。当全面审查变更可能导致的负面影响时，应提供准确的工厂图纸及操作程序。在提交变更申请时，应同时提供必要的信息资料清单，并记录在案(或按照技术资料的统一要求进行管理)。有时，所需信息资料清单与变更类型和变更涉及的风险密切相关。

运用合适的技术对变更进行全面的过程审查。针对各预期变更类型应制定相应的审查要求。风险低时，只需要一个简单的审查过程。对于更加复杂的情况，可开展多个审查来满足不同的审查要求。审查要求应明确所需审查人员的数量及专业、审查次序(依次轮流、同时平行审查或团队审查)。制订审查要求时应综合考虑以下几点：

- 变更类型；
- 同类替换(RIK)与变更；
- 变更风险的大小(确定合理的审查深度)；
- 工艺/商业目的需要以及变更的技术基础；
- 变更实施的计划进度表；
- 变更期限(临时性或永久性)；
- 变更审查所需的资料信息清单；
- 变更审查所需的专家；
- 可采用的风险评估方法；
- 变更审查可用的工具或技术；
- 风险可接受标准。

审查要求至少应规定变更管理的技术基础和对安全及健康影响的评估要求。有时，在复杂情况或预知风险较高时，还需规定具体的风险评估方法或问题清单。

确保变更审查配备有合适的专家及工具。通常，变更审查人员应由变更申请人员(部门)之外的人员组成。此外，审查人员应该具备与变更类型和预知风险相关的技术经验，来确保全面的风险审查。指定审查人员时应注明其姓名、专业或工厂部门/职能。复杂变更可能需要审查人员具备特定的专业技能、经验或接受正规培训。

15.2.4　变更审批

当变更审查和风险评估完成后，管理者需要决定：(1)批准变更申请；(2)要求对所申请的变更或执行过程进行修订；(3)驳回变更申请。工厂执行合适的变更管理程序时，应考虑下列要求：

变更批准(授权)。在进行风险审查的同时或风险审查后，变更的批准、限制或驳回可能需要一人或多人进行审批。管理程序中应明确规定变更审批的人员数量及类型。通常变更申请的审批者不能由变更发起人担任。

确保变更审批者能掌握重要事项。变更审批时应考虑下列事项：

- 变更类型；
- 变更的重要性；
- 变更时限要求和紧迫性；
- 变更审查过程的完整性。

此外，变更审批者应有权查看下列信息：

- 变更审查记录；
- 风险评估结果；
- 通过审查识别或确定的风险控制措施；
- 与变更实施相关的后续活动(开车前后的后续活动)。

15.2.5　完成后续活动

变更一经批准，就进入变更实施阶段。通常，在实施变更时，工厂员工和承包商(设计、制造或施工的承包商)会遵循资产完整性、程序、安全作业等 RBPS 相关工作要求。在变更实施后开车之前(变更可能导致作业人员暴露在新的环境里，可能会带来新危险或提高原有危险的风险)，变更规定或变更审查(授权)人会要求更新相关图纸及操作规程，培训相关人员，按要求实施风险控制措施等。

有些工作需要等到设备开车后方能实施，例如，对在役旁路管道的伴热推迟到夏季实施。对于此类滞后活动应全程仔细监控直至完成。为确保工厂正确地实施变更，应考虑下列基本要求。

更新过程安全信息。准确实时的过程安全信息是变更识别和变更管理的基础。如果没有及时更新相关信息，操作和维修人员无法掌握正确信息，从而增加操作和维修的安全风险。有些公司要求变更实施前应更新所有记录；有些公司则要求在变更批准后到开车前的时间内更新记录。还有些公司允许在变更实施开车后再进行更新。

若不能及时更新过程安全信息，将导致资源浪费与风险增加。工厂应制定(按照变更类型/紧急变更/变更时限)过程安全信息更新要求并依照执行(明确信息类型与起止时间)。此外，工厂应明确信息更新是变更管理的一部分还是作为其他 RBPS(如操作规程)的工作要求。在过去，很多工厂都能及时更新过程安全信息。因此，变更管理系统与过程信息管理系统的设计要同步关联，保证信息及时更新。

告知相关人员。如果员工对变更具体情况不了解，则极易发生事故。因此，一旦变更审批通过后，就应立即将变更的详细内容告知相关人员。工厂应制定一套实施流程，包括：(1)确定变更需要告知或培训的相关人员；(2)确定告知或培训的内容和范围(从简略了解到详细培训)；(3)及时提供变更实施方案；(4)确保员工或承包商能够充分了解变更内容。

确定风险控制措施。风险控制措施是变更申请和变更审批的一部分。工厂应建立风险

控制措施制定、跟踪、执行和监控的相关要求。对于临时或紧急变更申请，也应制定针对性的风险控制措施。否则，可能无法为变更审查或审批提供充足的风险评估依据。

保存变更记录。变更管理就是对变更申请进行审查和批准。如果不记录变更审查的过程，则无法有效审查、评估或审计变更管理程序，或无法准确地进行危险识别及风险分析(HIRA)研究。工厂应建立存档类型和存档规则。目前来看，建立电子存档系统是大势所趋，通常包括文档、电子表、数据库应用或标准化的变更软件系统。当变更极少时也可采用纸质记录方式。

15.3 可能的工作活动

对于变更管理，应根据风险大小、资源配置和企业文化来确定合理的工作内容，不同工厂、不同装置单元或作业区的工作内容应根据具体情况确定。因此，建立一个基于风险的过程安全管理系统，应执行下列步骤：

1. 评估风险，同时调查工作内容所需资源与现有资源配置状况，以及工厂的安全文化。具体情况见第 2.2 节。
2. 评估执行变更各项关键原则的潜在收益。变更关键原则详见第 15.2 节。
3. 根据步骤 1 和步骤 2 的评估结果，确定变更管理的基本要求，合理地管控风险(基本要求详见第 15.2.1 部分~第 15.2.3 部分)。
4. 对于各项基本要求，规定具体的执行程序，可参考本章节规定的工作。但要注意，这些工作并不能涵盖所有工业要求，读者应结合实际情况对工作进行添加或修改。
5. 对于各项要执行的工作，应确定一个工作标准。本节所列各项工作均设有两到五个具体实施方案，工作标准依次提高。每项工作采用序号标识，具体实施方案采用字母标识。

备　注

可能法规要求过程安全管理系统应包括基本要求、相关工作或者具体的工作内容。因此，过程安全管理系统的设计和执行应满足法规要求，并参考本书的基本要求。

15.3.1 保持有效运行

建立统一的变更管理要求

1. 建立变更管理程序并实施。
   a. 简单的书面管理程序，适用于所有变更。
   b. 简单的书面管理程序，适用于指定的变更类型。
   c. 详细的书面管理程序，适用于指定的变更类型。
   d. 详细的书面管理程序，适用于指定的变更类型，并确定了变更审查的方法。
2. 指派变更管理系统的管理者
   a. 在现场或办公区指派一名兼职人员管理系统。

b. 在工厂范围内指派多名兼职人员管理系统。

c. 设置专职人员负责管理系统。

3. 确定变更管理的业务范围，明确变更类别及变更事项，监控变更来源。

a. 以非正式方式明确业务范围。

b. 明确规定多种常规变更类型及变更事项。

c. 明确规定变更管理适用的范围、变更类型及变更事项。

d. 除(c)项外，针对各类变更举例说明同类替换(RIK)与实质性变更的区别。

指派具有能力的人员执行变更

4. 明确规定人员管理职能及职责

a. 制定全员负责制的通用规定。

b. 每装置区/单元指定一人负责本区域变更管理工作。

c. 由一名人员负责全部变更管理工作。

d. 按工作职能/部门划分变更管理职能/职责。

5. 围绕变更管理程序，进行变更管理意识培训及再培训。

a. 提供非正式的培训。

b. 所有员工的宣传推广(例如通过电子邮件方式)。

c. 对受影响人员提供意识培训。

d. 对受影响人员提供变更管理首次培训及再培训。

6. 对实施变更的承包商与雇员提供详细培训

a. 根据具体情况提供相应变更管理的培训。

b. 对关键变更人员提供系统化的首次培训。

c. 为与变更管理相关的关键人员提供系统化的首次培训及再培训。

保持变更管理程序有效运行

7. 所有变更管理台账都应记录在案，实时管理变更过程。

a. 由个别人员负责更新变更管理台账。

b. 以装置/单元为单位记录变更管理台账。

c. 专职负责人员更新保存电子变更管理台账。

d. 除(c)项外，所有相关人员都可以查阅电子台账。

8. 制定变更管理绩效指标并进行数据收集。

a. 收集部分绩效指标数据。

b. 收集变更活动的基本数据。

c. 每年收集一次绩效指标数据。

d. 一年内定期收集绩效指标数据。

9. 开展变更管理的内部审查时，应将变更管理绩效指标情况纳入其中。

a. 开展非正式的内部审查。

b. 开展内部变更审查时，缺乏变更管理绩效指标信息，用于改进变更管理。

c. 开展内部审查时，可提供年度变更绩效信息及数据分析报告。

d. 能够为审查人员开展月度/季度审查提供绩效信息及数据分析报告。

15.3.2 变更识别

确定变更管理的适用范围

10. 在程序中明确各种变更类型：
    - RBPS 管理系统
    - 厂区或设备的平面布置/排列
    - 设备设施
    - 新化学品
    - 软件
    - 操作规程
    - 工艺技术
    - 工艺信息
    - 过程控制
    - 化学品说明书及供应商信息
    - 职责分工(人员、班组或全体员工)
    - 劳动组织
    - 政策/制度
    - 建筑物布置及人员使用情况
    - 其他

    a. 仅规定基本的同类替换与基本变更。
    b. 仅仅确定“硬件类变更”和“程序类变更”两种类型。
    c. 确定一些变更类型。
    d. 形成完整的变更类型清单以及适用的情况。
11. 对变更管理中未涉及的其他变更，说明其原因。
    a. 仅向变更管理专职负责人解释基本原因。
    b. 向变更管理过程涉及的关键人员解释基本原因。
    c. 将具体详细的原因进行文件说明。
    d. 详细原因记录可供相关人员查阅。
12. 编制变更管理的适用对象(如区域、部门和活动等)。
    a. 书面规定变更管理的适用对象。
    b. 除(a)项外，还需告知工厂员工变更管理的适用对象。
    c. 及时更新和告知变更管理适用对象的清单。
    d. 变更管理适用于工厂所有业务、过程和设备。

管理变更来源

13. 监控变更来源，防止变更遗漏
    a. 提醒工厂人员注意违规变更的情况。
    b. 将变更类型简要告知工厂员工。
    c. 将变更类型详细告知装置/单元关键人员。
    d. 设置关键的管理人员负责定期监控变更来源。
14. 针对各变更类型，开发实质性变更与同类替换(RIK)范例，并作为教材对员工进行意识培训，最大限度地避免变更遗漏。
    a. 针对相关概念举例说明。
    b. 阐述常见的变更类型。
    c. 针对若干变更种类，对实质性变更与同类替换进行实例对比说明。
    d. 针对所有变更类型/种类，开发多个实质性变更与同类替换范例。并根据变更管理绩效，按业务领域对范例进行更新。

15.3.3 风险评估(评估可能造成的影响)

提供合适的资料信息来评估变更。

15. 确定风险评估所需的变更管理的资料清单。

a. 审查人员大概了解变更审查所需的信息资料。

b. 向变更审查人员提供一份必要资料清单。

c. 能提供一份变更审查所需的关键信息资料检查清单及具体资料。

d. 能提供各类变更审查所需关键信息资料检查清单及具体资料。

运用合适的技术对变更进行全面的过程审查。

16. 变更管理的书面程序应包含记录变更审查表，并确保在任一变更实施前，都要准备好下列各项：

- 拟实施变更的技术依据；
- 拟实施变更对健康和安全产生的影响；
- 拟实施变更的审批要求；

a. 一份简要的审查表，列出以上三大要素；

b. 制定一份通用的详细审查表，用于各类变更；

c. 对每一变更类型，针对具体问题制定具体的审查表。

17. 选择恰当的分析技术(包括定性危险评估方法等)，来评估变更造成的潜在健康和安全影响。

a. 审查人员自行决定。

b. 提供一份通用安全事项/危险检查表，供所有变更审查使用。

c. 提供专项变更危险审查工具。

d. 特定情况下，使用更专业的危险评估方法。

18. 确定审查事项，根据变更的复杂度及重要性来选择适用的技术，并制定审查结果的质量标准。

a. 审查人员仅大体了解各类审查事项。

b. 每名审查人员自己建立一份审查事项清单。

c. 为审查人员提供一份简要通用的审查事项清单。

d. 对每一类变更，为审查人员提供针对性的审查事项清单。

19. 针对临时变更申请，变更审查程序应明确规定变更时限，并设置相应程序审查所有临时变更能否按审批规定的时限予以拆除或恢复原状。

a. 所有变更类型规定相同的变更时限；

b. 规定了具体时限，自主决定后续活动；

c. 规定了具体时限，变更发起人必须按期恢复原状并确认；

d. 规定了具体时限，由独立第三方确认变更在规定时限内恢复原状。

20. 针对紧急变更申请，变更审查程序应明确规定：(1)紧急变更的适用条件；(2)紧急变更的风险评估及审批程序。

a. 紧急变更的一般发起条件，发起人自行决定何时采取审查程序。

b. 给出紧急变更申请的具体发起条件。

c. 给出紧急变更的具体实施条件。

d. 除(c)项外，针对特殊的紧急变更提出详细的审查要求。

确保审查人员知识素养和技术手段的专业度

21. 应由具有专业技能的人员执行变更审查。

a. 任何参加过变更管理意识培训的人员都可执行审查。

b. 指派专人担当审查人员。

c. 设立专门的审查岗位。

d. 明确规定审查人员的能力要求，经审批通过方能上岗。

22. 对每一种变更类型，建立一份变更审查要求。

a. 由技术专家借助经验进行审查。

b. 制定一般的变更审查要求，不考虑变更类型。

c. 为各类变更详细制定统一变更审查要求。

d. 根据各类变更的类型，建立个性化的变更审查要求。

23. 审查团队内应具有掌握风险分析方法的专业技术人员。

a. 审查人员应对风险评估方法有一定的了解。

b. 审查人员应开展过一些风险评估项目，具备一定工作经验。

c. 对关键人员进行风险评估技术培训。

d. 特定变更类型必须经团队审查，且审查组长必须具有 HIRA 的相关技术能力(或相应资质)。

24. 审查人员有权并(经培训后)能够熟练使用本公司的风险可接受标准。

a. 审查人员主观判断。

b. 审查人员可根据非正式的风险可接受标准进行评估。

c. 审查人员需根据公司正式的风险可接受标准进行评估，并事前接受过风险可接受标准的相关培训。

15.3.4　变更审批

变更审批

25. 至少应有一名审批负责人对变更进行审批。审批人可以由变更审查人员担任，也可以由其他人员担任。

a. 无明确的审批人员资质要求。

b. 明确规定由一名高级管理人员(如：生产部部长或厂级领导)来负责所有审批。

c. 设立专职或指定专人负责变更审批。

d. 针对不同类型的变更规定审批人员的等级要求。

26. 编制一份变更审批人员岗位职责清单。

a. 基于意识培训，审批人员借助经验和主观判断来进行审批。

b. 为审批人员制定一份通用的职责清单。

c. 针对各变更类型明确具体职责要求。

27. 在变更程序中要为主要审批人设置候补人员，并明确职责要求。

a. 对候补人员没有正式的职责要求。

b. 没有指定的替补人员，但就候补条件做了基本规定。

c. 指定一名高级管理人员作为“常用候补”。

d. 指定专人或明确候补人员的岗位级别。

确保变更审批人员能正确把握关键事项

28. 变更管理程序应能明确指导审批人员进行变更审批、修改或驳回。

a. 审批人员对审批要素/程序只有模糊的理解。

b. 为审批人员提供了基本要求。

c. 为审批人员提供具体的选项。

d. 针对各类变更类型为审批人员提供了个性化选项。

29. 审批人员应有权查阅公司的风险评估指南以及风险可接受标准。

a. 审批人员靠自身经验进行判断。

b. 提供非正式的风险可接受标准。

c. 对变更审批人员，进行公司风险可接受标准专项培训。

d. 存在正式的风险可接受标准，审批人员经培训后遵照执行。

15.3.5 完成后续活动

更新相关信息

30. 在变更实施后开车前，更新所有工艺安全信息。

a. 变更管理程序里没有明确规定这项要求，但管理层很重视该项工作，能够保证及时更新所有工艺安全信息。

b. 对关键信息存档，以备定期更新；当关键资料不完整时，应跟踪直至更新完整并审批通过。

c. 设有信息更新专职监督人员；变更实施后相关工艺安全信息必须在限定时间(如：90天)内完成更新。

d. 在投产前，必须更新所有工艺安全信息。

将变更告知相关人员

31. 将变更告知相关人员

a. 通过非正式沟通/培训。

b. 建立正式系统，告知和培训操作人员。

c. 建立正式系统，告知和培训所有可能受影响人员。

d. 除(c)项外，对承包商也使用本系统。

32. 记录培训完成情况。

a. 保留临时培训记录。

b. 采用登记簿签到，列明培训人员姓名以及培训日期。

c. 设立正式培训系统记录参加培训的人员、培训时间和培训方式。

d. 除(c)项外，正式系统还应对培训内容进行考核落实。

实施风险控制措施

33. 建立一个系统确保变更审查得到执行并记录这些措施的完成情况。

a. 对风险控制措施进行非正式的跟踪。

b. 建立一个正式系统，对风险控制措施进行跟踪监控直至完成。

c. 建立一个正式系统，对风险控制措施进行跟踪监控直至完成，并强制规定变更实施前必须完成风险控制措施。

34. 确保临时变更完成后能按期撤除，恢复原状。

a. 在临时变更恢复原状后，通过非正式手段进行确认。

b. 在临时变更恢复原状后，通过正式手段/程序进行确认。

c. 对于每次临时变更，指派一名监督人员，确保临时变更完成后能按期撤除，恢复原状。

d. 对装置/单元内经审批的所有临时变更，指派一名专职监督人员/职位，确保临时变更完成后能按期撤除，恢复原状。

35. 紧急变更一经审批通过，确保在规定时间内完成常规的变更程序。

a. 规定了紧急变更的风险控制措施。

b. 按要求进行紧急审查，同时要求在规定时间内按照常规变更程序重新对紧急变更进行正式审查。

c. 采取临时控制措施确保紧急审查的质量，同时要求在规定时间内按照常规变更程序重新对紧急变更进行正式审查。

保存变更管理记录

36. 根据变更管理制度/程序对变更情况进行存档，包括审查人员和审批人员使用的所有技术资料和记录。

a. 将变更管理记录保存至变更完成。

b. 将变更管理记录保存一年或两年。

c. 将所有变更管理记录保存至下一次危险分析(HIRA)。同时，明确变更审查资料的保存时效(可能是一到五年)，以便于开展其他 RBPS 工作。

d. 在整个工艺生命周期内都将保存所有变更管理的电子记录。

15.4 提高效能的方法示例

本节提供了一些案例，这些案例做法能有效提升变更管理工作绩效，并经工业实践证明可行。根据第 15.2 节中的关键原则，这些案例可分为两大类：

(1) 能够提高变更管理工作绩效的方法。

(2) 提升变更管理的效率，在保持变更管理绩效水准的同时尽可能降低资源消耗。

这些案例均源自工业实践、行业研讨会和 CCPS 会员单位。为提高变更管理工作绩效，结合本章节阐述内容，评估自己企业的变更管理现状和工作绩效，然后利用第 2.1 节介绍的风险管理原则制定改进措施。

15.4.1 保持有效运行

定期评估/监控变更审查的需求量及未及时审批的数量。如果月度变更需求量、审查花费时间或未及时审批的变更数量骤增，则说明变更管理需求处于高峰状态，需要更多资源来管理变更。如果仅是未审批的变更数量增多，则说明变更管理系统出现了瓶颈。此时，需要

进一步调查问题原因，如新员工培训不充分，或有能力或资质的审查人员数量不足或变更审查准备不充分等。

对变更管理定期进行再培训，分享经验教训。变更审查中涉及各类专业人员。每个审查人员都能从审查案例中获得经验。再培训时交流变更审查经验，从而提高全体变更审查人员的工作能力。

对变更进行抽查，客观评估变更审查质量。工厂常常收集各种变更数据来实现各种工作目的，如：计算变更绩效指标、掌握变更审查情况和为正式审计提供变更样本等。在实际工作中多数工厂无法详细检查所有变更审查的质量，因此，采样抽查就非常重要。适当的抽查可以帮助工厂客观地评估变更审查质量，还有助于发现系统存在的问题。

定期关注变更审查的过程，确保符合变更管理程序。有时变更审查会超出审查范围。当审查人员决定审查未在程序中规定的事项时(例如，质量、环境、安保等)，会出现审查越位。在实际审查过程中也会出现审查越位的情况，比如，审查的变更设计资料超出了实际变更的范畴，或者采用复杂的技术审查简单变更等。这些情况将导致资源浪费，不利于过程安全管理的资源优化配置。因此，对变更管理的工作定期进行观察，确保变更管理工作符合变更管理程序。

采用变更管理软件，发送变更审查电子记录和结果。变更审查和审批流程可能会导致结果无法及时传达下去。采用电子系统(如电子邮件)传达变更管理信息是一种非常有效的办法；或者采用专门的变更管理软件，实现信息及时传达、变更管理工作流程“自动化”、变更数据及时跟踪和变更管理绩效指标提升。通过电子邮件或内网传达变更审查信息成本较低。开发变更管理流程软件在前期开发、客户优化、操作培训、性能调试等方面需要大量投入，但是当变更需求量大时，会有效降低成本。

15.4.2 变更识别

定期审查变更管理情况，确保无同类替换的情况发生。如果将同类替换作为变更进行管理，就是浪费工厂资源。反之，如果误将变更归为同类替换，则会给变更实施带来未知危险或不可接受风险。对于第一种情况，可以监控检查每季度的变更申请，找出同类替换的情况。对于第二种情况，可以监控检查变更工作单、危害辨识与风险评估报告等，判别哪些变更被误认为同类替换。无论哪种情况，如果误判比例过高，都应对相关人员开展变更再培训。

15.4.3 风险评估(评估可能造成的影响)

针对所有变更类型规定变更审查的具体评估要求或事项。对于需要经常实施的变更类型，可根据变更审查经验，编制一份基本的安全和健康影响要素检查表。检查表应确保不会遗漏重要风险。

编制一份基本的变更技术依据说明。如果拟实施变更的相关信息缺失或不足，则可能导致变更审查不到位。仅在变更管理程序中规定要提供变更的技术依据，是无法保证审查效果。必须列出需要提供的详细技术资料清单，并举例说明技术资料不完善与充分的情况。这有助于提升变更管理人员的意识和业务培训效果。

针对各类变更列出所需提供的详细信息清单。如果提交审查的资料缺失关键信息，就

无法保证审查的准确性。变更情况描述不全、图纸不全或细节不足，或缺少必要的基础信息都会影响变更审查的结果。首先编制一份简要的标准信息清单，列明需与变更申请一同提交的各项标准资料；再针对各类变更补充一份详细信息清单，才能保证变更管理的工作效率。

提供一份现场最新图纸的复印件，并在图中标注拟实施的变更情况。对于特定类型的变更，仅简要说明基本情况并不能充分阐明变更意图。当为工艺设备、控制或其他物理设施的变更时，除变更说明外还应附有带标注的图纸，以便审查人员对拟实施变更进行全面评估。

提供现有工艺操作规程的复印件并注明拟实施的变更情况。对于特定类型的变更，仅简要说明基本情况并不能充分阐明变更意图。若是改变操作或维修规程的变更，则应为审查人员提供一份带标注的操作规程，以便审查人员对拟实施变更进行全面评估。

为变更审查人员提供危险评估培训。经过培训，审查人员能够具备辨识和评估所申请变更的危险的能力。变更审查人员担负预判风险的职责，因而应具有怀疑精神。对于复杂棘手的变更情况，可采用小组审查的方式，以确保危险分析的全面性和科学性。无论是哪种情况，对审查人员开展危险识别、基本风险概念以及风险分析技术的培训，都有助于提高审查质量。

根据变更类型指派相关专业的专家开展变更审查。当工厂的变更审查内容涉及多种专业时，如果审查小组成员仅依据通用的审查要求(如工业卫生、信息技术、人力资源等)开展审查工作，并不能确保各项变更都能得到专业性的审查。公司应分别针对各变更类型规定审查人员的专业技术和工作经验要求，以确保风险评估审查人员具有专业技术能力，避免无专业能力的人员审查变更。

确保为变更审查选派专业对口、数量充足的审查人员。如果具有专业能力的人员不足，将会导致审查工作效率低下，并影响审查质量。甚至可能在处理紧急变更时绕开变更管理要求直接执行，这种问题在变更量大的工厂尤其突出。因此，工厂应考虑变更审查的工作周期，保证审查人员的数量，确保变更能得到及时审查。

针对各类变更选择相应的审查程序：连续依次审查、同步审查或小组审查。对于简单的变更，通常由相关的几名人员连续依次审查。下列变更情况则需要开展同步审查：(1)对审查进度有要求时；(2)同步审查不会影响风险分析质量时。对于复杂的变更情况，通常要求组建审查小组借助专业风险评估方法进行集体审查。为实现最佳审查质量，应根据变更种类制定针对性的审查程序或根据变更情况的复杂程度确定不同的审查程序。

避免参与变更审查的人数过多。为确保充分识别风险，必须由独立于变更发起方的人员进行变更审查。但同时，若审查过程中的参与方过多，不仅是一种资源浪费，也会导致审查质量下降。审查人员过多时，不易激发其工作积极性而消极怠工。这种情况导致的审查质量问题不太容易察觉，除非通过根原因分析才能发现。为杜绝此类情况的出现，公司应审查变更管理规定中确定的人员数量、专业及岗位职能能否满足变更类型的要求：(1)重新确定审查工作的最佳/最低人数要求；(2)对工厂内经常出现的、并不需要多人审查的变更类型制定简化的变更审查要求和审查流程。

对于连续依次审查，其中部分特定变更类型可考虑采用同步审查。有些变更管理程序要求审查或审批必须按照特定顺序进行，如果审查流程中任一环节出现滞后，就会影响整个

变更管理系统运行。如果变更审批时间过长，无法满足企业生产或维修需求时，将导致员工走捷径、规避变更程序。有些公司会跟踪绩效指标，例如：变更申请生效到审批前的时间或审查积压时间，以此核实工厂是否存在变更管理系统运行迟缓的问题。如果发现系统运行长时间出现瓶颈，应立即采取措施纠正，或进行程序优化，允许开展同步审查。由于同步审查时，审批人员需要核实危险审查人员的结论确保没有遗漏危险，但此时他并不清楚审查人员的想法与顾虑，所以，此类审查方法必须要有一个强健有效的审批机制。或者，公司也可以针对不同变更类型，部分采用连续依次审查，部分采用同步审查。

委任更多有专业经验的人员实施变更审查。变更审查的人员如果经验不足，则可能会花费更长时间，且无法保证审查结果，尤其是面对复杂的变更情况。而具有专业危险知识和丰富评估经验的审查人员，则能够更加高效地实施变更审查。一旦公司发现变更审查无法如期完成或审查耗时过长，应注意检查审查人员的经验水平。需要注意的是：短期内可以启用更多专业经验丰富的人员来提高审查效率，但长期来看，还需要通过培训，培养更多专业经验丰富的审查人员。

15.4.4 变更审批

为低风险的重要变更采取“一步到位”的审查与审批。将风险审查与审批流程进行结合，简化变更管理程序。在审查人员进行审查的同时，记录下审查意见和建议并/或直接批准变更实施。一旦完成规定的审查流程，变更申请即告审批通过，可予以实施。采用这种办法时，如果只有两到三名审查人员，则审查(审批)工作应按特定顺序进行，无法开展同步审查。

改进常见变更类型的变更审查流程。找出最消耗资源的变更类型。确定变更流程中规定的审查是否存多余的情况。如果存在这种情况，可通过改进审查要求，让审查人员仅负责审查与这类变更相关的内容，从而简化审查流程。此类流程简化有助于在未来减少变更审查的时间。

15.4.5 完成后续活动

由变更管理审批人或专人开展变更管理最终的质量审核。安排专人或专岗来检查所有变更管理记录，这样有助于确保系统运行的连贯性。安排一人或两人配合对变更审查进行最终质量审核，以便发现系统异常并及时采取纠正措施，确保系统良性循环反馈。

15.5 要素指标

第 20 章阐述了如何以及何时利用指标来适度提高绩效的方法。本节列举了监控变更管理要素有效性的针对性指标，并按照第 15.2 节中提及的关键原则进行了分类。

除了明确关键核心指标外，还需要定期对指标进行跟踪和考核。有时，指标所需信息比较简单，例如员工总数指标。而有些指标需要多个参数才能拿确定，如员工的平均工龄指标，需要利用多名员工的工龄数据来计算平均工龄。部分指标用于跟踪动态变化率，如员工离职率指标等。动态变化率甚至可能是工厂最为关注的数据指标。由于工厂情况千差万别，需要自行确定指标的跟踪方法和考核方法，保证工厂 RBPS 管理系统的健康运行。

15.5.1　保持有效运行

- *变更管理月度完成次数*。如果该指标骤降，则说明规避变更管理流程情况严重或出现了变更审批滞后/积压，如果指标陡增，则说明变更管理不严。
- *实质性变更申请月度平均占比(%)*。该指标的升降意味着在变更识别当中，存在更多新员工；这时应对变更管理培训进行审查，确保所有员工都能理解实质性变更与同类替换(RIK)。
- *紧急变更的次数或比率变化*。该项指标数值偏高或出现上升，则说明工作人员出现了滥用紧急变更申请以规避常规变更审查程序的现象。
- *全体使用者对变更管理系统的认可度比率*。该项指标数值偏低或出现下降，则说明变更管理程序出现问题，需要进一步的系统排查。
- *管理层和基层使用者对变更管理系统的认可度比率差*。该项指标数值偏高，则说明变更管理系统未有效落地，管理层被暂时的假象所蒙蔽。
- *平均未及时审批率*。该指标出现上升，则说明资源或工作效率存在问题。
- *变更发起至审批通过的平均日历时间*。该指标数值偏高或出现上升，则说明工作效率或资源不足。
- *变更发起至变更审批实施的平均工时*。该指标数值偏高或出现上升，则说明工作效率有待提升。

15.5.2　变更识别

- *误判为同类替换(RIK)的实质性变更比例*。该指标数值偏高或出现上升，则说明有必要对所有涉及变更识别的工作人员进行变更管理的再培训。
- *无记录变更与按照正规流程处理的变更比例*。该指标数值偏高或出现上升，则说明变更管理程序的执行度有待提升。

15.5.3　风险评估(评估可能造成的影响)

- *变更审查结果有误的变更占比*。该指标数值偏高或出现上升，则说明需要进行变更管理程序或专业风险分析方法的再培训。
- *使用候补人员进行变更审查的变更占比*。该指标数值偏高或出现上升，则说明需要重新评估变更审查专业人员数量是否满足业务要求，确定是否需要补充相关人力资源。

15.5.4　变更审批

- *变更审查已完成，但审批文件上签名缺失的变更占比*。该指标数值偏高或出现上升，则说明需要对审批人员开展变更管理程序的再培训。

15.5.5　完成后续活动

- *已完成审查的变更中未正确记录的占比*。该指标数值偏高则说明需要开展变更管理程序的再培训。

- *图纸或程序未及时更新的变更占比*。该指标数值偏高则说明需要开展变更管理程序的再培训或工艺安全信息资料缺失。
- *未执行告知和培训事项的变更占比*。该指标数值偏高则说明需要开展变更管理程序的再培训，或工厂本身缺乏变更管理的相关培训。
- *临时变更未能按期或正确恢复原状的变更占比*。该指标数值偏高则说明需要开展变更管理程序的再培训。

15.6 管理审核

管理审计系统的设计和执行详见第22章。为确保变更管理的正确运行，应对许多具体的管理问题进行定期检查。管理审查要首先评估被审计系统的有效性。企业变更管理不到位，并由此产生了工业事故，或者变更管理系统的改进效果差强人意，那么管理层应寻找所有可能的整改措施加以实施。在某些情况下，企业有可能并未找出正确的整改措施予以实施，或者实施方向出现偏差。即使整改的结果令人满意，通过管理程序审查仍能检验资源是否充分利用？有些工作是不是有更为有效的实施办法或者事实上根本无需实施？管理层可结合上一节的各项指标，及个人观察、直接问询、结果审查、反馈来解决上述问题。讨论的工作内容和主题可包括以下内容：

- 对每个生产区抽样检查变更审查的完整性和质量，判断是否存在重大失误。
- 与每个生产区员工交谈，了解变更管理程序的实际执行度，是否存在故意逃避程序的情况。
- 查看最近的变更审计结果，掌握措施的整改进度，是否存在整改超期或推迟的现象？
- 判断是否存在因变更管理失效导致或诱发事故事件的发生。
- 通过员工访谈，了解新员工和承包商变更管理培训的。调查员工对变更管理知识的掌握情况，跟踪再培训的实际效果。
- 对变更管理中涉及的人员、资源和时间长短进行审查，来揭示变更管理中存在的问题。审查近年来所有重大变更。

此外，变更管理要素的负责人应能够对现场指标的变化趋势予以解释。如果要对明确的变更管理程序缺陷进行修改调整，负责人员应向管理审查委员会提交一份简要说明。

变更管理的审计结果应能说明企业领导层对变更管理的意识及重视程度，是否能确保所有变更在执行前都必须进行适当的评估。变更管理程序审查的结果应能有效推动变更管理和重要指标要素的执行、记录、收集和存档，提高要素相关工作的效率。有效的审计结果还能帮助整个领导层了解变更管理的重要性以及变更管理在确定危险、管理风险并维持生产运行上所起的重要作用。

参考文献

15.1 *Guidelines for Managing Change*, AIChE Center for Chemical Process Safety, Wiley, New York, NY, 2007.

15.2 *Guidelines for Managing Process Change*, American Chemistry Council, Arlington, VA, 1993.

16 开车准备

炼厂对某一装置执行停开车操作需要涉及多项工作，开车期间仅挂牌上锁工作就涉及多台设备。挂牌上锁、首次管线断开以及其他相关过程安全程序也必须全部到位。但这台装置停开车的特别之处在于工艺界区的几台设备，它们只在进料发生改变、装置需要额外加热和/或冷却时才运行。

虽然工厂按照已确定的开车前检查表完成了所有检查工作，各装置也顺利重启，但六个月后，工厂在使用其中一台偶尔运行的换热器时，发生了大规模可燃气体泄漏事故，继而引起火灾，虽然事故最终得到控制，但仍造成停车，并对设备造成严重的损坏。事后调查发现，按照计划这台设备不会立即投用，故在开车前，并未按照开停车检查要求对其执行检查工作。总之，在整个事件中虽然单个过程都按部到位，但并没有确保整套装置总体运行开车准备，因此并不能保证整个装置安全运行。

16.1 要素概述

保证装置内所有工艺在单元整个运行生命周期安全开车是 RBPS 之***管理风险***原则的九大要素之一。本章就以下三种工艺在开车前对所采用的管理规程的审查工作进行了论述：一是新工艺；二是因变更需要停车的工艺；三是因其他管理原因而停车的工艺。此类管理规程可以验证工艺是否处于运行开车准备(*开车准备*)状态，并确保装置可安全开车。第 16.2 节介绍了此要素所采用的管理系统主要原则和基本特征。

第 16.3 节列出了支撑基本特征的一系列作业任务，并提出了大量适用于各项作业任务的方法。企业在实际工作中，须依据对风险的认识、拥有的资源以及企业文化，选择合适的作业任务付诸实践。第 16.4~第 16.6 节介绍了以下三方面的内容：一是支持本要素的管理系统和特定效能改进方法；二是可用于监控此要素的指标；三是适用于准备要素的管理审查事项。

16.1.1 要素定义和内容

*开车准备*要素旨在通过一系列的验证工作确保停车装置处于可安全重开状态。本要素探讨了所有停车工况下的重开车工艺，同时兼顾设备停车时间长短的影响。因为有的装置停车时间很短，有的装置维护或变更的停车阶段会极为漫长。有的装置甚至长久闲置不用；还有的装置停车是由于管理原因(例如产品需求量的增减)、与生产无关的原因或是出于预防考虑(如即将来临的飓风)。除了停车时间外，本要素还同时考虑了在停车期间可能对装置所进行的作业(比如有可能会涉及管线断开工作)，从而更好地确定开车前开展的*开车准备*审查工作重点。

本书中的*开车准备*要素对不仅着眼于新工艺开车和工艺变更停车后重新开车工况(见参

考文献16.1和参考文献16.2)，对其他所有类型的停车后的重新开车工况也进行了探讨，因而较 OSHA PSM 开车前安全审查所论述范围要更广一些。

16.1.2 重要性

实践表明：在进行开车之类的工艺状态转变时，事故发生频率要比平时高。在工艺状态转变期间，实际工艺条件与安全操作所需的工艺条件不完全相符，这常常会导致事故发生。因而，通过验证来确保工艺状态处于安全开车状态具有重要意义。

16.1.3 对象和时间

新工艺开车或现有工艺停车后重开车之前，应开展开车前的审查 *开车准备审查*工作。审查工作涉及的事项和工作包括下列部分或全部各项：(1)确认施工和设备符合设计规范；(2)确认存在充足有效的安全、操作、维修和应急程序；(3)确认所有参与装置开车的人员全部参加过相关培训。除此以外，对于新工艺还需确认相关风险分析工作已完成，相关建议得到解决、落实。而对于更改停车后重开车的装置，须确认*变更管理(MOC)*审查工作已完成。但无论是何种类型的开车情形，在进行开车准备审查时，一律需检查装置设备连接、泄漏和清洁整理情况，即便是小范围短时间停车后的开车情形也不例外。

16.1.4 职责分工

简单的*开车准备*审查工作只需一名操作人员、维修人员或工程师来执行，但对于复杂的开车事件，比如新设备系统、整个装置或大型设备系统长时间停车后的重开车，可能需要大量的不同专业人员参与。

16.1.5 预期工作成果

*开车准备*工作有两种可能结果：(1)确认装置处于运行开车准备状态，可安全开车，并批准开车；(2)形成装置准备开车准备须执行所需的一系列行动清单。通常可使用一份表格同时记录*开车准备*过程和开车授权，这可以为审查工作提供跟踪线索，从而确保所有必要行动都已经完成。若开车情形较为复杂，审查人员可结合采用多份不同的信息与必要任务检查表确认所有审查项的状态。*开车准备*要素成果还可推动其他要素执行，比如，通过装置巡检，还可排查出设备不良工况，为资产 *完整性*要素提供信息。

16.1.6 实施过程

如开车情形较为简单，可由一人对装置进行巡检，确认装置是否保持原来状态、设备是否准备开车准备、是否可继续运行，从而完成开车准备审查工作。复杂审查工作可能耗时几周或几月，需要工程师、操作人员和维修人员共同确认设备是否符合设计目标、施工质量、程序执行进度、培训成效等。对于复杂的开车情形，通常需要借助范围广泛、内容全面的检查表，通过层层验证，经过多个部门签署批准才能开车。

装置开车的风险越高，对审查工作的规范程度、范围全面彻底程度以及详尽程度的要求也就越高，例如需要更为详尽的检查表来指导以完成评估工作。而对于风险较低的工艺，采用严苛程度稍低的方案便能完成评估，如采用简单检查表甚至不用检查表，便能圆满完成开车准备审查工作。

对运行过程中工艺波动较大的装置，需要灵活开展*开车准备*审查。企业有了强健文化氛围作为坚实后盾，则员工会根据制定的开车程序开展全面而又彻底的检查工作，因而拥有坚实工艺安全文化基础的装置可常常依赖基于绩效的开车前工具。但在实际操作中，这些装置通常采用大量检查表来指导并跟踪记录*开车准备*审查工作。而过程安全文化刚刚成型或尚未成型的装置，想要保证良好绩效，则需要更为详尽的规范性方法和工具来提供命令，形成控制性更强的管理系统特征。

16.2 关键原则和基本要求

涉及危险化学品制造、储存或使用的装置，其安全操作和维护依赖于强健的过程安全管理系统。*开车准备*要素主要目标是保证装置在停车后能安全重开。开车准备要素探讨的管理规程适用于下列工艺类型的开车前审查工作：新工艺、因更改而停车的工艺以及因其他原因被管理层决定停车的工艺。制定、评估和改进*开车准备*要素系统时须解决的关键原则如下：

- 保持有效运行；
- 根据需要执行相应*开车准备*审查工作；
- 根据*开车准备*审查结果制定开车方案；
- 跟踪决策及行动方案的贯彻落实并监督*开车准备*结果的采纳情况。

第 16. 2. 1 ~ 第 16. 2. 4 部分对各原则的基本特征作了进一步介绍。第 16. 3 节阐述了体现上述原则基本特征的一些常见活动。装置员工应负责评估因该要素改进而产生的风险和可能获得的潜在收益，根据此次评估结果制定新的管理系统或更新现有的管理系统，有取舍地落实部分或所有基本特征。

16. 2. 1 保持有效运行

要保证开车准备工作长期取得成果，就必须将*开车准备*要素的各项目标以书面计划形式确定下来。一个有效的*开车准备*系统需要有以下几个要素：明确的权责范围、开车准备工作开展的地点和时间、亟待解决的技术事项以及具有专业知识的技术人员。除此以外，还须保留*开车准备*工作相关记录，定期评估工作绩效和效率。

确保始终如一地执行。要保证审查工作可靠而又高质完成，需要有正式开车准备审查程序。通过指定开车准备系统负责人、明确开车准备系统权责，有助于保证人员全面而又透彻了解其职责。

确定开车准备规程类型以及触发情形。开车情形有多种多样，因此，装置开展开车准备审查工作前，须再三思量，确定具体是何种开车情形，以便降低资源负担，并避免无谓延迟生产。

确定开车准备审查工作范围。同一开车准备程序不可能适用于所有装置区域。提前确定审查工作适用区域和情形以及各种开车情形须解决的工作/事项，有助于确保开车准备性审查工作彻底而又高效完成。

委任具备资质的人员。要求所有人员参加*开车准备*计划的培训。对员工及其承包商提

供培训，并对在*开车准备*要素工作中履行相应职责的人员提供更为详尽的培训。

确保开车准备规程有效。保留开车准备数据和指标记录，为开车准备规程内部审查和管理审查工作提供宝贵信息。

16.2.2 根据需要执行相应开车准备审查工作

*开车准备审查*工作的质量取决于精确的资料信息、完备的员工专业技能以及充足的资源。审查过程须全面彻底且不失灵活，既适用于简单的重新开车情形，又能满足较为复杂的新装置开车的需要。执行审查工作时，须借助合适工具，并保留记录，将审查结果登记备案。

提供相应信息资料。审查小组只有获得必要的设计、施工、检查、培训和风险信息，才能完成高质量*开车准备*审查。制定各种开车情形所需的信息清单，有助于保证审查工作全面而又高效完成。

资源投入与人员参与。确定开车准备工作人员权责范围，开展针对所有员工和承包商的意识培训和复训，这些工作将促进*开车准备审查*工作有效开展。没有相关领域人员的参与和知识经验，*开车准备审查*工作质量是很难保证的。开展某些*开车准备审查*工作时，可能需要提供相关专业培训和进入复杂工艺设备进行检测的工具。

采用合适的工作流程。*开车准备审查*工作须建立信心，让员工对过程安全开车有十足信心。开车类型不同则可能提出的特定项目会迥然不同。安全开车必要准备工作包括但不限于下列各项：

- 新的或变更后的装置布置及其设备符合设计规范；
- 工艺控制、紧急停车和安全系统测试完毕；
- 采用适当方式使计划开车的设备与其他尚未准备开车的设备相隔离；
- 设备清洁或冲洗完毕，且清洁剂全部清除；
- 设备管线连接牢固，并移交生产部门进行管线连接，准备开车；
- 建立了安全、操作、维护和应急程序，且信息充分；
- 紧急响应设备安设到位，且完成了培训；
- 参与工艺操作或维护的员工均接受过相关培训。

新装置开车前，应对装置进行工艺危险分析，并保证相关建议得到执行，相关问题得到解决。对于发生变更的工艺装置开车前必须符合 *MOC* 文件中的各项要求，开车团队要确认已执行切断的工艺流程其闲置状态没有发生变化。装置必须依据风险识别情况因地制宜地制定评审过程。最后方可对不同情形的装置开展周详的*开车准备审查*工作，主要包括如下三种：新装置、符合 *MOC* 要求的变更装置以及长时间搁置不用的装置。

尽职执行审查工作。*开车准备审查*人员须借助相应工具(如检查表)开展*开车准备审查*工作，将*开车准备审查*工作基本信息登记备案，并记录审查结果。

形成审查的工作成果。编制*开车准备*文件，提供*开车准备审查*工作记录，*开车准备*文件包括审查完成表格和开车准备基本信息/备注信息。

16.2.3 根据开车准备审查结果制定开车方案

根据*开车准备审查*的结果，制定行动方案(确认装置可安全地继续开车作业，或确定开车前需满足的条件)。*开车准备审查*的结果和开车信息须通告所有相关人员。

考虑影响开车工作的重要事宜。如发现需要对某些事项进行变动，则须确定此类事项是否必须在开车前完成，是否可延后至开车后再执行。若可延后执行，说明原因，确定最后执行期限，并登记备案。延后执行的项目须由相关人员、部门或职能机构代表依据书面程序规定予以批准。授权级别须与延后决策带来的风险保持相称。

公布开车准备审查工作产生的决策和执行方案。向相关人员(包括承包商)公布*开车准备审查*工作结果，并与审查装置以外的其他相关职能部门沟通协调，比如维护、紧急响应、行政部门等等。

16.2.4 跟踪决策及行动方案的贯彻落实并监督开车准备结果的采纳情况

通过开展*开车准备审查*工作，可确定开车需满足的各项条件。对各项条件的完成情况须跟踪记录，并相应更改过程安全信息和记录。

落实风险控制措施。若通过*开车准备审查*工作确定某些事项必须在开车之前或之时完成，则管理层须分配职责，确保各项事项由一人或多人负责具体贯彻落实。执行某些任务前，可能需要开展 *MOC* 审查工作。跟踪记录所有*开车准备审查*行动方案，直至全部贯彻落实。

更新过程安全信息和记录，保证实时更新。*开车准备审查*工作完成，且所有行动项目贯彻落实后，应更新相关过程安全信息和记录，并结束*开车准备审查*工作。

保持相关的工作记录。对所有新装置开车准备审查工作建立记录档案，保留所有持续改进开车准备过程相关的信息。

16.3 可能的工作活动

RBPS 方法建议，每项工作内容的深度要求应根据风险和所需的资源而确定，并与工厂文化相一致。某项工作内容的深度要求因各个工厂而异，同时即使在同一个工厂内，也可能随装置或工艺区域不同而发生变化。因此，在制定一个基于风险的过程安全管理系统时，读者应遵循以下步骤：

1. 评估工厂风险，同时调查工作内容所需资源与现有资源配置状况，以及工厂的安全文化。具体情况见第 2.2 节。
2. 评估执行开车准备各项关键原则的潜在收益。开车准备管理关键原则详见第 16.2 节。
3. 根据第 1 步和第 2 步的结果，确定开车准备管理的基本要求(第 16.2.1～第 16.2.4 部分所述的基本要求)，合理地管控风险。
4. 对于将要执行的每个基本要求，确定执行方法，选择本节所述的相应的工作内容。请注意，这些工作内容不可能对所有行业都是全面的，读者可能需要增加某些工作内容或修改本节所列的部分工作内容。
5. 对于将要执行的每项工作内容，确定所要求的标准水平。本节所列各项工作均设有两到五个具体实施方案，工作标准依次提高。每项工作采用序号标识，具体实施方案采用字母标识。

备 注

相关法规可能具体规定了过程安全管理系统某些要求或工作内容，或为特定工作内容规定了最基本的详细程度。因此，过程安全管理系统的设计和执行应同时遵守法规要求和本书中提供的指南。

16.3.1 保持有效运行

确保始终如一地的执行

1. 建立和执行*开车准备*审查程序。
   a. 每次开车时，由装置管理人员制定*开车准备审查*程序；
   b. 编制详细的书面检查表，指导新装置开车工作；
   c. 除(b)项外，编制通用的书面程序，指导所有开车工作；
   d. 编制详细书面程序和正式检查表，指导各种类型的开车作业；
2. 指定*开车准备*管理负责人。
   a. 装置负责人担当*开车准备*管理负责人；
   b. 现场或企业外的人兼任*开车准备*负责人；
   c. 整个装置设有多名负责人，共同负责*开车准备*系统；
   d. *开车准备*系统配备一名全职负责人。
3. 明确各部门人员的*开车准备*权责。
   a. 未明确规定权责范围，但不言自明；
   b. *开车准备*工作对于某些人员而言，属于额外的工作职责；
   c. 分配*开车准备*职责，落实到职能机构/部门；
   d. 指定某位人员负责*开车准备*工作。

确定开车准备审查的类型及其触发条件

4. 确定需开展的*开车准备审查*类型以及需执行*开车准备审查*的条件。
   a. 临时确定*开车准备审查*工作范围以及触发条件；
   b. 仅在重大开车时，执行*开车准备审查*工作；
   c. 确定了变更后的*开车准备审查*；
   d. 确定所有开车类型的*开车准备审查*工作，并确立触发条件。

确定开车准备审查工作范围

5. 确定装置内可执行*开车准备*程序的区域，同时确定不可执行*开车准备*程序的区域/情形。
   a. 认为判定有必要开展*开车准备审查*工作；
   b. 仅在选定的装置区域开展*开车准备审查*工作；
   c. 在装置所有区域开展*开车准备审查*工作，且在所有区域内采用统一标准；
   d. 所有区域开展*开车准备审查*工作，且依据开车类型确定工作范围。
6. 确定下列各种开车类型的工作内容/事项。
   - 新装置；

- 同质同类替换维修作业；
- 变更后的装置；
- 由管理或安全防范原因导致的装置/工艺/系统短时间停车后，启动开车；
- 装置/工艺/系统在历时较长的正常停车后进行开车，例如继续生产停产的产品，或装置搁置不用后重新运行；
- 异常停车后的开车（操作程序之外的停车情形）：
  a. 临时制定范围；
  b. 明确简单*开车准备的审查*范围；
  c. 明确重大开车的*开车准备的审查*范围；
  d. 明确各种*开车准备的审查*范围。

委任具备资质的人员

7. 对员工和承包商进行*开车准备*的相关培训。
   a. 提供非正式培训；
   b. 向每个人公布*开车准备*操作规程（例如电子邮件）；
   c. 向相关人员提供*开车准备*的初始培训；
   d. 向相关人员提供*开车准备*的意识初训和复训。
8. 对参与*开车准备*的特定职责人员展开更为具体、更为详细的培训工作。
   a. 提供非正式但又详尽的*开车准备*培训；
   b. 向所有人员公布*开车准备*管理规定（例如通过电子邮件）；
   c. 向执行*开车准备*工作的关键人员统一提供培训；
   d. 向负责执行*开车准备*工作的关键人员提供详尽的培训/复训。

保证开车准备规定一直有效

9. 搜集*开车准备*数据。
   a. 短暂保留*开车准备*数据；
   b. *对复杂的开车准备审查工作，其开车准备*数据保留到下一次开车；
   c. *开车准备*协调人员保留*开车准备*日志，供相关人员查阅；
   d. 保留通过公司网络便可访问查阅的*开车准备*电子日志。
10. 形成并建立有关开车准备要素指标数据。
    a. 粗略收集指标数据；
    b. 收集*开车准备*的作业基本数据；
    c. 定期收集*开车准备*的绩效指标；
    d. 定期收集*开车准备*的绩效和效率指标。
11. 依据指标数据，提供开车准备规定内部审查所需的信息资料。
    a. 执行非正式内部审查工作；
    b. 开展内部*开车准备*审查工作，但并不分析绩效信息，因而审查人员也不能靠绩效信息分析结果，从而找出特定的目标区域；
    c. 每年向内部审查人员提供*开车准备*绩效信息；
    d. 向审查人员提供*开车准备*绩效和效率信息，以便其开展月度/季度管理审查工作。

16.3.2　根据需要执行相应开车准备审查工作

提供相应的信息资料

12. 编制开车准备清单并提供给参与人员。
    a. 编制非正式清单；
    b. 为变更后开车作业，编制基本的重新开车检查表；
    c. 为新建项目*开车准备审查*工作编制开车准备信息清单；
    d. 为每个*开车准备审查*类型编制信息清单。

资源投入与人员参与

13. 为开车准备审查工作配备人员。
    a. 进行有限的开车审查，不指定专人，而是根据员工的可用情况进行确定；
    b. 指定参与*开车准备审查*工作的操作人员；
    c. 指定参与*开车准备审查*工作的职能部门；
    d. 根据需要为各种*开车准备审查*工作指定相应负责部门。
14. 提供开车准备审查工具。
    a. 提供数量有限的工具；
    b. 提供重新开车的基本检查表；
    c. 提供满足不同*开车准备审查*需要的详细检查表；
    d. 除了(c)项外，提供电子数据记录工具。

采用合适的工作流程

15. 通过开车准备审查工作，确保在向新装置加入危害物质或现有装置重新开车之前，各项准备工作执行到位。
    a. 临时开展非正式*开车准备审查*工作；
    b. *开车准备审查*工作内容包括巡检、查看设备；
    c. 通过*开车准备审查*工作，确认先前问题设备的现状；
    d. 根据*开车准备审查*结果，制定完整事项清单。
16. 对正在开车的装置开展开车准备审查工作。
    a. 以临时方式，对某些开车作业开展*开车准备审查*工作；
    b. 对主要开车工作执行*开车准备审查*工作；
    c. 对变更和新装置开展*开车准备审查*工作；
    d. 对所有类型的开车执行*开车准备*审查工作。

尽职开展审查工作

17. 利用工具执行开车准备审查工作，并记录基本信息。
    a. 开展非正式*开车准备审查*工作，但无需记录备案；
    b. 开展*开车准备审查*工作，并临时记录备案；
    c. 对照检查表执行*开车准备审查*工作，并记录备案；
    d. 对照电子检查表和数据搜集工作，开展*开车准备审查*工作，并记录备案。

开车准备审查的工作成果

18. 编制开车准备文件，包括审查完成表格、开车准备工作基本信息/备注信息。

a. 编制非正式文件；
b. 完成*开车准备审查*表格，并签名；
c. 完成*开车准备审查*表格和检查表，并签名；
d. 完成*开车准备审查*表格和检查表，并编制文件，说明开车决策原因。

16.3.3 根据开车准备审查结果制定开车方案

考虑影响开车的重要因素

19. 若发现问题需要采取相关行动加以解决，确保相关项目执行完毕。
a. 在*开车准备审查*期间，确定开车前应完成的项目；
b. 记录备案*开车准备审查确定*的行动项目，并持续跟踪直至贯彻落实；
c. 完成*开车准备审查*行动项目，或提供文件记录证明相关行动项目拖延到开车后执行的合理原因，并持续跟踪行动项目，直至贯彻落实。
20. 按照书面程序规定，并依据*开车准备审查*结果，批准开车。
a. 开车作业需先获得非正式签署的同意或许可开车；
b. 负责操作人员授权重新开车；
c. 装置主管授权重新开车；
d. 通过多部门层层批准，最终授权重新开车。

通告开车准备审查产生的决策和行动方案

21. 将*开车准备审查*结果告知相关人员。
a. 对有些人员进行非正式通知/培训，告知其更改；
b. 建有正式系统，告知操作人员*开车准备审查*结果，并对其展开相关培训；
c. 建有正式系统，告知所有相关人员*开车准备审查*结果，并对其展开相关培训。
22. 向相关人员公布开车准备审查结果，并与审查装置以外的其他相关职能部门沟通协调，比如维护、应急响应、行政部门等等。
a. 开展非正式临时性沟通协调活动；
b. 相关装置建有正式系统，方便与装置内所有人员沟通协调；
c. 相关装置和其他区域之间存在正式沟通协调系统。

16.3.4 跟踪决策及行动方案的贯彻落实并监督开车准备结果的采纳情况

落实风险控制措施

23. 建立系统，提出开车准备审查行动项目，并跟踪执行进度。
a. 对于行动项目完成进度跟踪登记工作，存在非正式管理做法，例如使用装置或操作人员日志；
b. 采用电子数据表形式，跟踪*开车准备审查*行动项目落实情况；
c. *开车准备性审查*行动项目的落实管理并入整个装置行动项目跟踪系统。

更新过程安全信息和记录

24. 更新过程信息。
a. 即时更新*过程信息*；
b. 依据正式程序更新*过程信息*；

c. 须更新所有*过程信息*，并跟踪更新工作进度，包括开车后*过程信息*更新。

保留开车准备工作记录

25. 保留开车准备审查记录。

a. 临时保存某些记录；

b. 新装置*开车准备审查*记录由项目人员保留；

c. 依据装置要求保存*开车准备审查*记录。

16.4 提高效能的方法示例

本节提供了一些案例，这些案例做法能有效改进与开车准备管理有关的工作内容，并经工业实践证明可行。根据第 16.2 节中的关键原则，这些案例可分为以下两类：

1. 能够提高开车准备管理工作绩效的方法；

2. 提升开车准备管理的效率，在保持开车准备管理绩效水准的同时尽可能降低资源消耗。

这些案例均源于工业实践、行业研讨会和 CCPS 会员单位。希望改进管理系统和本要素相关工作活动的读者，应检验这些方法，评估自己企业当前管理系统和工作活动的绩效和效率，然后按照第 2.1 节所述的基于风险的原则，选择和执行改进措施。

16.4.1 保持有效运行

开车准备规定与 MOC 相结合。MOC 与开车准备要素紧密相关，因而很多公司发现*开车准备性审查*工作通常在 MOC 工作之后，并作为 MOC 收尾工作，但此方法只适用于变更停车后的开车情形，并不适用于其他开车情形。

16.4.2 根据需要执行相应开车准备审查工作

组织人员到供应商工厂检查定制设备的就地制作或组装过程。对于某些装置开车，一些新工艺或重要设备可能需要制造数月，然后才到工厂现场进行安装工作。通过派遣检查人员前往设备制造现场比*开车准备审查*更能发现缺陷。除此以外，现场检查还可确认其后的*开车准备审查*工作所需的文件是否准备妥当，并获得基准数据，以便与建成后的参数相比较。

根据开车类型编制专项的开车准备审查检查表。开展*开车准备审查*工作最为常用的工具是检查表。但由于*开车准备审查*工作难易程度差别较大，所有审查工作统统采用同一检查表，绝非明智之举。结合特定审查情况来编制检查表，有助于审查小组高效完成审查工作。

将开车准备审查检查表输进个人掌上电脑(PDA)。有些装置让员工将*开车准备审查*结果输进 PDA 或类似设备，从而来提高工作效率。将*开车准备审查*检查表存入 PDA，审查人员就无需查看复印件，便能执行审查工作，同时员工还可借助 PDA 来下载审查数据，并编制电子报表。

16.4.3 根据开车准备审查结果制订开车方案

对开车准备审查事项根据其急迫性进行分类。在实际开车前，有些方案可能无法落实

或无需落实。根据轻重缓急的原则，对*开车准备*审查确定的行动方案进行分类，可避免开车工作非必要的延误。

备 注

延迟执行行动方案会带来一定的风险，在决定延迟执行某项行动并将此延迟行为登记备案的同时，必须考虑其风险大小。

16.4.4 跟踪决策及行动方案的贯彻落实并监督开车准备结果的采纳情况

借助企业行动项目跟踪系统，来跟踪开车准备审查确定的行动项目的贯彻落实过程。大多数企业早已建有行动项目跟踪体系，将*开车准备审查*确定的行动纳入体系跟踪范围，方便监控进度。

16.5 要素指标

第 20 章阐述了如何以及何时利用指标来适度提高绩效的方法。本节将列举若干个指标实例，说明它们如何用于监测开车准备要素的健康状态，并按照第 9.2 节中提及的关键原则进行了分类。

除了明确关键核心指标外，还需要定期对指标进行跟踪和考核。有时，指标所需信息比较简单，例如员工总数指标。而有些指标需要多个参数才能确定，如员工的平均工龄指标，需要利用多名员工的工龄数据来计算平均工龄。部分指标用于跟踪动态变化率，如员工离职率指标等。动态变化率甚至可能是工厂最为关注的数据指标。由于工厂情况千差万别，需要自行确定指标的跟踪方法和考核方法，保证工厂 RBPS 管理系统的健康运行。

16.5.1 保持有效运行

- ***开车期间事故发生次数***：数值大或发生概率持上升趋势则表明*开车准备审查*工作不够审慎，或 MOC 绩效不佳。
- ***开车后发生的误停车次数***：数值偏大或发生概率持上升趋势则表明*开车准备*工作未有成效。
- ***开车准备审查时发现的安装不当的设备台数***：数值大则表明*开车准备审查*工作颇有成效，但同时也反映出维修或施工操作规定存在缺陷。
- ***开车前参加培训的人员人数***：人数或比例高通常表明*开车准备*工作按部就班进行。
- ***开车准备审查工作所耗人工工时***：人工工时数偏大可能表明开车形势较为严峻，或需要改进效率。
- ***开车持续时间***：数值大则表明*开车准备审查*工作绩效不佳。
- ***由开车问题所导致不合格产品的数量或材料损耗量***：数值大则表明*开车准备*工作绩效不佳，也可能是因为 *MOC* 工作未考虑质量风险。
- ***每年参加开车准备相关培训的人员人数***：人数大或比例高表明*开车准备*计划正常运作。

16.5.2　根据需要执行相应开车准备审查工作

- *未开展开车准备审查便开车的情形数量*：数值大或呈上升趋势，表明*开车准备*计划被弃之不用或回避，可能需要开展补救性意识培训。
- *开车准备审查次数*：数值大或呈上升趋势，表明计划正常运作；数值小，且 *MOC* 审查频率高，也可能反映*开车准备*系统被弃之不用或回避。

16.5.3　根据开车准备审查结果制定开车方案

- *未得到开车授权的开车准备审查工作次数*：数值大或比例高表明*开车准备审查*工作未完成或未妥善开展跟踪登记工作。
- *因开车准备审查期间发现问题而延后的开车次数*：数值大或呈上升趋势，可能反映 *MOC* 审查过程未能彻底找出全部危险，并妥善完成风险管理工作。

16.5.4　跟踪决策及行动方案的贯彻落实并监督开车准备结果的采纳情况

- *本该在开车准备审查期间发现、但在后来开车时才发现的问题数量*：数值大或呈增加趋势，则表明*开车准备审查*工作绩效不良。
- *到期未落实的行动项目数量*：数值大或呈上升趋势，表明*开车准备*程序对贯彻落实后续工作不够关注。
- *从开车准备审查开始到所有行动项目贯彻落实为止的一段时间*：时间长或呈延长趋势，可能表明需要改进效率，或是 *MOC* 程序效率低下。

16.6　管理审核

管理审核系统的设计和执行详见第 22 章。为确保开车准备管理的正确运行，应对许多具体的管理问题进行定期检查。管理审查要首先评估被审核系统的有效性。企业开车准备管理不到位，或者变更管理系统的改进效果差强人意，那么管理层应寻找所有可能的整改措施加以实施。在某些情况下，企业有可能并未找出正确的整改措施予以实施，或者实施方向出现偏差。即使整改的结果令人满意，通过管理程序审查仍能检验资源是否充分利用？有些工作是不是有更为有效的实施办法或者事实上根本无需实施？管理层可结合上一节的各项指标，及个人观察、直接问询、结果审查、反馈来解决上述问题。讨论的工作内容和主题可包括以下内容：

- 从各生产区域开展的*开车准备审查*工作抽查一项，评估其全面彻底性以及质量。
- 审查最近*开车准备审查*工作找出的严重漏洞或不足之处。
- 确定是否遵循*开车准备*过程。
- 询问员工是否有证据表明装置试图回避或绕过*开车准备*过程。
- 审查最近提到的*开车准备*审查结果，确定是否有整改措施到期未落实。
- 确定是否有事件或动向表明*开车准备*失灵是导致其事件发生的根本原因或影响因素。相关管理系统失效问题是否得以确定并解决。
- 审查涉及*开车准备*的新员工和承包商培训数据。

- 征求员工对*开车准备*过程培训的看法。
- 评估资源利用情况，提出*开车准备*问题。

除此以外，*开车准备*要素负责人还应能解释指标体系中各指标的趋势及异常情况发生的原因。若发现存在*开车准备*漏洞或缺陷的主要项目仍在进行开车，则需编制简报，提交给管理审查委员会。

对开车准备工作开展管理审查工作，必须使装置领导层了解此工作，使其重视*开车准备*管理，并下定决心保证开车前所有过程都已经过审查。对于发现有问题的*开车准备*工作开展管理审查，这样才能全面评估*MOC*和相关RBPS要素。同时，有效进行的管理审查工作对领导层也有教育意义。管理审查能够提醒领导层认识到其*开车准备*工作的重要，以及认识到其开车准备审查在危险识别、风险管理和维持经营活动方面的作用。

参考文献

16.1 *Pre-startup Safety Review Element*, Process Safety Management of Highly Hazardous Chemicals (29 CFR 1910.119(i)), *U.S. Occupational Safety and Health Administration, May 1992. www.osha.gov*

16.2 *Guidelines for Performing Pre-Startup Reviews*, AIChE Center for Chemical Process Safety, Wiley, New York, NY, 2007.

17 操作纪律

1997 年 1 月 21 日，加利福尼亚州 Martinez 市一家炼油厂的加氢裂化装置发生火灾爆炸事故，造成 1 人死亡，46 人受伤，周围居民疏散避难(见参考文献 17.1)。操作人员在排除工艺故障时引起温度发生偏差，尽管有一台温度记录仪显示温度不稳定，但由于这台记录仪曾经有过失准记录，所以该现象并未引起操作人员的注意。一名现场操作人员现场确认温度时，所用的对讲机传输受到干扰，通话信息含糊不清。因此，控制室操作人员没有按照程序规定对装置进行减压，导致出水管过热发生破裂。该事故说明了操作纪律中存在的薄弱环节是如何引发灾难的。如果获得的现场工艺信息不可靠或不完善，那么继续操作可能会导致装置最终超出安全操作限制，并酿成苦果。

17.1 要素概述

高标准的建立并遵守操作纪律是 RBPS *管理风险*原则的九大要素之一。本章节将阐述操作纪律的概念，说明可靠的系统对操作纪律所起的作用，同时提出可能的各项措施以促使企业操作纪律正规化。第 17.2 节描述了 RBPS 中操作纪律管理要素的关键原则和基本要求，第 17.3 节阐述了满足这些基本要求的工作活动及相关方法，这些方法与认知的风险、所需资源以及企业文化密切相关。第 17.4～第 17.6 节包括：(1)提升操作纪律管理有效性的方法和具体程序；(2)操作纪律要素的监控指标；(3)操作纪律要素的管理审核。

17.1.1 要素定义和内容

所谓“操作纪律”(*操作*)是指深思熟虑的实施运行和管理任务。有时，操作纪律也称之为“操作准则”，与企业文化息息相关。操作纪律将追求完美地执行各项任务制度化，并减少执行过程中产生的偏差。各级员工需要按照操作纪律，运用全面的知识，保持准确判断力并秉持必要的自豪感与责任感来履行他们的职责(见参考文献 17.2 和参考文献 17.3)。

17.1.2 重要性

工作人员始终如一地保持高水平表现是所有过程安全计划实施的关键。工作人员的表现与要求存在差距，会损害操作的各个方面。随着作业复杂程度的增加，操作的正规化程度也必须随之提高，以确保所有重要任务都能得以安全可靠，并始终如一地执行。

17.1.3 对象和时间

与文化要素一样，只要是员工开展工作的地方，就有执行操作纪律要素的必要，无论在会议室还是厂区都应遵守操作纪律。由于操作纪律是保障操作可靠性的一种保证，在工厂或企业的整个生命周期内，员工执行每次任务时都要遵守操作纪律。

17.1.4 职责分工

操作纪律不仅仅适用于操作部门，而是适用于所有工作活动。因此，所有工人、员工和承包商都必须遵守操作纪律。各工作部门要想确保其各项工作任务都能得以可靠实施，应先确定必要的控制框架与管理大纲。各工作部门的管理人员负责其所在部门的操作纪律，而工厂管理人员则全权负责整个工厂的操作纪律。由于操作纪律要素涉及岗位评估、逐级惩戒、工资、奖金以及员工留用决策等，因此人力资源部门常常会参与这个过程。

17.1.5 预期工作成果

操作纪律旨在阐明企业对员工行为举止的总体期望目标，以及针对此类期望目标制定的各项具体程序及目标。应制定一个明确的控制框架以确保过程操作一直处于安全操作限制范围内。此外，还需根据经审批的程序及工作规程来确定一系列方针和政策，明确权限，并阐明相关工作职责划分。*操作纪律*要素取得的各项预期成果还可以用来促进其他要素的实施。例如，监控设备状态会提高*资产完整性*，而未遂事件报告会提高*事件*要素的效能。

执行该操作纪律的最终目的是确保员工无论在会议室还是车间，其各项活动都遵守纪律，做到安全生产和服务，以实现企业的各项目标。

17.1.6 实施过程

要编制一份切实有效的*操作*纪律，企业必须首先如实阐述目标和可接受风险。在综合考虑其他要素成果的基础上，企业可制定*操作纪律*政策并将其随各项执行程序一同形成书面文件。但是，计划不能仅仅是纸上谈兵，而是需要切实执行。工人必须经过培训了解各项政策和程序，以便其更好地理解企业的各项目标和期望、权限的划分情况及自身职责。无论出现任何情况，员工都需要运用良好的推理和判断能力(建立在良好过程安全文化基础上)进行应对。尤其，当现实中出现了政策或程序中没有明确提及的情况时，这时候需要员工自行判断采取应对措施。在这种情况下员工的其推理和判断能力尤为重要。

此外，最为关键且持续不变的要求就是，管理层要做到奖惩分明、树立典型。如果程序规定员工要在某些特定的紧急状态下停车，而管理层却表扬那些没有执行停车而设法“安然度过危险”的操作人员，这样就会让员工无所适从，进而导致工作纪律难以贯彻执行。*操作纪律要素*要求严格遵循经审批的程序，不允许任何违背程序的情况出现，即使违背程序并没有产生重大后果，甚而会带来令人满意的结果，也严禁这种情况出现。因此，管理层必须确保员工在任何情况下都能对自己的行为负责，避免将这种违背程序的现象正常化、合理化，并加以接受。

17.2 关键原则和基本要求

对于从事生产、储存或使用危险化学品的装置，要保证操作和维护的安全，就需要包括管理人员、工程师、操作员和技工在内的全体员工都能做到各司其职，各尽其责。经验表明安全操作与可靠操作直接、密切相关，这是因为人为失误不仅会导致质量低劣、生产力下降，还会引发安全及环境事件。

操作纪律旨在制定应遵循的一些行为标准并保证企业内的全体员工各司其职，各尽其责，从而来实现可靠的表现。在本文中，操作纪律所涉及的操作范围广泛，不仅包括执行操作、维护、安全作业、应急计划及响应工作，还包括过程及其风险的整体管理工作。此外，操作纪律要素秉承一个深度防护理论，该理论认为即使是最棒的员工偶尔也会犯错，因此，系统应能在损失事件发生前检测出错误并予以整改。如果执行得当，*操作纪律程序*再加上设计、培训、维护及工程建设，就能提供多种强有力的保障，有效避免事故发生。

*操作纪律*政策中通常会规定哪些活动是被明令禁止的，哪些是不需要特别控制措施就可以执行的，哪些程序是用来管理其他活动的。操作纪律程序旨在将那些在工厂内虽不成文但被广泛普及接受的作业实施方法形成文件，以便在企业内进行普及推广，并保证在整个企业内贯彻实施。

在建立、评估或改进操作纪律管理系统时，应遵循如下各项重要原则：

- 保持有效运行；
- 控制操作活动；
- 控制系统及设备状态；
- 培养必需的技能/行为；
- 监控企业组织绩效。

每个原则的基本要求将在第 17. 2. 1~第 17. 2. 4 部分中进一步说明。第 17. 3 节将阐述满足这些原则基本要求的典型工作活动。工厂管理层应评估该要素和要素改进产生的潜在效益。根据评估结果，管理层应建立一个管理系统或对现有管理系统进行升级，以满足部分或所有基本要求、执行部分或所有工作任务，这将取决于感知的风险和/或所识别的过程危险。但是，如果企业文化中没有建立起追求卓越工作绩效的文化，则这些步骤将无效。即便最完善的管理系统，如果缺乏恰当的文化依托，也无法保障可靠的运行。

17. 2. 1 保持有效运行

书面的*操作*程序是实现工人绩效稳定可靠的基础。因此，必须编制相关程序，说明相互影响，用以指导员工的工作活动，并对员工进行培训，持续监控其工作绩效。管理系统必须确保能够实现此类目标，并在整个生产周期内，对达到预期目标要求的员工给予表扬。组织完善、管理有方的企业会设立相关框架纲领，确保*操作*活动有据可依、有章可循。

规定职能和职责。书面的*操作程序*应列出企业的各项目标及要实现此类目标所要遵循的具体程序。程序中应规定具体实施的负责人和责任人，明确规定负责决策的职权等级。通常，负责决策的单位级别要与风险水平相当——风险越大，授权作业的管理层级别越高。除了需要规定不同部门的职权等级，还需要界定部门内部的配合和职权等级；有时，对于一个项目而言，员工的职能、职责和沟通要求会随着项目所处的不同阶段而有所不同。如，工艺过程工程师可能会更多地参与整个试验工厂的日常操作，而不是某个生产单元的日常操作。因此，其职责分工也会有所不同。通常，各部门负责确保其员工及承包商的作业符合程序要求。对于没有达到预期要求的员工，所在部门需要负责对其进行指导或提供补救培训，对于没有满足或无法达到最低要求的员工，通常由人力资源部门负责对其采取逐级惩戒措施。

建立绩效标准。管理层应制定旨在实现工厂和企业总体目标的各项具体目标。虽然此类目标可用以评估操作效能，但其真正价值却体现在提高绩效上面。因此，这些目标不仅需

要具有挑战性，还需要切实可行，并符合管理层对员工的各项期望，如：遵循程序规定、完成规定的工作日志；保持工作场所干净整洁等等。企业内全体人员都应为绩效目标的制定出谋划策，这样可以使大家更有动力和决心来实现这些目标。在理想的情况下，应由负责实现各目标的具体人员或工作部门直接制定各目标。例如，泄漏事件数量降低20%和降低排放量20%这两个目标，前者更可取，这是因为即使在最佳的操作状态下，第二个目标也很难实现。目标应循序渐进，以便员工能看到他们正在向目标靠近。实现目标后，应给予表扬或奖励。

验证程序的有效性。通过日常观察、定期审查以及对事故深入调查可以了解*操作*程序的效果。例如，如果员工通过对讲机跟他人闲谈，那么他/她的同事应该立即纠正这种行为。通过审查工作可能会发现整个工作部门实际上并没有按照培训中介绍的方法开展工作，而造成这种情况的原因可能是由于缺少背景知识(培训不足)或缺乏操作纪律(管理缺失)。若每次事故调查发现的原因都直指操作纪律问题，例如：交接班管理不善或缺乏团队精神等，则管理层应开展调查，确定反映出的是否属于(1)个别问题；(2)系统性问题。无论是哪种情况都需要采取适当的整改措施，这是因为只有确保*操作*程序充分有效，才能防止一个孤立事件逐渐恶化成一个需要上报的事件。

17.2.2　控制操作活动

控制操作活动是*操作纪律*要素的核心所在。管理系统必须为每项操作活动(从遵循程序到控制权限)制定明确的预期目标。需要特别指出的是，工人、班组和工作部门之间的有效沟通有助于确保所有操作活动规划有度、控制得当。

遵循书面程序。应编制正常及异常情况下的书面程序(详见第10章的*程序*要素)。要求遵循书面程序是操作纪律的一大基石。但是，严格遵守不等于盲目服从，而是“思考后再遵循”。如果不严格按照程序操作会引发危险情况，这时必须严格按照程序进行操作。在这种情况下，员工如果不想严格按照标准程序进行操作，则必须停止作业，获取相关许可，并要求过程相关人员相应调整或更新程序。若有检查表，则员工应将检查表带到实际工作现场，在作业完成后，打钩以示完成。如果规定需要另行派人核查任务完成状况，则无论执行该项任务的员工是如何经验丰富或谨慎可靠，都应执行此规定。

遵循安全作业规程。维修及非常规工作活动必须制定书面程序(详见第11章*安全作业*要素)。遵守安全作业规程是基本要求。工人必须参加培训，学习规程，并遵循各项程序。如果无法遵循现有安全作业规程，必须停止作业，直到找出相应的替代办法并经审批通过为止。

聘用具备资质的合格员工。工人须参加培训，才能胜任安排的工作(详见第14章的*培训*要素)。在岗培训期间，需要对员工进行密切监管。若发生异常，应停止一切无关的在职培训活动，以便让具有资质的操作人员能够全力以赴应对紧急情况。

分配充足的人力资源。装置人员不足是安全生产的隐患。如果员工工作负担太重，那么很多人就可能会偷工减料，跳过一些他们认为不太紧要的工作任务，如：不进行相互检查工作、操作人员巡检敷衍了事以及书面文件遗漏不全等问题。如果长期人员不足还会造成员工工作倦怠，如果需要通过延长加班时间来弥补人员空缺的问题，员工更会疲乏不堪。因此，管理层应规定每天最长工时以及最长连续工作时间(通常根据换班时间表和劳动法确定

合理时段)。

企业要想有效运转，高级管理层必须为整个企业提供充足的资源。要实现资源充足，不仅需要配备充足的操作人员，还应保证支持操作人员工作的技术、维护和管理资源充足。不仅如此，员工还需要备有充足的物质资源(如实施生产活动的合适作业场所)以及保证其高效率开展工作的可靠实用的设备(如电脑、通信装置、诊断仪表等)。

使员工之间的沟通实现程序化与正规化。每个人都要通过沟通获得信息，对于可靠的操作而言，有效沟通必不可少。须及时、准确、完整地传达并接收信息，且收发双方明确理解信息含义。口头交流的步骤如下：(1)信息发送人应注明信息收发双方；(2)发送人简明扼要地发送信息；(3)接收人向发送人复述信息；(4)发送人确认接收者复述的信息是否正确，或重新传送信息直到接收者能够正确复述出信息内容；(5)接收人应报告信息传递情况或遇到的困难；(6)发送人确认收到报告。显然，广播或传呼系统一般不能用于关键信息的传递与沟通，除非另有独立途径可确认信息已被接收人收到且理解。

管理层应设立一个系统化的途径，用于自身与操作人员之间的指令传达或短期信息的告知。例如，操作人员可能需要了解装置停车过程中需要执行的一些特殊工作活动的时间安排，或者需要了解政策、程序、设备状态、生产运行等最近发生的变更。用于向操作人员及时传递指令的系统应满足以下条件：(1)规定了指令的标准格式；(2)明确拥有指令发布权的人员；(3)明确区分日常指令和持续(现行)指令；(4)说明如何发布指令并确认收到指令；(5)说明如何取消或替代指令。

如果是紧急事件，应在作业前或交班前的简会上，以口头方式向工人传达。如果是不太紧急的事件，应为员工提供一份按照优先顺序排列的文件清单，以供员工在下次值班时查阅，从而确保每名员工都能收到同等信息。即使员工离开工厂几天或几个星期，也不会有任何影响。这份必读材料可满足*变更管理*要素的要求，将变更情况通知给每位员工，但不能用这种办法取代员工*培训*及*变更管理*要素规定的培训。

建立班组之间的沟通工作程序。很多事件都是由于班组之间的沟通脱节导致的(参见第11章安全作业规程所述的Piper Alpha钻井平台事故)。常用的可靠方法是要求员工在结构明确的工作日志中记录下各项操作活动，从而确保接班员工能了解所有设备及工作活动的现状。此外，工作日志还有助于员工深入了解轮班核心工作，在危急时刻，这样做还可能分担其他员工的工作负荷。

每个关键工作岗位都设立工作日志，并制定如何记录信息的书面指南或标准格式。必须及时记录日志，字迹清楚，容易辨认。应规定标准的错误改正方法，而不是简单地涂改抹画。在交接班之时，交班人员应记录最后一项事项，并将书面日志转交给接班人员。此外，还应向接班人员简单汇报一下情况。监管人员须定期审核日志是否准确、完整，以此彰显交接班沟通的重要性，并为绩效信息建立有用数据库。

建立工作部门之间的沟通程序。工作小组之间的书面交流工作有助于尽可能地消除误解。这一点对于非常规活动尤其重要，如：开车、停车、施工和工厂局部停电。常规文件包括订单、批次单、工作指令及安全作业许可证。工厂应：(1)采用标准表格，有助于确保各工作小组获得所需的全部信息；以及(2)设立具体联络点，有助于确保所有文件能够稳妥发送。若出现异常情况，须指定相应人员负责进行紧急联络，并通知相关的其他工作小组、上级或*应急*要素规定的利益相关者。

遵守安全操作限值及操作限制条件。管理层应制定一份政策，对下列各项进行明确规定：(1)在安全操作限制内操作工艺；(2)要求全部遵守操作限制条件。通常，应根据设备设计限制和工艺动态过程，建立各关键工艺参数的安全操作限值，如温度、压力、液位、流量或浓度等。操作限制条件是针对关键系统和重要资源制定的规范，旨在确保关键系统正常运行，重要资源满足要求(供装置开车或保持装置正常运行)。关键系统通常包括消防系统、火炬系统、洗涤装置、紧急冷却装置、热氧化装置等；重要资源通常包括有水平的操作团队、消防队和紧急响应小组等。此外，员工必须理解，超出安全操作限值的任何偏差或其他未经授权的操作必须上报。这种情况通常构成一种未遂事件，即使此类事件得到圆满解决，之后也必须进行调查。

控制人员进出及占用情况。管理层应制定明确的条例，管理进入操作人员作业区域和工艺区的行为。任何想要进入工艺区的人员都应首先通知负责的操作人员，说明其进入工艺区的目的，获得操作人员许可后方可进入工艺区。这项程序有助于确保进入工艺区的人员都持有相应的许可证及防护设备，不会干扰该区的其他活动或被其他活动所伤害。访客还要告知操作人员他们离开的时间。如果发生紧急情况，这将有助于确保响应人员掌握区域内所有人员的状况，应急响应人员不必冒着生命危险搜寻已离开该区的人员。为最大限度降低安全风险，操作人员应不断监控该区，并盘问每个无证进入的人员。

控制室或其他作业区域也需要执行相似的出入权限控制。无关人员出现会干扰操作人员的自由行动，而高声谈话、噪音和不相关的问题更容易让操作人员分心。如果访客在灵敏电子设备附近使用手机或因为没有座位而倚靠/坐在控制面板上都可能会引起操作故障。

17.2.3　控制系统及设备的状态

随时可以密切关注工艺系统和设备的状态可以确保操作员工履行相应的工作职责。因此，应设计有利于信息收集的人机界面。此外，管理系统应明确规定在特定时间内由谁负责控制设备并保持设备的安全状态。

确定设备/资产的管理权和进入权。在项目生命周期的各个阶段，都应分别指派工作小组作为其责任人。例如，在施工期间，承包商应对设备负责；在首次开车期间，则由工程师负责控制；在生产期间，通常由操作小组负责控制。员工应负责保持相关的工作区域一直处于最佳运行状态。

*操作*程序需要规定设备雇主/使用者，及任何进入设备的人在：(1)设备移交前；或(2)竣工后，要进行双向沟通。维护工作常常要按照*安全作业*规程进行控制，可以采用类似许可系统来授权并控制其他人员进入。在授权工人开始作业之前，检查施工现场并签发许可证，从而防止出现各种安全和操作事故。有时需要对工艺设备进行细微调整或修复(例如：拧紧法兰或阀门密封件)或进行不会影响装置运行的例行维护活动(例如：震动监控)，这时需要该区域的负责人口头授权方可进入。

在作业完成后，应要求装置的一名代表和负责作业活动的一名代表参与作业后的测试工作并一同检查该作业区域，这样有助于防止设备重新启用后发生事故。除了要检查作业区外，负责开车准确的团队通常还要确保阀门已经适当校准、排气管和排水管重新安装好堵头和塞子、旋转设备按照正确方向转动、下水道和排水管已经打开，标签和锁具已经去除、路障已经移除等。对于关键安全设备，如：消防系统或泄压系统，*操作*程序通常要求进行独立检查，确保系统已经可以投入使用。

监控设备状态。操作人员必须了解设备以及辅助系统的当前状态。除了在控制室内监控信息外，操作人员还需要通过定期巡视或巡检来检查设备。通过现场仪表读数确认远程仪表读数是否准确、并找出需要引起注意的一些初期隐患，例如：形状异常、奇怪的噪音或不寻常的气味。操作人员应在标准检查表上记录信息，清晰注明每个参数的可接受范围，以便立即找到异常情况。管理人员应定期检查巡查报告是否准确完整，并强调其重要性，确保记录的信息与其他数据相一致，确保及时处理异常情况。

员工也应找机会监控设备状态，作为常规操作或计划停车的一部分。例如，在两台离心泵之间切换的时候，操作人员应观察闲置泵是否逆向旋转，如果逆向，则说明止回阀未正确就位。或者，假定操作程序中设有一个测试自动启动功能的选项(或一个具体步骤)，操作人员可以选择不手动启动备用泵，而是激活主泵，确认自动启动控制装置正常运行。此类随机测试的结果应记录下来，作为*设备完整性*要素的一部分。

保持良好的内务管理。"脏乱差现象"(即：出现砂砾、灰尘、粉尘、溅出物、污渍、锈蚀、垃圾等)是可靠运行的天敌。此类现象不仅会导致设备寿命缩短、提前出现故障，还会掩盖故障的初期征兆，而且，这与管理层追求卓越的理念也是相违背的。要培养工人的主人翁意识和自豪感，管理层就需要明确阐明其对内务管理工作的期望和要求，并予以强制执行(见参考文献 17.4 和参考文献 17.5)。应保持作业区域整洁有序，清除垃圾，修复受损设备，养护油漆和表面涂层，毁掉废弃设备等等。管理层应：(1)定期检查作业区域，确保达到内务整理标准；(2)对超出操作人员能力或权限的整改项目，应提供资源进行整改。

确保正确贴标识标签。为设备贴上清晰准确的标签对于可靠操作而言至关重要。管理层应采用或编制适用于整个装置范围的标签及颜色编码标准。操作人员应负责监控其工作区域仪表和设备上已粘贴的操作提示和标签状态。管理层应定期审查工作区域，确保达到贴标标准，并根据操作要求，提供资源立刻修复或替换不合适的标签和操作提示。

确保适当照明。操作人员需要一个照明状况良好的作业区域，这样才能识别设备、观察仪表并发现问题。操作人员应评估其作业区域的照明条件，管理层应对已发现的问题进行整改，如：光线微弱、阴影、强光等等。操作人员应监控照明条件，以此作为其正常巡查中的一部分，确保及时更换烧坏的灯泡。

确保仪表和工具状态良好。操作人员依靠安装在装置上的仪表或便携式仪表来获取数据，利用工具来执行各项任务，利用通信设备来协调生产活动。装置管理层应编制一份计划，与*设备完整性*要素相协调，保持人机界面设备处于良好工况。仪表和分析仪应定期进行校准，装置上应注明最近的有效日期。仪表的各项指示应能让操作人员信任，除非有证据证明该仪表的确有误。如果操作人员发现仪表受损或不稳定操作，应采用一种标准方法来报告这种情况，并及时从系统中移除，尽快修复。

17.2.4 培养必需的技能/行为

*操作纪律*要素的重点在于保持可靠的操作活动。显然，培养员工，使其具备必要的知识背景、技能和能力是实现该目标的关键。此外，过程安全文化必须持续强化一些行为，例如：质疑的态度和对细节的关注。

重视观察并关注细节。设备和程序发生故障前或多或少都有些征兆。如果没有发现此类征兆并加以纠正的话，情况会迅速恶化。因此，管理层需要将重点放在以下两方面：(1)操作人员执行常规工作时进行观察；(2)报告异常情况，以便对其进行调查和改正。在职培训内容应重点放在培训员工如何从专业的角度运用自身基本感官来观察工艺和设备状况。

对于设备而言，事故征兆可能是奇怪的噪音、异常或矛盾的仪表读数，或者绝缘层下面渗出的水滴，所有这一切都在提示操作员可能即将发生故障。此类情况应记入操作人员日志，并采取相应的整改措施。对于程序而言，征兆可能会更加微小，这是由于程序实施过程中存在的错误其后果通常不会立刻显现出来。因此，除了需要仔细观察外，员工还必须关注细节，诸如：批次单上的原料量与仓库货物记录不符，书面程序与在职培训内容相冲突。

敏锐的观察不仅有助于确保顺利操作，还有助于确保安全。当存在损坏工艺设备的隐患时，若操作员观察敏锐，就可以采取对策阻止事故发生。

推广质疑/好学的态度。优秀的操作人员在执行工作活动过程中会在技术方面一直发扬他们追根究底的精神。他们会就绩效和系统状态不断提问，之后，再应用他们的视觉、听觉和嗅觉进行观察，找到问题的答案。如果在监督过程中察觉到任何异常，他们绝不放过、必将追究到底，并适当寻求他人的帮助一同解决这类问题。若在程序实施过程中察觉到任何异常，他们应该停止操作，直到此类异常情况得到合理解释或被妥善纠正为止。

管理层应培养一种文化氛围，如*文化*要素中所述，鼓励员工提问。鼓励涉及工艺过程的所有员工(包括：操作人员、维护员工、技术人员、监管人员、工程师、经理和承包商)都要具备这种质疑的精神，以此确保及时发现异常情况，并在事故发生前进行整改。对于那些提出合理问题的人员，必须予以肯定和表扬，即使他们的担心后来被证实是完全不必要的。针对员工提出的问题给出相应回答，答案应公布于众，以此提高员工的诊断技能并反映管理层对解答员工问题的重视。

培训员工识别危险。危险可能存在于操作的各个方面。即使是经过培训、观察敏锐的操作人员在明确界定的安全操作限值内操作时，可能也无法确定什么时候一个异常情况或操作会产生危险。因此，管理层应培训员工如何识别危险，如何发现可能存在的未知危险。要想具备识别危险的能力，员工首先要具备一定的经验、经过相关培训、具有相应的知识背景、还要具有忧患意识。该要求与其他几个 RBPS 要素密切相关，包括：*文化*、*资格*、*风险*、*培训*以及过程安全信息要素。此类要素的适当实施及对于事故教训的不断总结学习，将有助于操作人员了解危险并管理与非常规条件或工作活动相关的风险。

通常，自信是一种资本，但过于自信则会让员工忽略危险情况的征兆。管理层必须强调团队对于风险分析的重要性，对于在授权批准某项非常规活动或直接参与非常规活动前寻求同事帮助的员工，应予以支持。

培训员工进行自检和互检。无论何时，员工在执行操作时必须目标明确。例如，启动工艺泵时，操作人员应观察泵出口压力上升情况。如果观察结果不满足预期目标，员工应停止作业，并重新评估当前情形，之后方可继续操作。如果员工可以找出造成结果不符合预期要求的原因，则可以按照程序规定采取相应的整改措施；否则，员工应停止作业，寻求同事或管理人员的帮助。如果员工依赖其他人来使设备处于规定工况，则此方法一样可行。如果有可能，员工应确认设备处于预期状态或至少确保同事已执行了预期操作。如果存在任何疑

问或不一致的情况，员工应停止作业直到异常情况得到解决为止。

制定行为守则标准。管理层应为所有员工制定专业行为守则标准。员工应准时到达工作地点，与同事和其他工作小组成员一同齐心协力进行工作。员工必须如实记录数据，诚实可靠，与其他员工一同努力创造一个相互信任并具有团队精神的工作环境。操作人员不得因与工作无关的活动而分心，影响工作，例如：阅读杂志、看电视、玩游戏或上网。如果工作地点比较集中，如在同一个控制室内，员工必须特别注意自身行为，确保不会影响到其他人。不得存在影响工作区域秩序的行为，如：打架、喧哗或“区别对待”等，须采用一些建设性的办法来解决员工之间或工作小组之间的纠纷。如果要做的决策超出员工权限，员工应遵循规定的汇报路线向上报告。

17.2.5　监控企业组织绩效

要想长期保持良好的绩效，不能光靠纪律规定使员工产生畏惧心理。必须要让员工切实感受到他们所做的贡献能够得到实实在在的回报，而得到精神上的鼓励和满足，如：来自同事和管理人员的认可、工作小组取得的成功，常常要比纯粹的现金奖励更为重要。监控企业绩效的目的主要在于为过程和效果提供衡量标准，而不是用来惩戒员工。对于不良的工作绩效，必须进行分析，以便采取相应的整改措施。绩效不佳常常说明管理系统存在缺陷，而不仅仅是员工的问题。

贯彻实施责任制。员工必须了解企业对他们的期望目标，并对其行为负责。一方面，责任制意味着员工在按要求执行规定行为后应得到认可和奖励。尤其是与按规定程序进行办理而言，违规操作更为容易的情况下，员工按规定实施更应得到认可。例如，对于一名操作员来说，销毁一整批物料是一个很难做出的决定，即使这样做非常符合标准规定。在这种情况下，管理层必须公开认可和支持员工在安全操作限值范围内所做的决定，无论当时造成的直接损失有多大。

另一方面，责任制也意味着在培训、指导和相互检查监督都无法纠正员工的违规行为时，必须动用企业的逐级惩戒。企业常常出于权宜之策，尽量避免采取这种办法，因为这样会刺激员工或使劳资关系变得紧张。但很不幸的是，纵容的后果只会使得其他人纷纷效仿违规行为，直到情况恶化到无法容忍为止。纪律如运用得当，员工及其代表将会拥护并支持该逐级惩戒的运用，以纠正或消除那些会危及所有人目标的行为。

对于所有工作活动，员工都应遵循程序和许可条件规定，无论其结果如何。对于以投机取巧的方式取得成绩的员工要与因投机取巧造成泄漏事件的员工一样对待，因为两者都违背了既定标准的规定与要求，因此都必须承担相应的责任。

最成功的责任制是做到无论员工还是管理层，责任面前人人平等。与管理层发布的法令相比，工友之间的互查能起到更为有效的监督作用。员工还应该知道他们应该获得何种奖励，并有权参与决定评判其他员工的绩效情况。

努力持续改进。与该要素相关的绩效指标和管理审核不仅用来整改绩效问题，还用来不断改善当前操作状态，并有助于促进形成重视责任的企业文化氛围。为了实现这一目标，管理人员必须了解由其负责区域的人员绩效、装置活动以及装置状态。管理人员应观察工作活动并评估整体绩效。良好的绩效应立即得到认可和正面反馈。最好的作业规程应与大家一起分享，以便所有人都能提高绩效。为了提高处理异常情况的工作能力，应随机考察员工，

询问"如果-怎么样"情景，员工应给出其应对办法。应充分分享调查获得的经验教训(参见第19章，事故调查)，以便在出现类似情况时，员工能更好地应对。

确保员工的职责适应性。员工应在身体上和精神上都能适应他们要担负的工作职责。管理层必须在其对员工的预期要求中明确规定，员工应对其自身的岗位工作适应性负主要责任——员工下班之后要保证充足的睡眠和休息，避免使用会对绩效产生负面影响的药物。为了鼓励大家遵守此类规定，管理层应提供一份员工帮助计划，帮助员工采用更为健康的生活方式，处理个人问题，从滥用药物中解脱出来。为了强制执行此类规定，管理层应制定有关岗位健康的具体政策要求，例如：限制兼职，随机测试员工是否滥用药物。此外，管理层必须知人善用，只有经过培训且经证实其能力可满足岗位工作要求的人员方可上岗工作。管理层应限制加班次数或可能会降低员工绩效的异常工作进度。

执行现场检查。经常地对所有班组进行临时检查有助于确保一直按照最佳作业规程进行操作。虽然同事之间的互检有效，但是监管人员和上级管理人员也必须定期参加检查。监管人员应确保现场人员按照预定时间执行了巡视，妥善完成了日志和其他文书工作等。执行常规安全和内部管理审查的人员应重点检查正在进行中的维护工作活动，以此确保：(1)具备相关许可证；(2)许可证规定的适当条件；以及(3)员工遵循程序，并符合许可要求。检查频率应根据认知的风险而定。例如：在常规操作过程中，每周只做几次抽查就足够了；而在检修期间、异常情况或执行高风险操作时，每天都需要进行多次检查。

立即对偏差进行整改。另一种有助于预防骄傲自满并保障效率的方法就是管理层要严格遵循相同的法规和他们倡导的价值观。员工会留意管理人员的行为，包括管理人员选择不采取的行为。例如：如果员工不遵守规定的程序，而管理人员在一旁走过却没有停下来纠正这种情况，这就无疑告知在场的所有人，管理层在兑现严格遵守相应程序以及对于整体安全的承诺时，并没有像他们当初声称的那样坚定与坚决。即使管理人员是由于过于关注另一件非常急迫的事情而没有注意到这种情况，但是一而再再而三的忽视也会影响到*操作程序*的顺利执行。企业内所有员工都必须小心避免出现这种情况，每个人，无论是员工还是承包商，都应该花一点时间停下脚步，调查并纠正他们发现的任何不安全行为或不安全状态。

17.3 可能的工作活动

RBPS方法建议，每项工作内容的深度要求应根据风险和所需的资源而确定，并与工厂文化相一致。某项工作内容的深度要求因各个工厂而异，同时即使在同一个工厂内，也可能随装置或工艺区域不同而发生变化。因此，在制定一个基于风险的过程安全管理系统时，读者应遵循以下步骤：

1. 评估工厂风险，同时调查工作内容所需资源与现有资源配置状况，以及工厂的安全文化。具体情况见第2.2节。
2. 评估执行操作纪律管理各项关键原则的潜在收益。操作纪律关键原则详见第17.2节。
3. 根据第1步和第2步的结果，确定操作纪律管理的基本要求(第17.2.1~第17.2.4部分所述的基本要求)，合理地管控风险。

4. 对于将要执行的每个基本要求，确定执行方法，选择本节所述的相应的工作内容。请注意，这些工作内容不可能对所有行业都是全面的，读者可能需要增加某些工作内容或修改本节所列的部分工作内容。
5. 对于将要执行的每项工作内容，确定所要求的标准水平。本节所列各项工作均设有两到五个具体实施方案，工作标准依次提高。每项工作采用序号标识，具体实施方案采用字母标识。

备 注

相关法规可能具体规定了过程安全管理系统规某些要求或工作内容，或为特定工作内容规定了最基本的详细程度。因此，过程安全管理系统的设计和执行应同时遵守法规要求和本书中提供的指南。

17.3.1 保持有效运行

划分职责

1. 针对*操作纪律*要素编制一份书面的管理程序。
   a. 编制适用所有 RBPS 要素的常规指南；
   b. 编制详细指南，阐述各项*操作纪律*要求；
   c. 编制详细指南，针对各项工作职责列出具体*操作纪律*要求。
2. 在*操作纪律*要素的管理系统内规定具体职能和职责。
   a. 职能和职责为众人所知，但是没有形成书面文件；
   b. 临时分派职责，通常由工作小组负责控制；
   c. 有书面文件描述权限要求，但文件内容未涉及职责的划分与实施；
   d. 建立一份正规的书面文件，明确阐述程序的适用范围、职能、职责、责任以及程序的实施。
3. 编制与*操作纪律*要素相关的管理程序、许可证、检查表以及其他书面标准。
   a. *操作*程序和操作规程基本上未形成书面文件，操作一般基于按照装置不成文的规程实施；
   b. 形成*操作*程序书面文件并将其纳入员工培训材料范畴；
   c. 形成书面的*操作*程序，纳入员工培训材料范畴，且管理层会偶尔修订；
   d. 形成书面的*操作*程序文件，纳入员工培训材料范畴，管理层经常提出改进意见。
4. 对所有员工和承包商进行*操作纪律*要素培训。
   a. 期望员工通过在岗工作向同事学习*操作*程序；
   b. 在针对新员工进行的初始培训过程中，以书面方式阐明*操作*政策和程序；
   c. 在新员工和承包商培训中介绍*操作纪律*政策和程序，受训人员必须通过培训考试后方可独立上岗作业；
   d. 除(c)外，还需要定期进行常规的复训。
5. 阐述*操作纪律*要素和其他 RBPS 要素之间的衔接关系，尤其是*培训*、*程序*、*安全作业*、准备就绪以及*资产完整性*要素。

a. 只有当其他要素负责人要求提供信息时才提供；
b. 通过在职培训了解要素间的相互关联关系；
c. 建有一份要素相互关联的书面说明，但是没有规定执行相关任务的职责；
d. 建有一份要素相互关联的书面说明，详细阐明交叉工作的要求与规定，并定期监控其执行情况。

6. 针对处理毒性极大或非常危险的化学品的装置单元，编制特定程序控制操作。
a. 公司制度中规定了该事项，装置关键人员熟知部分操作中存在的特定危险(例如：取样、催化剂添加)；
b. 根据规章制度和公司要求编制程序；
c. 装置程序包含了全面具体的规定。

建立绩效标准

7. 制定*操作纪律*要素的各项目标。
a. 制定常规目标，没有寻求员工意见；
b. 制定具体目标，寻求员工意见；
c. 制定具体目标，寻求员工意见。目标具有挑战性，但切实可行，处于员工的直接控制之下。

8. 就操作目标的进程进行沟通。
a. 沟通严重影响了绩效；
b. 沟通很及时并显示稳步实现目标的良好势头；
c. 沟通很及时并显示稳步实现目标的良好势头。指出中期目标，并在实现目标后进行庆祝。

验证程序的有效性

9. 建立判断操作有效性的指标。
a. 管理层负责判断有效性；
b. 根据生产指标或其他滞后指标判断有效性；
c. 根据个人工作成果判断程序的有效性，例如：犯错率低，工艺稳定性提高，生产力提高，一次成功率等。

10. 定期评估员工对操作程序的理解与掌握程度，根据需要提供复训。
a. 在初始培训过程中监控工作绩效；
b. 除(a)项外，还要在事件发生后审核工作绩效；
c. 由监管人员定期监控绩效；
d. 监管人员和同事不断监控绩效，并纠正出现偏差的行为。

11. 审核事故调查结果，纠正所有与*操作*程序偏差相关的根本原因。
a. 偶尔与员工一同审查事件调查结果；
b. 除(a)项外，还要改进操作纪律，减少人为错误；
c. 定期与员工一同审查事件调查结果。改进操作纪律和工程设计系统，以此提供深度防御，防止出现人为错误；
d. 除(c)项外，还要修订*操作*程序，解决造成事故根本原因的偏差。

17.3.2 控制操作活动

遵循书面程序

（参见第 10 章“操作程序”中的工作活动清单）

12. 规定对员工的期望目标。
    a. 除员工手册规定外，没有其他期望要求；
    b. 期望并提倡员工遵循程序要求，但是，不强制要求严格遵守；
    c. 期望并提倡员工遵循程序要求，并对违规负责，无论因此造成怎样的结果；
    d. 除(c)项外，还要执行互检，并持续改进。
13. 为关键操作和维护活动编制清单并使用。
    a. 员工根据需要编制个人检查表；
    b. 编制标准检查表，但不强制执行；
    c. 编制标准检查表，偶尔检查其执行情况；
    d. 编制标准检查表，独立审查其执行情况。
14. 正确执行第三方确认工作。
    a. 由监管人员根据具体需要进行临时性确认；
    b. 需要进行有效性确认，但不强制执行；
    c. 需要进行有效性确认，需要强制执行；
    d. 需要进行有效性确认，但要由一个独立的工作小组执行关键安全确认。

遵循安全作业规程

（参见第 11 章“安全作业规程”中的工作活动清单）

聘用合格的员工

（参见第 14 章“培训及绩效考核”中列出的工作活动）

15. 协调在职培训活动与当前操作条件。
    a. 按照时间进度安排在职培训；
    b. 协调在职培训与当前条件；
    c. 协调在职培训与当前条件，如果条件允许，可以延迟培训。

分配充足的人力资源

16. 提供足够的操作人员。
    a. 需要强制加班来完成常规工作活动；
    b. 在异常情况下(例如：装置单元检修、施工时)，需要强制加班来完成工作活动；
    c. 员工偶尔需要加班；
    d. 人手配备超出最低要求。那些不需要进行日常操作的人员可利用他们的业余时间来接受或执行培训、审核并更新程序、执行互相检查、协助特定项目的实施等。
17. 提供充足的支撑团队。
    a. 操作人员履行所有岗位职责；
    b. 操作人员履行所有岗位职责，此外，还统一设置后备支撑团队(例如：工程设计、维护计划、人力资源)；
    c. 规定支撑团队在特定单元或装置上的工作时间；

d. 支撑团队专业化，成为某特定领域的专家。

18. 提供充足的设备设施。

a. 设备设施不够用；

b. 设备设施充足，但属于临时设置；

c. 设备设施为永久性的，且满足不同用途；

d. 针对特定的具体任务，配置设备设施。

19. 提供充足的设备，例如：对讲机、测量仪、计算机、车辆等。

a. 设备可用，但必须经常共享；

b. 设备可用，且维护良好，非常可靠；

c. 除(b)项外，设备还是该用途的最佳选择；

d. 除(c)项外，还具有充足的备件和候补系统。

使员工之间的沟通实现程序化与正规化

20. 编制并使用口头沟通协议。

a. 员工编制临时沟通协议；

b. 编制沟通协议，但不强制执行；

c. 编制沟通协议，但是执行要求比较宽松；

d. 编制沟通协议，并强制执行。

21. 及时向操作人员发布指令。

a. 随机发布指令；

b. 在交接班简会中传达指令；

c. 在交接班简会中口头传达指令，张贴书面指令并对其进行维护；

d. 除(c)项外，每个操作人员还应备有一份按照优先顺序排列的阅读材料清单。

建立班组之间的沟通工作程序

22. 编制并使用换班协议。

a. 偶尔进行换班交流；

b. 交接班时移交书面日志；

c. 在交接班前的会议中签发、移交并审查书面日志；

d. 每个工作岗位都保存标准格式的书面日志。在交班前会议中移交日志并进行审查。

建立工作部门之间的沟通工作程序

23. 编制并使用工作部门之间的沟通协议。

a. 临时进行沟通；

b. 通过填写标准表格进行沟通；

c. 通过填写标准表格进行沟通，说明事项何时完成或关闭；

d. 除(c)项外，还要承担具体实施和关闭的责任。

遵守安全操作限值以及操作限制条件的要求

24. 需要遵守安全操作限值和操作限值条件。

a. 没有规定安全操作限值和限值条件，操作人员必须根据经验自行判断决定何时进行装置停车；

b. 程序包括安全操作限值，操作人员经过培训，可在其认为无法控制当前情形的时候关闭装置；

c. 程序规定安全操作限值，如果超出限值，应采取相应措施；

d. 除(c)项外，还规定了操作限制条件，例如：关键支持系统和资源。授权操作人员可在其感觉到存在危险的时候随时关闭装置。超出安全限值或违背限制条件的情况被认为是未遂事件，并进行调查。

25. 为异常情况制定操作程序。

a. 操作人员在异常情况下依靠其自身判断进行应对；

b. 在异常情况下，程序规范了常规的应对方法；

c. 程序规定了用于应对特定异常状况的具体步骤；

d. 除(c)项外，还备有其他资源来帮助进行判断并控制状态。

26. 当对偏离程序规定的操作进行授权时，需要确保授权人充分考虑了风险并保持脆弱敏感性。

a. 这种授权是依靠自身的经验；

b. 授权人员经过常规的危险识别培训；

c. 通常，授权人需要参与风险分析，具有良好的判断力，知道如何将大多数常规和非常规操作保持在安全操作限值范围内；

d. 除(c)项外，定期审查从其他装置获得的经验教训。在授权之前，需要对异常情况进行分析。

27. 确保授权审批异常情况的人员符合下列要求：(1)经过培训，具有相关经验，对危险有充分了解；(2)了解控制危险和管理相关风险的办法。

a. 可由监管人员或管理人员来授权异于程序规定的操作，可在部门内部授权该职责；

b. 可由监管人员或管理人员来授权异于程序规定的操作，并在中央安全委员会上得到该区安全代表或班组代表的同意；

c. 只能由管理层委派的经过特定培训(有时是复习回顾培训)的经验丰富的人员来授权进行异于程序规定的操作。

控制人员进出及占用情况

28. 建立控制系统，控制无关人员进入中央控制室。

a. 中央控制室是经授权进入装置的人员的集中地；

b. 中央控制室是操作团队的集中地；

c. 中央控制室与其他管理区域相隔离，工人只有在因公事需要时才能在操作员陪同下进入控制室；

d. 除(c)项外，还备有其他措施来限制噪音及干扰。

29. 建立控制系统，控制非操作人员进入工艺区，包括：建立确保操作人员与需要进入受控区域的其他人员进行沟通的方式。

a. 通往工艺区的大门或人行道上设有“闲人免进”的标志，但是员工通常认为如果联系了操作员，就是已经获得了授权；

b. 承包商必须在控制室内登记，方可进入工艺区；访客不得进入工艺区，除非有员工陪同；

c. 程序要求所有非操作人员(包括：管理人员、维护人员、技术人员、实验人员以及其他后勤保障人员)通知操作人员之后才能进入工艺区，但是，不需要进行其他沟通；

d. 所有非操作人员必须遵守下列程序规定：(1)进入工艺区之前要得到审批；(2)记录活动范围及涉及的人员；(3)准予进入后，告知操作情况。该区操作人员应与工人保持定期联系并监督其活动。

30. 控制存在特定危险的装置的进出权限。

a. 由监管人员或项目工程师判断，对于极其危险的区域，可用警示带拦截围护起来；

b. 将危险区域拦截围护起来，对危险进行标识，员工很少进入此类范围；

c. 除(b)项外，任何进入拦截围护区域的人员在进入之前，必须通知操作人员；

d. 除(c)项外，还可建立固定的围护系统(例如：临时金属板墙或围墙)，封闭极其危险或敏感的区域。

17.3.3 控制系统及设备状态

确定设备/资产的管理权和进入权

31. 编制程序，并/或使用许可证来控制工作活动。

a. 操作设备的控制没有正规化。监管人员和技术人员可以随意调整设置并进行校准。可以在不需要停车的情况下进行维护，例如：仪表校准、润滑或拧紧法兰或包装，只要人员到位即可实施。

b. 维护人员或承包商执行作业前需要获得许可证。监管人员和技术人员可以随意调整设置并进行校准。

c. 所有工作活动都需要在负责的操作人员直接控制下进行。任何人想要操作设备或在设备附近作业时，都必须根据*安全作业*要素获得许可证或获得操作人员的具体授权。

监控设备状态

32. 为操作人员巡查建立具体的检查日志。

a. 操作人员在非正式的记录卡上记录异常设备状态。

b. 编制常规记录卡片，列出待检查的设备类型。

c. 为监控巡视编制具体的记录卡片。为不同类型的检查准备不同的日志(例如：常规巡查、日检及周检)。

d. 除(c)项外，记录卡片规定了可接受的参数范围。

33. 经常检查现场的设备状况。

a. 只有在怀疑发生故障时，操作人员才检查设备。

b. 操作人员在每次交接班时检查设备。

c. 操作人员定期检查设备，并在标准记录卡片上记录现场仪表读数。监管人员偶尔检查记录卡片。

d. 除(c)项外，用控制面板仪表上的读数核查记录的读数。监管人员定期检查日志。

34. 建立测试清单和测试程序，当机会出现时，操作人员应开展测试。
   a. 若设备发生故障，操作人员记录“测试”结果，例如，压缩机启动时是否发出警报。
   b. 操作人员自己设计测试，来检查故障设备。
   c. 操作人员备有测试清单和测试程序，一有机会就执行测试。如果测试失败，则提交维修工作单。
   d. 除(c)项外，记录所有测试，并提交给安全工程师审查。

保持良好的内务管理

35. 列出内务管理的期望要求，并强制执行。
   a. 定期清除垃圾，并清理重大泄漏现场。
   b. 操作人员保持作业区域基本清洁、无垃圾和泄漏物，但是设备表面存在可见的污渍或磨损。
   c. 各操作人员负责其作业区域的内务管理。管理层在绩效审核时考虑内务管理表现。
   d. 管理层执行正规的内务管理程序，提供资源并监控程序遵守情况。

确保正确实施标签标识工作

36. 为设备和操作提示创建标签标识标准。
   a. 操作人员使用装置术语，为设备贴标签。
   b. 标签符合相应规范，但是没有创建公司标准。
   c. 按照相应的规范，并考虑本地语言习惯和期望要求等各方面因素，创建了公司标签标识标准。
37. 为所有设备进行贴标和色标。
   a. 根据供应商或项目小组的决定或选择进行贴标。
   b. 为所有重要设备贴标，但是各区的标签不尽相同，操作人员可自行决定添加手写标签。
   c. 程序内提及的所有设备都已按照要求清晰贴标。
   d. 除(c)项外，标识标签是设备采购包的一部分。
38. 将所有关键安全设备进行贴标和色标。
   a. 所有物品采用统一类似的贴标。
   b. 关键安全物品都已贴标，但是各区的标签不尽相同。
   c. 所有关键安全设备都已按规定清晰贴标。
   d. 除(c)项外，将贴标审核工作纳入年度紧急程序审查工作的一部分。

确保适当照明

39. 操作区应照明状况良好，如果照明出现故障，应立即整改。
   a. 作业区域基本有照明，但有些区域的照明效果不佳。
   b. 作业区域的照明状况良好，但是烧坏的灯泡没有及时更换。
   c. 作业区域的照明状况良好，但是操作人员报告灯泡烧坏后，没有及时更换。
   d. 除(c)项外，操作人员可以调整关键区域例如控制室的照明程度。

确保仪表和工具状态良好

(参见第12章“资产完整性及可靠性”中的工作活动)

40. 创建一份程序，确保仪表和工具保持良好工况。
a. 如果操作人员报告设备发生故障，应进行修复。
b. 根据预防性维护计划定期检查设备，根据需要进行修复。
c. 除(b)项外，操作人员每次使用设备前都需要检查设备，若发现缺陷，需要上报以便进行维修。
d. 除(c)项外，有一个正式系统标记停用的设备。监管人员定期检查设备状态，迅速修复或替换。

17.3.4　培养必需的技能/行为

重视观察并关注细节

41. 鼓励员工发现并报告工艺和设备中存在的异常情况。
a. 员工报告重大问题和设备故障。
b. 员工记录需要进行维修的故障，并避免执行计划外停车。
c. 员工在日志里记录影响安全的条件，并立即采取整改措施。
d. 工人在日志里记录所有偏差情况，并立即采取整改措施。

推广质疑/好学的态度

42. 创建并提倡一个质疑/好学的环境，欢迎员工提出与操作各方面安全相关的各种问题，包括非常规活动，即使此类活动是由专家计划并实施的。
a. 只要提出的问题有效，质疑的态度将被视为正面积极因素。
b. 装置文化推崇“安全第一”的理念，鼓励所有员工对所有操作的安全依据提出疑问。
c. 装置文化推崇“安全第一”的理念，员工有权停止他们认为不安全的操作，直到疑虑得到解决为止。

43. 创建并推广一种开明的环境，鼓励员工深刻彻底了解工艺过程。
a. 员工培训内容包括工艺动态过程的相关基本信息。
b. 肯定质疑的态度，并视为积极因素，但是专家倾向于只为那些他们认为有必要答复的员工提供解答。
c. 装置文化提倡质疑精神，并对那些具有良好故障诊断技能的员工予以肯定与认可。
d. 装置文化提倡质疑精神，并对那些学习并掌握良好故障诊断技能的员工予以肯定与认可。员工定期相互提问，解释他们观察到的情况，并编制出最佳应对策略。

培训员工识别危险

44. 培训员工如何识别危险，如何发现可能存在的未知危险。
a. 员工接受危险识别的常规培训。
b. 员工接受风险分析的具体培训。
c. 员工接受与工作区域相关的具体风险分析培训，以及从事件中学习经验教训的相关培训。

45. 培训员工，使其了解何时要求他人一同进行风险分析。
a. 员工依靠自身对风险的判断。
b. 员工发现异常高风险后通知管理人员。

c. 在不影响工作进度的前提下，员工定期联络管理人员和技术专家进行风险分析。

d. 员工定期联络管理人员和技术专家进行风险分析，直至其完全理解危险并有能力管理风险为止。

培训员工来进行自检和互检

46. 鼓励员工慎重操作，并在条件不符合其期望要求时停止操作。

a. 员工依照程序及培训规定执行工作活动。

b. 员工依照程序执行工作活动，并在不符合程序条件时停止作业。

c. 除(b)项外，员工在实施下一步操作之前确认预期响应。

d. 除(c)项外，员工确认已在采取操作之前正确识别工作步骤。

制定行为守则标准

47. 对员工保持可靠绩效的行为规定了管理要求。

a. 只规定了禁止的行为，例如：打架，喧哗或滥用药物，违反者将受到惩罚。

b. 除(a)项外，还进行人际关系培训(例如：多元化培训；矛盾决议)。

c. 除(b)项外，还包括同事间的互查互助，以持续满足标准要求。

d. 除(c)项外，也要求承包商参与。

48. 鼓励开明的沟通。

a. 员工可以通过意见箱提意见。

a. 员工可以向其管理人员提出意见或疑虑，寻求解决办法。

b. 除(b)项外，还确定了多个备选沟通渠道，供员工在感觉有必要提请上级管理层注意时使用。

49. 提倡团队精神。

a. 虽然每个工作小组/班组都是独立个体；但是他们会按照组织要求在某些特定项目上进行合作。

b. 所有工作小组/班组明确其目标是为了保持可靠有效的操作；并会全力配合以实现该目标。

c. 除(b)项外，那些具备合作精神的员工会因此获得奖励。

17.3.5 监控企业组织绩效

贯彻责任制

50. 确保员工对其绩效负责。

a. 如果因员工行为造成损失，员工会受到惩罚。

b. 如果因员工行为造成未遂事件，需要对员工进行指导或惩戒。

c. 如果因员工行为违背既定程序和操作规程，即使结果是好的，也需要对员工进行指导或惩戒。

d. 除(c)项外，在企业内分享总结的经验教训。

51. 奖励实现良好绩效的员工。

a. 为员工持续发放薪水就是对他们良好绩效的奖励。

b. 向少数几名员工颁发象征性的奖励。

c. 向达成目标的个人和团队进行重大表彰并给予金钱奖励。

d. 除(c)项外，工人们帮助挑选获奖者。

力争不断提高绩效

52. 确定绩效指标和推进目标改进。
   a. 规定绩效指标，但是管理层主要关注负面趋势。
   b. 规定绩效指标，管理层对于正面成绩予以奖励。
   c. 除(b)项外，管理层还就进一步改进绩效寻求员工的意见。

确保员工的职责适应性

53. 确保员工在身体和精神上都能适应他们要担负的工作职责。
   a. 监管人员负责观察其工作小组成员的工作适应程度。
   b. 员工必须定期体检，并随机测试是否滥用药物。
   c. 除(b)项外，公司设有一个员工帮助计划。
   d. 除(c)项外，对工时和工作进度都有严格的限制。

执行现场检查

54. 定期在现场审查作业规程，确保符合培训要求。
   a. 随机执行现场检查。
   b. 发生事件后执进行现场检查。
   c. 在白班偶尔执行现场检查。
   a. 定期对所有班组执行现场检查，发生重大变更后也需要执行现场检查。
55. 创建系统来定期检查作业区域，判断：(1)是否遵循最佳操作规程；(2)是否根据相应许可证控制异常活动；以及(3)是否保持良好的内务管理。
   a. 由监管人员负责对作业区域自行判断。
   b. 要求监管人员定期执行现场检查，检查协议包括：检查非常规作业，确保按要求执行了许可。
   c. 要求所有管理人员、监管人员、工程师以及其他技术人员按照规定时间进度执行现场检查，并在交接班会上审核结果。
   d. 在执行(c)项时采用一个详细的办法，跟踪调查检查结果，以此帮助找出需要修改的地方。
56. 审核已完成的日志和报告，根据审核结果，采取措施提高其准确性和完整性。
   a. 对于需要多次换班才能完成的工作活动，需要保存书面日志。
   b. 无论何时，都要保存书面日志。
   c. 无论何时，都要保存书面日志，并定期审查日志是否准确、完整。
   d. 定期审查所有书面日志、许可证、工作单等的信息是否准确、完整。如果发现偏差，指导员工正确地编写。

立即整改偏差

57. 发现与操作规程和程序存在偏差时予以更正。
   a. 管理层仅针对员工不执行作业进行纠正。
   b. 管理层仅纠正那些存在安全危险的违规情况。
   c. 管理层随时纠正所发现的违规操作。
   d. 管理层和同事随时纠正员工或承包商发现的违规操作。

17.4 提高效能的方法示例

本节提供了一些案例，这些案例做法能有效改进与操作纪律管理有关的工作内容，并经工业实践证明可行。根据第17.2节中的关键原则，这些案例可分为以下两类：

1. 能够提高操作纪律管理工作绩效的方法；
2. 提升操作纪律管理的效率，在保持操作纪律管理绩效水准的同时尽可能降低资源消耗。

这些案例均源于工业实践、行业研讨会和CCPS会员单位。希望改进管理系统和本要素相关工作活动的读者，应检验这些方法，评估自己企业当前管理系统和工作活动的绩效和效率，然后按照第2.1节所述的基于风险的原则，选择和执行改进措施。

17.4.1 保持有效运行

通过利益共享鼓励员工提高绩效。如果员工切实感受到企业各项目标所带来的好处，将会更容易拥护并实施这类目标。对于能够改进安全、环境和操作绩效的行为予以嘉奖，是促进员工接受并遵守*操作*纪律最为有效的办法。

17.4.2 控制操作活动

为员工提供便携式电子检查表和程序。电子版程序和检查表可方便地下载到个人掌上电脑(PDA)内。如果现场仪表和组件标有条形码，员工可以借助PDA来确认所选择的设备或材料是否正确，还可直接输入读数和备注。若操作人员存在任何疑问，可以调看程序细节和图表。监管巡查或程序完成后，操作人员可以将数据下载到中央电脑内保存记录，以便日后进行跟踪，并与远程仪表读数、作业令、通知等进行比对。

采用基于计算机方式的必读清单。持续及时告知员工相关变更条件、程序和制度有助于员工更好地完成工作。信息流不会因某个员工离开装置而停止传送。在文档管理方面，电子系统要比纸制系统更加可靠，电子系统可根据需要提供文件，并保持人员的查看历史记录。

要求监管人员召开作业前的简会。告知非常规作业的人员在装置各种条件下进行的工作任务。负责人应说明工作意图；说明特别注意事项；为询问、异常情况或紧急事件提供联络点；负责检查作业区域，确保实际情况符合预期要求。

要求监管人员执行工作计划简会。确保可靠运行的办法之一就是尽量消除意外情况。监管人员应将计划作业及正在实施中作业的当前状态告知操作人员。此外，监管人员还要召开常规计划会议，用以协调当天、下周或下个月将实施的具体工作活动。

谨慎安排高危作业的进度，以最大限度降低风险。有些时候要比平常更加紧张忙碌；应合理安排高危作业的实施时间，以便员工更多地注意细节。为最大限度降低风险，高危作业的安排要符合以下三点要求：员工精力最为充沛；其他工作活动对高危作业的影响达到最小；可以获得其他工作小组的最大支持。

委派一名班组技术顾问。虽然不要求操作人员具有工程师或化学家的教育背景，但需要对工艺技术方面有透彻的理解，这一点对于正确处理不常见或异常情况而言至关重要。为每个班组委派一名技术顾问，确保各项操作决策都是在坚实的技术信息基础上制定的。

委派一名区域经理。有时，在建筑或作业区域某一部位实施的作业活动可能会给另一部位带来安全隐患。例如，操作人员在审批单元内动火许可证时，可能对建筑物内消防喷淋拟实施的计划作业一无所知。委派一名装置管理人员负责具体区域的各项活动，从而确保不会出现意想不到的情况。该管理人员应控制进出该装置的权限，并审批所有装置维护或修改情况，协调装置内的所有工作活动。

规定操作限制条件。除程序中规定的各项安全过程操作限制外，还存在一些对于安全开车或保持正常运行状态而言必不可少的其他关键资源和系统。例如，一架飞机也许可以在引擎出现故障后继续安全飞行，但在飞机起飞前，至少要求所有引擎都需要正常运行。同理，管理层应确定在开车前必须可以运行的关键系统，包括：垃圾焚烧炉或紧急停车系统，如果此类系统在运行过程中出现故障，须立即采取补救措施，如：降低产量或停车。此外，还必须备有某些资源，如消防队。总而言之，这些规定一同构成了装置开车或保持正常运行须满足的操作限制条件。

17.4.3　控制系统及设备状态

执行正规的内务管理计划。用于管理工厂资产并保持良好内务整理的系统，能够有效地提高生产力和安全性，这一点已经得到了证实。员工负责其所在作业区域的内务管理，管理层必须为实施该计划提供资源。

张贴标签、标记和操作提示并保持字迹清晰可见。员工应巡查装置的所有区域，找出危险物料，并确定设备的具体种类。如果是经常作业的区域，由于过于熟悉，员工常常会对标签的损坏、遗失、废弃、或信息错误熟视无睹并不在意，因此，管理层应定期通知员工检查职责外的其他区域，检查标签是否完备。

17.4.4　培养必需的技能/行为

随机考察员工的诊断技能。要求员工定期思考异常情况的应对方法，有助于确保在真的发生这种情况后仍然能够保持可靠绩效。管理层应定期询问员工“如果-怎么样”情景，并奖励那些找到最佳解决办法的员工。假设的情况应该是现实中会出现的情况，可以从装置的实际情况或事故中获得的经验教训进行假设，假设也可以挑战装置安全操作限值。随后可将最佳解决办法集结成文并发表，作为员工的必读材料，此外，对绩效高的人员或企业进行表彰或奖励。

将工作观察范围扩展到员工。最佳操作规程在实施过程中常常会遇到阻力，这是因为它为已经工作了很长时间的监管人员和技术人员又添加了一项负担。一种办法可用来提高员工的参与程度，那就是通过为员工提供时间和奖励来观察并指导同事(参见第 6 章，人员参与)。显而易见，为了取得更好的作业效果，必须确保计划是将重点放在认可作业绩效高的员工，而不是旨在找出并惩罚那些犯错的员工。但是，员工会慢慢意识到要想实现小组目标并获得奖励，每个人都必须做好本职工作。

培训监管人员找出能力下降的员工。生病、紧张或滥用药物都可能影响员工的操作能力。但是当员工出现这种情况后，员工通常会遮掩自身的不足，不让他人发现。但如果监管人员观察敏锐，在经过特定培训后，就可以察觉到某些征兆。管理层须培训监管人员，以便监管人员能够顺利找出由于某些原因影响而无法胜任规定工作的员工。

改变工作分配情况。如果员工每天都做相同的工作，时间一长，难免会自满懈怠，疏忽大意。管理层可以通过工作活动的调度分配来培养一支更加灵活变通的员工队伍，这种安排还有助于保持员工的工作兴趣。尤其是让员工在控制室和现场之间轮换作业，有助于确保内操人员了解现场状况和外操人员了解内操的工作活动。

允许工作小组灵活分配工作活动。若员工称其无法实现最佳工作绩效，如因服用了感冒药，应容许工作小组协调其成员间的作业分配，允许该员工当天执行严格程度稍低的工作。管理层应鼓励此类自我报告和工作协调，不对其进行干预，除非员工这样做的真实意图是为了逃避困难或令人讨厌的工作。

17.4.5 监控企业组织绩效

奖励能找出预设缺陷的员工。员工很难对没有发生的事情进行观察。因而，对于可靠性较高的系统，由于系统运行状况极佳，员工可能会掉以轻心，不会再过多注意。为了鼓励员工能持续地细心观察，管理人员可以在系统内设置一些通过观察可以发现的(但前提是无害的)异常情况，如在泵附近放一小摊油，对于那些观察、上报此类异常情况或采取更正措施的员工予以奖励。

每天都要对许可执行的作业有一个宏观了解。大部分非常规作业都需要提前一天或多天进行安排。有些非常规作业会给操作小组带来压力，从而导致操作风险上升(例如，根据作业安排常常需要密切监控承包商)。由于风险还可接受，因此操作团队还可负担过多的非常规作业。但是如果多项非常规作业同时进行，可能会极大提高风险。如果还有其他不相关因素同时叠加，将为企业施加更大的压力，这一点就更为明显，例如：现场操作员休假，搬运工代替现场操作员，高级操作人员休病假。若出现这种情况，那么原本常见的非常规作业活动相关的风险会迅速上升，并超出可接受程度。通过每天审批计划中和计划外的所有工作活动，以及审查人员编制、培训、生产部门与维护部门员工的操作经验，管理人员至少可以了解高风险的强度，并可综合当前情形决定采取可行的作业活动。

提供员工匿名报告程序。有时，员工因为担心管理人员或同事报复而不愿意报告操作事项。管理层应提供一条独立的沟通渠道，员工可以通过该渠道匿名报告。根据企业文化不同，可以要求第三方向员工保障他们的匿名报告会被保密。

提供过程安全观察员。在装置开车的操作高峰时期，操作人员很可能会忙着解决一个个问题而无暇顾及其他。独立观察员的首要职责就是避免装置事故发生，在错综复杂的开车和停车期间，观察员可本着安全操作的出发点提供客观的观察。此外，观察员还有助于保障有效的员工资源管理，以便让一部分员工着重保持重要功能的正常运行，而让另一部分员工对故障区域进行诊断。

17.5 要素指标

第 20 章阐述了如何以及何时利用指标来适度提高绩效的方法。本节将列举若干个指标实例，说明它们如何用于监测操作纪律要素的健康状态，并按照第 17.2 节中提及的关键原则进行了分类。

除了明确关键核心指标外，还需要定期对指标进行跟踪和考核。有时，指标所需信息比较简单，例如员工总数指标。而有些指标需要多个参数才能拿确定，如员工的平均工龄指标，需要利用多名员工的工龄数据来计算平均工龄。部分指标用于跟踪动态变化率，如员工离职率指标等。动态变化率甚至可能是工厂最为关注的数据指标。由于工厂情况千差万别，需要自行确定指标的跟踪方法和考核方法，保证工厂 RBPS 管理系统的健康运行。

17.5.1 保持有效运行

- *因操作事项作为根本原因引发的事故数量*：呈现上升趋势可能说明操作纪律要素存在缺陷。
- *符合规定职责的合格员工人数*：如果人数低于最低员工人数要求，说明由于人力资源缺乏即将发生故障。
- *改进绩效目标的进程*：缺少进步可能说明没有高效执行操作程序，没有维修老化设备，或缺少必要的管理层支持。
- *员工流失率*：呈现上升趋势可能说明员工对工作的希望破灭，不能满足所供人力资源的期望。即使流失率很低，应制定一份用以及时填补关键工作职责空缺的计划。

17.5.2 控制操作活动

- *因投机取巧导致的未遂事件及事故*：呈现上升趋势可能说明没有强制执行最佳操作规程、绩效目标过于激进、人手不足或过于看重结果而不是行为本身。
- *超出安全操作限值后发生的事故数量*：呈现上升趋势可能说明安全界限设定不当或者对于异常情况控制不力。
- *人机缺陷及未遂事件报告数量*：呈现下降趋势可能说明管理层已经解决了很多可能出错的地方，或者员工由于报告后情况并没有得到更正而心情沮丧，减少了报告次数。
- *因受训人员造成的事故数量*：呈现上升趋势可能说明对于在职培训工作的控制力度不够。
- *控制室的访客人数*：人数多反映频繁出现干扰情况。
- *每单位工时生产的产品数量*：呈现下降趋势可能说明需要提高企业效率或增加人手。

17.5.3 控制系统及设备状态

- *虚假警报及持续响起警报的次数*：呈现上升趋势可能说明操作员工作量过大或者分神，操作限制界定不明或修复故障的人手不足。
- *非常规维修及紧急维修工作单的数量*：呈现上升趋势可能说明操作人员没有发现初期征兆或忽视常规维护工作。
- *经审查发现不能操作的仪表和工具数量*：呈现上升趋势可能说明操作人员对于人机界面关注不够或管理层没有提供足够的人力资源立即修复缺陷。
- *未填写完整的班组日志或报告数量*：呈现上升趋势可能说明操作人员工作量过大或分心。
- *未执行的监督巡查的次数*：呈现上升趋势可能说明操作人员工作量过大或管理层对此并不关注。

- *因滥用设备引发的工作单的数量*：呈现上升趋势可能说明设备设计不良或维护不佳或操作人员没有执行最佳操作规程。
- *对人机界面进行修复所用的平均时间*：呈现上升趋势可能说明资源不足或者无法找到废弃设备能替换的备件。
- *内务管理审查次数及审查积分*：审查次数呈现下降趋势及审查得分下降可能说明管理层和员工对其关注程度下降；审查次数稳定或呈现上升趋势，或审查积分稳定或呈现上升趋势通常说明良好的内务管理是操作规程不可或缺的组成部分。
- *解决非常规事件所用的平均时间*：呈现上升趋势可能说明资源不足或对于工艺偏差越来越缺乏重视。
- *检查出的与标签相关的缺陷数量*：呈现上升趋势可能说明没能一直保持良好的标签状态。
- *检查出的与照明相关的缺陷数量*：呈现上升趋势可能说明没能一直保持良好的照明状态。
- *签发的进出权限许可数量*：即使因计划中的工作活动，如：计划的检修，导致许可颁发量上升，也说明操作员工作负担过重；呈现下降趋势可能说明员工没耐心等到获得操作工艺设备的许可。

17.5.4 培养必需的技能/行为

- *因缺乏自检或互检而造成的事故数量*：呈现上升趋势可能说明对于细节关注不够。
- *询问员工"如果-怎么样"情景的次数*：如果数值低或者呈现下降趋势可能说明管理层缺乏对提高工人技能的关注。
- *加班工时所占比例*：呈现上升趋势或异常峰值，可能说明工作适应性出现问题。
- *旷工时间*：呈现上升趋势或异常峰值可能说明职责适应性出现严重问题。
- *完成规定阅读所需的平均时间*：呈现上升趋势可能说明员工没有时刻留意工厂的当前状态，也可说明人手不够。
- *因具有破坏性的个人行为所造成的事故数量*：呈现上升趋势可能说明对工作环境管理不力或者没有落实公司的逐级惩戒政策。

17.5.5 监控企业组织绩效

- *管理人员对于作业区域进行的检查次数*：数值低或呈现下降趋势可能说明管理层没有提供现场检查支持。
- *意外停车次数*：呈现上升趋势可能说明操作程序失败或者设备磨损。
- *因正当理由激活非计划性安全停车系统的次数*：呈现上升趋势可能说明 *操作*程序失败，如，在故障初期，操作人员没有注意，没有及时采取更正措施，或者操作人员宁愿在发生故障时激活停车程序以进行应对。呈现下降趋势可能也说明该操作程序失败，如：旁路了关键联锁，或者说明操作程序成功，操作人员注意并更正了初期故障。
- *因非正当理由激活非计划性安全停车系统的数量*：呈现上升趋势可能说明 *操作*程序失败，如：员工在测试安全系统或者在安全系统附近作业时不够细心或者员工因非安全原因使用安全系统。呈现上升趋势可能还意味着 *资产完整性*程序失败，如：设备故障激活虚假警报。

- ***针对目标进程进行沟通的频率***：沟通频率呈现下降趋势可能说明管理层不愿直面坏消息或对其关注程度下降。此外，还说明由于员工看不到他们努力后的成果，导致员工士气下降。
- ***管理层委派下属进行的检查所占比率***：呈现上升趋势可能说明管理层对操作纪律不够重视。
- ***纪律处分次数***：呈现下降趋势可能说明操作纪律管理生效或管理层对于不良绩效采取容忍态度。数值高可能说明过于依赖个人观察和管理控制，没有把重点放在消除可能出现的故障上面。
- ***没有通过随机滥用药物测试的员工比率***：呈现上升趋势或异常峰值，可能说明在工作适应性上存在严重问题。

17.6 管理审核

管理审核系统的设计和执行详见第 22 章。为确保操作纪律管理的正确运行，应对许多具体的管理问题进行定期检查。管理审查要首先评估被审核系统的有效性。企业操作纪律管理不到位，或者变更管理系统的改进效果差强人意，那么管理层应寻找所有可能的整改措施加以实施。在某些情况下，企业有可能并未找出正确的整改措施予以实施，或者实施方向出现偏差。即使整改的结果令人满意，通过管理程序审查仍能检验资源是否充分利用？有些工作是不是有更为有效的实施办法或者事实上根本无需实施？管理层可结合上一节的各项指标，及个人观察、直接问询、结果审查、反馈来解决上述问题。讨论的工作内容和主题可包括以下内容：

- 与工人讨论其工作职能，确认其了解自身责任以及职权等级。
- 与工人讨论可能发生的故障及事故，确保其了解进行报告的责任。
- 与操作员讨论工厂的绩效目标和当前的绩效，确保其理解。
- 确保当前操作规程符合政策和期望，例如：
  - ○ 利用对讲机沟通时没有进行无谓的闲聊，没有使用非标准语言进行沟通；
  - ○ 同步记录交接班日志，并井然有序地转交日志；
  - ○ 铅封、排水塞和舱盖设置就位；
  - ○ 定期检查爆破片与安全阀之间的压力；
  - ○ 作业区域没有会让员工分心的事情或未经授权的娱乐设施。
- 审核个人和部门加班工时总数，判断是否可以备有充足的人力资源来执行必要任务。
- 探讨工作条件，判断是否必须要通过采取捷径才能及时完成工作。
- 判断是否真正按照规定进行了反复检查，还是只是简单地签发敷衍了事。
- 检查维修工作单，决定紧急作业所占比率。
- 审核单元日志，确保工作小组与负责的操作人员一同协调了工作活动。
- 审核非常规活动的授权过程，查看是否存在违规现象。
- 监控影响操作人员执行其首要任务的访客和行政管理工作的数量。

- 说明虚假警报和持续响起警报的次数。
- 调查是否为满足生产目标而延迟维修。
- 巡查作业区域，评估内务管理情况及规定的安全设施状态，例如：卡车站的止轮块、关键阀上的锁具，灭火器满装可用等。
- 调查造成不同班组、小组、区域或部门的重大绩效差异的原因。
- 确定监管人员现场监察作业的频率。
- 判断在正规培训安排外，同事之间是否互相观察并给予指导。
- 确保不断更新组织机构图，并保持明确的职责和职权等级。

除上述注意事项外，管理审核还应该评估组织机构各方面的管理力度。如：操作纪律是否充分？操作正规程度是否超出常规任务要求？发生故障时，是否可以由了解命令链的关键员工来进行谨慎的决策。此外，关键员工是否能够胜任？如果整个组织机构要依靠一人做出所有高危判断，那么如果此人突然辞职或生病，会发生什么情况？管理审核为组织机构提供机会来如实评价其能力，并采取措施找出所有疑虑，以防由于操作纪律出错造成损失事件，或在不断追求员工绩效的过程中失去了关键的驱动力。管理审核中发现的缺陷按照第 22 章的规定进行解决。

不管所问的是什么问题，管理审核应力求评估组织在若干个层面上的状况。操作纪律是否足够？操作正常程度是否超出常规任务要求？当发生偏差时，关键人员是否正确理解风险而做出适宜的决策？此外，关键人员是否能够胜任？如果整个组织只依靠一个人对所有的高危情况做出艰难的判断，这个人突然辞职或生病，会发生什么情况？管理审核为组织如实地评估其状况，并采取措施避免由于操作纪律出错发生损失事件或在不断追求员工绩效的过程中失去了关键的驱动力。管理审核所揭示的任何缺陷应按照第 22 章所述加以消除。

参考文献

17.1 *EPA Chemical Accident Investigation Report – Tosco Avon Refinery, Martinez, California*, EPA550-R-98-009, U.S. Environmental Protection Agency Chemical Emergency Preparedness and Prevention Office, Washington, 1998.

17.2 *Conduct of Operations at Nuclear Power Plants*, DS347, International Atomic Energy Agency, Vienna, 2005.

17.3 *Conduct of Operations Requirements for DOE Facilities*, DOE Order 5480.19, U.S. Department of Energy, Washington, 2001.

17.4 Galsworth, Gwendolyn D., *Visual Systems: Harnessing the Power of the Visual Workplace*, American Management Association, New York, 1997.

17.5 Hirano, Hiroyuki, *5 Pillars of the Visual Workplace – The Sourcebook for 5S Implementation*, Productivity Press, Portland, Oregon, 1995.

18
应急管理

1947 年 4 月 16 日早晨 8 时许，一艘名为 Grandcamp 号的货船停泊在得克萨斯城畔，正往船上装运硝酸铵化肥，突然船上一间货舱失火，起火之时，船上一个货舱里已装上 1400t 袋装硝酸铵，而另一间货舱也已装上了 800t 硝酸铵。起火后，由于害怕货物蒙受损失，船长举棋不定一个小时后，终于决定放弃用水灭火，而是吩咐船员封闭船舱，用高压蒸汽排除氧气。但不幸的是，硝酸铵表面覆有石蜡，一旦引燃，即便没有氧气仍能继续燃烧，更糟的是，蒸汽产生的热量犹如火上浇油，加快了硝酸铵燃烧速度。等到上午 9 时 12 分，货船发生爆炸，吞噬了至少 468 条无辜生命，从死亡率来看，本次事故是美国史上最为惨痛的工业事故。货船爆炸殃及附近的化工厂、油港，在爆炸后的 16h 内，陆续发生多起巨大爆炸和火灾事故，事故愈演愈烈，最终于 4 月 17 日清晨爆发大规模爆炸事故，停泊在同一停泊地的邻近 Grandcamp 号的 Highflyer 发生爆炸，船上的 1000t 硝酸铵悉数尽毁。

据一名专门研究过得克萨斯城灾难的作家称："在巨大的危险面前，安全和应急响应措施显得如此不堪一击，在猝不及防的情况下，没有人有如此神通，能迅速控制事故后果，防止事故演变升级为一场灾难。"显而易见，应急响应措施漏洞百出，包括(1)决定使用蒸汽来除氧，而不是用水来除热；(2)疏于疏散 Grandcamp 附近码头上的围观人群。事实是，事发早晨 8 时至 9 时 12 分之间，有数百人围聚码头，都存着一门心思，好好地观看色彩明艳的烟雾和火焰组成的宏伟景象(见参考文献 18.1)。

18.1 要素概述

发展合适的应急管理和响应能力是 RBPS *风险管理*原则的九大要素之一。本章主要介绍用于基于风险的应急管理系统所具有的属性。第 18.2 节介绍了应急管理系统的关键原则和基本要求。第 18.3 节阐述了满足这些基本要求的工作活动及相关方法，这些方法与认知的风险、所需资源以及企业文化密切相关。第 18.4～第 18.6 节包括：(1)提升应急管理系统有效性的方法和具体程序；(2)应急管理要素的监控指标；(3)应急管理要素的管理审核。

18.1.1 要素定义和内容

应急管理包括：(1)为可能发生的紧急事件制定应急预案；(2)提供执行应急预案所需的资源；(3)贯彻并持续改进该预案；(4)培训或告知员工、承包商、邻近工厂以及地方政府：事故发生时如何行动、通知方式以及紧急事件上报方式；(5)在发生紧急事件后，如何高效联络利益相关者。

应急要素范围远不止"灭火"而已。本章着重从三大方面介绍应急规划和响应工作。

- 保护人员安全，包括现场人员、场外人员和应急响应人员。
- 发生灾难性事故时的响应措施，包括爆炸、大规模化学物泄漏或其他能量泄漏。

- 联系利益相关者，包括附近工厂和媒体。

本章不详细介绍由于自然灾害及人为故意(如蓄意攻击、公众集会和示威、蓄意破坏)造成的事故，尽管很多此类事故的处理方法与工艺安全事故类似。此外，某些事项也未纳入本章探讨范围，包括业务持续性规划、抢险工作或保留对事件调查可能有用的法庭证据。对此类事项全面论述，见参考文献 18.2。

18.1.2 重要性

行之有效的应急规划和响应措施能显著降低事故后果。1947 年 4 月 16 日事发当天，相关人员未曾设立警戒区域，也未采取相应措施使围观人群以及无关人员与 Grandcamp 保持一定安全距离，这是导致数百人殒命于此的直接原因。即便在事件中，无人丧生或重伤，相关方也会出面审查工厂是否具有在社区内经营的资格，而公众对工厂在应急响应工作能力的看法对审查结果的影响很大。卓有成效的应急管理措施不仅能援救生命，保护财产与环境，更能让利益相关者安心，即便有事故发生，也相信对工厂能有效控制，认为企业可以安全平稳运营。

18.1.3 对象和时间

通常在可能发生事故的设施和社区开展应急管理工作，这些工作包括：(1)规划和培训工作，这项工作经常进行；(2)演习演练，通常为一年一次或多次；(3)实际应急响应工作，若其他 RBPS 要素得以有效落实，实际响应工作则很少执行。除此以外，应急管理工作还涉及与当地有关部门沟通交流工作，比如，参加地方应急预案委员会(LEPC)召开的月会。

18.1.4 职责分工

应急规划通常由工厂内外专家制定。规划人员通过咨询生产部门和审核产生*风险*要素的工作，来帮助确定和选择应急规划场景。制定应急响应计划时，须与可能牵涉的工作团队协商，并经常与事故可能涉及或影响到的工人共同评估该应急规划。虽然常由生产部门负责第一时间应急响应工作，比如工艺停车和有害物料隔离，但并不是孤军奋战。训练有素的团队会尽快提供协助，在一名应急指挥员统一部署下，执行应急响应工作。此类团队常常包括工厂响应小组和外部机构，而外部机构则包括消防部门、医护人员、危害物料小组、甚至附近工厂自发组织的互助响应小组。危机管理工作通常在高级管理人员带领下开展，并将重点放在消除事故直接后果以外的事项。

18.1.5 预期工作成果

有效的应急管理应该能够降低事故后果，包括风险承担者的任何利益缺失。应急管理工作产生的更为切实的中间成果包括测试合格、行之有效的应急响应计划；训练有素、装备完善的响应小组以及能有效保护：(1)可能被事故伤害的人员(包括应急响应人员)；(2)环境；(3)资产免受事故损害的方法。

应急管理与*风险*因素息息相关。其实，早在开展应急规划工作时，便已考虑了风险这一要素，而提出将风险作为管理系统的制定基准，那还是后来之事。因而在制定应急计划时，自然而然会想到三个基本风险问题：

- 哪些事故可能发生——哪些类型的事故需要制定应急响应预案？
- 会有多严重——操作人员用便携式灭火器就能扑灭火灾，还是需求助专业消防救援部门？
- 事故可能发生的频率——特定事故发生的概率高到必须成立内部响应小组，还是依靠当地有关机构就可以？

行之有效的应急响应还需要训练有素的员工及可靠实用的设备，因此应急响应工作在很大程度上还取决于*培训*和*资产完整性*这两大要素。

18.1.6 实施过程

应急管理工作大多为防患未然之举措，在事发之前，便已完成。他们包括：

- 全面规划；
- 有效培训；
- 模拟演练；
- 与利益相关者保持互通；
- 形成企业文化，制定操作纪律，保证人员遵循应急计划和程序。

如果上述工作一一落实到位，当事故发生时，应急工作就可以基于事先制定的周详计划，按照培训的方法、明确的职责顺利开展应急工作。而如果未曾执行应急规划工作，或执行的计划不符合实际，一旦事故发生，将很快演变成一场灾难。

18.2 关键原则和基本要求

虽然重大火灾、爆炸和有毒物料泄漏事故很少发生，但工厂仍必须认真开展应急规划、培训工作，并装备必要的设备。若长期疏于演练，应急响应人员作战和反应能力将会退化，因而必须通过开展演练，来测试应急响应计划和程序的有效性。正是因为常常攸关性命，所以每项响应措施必须做到各尽其用。

应急要素与政策关系紧密，比起其他大多数 RBPS 要素，有过之而无不及。在找到出错原因后，应急方案制订者首先自问"我们需要做多少？"，很多时候的最佳答案可能是"很少"或"无"。在这种情况下，工厂适于全权委托当地有关部门负责应急响应工作，而非亲力亲为。企业通过向作业和系统投入资源，从而达到：(1)降低事故发生的频率；(2)安全撤离事故受灾区人员；(3)降低事故影响。一旦管理层决定了应急响应和其他政策制度的平衡性，就会形成相应的权责要求，其中关于确定权责范围以及其他相关内容将在本章进行详细阐述。

在制定、评估或改进应急要素管理系统时，须提出下列关键原则：

- 保持有效运行；
- 应急准备；
- 定期测试计划完备性以及就绪等级。

每个原则的基本要求将在第 18.2.1~第 18.2.4 部分中进一步说明。第 18.3 节将阐述满足这些原则基本要求的典型工作活动。工厂管理层应评估风险和应急要素改进产生的潜在效益。根据评估结果，管理层应建立一个管理系统或对现有管理系统进行升级，以满足部分或所有基本要求、执行部分或所有工作任务，这将取决于感知的风险和/或所识别的过程危险。但是，如果企业文化中没有建立起采用可靠的管理系统，那么上述工作内容都将徒劳无功。即便是最佳的管理体系，缺少了适当的安全文化依托，也无法确保实现高性能及高效率的应急管理能力。

18.2.1 保持有效运行

事件引发应急管理工作。在发生紧急情况时，即便是错误行动或决定，人们也总不免会有所行动(或有意决定不做什么)。应急规划工作则可以大大提高人们行动或决策的正确性，然而比起其他 RBPS 要素，应急响应工作因关注不足而出错的概率要更大一些，所以必须定期严格测试计划有效性。例如，如果计划不定期测试、更新，很难确认是否存在行之有效的撤离计划，是否所有人员都了解此计划。因为应急响应工作不常执行，错失一次良机，不会出现第二次机会让你解决系统缺陷，所以保持应急工作有效运行对于本要素至关重要。

从事加工行业的工厂大多不缺乏应急计划，很多工厂都备有大量三孔活页文件夹，分门别类地陈列事件处理方案，从威胁环境的大规模泄漏事故，至员工携带武器意图谋害同事的行为，乃至可能会形成有毒气云的大规模泄漏事故，全部囊括。工作重点不是多制定计划，而是确保工厂现有计划(1)涵盖所有事故场景；(2)在需要时能起效。

制定书面计划。在这里，书面计划并非工厂应急响应计划，而是一份按照合理结构列述本要素所含工作任务框架的文件。

书面计划应当由过程安全代表、环境、健康与安全代表、应急响应代表、操作代表和当地应急响应机构共同制定。通常各职能岗位(可能重复程度很高，尤其是在规模较小的工厂)掌握的知识仅是制定一套全面应急响应计划所需知识的一部分，因而在制定应急响应计划时，须要博采众知，综合运用各职能岗位知识。

在书面应急响应计划，或者附属的文件中应明确阐述，操作人员、工厂应急响应小组(ERT)或者同等训练有素的外部响应人员应负责处理的事件。若未能加以明确，可能需要操作人员和一线员工立即做出决定，如何响应紧急事件。因为人员在危机时刻做决定时，通常无暇顾及很多因素，因而很有可能会导致出现不可接受的风险。

面临小规模泄漏、初期火灾或其他意外事件时，操作人员应负的责任大小无法一锤定音。与应急响应人员相比，操作人员对工艺及其危险的了解更为深入，通常也能更快地制定、落实响应方案。但操作人员在装备方面不如应急响应人员(就响应和个人防护设备来说)，也未必能像应急响应人员一样受过良好应急响应相关培训。但操作人员对工艺有着主人翁意识，因而有些操作人员在响应紧急事件时，可能甘愿承担更大个人风险，甚至超过公司要求其承担的风险。如对可接受的行动范围进行登记备案、评审，并采用书面方式传达给操作人员以及其他相关人员，并通过培训加以巩固加强，也就能更好地管理主人翁事宜以及在响应紧急事件时对可接受风险的了解要求。

指定负责人，并明确权责范围。与其他管理系统一样，应急计划包含最终满足系统基本要求和关键原则的工作活动。如果不在具体工作层面上分配角色并明确职责，很有可能会遗漏一些工作。

通常，工厂会指定一名应急要素负责人，常常是应急响应小组组长，该人选一般由熟练掌握应急响应指挥的人担任。指定负责人是妙方良策，只要此名人员了解应急管理工作范围，并积极拥护 ERT 工作范围以外的事宜，通常便能出色完成工作。

发生重大紧急情况时，至少要管理两种不同类型的工作。一种工作是应急响应人员在事故现场指挥员指挥下开展的战术活动。此名指挥人员亲身上阵，直接调控响应工作的方方面面，而且这项职责只能一人担当，决不能与他人分担。此外，事故现场的响应援助人员或物资仍归事故现场指挥员统管，否则须正式任命另一人员接手事故现场指挥工作。例如：应急医护人员、消防主管和 HAZMAT 响应小组组长协商后一致决定，需从他们中间挑选一名人员或指定其他人员担当事件现场指挥员，负责制定决策，更好地协调消防队、医护响应人员和 HAZMAT 小组成员之间的工作。各个区域专家的建议和信息常是决策制定依据。

另一种工作是除了应急响应人员在事故现场指挥员指挥下执行的现场工作以外的其他所有工作，包括指派人员负责答复媒体问话。一个人不可能既同时管理这些名目繁多的工作，又担当事故现场指挥员这一职责。因而，应急要素应明确规定负责：(1)事件响应工作的小组和人员职责范围；(2)负责支持性工作的小组和人员职责范围。

有时可从工厂管理团队中挑选一名人员作为应急要素负责人，主要负责保证一系列应急管理工作均得到适当关注，但常常还要负责不属于事故现场指挥员直接责任范围的工作。同时，在应急规划工作中担起重任，参与外协计划(成为 LEPC 会员)并能主持社区顾问团(参见第 7 章)。

确立计划范围。很多工厂主要根据紧急事件原因以及关联的危险来划定应急响应计划范围，而不是依据工厂区域划分。炸弹威胁响应工作通常不是由接到炸弹威胁电话的部门负责。而火灾响应方案通常在全工厂范围贯彻落实，但适用易燃物的装置所制定的火灾响应计划比起其他单位要更为具体、更为详尽，而且不同工厂采用的具体消防战术可能会相差很大。计划范围通常包括：

- 地理区域(虽然很多计划明确指定是整个工厂)。
- 紧急事件的类型，若存在多个计划，则提供兼具紧急事件类型和响应计划类型的交叉参照检索，方便人员迅速找到有用信息。
- 不同紧急事件的特定活动，例如，是否采取主动出击性行动(消防人员进入工艺区，扑灭重大池火)并指派何人执行此项行动。
- 与其他应急组织的合作，包括与邻近工厂达成互助协议、多公司工厂内不同人员组成的响应小组的指挥调控，以及与当地有关部门达成的协议。

委任有资质的人员。考虑到紧急事件很少发生，工厂内很少人能掌握下列经验：(1)可信工厂特有的事故场景范围以及潜在影响；(2)应急响应操作，包括在缺乏公用和基础设施(平常极为可靠)的情况下操作。因而，对于应急管理计划、特定应急响应及相关应急计划，应该由一个小组进行制定并评审。制定小组应对工厂的整体有全面了解，并经过应急响应操作培训和具有应急相关经验。

18.2.2 应急准备

从定义上看，应急事件指的是突如其来、始料未及的事件，因而几乎不留一点时间或机会让人制定、更新或修改计划。发生紧急事件后，救援人员首要解决的问题是从一系列预先规划的响应方案或在此基础上形成的行动方案挑选出一套行动方案。响应方案是否有效通常受应急人员、人员培训、设备、通信协议和外部支持等的制约。总而言之，配备上述每一种资源，都是一项支出。因而，规划人员常常需要基于风险制定决策，在潜在需求与获取、保有上述资源所需成本之间寻求一个平衡点。

根据危险，确定事故场景。开展紧急事件规划工作时，第一步是确定可能发生紧急事件的范围。从某种程度上，这一步可算是自然而然的思维过程：沿海岸而建的工厂制定飓风防范计划，而地处中西部的工厂则制定龙卷风应急计划。此外以相同的方式，工厂还须确定易发工艺事故范围，这同样也属于规划工作的初步工作。大规模化学品事故通常会引起三类危险：火灾(热效应)、爆炸(压力效应)以及有毒云(生理效应)。因而响应计划往往会论述多个场景，覆盖所有危险类别，并介绍大规模事故易发场景范围。

第二类事件是对身处危险环境的工人造成急性损害的事件。此类别下的危险包括密闭空间氮气窒息危险、热或化学灼伤、坠落、触电或其他不会产生远距离效应的工作场所安全隐患。大多数情况下，工厂在应急响应计划中会明确指出上述危险，一是为了保护人员免受伤害，二是为了能尽快提供治疗。本章其余部分则将会重点介绍很有可能产生远距离效应的大规模过程安全事件，比如火灾、爆炸和有毒物料泄漏。

在辨识事故场景时，工厂加工或储存的危害物料清单以及危害物料最大预期存量和危险信息是唾手可得的参考依据。除此以外，风险分析报告中通常也会指出可信事故场景。在辨识需进一步思索的潜在事故场景时，通常还需综合运用专家意见、当地(设备或工厂)事件记录、全行业事件记录、危险评审文件以及危害物料库存记录。

若附近工厂涉及的危险可能也会波及所在工厂工人，则应急管理规划还要兼顾此类场景。比如，提前决定邻近工厂之间的紧急事件(比如毒气泄漏)通知方式，并在应急管理计划中论述，根据通知类型(如启动工厂临时就地避难计划)告知工厂工人须执行的行动。

但不幸的是，紧急事件可能起因不止一个，蓄意攻击(包括工厂工人蓄意破坏行为)也会引发紧急事件。虽然本书不可能囊括所有恶性事件的防范措施，但应急要素必须提供逻辑思路，指导如何防范上述恶性事件。蓄谋已久的攻击者可能会同时：(1)引发爆炸或有害物料泄漏事故；并且(2)造成工厂应急响应能力全面或部分瘫痪，要规划此类场景尤为复杂。因此，与当地应急响应部门保持密切联络是防范蓄意攻击的重要一环。

评估可信事故场景。对一系列可信事故场景进行评估，以确定可能后果的类型和范围。重点放在保护人员和环境的响应工作。通常取决于：(1)后果类型(易燃、有毒气体泄漏或爆炸)；(2)范围(即距规定的影响终点的距离)。工厂常常采用计算机模型来预测出各种可信泄漏事故的影响后果范围。若可信事故场景清单很长或清单中有些场景产生的影响后果类似，常常要开展分析或模型构建工作来进一步筛选出可能场景。

除此以外，规划人员还须详细了解潜在泄漏源信息，以便对 ERT 展开培训，使其胜任应急响应工作。比如，规划场景是氯气泄漏时，规划人员需了解工厂目前所拥有多少种容器(钢瓶、集装箱或拖车)，方便 ERT 分门别类地将封堵装备放在正确位置。

选择应急规划场景。根据泄漏事故类型、影响区域或可能受灾区域以及行业内的事件经验教训来选择应急规划场景。此外，选择规划场景时，还须考虑预期行动(撤离还是临时就地避难)。规划人员须力求在高后果低频率的场景与低后果高频率的场景之间建立平衡。比如，直接火焰加热器失火的概率为 10^{-2}/year，而可能会带来远距离影响后果的大规模易燃气体泄漏事故发生概率可能低于 10^{-4}/year。虽然上述两种场景风险可能差不多，但在规划应急响应工作时，两种都应加以论述。

此外，应急*管理*要素还常常需要提出不专属于某一特定工艺的场景，例如，很多工厂投入适当设备，开展相关培训，以便在出现意外情况时，顺利开展密闭空间或垂直营救工作。

规划被动自保性响应行动。保护现场及周边群众生命与健康，是应急规划人员的工作宗旨。一般采取防卫行动来提供直接保护。

被动自保性行动具体包括：

- 紧急事件辨识与汇报；
- 发出待命或疏散警报的权限和方法；
- 撤离所需的个人防护设备；
- 安全避难所或临时就地避难所(以及需要采取此策略的情形)；
- 撤离路径、集合点以及到达集合点后应采取的行动；
- 其他撤离路径，临时就地避难所位置以及集合点；
- 清点人数/人员人数清点程序；
- 医护响应措施，尤其是是否需要进行急救或特殊解药；
- 必要时，通知管理层和政府部门；
- 成立应急作战中心，包括被动自保性行动指挥和控制权以及现场指挥权移交政策。

应急计划应提出防卫行动(如撤离和临时就地避难)，并说明：(1)不参与事故响应工作的员工应采取的具体行动；(2)告知员工采取具体行动时的通知方式；(3)计划执行基础。此类计划应通过实际演练来加强巩固。让人们前往指定的安全位置，并执行人数清点工作(与仅仅在纸上评估计划相比)，并加深员工对撤离信号、紧急集合点以及临时就地避难所位置的印象。

防卫行动另一重要方面是在撤退前，迅速将还在运行的工艺装置置于安全状态。操作人员开展此项工作应执行的具体工作应在操作规程中予以明确，并经常组织学习或演练，确保在发生紧急事件时，操作人员不必参照规程手册，便能快速完成必要任务。

工厂应急响应计划须与社区应急响应计划融为一体。地方应急预案委员会(LEPC)制订的应急响应计划与工厂计划常常是相融合的。LEPC 计划描述了应采取的特定行动(如社区撤离、临时就地避难所等)，以及在紧急情况下通知人们应采取什么行动，什么时候恢复到正常状态。

规划主动出击性响应行动。书面计划是传播技术知识、协调响应工作的一种好方式。反思本章开头描述的 1947 年得克萨斯城灾难，如果当时存在硝酸铵灭火计划，事故船只船长就会知道应该用水而不是蒸汽扑灭硝酸铵火灾，那火灾可能仅仅为一个小事件，只会造成轻微财产损失，也不会牵连无辜生命。

举例来说，应对有毒化学品泄漏事故的主动出击性行动方案应明确论述下列各项工作(见参考文献 18.3)：

- 消防预案和有助于预测出后果影响范围的模型；
- “高温区”和“中温区”边界；
- “高温区”和“中温区”通行控制；
- 响应小组沟通交流，尤其是响应人员、操作人员以及支持团队之间的沟通交流活动(比如，若由工厂保安部门负责出入管制，则保安部门如何与应急响应小组沟通交流)。

- 人员配备及其职责，具体包括：
  - ○ 事件现场指挥员；
  - ○ 安全主管；
  - ○ 响应人员；
  - ○ 洗消小组；
  - ○ 支持响应小组的技术专家。
- PPE 选择指南。
- 采纳两人同行制度。
- 洗消程序。

保护员工和公众安全，这是每个业主应尽的基本责任。然而，很多工厂倚仗当地消防部门和场外 HAZMAT 小组由其(在应急医疗以及当地警察协助下)采取主动出击性响应行动和措施来保护公众安全。但是依赖当地响应机构不一定反映工厂对坚持本要素的决心不足，事实上，若火灾多年难遇一次，工厂人员自行灭火或开展消防救援带来的风险可能要比经专业培训的全职消防员灭火招致的风险要高得多，因为全职消防员天天开展消防和救援工作。在决定是否成立应急响应小组时，应考虑下列各项因素：

- 固定/无人操控系统而非 ERT 投资费用及收益。通常，固定系统维护费用要比培训并扶助 ERT 带来的费用要低得多，但 ERT 更具灵活性。训练有素人员能应对大量种类繁多的紧急事件，并按需快速改变战术。
- 人员配备。小型工厂人员配备可能尚不足以及时开展应急响应工作。
- 将控制权移交给当地有关当局的愿意。若工厂请当地消防部门执行响应工作，工厂人员在很多时候，必须将事件指挥权移交给现场高级消防员。
- 担心当地有关当局可能一到现场立即组织工厂人员采取可能会减轻紧急事件后果的行动。当地应急响应人员对工厂本身不熟悉会妨碍工厂员工采取有利行动。
- 理解消防部门以及其他响应人员主要责任是保证群众生命安全，包括消防员自身在内，而不是保护财产受到损害。事实上，消防人员可能会决定将水管对准附近工厂来防止火势蔓延，而不是动用资源，尝试抢救已着火的工厂区域。
- 预估当地消防部门以及当地其他应急响应人员的响应能力。根据人员培训和培训力度、财政支持、设备、响应级别或其他类似标准来进行预估，例如一个人员充足的市政消防与医疗响应机构与自发组成无偿志愿者消防部门相比。

若工厂决定主要依赖外部机构来提供应急响应服务，与此类机构保持密切联系至关重要。有些工厂因为因消防违章被通报，而不愿意让当地消防部门进入工厂区域。虽然这也有可能，但不让厂外应急响应人员熟悉工厂会严重妨碍应急响应工作的有效进行。对场地不熟悉导致应急响应工作受阻带来的风险，应使得工厂克服对通报的担忧。

若工厂决定依靠内部应急响应能力，即动用自身员工力量或与附近工厂达成互助协议，需要制定应急响应人员工作目标，包括：(1)接近危险，营救无法自行逃脱危险的人员；(2)停止有毒物料泄漏；(3)控制火势；(4)或采取其他措施来减轻事件后果危险。此类行动常常取决于工厂具体危险，因而应由对工厂操作情况了然于心的、且训练有素的应急响应人员进行规划。

协商互助或其他合作协议也属于主动出击性行动规划的另一方面。此类协议常由多家距离很近的工厂共同签署，但与社区响应人员(包括当地消防部门)或同一工厂内运营、共有一个 ERT 的多家公司之间达成的互助协议也属于此范畴。

编制书面应急响应计划。书面应急响应计划不仅可以清楚说明外援响应行动，还可作为依据，用于确定工厂、设备、人员、培训、沟通、协调或其他资源或工作任务要求。很多州和国家法规对应急响应计划最低范围进行了规定(本章引用的参考文献中，有些还规定了应急响应计划规定范围)。应急响应计划通常须提出关键原则中确立的所有基本要求，比如沟通交流、工厂设备、培训等等，通常还为需要应急响应人员采取主动出击性行动的场景(或相似情景小组)提供了附件或计划。应急响应计划及相关培训工作也应强调一点：在事件调查小组登记设备状态，并记录可能与调查工作有关的其他数据之前，应保护、封锁事故现场。

提供和配备物质、设备设施。响应计划中应明确应急响应所需的各类资源。在采购主要物资以外的固定或耐用应急响应设备之前，工厂通常也会开展决策分析工作，根据成本和预期效益来做出决定。此外，工厂还须仔细思量设备选址，设备离可能需要开展响应工作的区域太远，会增加响应时间，而距离可能的有害泄漏源过近，又会导致 ERT 在发生事件后难以甚至无法接近设备。

设备工厂维护与测试。应急响应工作需要运用种类繁多的工厂设备，虽然其中大多很少用到甚至用不到，仍应定期补充库存，并进行维护和测试，确保在需要时能正常发挥作用。

虽然大部分工厂会定期调试紧急撤离警报，但很少有工厂将(1)紧急照明测试维修；(2)集合点对讲机和手提式扩音器电池更换以及(3)补充 5min 救生包，纳入正式预防性维修工作范围。对紧急撤离和应急响应设备维护，至关重要。上述工作未执行到位大多反应管理系统不足，即未对紧急撤离设备维护工作职责明确规定。

确定由工厂操作人员负责响应的情形。计划须清楚界定下列两种事故情形的范围：一是不启动应急响应计划而通常由操作人员、维修员工或其他人员负责控制和清理的小规模溢漏和泄漏事故；二是使用灭火器扑灭的初期火灾。除此以外，计划还须清楚说明：(1)由工厂操作人员提出此类情形的适用情形；(2)需穿戴的 PPE 及其他预防措施；(3)预期泄漏物控制和收容方法(包括吸有泄漏工艺物料的吸收剂处理方法)；(4)培训要求以及(5)警戒/通知要求。

ERT 小组培训。若行动方法决策不当或应急响应工作执行不力，工厂人员、公众乃至响应人员自身会陷入更高风险境地。应急响应同其他大多数技能一样，需培训使之习得养成，需经验使之巩固强化。所幸严重事故甚少发生，但这意味着大多数应急响应人员亲身体验严重紧急事件的机会十分有限，因而，必须开展模拟训练来培养能力。模拟训练一般由高度专业化培训机构提供，包括多所重点大学联合承办的消防学校。

计划沟通。有效进行的向传播是应急管理工作的关键要素之一。可能受影响的人员须一一告知此计划，并让其参与其中。通常而言，通知工厂员工，是易如反掌之事，但要通知承包商、当地有关当局、邻近人员及其他利益相关者，则难度逐步提高。正好定期更新计划以及反映设施或应对策略的变化一样，沟通工作也必须是一个持续的过程。

虽然本要素并未明确论述风险传播交流，但若是邻近工厂认为工厂对其构成重大安全风险，则在描述邻近工厂可能需要采取的自保性应急响应行动时，必须解决邻近工厂对风险的担忧。毕竟，邻近工厂获悉后果程度时，才会自然而然地想要知道事件可能发生方式以及工厂正执行的安全措施，这也是参与要素的关键目标之一。

发生紧急事故时，须存在可靠通知方式，通知身处险境的人们应采取动作，尤其是告知其如何行动。工厂通常运用某种听觉系统来通知工人，在噪声比较大的区域，有时还兼以视觉信号。社区预警系统范围广泛，种类繁多，包括街道巡逻警车利用喇叭系统通知居民、特定用途的警报声(类似于飓风汽笛)、逆向 911 系统以及当地广播电台和电视台播出的紧急警告。不管采用何种警报方式来通知群众发生的紧急事件，警报必须容易辨认，且明显区别于任何媒体播报的正常信息。

911 逆向报警系统：不是紧急情况向警方求救，而是相反，在发生重大紧急情况时，警方向可能受影响的家庭发出警报。

向所有员工普及计划，并开展培训。如果书面计划未得到普遍理解，就等于形同虚设，因而必须告知可能受紧急事件影响到的人员并对其开展培训：(1)告知其紧急事件通知方式；(2)可能需要其执行的行动；(3)如何实现自保。若普及对象是现场员工，执行难度较低，可通过定期召开安全会议或类似讨论会加以说明，并在计划有变时，告知变更，便能圆满完成任务。出于相同原因，对应急响应人员开展应急响应计划培训，告知其计划微小修改，亦轻而易举。但要是工厂想要倚仗厂外响应人员(如当地消防部门)，则应考虑如何对此类机构展开工厂特定危险培训，告知可能会影响应急响应工作的工厂变更情况。

所有人员不仅要知道紧急情况下如何去做，还应了解管理层对应急响应工作的目的，明确哪些行动是允许的，哪些是禁止的。在面对紧急事件时，很多工人为减轻事发后果，会贸然采取危险行动，在同事生命健康受威胁时，尤为如此。比如，密闭空间事故中出现双人身亡的概率比较高，一名人员在密闭空间作业的时候昏倒，而一位同事在试图抢救第一名受害人时也昏倒，前后相隔时间很短。工厂必须清楚告知所有人员“不要试图采取什么行动，如……”，并通过培训或其他通知方式定期巩固强化。

若某一事故场景可能会影响到公众，制定应急预案时须与当地应急规划人员沟通协调。附近哪些工厂存在疏散困难或其他特殊问题(如学校、医院、疗养院、监狱)，一般当地应急规划委员会对此心中有数，在上述工厂开展应急规划工作时，能提供弥足珍贵的帮助。

若某一事故场景可能会影响到附近居民，须告知居民紧急事件通知方式，并发放书面材料，说明其可能采取的行动(包括临时就地避难所或撤离)。在与公众沟通交流方面，还可依赖当地有关当局、政府官员和当地媒体，这能发挥非常大的作用。

定期评审应急响应计划。操作规程一旦不受重视，其精确度将会急剧下降，应急响应计划亦是如此，一旦不受重视，其精确度和可用性也会急剧下降。比如，大多数工厂会在计划前几页会有一份应急联络人电话号码清单。但由于人员变动，此份清单十有八九是不准确的。应急响应计划尤其会出现这种问题，因为它跟操作程序不同，工人不太可能会定期拿出来翻一翻。

18.2.3 定期测试计划完备性以及就绪等级

若紧急沟通工作不到位，只有通过开展演习或应急响应工作，才能发现问题苗头，进而暴露不足。

开展紧急撤离和应急响应演习：演练是不可替代的，原因有三，其一，计划不能简单

地如预期的发挥作用；其二，人员可能会误解其职责，导致执行不当；其三，通过练习能提高技能，将基于规则而采取的行动转变为基于技能的反应(为了对有关绩效培训的影响作进一步讨论，请参见第 14 章，培训及绩效考核。)。行之有效的惯例做法，产生基于技能的执行力，能大大缩短反应时间，降低人为失误率。

一方面，开展真实环境演习，包括突击性演练、夜间演练以及恶劣天气演练等等。因为常常是在数月计划部署后，选择在一个温暖、但又不太热的工作日中午左右开展演练，所以工厂可能会不知道 ERT 没有装备开展夜间响应工作所需的辅助照明工具，或是 ERT 在八月中旬下午开展响应工作时，防护服太热，响应人员穿了 15min 后就热得受不了，只能脱下。

另一方面，工厂还须定期开展撤离演习，包括清点人数。撤离演习常常不包括一线生产工人，因为工厂不愿妨碍生产活动或因执行紧急停车后开车工作而提高风险。有些工厂为减轻影响，趁换班之际开展此类演习，常常选择在安全会议期间进行，虽然这样做缺乏突袭效果，但不可否认能令所有人员走到集合点，加深他们对集合点位置的印象，而且还能帮助发现人员清点程序的漏洞。

开展桌面演练。即便计划是最近更新过的，许多情况下，管理人员以及不属于 ERT 的其他人员也可能对其职责范围不是非常明确。开展桌面演练便能解决此问题，而且，无需集合响应小组，上演一场劳师动众的演习，便能开展响应演习。很多时候，负责评判演习的人员只会评估响应人员行动，而忽视管理团队行动。桌面演练主要针对管理人员、联络人员、协调人员和物流人员开展，上述任一团体存在不足都会影响应急响应工作效能。

危机公关练习。危机公关有别于其他大多数公关形式。公司发言人会承受巨大压力时，被要求发布一些根本无法获得的信息，某些情况下，记者可能会提一些非常刁钻难缠或尖锐难堪的问题。因而有些公司会把危机公关和媒体参与这两块也纳入演习工作。消防车冲入模拟应急事故现场，很有可能会上六点钟新闻节目档，这有助于扩大社区参与(因为更多的人通过新闻了解了应急场景)。但是，此类演习并不能用于训练公司发言人如何克服巨大压力、应对刁钻提问。很多工厂选择开设由经验丰富的新闻记者执教的短期专业培训课程，利用实际事故情形，对发言人进行培训。

评判演习、演练和实际响应工作。经验丰富的旁观人员提供的反馈信息是上述每一项工作必不可少的要素。没有建设性的批评建议，工厂将会失去很多助其提高应急管理计划的经验教训。批评建议须加以总结，转化为用以提高整体绩效的特定行动。

开展评估和审查。第 21 章详细论述了审查工作。*应急管理*元素特别重要，因为培训不力或不好的落实可能存在很多年而被忽视。在缺乏正规有效的应急响应演习的工厂，这种情况尤其严重。

落实结果和建议。练习、演习、评估和审查工作都能为完善应急管理计划提供支持，但为发挥其应有作用，需要将观察结果作为结论或建议予以记录下来。是结果还是建议，取决于具体来源。此类结论和建议需转化为用以改进 *应急管理*要素的行动。有些公司还定期将学到的经验教训在各个工厂进行普及，从而使整个企业单位受益。

18.3　可能的工作活动

RBPS 方法建议，每项工作内容的深度要求应根据风险和所需的资源而确定，并与工厂文化相一致。某项工作内容的深度要求因各个工厂而异，同时即使在同一个工厂内，也可能随装置或工艺区域不同而发生变化。因此，在制定一个基于风险的过程安全管理系统时，读者应遵循以下步骤：

1. 评估工厂风险，同时调查工作内容所需资源与现有资源配置状况，以及工厂的安全文化。具体情况见第2.2节。
2. 评估执行应急管理各项关键原则的潜在收益。应急管理关键原则详见第18.2节。
3. 根据第1和第2步的结果，确定风险管理的基本要求(第18.2.1~第18.2.4部分所述的基本要求)，合理地管控风险。
4. 对于将要执行的每个基本要求，确定执行方法，选择本节所述的相应的工作内容。请注意，这些工作内容不可能对所有行业都是全面的，读者可能需要增加某些工作内容或修改本节所列的部分工作内容。
5. 对于将要执行的每项工作内容，确定所要求的深度水平。本节所列各项工作均设有两到五个具体实施方案，工作标准依次提高。每项工作采用序号标识，具体实施方案采用字母标识。

备 注

相关法规可能具体规定了过程安全管理系统某些要求或工作内容，或为特定工作内容规定了最基本的详细程度。因此，过程安全管理系统的设计和执行应同时遵守法规要求和本书中提供的指南。

18.3.1 保持有效运行

制定书面计划

1. 编制书面文件，通过论述本章节所列的各个基本原则，对应急管理计划进行描述。
   a. 虽然有些计划性工作(包括职责)属于应急响应规划范围中，但应急响应计划并未对此单独说明。
   b. ERT编制相应书面文件，来描述应急响应计划，其主要内容为应急响应行动。
   c. 依据很多部门提供的信息来编制应急管理计划书面说明文件，提出一系列应急管理事项，包括战术性响应工作、危机传播和业务连续性。

指定负责人，明确职责范围

2. 指定一名人员，全权负责工厂内的应急管理计划。
   a. 由安全部门负责应急响应计划方方面面，这是工厂所有人员共知之事。
   b. 正式授权ERT组长全权负责应急响应计划。
   c. 授命一名工厂高级管理人员全权负责应急响应工作，并负责相关职责，如危机公关。正式授命企业单位人员负责其他工作，比如运营连续性规划。存在集工厂和企业应急管理计划于一体的方案，并涵盖一系列危机管理事宜。
3. 在书面计划说明文件中，提出计划性权责范围。
   a. 虽然未正式授命人员负责应急规划、培训或演习演练等工作，这些工作和其他应急响应规划和培训工作却可以得到落实。ERT组长监督所有ERT培训，而由工厂安全部门负责所有其他工作。

b. 确定应急响应人员以及高危装置操作部门的权责范围。

c. 将应急管理的全部责任进行适当划分，与相应业务过程挂钩。例如生产主管负责抢险规划，业主经理负责业务持续性规划工作，工厂安全经理负责撤离、清点人数和工厂安保，ERT组长负责演练、ERT成员培训，与当地应急响应人员沟通，并负责战术性响应工作。

确立计划适用范围

4. 确立应急响应计划，包括：

- 应急响应计划适用区域范围，如单个设备、多设备工厂以及临近工厂内所有区域以及距离较远的仓库、交通事故等等。
- 计划涵盖或不涵盖的应急事故类型，例如火灾、爆炸、工艺物料意外泄漏引起的有毒接触危险、与自然灾害相关的危险、与蓄意攻击相关的危险（炸弹威胁）等等。
- 工厂人员需采取的措施种类，例如工厂人员自行灭火。
- 与其他响应机构合作。

a. 应急响应计划属于非正式计划，但撤离和人员清点例外，在发生紧急事件时，求助于当地有关当局，来保护工人和公众安全。

b. 规定的范围和应急响应计划范围之间的衔接明确。

c. 在(b)项基础上，与可能援请执行响应工作的外部机构共同定期评审应急响应计划。调整应急计划，并解决所有可能司法冲突。

称职负责人员参与

5. 确保总体应急响应计划以及应急响应计划关键内容由工厂内具备应急管理知识和经验的人员制定并/或审核。

a. 应急响应计划属于非正式计划，但撤离和人员清点例外。全面计划和应急计划均无需专家审核。

b. 应急响应计划经企业单位或第三方人员审查，确定计划是否涵盖企业政策和法规规定的所有内容。然而，审查人员通常不具备发现工厂设施特定缺陷所需的经验。

c. 应急响应计划和规划由工厂人员和经过相关培训的应急管理人员共同制定，并由独立专家定期审核。

18.3.2　应急准备

根据危险，找出可能的事故场景

6. 列出属于前述危险辨识和风险管理工作中识别出的后果范围中的事故场景。

a. 应急响应计划由基本撤离计划、人员责任程序和应急联络人员电话号码三部分组成，并未论述特定事故情境。

b. 依据风险要素工作成果，确定可能发生的事故范围。

c. *风险*要素产生的信息以及在制定应急管理和响应计划需考虑的事故情景挂钩。

7. 根据专家意见，对事故情境清单进行扩容。

a. 应急响应计划由基本撤离计划、人员清点程序和应急联络人员电话号码三部分组成，并未论述特定事故场。

b. 应急响应计划涵盖通用事故场景，例如结构火灾、恶劣天气、安全事件等等。

c. 考虑应急事件时，规划人员需要运用风险要素产生的工作成果，来帮助确定独特高风险场景，如区域内存在与水反应的物料以及常规适用和可信事故场景(火灾爆炸)。

d. 在(c)项基础上，应急管理规划人员考虑一系列事项，包括运输事件以及业务持续性规划。

8. 严格评审事故场景清单，(1)剔除不可信或不足以引起应急响应的场景，(2)合并后果和应急方法相似的场景，(3)确保事故清单包含最坏可信事故场景以及后果严重度不高的场景。

a. 应急响应涵盖通用事故场景，包括火灾、爆炸、自然灾害和安保。

b. 应急响应计划对火灾和爆炸采用通用的应急方法，但对剧毒物质的泄漏，对工厂中可能泄漏的每种物质都制定专门的方案，并提供针对某些其他事件(飓风警报、爆炸威胁等)场景的应对计划。

c. 评审可信事故场景完整范围，并根据风险对场景分级。然后据此制定全面有效的应急管理计划。

评估可信事故场景

9. 按照事故后果类型(如火灾、爆炸、有毒泄漏等)评估事故影响范围。

a. 应急管理规划人员仅仅考虑现场紧急事件，包括结构火灾。

b. 按照(火灾爆炸等)类型来论述事故场景，但未确定可信事故可能产生后果的影响程度或范围。

c. 评估事故场景，并考虑影响后果严重程度，例如，火灾场景评估对象包括池火、喷射火和蒸气云爆炸。

d. 通过构建事故后果模型，预测事故效应。使用模型来预测严重后果场景影响范围。

选择规划场景

10. 根据规划场景辨识并评估结果，选择一组涵盖不同危险后果种类(火灾、爆炸、有毒气体泄漏等)的场景，包含最大可信事故以及发生频率较高(但严重程度较低)的事故场景以及各种应急响应工作内容。

a. 根据危险而非危险场景来开展规划工作。

b. 基于一些极限事故场景，开展规划工作，但工作人员认识到，应急响应人员和当地应急响应部门无法提供某些“最差案例”场景所需的资源。发生频率较高、但在后果严重度较低的规划场景上所花精力相对较少。

c. 在更为广泛的场景基础上，开展规划工作，若规划人员确定可得资源不能满足响应工作所需，需要通过提高响应能力或降低限制性案例场景风险来满足需求。

11. 模拟事故后果影响范围，用于确定各事故场景可能影响的区域。

a. 根据设施存在的风险(如易燃物料泄漏引发的火灾/爆炸)，开展规划工作，但并未分析可能会导致此事件的特定场景。

b. 虽然模拟了一些最坏事故场景，但未考虑事故的可信性，人们普遍认为最坏事故不会发生，因而在规划应急响应工作时，通常不会运用此类场景。

c. 对一些可信事故进行后果模拟，根据这项工作的结果，(1)开展响应工作规划工作并(2)将成果汇总，供应急响应人员预测出距特定效应终点的距离，并据此确定相应措施，保护公众安全。

12. 扩大事故场景范围，将非工艺特有的事件也纳入事件场景范围，如封闭空间或垂直方向营救。如果：(1)在这种情况下请求 ERT 救援；(2)需要特殊的训练和装备来实施此类救援。

a. 完全根据工艺危险，开展规划工作。

b. 应急响应计划和能力受资金所限，若有些事故应急救援所需的培训或设备未在财政支出范围内，则此类事故场景普遍委托给市政消防部门和当地其他应急响应机构处理。

c. 应急响应人员对一系列事故场景已展开评估，开展了必要培训工作，并添置了必要设备，并根据风险认识，针对需要添置设备，增加培训项目的场景，制定决策。

规划被动自保性响应行动

13. 制定书面应急管理计划，用于清点员工、承包商以及访客人数并保护上述人员的特定行动。

a. 制定了计划，但未考虑在恶劣条件下如何执行计划内容。

b. 设计计划时，考虑了恶劣条件下的作业情况，如恶劣天气、夜间或严重事故后。

c. 在工厂人员配备和培训最低水平基础上，制定计划，规划人员密切监控制约因素变动，如负责协助撤离工作的人数以及各班人数，以求确保计划持续有效。

14. 贯彻落实应急管理计划。

a. 每年开展一次应急撤离演习。演习事先通知，并在白天开展。

b. 定期开展各种预先通知的演习(撤离、临时就地避难)。

c. 在(b)项基础上，定期召开突击演习，重点关注清点人数汇报的速度及准确性。

规划主动出击行动

15. 决定应急响应主动出击行动由工厂承办的 ERT 执行，依靠附近工厂签订的互助协议，或全由当地有关当局执行。

a. 管理层要求操作人员对装置内的紧急情况做出响应，直到主管决定终止响应并疏散到安全地点。

b. 主要根据保持对应急响应行动的控制的预期利益来决定，由 ERT 负责救援，还是由当地有关部门指挥。

c. 根据对风险的认知，决定是否由 ERT 采取主动式救援。

16. 制定装置或建筑物包含已识别的事故场景的应急预案。

a. 依据危险而非潜在事故场景来开展规划工作。

b. 根据已知的风险来制定应急预案，并配备处理最大风险事故的能力。

c. 制定预案时有意扩大风险范围，并提供必要能力。比如，即便感性认为密闭空间的风险很低时，也提供密闭空间营救能力。

制定书面应急响应计划

17. 编制一份或一套应急管理方案，在编制多份计划的情况下，在计划中加入其他计划相关部分的链接或检索，方便使用人员在发生紧急事件时能快速找到信息。

a. 应急响应计划集约定俗成的通用计划(工厂火灾)与在工厂整个寿命期间以政策、程序和备忘录形式发布的专用计划于一体。

b. 应急响应计划已整编成一本附目录的手册(多卷手册集)。

c. 应急响应计划统编为一本手册，手册中附有交叉查询，方便使用人快速找到特定章节、表格、联络人清单等。

d. 除了形成书面手册，在工厂计算机网络也存放最新版本的应急响应计划，但存放位置必须安全，并在应急响应车辆配备的笔记本电脑也同样保留最新版本的应急响应计划。计划中应创建超链接，方便在不同文件之间切换。

提供救援装置和设备

18. 依据制定的计划，提供执行计划所需设施设备。

a. 知道需要配备相应的设施设备，但有些仍未配备。

b. 定期评审工厂和设备需求，并根据风险以及拟议拨款对风险的影响评估结果，来批准是否提供财政支出。

19. 将应急响应设备存放在存取方便的地方。

a. 应急响应设备通常存放在靠近工艺区的拖车。

b. 选择存放场所时，经过了再三思量、仔细斟酌，甚至考虑了在发生事件时，提议的位置可能被堵塞、不能进入的情形。

c. 选择存放场所时，经过了再三思量、仔细斟酌，并运用变更管理要素，对可能会影响到交通模式的建筑或道路改建进行评审，来帮助确认此类改建工作不会影响应急响应设备取用或妨碍应急响应人员进出工艺装置。

应急装备的维护与测试

20. 标识应急响应设备，包括必要检查、测试和其他预防性维护或更换工作，并制定相应系统确保妥善完成设备维护和测试工作。

a. 标识应急响应设备，一般认为由应急响应小组组长负责设备维护工作。

b. 标识应急响应设备，ERT 组长建立纸质档案，来规划和执行维护工作。记录存放在应急响应办公室的一个文件夹内。

c. 标识应急响应设备，并利用计算机化维护管理系统(CMMS)来跟踪设备维修进度。计算机化维护系统是用来保证记录得到保留的另一途径。

21. 应急响应消耗设备备案，在备案过程中，查看有效期。

a. ERT 或组长定期目检，确定是否需要添置供应物资。

b. 在(a)项基础上，还须检查关键物资有效期。

c. 对照书面检查表，对所有关键 ERT 物资和消耗品定期备案，检查失效日期，并将备案记录归档，按照规定保留一段时间。

22. 检查应急撤离设备，包括必要的检查、测试以及其他预防性维护或更换工作，并建立系统确保设备经过妥善维护和测试。

a. 对应急警报开展例行测试工作，但撤离警报测试工作无程序可依循。

b. 按照书面程序，定期测试应急警报。程序介绍用以(1)确认工厂内可能有人之地均能听到警报声的步骤以及(2)为经常测试而启用各种激活方式的步骤。

c. 在(b)项基础上，设施已检验有序紧急撤离所需的所有设备，并定期开展测试或维护工作。

确定工厂操作人员响应情形

23. 应急响应计划直接加入或引用操作人员和其他工厂人员所使用的程序，来解决小规模泄漏和初期火灾。
    a. 操作人员根据通用说明和培训(例如 MSDS 所含信息或灭火器培训)来应对小规模泄漏或扑灭火灾。
    b. 操作人员响应行动以书面程序予以确定，并在初训和复训中着重提出，包括指导何时宜中止响应行动、撤退至安全场所的情形。
    c. 在(b)项基础上，开展初训和复训工作，培训内容包括扑灭初期火灾和洗消模拟泄漏物的实际操作培训。

培训应急响应小组成员

24. 对事故指挥员和所有 ERT 成员开展培训，全面培养技能，确保能安全、高效地展开应急响应或营救工作。
    a. 对 ERT 成员开展初训和复训工作，此类培训大多为第三方培训师提供的课堂培训。培训主要内容为基本技能(如穿戴和检查防护装备)。
    b. 除了参加课堂培训，所有 ERT 成员还至少应参加一次演习或重要操作练习或培训活动，如每年一度的“消防学校”。
    c. 除了课堂和实践培训外，应急响应培训应尽可能地做到逼真切实。通常在实际环境中，在工艺区开展演习，例如夜间，工厂无照明的情况下。

规划互通工作

25. 提供交流方式，告知所有人员发生紧急事件以及应采取的自保措施。
    a. 使用单个装置紧急警报。
    b. 全厂警报包括用于通知工厂发生紧急事件、告知事发地点以及工人应采取何种行动的代码(可能为长短相间的汽笛声)。
    c. 除了代码外，工厂还拥有广播系统，可用于描述应急事件性质，并向工人传达口头指示。
    d. 工厂的多级警报系统设有大量预先录制自动播放的通知，能快速、精确地播报通知。
26. 提供应急通信设备，包括：(1)员工通知设备；(2)ERT 成员通信协议；(3)与外部机构/响应人员之间的通信协议；(4)非直接用于响应工作的通信工具(如与媒体以及其他风险承担者之间的通信)。
    a. 应急响应人员可以利用工厂电话和对讲机系统。
    b. 有些对讲机设备配有第二优先权的频道，且所有 ERT 成员均携带特殊配置的对讲机。
    c. 通信计划不限于 ERT，应急行动中心配有能与外部响应人员(如当地有关当局、互助小组)通信的对讲机。
    d. 通信计划涵盖所有通信事宜，包括应急响应人员通信需求，工厂管理人员通信，与风险承担者、企业单位董事以及媒体通信。

向所有员工普及计划，并开展培训

27. 确保所有人员：(1)了解应急响应计划；(2)理解工厂制定的应急行动政策；(3)知道如何识别，并上报紧急事故。
    a. 紧急事故辨识以及响应纳入新员工入职培训范围。
    b. 对新操作人员和维修人员开展工厂特有紧急事故辨识和响应专项培训。
    c. 工厂所有人员参加第一响应人员理论培训。未通过本培训的人员在无人陪伴的情况下，不得进入工艺区。所有操作人员参加第一响应人员实践培训。
    d. 在(c)项基础上，每年开展一次第一响应人员培训复训工作。
28. 确认工厂所有人员，包括承包商，能识别应急警报，并知道在听到各种警报时应采取何种行动。
    a. 在对所有新员工和承包商开展上岗培训时，应将警报响应也纳入培训内容。在显眼位置安设标示撤离通道和集合点的标牌或其他可视工具。
    b. 在(a)项基础上，通过撤离演习以及警报系统定期测试来进一步强调警报响应工作。
    c. 在(b)项基础上，随机抽查提问员工和承包商，让其描述各种警报，并陈述在听到警报时应采取的行动，此项工作应纳入作业现场检查表中。要是有人不能正确回答问题，则需立刻对其再次培训。如果抽查发现一致的错误答案模式，则需要对培训本身进行审核。
29. 对积极参与应急管理、但未直接或积极参与应急响应工作的管理人员和技术人员展开培训。
    a. 被指派执行特定工作的管理人员和技术人员拿到书面程序，并须每年签署一次表格，证明其阅毕、理解程序。
    b. 被指定参加应急管理工作的管理人员和技术人员提供初步培训。
    c. 根据工厂程序，开展初训和复训工作。有些演习和练习专门用于评估虽不属于ERT、但需积极参加应急管理工作的人员绩效。
30. 确认附近企业单位知道在获悉紧急事件后应采取的行动。
    a. 利用邮件或社区会议，向社区介绍听到警告后应采取的正确响应行动。
    b. 通过公众活动，频频向社区介绍听到警报后应采取的正确响应行动，并将社区响应行动列入参与要素(第7章)中，加以强调。
    c. 工厂致力于不断提高通知邻近企业单位的能力，并提供必要支持。

定期审核应急响应计划

31. 因时制宜地更新应急响应计划，保持应急响应计划准确性，并定期审核计划。
    a. 每年审核、更新计划。
    b. 在(a)项基础上，在演习或练习和响应行动前后审核计划，确定计划是否需要改进或扩充。
    c. 在(b)项基础上，*变更管理*要素应列有确定提议变更是否会影响应急响应计划的正式一环或一步。此步骤产生常有两个结果，一是更新应急计划，二是修改或放弃提议的变更。

18.3.3 定期测试计划完备性以及就绪等级

开展应急评估和应急响应演习

32. 定期开展演习，(1)评估计划效能；(2)评定应急响应小组准备程度。
  a. 演习范围仅限于由 ERT 采取的行动，操作人员很少参与，或不参与。
  b. 定期开展的演习，包括外部应急响应机构参与的联合练习，有时还可能有媒体参与，并指定独立观察员来评估绩效。
  c. 在(b)项基础上，演习还包括操作人员。在演习前，演习规划人员可特意地吩咐操作人员执行某些行动，来故意加大应急响应工作难度，以此测试 ERT 辨识和响应突发情况的能力。

开展桌面演练

33. 定期开展桌面演练或其他行动，对管理人员以及协助危机管理人员、但又不直接参与战术性应急响应工作的其他人员进行培训。
  a. 演习范围仅限于由 ERT 采取的行动以及工厂撤离工作。
  b. 管理层行动纳入工厂重大应急响应演习，指定观察员评估效果。
  c. 应急管理计划分成两类：(1)主要用来测试应急响应人员行动的演习；(2)专门用来测试未直接参与战术性响应工作的高级管理人员行动的桌面演练，期间，指派独立专项专家分别评估这两类演习的效果。

贯彻危机公关

34. 按需开展危机传播培训和复训工作。
  a. 教导管理人员和员工在任何情况下不得私自与媒体沟通，与媒体沟通工作交由企业单位发言人负责。
  b. 工厂高级管理人员参加危机公关培训，并在企业单位发言人不能到场的情况下，授权其与媒体沟通。
  c. 工厂高级管理人员参加危机公关以及其他类型的媒体沟通培训，有望成为公司发言人。

评判演练、演习和实际响应工作

35. 由经验丰富的独立观察员开展正式评判工作。
  a. 演习结束后，ERT 聚在一起，商讨演习(实际响应)开展情况以及偏离计划的事宜。ERT 组长做记录，并决定是否有必要进行更改。
  b. 在演习或重大响应工作后，ERT 骨干成员与管理人员开会，商谈需采取的变更。落实建议，并采用正式管理系统跟踪建议落实情况，直至全部落实。
  c. 拥有丰富经验、但未深入参与工厂应急响应计划的响应人员观察演习情况，并开展正式评判工作。商谈登记备案，落实建议，并使用正式管理系统跟踪建议落实情况，直至全部落实。评判工作以及后续工作同样适用于实际响应行动，但有一点不同，那就是担当独立观察员的响应人员除外。

执行评估和审查

36. 除了演练和演习外，还须定期评估应急管理计划，确保用以保持可靠惯例做法的必要要素一一到位，并保持有效。

a. 应急管理计划纳入定期法规性审查范围。由对法规要求了如指掌、但又非应急管理专项专家的审查人员将计划要素与法规要求相比对。

b. 由公司内部的业务专家定期走访工厂，评审工厂应急管理计划。

c. 由公司内部的专家或经验丰富的顾问定期审查应急管理计划，审查方案包括法规要求、公司标准和最佳惯例做法。

结论和建议落实

37. 记录演练、演习、评估和审查发现的漏洞或提出的建议，将其转化为行动方案，并付诸实践。

a. 演习后未开展正式情况汇报，但 ERT 组长以及参与演习的其他人员通过相关途径，提出发现的缺陷。

b. 开展正式情况汇报工作，并制定行动来提出缺陷，并指派人员专门负责执行此项工作，确定执行日期，并将行动通知相关责任人员。

c. 将演习/演练评判、评估和审查产生的行动登入完善行动跟踪系统，且管理层定期评审每项行动执行进度。

38. 公布可能会引起其他工厂兴趣以及反思自身“可会发生此种情形”这一问题的结论或建议。

a. 演习后，召开情况汇报，但没有正式的行动清单被记录下来。

b. 行动清单保存在全公司内联网网页上，与其他工厂分享，其关键人员有权浏览信息，但不能修改，也不能保存。

c. 评估缺陷、制定行动方案时，参与应急管理工作的工厂人员以及公司内相同级别的人员，考虑是否存在可能会反映全公司系统缺陷的问题。须做出明智决策，决定是否有必要扩大公布总结得出的经验教训。

18.4 提高效能的方法示例

本章列举了若干经行业实践测试、旨在提高应急要素相关行动效能的方法实例。根据第 18.2 节中首次提及的关键原则，可将此类方法实例归为以下两大类：

1. 用于提高要素核心行动绩效的方法。
2. 在降低资源消耗但保持必要绩效水准的条件下提高要素核心行动效率的方法。

这些案例均源于工业实践、行业研讨会和 CCPS 会员单位。希望改进管理系统和本要素相关工作活动的读者，应检验这些方法，评估自己企业当前管理系统和工作活动的绩效和效率，然后按照第 2.1 节所述的基于风险的原则，选择和执行改进措施。

18.4.1 保持有效运行

与在发生紧急事件时将会加入到响应或抢险小组的外部响应机构和其他企业单位建立牢固关系。例如：

- 在与 LEPC 合作期间，发挥领导作用，提高其在当地机构决策制定过程中的影响力，比如，鼓动当地应急规划人员，在整个社区建立逆向 911® 服务。
- 考虑向当地消防部门或其他可能协助所在工厂响应工作的机构捐献设备（泡沫，特殊摄像机确定被困人员在失火大型建筑的位置)，同时鼓励其他邻近工厂效仿。

- 与当地环境整治承包商达成协议，制定计划，以便快速响应，并阻止污染物继续扩散。

18.4.2 应急准备

制定装置专项预案。很多时候，应急响应人员对特定装置布局不甚熟悉。因而，可编制装置专项预案，介绍设备总体布局、应急响应设备(包括消防竖管、灭火器等)位置、逃生路线以及各楼层上特殊危险，让响应人员在紧急情况下进入区域之前，对区域有所熟悉，方便他们快速查看重要信息。

将应急行动纳入岗位专项培训和复训。工厂开展复训工作时，重点常常放在标准操作程序，而可能忽略操作人员在发生紧急事件时应遵循的程序培训。事实上，操作人员一般会充分了解在各种常规操作模式下如何开展工作，但不可能一下子全部记住应急行动或紧急停车相关工作任务，如启动并监控应急发电机或柴油动力消防水泵。

将工厂安保工作纳入应急计划中。在发生紧急事件时，记者可能会趁乱潜入工厂，近距离偷拍照片或偷瞄情况。此举带来诸多弊害：其一，记者会陷入危险境地，其二，妨碍应急响应工作或加重响应人员负担，比如增加洗消或医疗响应小组工作量，其三，导致令人难堪的信息或商业机密信息泄露。若群众围观构成干扰，建立工厂安保计划尤为重要。正如本章开头所述，在 1947 年得克萨斯城灾难丧生的人们中，很多为 Grandcamp 号失火现场的围观人员。

同步制定事故和蓄意攻击应急预案，并相互协调。事故效应以及事后响应行动常常与蓄意攻击事件相同。另外，工厂安保投入通常仅能解决几种传统型攻击，应对能力极为有限，而应急响应投资能解决种类繁多的事故和蓄意攻击场景，因此应急响应资源投资回报率(ROI)可能远高于工厂安保投资。

运用“先培训师，后及人员”策略。对应急响应人员和其他人员直接开展培训和复训工作，费用可能会很高。很多大型工厂发现先指定几名人员担当培训师，而后由培训师不时为员工提供培训，如此一来，既能省去聘请外部培训师带来的费用，还可在一定程度上减少受训员工因受训加班而带来的费用，因而比较经济实惠。

18.4.3 定期测试计划完备性以及就绪等级

多个机构参与应急响应演练。很多工厂通过与当地响应机构和互助伙伴联合开展应急响应活动。联合培训具有双重重要意义，一是暴露沟通、指挥和调控问题，揭露与其他有所不同或不相兼容的响应战术，二是通常还能加强团队协作能力。

18.5 要素指标

第 20 章阐述了如何以及何时利用指标来适度提高绩效的方法。本节将列举若干个指标实例，说明它们如何用于监测应急管理要素的健康状态，并按照第 18.2 节中提及的关键原则进行了分类。

除了明确关键核心指标外，还需要定期对指标进行跟踪和考核。有时，指标所需信息比较简单，例如员工总数指标。而有些指标需要多个参数才能确定，如员工的平均工龄指标，需要利用多名员工的工龄数据来计算平均工龄。部分指标用于跟踪动态变化率，如员工离职率指标等。动态变化率甚至可能是工厂最为关注的数据指标。由于工厂情况千差万别，需要自行确定指标的跟踪方法和考核方法，保证工厂RBPS管理系统的健康运行。

18.5.1 保持有效运行

- ***就应急响应计划这一主题与当地应急响应人员或LEPC开展的会议或其他形式的联络活动次数***：若无人监管，此类作业任务自然而然便会停止，如果工厂一直没有发生紧急事件，也看不出其有没有开展此类作业任务的规划和协调工作。
- ***就紧急事件获悉方式以及获悉后应采取的行动这一主题与社区开展的会议或其他形式的联络活动次数***：若无人监管，此类作业任务自然而然便会停止，如果工厂一直没有发生紧急事件，也看不出其有没有开展此类作业任务的规划和协调工作。

18.5.2 应急准备

- ***每班中接受ERT培训的成员人数***：若工厂想要拥有一支随时待命、全面发展的、无需求助外部人员能独立应对应急事件的现场应急小组，尤其要加强这一指标跟踪。
- ***拥有最新应急计划的装置数量(或比例)***：数值高表明装置级应急计划得到更新。
- ***在演习和培训中暴露出应急响应计划或附件存在的错误/漏洞个数***：错误率高表明用来定期审核计划的系统效率低下。
- ***应急响应设备预防性维修工作单逾期执行比例***：应急响应设备维护工作极其重要，但由于此类设备很少用到，即便不加维护，也可能不会为人察觉，或是没人报告。
- ***应急响应计划或附件未及时定期评审次数或比率***：数值高表明计划存在的漏洞可能一直潜伏着，不为人发现，直到发生紧急事件时暴露出来。
- ***应急响应设备测试或检查不合格比例***：测试不合格比率高表明维修程序需要改进。
- ***ERT消耗性物资供应状态***：消耗性物资须供应充足，且不过期。若ERT消耗性物质库存长期不足，需要加强此项工作。

18.5.3 定期测试计划完备性以及就绪等级

- ***参加最新应急响应人员培训的ERT成员比例***。培训是应急准备的关键一环。跟不上培训计划表明应急响应计划可能贯彻不力，并可能令人员身处险境。
- ***如期开展的演练比例***。演练是应急要素的重要部分。跟不上演练计划表明应急响应计划可能贯彻不力。
- ***根据演习或其他演练对应急响应战术或逻辑思路所做变更数量***。世上没有至臻完善的应急响应计划。若评判工作没有发现需要改进的地方，则很有可能需要提高评判工作全面彻底性。
- ***针对操作人员的工艺装置或工厂应急准备状态的意见调查结果***。意见调查工作常常能表明应急响应能力是否有所提高或下降。

18.6 管理审核

管理审核系统的设计和执行详见第 22 章。为确保应急管理的正确运行，应对许多具体的管理问题进行定期检查。管理审查要首先评估被审核系统的有效性。企业应急管理不到位，或者变更管理系统的改进效果差强人意，那么管理层应寻找所有可能的整改措施加以实施。在某些情况下，企业有可能并未找出正确的整改措施予以实施，或者实施方向出现偏差。即使整改的结果令人满意，通过管理程序审查仍能检验资源是否充分利用？有些工作是不是有更为有效的实施办法或者事实上根本无需实施？管理层可结合上一节的各项指标，及个人观察、直接问询、结果审查、反馈来解决上述问题。讨论的工作内容和主题可包括以下内容：

- 管理审核已制定的工厂、建筑或事故场景专项预案，确定是否全面涵盖工厂最近发生的变更、新法规要求和其他可能会影响*应急*要素范围的事项。
- 将工厂工艺危险评审工作或其他文件中确认的最坏可信事故场景与应急响应计划中的预案相比较，确定：(1)他们一一得到论述；(2)预案是否充分反映特定事故场景带来的事故潜在影响的级别。
- 若工厂应急响应工作主要由当地有关机构负责，则应审查其能力最近发生的任务变化。此类变更是否会给工厂带来风险，且风险等级是否可接受？
- 若工厂参加互助响应机构，评审互助机构能力变更？成员是否新近退出，如果有，会不会给工厂带来风险，且风险等级是否可接受？
- 检查应急要素中的 ERT 人员配备及其他资源需求。尤其确认工厂训练有素、能如愿开展响应的 ERT 成员充足(无需从工作岗位再调人手)。否则，等到 ERT 成员充足后，才能制定应急计划。若此是顽症，则查明为什么员工不愿参加 ERT。
- 评审前一次管理评审后开展的演习和桌面演练结果。同时，调查从每次演习和桌面演练习得的经验教训以及此类工作产生的改进计划状态。
- 自前一次评审工作之后发生了需要开展重大应急响应的情形，评审 ERT 绩效。若此类情形暴露出*应急*要素管理系统存在系统性缺陷，则评审提出此类事项的行动状态。
- 评审前一次评审工作后开展的重大培训活动以及计划明年开展的培训活动。是否有其他方法能提供更大价值。例如，在成本不变前提下，改善培训，在节省成本前提下，达到同一培训效果。
- 评审从公司或行业内的其他工厂获得的经验教训。是否这些经验教训有效运用？

大多数制造、加工或储存危险物料的工厂对于最坏可信事故的严肃处理程序是不明确的。但必须建立一个行之有效的计划，专门应对事件。严密规划、有效培训、计划周详的演习演练以及坚持不懈地投身于*应急管理*要素的决心，才能形成并保有应急能力。发生爆炸、有毒物料泄漏或火灾时，根本就没有时间开展规划、培训或其他准备工作。不管面临是什么问题，管理人员应尝试确定是否包括 ERT 成员以及其他所有人员准备就绪，可以应对所有可能发生的可信事件。若事件发生在星期天凌晨三点时，答案是否有变？工厂无供电或供水，情况又会怎样？回答此类问题以及其他棘手问题能够提供有用信息，了解工厂应急准备的等级。

参考文献

18.1 Stephens, Hugh W., *The Texas City Disaster, 1947*, University of Texas Press, Austin, Texas, 1997.

18.2 Stringfield, William H., Emergency Planning and Management: Ensuring Your Company's Survival in the Event of a Disaster, Government Institutes, Rockville, Maryland, 1996.

18.3 *Guidelines for Technical Planning for On-Site Emergencies*, American Institute of Chemical Engineers, New York, New York, 1995.

补充阅读文献

Lees, Frank P., *Loss Prevention in the Process Industries, Hazard Identification, Assessment, and Control*, 2nd edition, Butterworth-Heinemann, Oxford, England, 1996.

Theodore, Louis, Reynolds, Joseph P., and Taylor, Francis B., *Accident and Emergency Management*, John Wiley and Sons, New York, New York, 1989.

IV 吸取经验教训

基于风险的过程安全建立在下列四大原则上，分别为(1)对过程安全的承诺；(2)洞察危险与风险；(3)管理风险；(4)吸取经验教训。若要吸取经验教训，工厂须重点完成下列工作：

- 调查工厂发生的事故，辨识、解决根本原因。
- 将从所在公司和行业内发生的事故总结出的经验教训运用于所在工厂。
- 衡量绩效，并履行对过程安全的承诺、持续改进具有重大风险的方面。
- 审查 RBPS 管理系统及其工作任务绩效。
- 定期开展管理审核工作，确定管理系统是否如期正常工作，工作任务是否有助于工厂有效管理风险。

本原则分四大 RBPS 要素。要素名称以及其在 RBPS 指南中的简称罗列如下：

- 事故调查(*事故*)，第 19 章；
- 衡量及指标(*指标*)，第 20 章；
- 审查(*审查*)，第 21 章；
- 管理审核及持续改进(*管理审核*)，第 22 章。

以上各个要素的管理系统应依据公司目前对工人所接触的过程相关风险的认识加以建立。除此以外，人员、工艺过程、工厂和产品变动速度或事故发生频率(产生资源需求)以及公司内部、工厂的过程安全文化氛围也会影响各 RBPS 要素所需管理系统的实施范围和灵活性。

第 2 章，我们探讨了风险认识的一般运用范围，即根据对工厂资源需求和过程安全文化氛围的认识，将风险认识用于工艺管理系统的创建、整改和提高。从第 19 章到第 22 章，描述了除大量借鉴学习以外，制定管理系统还应考虑的特定事项。除此之外，每一章还介绍了下列工作方法：(1)改进效能；(2)跟踪关键指标；(3)定期审核结果，并找出管理系统中有待改进的地方、以确保实现对过程安全的承诺。

19 事故调查

2003 年 1 月 16 日，航天飞机哥伦比亚号失事，机上 7 名宇航员无一生还，这起坠机事故是调查不彻底、未能发现系统性能异常的典型案例。为了保护航天飞机脆弱的热防护系统，航天飞机设计规范不允许泡沫保温材料发生脱落。虽然有此要求，但航天史上，至少有 65 次航行发生泡沫材料剥落，其中 6 次是双脚斜坡处的泡沫发生剥落，失事的哥伦比亚号也是在这个位置出现了泡沫脱落，最终导致哥伦比亚号坠毁。2002 年 10 月 7 日，在 STS-112 发射期间，脱落的泡沫砸到热防护系统，砸出了 707 处凹陷，其中有 298 处超过一英寸。一块残骸敲落一块隔热瓦，导致轨道器表面直接暴露在航天飞机重回大气层时产生的热量之中。所幸，STS-112 上失落的隔热瓦下面正好是厚厚的铝板，才未烧穿。尽管发生了多起未遂事件、有大量设计违规事实摆在面前，但美国宇航局仍未全面调查泡沫脱落的根本原因。多次飞行成功经验冲昏了美国宇航局的头脑，误以为航天飞机不会因碎片脱落而受损害。若是美国宇航局对未遂事件展开全面调查，应该早已变更航天飞机设计来防止泡沫脱落，并/或降低航天飞机被泡沫击中可能性(见参考文献 19.1 和参考文献 19.2)。

19.1 要素概述

形成、保持并提高企业事故调查能力是 RBPS 原则之“*吸取经验教训*”的四大要素之一。本章探讨了行之有效的调查程序所具有的特征以及企业改进其事故调查过程可采取的方法。第 19.2 节介绍了该要素管理系统的关键原则和基本特征。第 19.3 节列出了体现此类基本特征的工作活动，并根据已认识到的风险、资源和企业文化的具体情况针对各项工作活动提出一系列相应的执行方法。第 19.4 节~第 19.6 节则对以下几点加以阐述：(1) 提升事故调查管理有效性的方法和具体程序；(2) 事故调查要素的监控指标；(3) 事故调查要素的管理审核。

19.1.1 要素定义和内容

事故调查是集事故汇报、跟踪和调查为一体的过程，由以下两部分组成：(1) 事故正式调查过程，其中包括调查人员配备、执行流程、过程记录及过程安全事故持续跟踪；(2) 趋势分析，对事故及调查数据进行辨析，总结重复性事故。除此以外，本过程还涉及调查工作产生的建议落实和登记管理工作。图 19.1 为*事故*调查要素任务一览图。

有些工厂利用*事故*调查要素来追究相关人员的事故责任，这只会产生无效的实施建议。更为有效的方法是提出可找到事故系统性原因的建议。事故调查要素并非为了问责，而是提出有效建议，从根本上杜绝事故发生。

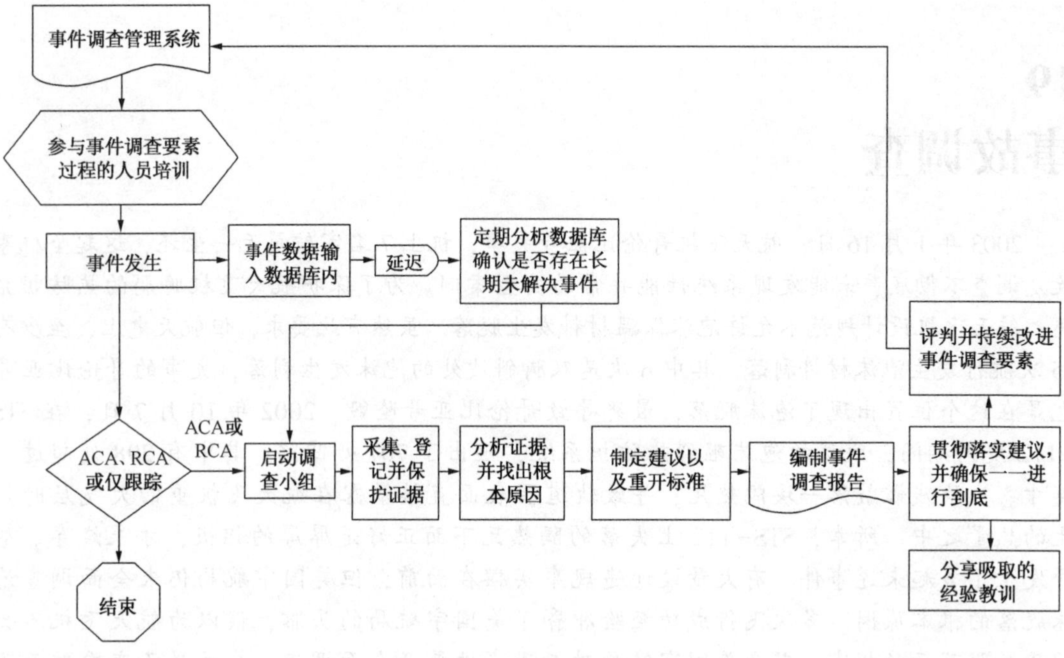

图 19.1　事件调查流程图

19.1.2　重要性

事故调查是从工厂整个生命周期内发生的事故中吸取经验教训，并将吸取的经验教训传达给内部人员和其他风险承担者。根据分析深度，将由此获得的反馈信息用于正在实施的特定事故调查工作或用于在一个或多个工厂发生的、具备类似根本原因的某类事故。

片面的调查工作有时单单专注于事故起因(有时也称作直接原因)，因而调查结论可能局限于为特定事故场景。找到起因，能降低事故的发生概率并在以后的类似事故中减轻事故后果。

全面彻底的调查工作能提供反映 RBPS 要素绩效的反馈信息。通过辨识、消除引起设备故障以及人员失误的根本原因，能制定周全的解决方案，降低同一类别事故的发生频率，并/或减轻同一类别的事故后果。

19.1.3　对象和时间

如果在事故发生一段时间后或者非事故现场开展调查工作，效果并不理想，因而事故发生之后应及时前往事故现场开展调查工作。事故调查小组通常驻扎在事故现场附近，以便开展采访、收集物证等工作，提高物证收集效率。事故根原因分析对工作地点没有限制，但更倾向于在事故现场进行，以便与工厂管理人员进行沟通。

调查流程主要有三种：(1)正式调查(根原因分析[RCAs])；(2)略正式的调查(直接原因分析[RCAs])；(3)事故数据趋势分析，不开展直接调查工作。公司将根据事故发生频率和后果选择最合适的流程开展调查工作。图 19.2 表明不同级别分析工作之间的关系。

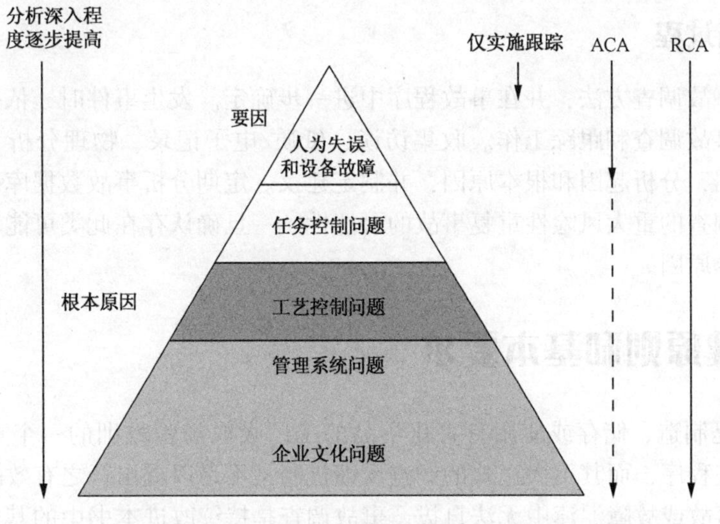

图 19.2　事故调查分析级别

直接原因分析创始人是能源部门。其他术语通常对应不同分析级别，分为一级和二级分析，分别对应基本以及详细分析(见参考文献 19.3)。

19.1.4　职责分工

通常由开展过事故调查或经过 RCA 方法正规培训的人员负责领导调查小组开展调查工作。对于后果严重、风险较大的事故调查工作，工作组宜由多个部门人员参与。而后果较轻、风险较小的事故调查工作则由一名人员或两名人员组成的调查小组负责。公司所有工作人员应全力协助调查小组开展工作。对于涉及重大人员伤害或具有潜在监管影响的事故，通常由司法部门全权管理调查工作。调查小组应指定公司公共事务部门，负责联络媒体和其他外部组织机构(参见外协要素)。

19.1.5　预期工作成果

事故调查的主要成果是：

(1) 所有登记备案的事故(包括未满足直接调查前提的事故，即仅实施跟踪的事故)的基本数据；

(2) ACA 和 RCA 分析报告；

(3) 找出事故起因；

(4) 已实施的建议(吸取的经验教训和行动方案)能减少类似事故的风险。

调查过程结果应编制成标准事故调查报告，予以登记备案。除此以外，工作成果有时还包括最新事故汇总表、行动方案跟踪总结、事故特征、事发原因和建议等。审查期间收集的或调查产生的数据通常至少保留到行动方案和经验教训得到实施为止，并且通常根据公司和监管要求保留更长时间。

事故调查要素产生的各项成果应用于促进提高其他要素。在大多数情况下，针对事故根本原因的建议将涉及对其他 RBPS 要素的修改。

19.1.6 实施过程

公司选择事故调查方法，并在事故程序中进一步确定。发生事件时，依据程序，确定事故类别，开展事故调查和跟踪工作。收集访谈、纸质/电子记录、物理分析、场地勘测、照片、视频等数据，分析起因和根本原因，并制定建议。定期分析事故数据库以确定是否存在需要开展正式调查的重大风险性重复事故的可能性。一旦确认存在此类可能性，需要立即开展分析找出根本原因。

19.2 关键原则和基本要求

*事故*要素是制造、储存或使用有害化学品的工厂吸取经验教训的一个重要过程。公司若缺失事故调查程序，而其不太正式的调查反馈机制又不足以提出行之有效的建议，通常会令其深陷同一事故或故障泥淖中无法自拔。事故调查是持续改进本书中的其他 RBPS 要素的关键过程。

风险是*事故*调查要素的重要动力。当事故严重时，事故调查力度通常取决于实际后果，而事故不太严重时，事故调查力度受实际和潜在损失严重程度和重发概率影响。发生未遂事件后，根据潜在后果和预期重发频率来确定事故调查力度。而长期不得根治的事故，根据实际后果和重发频率来确定事故调查力度。

在出现下列情形时，需开展事故调查工作：(1)单个事故实际或潜在后果严重；(2)分析数据时发现一组较为频繁发生、但不甚严重的事故存在重大风险。事故调查小组通常由一名组长以及 1~5 名组员组成，事故调查小组成员分工合作，成员背景不限，一线人员(操作员和维修人员)、承包商、法律专家、系统或工艺过程专家均可加入事故调查小组。

公司文化对调查效率有着重要影响。工厂人员除了完成事故调查工作外，还身兼数职，因而常常希望赶快完成调查，尽快回到本职工作。若管理层不施加压力，命令工厂人员追本溯源，找出事故潜在原因，工厂人员常常会敷衍应付，匆匆了事。但是，管理人员也常常不愿调查小组追本溯源，深入调查，害怕调查小组可能会揭露管理系统弊病。很多工厂深陷同一问题的泥淖，原因是从未找出根本原因，并加以整改。

在制定、评估、改进相应*事故*要素相关系统时，需要贯彻下列关键原则：

- 保持有效运行；
- 辨识需开展调查的潜在事故；
- 采用合适方法展开事故调查工作；
- 登记事故调查结果；
- 跟进调查结果；
- 基于数据趋势分析辨识需调查的重复事故。

每个原则的基本要求将在第 19.2.1~第 19.2.6 部分中进一步说明第 19.3 节阐述了满足这些原则基本要求的典型工作活动。工厂管理层应评估风险和该要素改进产生的潜在效益。根据确认的已知风险和/或工艺危险来采取行动保障部分或全部基本特征，并执行部分或全部工作活动。但是，如果企业相应文化要素未规定采用可靠的管理体系，则采取此类步骤也不会奏效。即便是最佳的管理体系，缺少了适当的安全文化依托，亦不能保证事故得到有效调查。

19.2.1 保持有效运行

在全公司范围内统一计划执行标准，保持一贯性。通常，全公司上下应全力配合调查，指定多名人员参与调查工作。为实现一贯性，需制定明确的执行流程和预期目标来指导调查人员开展调查工作。由于大多数调查人员仅偶尔参与调查工作，因而通常需要政策或程序和/或调查专家从旁指导。

为项目指定负责人和协调员能提高一贯性。负责人（通常为公司内的高级管理人员）协助管理层制定调查工作预期目标，而协调员则配合调查小组工作，帮助小组完成琐碎事务，能够为调查工作铺平道路，如领取物资，协调后勤工作，处理报告，保证调查工作前后保持连贯。

确定相符的事故调查要素范围。项目范围？公司想要汇报和调查的事故类型？仅仅实施跟踪的事故？提供实例说明哪些事故类型需详尽调查，或事故跟踪，能让人员了解公司期望。抽象标准（如威胁系统最后一道防线）有千般解读，贯彻落实时又会有万般不同，因不太可取。若除了安全（可靠性、质量、生产能力或安保）外，项目还包含其他损失类型，则同样需要提供具体实例，说明事故类型。

参与人员称职负责：根原因分析工作对人员的分析技能要求比直接原因分析工作要高。一般通过参加培训以及积累分析技术运用经验来提高分析技能。在一家公司内，根原因分析工作通常仅占事故调查工作的一部分，一般由调查人员中的中坚分子负责。直接原因工作频率更高，而且无需调查技能，因而参与直接原因分析工作的人员数量要多一些，负责根原因分析工作的调查人员只需提供建议，从旁协助。

公司上下，人人都可汇报事故。但常常只有一名人员（参与其中的人员）知晓未遂事件。该名人员若不汇报这起未遂事件，那就无人汇报。因而人人都应知道公司想要其汇报的事故类型以及汇报方式。

监督事故调查流程的有效性。贯彻*事故*要素，为其他 RBPS 要素中的大多数要素提供反馈机制。但若是*事故*要素贯彻不力，要素评估工作很有可能无法进行。要确定计划是否达到目标，需要借助衡量指标来监控事故要素能否降低事故重发概率、提高公司绩效。在衡量体系直击*事故*要素贯彻不力时，须介入来制定建议。

19.2.2 辨识需开展调查的潜在事故

监控所有潜在事故源：要展开事故调查工作，首先应找出要调查的事件。有些事件显而易见，而有些事件可能不为人察觉，未遂事件尤是如此。事件辨识方法有多种，包括人员口头汇报和文件（包括日志、工作单、应急响应启动以及数据趋势）审查。只有仔细审查此类数据，才能发现未遂事件和事件发生苗头。

确保所有事故悉数上报：一线工人是事故识别过程中最为重要的数据来源。公司内的一线工人和其他人员定期评估事故汇报有效性，能够帮助找出事故上报障碍。

及时启动调查工作：调查工作越早开展，也越容易收集到精确数据。明确启动调查职责，有助于快速启动调查工作，而制定一份当前称职调查人员名单，利于迅速组建调查小组。预先准备事故调查工具包、基本工具和设备，便于调查小组迅速展开调查，就不用花时间准备常规物品。

19.2.3 采用合适方法展开事故调查工作

在调查期间收集相关数据。开展调查工作时，必要数据收集不全，常常会找错原因，制定无效建议。制定一个清单，列出通常可用于调查的数据以及对调查至关重要的数据，这样有助于小组高效地收集所有必要的数据。在调查报告中列出收集到的数据，还有助于审查人员了解分析的深浅程度。

与应急管理要素挂钩。事故要素需与应急要素相挂钩，确保证据得到保护，并确定应急响应工作是否处于 RCA 范围内。

采用有效的数据收集方法。调查工作通常需要采访形形色色的人员。由于采访工作多是追究被采访人员或同事身上的错误或绩效漏洞，因而会激起他们情绪反应。选择合适的采访方法，能大大提高采访工作效率。但保护物理数据也涉及大量工作，编制测试计划能大大提高从测试收集而来的数据实用性。

采用相符的数据分析方法。是否采用统一分析方法，是摆在大多数公司面前的难题。仅提供一到两个合适方法，让公司熟练运用这几种方法。考虑到调查的事故类型千差万别，因而使用分析方法时，不可能有按部就班式的程序供遵循，但可提供详细论述典型分析过程以及小组面临的共同问题的指南。解决不同寻常的问题，常常需要咨询项目协调员或高级调查人员。

深入调查原因。直接原因分析和根原因分析深度需始终保持如一，调查方法和*事故*要素程序能提供指导，有助于达成此目的。例如，公司需要确认在开展根原因分析时，找到根本原因。向调查人员提供充足指南，指导其确定分析找出的原因层次是否足够深以视作根本原因，有助于实现此目标。部分事故调查方法利用预先制定的根原因清单来帮助实施此项任务。CCPS 编著的《化工过程安全事故调查指南》(见参考文献 19.4)可就本主题提供更多指南及范例。

调查过程保持技术严谨。技术严谨是指支持调查小组辨识的原因和建议的论据要全面彻底性。在大多数情况下，小组在调查前，对事故原因早就形成了几个先入为主的观念。但有时，小组在真正开展分析之前，头脑中可能便已形成了建议。因此，小组常常会带着有色眼镜查看数据。若分析方法能促使调查小组不仅查看支持其先入为主观念的数据，还会兼顾驳斥或否定其理论的数据，往往能加强调查工作力度，因为这种方法允许管理层依据所有可得数据(而不仅仅局限于支持小组先入之见的数据)，因而此方法能提高小组生成的建议通过率。

配备专业经验丰富、装备优良的调查人员。调查小组需拥有开展调查所需的技术知识，至少对所调查事项具有基本了解，即向小组提供人员或资源支持。

若事故涉及承包商、供应商或工会组织，在开展调查时，常常需要上述单位派出代表加入调查小组。此举既可增加小组技术资源，还可提高调查工作接受程度，并能让参与人员亲身体验调查过程，在*参与*和*承包商*要素支持下，还可加强公司、工厂、工会、承包商和供应商之间的合作关系。

制定有效建议。为分析识别出的每个原因(直接原因与根本原因)提供建议。建议与分析识别出的原因和支持性数据息息相关。若建议措辞过于抽象，无法付诸实践，则建议贯彻方式可能达不到调查小组预期效果。

19.2.4　登记事故调查结果

编制事故调查报告。向调查小组提供基本编制框架或报告模板，确保不同调查报告的一致性。但调查小组在使用框架时，需作相应调整，使其满足当前调查工作具体情况。将分析方法和结果作为报告核心内容，可以节省报告编制时间。例如，采用逻辑树(比如因果树)或基于时间的因果图(比如因果分析图)来分析数据，并提供大量事故信息。报告中加入上述一项，便能避免用大量文字篇幅来描述事故、探讨原因。

原因与建议挂钩。分析报告中原因与建议要有清晰的联系，读者便能轻松看清事故、辨识出原因以及建议之间的联系，对每个辨识出的原因的支持和反对数据能一目了然。原因与建议挂钩还能让管理层评估调查工作全面性和合法性。在某些调查工作中，司法部门可能想要控制说明原因与后果之间明显关系的报告，来降低公司责任风险。围绕着调查工作的法律事宜，详见 CCPS 出版的《化工过程安全事故调查指南》(见参考文献 19.4)。

19.2.5　跟进调查结果

贯彻落实建议：公司只有贯彻落实调查小组制定的建议以及行动方案，调查过程才能取得有效成果。通常，最为重要的建议聚焦长周期解决方案，例如，执行这类建议通常不需要重启系统，建议的目的是。确保事故在几个周、几个月乃至多年后仍不会再复发。公司不贯彻落实建议及行动方案，可能不为人察觉，但等到被人察觉时，常常为时已晚(下一事故发生之时)。若及时跟踪建议落实情况，则可避免上述情况发生。数据库、扩展表或其他计算机应用程序是跟踪建议落实情况最为实用的方法。

与责任人一同定期评审建议落实情况，通过评审，便于确定建议贯彻落实过程中的阻碍，并加以清除。

调查结论内部公布：要使计划长期有效，就要在数据收集阶段，让不同部门、不同岗位的人员积极参与调查过程。为鼓励工人继续支持、参与调查过程，需向其提供一些有关调查的进展，他们最想知道的是，他们抽时间向调查小组提供的数据，对公司改善能起到一定作用。换言之，他们想知道，他们对调查工作所作的付出是值得的。

内部公布调查结果可通过以下方式实现：(1)在事故正式通报中公布结果；(2)通过定期通报发布结果，发布内容可能还包括从多项分析工作中吸取的教训；(3)通过后续安全会议公布经验教训；(4)作为必读阅览书目发布结果；(5)通过电子邮件发布；(6)在工厂公告栏公布调查结果。这些都属于调查结果内部公布途径，但公布途径必须与建议重要性相匹配。对风险意义不大的事故三令五申会加重工作负担。

调查结论外部传播：工厂发生的事故常常能启迪其他工厂，促使系统升级。例如，调查小组调查工厂发生的泵密封失效事故时，产生的建议也许能有效控制其他工厂出现此类事故的风险。尽管如此，调查小组也许不会意识到调查结论同样适用于其他工厂。因此事故调查结论外部传播工作对于其他工厂和公司展开此类评估有着重要作用。

保留事故调查记录：一旦调查建议得到批准，公司注意力通常转移到贯彻落实调查小组得出的建议上，但工厂应确保调查记录查询便利并永久可查。在以后开展调查工作时，能利用调查小组已汇编生成的信息。调查报告还可用于风险分析。调查报告所含信息能帮助找出新危险和新风险。有时，出于司法考虑，可能需要保留调查文件。在制定文件保留政策

时，应咨询公司法律部门，预防公司将来遭人索赔。

调查小组开展调查工作时，重点放在评估 RBPS 有效性上。为实现此目标，调查小组必须确定以前的调查工作在改进公司管理系统方面是否有所成效，因此之前的调查工作记录对于本次评估工作至关重要。

19.2.6　基于数据趋势分析辨识需调查的重复事故

一个车胎出现胎面分层是否会引发制造商思考这是制造工厂的潜在通病？同一款车型出现多次胎面分层，而且出现胎面分层的轮胎大多是伊利诺斯州迪卡特市内的一家轮胎制造厂制造的(见参考文献 19.5)，又是什么原因？要找出其中的关联，唯一的方法是跟踪数据。跟踪数据能透过各类人员开展的各项调查工作，找出事故之间共有的本质。数据跟踪对找出后果不太严重、但发生频率很高的事故尤为有用。单从一起事故的后果来看，一般不会对此类事故展开分析工作，但从这类事故总体来看，却对公司构成重大风险，需要加以调查。

记录所有报告的事故。事故特征数据库对于找出需开展调查的重复事故起着关键作用。数据库结构应同时符合事故汇报要求和数据库分析要求。若管理层无意于分析数据，则事故登入数据库很有可能无所成效。事故库仅收集要分析的数据。

分析事故趋势。事故数据库应定期开展分析，确定事故趋势，找出事故重发起因和重复事故。我们也可按照事故后果或潜在后果对事故进行降序排列，可能会找出后果较严重的事故之间的共通点。按照事故特征和起因对事故排序，还可揭示事故之间的重大共因。数据库定期分析工作应交由一名特定人员负责，通常为项目协调员，并由管理部门审核分析结果。跟踪工作通常是对此类长期无法解决的问题进行分析。但必须仔细解读数据趋势，以了解其根本原因。例如，报告事故飞涨的背后，其原因可能是公司文化发生变化。相比起工厂绩效变化的汇报，企业人员不太愿意主动汇报事故。新员工，可能对事故上报要求有不同的解读。此时，可能需要开展调查工作来探究其中的联系。

19.3　可能的工作活动

RBPS 方法建议，每项工作内容的深度要求应根据风险和所需的资源而确定，并与工厂文化相一致。某项工作内容的深度要求因各个工厂而异，同时即使在同一个工厂内，也可能随装置或工艺区域不同而发生变化。因此，在制定一个基于风险的过程安全管理系统时，读者应遵循以下步骤：

1. 评估工厂风险，同时调查工作内容所需资源与现有资源配置状况，以及工厂的安全文化。具体情况见第 2.2 节。
2. 评估执行事故调查各项关键原则的潜在收益。事故调查关键原则详见第 19.2 节。
3. 根据第 1 和第 2 步的结果，确定事故调查的基本要求(第 19.2.1~19.2.6 部分所述的基本要求)，合理地管控风险。
4. 对于将要执行的每个基本要求，确定执行方法，选择本节所述的相应的工作内容。请注意，这些工作内容不可能对所有行业都是全面的，读者可能需要增加某些工作内容或修改本节所列的部分工作内容。

5. 对于将要执行的每项工作内容，确定所要求的标准水平。本节所列各项工作均设有两到五个具体实施方案，工作标准依次提高。每项工作采用序号标识，具体实施方案采用字母标识。

备 注

相关法规可能具体规定了过程安全管理系统规某些要求或工作内容，或为特定工作内容规定了最基本的详细程度。因此，过程安全管理系统的设计和执行应同时遵守法规要求和本书中提供的指南。

19.3.1 保持有效运行

在全公司内统一计划执行标准，保持一贯性

1. 编制事故汇报、数据收集、调查和经验总结书面程序，并贯彻落实。
   a. 存在通用政策声明，但未含具体指南说明。
   b. 在(a)项基础上，调查期间使用调查表格。
   c. 在(b)项基础上，采用调查程序。
   d. 在(c)项基础上，向调查人员提供内容详尽的指南和具体实例。
2. 增设*事故*要素负责人岗位，负责下列工作：提供 RCA 分析指南；监督项目有效性；帮助调查小组扫除工作障碍。
   a. 由安全部门负责*事故*要素。
   b. 正式任命*事故*要素负责人。
   c. 在(b)项基础上，明确事故要素负责人的时间投入和权责范围。
3. 指定事故调查协调员，负责下列工作：协助事故调查人员开展具体调查工作；评审原因趋势(分类或代码)来提高公司内部一贯性。
   a. 安全部门经理兼任*事故*要素协调员。
   b. 正式任命*事故*要素协调员。
   c. 在(b)项基础上，明确事故要素协调员的时间投入和权责范围。

确定相符的事故调查要素范围

4. 通过确定各级别调查工作对风险和后果的门槛要求，来明确*事故*要素技术范围。
   a. 仅灾难性事故需要展开分析工作。
   b. 灾难性事故需要展开根原因分析工作，而风险并不重大的事故则需开展直接原因分析工作。
   c. 严重事故需开展根原因分析工作，而轻微事故需开展直接原因分析工作。
   d. 轻微事故需开展根原因分析工作，对操作有影响的事故需开展直接原因分析工作。
5. 提供工厂特有的*事故*调查类型实例，公布事故要素技术范围以及各类型或级别分析工作投入精力。
   a. 通用指南指出需调查的事故类型，例如，造成大规模泄漏或重大人员伤亡的事故。
   b. 列举具体实例，阐明需要调查的事故，如死亡、伤害、严重财产损害、安全保障措施的启动(包括安全关键系统、疏散、救援、就地避难)、泄漏和环境破坏。

c. 在(b)项基础上，向调查人员提供指南，指导确定各种调查类型所需的精力以及工作成果。

6. 辨识工厂特有的未遂事件实例，并对工人开展未遂事件汇报培训。

a. 工人培训项目包括通用未遂事件汇报和调查指南(威胁最后一道防线，或威胁两到多个安全屏障)。

b. 工人培训项目包括工厂特有的需调查的未遂事件类型。

c. 在(b)项基础上，提供指南，说明各类事故所需的调查力度以及成果。

参与人员称职负责

7. 对所有员工和承包商开展*事故*要素理论培训和复训工作，培训重点放在事故汇报(包括未遂事件)以及事故调查项目基本方法。

a. 仅对选中的人员开展培训。

b. 培训所有职员。

c. 对承包商人员包括在内的所有人员开展初训和复训工作。

8. 对事故调查领导人员展开RCA和预测培训，重点放在领导调查小组所需的技能以及RCA方法运用上。

a. 开展基础知识培训(如反复询问为什么)，但不开展实践培训。

b. 在(a)项基础上，开展公司行政程序培训。

c. 在(b)项基础上，调查人员参加分析方法实践培训。

9. 向领导、指挥和评审事故调查工作的管理人员提供RCA审查培训，重点放在RCA关键要素和工作成果(管理人员培训中技能成分比例较低)。

a. 基础知识培训(例如反复询问为什么)，但未具体说明RCA审查对象。

b. 在(a)项基础上，开展相关培训，指导如何完成RCA审查期间应解决的具体事宜。

c. 在(b)项基础上，提供公司专用检查表，并开展培训工作(包括实际分析工作评审操作规程)。

监督事故调查流程的有效性

10. 调查结束之际，建立供调查小组采用的正式调查评审过程。

a. 为调查小组继调查之后的评审工作提供指南。

b. 在(a)项基础上，需正式启动调查后评审工作。

c. 在(b)项基础上，定期评估调查后评审工作。

11. 确定并收集事故调查绩效指标。

a. 确定正式绩效衡量指标。

b. 在(a)项基础上，定期核对衡量指标。

c. 在(b)项基础上，定期向管理层提交状态报告。

12. 开展*事故*要素管理系统和实践自评工作。

a. 公司人员负责*事故*要素绩效自评工作。

b. 在(a)项基础上，外部人员开展*事故*要素绩效自评工作。

13. 管理层开展事故调查过程评审工作。

a. 管理审核高曝光事故。

b. 在(a)项基础上，评审事故要素跟踪成果。

c. 在(b)项基础上，评审绝大多数调查报告。

19.3.2 辨识需开展调查的潜在事故

监控所有潜在事故源

14. 积极评估可帮助发现未遂事件和事故苗头的数据，比如工作日志、数据趋势以及应急响应启动等。

a. 监控数据来源。

b. 在(a)项基础上，定期汇报数据监控结果。

确保所有事故悉数上报

15. 找出、并扫除事故汇报障碍。

a. 定期调查人员，评估未遂事件汇报有效性，但未采取具体行动来扫除障碍。

b. 在(a)项基础上，制定趋势图和统计数据，标明汇报的事故数量以及类型。

c. 在(b)项基础上，指定人员，正式展开行动，扫除重大汇报障碍。

及时启动调查工作

16. 事件发生后尽早启动调查工作。

a. 正式确定各类调查工作(ACA 和 RCA)的时限要求。

b. 正式跟踪从事故发生到调查开始之间相隔时间，找出导致调查工作无法启动的潜在问题。

c. 在(b)项基础上，备齐调查小组开展工作所需的全套工具(包括基本工具和设备)，并指定人员正式监督上述工作执行状态，保证全套工具库存充足。

17. 确立事故通知时限，在规定时限内，相关人员应通知到位。

a. 正式确定时间要求，在规定时间内，向上级单位汇报事故。

b. 在(a)项基础上，正式确定时间要求，在规定时间内，向内部人员(如法律部门或上级部门)汇报事故。

c. 在(b)项基础上，保留最新事故电话通知清单和电话通知流程。

19.3.3 采用合适方法展开事故调查工作

在调查期间收集相关数据

18. 编制事故调查人员在调查期间一般应收集的信息、数据、采访和记录清单。

a. 提供行业通用的潜在数据来源清单。

b. 编制适用于特定工厂的潜在数据来源清单，并随时更新。

c. 编制适用于特定区域或事故类型的潜在数据来源，并随时更新。

与应急管理要素挂钩

19. 正式建立*应急*管理要素与*事故*要素之间的联系。

a. 达成非正式协议，规定*应急*要素人员与和*事故*要素人员之间的互通工作。

b. 编制通用书面指南，规定*应急*要素人员与*事故*要素人员之间的互通工作。

c. 编制书面专项程序，规定*应急*要素人员与*事故*要素人员之间的互通工作。

其他与应急事故规划和响应有关的作业任务(包括保护证据)，参见应急要素第18.2.2节。

采用有效的数据收集方法

20. 坚持采用有效的方法来收集数据。
    a. 提供访谈技巧与访谈提问指南、试行方案指南以及实例。
    b. 需采用结构合理的访谈方法，并编制正式物理数据分析试行方案。
21. 坚持采用有效的方法来保护数据。
    a. 暂时封锁事故现场，但此项工作不归调查小组负责。
    b. 封锁事故现场，直到调查小组通知可以开放。
    c. 在(b)项基础上，在物证使用期间，须一直妥善保管物证。

采用相符的数据分析方法

22. 提供数据收集指南以及事故调查方法，便于调查人员精确分析采集到的数据。指南和方法应涵盖下列关键事项：
    - 相关数据采集；
    - 评估支持性以及反对性数据；
    - 记录数据来源和结论，以便评估各项数据和结论的真实性；
    - 找出所有原因；
    - 制定解决每个辨识出的原因的建议；
    - 同种类型的调查工作，分析深浅程度保持一致；
    - 采用统一标准，找出不同调查工作的原因。

    a. 调查小组采用认为合适的合理方法。
    b. 确定一到两个能达到上述大部分指标的分析性方法。
    c. 采用能达到上述所有指标的分析性方法。

深入调查原因

23. 依据调查程序中的分析级别，分析各起事故。
    a. 提供ACA和RCA须满足的特定标准，包括分析深度指南。
    b. 采用分析检查表，来根据确立的分析深度标准评估调查。

调查过程保持严谨

24. 确保调查小组在开展调查工作时，秉持开放理念，兼顾所有证据。
    a. 在事故调查培训时提出。
    b. 在所有调查报告中，需明确指出未调查的可信原因以及不支持或反驳调查小组结论的数据。

配备专业经验丰富、装备良好的调查人员

25. 指定精通调查方法的人员参与调查工作。
    a. 尽量挑选对设备最为熟悉的人员参加调查工作，或是指定区域主管参与调查工作，不管其是否经过调查培训，对此是否有经验。
    b. 非正式地指定调查人员，一般根据调查经验以及对调查过程的了解程度来挑选调查人员。
    c. 从预先编制并受控的称职人员(胜任ACA和RCA)名单中挑选调查人员。

d. 在(c)项基础上，在调查工作需要特定领域的专业知识或需要外部人员参与时，让外部人员参与(如其他公司工厂人员或承包商)对工厂人员进行补充。

制定行之有效的建议

26. 为每个原因制定建议。
 a. 建议直接与事故要素相连。
 b. 所有要素都有对应建议。
 c. 所有要素都有对应建议，说明直接原因以及原因对整个工厂的普遍适用性。
 d. 在(c)项基础上，制定响应建议，说明原因对整个工厂的普遍意义。

19.3.4 登记事故调查结果

编制事故调查报告

27. 提供报告内容规范。
 a. 每个小组至少应编制标准调查表格。
 b. 在(a)项基础上，依据调查报告模板，编制报告。
 c. 在(b)项基础上，提供指南，指导如何填写。

原因与建议挂钩

28. 调查小组需明晰事故、原因以及制定的建议之间的联系。
 a. 调查报告列出原因和建议。
 b. 调查报告中含有用以说明直接原因、潜在原因和建议之间联系的表格或矩阵，报告模板(参见作业任务27)中可涵盖此联系。

19.3.5 跟进调查结果

贯彻落实建议

29. 建立系统及时贯彻落实事故调查建议，并登记跟踪决议和建议。通常需建立数据库来跟踪各条建议落实情况。
 a. 利用数据库来跟踪事故调查产生的建议落实情况。数据库可用于跟踪所有 RBPS 要素产生的行动方案。
 b. 在(a)项基础上，数据库与电子邮件系统整合，以便将自动状态报告和提示函发送给责任人员。

30. 定期评审各行动项状态，包括审查并审批对执行计划和时间表的变更。确保执行计划脱节或行动范围重大变更的理由正当合理，且有凭有据。与高级管理层一同定期审核行动状态，以及是否符合计划和时间表。
 a. 依据工作任务29或36中创建的数据库，定期与管理层以及负责落实各项建议的人员一同对建议状态展开正式评审。
 b. 在(a)项基础上，保留计划变更记录。

调查结论内部公布

31. 与所有相关人员一同审查事故调查报告(但凡履行职责与事故调查结论有关联的人员，则为相关人员，有时也包括承包商员工)。

a. 采用非正式手段传播调查结果。

b. 通过电子邮件、即时通信以及发帖公布等形式在工厂内部公布调查结果。

c. 在(b)项基础上，利用安全会议以及就餐期间公布调查结果。

d. 在(c)项基础上，利用公司内部的互动性交流活动来传播调查结果。

e. 在(d)项基础上，在工厂内，征求人员反馈信息。

调查结论外部传播

32. 与所有相关工厂一同审查事故调查报告。

a. 公布信息时，将信息放入指定区域的一个文件中，但需限制访问权限。

b. 文件放在网站上或指定区域，并向所有公司人员开放。

c. 通过电子邮件或单向交流手段，向其他工厂公布信息。

d. 与其他工厂一同召开交流大会，分享事故调查经验。

33. 在尊重商业机密的原则上，与同行分享调查结论和吸取的经验教训。

a. 通过新闻发布方式，传播相关信息。

b. 通过会议期间非正式讨论来传播信息。

c. 在(b)项基础上，将数据输入行业数据库。

d. 在(c)项基础上，在会议上正式发言，撰写技术论文。

34. 评估其他工厂的事故以及事故建议，确定是否适用于自己所在工厂。

a. 对外部事故展开非正式评估工作。

b. 外部社会组织(如 CCPS、CSB 和 OSHA)评估外部事故的影响。

c. 专门设立项目，评估外部事故潜在适用性。

保留事故调查记录

35. 针对数据日志、总结、调查报告和调查文件制定文件保留政策。

a. 分析人员自行保留调查记录。

b. 在(a)项基础上，采用调查记录所采用的文件保留政策。

c. 在(b)项基础上，保留事故调查总档案。

d. 在(c)项基础上，保留各次调查工作备用信息总档案。

19.3.6 基于数据趋势分析辨识需调查的重复事故

对所有记录的事故进行备案

36. 利用事故数据库，跟踪事故特征和建议落实情况。

a. 凭个人记忆来找出主导事故和调查趋势(无正式数据库)。

b. 利用数据库，来找出事故主要特征，并结合工作任务 29 和作业任务 30 中的要求。

c. 在(b)项基础上，保留所有事故完整信息的数据库。

d. 在(c)项基础上，制定相应标准，说明各栏应填内容。

37. 从各个来源，搜罗数据，扩充作业任务 36 中的数据库数据(参见作业任务 14)。

a. 富有“启迪意义”的事故收纳入数据库中。

b. 将事故要素汇报的所有事故加入数据库中。

c. 在(b)项基础上，由其他来源汇报的事故(参见作业任务 34)加入数据中。

分析事故趋势

38. 定期分析事故数据库，找出负面跟踪结果。
    a. 通过非正式调查工作，找出负面趋势。
    b. 定期评估工作任务 36 创建的事故要素，来找出负面趋势。
    c. 分析工作由专人员负责。
    d. 在(c)项基础上，提供具体指南，以便趋势分析工作到位。
39. 定期向管理层汇报负面趋势。
    a. 定期评估工作任务 36 产生的事故要素，并汇报评估结果。
    b. 在(a)项基础上，正式向工厂管理人员提交结果。
    c. 在(b)项基础上，向企业管理层，正式提交结果。
40. 开展调查工作期间，分析以往事故记录，确定以前是否有类似情形发生。
    a. 每名分析人员独立对历史事故记录展开非正式工作。
    b. 每名分析人员需分析历史事故记录。
    c. 在(b)项基础上，将历史事故记录分析结果放入调查报告中。

19.4 提高效能的方法示例

本章列举了若干经行业实践测试、旨在提高*事故*要素相关工作活动效能的方法实例。根据第 19.2 节中首次提及的关键原则，可将此类方法实例归为以下两大类：

1. 用于提高要素核心工作活动绩效的方法。
2. 在减少资源消耗并保持必要绩效的条件下提高要素核心工作活动效率的方法。

这些案例均源于工业实践、行业研讨会和 CCPS 会员单位。希望改进管理系统和本要素相关工作活动的读者，应检验这些方法，评估自己企业当前管理系统和工作活动的绩效和效率，然后按照第 2.1 节所述的基于风险的原则，选择和执行改进措施。

19.4.1 保持有效运行

整合健康、安全、环保、可靠性、质量以及安保

大多数事故的后果形式虽多种多样，但根本原因可能一致。例如，常见设备故障不外乎质量、可靠性和安全影响。使用同一程序调查所有类型的事故，不管其影响如何，可省去另启调查程序的费用，避免效率低下问题，还能以统一方式制定建议。在可靠性和质量得以提高时，安全绩效也常常能得以提高。因而，事故要素和资产完整性要素常常息息相关。

借助软件来管理事故要素产生的信息

编制并维护事故报告、监督建议落实进度以及趋势分析，这些工作都可借助软件工具完成。但为了提高效率，软件必须操作简便，并能与公司其他信息系统完全兼容。

有些公司实行建立在电子邮件系统基础之上的事故汇报和跟踪系统。此整合举措既能快速高效地发布事故报告，又能实现行动项目跟踪。数据可输出到标准扩展表程序中，来进行分析。建立在受多家公司青睐的计算机化维护管理系统(CMMS)基础之上的其他系统也已付诸于实践，用于维护和变更工作跟踪。计算机化维护管理系统通常自带设备分层功能，便于按照设备类型和位置跟踪事故。事故报告可以作为变更工作指示处理，因而负责维护报告输入工作的人员(如维修、操作和工程技术工人)大多无需参加有关系统运用的培训。

采用已有调查方法和软件。公司可采用行业已有的调查方法，加快调查并避免初始启动阶段发生问题。工厂常常需要从自身情况出发制定方法，让工厂人员尽快熟悉程序。该工作应在测试期间完成，待制定方法成功后，方可在整个工厂推行。此外，市面上还有专业软件包，与自主开发的系统相比，功能性更强。但要是与公司其他数据系统兼容不畅，则可能导致整体运行效率低下，并且需要用户学习新程序。随着越来越多的人参与贯彻落实过程，此问题会愈发严重。

开展试点测试。为保证事故调查程序卓有成效，满足工厂或公司及文化特定需求，通常应制定具体的事故调查程序。在大多数情况下，在整个工厂推行程序之前，分阶段地开展试点测试并作必要调整是最佳的方法。

19.4.2 辨识需开展调查的潜在事故

采用风险矩阵进行风险评估以对事故实际损失和潜在损失进行分类：由于大多数公司很少发生事故，事故及其损失趋势通常不可能成为事故要素的可靠衡量指标，而根据实际和潜在损失作为首先指标，能更好地反映公司表现。因计算潜在损失本身属于推测行为，所以应用损失类别更为合适。采用与风险评估相同的风险矩阵分类方法将大大提高工作效率，并能比较风险评估和实际问题之间的差异。

注重未遂事件汇报：对于真正实现了零事故目标的公司而言，积极汇报和调查未遂事件至关重要。未遂事件能让公司在灾难发生之前就以很少的代价发现管理系统漏洞。要实现持续改进目标，管理层须经常拓展未遂事件定义，以确保未遂事件持续汇报。未遂事件汇报能反映公司人员是否愿意主动参与事故汇报，因此也是一个重要衡量指标。只有在事故汇报的基础上才能开展事故调查。

采用标准方法来预估事故潜在后果：只有采用标准方法才能有效确定事故趋势。借助于成本计算工具，便能精确预估财产损失、停产、环保清理等费用。成本计算工具可以做成电子表格，放在公司内网上供大家使用。采用此法还可保证事故调查计算其他业务决策的前提一致性。

根据调查程序，调查意料之外的正面事件：事故一般定义为与预期生产发生负偏离的情况。通常情况下，开展事故调查工作，是为了促进系统改进，消除不良行为。可采用同一调查系统来确定哪些因素导致了理想的正面事故，比如工厂开停车工作进展特别顺利或项目提前完工。找出超出预期的原因，并进一步强化。换言之，正面事件调查过程也是一种学习和复制成功经验的有效途径。因为此类调查工作将重点放在正面因素，而不是负面因素，所以常常能极大地鼓舞士气。

19.4.3 采用合适方法展开事故调查工作

创建通用分析资料库：事故调查小组常常会遇到相似的设备故障或人为错误。维护这些情况下遇到的通用故障模式模板的可以加速事故原因分析过程。例如公司内联网上的泵故障、管道故障、泄压阀故障、爆破片、常见人为失误等故障树或原因树模板。此类通用树形调查工具为调查小组开展分析提供了基础，调查人员可根据调查的具体故障情况加以修改。一开始，可以基于主动分析，如失效模式和影响分析、故障树分析、保护层分析或以可靠性

为中心的维护分析工作，来生成通用设备故障树。不仅可以生成设备故障和人为错误通用原因树，还可以生成通用根原因树。根原因清单、表格、图标以及树形结构这些都是分析通用根原因树的代表例子。同其他检查表方法一样，可能因调查小组忽视了清单或树形结构中未包含的事项而无法达到预期效果。

使用事故评分系统来确定在调查和结果交流工作上所付出的精力：可采用包含多种因素的评分系统来确定所付出的精力。系统涉及的因素包括但不限于：泄漏物料种类、泄漏规模、后果控制水平、安全设离是否运行、现场和场外影响、成本影响、声誉影响以及监管影响等。因为很多必要信息在调查初始阶段无法获得，此时使用评分系统可能无法达到预期效果。企业可利用事故评分对工厂收到的外部事故数据进行归类(参见第 19. 3. 4 节中的工作内容 34)。例如，相比黄色、绿色或白色预警，红色预警需要立即引起注意，且保持高度关注。

确保建议可行性：确保建议详尽具体，以便相关人员能确定建议何时贯彻落实。考虑以下建议：公司应向人员强调流程变更管理，要贯彻落实这条建议，应开展哪些工作？建议若含糊不清，则无法得到真正落实，行为也就无法得到改进。相反，要开展具体的行动，如“修改 XYZ 程序，加入……”、“修改 ABC 采购规范，规定一律采用蓝色料桶”“在所有机械人员参加的跟进会议中，探讨事故以及 XYZ 流程变更”，准确说明需要做什么以及如何做。建议越具体越详尽，贯彻落实的可能性越大。

制定调查小组参与的正式重启政策：在制定正式的流程来重启受事故影响的系统时，需要让调查小组参与决策过程。此工作通常包括制定和实施临时建议，以降低直接作业风险。若要长期大范围地减少风险，则通常需要长期建议。

19. 4. 4 登记事故调查结果

采用双阶段式报告评审：采用双阶段式报告评审过程，可确保调查小组着手制定建议之前，报告中提供的事实准确无误。报告评审第一阶段，评审人员首先确认报告中的事故顺序及其他实际数据，然后调查人员根据评审人员意见，澄清报告事实，在通过评审的数据基础上，制定建议。此方法减轻调查小组工作负担，同时也增加了报告评审人员的工作量。

确保事故调查数据和建议状态可随时访问：要使信息和吸取的经验教训在整个事故调查项目内使用，并用作其他 RBPS 要素(程序、风险等)的输入信息，提供信息随时访问至关重要。为方便人员能随时查阅信息，事故调查产生的数据应并入其他操作数据和管理系统中，如此一来，人员便能使用早已得心应手的系统来查询上述数据，既提高了数据使用率，又缩短了培训时间。

19. 4. 5 跟进调查结果

采用软件程序来跟踪建议落实情况：如前所述，使用数据库，可减少建议落实跟踪的工作量。由于其他很多 RBPS 要素同样要求跟踪建议落实情况，所以采用同一综合数据库来跟踪所有建议落实情况最为有效。数据库与公司电子邮件程序整合后，通知人员建议落实状态，也更为便捷。

确定建议优先顺序：采用成本/效益分析来确定建议优先顺序。虽然可采用定量法来计算出每条建议的成本/效益比，但这项工作需要运用大量资源。而采用定性方法来预估成本

和效益时，仅仅需要在两列表格中列出成本和费收益描述，如“降低双配料的可能性”或“需要定期重刷地面上的标记”，这就足以确定建议优先顺序，而且工作量比定量分析法要少得多。

跟踪建议落实完成：无法落实事故要素工作活动产生的所有建议(包括落实建议或制定备选方案)，是公司常常面临的一个问题。这是由于要想使事故要素贯彻得力，其建议大部分需要长期执行。换言之，短期内运行，无需用到此类建议，但不久的将来乃至遥远的未来，都要用到此类建议来降低风险。因而，此类建议落实起来，常常具有延迟性。跟踪建议完成情况以及对-责任人问责对解决这些问题至关重要。使用中心数据库，能方便跟踪工作。

主动评估建议有效性：趋势分析通常侧重于调查过程总体有效性上。要确定个别建议是否有效，常常需要监测与建议相关的首要指标。如此便能在下次事故发生之前，早早发现建议的有效性。此外，这种监测方式还能帮助找出落实建议带来的意想不到的负面影响。

19.4.6　基于数据趋势分析辨识需调查的重复事故

采用软件程序开展调查数据趋势分析：如前所述，采用数据库，有助于开展趋势分析工作。若数据可轻松从调查数据库中导出，则可以在标准扩展表软件(如 Microsoft® Excel™)中加以分析。

19.5　要素指标

第 20 章阐述了如何以及何时利用指标来适度提高绩效的方法。本节将列举若干个指标实例，说明它们如何用于监测*事件调查*要素的健康状态，并按照第 19.2 节中提及的关键原则进行了分类。

除了明确关键核心指标外，还需要定期对指标进行跟踪和考核。有时，指标所需信息比较简单，例如员工总数指标。而有些指标需要多个参数才能拿确定，如员工的平均工龄指标，需要利用多名员工的工龄数据来计算平均工龄。部分指标用于跟踪动态变化率，如员工离职率指标等。动态变化率甚至可能是工厂最为关注的数据指标。由于工厂情况千差万别，需要自行确定指标的跟踪方法和考核方法，保证工厂 RBPS 管理系统的健康运行。

19.5.1　保持有效运行

- ***频繁发生的原因***：频繁发生表明调查过程存在缺陷漏洞，通常意味着所制定的建议无效或未得到贯彻落实。
- ***事故实际和潜在损失***：通常随着时间的推移损失会越来越小，但员工会越来越了解公司想要其汇报的事故，导致上报事故数量的增加。
- ***设备运行情况***：产品产量、计划外的停车、安全系统的启动、保护装置的启动以及应急变更程序的运用等设备运行数据也可作为先行重要指标。有关具体系统运行衡量指标的建议，参见操作元素。
- ***称职调查负责人的人数***：调查负责人人数减少可能会造成资源不足，从而影响整个工作的有效性。

19.5.2 辨识需开展调查的潜在事故

- *班组、部门或工厂事故与未遂事件比率*：此比率上升，可能表明事故汇报程序存在问题。
- *单位时间内汇报的事故数量*：单位时间内汇报的事故数量取决于两大潜在因素，一是实际发生的事故和未遂事件数量，二是汇报的事故和未遂事件数量。
- *平均调查启动时间*：此指标有助于找出启动调查遇到的障碍。

19.5.3 采用合适方法展开事故调查工作

- *低/中/高力度调查工作比率*：此比率可反映分析力度不足。
- *平均调查工作量*：该指标有助于管理层确定各种分析工作的预期工作量。

19.5.4 登记事故调查结果

- *平均调查报告完成时间*：若延迟完成报告，则表明调查和汇报过程没有得到公司足够重视。

19.5.5 跟进调查结果

- *平均建议落实时间*：针对公司基本流程的重大建通常需要更长的时间落实，因而可能对此指标带来不利影响。
- *建议落实完成日期变更次数*：此指标反映公司按照原定计划落实建议的决心有多大。
- *经验教训交流次数*：该指标反映调查结果在全工厂范围内正式传播频率。
- *报告或审核日期变更次数*：该指标同样反映公司如期完成报告的决心。

19.5.6 基于数据趋势分析辨识需调查的重复事故

- *因趋势分析结果而启动的调查数量*：本指标可反映趋势分析执行频率。

第 19.6 节管理审核将论述通常不宜纳入正式指标衡量体系的其他因素，此类主题或可作为事故要素健康状态定性评价的基础。

19.6 管理审核

管理审核系统的设计和执行详见第 22 章。为确保事故调查管理的正常运行，需对许多具体的管理问题开展定期检查。管理审查要首先应评估审核系统的有效性。企业风险管理不到位，或者变更管理系统的改进效果差强人意，那么管理层应采取所有可能的整改措施加以实施。在某些情况下，企业有可能并未找出正确的整改措施予以实施，或者实施方向出现偏差。即使整改的结果令人满意，通过管理程序审查仍能检验资源是否充分利用？有些工作是不是有更为有效的实施办法或者事实上根本无需实施？管理层可结合上一节的各项指标，及个人观察、直接问询、结果审查、反馈来解决上述问题。讨论的工作内容和主题可包括以下内容：

- 评审自上次管理审核结束以来发生的重大事故清单。

- 挑选出一组能代表不同严重程度、不同车间等的事故调查报告，并开展以下工作：
  - ○ 评审调查小组组成，确认小组人员配备齐整，能胜任调查工作。
  - ○ 确保事故调查小组负责人完成调查方法培训。
  - ○ 评估工作成果总体水平，重点关注调查小组(1)选择的方法是否合适；(2)方法实施是否得当；(3)调查出的原因是否合理；(4)建议是否直指调查小组找出的根本原因。
  - ○ 评审此类事故调查产生的建议中悬而未决的建议情况。
- 评审悬而未决的建议清单及其数量随时间的变化情况。
- 评审建议落实时效。若建议未及时落实，则找出造成延误的原因。
- 评审进行中的事故调查工作清单，重点关注完成调查所需投入的精力以及投入精力是否与事故相关风险一致。
- 评审从事故实际发生到调查报告签发所间隔的时间。
- 检查针对*审查*要素或其他 RBPS 要素找出的与*事故*要素管理系统有关问题的行动状态。
- 确定应向工厂内其他车间或公司内其他工厂交流的经验教训。
- 对于应向工厂内其他车间或公司内其他工厂交流的重要经验教训，需同时描述已采取的行动方案。

除了能找出有待改进的地方外，有效的管理评审流程还能提醒整个领导层重视未遂事件汇报工作，本着学习精神诚实地调查事故，突破传统思维方法，并专注于管理系统的改进。

参考文献

19.1 Columbia Accident Investigation Board, Report Volume 1, U.S. Government Printing Office, August 2003.

19.2 Vaughan, D.; *The Challenger Launch Decision,* Chicago: University of Chicago Press, 1996.

19.3 U.S. Department of Energy, *Accident/Incident Investigation Manual,* DOE/SSDC 76-45/27, 2nd edition. Washington, DC: U.S. Department of Energy, 1985.

19.4 Center for Chemical Process Safety (CCPS), *Guidelines for Investigating Chemical Process Incidents, Second Edition*, New York: American Institute of Chemical Engineers, 2003.

19.5 Inside the Ford/Firestone Fight, Time Magazine, May 29, 2001.

20
衡量及指标

1999 年 9 月 23 日，火星气候探测者号太空船在准备进入预定轨道时突然失踪了(见参考文献 20.1)。在该太空船为期 9 个月的航行期间，其所需的推进动作比导航组的预期频繁十倍。该太空船失踪后，调查人员发现：轨道失误是由太空船有某软件模块的计量单位编码错误导致的。如果在太空船飞行期间就能调查并发现轨道出现意外偏差，该太空船或许就不会失踪。和飞行轨道一样，管理系统的各项指标提供了实际系统性能与设计系统性能的对比数据。如果不及时调查、了解并纠正造成偏差的根本原因，管理系统的“航行”在数月或数年之内可能会保持貌似正常的表象，直到出现关键操作时——如设备开车或关键工人退休，问题才会暴露出来，直接导致灾难性的系统故障。

20.1 要素概述

*吸取经验教训*是 RBPS 基本原则之一，而在工艺装置生产过程中识别确认并应用相关过程安全指标则是该原则的四大要素之一。本章主要介绍过程安全先行指标(指标)的建立及维护程序，从而有助于对 RBPS 管理系统的效能进行近实时检测，并提供实现持续改进所需的各项输入信息。第 20.2 节主要描述本要素的关键原则及基本要求。第 20.3 节主要描述了支持相关基本原则的工作活动，同时，根据风险感知、资源及企业文化提出适用于各项工作活动的一系列执行方案。第 20.4 节~第 20.6 节主要包括：(1)提高系统效能的建议、支持本要素的具体计划，(2)本要素的监测指标，(3) *指标*要素的管理审核。

20.1.1 要素定义和内容

*指标*要素设定了一系列用来监测 RBPS 管理系统、系统构成要素及相关工作活动(参见第 20.2 节)近实时效能的绩效及效率指数。本要素确定了需考虑的指数、数据收集频率及如何利用信息协助 RBPS 管理系统有效运作和响应。

结合使用先行指标及滞后指标通常是全面反映过程安全效能的最佳方法(见参考文献 20.3)。因为事件发生频率太低，所以事件率等以结果为导向的滞后指标一般不够灵敏，不足以促进过程安全管理系统的持续改进。因此，需使用先行指标衡量过程安全管理效能，例如不当的管道拆卸作业比例。

20.1.2 重要性

所幸的是，严重过程安全事故的发生率相对较低。但是，此类事故一旦发生，往往都是由多种根本原因导致的，这其中有时会涉及管理系统效能的降低，情况更糟时，是整个管理系统所有工作活动全盘失效。工厂应监测管理系统任务的实时绩效，而不是坐等事故发生或偶尔审查管理系统来确认潜伏的故障。通过监测绩效，能在严重事件发生前及时确认发现问题并采取措施纠正。

20.1.3 对象和时间

针对各 RBPS 要素均可设立一个或多个指标，或针对整个系统创建数项指标。*指标*能反映运营各阶段的绩效、效率或效能问题。虽然拟定整改措施与方案往往在工厂予以执行与落实，但只要建成数据采集/更新系统，就可在任何地点浏览查看各项指标。指标不同，更新频率也就不同。根据指标动态特性、数据采集预期成本及本地需求情况，更新频率可以定为每日、每周、每月或更长时间。

通常，所涉风险越高，指标精确度与全面性要求就越大，指标覆盖范围以及详尽程度要求也就越高，例如需要更多敏感指标。而对于风险较小的工艺装置，只需少量覆盖小范围 RBPS 工作活动，因此较为宏观的通用指标即可满足要求。

如果工厂操作动态变化大，则可能会导致其安全管理系统要素指标变化频繁，那么收集并报告指数数据的频率也相应加大。若工厂拥有良好的过程安全文化氛围，即便不那么频繁地采取指标数据、运用相对较少的指标也可能准确把握衡量各项系统工作活动的效能。若工厂过程安全文化雏形初具或尚未萌芽，则可能需采用大量指标并运用更为强势的“指挥与控制”管理系统特征来确保良好绩效。

20.1.4 职责分工

通常情况下，由参与执行 RBPS 管理系统要素工作活动的人员负责收集指标数据。除了上述人员之外，指标使用人包括要素负责人、工厂或企业管理层。

20.1.5 预期工作成果

通过执行本要素，确定一套非常灵敏的指标，能让工厂管理层近乎实时地监测 RBPS 管理系统的效能。指标可以采用积分卡形式提供给工厂及公司不同管理人员作常规监测之用，或以公告形式发布，以应对绩效显著或突然变化的情况。***指标***要素同样可促进完善其他要素。例如，用于识别异常 RBPS 要素任务的指标可帮助确定审查目标。最终成果就是充分利用指标来实现下列目标：(1)找出管理系统的问题苗头；(2)在任务(绩效或效率)陷入无效状态前合理调整 RBPS 要素的工作活动。

20.1.6 实施过程

工厂可在设计、整改或改进过程安全管理系统时设立指标(见参考文献 20.4)。其实在初始设计阶段以及系统执行阶段设立指标(尤其是数据收集及更新机制的设立)要更为简便容易。本书各要素章节都包含一小节内容，针对该要素的关键原则拟出了可能的指标(章节 X.5，X 代表章节编号)。读者可从中选择部分指标或自行设定。一般情况下是先在小范围内简单地拟定一套指标，然后收集数据，最后小范围试用指标，确定追踪指标数据是否助于识别管理系统的退步情况，试用时间至少应持续数个“指标更新周期”，且至多持续到下一轮 RBPS 正式审查之前。通过审查，我们可以确定各项指标是否准确反映了过程安全管理系统的绩效。

20.2 关键原则和基本要求

生产、储存或使用危险化学品的工厂需要设立并实施完善的过程安全管理系统来实现安全操作与维护。*指标*要素的首要目标就是提供一个对过程安全管理系统进行近乎实时监测的手段。指标要素决定了绩效先行指标，此类绩效先行指标对工厂预测工艺事故发生可能性而言至关重要。而且，绩效先行指标还是实现过程安全性持续改进所需的重要输入信息。

在制定、评估或改进任何*指标*要素系统时应贯彻实施下列关键原则：

- 保持有效运行；
- 实施*指标*采集；
- 根据*指标*作出整改措施的相关决策。

每个原则的基本要求将在第 20.2.1～第 20.2.3 部分中进一步说明。第 20.3 节将阐述满足这些原则基本要求的典型工作活动。工厂管理层应评估风险和指标要素改进产生的潜在效益。根据评估结果，管理层应建立一个管理系统或对现有管理系统进行升级，以满足部分或所有基本要求、执行部分或所有工作任务，这将取决于感知的风险和/或所识别的过程危险。

但是，如果*文化*要素不要求使用可靠的管理系统，则任何工作活动都是徒劳无功。缺少正确文化引导，就算是最好的*指标*，也无法保证过程安全绩效和效率在工艺装置整个寿命周期内的可持续发展。

20.2.1 保持有效运行

编制书面计划明确指标要素目的，对要素的长期成功和持续改进而言至关重要。明确职责、需收集的指标数据及收集频率、人员必要技术知识要求均是保障指标系统行之有效的关键。工厂应持续记录指标任务，方便定期评估绩效和效能。

确保始终如一的执行。与其他 RBPS 要素情况类似，针对指标规程形成书面文件将有助于企业长久牢记操作规程。建立并执行过程安全管理效能指标的制定和维护程序时应确定指标系统负责人，该负责人应负责定期监测*指标*要素的效能。

确立指标收集及汇报触发点。指标规程会确定各类不同指标，而各项指标的数据收集频率或更新频率各有不同。指标应定期进行汇编并提交给管理层，且必要时及时更新。工厂应针对所有区域以及各项要素相关指标的收集工作编制一份总进度表。

确保指标范围恰当正确。若工厂执行指标系统，则应确定出需要实施指标数据收集的工艺装置区域。此外，并非所有 RBPS 要素都需要设定指标，工厂有选择性确定相关要素进行指标设定。工厂应确定出对哪些要素实施近实时监控，从可最大程度地帮助实现监控目标。最后，工厂应确定是否需要绩效指标、效率指标或两者均需(效能指标)。

委派具备资质的人员。应明确指标系统各类人员的职责。应考虑安排所有员工参加有关指标系统的初始培训及复习培训。对于关键人员，还应考虑安排部分有关指标收集及应用实战的工业统计培训。

保证指标实施的有效性。为了建立长期有效的系统，公司应建立涵盖所有指标的数据库，并加以维护。通过使用指标监测 RBPS 要素效能而吸取的经验教训可为审查要素提供宝贵输入信息。

20. 2. 2 实施指标采集

指标过多会让企业不堪重负，但过少又不足以实现 RBPS 系统效能的实时监测。工厂应明确规定指标的合适数量、范围及更新频率。选用实用格式并为指标使用人选择最佳媒介，这与指标技术内容同等重要。

执行恰当的要素指标：对于那些必须进行实时效能监控的 RBPS 要素(见参考文献 20. 3 及参考文献 20. 4)，应指定相关指标。确保为所选 RBPS 要素建立适用的数据收集范围及方式。注意不要选择过多指标，以防拖累收集程序及分析程序。

收集并更新指标：提供合适资源，按照合理频率收集并更新指标。如果间隔时间超过一年，则该指标可能就毫无收集和更新的必要了。

采取有效格式总结和交流指标：使用有效格式进行指标数据汇总以识别绩效缺陷。图表一般情况下会比列表数据更能传达信息，但经过“修缮”的图表可能会掩饰掉不合格偏差的早期迹象。可设计示分卡或表盘形式来合并及总结相关信息，供决策人使用。

20. 2. 3 根据指标做出整改措施的相关决策

各项*指标*应起到推动整改或改进的作用，否则就是浪费资源。工厂可能需要积累相关*指标*监控经验，了解指标变化的意义及采取措施的时间。

利用指标要素来改进其他 RBPS 要素。利益指标，计划各项措施确定校准限值，有些指标需要设立“上限”，有些则需要设立“下限”，还有一些则可能需要设立“上限”与“下限”。校准限值之于指标要素而言就如同过程安全的统计工艺质量控制限值。举例来讲：应针对被错误归类为同质同类替换的工作变更的比例设定一个最高限值；而针对每季度培训课程的数量则应设立最低限值。当指标有趋势向校准极限值方向偏移时，则应在指标实际发展到校准极限值之前采取相关措施制止这种趋势的进一步发展。校准限值应在设备需求发生变化时进行设定并定期调整。使用这些限值，各指标要素负责人应制定相关程序和工具来交流 RBPS 状况是否正常以及是否需对 RBPS 要素采取纠正措施或调整。

20. 3 可能的工作活动

RBPS 方法说明各项工作活动的实施力度应根据其所涉及的风险大小、资源状况以及工厂文化差异而各有不同。因此，不同工厂各项具体工作活动的实施力度各有不同，同一个工厂不同单元或工艺区的具体工作活动的实施力度也会有不同。创建一个基于风险管理的过程安全管理系统，需要执行下列步骤：

1. 评估工厂内的风险，调查 RBPS 各项活动所需的资源与可获得的资源之间的平衡状况，并了解工厂的文化氛围。更多与此相关的具体情况见第 2. 2 节。
2. 评估实现 RBPS 要素各项关键原则所能带来的潜在收益。此类原则详见第 20. 2 节。
3. 根据第 1 和第 2 步的结果，确定指标管理的基本要求(第 20. 2. 1 ~ 第 20. 2. 3 部分所述的基本要求)，合理地管控风险。
4. 对于将要执行的每个基本要求，确定执行方法，选择本节所述的相应的工作内容。

请注意，这些工作内容不可能对所有行业都是全面的，读者可能需要增加某些工作内容或修改本节所列的部分工作内容。

5. 对于将要执行的每项工作内容，确定所要求的深度水平。本节所列各项工作均设有两到五个具体实施方案，工作标准依次提高。每项工作采用序号标识，具体实施方案采用字母标识。

备 注

相关法规可能具体规定了过程安全管理系统规某些要求或工作内容，或为特定工作内容规定了最基本的详细程度。因此，过程安全管理系统的设计和执行应同时遵守法规要求和本书中提供的指南。

20.3.1 保持有效运行

确保始终如一的执行

1. 制定并实施相关程序以设定并维护过程安全管理绩效与效率相关指标。
   a. 编制了非正式的书面程序文件，且仅设有有限的几项指标。
   b. 编制了简单的书面程序确定了数项指标。
   c. 编制了详尽的书面程序确定了绩效指标的正式示分卡相关要求。
   d. 编制了详尽的书面程序针对绩效和效率指标确定了正式示分卡要求。
2. 指定指标系统负责人定期监测计划效能。
   a. 指定一名非正式指标负责人偶尔监测效能。
   b. 指定一名临时指标负责人(现场或场外)偶尔监测效能。
   c. 整个工厂指定多名指标负责人监测各自区域内的指标。
   d. 指定一名全职指标负责人定期监测指标。

确立指标收集及汇报触发点

3. 确定在何种情况下需要收集指标数据。
   a. 出于“追查原因”的目的，收集指标数据。
   b. 根据具体情况临时收集指标数据。
   c. 定期收集指标数据。
   d. 定期收集、更新指标数据。

确保指标范围恰当正确

4. 确定工厂内需应用指标要素的区域。
   a. 指标范围视相关人员选择在何时何地收集指标而定。
   b. 在选定的工厂区域内应用数项指标。
   c. 在选定的区域内应用多项综合指标。
   d. 在工厂所有区域全面应用综合指标。
5. 确定受益于指标的 RBPS 要素。
   a. 根据具体情况临时设立要素指标。
   b. 为选定的要素设立指标。

c. 为有规范要求的要素设立指标。

d. 设立所有 RBPS 要素的监控指标。

6. 确定是否需设立绩效指标、效率指标或两者均需考虑。

a. 指标类型视需求而定。

b. 设立效率指标。

c. 设立绩效指标。

d. 设立绩效指标和效率指标。

委派具备资质的人员

7. 为各类人群确立指标相关的职责。

a. 根据具体情况临时划分职责。

b. 对于多数人而言，指标属于非正规性的职责。

c. 指标职责划分给相关岗位/部门。

d. 指定一名人员，全权负责所有指标职责。

8. 针对指标系统提供培训。

a. 提供非正式培训。

b. 采用一步到位方式向所有人(例如通过电子邮箱)公布*指标*操作规程。

c. 安排相关人员进行一次*指标*要素初始培训。

d. 安排相关人员进行*指标*要素初始及复习培训。

9. 向指标系统内负有具体职责的人员提供详细培训。

a. 提供非正式的*指标*要素详细培训。

b. 采用一次到位方式向所有人公布(例如通过电子邮箱)指标操作规程

c. 安排*指标*要素关键岗位人员进行一次详细培训。

d. 安排*指标*要素关键岗位人员进行细节及复习培训。

保证指标要素规程的有效性

10. 指标系统数据的记录与维护。

a. 短时间内非正规的*指标*数据保存。

b. 长达数年的*指标*数据保存。

c. 由*指标*协调员保存*指标*日志，所有相关人员均可查阅。

d. 实行选项(c)的同时，将信息存放到公司网站，供相关人员查阅指标数据。

11. 编制并收集指标要素相关的所有数据。

a. 非正规数据收集。

b. 收集基本*指标*工作数据。

c. 定期收集*指标*相关的绩效指标。

d. 定期收集*指标*相关的绩效和效率指标。

12. 为指标规程内审工作提供输入信息。

a. 执行非正规“追查原因”内审工作。

b. 每年向内审人员提供*指标*绩效信息。

c. 向审核人员提供*指标*绩效和效率信息，以便其定期执行月度/季度评审工作。

20.3.2 实施指标采集

执行恰当的要素指标

13. 为选用的各项 RBPS 要素设定恰当指标。
    a. 确定非正规指标。
    b. 为多项要素选择数项绩效指标。
    c. 按照正规程序确定绩效指标。
    d. 按照正规程序确定绩效及效率指标。
14. 确保采用恰当的方法采集选定的 RBPS 要素相关数据。
    a. 工厂员工利用非正规方式收集数据。
    b. 建立人工数据采集程序。
    c. 建立电子数据采集与指标更新程序。

收集并更新指标

15. 按照合理频率，收集并更新指标数据。
    a. 非定期收集指标。
    b. 非定期更新指标。
    c. 按照标准频率，采集数据并更新指标。
    d. 按照合理频率，收集指标，并逐个更新。

采取有效格式总结和交流指标

16. 采取有效格式总结指标数据。
    a. 采用非正规方式完成*指标*数据的汇总工作。
    b. 由各数据收集人以非正规方式各自确定*指标*格式。
    c. 以电子表格形式收集记录*指标*数据。
    d. 以示分卡或表盘形式进行*指标*数据的汇总。
17. 指标数据交流与沟通。
    a. 由数据收集人各自编制*指标*报告。
    b. 仅向少数管理人员上报*指标*数据。
    c. 在整个工厂内就*指标*进行广泛交流与沟通。
    d. 通过公司网站查阅各项*指标*。

20.3.3 根据指标做出整改措施的相关决策

利用指标要素来改进其他 RBPS 要素

18. 针对指标设置行动限值。
    a. 由用户自行决定采取何种措施。
    b. 针对部分*指标*设置限值。
    c. 设置效率*指标*的限值。
    d. 设置效率及绩效*指标*的限值。
19. 针对 RBPS 的运行情况及 RBPS 要素整改措施及调整情况制定交流程序。
    a. 根据需要提供*指标*及要素整改措施记录/总结的访问权。

b. 向 RBPS 要素人员传达*指标*以及要素措施的情况。

c. 定期向工厂内所有人员传达*指标*及要素措施的情况。

20.4　提高效能的方法示例

本节提供了一些案例，这些案例做法能有效改进与指标要素有关的工作内容，并经工业实践证明可行。

这些案例均源于工业实践、行业研讨会和 CCPS 会员单位。希望改进管理系统和本要素相关工作活动的读者，应检验这些方法，评估自己企业当前管理系统和工作活动的绩效和效率，然后按照第 2.1 节所述的基于风险的原则，选择和执行改进措施。

利用现有数据收集系统来收集 RBPS 指标：分散式控制系统、计算机化维护管理系统及数据记录系统能实现指标数据收集、归档以及展示职能。应充分发挥这些公司斥巨资建立的系统在收集 RBPS 指标数据方面的作用。

尽可能将数据采集与设备可靠性工作协调起来：因为设备可靠性及 RBPS 管理系统均旨在预防失效事故，所以两者所需数据类似，而人们往往更容易接受为获取装置稳定性相关数据而花费开支，这一观点有利于 RBPS 数据的收集。

利用现有 RBPS 要素软件及数据库来收集 RBPS 指标：用于事件、变更管理、资产完整性和其他 RBPS 要素的数据库通常可以使用现有程序或特殊自定义数据过滤、评估程序轻松进行数据挖掘。

20.5　要素指标

本章阐述了如何以及何时利用指标来适度提高绩效的方法。本节将列举若干个指标实例，说明它们如何用于监测要素的健康状态，并按照第 20.2 节中提及的关键原则进行了分类。

除了明确关键核心指标外，还需要定期对指标进行跟踪和考核。有时，指标所需信息比较简单，例如员工总数指标。而有些指标需要多个参数才能拿确定，如员工的平均工龄指标，需要利用多名员工的工龄数据来计算平均工龄。部分指标用于跟踪动态变化率，如员工离职率指标等。动态变化率甚至可能是工厂最为关注的数据指标。由于工厂情况千差万别，需要自行确定指标的跟踪方法和考核方法，保证工厂 RBPS 管理系统的健康运行。

备　注

实施先行绩效及效率指标的应用对很多人而言还属于新生事物。通过制定指标来监控指标要素的效能，这从字面上来看的确有些绕口、令人费解。但是，任何值得实施的过程安全工作活动都值得我们去监控，公司应考虑采用恰当方法来监控并改进其指标相关工作活动的效能。

20.5.1 保持有效运行

- *保持指标的 RBPS 要素数量*：此类要素数量多，则表明工厂贯彻实施了指标要素。
- *因指标而实现改进的证据*：若是因指标值凸现指出潜在问题的存在而导致企业变更操作规程，则说明 *指标*使用达到其目的。
- *参加指标要素培训的人数*：数值高表明计划有效实施。
- *审查发现涉及指标要素的问题数量*：数值高表示指标计划绩效差
- *审查或管理审核结果表明指标得以贯彻实施*：调查结果表明指标得到广泛运用，则表明指标体系绩效良好。

20.5.2 实施指标采集

- *进行数据收集的指标数量*：进行数据收集的指标比例高表示计划积极有效运行。
- *指标的更新频率*：数值高表示计划积极有效运行。
- *建立指标所需的工时*：数值高或有上升趋势可能表明指标相关工作活动的效率有待提高。
- *针对指标制定的交流工具数量*：数值高表示计划积极有效运行。
- *指标交流频率*：数值高表示计划积极有效运行。

20.5.3 根据指标做出整改措施的相关决策

- *依据指标制定决策的管理人员百分比*：比率高表示计划有效。
- *接触指标的员工人数百分比*：比值高表示员工见证计划的实施，同时巩固加强了过程安全文化要素。
- *管理审核会议使用指标的频率*：频率高表示计划有助于过程安全管理。
- *通过使用指标避免/发现的问题数量*：数值高表示指标要素实现了其预期目标。

20.6 管理审核

管理审核的整体设计和执行见第 22 章。然而，管理人员可能希望定期检查现存的许多特定问题/讨论主题以确保指标正常工作。尤其是，管理部门必须首先设法了解正在审核的系统是否产生了预期的结果。如果企业在遵守公认标准、规范、法规和法律方面尚有欠缺的话，或者并没有因为管理系统的改变而有所改善，那么管理层应找出可能的整改措施加以实施。在某些情况下，企业有可能并未找出真正需要实施的整改措施予以实施，或者说并没有实施必要的措施。即使整改措施的结果令人满意，但通过管理审核仍能检验资源是否被滥用或超用。部分工作是不是有更为有效的实施方法或者有哪些工作事实上根本无需实施。管理层可结合上一小节中列出的指标与个人观察情况、直接询问、审查结果、主题反馈内容来回答上述问题。讨论的活动和主题包括下列内容：

- 指标在各个操作区域的使用；
- 员工对关键过程安全绩效指标的使用意见，员工是否了解指标或知道如何查找指标相关信息；

- 数据收集方式；
- 指标更新频率；
- 最近针对指标要素的审查发现的问题；
- 整改措施的执行状态并确定是否存在拖延实施的情况；
- 任何可证明是指标失效的根本原因或促进因素的事件或趋势；
- 员工对于新员工及承包商所参加的指标培训的效能看法；
- 指标收集与更新方面的资源利用情况。

此外，要素负责人通常会致力找出导致指标要素任何趋势或出现异常的原因。

最后，若任何处理已知指标差距的主要项目正在进行，则应编制简报提交管理审核委员会。

通过对*指标*工作活动的管理审核应能充分体现工厂领导层：(1)了解、重视*指标*，(2)有决心确保有用指标的采集。管理审核工作应侧重于选择、收集并维护各项指标信息，同时，采取相应方法改进本要素相关工作活动的效率。此外，通过实施有效的管理审核，可让整个领导层意识到指标的重要性以及本要素在找出 RBPS 薄弱环节、识别管理风险及持续经营方面的重要作用。

参考文献

20.1 Mars Climate Orbiter Mishap Investigation Board – Phase I Report, National Aeronautics and Space Administration, Washington, November 10, 1999.

20.2 ProSmart – The Tool You Need to Improve Process Safety, Center for Chemical Process Safety, American Institute of Chemical Engineers, New York, www.aiche.org/ccps/prosmart/

20.3 *Guidance on Safety Performance Indicators – Guidance for Industry, Public Authorities and Communities for Developing SPI Programmes related to Chemical Accident Prevention, Preparedness and Response*, Organization for Cooperation and Economic Development Environment, Health and Safety Publications, Series on Chemical Accidents No. 11, Danvers, Massachusetts, 2005.

20.4 *Step-by-Step Guide to Developing Process Safety Performance Indicators*, U.K. Health and Safety Executive, ISBN 0 7176 6180 6, Norwich, England, 2006.

21 审查

第9章中讲述了Longford天然气处理厂的爆炸事故。在事故发生6个月前，公司小组曾进行过一次管理系统的审查并确认该气体装置成功贯彻执行了过程安全管理系统。但是，皇家调查委员会随后对爆炸事故进行了调查，发现该装置在下述方面均存在重大缺陷：(1)风险识别、分析及管理；(2)培训；(3)运行程序；(4)文件；以及(5)交流与沟通。而之前进行的审查工作并未能发现这些长期存在的问题。

21.1 要素概述

对RBPS管理系统的严格评估是RBPS ***“吸取经验教训”***原则四大要素之一。本章讲述了定期执行RBPS管理系统审查的正式方法，通过事先识别和纠正管理系统设计及执行过程中的薄弱环节来降低风险。第21.2节讲述了本要素相关管理系统的关键原则及基本特征。第21.3节列出了体现此类基本特征的工作活动，并根据已认识的风险、资源和企业文化的具体情况针对各项工作活动提出一系列相应的执行方法。第21.4～第21.6节则对以下几点加以阐述：(1)提升审查要素有效性的方法和具体程序；(2)审查要素的监控指标；(3)审查要素的管理审核。

21.1.1 要素定义和内容

*审查*要素旨在评估管理系统是否按其预定要求正常实施，它是对下列其他要素相关内容与规定的补充：(1)*管理审核*(第22章)及*指标*(第20章)等各项RBPS控制及监控活动；(2)*资产完整性及操作行为*要素(第12章及第17章)的检查工作活动。*审查*要素是一项针对所有RBPS要素进行定期评估的完整系统，涉及计划、人员配备、有效执行及文件记录等各方面；同时，它还是一套针对审查发现问题的处理方法以及整改事项的有效管理系统。

本书中采用的下列术语其定义如下：

审查是指旨在确认是否满足相关重点关注标准项的一种系统性的独立审核。其采用明确限定的审核程序来确保要求的一致性，并允许审查员得出正当结论。

RBPS管理系统审核是对RBPS管理系统进行的系统化的审核，其目的在于确认此类系统的适用性及其一贯有效执行的状况。

所谓“重点关注标准项”是指针对审查活动的实施所提出的指导方针、标准或法定要求。“重点关注标准项”通常也包括被审查企业自身提出的相关要求。

审查发现的“问题”是审查过程中审查员根据所收集及分析的数据得出的结论。审查发现的问题可能会是正面的也可能是负面的，本文中的含义与绝大部分企业采用的含义一致；换言之，审查发现的问题对照设定的“重点关注标准项”，指出RBPS要素构建或执行过程中存在的缺陷。

“观察意见”是审查员得出的结论，该结论与“重点关注标准项”的合规性并无直接关联。某些企业将“观察意见”一词理解为“观察所得到的知识经验”，用它指审查过程中认定的那些良好程序、规程或操作规程。而其他一些企业则使用该术语来表明这样一种结论：虽然已符合“重点关注标准项”，但 RBPS 要素的构成或执行过程仍有改进的空间和机会。后一种语境含义适用于本书。

“建议”是指拟定用来整改“审查发现问题”所造成的缺陷的补救性措施活动。

21.1.2　重要性

*审查*要素对 RBPS 管理系统进行评估，确保其实施到位且能够发挥其职能，真正起到保护员工、客户、社区、环境及实物资产免受过程安全风险的作用。

审查是整个过程安全管理系统的重要控制机制。此外，审查活动还能起到其他作用，如：提高操作能力、增强员工安全意识，确保装置合规性等。

21.1.3　对象和时间

审查工作的实施贯穿 RBPS 管理系统建立与执行的全过程。审查的性质及频率受以下各项因素支配与影响：(1)装置当前所处的生命周期阶段，(2)RBPS 管理系统的成熟度(执行程度)，(3)过去的经验(如：先前的安全绩效及审查结果)；(4)适用工厂与公司的法律、规章或规范要求。

*审查*要素适用于整个生命周期各阶段，但重点适用于处于运行阶段的装置。组织审查的时间应在过程安全管理记录查阅最便捷和相关业务专家最方便的时候。视所处的生命周期阶段而定，审查对象可为中试装置、现场施工办公室或是装置区。

此类审查可以按照具体需要提出安排，但针对特定 RBPS 管理系统的审查，通常按预定的间隔时间来实施，如：一般是按每年一次到三年一次不等。

21.1.4　职责分工

必须由具备资质的人员负责实施审查工作，此类人员可根据具体审查范围、需求及其他方面的情况从各处选拔而来。审查工作通常由审查人员以小组形式加以执行。小组成员可选自被审查工厂的员工，也可从公司其他部门(如：从其他处于运行阶段的工厂或从公司其他职能机构)或从公司外部(如：咨询公司)调选。

21.1.5　预期工作成果

*审查*要素的短期成果是根据已确定的“应关注标准”对一个或多个 RBPS 要素的执行状况进行的审核，确认被审查要素的执行方法、程度、质量及效能。为了记录审查结果，通常会编制一份汇集观察结果、审查发现的问题及必要改进建议等各项信息的报告。

长期成果包括以下各项：(1)执行必要整改补救措施，以解决审查所发现的问题；(2)提高其他 RBPS 要素的效能；(3)过程安全绩效的相应改进。

21.1.6　实施过程

审查工作按照已确立的各项要求对一个或多个 RBPS 要素的执行状况进行系统性评估，

负责审查人员通常采用小组工作形式，依据书面方案的规定实施审查。*审查*对象主要侧重于处于运行阶段的装置；但是，公司可选择利用其他过程产生的信息来加大审查功能，此类信息往往通过以下途径收集到位：(1)在过程生命周期的不同阶段如研究及开发或设计阶段内；(2)在其他信息如容器制造或检查过程中；或(3)在公司办公室或供应商的非营运场所处获得。此类附加的信息可大大增加审查效能，最大程度地避免重复工作。

通过下列途径收集数据：(1)审核程序文件及执行记录；(2)对相关状况及工作活动的直接观察；(3)与负责要素执行或监督的相关人员或受 RBPS 管理系统影响的相关人员进行交谈与调查。对此类收集到的数据进行分析，评估各项合规性要求是否得到满足，记录分析，评估得出结论并编制成书面报告。

针对如何解决审查所出现的绩效差距并提出相关措施建议，确定落实建议措施的职责分工及时间安排、并跟踪建议决议的落实过程直至其得到圆满解决。维护建议措施决议的报告及记录确保符合总体计划要求及相关法定要求。

应对审查结果进行调查与跟踪，确定经采取各项必要计划调整措施后，RBPS 绩效是否得到改进。

21.2 关键原则和基本要求

要想实现生产、储存或使用危险化学品的工厂的安全运行及维护，就要求装置具备可靠的管理系统、人力绩效及设备运行状况。而实施*审查*要素，可在特别强调管理系统的同时，对这三方面进行定期独立的检查。*审查*要素是 RBPS 管理系统实施过程中的重要质量控制功能，每一个重大过程事件都是审查系统失效所导致严重后果的案例。导致审查系统失效的原因有许多，通常包括以下各项：(1)审查工作活动未能按照要求得到实施；(2)通过审查未能发现管理系统所存在的严重缺陷；(3)审查发现问题未能得到落实及跟踪处理。

在制定、评估或改进*审查*要素管理系统时，应贯彻落实下列关键原则：

- 保持有效运行；
- 可能的工作活动；
- 使用*审查*活动来提高 RBPS 效能。

第 21.2.1~第 21.2.3 部分对各原则的基本要求做了进一步介绍。第 21.3 节阐述了体现上述原则相关的基本要求的一些常见工作活动。工厂管理层应负责评估因该要素改进而产生的风险和可能获得的潜在收益。管理层应该根据评估结果制定新的管理系统或更新现有的管理系统，根据确认的已知风险和/或工艺危险来采取行动，满足部分或全部基本要求，并执行部分或全部工作活动。但是，若相关的*文化*要素未涉及可靠管理系统的使用，则采取此类步骤也不会奏效。管理系统再好，若缺少正确的文化依托，亦不能保证彻底有效的审查。

21.2.1 保持有效运行

当一家公司确定或规定了应实施的某项工作活动时，肯定希望能在整个装置生命周期内自始至终正确且贯彻实施该项工作。应针对*审查*要素编制书面文件或程序，充分细化，围绕 1.4 节中讲述的常规管理系统问题进行阐述。

确保前后一致地执行。*审查*要素的书面程序应涵盖以下几个要点：(1)审查要素执行的

目标及范围；(2)依据被审查装置或工作活动相关的风险，确定审查工作活动频率与深度；(3)企业各部门各相关人员在审查实施过程中职责分工；(4)针对审查发现的问题和审查建议，采取相关解决方案及措施的要求；(5)文件要求；(6)建立有效审查程序所必备的其他前提条件。

*审查*程序的范围是指被审查的装置及单元(物理范围)、审查所针对的主题区域及审查标准(分析范围)，以及待审核的 RBPS 执行期间(时间范围)。如未能明确限定审查程序的范围会导致以下结果：(1)被审查的群体、审查员及接收审查报告的管理层之间会发生误解与分歧；(2)审查结果自相矛盾或不准确；(3) 未能发现本应发现的问题，或(4)审查报告结论不妥。

管理层在确定*审查*程序的物理范围时，须确定该范围是否应涵盖所有的装置，还是只需涵盖生产装置或是只需涵盖处理某些危险物料的装置即可。同样，该范围可只涵盖全资所有的装置或只涵盖合资及合股装置。有些公司会将那些公司外包的生产装置也纳入审查范围。用来确定审查程序物理范围的参数如下：

- 装置类型(生产、终端设备等)；
- 所有权(全资、合资等)；
- 地理位置；
- 装置范围(所有单元还是所选单元)；
- 运行性质及风险。

确定 RBPS 管理系统审查程序的分析范围时，要考虑的因素包括以下各项：

- 工厂或公司政策及标准；
- 法定规章要求；
- 其他管理控制机制。

审查期限时间范围一般往前推至前一次的审查活动，但可根据具体情况与要求相应缩短或延长。如：在以改进要素绩效为出发点采取了特定补救整改措施后，专门针对改进措施执行后的管理系统要素绩效情况进行审查。

确定审查程序范围时还应考虑资源可用性相关的应用限制，但是，此类限制不应影响到审查程序的完整性。目前而言，就审查程序范围的确定并不存在简单划一的正确方法，应根据整个过程安全管理程序的具体情况以及被审查装置或工作相关的已知风险来确定审查范围。

执行 RBPS 管理系统审查的频率(即：审查最长间隔时间)应视*审查*程序的目标、相关操作性质及适用的法定规章要求而定。公司程序通常会规定审查活动的最长允许间隔，企业可根据自身具体情况考虑确定审查实施频率(如：对于风险较高的操作与运行，或之前审查结果特别差的，则需提高审查频率)。

许多企业认为指定专人监督审查程序较为妥当。该岗位任职通常在公司层面进行委派，以确保监督人员能保持适度客观，且其从企业组织结构方面来讲独立于被审查单位。但是，许多企业在装置层面设有审查要素负责人，由其负责履行协调审查时间表，跟踪建议解决及落实情况，监控及响应审查结果趋势等职责。

须确定审查要素执行相关的各种工作并明确职责分工。除上述职责外，还需特别考虑审查小组的人员配备问题。如：某些企业自行培养主审查员，这些主审员除了履行其日常工作职责外，还负责、协助全公司其他工厂的审查工作。应针对此类人员的调用确定正式的程序并与其所属部门妥善协调。

许多企业发现制定及应用标准化的审查方案有利于确保审查工作活动的重点稳定不会偏移。根据相关法定规章及其他规定的具体要求制定有针对性地的程序，并依据此类方案对 RBPS 管理系统进行审查。

此类程序应以书面方式明确规定审查报告的内容及格式要求。审查报告应记录审查结果并说明审查执行的地点及时间、审查执行人、审查范围、执行方式以及审查发现问题。

针对装置审查的书面说明也应阐明下列与审查报告相关的问题：

- 审查报告是否应包括审查发现的问题和审查建议，还是只包括审查发现的问题？某些工厂更愿意选择让其审查小组独立编制审查建议文件，或选择截然相反的做法。这使得工厂能够有机会选择采用最切实有效的措施来解决审查所发现的问题，工厂无需再纠结于评判、追究为什么管理层选择了不同于审查员建议的做法。
- 针对审查员的结论依据，审查报告应总结到何种程度？如：针对所审核文件的性质及数量应提供多少细节说明？
- 审查小组报告是否指出通过改进效率或绩效来改进过程安全管理工作效能的机会？如果是的话，报告是否围绕这些改进机会分别阐述？
- 审查小组是否应记录那些特别有效的操作规程，以便与公司内的其他工厂共享？

委任具备资质的人员。 审查工作要求审查员——尤其是主审查员具备以下各项资质：熟知各项适用要求，具有较强的领导组织能力，具备刨根问底的好奇精神，机敏，且在面对强大反驳质疑时能镇定自若地坚持自己的立场。

企业应规定作为一个合格审查员所应具备的技能，然后根据这些确定的技能要求寻找合适的候选人。部分企业认识到主审查员必须具备特殊专业知识，因此在公司内部建立一支经过培训、具备经验的审查员队伍。这些审查员通常负责领导其所在装置之外的其他装置的审查工作，以确保审查小组能够做出客观地审查。该职责通常属于该审查员主要工作职责之外的兼顾职责。

审查员培训应覆盖下列主题：(1)熟悉、了解待审查公司的情况以及相关法定规章要求；(2)装置*审查*程序的具体规定；(3)审查实施与记录工作相关的法务事项；(4)审查实施相关技巧；及(5)调查访谈技能之类的专项主题。

然而，好奇心以及相关课堂培训并不能培养出真正发挥审查作用的审查员。幸运的是审查活动通常是以小组形式开展的工作，这使得新审查员有机会在其他更具经验的审查员的带领和指导下进行工作，从而进一步磨炼自己的技能。在进行人力资源组织分配时，也应考虑到这一点，在可行的情况下，允许经验不足的见习审查员参与小组活动，使得他们能够在工作中成长进步，不断充实企业资深审查员的人力储备，满足企业在这方面的需求。

相对被审查的单位或部门而言，审查小组应具备充分的独立性并保持足够的客观性，以便能够对被审查的 RBPS 管理系统要素做出公正、可信的评估。下列术语通常用来描述审查小组潜在客观性递增级别：第一方、第二方及第三方。

第一方审查员来自被审查的装置，其客观性可能最低，但在时间安排上具备最大的灵活性。同样，第一方审查员对单元的实际工作可能最为了解。使用第一方审查员时，管理层应尽量选择那些既掌握 RBPS 要素要求，又能尽量客观地评价具体被审查的 RBPS 要素实施情况的审查员。一般情况下，出于保证客观性的要求，尽量选择那些与被审查要素关联相对较少的人员充当第一方审查员。否则，有可能出现第一方审查员对现状熟视无睹，很难找出问题或差距的情况。

第二方审查员来自公司其他部门或可能来自其他分厂或公司总部的过程安全职能部门。此类审查员通常理所当然地选自生产同类或相同产品的其他分厂，这种做法有一个好处——可以促进不同分厂之间的相互学习。但是，问题是其他分厂内资历较高的人员(这些人或许是审查小组的最佳人选)可能不一定有时间来参加审查活动。同样，其他分厂属于同一运营系统的话，则势必会削弱审查活动的独立性。因此，我们认为由公司总部职能部门的相关人员担任审查员能最大程度地确保客观性。此外，与偶尔应要求调用其他分厂审查的人员相比，他们总体上来说具备更多审查经验(审查经验获取更快)。

第三方审查员(通常为咨询公司，能提供有经验的审查员)客观性最高。但是，第三方审查员并不能像公司员工那样掌握公司程序与政策第一资料，且对过程不熟悉。最终，为了这一潜在较高的客观性，企业可能会付出更多的实际成本。同时审查小组在结束审查之日，将一并带走其通过审查所获取的一些知识。

毫无疑问，选择审查小组是一项需要三思的复杂工作。部分公司已成功开发出了吸取多种模式优点的混合法。举例来说：一个装置可混合采用第二方及第三方审查员，既保证了审查工作的独立性、又可促进相互学习。同时，还能将兄弟单位的人员培养成合格的审查员。部分装置委派那些掌握装置情况，但在过程安全程序中不担任管理职责的员工来担任第二或第三方审查员，如：高级操作人员或维护人员、工程师或质量控制检验员。通过这一方式，在维护审查小组独立性的同时又充分利用了装置第一方人员对装置的掌握与了解。某些公司主要使用第一方审查员，但同时需要一个第二方或第三方审查员加入审查小组。如管理层妥善安排并适当提供支持的话，那么，采用这些混合法将能提高审查活动的透明度及审查工作的效能，同时为其他目标人员参与等提供支持。

确定何时需执行审查。*审查*要素说明文件应规定具体 RBPS 管理系统各次审核之间的最长间隔时间。*审查*协调员应确定现行审查时间计划表，确保至少按这些标准要求的频次审查各程序。同时，应根据具体情况相应增加对某些 RBPS 程序的审查频次或根据要求进行专项审查。应根据下列因素来确定审查频率：

- 已知风险的程度。风险级别较高的运行与操作审查频次较高。此类较高风险通常由下列原因所导致：(1)操作过程涉及物料的特殊危害性；(2)涉及的过程类别，如：在高压或高腐蚀环境中操作；或可能暴露在危险环境下的人群或资产。
- 过程或设备变更的频率。许多 RBPS 管理系统的具体实施与过程或设备的具体情况挂钩。对于过程或设备时常发生变更的区域，应保证实施较高频次的审查。同时，对容易受到影响的 RBPS 要素(例如：*风险评估*、*程序*、*培训*、*资产完整性*)应进行相对较高频次的审查，以确保其能正确体现此类变更情况。
- 过程安全文化的成熟度。如有确凿的证据说明企业的过程安全文化薄弱或基础较差，则应考虑增加审查频次。
- RBPS 管理系统的成熟度。企业如采用新的或尚不成熟的 RBPS 程序，则应考虑增加审查频次。
- 以往的评估结果。如之前的审查显示 RBPS 管理系统在实施方面存在重大差距时，则表明需要比常规计划提早进行下一次的审查。

- 事故或违法历史。如某处已呈现重大事故或未遂事件上升趋势，或已经或预期将要接受法律处置，则应相应增加审查频次。通过增加审查频次，除可找出管理系统潜在缺陷外，还能增强提高工厂员工的过程安全意识。

如上述最后两项审查结果问题特别严重的话，则需针对某项 RBPS 程序或程序内一项或多项要素执行专项特别审查(即：比常规计划的频次还要高)。

21.2.2 可能的工作活动

备注：该部分叙述假定由第二或第三方审查小组执行整个 RBPS 管理系统的审查。如果由第一方审查，则许多工作相同，但在某些流程问题和准备方面的工作要简单得多或根本不存在。

审查准备工作。具体包括下列各项：(1)规定审查范围及时间计划；(2)组建审查小组；(3)为各审查小组成员分配工作；(4)收集信息，以便审查小组在到达现场前能妥善准备；(5)以及计划现场审查工作。下文进一步详细论述了各项工作。根据审查范围，可能需对标准审查方案进行修改。作为初始计划工作中的一部分，审查组长在必要时应协同装置代表，审核该方案，做出必要的修订，并将变更工作纳入总体审查计划安排中。

确定审查范围及时间表。审查组长在审查准备工作中要做的第一步就是联系被审查装置内的指定代表，确定准确的审查时间表及范围。具体审查的物理、分析及时间范围按照 21.2.1 节的规定加以确定。时间表应具灵活性，以便处理相关问题，如：由维护开停车及其他特殊情况造成的资源冲突等。范围极广或大型装置的审查可分批赴厂实施。鉴于上述原因，审查小组负责人应尽早开展初步讨论、确保能满足规定的审查期限。

组建小组。全面的 RBPS 管理系统审查通常要求组建审查小组、以团队工作的方式完成审查。审查时采用多人组成的小组具有下列好处：(1)见解更全面；(2)小组内部可针对问题展开讨论；(3)让不同专业、具备各类技能及经验的人员共同参与审查；(4)以及减少现场工作时间及因执行审查而导致装置例行运转中断的时间。

理想的 RBPS 管理系统审查小组应由具备下述条件的人员组成：

- 熟悉过程。
- 具备过程安全管理方面的经验。
- 富有审查技术与技能。

每个小组成员身上都具备上述一个及以上的特征，而整个小组则完全具备上述所有特征。采用第二方或第三方审查方式时，如指定的小组成员对接受审查的过程缺乏了解，则应由被审查装置委派一名代表加入审查小组，以弥补小组在过程熟悉方面的欠缺与需求。

在充分考虑到审查工作将给装置人员带来额外工作负担的同时，应根据审查范围确定小组规模。只集中审查或审查那些采用简化 RBPS 管理系统的小型低风险装置，只需花费数天时间即可完成，而全面审查采用详细 RBPS 程序的大型装置则可能需数周时间。审查持续时间超过两周时，应仔细考虑小组的规模是否能胜任该工作，如能胜任的话，则考虑审查是否需分次分批进行。

反之，小组规模过大对审查组长来说也是过度的行政管理负担，且也很难得到被审查装置的支持。从实际角度出发，即使是审查大型装置，审查小组通常只需六名或六名以下的审查员即可满足要求。

待审查时间计划确定后，审查组长应按照具体审查工作的要求选择符合要求的组员，同时考虑到该名组员是否存在调用方面的限制。应针对某些条件反复斟酌，直至选出既能满足工作计划时间要求又具备组员必备资质要求的人选，设立一个合格称职的审查组。

分派职责。应按照各小组成员的专业知识、以往审查经验及对相关特定要素的兴趣将审查各 RBPS 要素相关的职责分派到人。

收集前期信息。审查小组进行审查准备工作时需要使用到某些背景信息。在物流及其他条件许可的前提下(如：信息是非保密的)，为提高审查小组的工作效率，审查开始前应先获取此类背景信息并将其分发给审查小组成员，供其查阅了解。此类信息可能包括下列各项：

- 有关被审查装置操作过程的说明；
- 装置组织结构相关信息，包括各 RBPS 要素负责人的相关信息；
- RBPS 要素执行程序相关说明及规程；
- 以往的审查报告及措施建议；
- 审查前可提供的、与 RBPS 要素执行相关的其他常规记录；
- 地方法规及规章概要。

此类信息应属于能反映管理系统设计及实施情况的现有常规信息。一般情况下，装置不太可能为了满足审查小组的需求特地编制此类信息。

小组成员在收到审查分配任务及背景信息后，应先查看所收到的信息，熟悉审查规程，并根据自己的审查职责策划审查方法。有时，第二方审查员可能会碰到这样的问题，即他们可能会没有时间进行审查前的准备工作，他们在离开自身工作岗位、赴审查装置进行审查前必须在自身所在装置内加班完成分内工作。因此，对于审查组成员各自所需的准备时间，审查组组长必须做到心中有数，做出相应切实可行的安排。

计划现场工作。待审查计划时间表、范围及小组成员最终确定后，审查组长可在综合听取装置以及审查组其他成员意见的基础上，确定现场审查工作的具体议程。在可行的情况下，该议程中应确立一份审查组员拟面谈调查的装置人员初访计划表(如不能获知装置人员具体人名时，可按岗位进行罗列)。

实施审查工作。审查开始前，审查小组应召开开工会议。负责执行 RBPS 要素的工厂员工、待审查部门的负责人员以及其他相关或受影响方应出席该会议。此会议旨在确认审查总计划表各项安排、阐明审查机制，并站在工厂员工的角度解惑答疑。

审查员在审查现场的大部分时间均用来收集有关 RBPS 程序执行的相关信息与资料。通常来说，可通过以下三种方法来收集信息与资料：(1)查看记录；(2)直接观察；(3)访谈。

虽然不同的审查员偏爱选用的方法有所不同，但总体说来，通过访问负责执行 RBPS 要素的相关方来了解他们是如何完成工作不失为一种有效的方法。其次，根据前述访问得出的相关信息与资料，及审查员(通过前期准备工作)对 RBPS 程序的熟悉程度，审查员可通过查看记录、观察现场条件及操作规程的方法来收集信息。对于存在矛盾、前后不一致的信息，审查员可通过再次访问 RBPS 要素负责人和其他参与执行要素或受要素影响的人员来加深对要素执行状况的了解、进一步澄清疑虑。

如果审查组在审查期间发现有任何工作或情况会对人员或装置造成即时危害，应立即告知装置管理层。

企业并不需要审核与特定 RBPS 要素要求相关的所有记录，况且在很多情况下这也是不现实的。应采用有效的抽样法来确定出那些具有代表性、需审核的记录数量，这一记录数量应足以保证审查人员在无需进行额外分析的情况下便能得出有效的结论。在确定抽样调查记录数量的同时，还应认真考虑下列因素的要求：(1)与被审查工作或装置相关的已知风险；(2)负责消减被审核 RBPS 要素风险的相关职责。

各审查员在收集数据时，应根据审查方案要求将工作重点放在评估 RBPS 要素的设计及执行情况上，应确定要素执行的力度、薄弱环节及差距缺陷。如果根据所收集到的现有数据与资料无法得出明确结论时，审查员应进一步寻找其他数据与资料。审查员在此过程中应注意详细记录，以便编制相应的审查报告。审查小组(尤其是第三方审查小组)可根据具体情况选择保留详细的书面证据，作为审查报告所列各项发现问题的确凿依据。如果审查小组在结束现场工作时即对各项具体发现问题作了详细总结，且在审查过程中已给予装置足够的机会去了解发现问题并做出解释与解答，则通常无需进行此项书面依据的保留工作。此类文件只需保留至小组向装置签发且装置接收最终审查报告之前，小组向装置签发最终审查报告时不再需要此项文件。

审查过程中举行短会，定期与工厂员工分享初步发现的问题与观察结果。时间较短的审查，则此类会议可每日举行。此会议可让工厂员工就审查员提出的观点进行评论并提供额外的信息。若不举行会议，审查员可能会依据误导或不完整信息或错误的假设展开调查与质询。尽快打消错误观念可大大节约审查过程及审查后续落实工作所需的时间(即：装置无需去查证，为什么审查发现的结果不正确，因而不需要采取任何措施)。

审查小组撤离装置前应与工厂员工举行最终收尾会议，总结初步审查发现的问题。所有重大的问题均应在该会议中提出。虽然目的是为了确保书面报告中所有内容均提前经过讨论，但审查小组应明确说明：此类初步审查发现的问题并不一定都会纳入报告最终发现问题或问题汇总陈述中。该会议也为工厂员工提供了另一个机会(但非最终机会)来参与审查员的审议，也使得审查组长能够预测出何时可提交草案报告及最终报告(如两者分开的话)。

编制审查文件。小组成员应根据审查期间收集的信息，按照 RBPS 要素执行状况审查任务分工，完成评估并形成文件。审查组长有责任及时汇总并归纳各小组成员的意见，形成综合审查报告。报告的格式及内容应符合装置审查要素书面说明规定。报告至少应说明审查结果，阐明审查地点及时间、审查人、审查范围、执行方式及审查发现问题。小组应明白审查报告日后可能会被公开(如：法律诉讼程序或规章要求)。因此，审查员应做到认真严谨，确保该报告的真实性，避免出现煽动性内容，如：凭空捏造、带有主观意见的评论以及无根据的推测。

审查组长通常先编制草案报告，并将其提交相关工厂员工进行审核及评论。收到任何反馈，均与审查小组负责成员沟通磋商，以确定此类反馈内容是否会影响审查报告内容。待所有此类问题解决后，审查组长编制并签发最终审查报告。

处理审查发现问题及建议。审查报告完成后，须签发给相关方进行落实。审查报告签发要求视审查程序文件而定。通常来讲，审查报告相关接收人包括被审查装置的管理层及以上级别的主管人员。公司法律顾问可参与确定报告签发的方式及范围。审查报告签发不到位会有损或降低审查工作的价值。

负责落实审查后续事项的工厂员工须先制定一份措施计划，针对各项审查报告中列出的各项审查发现问题，列出其认为应妥善响应的事项。视具体议定内容而定，审查报告可包括或不包括有关如何解决审查发现问题的特定建议。如包括特定建议，工厂员工需审核这些建议，判断其潜在效能及实用性。如报告不包括特定建议，工厂员工需要就如何弥补差距与不足给出自己的解决方案。

最后，装置管理层将会收到一系列拟定建议供其参考。针对特定建议，管理层一般会做出以下决定：

- 完全采用拟定建议；
- 原则上采用(即通过另一种同等方式达到既定目的)；
- 断定建议的依据失实或错误，因此否决建议；
- 因情况发生变化，不再需要该建议，因而否决建议。

确定建议措施项是采纳还是否决的过程被称之为建议决议，该项工作应由工厂管理层及时完成。通过建议决议，可生成一系列须执行的工作活动，以实现被采纳的建议意图(备注：实现一项建议意图可能需执行多项工作行动；反之，单项工作行动也可实现多个建议意图。)

各建议措施项均需指定具体负责人，并规定措施完成日期。管理系统应：(1)跟踪所有建议措施项的落实情况，直至其被完成；(2)定期监控该系统，确保合规性。此外，还应规定各措施项工作行动的完成日期。成功执行并完成所有相关措施项工作活动后方可关闭建议措施项。

某些企业要求工厂向公司总部主管部门上报其拟执行的决议，及此类决议的最终关闭。公司总部主管部门必须同意通过建议决议并跟踪各项决议的落实情况直至其关闭，在公司层面协调审查工作的企业中，此类控制方法较为常见。

审查程序文件应规定审查记录保留的相关要求。文件保留范围至少应包括最终审查报告、记录方法及各建议措施项的关闭日期(通常情况下，一旦最终审查报告签发后，草案文件及工作文稿会被销毁)。记录至少应保留至下次审查前，或按规章要求或公司政策及需求保留更长期限。记录原件应禁止擅自修改或避免遗失。如：如果将相关记录保存在员工个人文档汇总，那么，当此类员工发生退休、辞职或调至公司其他岗位的话，此类记录极易出现遗失、毁损现象。

21.2.3　使用审查活动来提高 RBPS 效能

监控各工厂 RBPS 的逐步成熟度。虽然从最狭义的角度来看，审查工作更加侧重于确认 RBPS 是否按既定的执行标准进行执行，但是，许多企业仍渴望系统的绩效能超越合规性的基本要求。通过执行审查要素，企业可创建相关体系，监控绩效逐步发展状况，从而使企业能够跟踪并且确认 RBPS 管理系统的逐步成熟度。从这一角度出发，审查要素分别对第 20 章及第 22 章中讲述的管理审核要素及标准起到了相应的补充作用。

为各 RBPS 要素确定相关绩效指标。该指标须与 RBPS 要素的效能有直接关联，且是明确可以计量的。各审查指标应适时更新。若绩效很成问题，则适合执行较为频繁或基于特定目标的审查。跟踪审查结果的趋势，以监控绩效是否正在改进。

绩效持续不良则表明执行特定 RBPS 要素的程序中存在薄弱环节，或是未按照既定程序要求严格执行该要素。执行问题可能由下列各种起因造成，如：(1)未能明确职责分工；(2)未向负责要素执行的人提供充足的培训；(3)未能调拨资源；(4)未能使员工对其实现 RBPS 各项目标的表现负责。存在任何一个原因，都表明企业的过程安全文化存在缺陷。

可能需通过根原因分析来确定持续绩效问题的根本原因，包括相关的过程安全文化缺点(见第3章)。一旦确定原因后，则可提议，选择执行补救措施，并追踪其效能。

分享最佳惯例做法。在审查要素的执行过程中可确认哪些 RBPS 要素的执行或实施规程尤其有效。但这些最佳做法可能并未得到普及推广。在审查过程中及时记下这些最佳做法，恰当形成书面文件，以便将其在整个公司范围推广普及。

应提请公司层面负责协调审查要素的人员注意此类潜在的最佳做法。应建立相关体系，以调查详细情况，将最佳做法形成文件并与公司内的 RBPS 要素负责人共享该信息，供其参考。

21.3 可能的工作活动

RBPS 方法说明各项工作活动的执行力度应根据其所涉及的风险大小、资源状况以及装置文化差异而各有不同。因此，不同装置各项具体工作活动的执行力度各有不同，同一个装置不同单元或工艺区的具体工作活动的执行力度也会有所不同。因此，要想创建一个基于风险管理的过程安全管理系统，需要执行下列步骤：

1. 对装置内的风险进行评估，调查 RBPS 工作所需资源量及可用资源之间的平衡度，并审查装置文化背景。该程序详情请参见第2.2节。

2. 评估实现 RBPS 要素各项关键原则所能带来的潜在收益。此类原则详见第21.2节。

3. 根据步骤1和步骤2的评估结果，从第21.2.1～第21.2.3部分所阐述的各项基本特征中确定出哪些是妥善管理审查所必须实施的基本要求。

4. 对于将要执行的每个基本要求，确定执行方法，选择本节所述的相应的工作内容。请注意，这些工作内容不可能对所有行业都是全面的，读者可能需要增加某些工作内容或修改本节所列的部分工作内容。

5. 对于将要执行的每项工作内容，确定所要求的深度水平。本节所列各项工作均设有两到五个具体实施方案，工作标准依次提高。每项工作采用序号标识，具体实施方案采用字母标识。

备 注

相关法规可能具体规定了过程安全管理系统规某些要求或工作内容，或为特定工作内容规定了最基本的详细程度。因此，过程安全管理系统的设计和执行应同时遵守法规要求和本书中提供的指南。

21.3.1 保持有效运行

确保前后一致地贯彻执行

1. 制定覆盖如适用范围、时间安排、小组人员配置、建议决议以及审查文件记录等各类问题要求的 *审查程序*。

a. 具备非正式的审查程序，但未形成文件。

b. 已形成阐明审查程序必须遵循的各项要求的书面程序文件。

c. 书面程序文件内容覆盖范围更为全面，涉及根据工厂或公司标准以及其他非法规性要求进行的相关审查工作。

2. 确定审查要素负责人。

a. 根据具体情况对审查程序进行临时性的监督。

b. 以正式但兼任方式执行审查程序监督。

c. 为审查程序监督设置一个全职岗位。

3. 确定审查要素的工作及职责。

a. 非正式地规定工作及职责。

b. 正式规定工作及职责并形成文件。

c. 通过有效的责任制度加强(b)条及工作与职责。

4. 制定审查规程。

a. 已制定出审查规程、阐明与审查执行相关的常规考虑事项，但未讲述具体要求。

b. 审查规程明确讲述了规章要求。

c. 审查规程已拓宽范围，以便阐明工厂或公司具体要求。

委任具备资质的人员

5. 确定审查小组成员所需的技能。

a. 根据具体情况临时抽调配备审查人员。

b. 规定了审查人员必须具备的基本技能，如：熟悉规章要求及审查规程。

c. 审查员资历要求中提出了较为高的技能水平要求，如：访谈技巧、取样方案以及书面及口头交流能力。

d. 已制定并实施结构化的系统来确定各岗位的技能要求：如主审查员、公司审查专家、工厂协调员、小组成员等。

6. 向审查小组成员提供所需的培训。

a. 提供非正式的培训。

b. 根据基本技能提供正式的、已形成文件的培训。

c. 根据高级技能提供正式的、已形成文件的培训。

7. 确保审查小组具备必要客观性。

a. 审查组通常由第一方审查员组成；但是，采取了相应控制措施，确保审查员不审核与自己直接相关的工作。

b. 许多审查工作采用部分第二方审查员。

c. 大多数审查工作中有大量第二方审查员参与，第三方审查员也不少。

d. 在公司层面协调审查工作，重点强调小组的客观性。审查小组成员主要由第三方审查员组成。

确定何时需执行审查

8. 确定审查相关的基准时间表。

a. 以被动的方式或偶尔计划审查时间。

b. 严格按照规章要求确定的最低频率计划审查时间。

c. 根据所需考虑的事项，如：工厂工作相关的已知风险级别，审查频率超出基本规章要求。

9. 确定额外审查的触发因素。

a. 只有在最极端的情况下方才执行额外审查，由管理层酌情决定。

b. 有效将额外审查用作识别系统绩效问题的工具，但仅由管理层酌情决定。

c. 已确定正式化的标准来判断是否需执行比当前计划更为频繁的审查。

21.3.2 可能的工作活动

审查准备工作:

10. 审核审查程序。

a. 审核标准程序，确保其为当前有效程序。

b. 特别制定标准程序来满足审查相关的特殊范围要求。

确定审查范围及时间

11. 确认审查时间计划表并确定范围。

a. 公司环境、健康及安全部门必须强制遵守所确定的审查时间计划表及范围。

b. 以提高审查效果为宗旨，协商并确定审查范围及时间计划表。

组建小组

12. 选择小组成员，将 RBPS 管理系统要素的执行职责划分给各小组成员并确认其有时间执行。

a. 审查时间计划表、人员到位性以及其他限制条件往往是确定小组成员的重要决定性因素。

b. 仔细考虑小组成员所需的技能要求、背景及知识；按需调整审查时间计划表，确保相关小组成员到位。

c. 除(b)项外，还考虑利用审查工作培训新审查员(在不影响审查质量的前提下)。

划分职责

13. 根据专业知识、经验及兴趣情况为审查小组成员划分审查责任。

a. 审查组长按照各审查员具备的专业知识将工作分配给审查小组成员。

b. 审查组长与各审查小组成员协商。根据下述原则分配工作：(1)不让审查小组成员审核其之前服务过的区域；(2)以及审查小组成员的兴趣、经验及专业知识。

收集前期信息

14. 收集有利于小组成员提前准备审查的信息并将其分发给小组成员。

a. 向审查小组提供基本信息，如：工厂组织结构表及 RBPS 责任划分。

b. 提供审查小组成员所需的额外信息。该信息可包括工艺说明、RBPS 程序文件及规程、以往的审查报告等。

计划现场工作

15. 计划审查工作并制定现场议程。

a. 解决基本的后勤问题。

b. 编制详细的计划，包括访谈初步计划表。

执行审查

16. 召开审查启动会议
    a. 召开简短的介绍性会议。
    b. 仔细计划及召开详细的启动会议，邀请相关人员参加，以增加审查成功概率。
17. 通过记录取样、审核、观察及访谈来收集审查数据。
    a. 适度平衡地选择数据来源(记录、观察及访谈)，收集充足详细的数据，来验证有关 RBPS 管理系统效能及合规性结论。
    b. 除(a)项工作外，另外进行较为广泛的取样工作产生更为全面的数据，从而进一步验证结论(如：根据结算协议审查要求)。
18. 评估 RBPS 执行的优点、缺点及与既定要求之间的差距。
    a. 找出常规执行问题。
    b. 通过详细分析对实施执行的优点、缺点及差距进行全面评估。
    c. 执行条款(b)及进一步的分析，不仅仅为了确认问题，也进一步确定问题的根本起因。
19. 审查过程中定期举行会议，通报初步审查观察及发现问题。
    a. 很少举行会议或会议内容简短。
    b. 时常举行详细的会议，持续将审查工作的进展通报工厂。
    c. 有效使用定期会议来提高审查的价值。审查小组及装置人员之间充分交换信息，以促进问题的识别与解决、发现审查小组错误观念并确认审查时间表相关必要变更等。
20. 召开审查关闭会议。
    a. 审查小组与工厂代表分享高度概括性的初步结论。
    b. 审查小组与工厂代表分享交流审查发现问题的详细情况。虽然该发现问题仍属于初步结果，但它们都是通过全面分析而得出的、预计不会再作实质性的改动。

编制审查文件

21. 编制草案报告并将其交给工厂相关人员传阅。
    a. 编制草案报告，但仅将其签发给有限范围内的工厂员工。
    b. 签发最终报告前，广泛分发传阅草案报告，以提高问题识别与解决的概率。
22. 签发最终报告并将其交给工厂相关人员。
    a. 编制总结报告，报告中只涉及审查小组在审查中发现的问题。
    b. 签发较为详细的报告，阐述审查发现问题的依据以及整改建议措施。
    c. 除满足(b)条规定外，报告还阐述了审查方法、小组资质以及其他用于确认审查质量的内容。报告也指出那些绩效例外区域。

解决审查发现问题及建议措施

23. 制定行动计划来解决审查所发现的问题，妥善划分工作职责并确定截止日期。
    a. 根据具体情况临时性的落实审查建议措施项。
    b. 针对每项建议措施制定详细的工作计划，明确划分工作职责及规定截止日期。
24. 落实建议措施项，并记录建议决议。
    a. 根据具体情况临时性的采取相关措施项。

b. 执行正式化的体系来落实建议措施项并跟踪其落实情况。

25. 对审查进行必要文件记录，包括建议措施项的记录。

a. 执行非正式的体系来保留文件。

b. 执行正式的体系来储存及保护审查文件。

c. 执行先进的文件管理系统，来维护及保护信息，也可确保需要使用信息的人能够获得信息。

21.3.3 使用审查活动来提高 RBPS 效能

监控各工厂 RBPS 逐步成熟度

26. 监控 RBPS 逐步成熟度。

a. 收集并审核数据，但分析工作有限。

b. 确定目标，并随时间的推移按照该目标分析绩效。

27. 找出 RBPS 管理系统或绩效方面持续存在的缺点。

a. 充分分析，以找出更多的实质性问题。

b. 通过详细分析全面了解系统性问题。

c. 除(b)条外，还通过充分分析以找出根本问题、常规起因、要素界面问题等。

28. 执行 RBPS 管理系统强化措施来解决薄弱环节。

a. 整改措施着眼于紧急的问题或漏洞。

b. 整改措施包括针对管理系统所存在的根本性问题而采取的、较为实质性的响应措施。

分享最佳作业做法

29. 明确 RBPS 管理系统的优点。

a. 管理系统的优点不言而喻。

b. 审查小组共同努力以找出具有重大意义的最佳惯例做法。

30. 向其他工厂推广 RBPS 管理系统最佳惯例做法。

a. 工厂之间非正式地分享最佳惯例做法。

b. 共同努力将最佳惯例做法在公司所有工厂内推广。

c. 在(b)条基础上，在可能的情况下，与业内分享最佳惯例做法。

21.4 提高效能的方法示例

本节提供了一些案例，这些案例做法能有效改进与审核要素有关的工作内容，并经工业实践证明可行。根据第 21.2 节中的关键原则，这些案例可分为以下两类：

1. 能够提高审查要素工作绩效的方法。

2. 提升审查要素的效率，在保持管理绩效水准的同时尽可能降低资源消耗。

这些案例均源于工业实践、行业研讨会和 CCPS 会员单位。希望改进管理系统和本要素相关工作活动的读者，应检验这些方法，评估自己企业当前管理系统和工作活动的绩效和效率，然后按照第 2.1 节所述的基于风险的原则，选择和执行改进措施。

21.4.1 保持有效运行

正确培训审查小组成员。除适用规章及基本审查技巧相关的培训外，还应通过培训，培养审查员的沟通斡旋能力，如访谈技能、谈判技能、书面交流技能等。

如新审查员有机会与经验丰富的老审查员共事时，实行“帮带”制，培养新审查员的技能。

某位 CCPS 发起人为有经验的审查员开发出了审查员复习培训虚拟课程。该课程内容包含一个月三次的电话会议、网络会议以及网下小组训练及练习。培训完成后进行电子问答测试。第二方审查员每隔四年需进行一次此类复习培训。

使审查程序标准化。为公司制定一个适用于所有工厂的审查系统，这样可避免各工厂不必要的重复付出与投入，并能帮助确保公司内部保持一致性。某位 CCPS 发起人采用第二方 RBPS 审查方案检查表内容来执行全面审查，该表共列有 300 多项审查项。此份检查表也用于所有工厂的第一方审查工作。

正确使用书面审查程序以确保实现全面审查。针对规章以及其他审查要求制定具体的审查程序，但审查员不得为程序文字阐述所禁锢、局限其审查问题。因为程序毕竟无法提前预计所有问题或咨询领域，一个有经验的审查员应将程序作为审查指南与依据，并在具体实施时加以灵活运用，而不是死搬硬套。

确保为审查提供合理资源预算。审查程序可能会要求工厂或公司层面投入一定时间与经费，此类资源投入应提前进行预算计划，确保其及时到位，以支持审查程序的实施。

21.4.2 可能的工作活动

有选择性地编制审查计划。对被审查的企业及审查员来说，审查都是非常耗时的工作。因此，在不影响审查质量的前提下，应致力谋求如何更为有效节省地实施审查工作。

- 及早提前制定审查计划，确保所需审查小组成员的到位性，并确保任何预料外的情况不会影响实现合规性及公司计划的截止期限。
- 对那些正处于转换或变革过程中，或正在进行事件要素趋势分析的 RBPS 管理系统(或特定要素)实施更为频繁的审查工作可找出绩效问题。
- 在各次审查工作期间有效运用管理审核(见第 22 章)找出并解决问题，使审查员做到心中有数。
- 将部分审查与其他 RBPS 工作相结合，尽量减少重复工作及优化资源利用。如：详细审查过程安全信息时，将其作为风险评估计划工作的一部分进行审查。
- 执行相关程序，每季审查一定数量的 RBPS 要素，以便按所需的频率审查各要素。全年内交叉审查，避免同一季度内审查所有要素。审查间隔时间短将会引发一连串审查建议，同时，资源需求会突然飙升，而交错安排有利于降低短期内资源需求的飙升量。
- 要知道，公司多个职能机构可能在不同的时间审查同一工厂，其分析范围极有可能存在重复；如：公司消防及 RBPS 审查可能均考虑了若干个常规问题。重视审查工作对工厂人力支持的需求，并尽可能地尝试协调该审查工作，避免出现过多冗余建议。

正确考虑审查小组组成。使用具备资质、具有技能的审查员。缺乏经验的小组花费的

时间较长，且很难发现问题，严重影响审查工作的效率及绩效。若较具经验的审查员无法暂时从其他岗位上走开，则可使用折中法。某些 CCPS 成员公司发现下列做法有助于审查工作的实施：

- 使用第二方审查员（来自公司总部相关部门或其他工厂）来加强各工厂之间的交流沟通并分享最佳做法。
- 审查小组成员中第一方、第二方及（如可能的话）第三方审查员的数量比例合理，从而确保审查小组充分熟悉并掌握工厂工艺过程及系统，具备客观性及必要的审查专业知识。选择第二方审查员时，为了提高客观性，选择那些在整个企业组织架构中与被审查工厂最不相关的人员。如工厂不具备内部审查资源或内部审查资源不足，或是需要特殊专业知识或需听取不同观点时，则采用具备资质的第三方审查员。
- 在公司内部培养一支具备经验、既能充当第二方审查员也能担当顾问的主审查员队伍。各审查员轮流担当审查组长、以促进相互学习及分享新的观点。
- 在可能的情况下，合理配置审查小组成员，确保至少有一位以上的小组成员具备审查要素的能力。所有初步结论必须经小组内部分享、讨论及测试后方可提交工厂内传达。

重视审查工作相关后勤服务。在审查过程中，要求工厂为审查小组提供一间会议室或其他适用的工作场所，该场所应足以容纳整个审查小组。整个小组应在白天定期会面（如：午餐及与工厂代表日常会面前），以便分享信息并交流线索。

除非小组会议室离工厂餐厅较近，否则应将午饭送至审查小组工作地点，以节省外出用餐来回时间。

利用晚上的时间进行总结归纳，找出数据收集方面的差距并计划次日的工作。

审核记录时尽量使用计算机数据库。执行特定要素（如：*变更管理*）或维护相关记录（如：管道检查记录）时，借助计算机化系统，审查员更容易找到确切所需的信息与数据。在可能的情况下，要求工厂为小组成员提供查阅此类数据库的权限，或要求工厂专门为小组提供具体数据搜索。

确保审核数量充足的代表性数据。在制定访谈工作的相关计划时，尝试将各运行区域及各工作小组内的代表纳入访谈范围。下班后或周末进行相同的访谈及观察，确保被调查对象涉及范围广泛到位，且有机会与倒班的班组组长进行交流沟通。

制定并实施恰当的取样计划，确保审核足够数量的文件，并确保抽取文件涉及范围广泛到位。

在可能的情况下，关键文件保留数份复印件，直至签发最终报告。

建立起一套全面综合的整改措施跟踪系统。某些企业已制定及实施了综合整改措施跟踪系统来监控所有 RBPS 相关措施活动，如从事件报告、过程危险分析、应急演练、审查等过程中得出的建议。这些体系是透明公开的，企业内所有人都能了解哪些措施项目尚未完整完毕或逾期未实施，并能用电子方法提交报告，查询资料。该系统通常与电子邮件系统相结合，可及时将逾期未实施的措施项上报责任人（一般情况下，同时抄送其上级主管），从而使得责任方在措施项完成后及时更新系统。这些系统也有利于企业组织架构发生变化时将尚未完整关闭的措施项进行工作的重新分派。

21.4.3 使用审查活动来提高 RBPS 效能

将建议措施的跟踪落实放到首位。 部分企业在制定落实计划表时采用风险排序法来确定实施各项审查建议措施项的先后次序。

对审查结果进行高层审核。 工厂管理层需与企业管理层一同审核审查结果，以就工厂相关系统的完善度各抒己见，相互交流。企业管理层的参与进一步强调了 RBPS 程序绩效的重要性。

部分企业在企业层面对审查建议措施项工作的落实情况进行跟踪，当采用总部相关部门提供配合支持实施第二方审查时尤其如此，在公司层面实施的跟踪工作具有高瞻远瞩的效果，有利于强调审查建议措施项的重要性以及落实的及时性。

避免审查工作沦为员工之间的"竞赛"。 企业管理层如选择对审查工作打分并根据审查结果来评定工厂等级的话，必须非常谨慎。因为，这极有可能使工厂之间形成潜在的竞争环境，使得工厂管理层舍本逐末、过于追求打分，而不关注审查发现问题背后所反映的实际问题。

虽然工厂可对相关要求的解释或数据资料提出澄清或抗辩，但企业绝不容许工厂管理人员对审查发现问题的无故推诿。

21.5 要素指标

20 章阐述了如何以及何时利用指标来适度提高绩效的方法。本节将列举若干个指标实例，说明它们如何用于监测审查要素的健康状态，并按照第 21.2 节中提及的关键原则进行了分类。

除了明确关键核心指标外，还需要定期对指标进行跟踪和考核。有时，指标所需信息比较简单，例如员工总数指标。而有些指标需要多个参数才能拿确定，如员工的平均工龄指标，需要利用多名员工的工龄数据来计算平均工龄。部分指标用于跟踪动态变化率，如员工离职率指标等。动态变化率甚至可能是工厂最为关注的数据指标。由于工厂情况千差万别，需要自行确定指标的跟踪方法和考核方法，保证工厂 RBPS 管理系统的健康运行。

21.5.1 保持有效运行

- ***找出基于 RBPS 管理系统缺点(此类缺点在之前数次审查中均未能发现)的事故及未遂事件调查的百分率：*** 若该数值高，则表示之前的审查严格度或深度不足以有效找出 RBPS 管理系统制定或实施过程中真正存在的问题。
- ***按照计划完成的审查的百分率：*** 若数值低，则表示企业未充分重视审查要素。
- ***基本没有重大发现问题的审查的百分率：*** 若该百分率高，则表示 RBPS 管理系统有效达标，或者，也可能是由于审查小组出现自满懈怠或过于宽容放松的情绪。
- ***各审查小组成员曾实施过的审查数量：*** 若数值高，可在一定程度上(但不能确保)反映审查小组资质。

21.5.2 可能的工作活动

- ***建议措施事项逾期未得到落实的平均天数及最大天数：*** 若数值高，则需质疑企业对审查程序的重视度，以及其用来解决审查所发现问题的资源分配情况。

- *审查建议未得以落实的百分率*：若数值高，则需质疑企业对审查程序及审查所发现问题的重视度。
- *完成一项审查工作所需的人工天数*：若该数值低，则需质疑审查工作的力度与严格性。若该数值高，若因事态情形不见好转而必须进行非常详细的审查工作时，则表明审查过程效率低下。
- *现场工作完成与审查报告编制完成之间的时间距离*：若时间距离长，则应质疑企业对审查程序的重视度。

21.5.3 使用审查活动来提高 RBPS 效能

- *审查发现问题属于屡次发现的问题的百分率*：若该百分比高，则表示未能有效利用审查结果去提高 RBPS 管理系统绩效。
- *针对同一工厂进行的一系列审查工作中发现问题的重大性及数量趋势*：若呈增长趋势，则表示 RBPS 管理系统绩效下降。或者说明审查过程可能正在逐步提高。
- *被工厂管理层否决的建议的百分率*：若百分率高，则表示管理层过度推诿，或是审查小组分析不充分。

21.6 管理审核

管理审核系统的设计和执行详见第 22 章。为确保审核要素的正确运行，应对许多具体的管理问题进行定期检查。管理审查要首先评估被审核系统的有效性。企业审查要素执行不到位，或者变更管理系统的改进效果差强人意，那么管理层应寻找所有可能的整改措施加以实施。在某些情况下，企业有可能并未找出正确的整改措施予以实施，或者实施方向出现偏差。即使整改的结果令人满意，通过管理程序审查仍能检验资源是否充分利用？有些工作是不是有更为有效的实施办法或者事实上根本无需实施？管理层可结合上一节的各项指标，及个人观察、直接问询、结果审查、反馈来解决上述问题。讨论的工作内容和主题可包括以下内容：

- 评估审查程序的范围是否覆盖所有有关工厂及工作活动，是否与企业的 RBPS 管理系统应用范围保持一致。
- 评估既定审查频率是否反映并与下列各项相符：(1)与被审查工厂及工作活动相关的已知风险；(2)过去的审查结果及事故历史。审查结果是否确认审查频率可满足假定风险要求。
- 确认审查工作是否按照计划实施。即使由公司层面负责审查协调，工厂管理层也有责任确保在规定的时间期限内完成相关规章要求的审查工作。
- 评估审查小组人员配备是否恰当。小组总体专业知识是否能满足下列要求：熟悉工厂装置的运行与操作；掌握审查技术并了解执行审查工作所需遵循的应关注标准需求？相对被审查企业，审查小组是否具备充分独立性？
- 审核审查报告，并判断是否有足够的文件来搭建评审审查工作质量的基础。
- 评估审查发现问题所提出的措施项是否进行了相应的缺陷整改。

- 确定是否明确划分了落实审查建议的相关职责并确定了截止期限。既定截止期限是否充分考虑了拟解决的相关发现问题的严重性？
- 确定建议措施工作是否一直如期在截止日期前完成，若答案为否的话，则应采用何种措施来取代此类建议措施工作？无法如期完成此类建议措施工作的原因是不可控因素，还是仅仅因为缺乏适当措施关闭管理系统？
- 在明确建议的各项措施活动执行完毕后，方可确认相关建议措施工作项完结关闭。诸如“工作令已签发”或“工程设计要求已提交”之类并未明确表明建议措施工作已达成最终意图的回复无法作为措施项关闭的确认依据。

执行 RBPS 管理系统会耗费企业大量的时间及资源，而通过有效审查可帮助实现管理系统的过程安全目标，从而确保这项耗资巨大的投资获取应有收益。

参考文献

CCPS, *Guidelines for Auditing Process Safety Management Systems*, 1993.

Frank, W.; Hobbs, D.; and Jones, D., “What Are Process Safety Management Audits Telling Operators?”, Hydrocarbon Processing, October 2000.

22 管理审核及持续改进

2001年7月17日，美国特拉华州一家炼油厂的废硫酸储罐发生爆炸(见参考文献22.1)。爆炸是由于在焊接储罐裂缝时点燃储罐内气相空间的烃类气体引起。事故共造成1名维修工人死亡，8人受伤。这起事故归咎于下面三点原因：(1)原本存放新鲜酸液的储罐改装废酸后，没有评估因此产生的腐蚀和可燃风险并采取控制措施；(2)虽然多次提交储罐检查及修理申请，但申请均被延迟处理或忽视；(3)热工作业许可证未注明气体监测规定。尽管之前已经由于毒气及可燃气体浓度过高导致许可证被拒签，但是这种情况仍未引起注意。这三点原因归根到底都是由于管理系统自身存在缺陷(变更管理、资产完整性及安全作业)，若管理审核能够得以及时执行，就可以找出并解决此类缺陷，避免事故发生。

22.1 要素概述

通过对企业过程安全系统执行常规审核来推动持续改进是RBPS原则之“吸取经验教训”的四要素之一。本章旨在介绍管理审核的含义，创建一个良好的管理审核系统需要哪些因素，企业如何着手执行管理审核。第22.2节介绍了管理系统要素的关键原则和基本要求。第22.3节列出了体现此类基本特征的工作活动，并根据已认识到的风险、资源和企业文化的具体情况针对各项工作活动提出一系列相应的执行方法。第22.4~第22.6节对以下几点加以阐述：(1)如何提高管理系统效能的方法和实现该要素的特定计划；(2)用来监控该要素的指标；(3)管理审核相关事项。

22.1.1 要素定义和内容

所谓“管理审核”是指定期评估管理系统是否按预期实施并尽可能高效地取得预期成果。通过管理层持续不断的“尽职调查”，填补了日常工作活动与定期正规审查之间的空白。管理审核的作用类似医生进行的常规体检——尽管没有迹象表明患者患病，但并不能排除会有威胁生命的病情出现，因此，最好的做法是积极前瞻性地进行预防检查。管理审核很多特征都与第21章中介绍的第一方审查特征相同。因此，管理审核工作也需要制度订一个相似的方案来执行计划安排、人力资源调配，并对所有RBPS要素进行有效评估，同时，还应制定和建立相关系统，确保实施执行各项改进或整改措施计划，并确保实施与执行效能。

22.1.2 重要性

有效实施是所有过程安全计划的关键，但是，安全管理系统发生职能失效或者效率低下时，其表征并不明显。例如，如果一名工厂培训协调员突然离职，那么规定的培训工作将会因此中断。而此时当前经过培训的员工无疑会继续操作，因此，并不会立刻产生明显影响。但最终培训方面存在的诸如不够彻底完善或未及时执行等问题会通过审查或者事故反映出来，但那时已为时过晚。管理审核旨在定期检查过程安全管理系统的运行状况，以期在审查或事故发生前找出并更正任何当前或潜在缺陷。

22.1.3　对象和时间

凡须实施 RBPS 要素的区域均须执行管理审核。管理审核的实施力度和次数由多项因素决定，包括：工厂当前所处的生命周期阶段、RBPS 管理系统的完善程度或实施力度、执行审核的管理层级、过往的经验教训(如事故记录、上一次审核和审查结果)、管理层关于审核工作活动的看法意见。多数管理审核工作都集中在运行中的工厂上。

可根据需要安排管理审核，而针对某一具体 RBPS 要素时，通常需要按一定的时间间隔执行管理审核(从每月一次到每年一次不定)，管理审核可与其他常规会议(如安全委员会)同步进行。

22.1.4　职责分工

严格来说，各管理层——从工艺监管人员到工厂经理再到董事会——都应负责定期执行管理审核。本文重点围绕计划层面上的审核进行阐述，负责该审核的经理职位应高于负责具体 RBPS 要素日常实施的人员一至两个级别。通常由经理最终负责工厂整体过程安全管理系统的运行状况；但是，如果工厂较大，可委托给高管层的过程安全委员会执行审核。

22.1.5　预期工作成果

管理审核的成果通常是一份内部备忘录，用于总结审核结果、记录缺陷或低效情况并提出改进或整改建议。应为此类建议措施确定最晚实施期限并委派特定人员执行。管理审核要素取得的各项成果旨在促进其他要素的顺利实施。此外，管理审核还为审查要素提供输入信息，便于审查工作顺利执行。

22.1.6　实施过程

管理审核与审查工作的根本宗旨相同，即：评估一个完整 RBPS 要素或一项特定工作任务的实施效能。但由于管理审核的目标旨在找出当前或潜在缺陷，因此，与审查相比，管理审核的关注范围更广，实施次数更多，且实施方式不是非常正规。

不过，与审查相同，管理审核至少也需要按照规定要求检查一项或多项 RBPS 要素的实施情况。管理审核小组需要与负责管理实施具体要素的人员进行面谈，以便：(1)提供计划文件及计划执行记录；(2)介绍各种情况及活动的直接观察结果；(3)针对程序活动存在的疑问予以解答。在此过程中，小组成员须致力解答下述问题，如：

- 该计划的完善程度如何？
- 是否取得了预期成果？
- 工作的努力方向是否正确？

此外，还要探讨其他相关事宜，包括：组织变更、人员变动、新项目或标准的实施、效率提高及具体要素将面临的其他挑战等，通过探讨交流便于管理层在处理此类事宜时赢得主动。

须针对当前或预期绩效差距或效率低下的情况提出建议，并规定相关负责人及时间安排。通常，利用跟踪审查结果相关整改措施实施情况的系统来追踪、监督各项针对管理审核建议所实施的解决办法。须按照要求保存会议记录及各项建议解决方案的书面文件，以期满足计划控制要求。

持续监控管理审核结果，如果问题持续出现，需要更为频繁地实施审核。

22.2 关键原则和基本要求

对于生产、加工、储存或通过其他方式使用危险化学品的工厂而言，安全操作及维护需要强有力的过程安全管理系统。管理审核要素的首要目标就是确保规定的 RBPS 活动能够在工厂的生命周期内产生预期成果。在编制、评估或改进管理审核要素的任何系统的过程中，应该遵循下列关键原则：

- 保持有效运行；
- 执行审核活动；
- 监控企业绩效。

每个原则的基本要求将在第 22.2.1~第 22.2.3 部分中进一步说明。第 22.3 节将阐述满足这些原则基本要求的典型工作活动。工厂管理层应评估风险和该要素改进产生的潜在效益。根据评估结果，管理层应建立一个管理系统或对现有管理系统进行升级，以满足部分或所有基本要求、执行部分或所有工作任务，这将取决于感知的风险和/或所识别的过程危险。但是，如果企业文化中没有建立起采用可靠管理系统的文化，则这些步骤将无效。即便是最完善的管理审核，如果没有相应的文化支持，也无法造就可靠的管理系统。

22.2.1 保持有效运行

要想保持该要素有效运行，首要步骤就是建立管理审核程序文件。必须编制管理审核程序，培训审核人员并定期审查审核人员的工作效率。管理系统应以找出 RBPS 各要素当前存在的或潜在的各种缺陷为目的，从而在发生任何重大事故前整改此类缺陷。

规定职能及职责。管理审核系统须以书面形式列出企业的各项目标，以及要实现此类目标须遵循的具体程序。程序中应规定：(1)具体实施的负责人和责任人；(2)明确规定负责决策的职权等级。最终负责实施过程安全管理系统的人员应在其他高级经理协助下执行管理审核。具体 RBPS 要素负责人应负责收集与要素绩效相关的必要数据并将数据提交给审核人员。该要素实施过程涉及的其他人员应负责报告其观察结果，包括：要素实施情况、应采取的改进措施及面临的各项挑战。

制定绩效标准。管理审核主要用于确保其他计划要素都能够遵守其绩效标准，而管理审核也应遵循自身应遵循的绩效标准。此类标准通常规定：(1)管理审核要素的范围和目标；(2)根据工厂或活动相关的已知风险判断管理审核的实施次数与严格程度；(3)针对调查结果确定的解决方案要求及相关建议；(4)文件要求；(5)以及制定有效的管理审核计划必需考虑的其他事项，如现场审查时间等。

确保程序有效性。通过后续审核、定期审查及事故根原因调查都可以了解管理审核程序的效率与有效性。例如：若在管理审核过程中发现一处缺陷，审核人员应判断该缺陷是否在上一次管理审核时已经存在但是却被忽视未作处理。如果审查发现程序存在缺陷，管理层

应负责调查为什么管理审核程序的缺陷未能被发现并予以整改。若事故调查发现事故原因与RBPS要素失效有关，则管理层应调查其是否是：(1)一个孤立事件；(2)或说明存在系统结构性的问题，但在之前的管理审核中屡次被忽视。无论属于哪种情况，都说明管理审核程序存在缺陷，需要采取相应整改措施进行改进。因为只有全面有效的管理审核程序才能保证在造成事故前或审查发现问题前，发现RBPS要素缺陷并加以整改。

22.2.2　执行审核活动

一旦管理审核系统建立到位，审核必须可靠执行。审核进度安排应考虑以下因素：(1)各要素发生问题缺陷后所产生的已知风险；(2)以及缺陷故障造成的后果。须收集信息并归纳总结，以便高效地进行审核，审核过程须灵活变通，可以调查存在已知缺陷的所有区域，必要时也可以进行现场确认。审核小组认为必须执行的整改措施都应尽快执行。

审核前准备工作。工厂应定期执行管理审核，如表22.1所示。所有要素每年至少须审核一次，而有些要素则需要更加频繁地进行审核，审核次数取决于过程风险和可能改变此类风险的因素，如新设备、新产品、组织变更或人员变动等。在准备下一次预订审核时，待审核的特定要素的负责人应询问有关审核人员可能会调查的具体主题。此类示例在本书中随处可见——各要素说明会介绍管理审核可能涉及的一些指标及主题。确定审核范围后，即开始进行审核前的准备工作，具体包括：(1)安排审核具体时间；(2)收集信息以及主题专家，以便圆满解答管理审核小组的问题；(3)以及准备一份当前工作活动的总结演示报告。

表22.1　管理审核计划实例

月份	*主题(章节)*
一月	操作(17)
二月	过程信息(8)，变更管理(15)
三月	资产完整性(12)
四月	操作程序(10)
五月	沟通(7)，应急管理(18)
六月	承包商(13)
七月	安全文化(3)，全员参与(6)
八月	事故调查(19)
九月	安全作业规程(11)，开车准备(16)
十月	过程安全能力(5)，培训(14)
十一月	标准符合性(4)，风险(9)
十二月	指标(20)，审查(21)，管理审核(22)

确定审核范围。审核负责人须首先确定需要审核具体要素的哪些方面。通常，审核至少需要找出证据，证明已满足基本程序的各项要求，且上一次审核、审查或事故调查发现的与该要素相关的问题已经得到(正在得到)圆满解决。此外，审核负责人还需要找出证据，证明管理系统稳健有力、可以应对各种可预见的挑战。例如，如果事先已知道一名关键员工即将离休，那么审核就应该探讨以后的继任计划，以便延续人力资源工作能力(第5.2.2部分)和确保组织架构合理变更(第15.2.3部分)。如果一个新工厂即将开车，审核应探讨如

何满足日益增多的培训要求(第 14.2.2 部分)。管理审核小组负责人应尽量提早规定范围，以便收集必要数据及/或安排业务专家。

安排审核时间。理论上，每个月都应该定期安排管理审核，每次会议要审核的要素应提前公布。但是，具体审核日期可根据当前工厂状态进行调整，如：意外停车。及时安排审核是为了最大限度让业务专家参与，避免造成不必要的资源冲突。

收集信息。管理审核通常包括从多个业务专家处收集主题要素的相关信息。为提高管理审核小组的工作效率，应收集要素指标的最新信息，并在会议召开前，连同之前针对审核、调查或审查所发现问题采取的整改措施总结一同发放给审核人员。此外，还应对收集数据进行汇总，以帮助回答审查人员提出的在范围内的、任何特殊主题的相关问题。以回答审核人员在审核时提出可能涉及的重要主题的相关问题。

准备演示报告。要素负责人应根据收集到的信息编制一份演示报告，介绍 RBPS 要素状态。演示报告应包含两方面内容：通知管理人员当前状态及趋势；告知其已知缺陷和将面临的挑战。

执行审核。高级经理负责召开审核会议，并由负责人简要说明其对于 RBPS 要素当前状态的看法。会议大部分时间应用来审核要素实施情况的相关数据，并重点放在直接影响过程安全的相关因素上。例如，审核资产完整性要素时，需要询问下列问题：

- 书面程序是否全面？
  - 上一次修订是什么时间？
  - 是否符合当前操作规程？
  - 审核范围是否适当？
  - 与行业做法相比如何？
- 程序是否有效？
  - 事故是否因故障导致？
  - 意外停工时间所占比例？
  - 建议采取的措施是否未采取或者被延误实施？
  - 是否未执行测试和检查？
  - 关键安全系统或联锁是否被摘除或旁路？
  - 互锁系统、铅封、排水管/排气管的堵头是否已经妥当设置？

通常，当业务专家在会上回答问题时，审核小组需调查任何异常的解释。记录审查和直接观察有时是解决讨论中出现的不确定性或争议点所必需的。

尽管不同管理人员的行事风格不尽相同，但审核的首要目标都是确定事态的真实情况：管理系统是否健全完善？还是一切看上去很正常，但实际上却很脆弱，随时可能发生故障？或者是否足以应对各种可预见挑战？为确保有效，审核必须兼顾工作活动的定性与定量措施，必须能够产生预期成果。一个成功的审核应能找出真相，并在必要时促使小组寻找切实可行的整改措施，而不是欣然接受一切貌似正常的表象。一个企业的审核方式对于过程安全文化有着潜在的影响并可以如实体现公司的过程安全文化，一个良好的过程安全文化应该更加关注查找缺陷并进行更正，而不是隐藏缺陷来取悦管理层，或避免触怒管理层。

在审核时，应就工厂或活动相关的风险及相关具体 RBPS 要素在降低风险方面所起的作用，来侧重考虑该要素的审核力度。例如，频繁雇佣承包商执行高危作业的工厂与偶尔雇佣承包商执行相关常规作业(如：上油漆或安装保温层)的工厂相比，前者可能要求更加全面彻底且频繁地审核承包商要素。通过管理审核提出的措施建议应及时予以实施，而在审核过程中指出的各项情况与要求实施的措施任务，如因安全操作规程存在问题会直接导致工厂或人员随时发生危险等，对于此类情况或措施要求，管理审核小组坚持必须予以立即实施。

会议应得出一份关于现有做法所存在的问题或效率低下情况的总结报告，以及一份人员职责清单，以便编制或执行整改措施计划。此外，还需要为此类工作活动编制一份时间表。

记录审核。由于管理审核是非正式的，通常要以会议记录或内部备忘录形式来编制文件。此类报告的最低限度应记载审核主题及时间、参与人员、审核结果、建议采取的措施以及职责分配情况。

审核完成后，将审核结果发给各相关方，以便传达信息并确保落实。通常，接收该报告的人员包括执行审核的管理人员、过程安全计划管理人员、审核要素负责人以及其他审核信息受益方。

列出审核结果/建议。负责落实审核意见的工厂人员应针对各审核结果编制相应的措施计划。审核通常针对各项发现结果提出具体建议：但是，如果没有具体建议，工厂员工须自行拟定解决措施，来提高系统效率或弥补空白。工厂员工必须追踪监督各项建议措施的实施情况，直至其完全落实为止。每项建议措施的日期和实施方式应形成文件，举例来说，如果某些措施建议被拒绝，应注明原因。如果接受了措施计划，则追踪信息应包括变更执行日期。文件应保留至下一次要素审核为止，或者根据公司政策保存更长时间。

22.2.3 监控企业绩效

一个看似一切正常(即：文件看似准备妥当，没有任何重大事故记录)的安全管理系统实际上可能存在着非常严重的缺陷。一旦骄傲自满取代了忧患意识，计划任务的实施将变得草率马虎。管理审核旨在监控 RBPS 要素的组织绩效，但是当上级管理层的注意力转移至其他方面后，管理审核要素可能也会受到骄傲自满的影响。因此，监控审核绩效的目的主要在于提供一个判断能否有效找出程序缺陷的标尺。

致力实现持续改进。通过管理审核获得的信息应主要用于持续改进系统。管理审核为公司提供了一个机会，可将其他单位、工厂或分部发现的或工人从其上一任雇主处学到的最佳做法进行汇总并归纳。如果某个 RBPS 要素失效，则上级管理层应询问该缺陷在上一次管理审核时是否已存在？如果答案是肯定的，需找出原因，为什么当时没有针对缺陷进行讨论并予以整改。原因有多种：也许是由于审核不够彻底，或者审核方式导致员工倾向于向上级隐瞒事实。无论是哪种情况，上级管理层都应该利用这个机会来改进审核程序。

执行现场检查。有时，通过临时抽查可以确保现场状态与管理审核报告的情形相符。管理层可以利用实施其他作业的机会来执行此类现场检查。例如，管理人员在某一作业现场停下来阅读现场张贴的作业许可证时，就可以随机询问工人在听见某种具体警报时应采取哪些措施。或者，管理人员可以观察承包商人员出入厂门的权限控制情况？此类随意临时检查不仅会保证管理审核的有效性，还反映了上级管理人员对 RBPS 要素的积极关注，以此激励员工也同样关注。

22.3 可能的工作活动

RBPS 方法建议，每项工作内容的深度要求应根据风险和所需的资源而确定，并与工厂文化相一致。某项工作内容的深度要求因各个工厂而异，同时即使在同一个工厂内，也可能随装置或工艺区域不同而发生变化。因此，在制定一个基于风险的过程安全管理系统时，读者应遵循以下步骤：

1. 评估工厂风险，同时调查工作内容所需资源与现有资源配置状况，以及工厂的安全文化。具体情况见第 2.2 节。

2. 评估执行管理审核各项关键原则的潜在收益。管理审核关键原则详见第 22.2 节。

3. 根据第 1 和 2 步的结果，确定管理审核的基本要求(第 22.2.1~第 22.2.3 部分所述的基本要求)，合理地管控风险。

4. 对于将要执行的每个基本要求，确定执行方法，选择本节所述的相应的工作内容。请注意，这些工作内容不可能对所有行业都是全面的，读者可能需要增加某些工作内容或修改本节所列的部分工作内容。

5. 对于将要执行的每项工作内容，确定所要求的深度水平。本节所列各项工作均设有两到五个具体实施方案，工作标准依次提高。每项工作采用序号标识，具体实施方案采用字母标识。

备 注

相关法规可能具体规定了过程安全管理系统某些要求或工作内容，或为特定工作内容规定了最基本的详细程度。因此，过程安全管理系统的设计和执行应同时遵守法规要求和本书中提供的指南。

22.3.1 保持有效运行

规定职能和职责

1. 为管理审核要素编制一份书面政策程序。
   a. 编制适用于所有要素的常规通用指南。
   b. 编制涉及具体管理审核要求的详细指南。
   c. 针对各 RBPS 要素编制具体的管理审核要求。
2. 在管理审核要素相关管理系统内规定具体职能和职责。
   a. 口头规定职能和职责。
   b. 正式规定职能和职责并形成书面文件。
   c. 通过一个有效的责任制系统来强化职能和职责。

制定绩效标准

3. 编制管理审核程序。
   a. 管理审核程序只给出总体方向与意见，但并没有提出具体要求。
   b. 管理审核程序明确规定了各项规范性强制要求。

c. 管理审核程序规定了最佳操作规程。

4. 制定审核用的基准进度计划。

a. 计划每年进行审核。

b. 根据 RBPS 要素所涉及的风险控制程度来确定审核频次。

确保计划的有效性

5. 评判管理审核有效性的判断方法。

a. 由管理人员判断有效性。

b. 通过审查结果或其他滞后指标来判断有效性。

c. 通过后续审核发现问题重复出现的次数来判断有效性。

22.3.2 执行审核活动

审核准备工作

通过工作活动第 6 项到第 9 项工作来满足本基本要求。

确定审核范围

6. 确定审核范围。

a. 审核重点放在法规及规范性要求上。

b. 审核重点放在规范性要求和已知系统故障缺陷上。

c. 审核范围覆盖本书第 3~第 21 章所列各项主题。

安排审核计划的时间

7. 确定审核进度

a. 考虑管理层方便的时间调整审核日程。

b. 不会因某些人员能否按计划参加审核而重新安排审核日程。

c. 只有发生不可预见事件时，如意外停车，才会重新安排审核日程，避免与之发生冲突。

收集信息

8. 收集审核所必需的信息。

a. 收集审核用的当前指标。

b. 收集审核用的当前指标及趋势。

c. 除(b)项外，还要收集审核范围内的其他数据。

准备一份演示报告

9. 准备一份演示报告。

a. 介绍基本指标。

b. 以通过数据分析方式介绍指标。

c. 除(b)项外，总结当前情形与改进意见。

执行审核

10. 召开审核会议。

a. 审核会议并入其他管理活动一并实施。

b. 召开专门会议，但只是例行公事。

c. 认真安排并召开会议，规定人员按要求出席会议。

d. 除(c)项外，在审核会议中会提出创造性的改进意见。

11. 评估 RBPS 实施力度、缺陷以及与规定要求之间的差距。
  a. 只是对大部分明显缺陷进行粗略分析。
  b. 彻底评估执行过程中存在的缺陷。
  c. 彻底评估差距和低效情况，并提出有效的建议来找出造成这类情况的潜在原因。

记录审核

12. 记录审核结果并将其传达给相应工厂人员。
  a. 只是口头交流总结情况。
  b. 准备一份总结备忘录，但是仅仅记录小组所发现的问题。
  c. 编制一份更详细的备忘录，列出观察结果以及推断依据，以及采取整改措施的建议和职责。

列出审核结果/建议采取的措施

13. 编制一份行动计划来列出审核结果、职责并规定截止日期。
  a. 根据实际情况具体采取后续行动。
  b. 落实工作责任到人，但是没有规定截止日期。
  c. 针对每项建议所需采取的措施制定一份详细的整改计划，明确指定专人负责，责任落实到人，并规定截止日期。
14. 采取后续行动来解决审核所发现的问题并记录解决方法。
  a. 大部分建议最终均得到落实。
  b. 大部分建议均得以及时落实，但通过非正规系统落实。
  c. 针对建议落实工作执行正规系统并对建议落实情况加以跟踪监控。

22.3.3 监控企业绩效

努力实现持续改进

15. 针对各 RBPS 要素制定相应指标。
  a. 制定基本指标，但主要用于落实滞后指标。
  b. 制定多项指标，采用各项定性指标和定量指标落实先行指标和滞后指标。
16. 长期跟踪监控 RBPS 绩效。
  a. 收集数据但不进行趋势跟踪监督。
  b. 跟踪监控数据，但是对数据的分析是有限的。
  c. 制定目标，并一直按照目标对绩效/改进情况进行分析。
17. 找出 RBPS 管理系统一直存在的绩效缺陷。
  a. 通过分析，足以找出更多的实质问题。
  b. 通过详细分析，全面了解系统性问题与故障。
  c. 通过分析，足以找出潜在问题、常见原因和要素之间的界面问题等。
18. 对管理系统进行改进与加强巩固，找出漏洞、弥补缺点。
  a. 整改措施只是解决当前存在的问题，很少提供系统的补救方法。
  b. 更多的实质性的应对措施，全面落实解决各项系统缺陷所导致的深层问题。

执行现场检查

19. 定期抽查现场的工作情况，确保符合 RBPS 要素要求。
   a. 只在事故发生后执行现场检查。
   b. 在白班时偶尔执行现场检查。
   c. 所有班组都要执行现场检查，这是每名高级经理的工作任务。

22.4 提高效能的方法示例

本节提供了一些案例，这些案例做法能有效改进与管理审核有关的工作内容，并经工业实践证明可行。根据第 22.2 节中的关键原则，这些案例可分为以下两类：

1. 能够提高管理审核工作绩效的方法；
2. 提升管理审核的效率，在保持管理绩效水准的同时尽可能降低资源消耗。

这些案例均源于工业实践、行业研讨会和 CCPS 会员单位。希望改进管理系统和本要素相关工作活动的读者，应检验这些方法，评估自己企业当前管理系统和工作活动的绩效和效率，然后按照第 2.1 节所述的基于风险的原则，选择和执行改进措施，

22.4.1 保持有效运行

通过正确应用书面程序来确保实施全面审核。针对各项接受审核的 RBPS 要素编制专项程序，但不允许按照程序的字面意思限制审核人员的调查。程序不能预见调查的所有问题或全部方面，经验丰富的审核人员会将程序作为审核工作的指导依据，而不会拘泥原文，照本宣科。

找出不同要素的共同趋势。通过对不同要素的全年审核可以发现不同要素整体的实施力度及/或缺陷。

22.4.2 执行审核活动

提前将具体调查区域告知工人。管理审核涉及主题相关建议见本文相应章节。告知工人相关具体调查区域，就可在审核过程中顺利收集并查看数据，所有问题也能得到及时解决。

制定一个全面综合的整改措施跟踪监督系统。有些企业已经开发并执行全面综合的整改措施跟踪监督系统，用以监控所有相关 RBPS 措施的落实情况，此类措施包括事故报告、风险分析、应急演练、审查等相关建议。此类系统公开透明，因此企业的所有人都能够直接了解尚未落实关闭以及拖延误期的措施工作，并通过电子方式提交报告查询数据。此类系统通常与 E-mail 系统相连，将拖延误期的措施情况通知负责人(通常是他们的上级主管)，负责方在完成落实措施后也可相应更新系统。此类系统还有助于在企业发生变更时，对尚未落实完成的措施任务进行职责重新划分与分配。

22.4.3 监控企业绩效

避免让审核演变成一场竞赛。公司管理层应避免为审核打分并用评分结果作为衡量员工绩效来实施奖惩。如果这样做，会产生下列风险：(1)形成一个充满竞争的环境，管理人

员的注意力更多的是放在分数上而不是所发现问题的本质原因上；(2)或者使相关专家不愿如实评估系统缺陷。

提供一个匿名的员工报告程序。员工有时不愿意报告管理系统问题是由于害怕管理人员或同事的打击报复。管理层应提供一个单独的沟通渠道，员工可以匿名上报任何疑虑，也可根据企业文化背景由第三方出面向员工保证，他们的隐私会得到保障。

22.5 要素指标

第 20 章阐述了如何以及何时利用指标来适度提高绩效的方法。本节将列举若干个指标实例，说明它们如何用于监测管理审核要素的健康状态，并按照第 22.2 节中提及的关键原则进行了分类。

除了明确关键核心指标外，还需要定期对指标进行跟踪和考核。有时，指标所需信息比较简单，例如员工总数指标。而有些指标需要多个参数才能确定，如员工的平均工龄指标，需要利用多名员工的工龄数据来计算平均工龄。部分指标用于跟踪动态变化率，如员工离职率指标等。动态变化率甚至可能是工厂最为关注的数据指标。由于工厂情况千差万别，需要自行确定指标的跟踪方法和考核方法，保证工厂 RBPS 管理系统的健康运行。

22.5.1 保持有效运行

- *绩效目标发生变化*：这是资源要求和上级管理层关注度的指标。
- *审核中屡次发现的问题数量*：此类数值上升可能说明未能认真处理调查结果。

22.5.2 执行审核活动

- *每段时期的管理审核数量*：呈现下降趋势可能说明管理层关注和支持力度不够。
- *管理审核发现的缺陷数量*：呈现上升趋势可能说明没能贯彻执行最佳做法；突然下降可能说明审核力度不够或者没有如实报告。
- *解决管理审核发现的缺陷所需的时间*：呈现上升趋势可能说明没能提供充足资源或者未能责令相关经理履行其承诺职责。

22.5.3 监控企业绩效

- *审查结果的类型和数量*：发现问题的数量或严重程度或发现相同问题的次数呈现上升趋势可能说明没能执行有效的整改措施。
- *RBPS 要素缺陷导致的事故数量*：呈现上升趋势可能说明没能执行高效的整改措施。
- *分派给下属执行的审核所占比率*：呈现上升趋势可能说明上级管理人员对于审核的重视程度很低。

22.6 管理审核

管理审核的整体设计和执行方式已在本章详述。与其他要素相同，管理审核要素也需要定期进行审核，以确保该计划正常运行。但是，该要素的审核不是要求管理审核人员自己对自己审核，而是作为定期独立审查计划的一部分进行。审核过程中发现的缺陷应作为审查结果予以解决。

参考文献

22.1 *Investigation Report – Refinery Incident at Motiva Enterprises LLC*, Report No. 201-05-I-DE, U.S. Chemical Safety and Hazard Investigation Board, Washington, October, 2002.

23 执行

应用风险管理实现过程安全这一做法绝不是创新之举。19 世纪初期，过程安全风险管理就已初现雏形，当时，风险管理工作主要表现为将高风险过程设置在一旦发生火灾或爆炸时相应损失程度最低的区域。

随着时间的推移，相关公司开始着手了解事故发生原因，并使用相关标准实现过程安全管理。1911 年，美国机械工程师协会发表了具有里程碑意义的标准——《锅炉及压力容器规范》。在整个 20 世纪内，技术标准不断加强改进，并一直作为过程安全管理的重要基础之一。但 20 世纪 70 年代至 80 年代期间发生的重大事故证明只有技术标准是不够的。因此，业内开始着手制定管理系统，旨在实现下列目标：(1)消除不一致/不可靠行为(涉及企业各层面)；(2)实施多重级别的安全预防措施。在相关国家，自 1982 年《塞维索指令》颁布起，就一直规定要求强制执行安全管理系统。但 25 年后的今天，重大事故仍时有发生。

显而易见，过程安全必须持续改进，而基于风险的过程安全就是我们势在必行的下一步工作。本章将就推广采用基于风险的管理方案时可能会被问到的一系列问题进行了阐述：

1. 何为基于风险的过程安全管理系统？

2. 为何要执行基于风险的过程安全管理系统？

3. 执行安全管理系统的初始步骤有哪些？

4. 我们是否应该从某一个具体 RBPS 要素开始着手？还是一次性对整个过程安全管理系统进行调整？如果可使用循序渐进的方式，那么应从哪里着手？

5. 我们该如何执行基于风险的过程安全管理系统？举例来说，以下方法是否可行？

• 改进现行过程安全管理系统的一个或多个要素，从而进一步降低风险并提高装置绩效？

• 仅仅应用一项“新”的 RBPS 要素，将该要素有效融入现行过程安全管理系统？

• 解决基于合规性的过程安全管理系统中一个或多个要素的绩效问题？

• 对危害相对较低的工厂执行一套有效的基于风险的过程安全管理系统？

6. 如果本单位还没作好采用过程安全新管理方法的准备，那我们是否可以将本书内容应用到其他方面？

问题 1 已在第 2 章进行论述，问题 2~问题 6 将分别在第 23.1~第 23.5 节进行论述。

23.1 执行基于风险的过程安全管理系统的理由

首先，让我们一起来了解一下执行基于风险的过程安全管理系统的理由。化工过程安全中心(CCPS)在《过程安全管理系统执行指南》一书中罗列了使用该系统的好处，具体如下(见参考文献 23.1)：

• 将一系列琐碎的安全工作活动综合到一起，提高效率；

- 通过全面审核新项目及在早期设计阶段确定安全改进措施，节约相关成本；
- 减少停工时间；
- 降低维护成本；
- 改善操作；
- 通过改善质量提高客户满意度；
- 提高企业在业内及股东之间的声望；
- 改进员工的招聘与留用；
- 通过安排所有员工及其工会代表（如果条件允许）参与过程安全管理，从而改善劳工关系。

此外，有效的过程安全管理程序将有助于减少因危险物料或能量的意外泄漏引发相关事故的风险。读者所在工厂的过程安全管理程序是否能实现这些功效？如果不能的话，工厂管理层就应着手考虑改进一个或多个要素。

基于风险的过程安全是建立在 CCPS 过去 20 年内所奠定的基础之上的。本书所倡导的基于风险的管理方法具备以下特性：

将最为先进的、经实践证明有效的各项要求全面融入过程安全管理系统中。 RBPS 管理方法特别引入了文化、全员参与/影响、操作纪律、指标及管理审核等新要素，以及 CCPS1989 年发表的《化工过程安全技术管理指南》（见参考文献 23.2）中首次提出的其他常规要素。这些新要素填补了过程安全管理系统在过去 15 年中广泛发现的管理空白。

全面应用该管理方法将有助于最大程度地降低总体风险。 由于是依据相关风险，制定并实施各项要素的管理，因而相关工作成果将更具功效，且能更好地按照目标风险合理调节各项要素相关工作活动的力度。

优化资源利用。 许多公司正以平稳缩小资源投入的方式应对日益激烈的全球经济竞争。前 20 章针对 RBPS 各要素罗列了诸多工作活动效能提高方式，如效率提高方式（多快好省）或绩效提高方式（保持或稍微增加当前投入以实现利益最大化）等。

使管理系统更加契合危险及风险状况。 公司着手执行基于风险的过程安全管理方法时，需确定各项要素的工作活动执行力度等级不足、过度还是正好。实施 RBPS 方法前需公布工作活动范围及可靠度要求，这有助于企业有的放矢，有效推行各项风险管理规程。

23.2 方法执行的入门步骤

有意考虑执行 RBPS 升能自身管理系统的企业首先可对企业自身状况进行全面审查并编制一份提倡采用 RBPS 方法的案例说明书。一份良好的案例说明书应能明确阐述采用该方法的益处、有据可查、且切合实际。单凭感觉良好或一时兴起是不能成为企业长期持续努力执行新方法的动力源泉。管理层通常是根据事实而非感觉来决定是否投赞成票的。

如果企业目前尚不具备全面启用新系统的条件或尚不准备全面启用新系统，则企业也可参照本书相关内容致力实现循序渐进的改进。仔细阅读第 3 章～第 22 章中的四、五、六小节，找到其中的“金钥匙”，就能帮助企业提高现行过程安全管理系统的各项要素效能。创建一套新指标并说服管理层采用该指标，毕竟，事实胜于雄辩，各项结果指标可以说明一切。说服管理层针对现行过程安全管理系统中的薄弱要素定期召开管理审核会议，从而推动具体改进工作的施行。

然而，如果确定要对管理系统的一个或多个要素完全推翻重来的话，则需考虑以下几点：

- *获得管理层的承诺和支持*。指定一名高级管理人担任项目负责人。
- *招募人手*。从企业各层面及各职能部门招募调集工作勤奋、德高望重、知识渊博的人员组成一支项目团队。根据第6章的描述，团队中需包含操作人员及维修工，他们在过程安全计划设计和执行过程中起着至关重要的作用。
- *明确规定任务范围和目标*。编制一份表格，明确说明范围、目标、预算、时间表、里程碑及工作成效。
- *划分职责*。集众人之力方能取得最后的成功。管理层必须明确划分管理计划执行阶段及各项工作活动期间所有相关人员的职责。
- *管理期望目标*。即便是基于合规性的过程安全管理系统也不是一朝一夕就能建立的，因此，期望基于风险的管理方法在实施过程中不经历种种“成长的烦恼”也是不切实际的。
- *沟通*。沟通是所有问题都会涉及的要素。在作出任何涉及广泛影响的变更时，有效沟通都起着至关重要的作用。应通过沟通使所有可能受到变更影响的人员及时了解相关进度，确保他们做好准备迎接即将到来的变更。此外，加大沟通力度同等重要，确保阐明变更的必要性并宣传实施此类变更所带来的益处。
- *以独立分开、可管理、定义明确的方式推进工作*。根据认定的基准风险、潜在风险降低水平及因采用更有效的管理系统而带来的其他潜在改进，同时兼顾资源的可用程度与到位情况和企业的过程安全文化，采用循序渐进的管理方法。
- *保持简洁可行*。开始实施执行项目时切忌好高骛远，制订太过宏大但无法实现的目标，这远不及谨慎务实来得有效。
- *获得广泛的承诺*。了解员工的期望并解决他们的顾虑。
- *提供充足培训*。恰当安排所有相关人员学习新版或修改版管理系统。培训过程中应强调员工的职责，并通过复训定期巩固员工对工作职责的意识。
- *在正式执行系统前先进行现场测试*。通过预先小规模测试或试点可以找出并解决拟执行的RBPS管理系统中存在的问题，防止出现大规模缺陷和引起广泛排斥。
- *创建工具，确保日后系统推行相关工作活动得以顺畅执行*。根据小规模测试及初次全面执行结果，创建可供其他装置采用的通用执行计划，该计划应包含相关模版、指南及程序。
- *运用已认证的项目管理工具及管理方法*。始终以项目执行目标为导向、正确把握工作方向。
- *灵活机动*。在整个项目执行过程中及执行后，企业自身也在不断发展与变化；项目执行小组及新的管理系统也必须与时俱进、跟上脚步，根据这些变化进行自我调整。
- *洞察一切*。所有项目都存在着幕后动机，这些动机可能比项目明确阐述的目标更为重要(或形成更多障碍)。
- *不断强化承诺*。应向管理团队强调一点，对于项目执行小组的工作成败，他们的表率作用超过其他一切因素。

23.3 从能够为工厂实现最高风险收益的 RBPS 要素下手

所有新管理系统中都存在这样一个隐患，即项目执行小组不能抓住细节，尤其在他们进度计划非常紧张的情况下。虽然 OSHA 于 1992 年 2 月正式发布《过程安全管理标准(PSM)》时就强制规定相关工厂须在 90 天内达到管理标准中规定的绝大多数要求，但是，绝大多数美国工厂还是花了数年之久才做到 PSM 计划的完善制定与全面实施。改变是艰难的，短时间内完成改变更容易使事态混乱、甚至让人不知所措。

而采用基于风险的过程安全管理系统就无需为此伤神，因为该系统没有必要在 90 天内完成系统的制定与执行。事实上，几乎所有案例都表明试图以如此之快的进度完成工作这本身就是个错误。采用 RBPS 执行过程安全管理时，可根据为工厂带来最大效益的事项范围逐一分步实施。此外，并不强制要求执行全套 20 项要素。

图 23.1 使用事故树形象地勾勒出一套帮助工厂确定要素实施优先次序的思路。依次对照第 9 章首次提及的三大风险问题进行核查；图上方标有这三个问题。如果工厂不存在(或存在较低)危险(图 23.1 端点 A)，此时只需执行最低限度的计划。实际上，危险较低的工厂最该注重的应是变更管理(MOC)要素。级别相对较高的 MOC 计划可协助相关工厂避免不慎将新危险引入厂内。此外，除了变更管理要素，危险较低的工厂一般还可执行相关管理系统，目的是：(1)确保遵守相关标准、规范及规定(标准要素)；(2)控制非常规作业以防人员受伤(安全操作要素)；(3)制定紧急预案(应急要素)；(4)从未遂事件及损失事故中吸取经验教训(*事故*要素)。

重大危险源的工厂需执行更为全面的过程安全计划。比如，综合风险评估结果表明某些存在重大危险源的工厂其风险却相对较低，其原因就在于该工厂所认定的那些事故情景(图 23.1 B 点)发生频率较低且后果也不严重。在这种情况下，找出有助于确保降低潜在事故情景发生频率并减轻其事故后果的关键安全保护措施就显得尤为重要。这通常涉及*知识*、*风险*、*程序*、*培训*、资产完整性及适用于上述低危工厂的其他 RBPS 要素相关的工作活动。

如果通过三个基本问题的回答直接导致从 B 点移向 E 点，则需采用更为全面、可靠的系统来管理相关风险。事实上，如果一家工厂发现自身正处于 E 点，除非迅速做出重大改变以更有效的方式管理风险，否则该工厂可能很快无法维持正常运营。经营状况长期处于 D 点的工厂就需做到：(1)保持绩效良好并提高过程安全管理计划方面的警觉性；(2)或改善过程，降低事故造成后果的严重性。

且不论所有生产、储存或加工危险化学品的工厂如何努力采用本质更安全的方式降低风险，风险管理始终是工厂取得成功的关键。此外，所有公司都须确认自身经营状况可承受的风险等级。图 23.1 并无意推荐工厂采用特定风险管理策略，仅用来为考虑如何着手执行 RBPS 方法的读者提供一种思路。

风险问题：　　问题可能出在哪里？　有多严重？　多久发生一次？　RBPS 管理系统

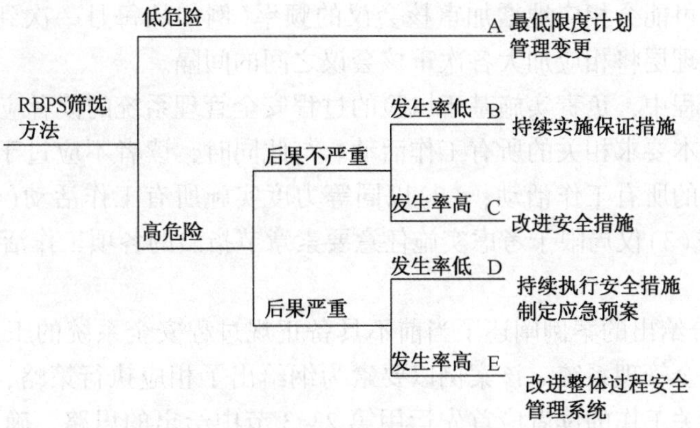

图 23.1 基于风险的、确定应执行哪些 RBPS 要素的方法

工厂可通过增加实施其他要素或提高现有要素的绩效或双管齐下的办法来加大风险降级力度。例如，某工厂可能因担心存在人为失误方面的问题，所以加大操作程序及培训要素的执行力度。可在执行要素的同时，选择执行第 10.3 节和第 14.3 节事项清单中一般排序靠下的各项工作。而其他工厂可能将设备故障认定为主要风险，从而决定在*资产完整性*及*事件*要素方面加大执行力度。

显而易见，风险管理中没有“一刀切”万能式的解决方案；并不存在一项通用简单的公式可协助工厂准确确定应采纳的工作活动以及各项工作活动的执行深度。此外，各章都反复提出一点：如果企业相应文化要素未规定采用可靠的管理体系，则执行任何过程安全管理体系也不会奏效。即便是最佳的 RBPS 管理体系，缺少了适当的过程安全文化依托，亦不能保证操作的安全性及可靠性。

23.4 管理方法执行案例

本节描述了四个采用基于风险的管理方法相关重大举措的研究案例。这四个研究案例的研究方向分别为：

- 运用 RBPS 方法改进操作*程序*要素(第 23.4.1 部分)；
- 执行*操作纪律*要素(第 23.4.2 部分)；
- 完善*变更管理*要素中存在的缺陷(第 23.4.3 部分)；
- 针对低危险且未执行管理系统的工厂，运用 RBPS 方法创建并执行一套新的过程安全管理系统(第 23.4.4 部分)。

各案例首先陈述假设背景资料，然后给出相应的执行计划。前三个研究案例涉及各要素的关键原则及基本要求，且探讨了工厂在新管理系统程中贯彻落实这些原则及要求的方式方法。通过列表，以直观对应的形式，列出要素的关键原则及基本要求，以及可供项目执行小组选择的实施及执行事项。各项关键原则后面多半附有简短补充说明，指出项目执行小组在总体思路基础上的一些其他具体思路细节。

前三个研究案例以相关指标和管理审核事项列表作为结论。如第 20 章所述，设定指标将有助于管理层跟踪监控新的或改进后的工作活动的执行过程和结果。第 22 章阐述了管理审核要素。因为所有研究案例都涉及相关工作活动的实施，因此，实施期间的变更率将大幅上升，所以管理层可能会相应地增加审核会议的频率(例如从每月一次到每季一次)。随着变更率的下降，管理层将相应加大各次审核会议之间的间隔。

在实际操作过程中，负责实施基于风险的过程安全管理系统的读者应更进一步地深入下去，仔细探讨各基本要求相关的所有工作活动。与此同时，读者不应过于强求：(1)执行或实施特定要素相关的所有工作活动；(2)以同等力度实施所有工作活动(例如所有工作活动都选“c”方案)；或(3)仅局限于考虑实施任意要素章节指出的各项工作活动及相应备选执行事项。

第23.4.4部分给出的案例阐述了当前不具备正规过程安全系统的工厂如何制定并实施基于风险的过程安全管理系统。该案例以要素为纲给出了相应执行策略，但在实际工作上，拟在该层面实施相关工作的读者应首先运用第23.3节中给出的思路，确定着手点，恰当选择首先执行的要素。选定要素后，对照第23.4.1~第23.4.3部分的内容，针对下列需求确定应如何实施各要素的相关管理系统：(1)升级现有程序可提高绩效；(2)需创建一全新要素；(3)现行程序无效。最后，读者应认真阅读各要素章节(第3章~第22章)的第二、第三小节，仔细审核他们拟纳入RBPS管理系统的关键原则、基本要求及工作活动。

23.4.1 使用RBPS方法改进操作程序要素

背景

某中等规模的工厂拥有员工150名，该厂主要通过间歇式反应器生产特种聚合物。该厂现行操作程序包括以下两部分：(1)详细说明各产品的成分及在反应器中的合成时间/温度条件的配方表；(2)如何正确操作/运行设备的标准操作程序。虽然该厂认为其操作程序并不存在不符合法规要求的相关缺陷，但其标准操作程序编制水准确实很差且组织结构混乱，操作人员很少使用该程序，这一局面的后果之一就是工厂四班倒员工分别采用不尽相同的设备操作方式。事实上，生产负责人对此已有所察觉，因为许多操作人员和监督员在汇报时，往往采用这样的开场语：“在我们当班的期间，我们如何如何……”。该厂管理层认为正是这种不统一的操作纪律频繁导致了设备故障，有时甚至会影响到产品质量、产量及产能。此外，管理层担忧这种不能严格遵循操作程序的缺陷总有一天会引发严重事故。

尽管该厂操作人员没有严格按照书面操作程序执行操作，但他们均普遍高度重视工厂的安全、产品质量及产量。然而，大多数操作人员及该厂其他人员都认为完全按照书面程序规定来操作设备是不可能的(或不切实际的)。他们认为，通过多年实践经验总结得出的不成文的“操作技艺”才是保证产品质量的关键。

该厂可利用资源原本很充裕，但近五年来，方方面面的压力迫使该厂不断控制成本并精简岗位。工厂将本项目的重点定为升级程序，但本项目并无多余资金外包编制程序、支付加班费，或支付其他任何开支。

尽管该厂有四个生产区域，但该厂还是将所有区域视为一个装置单元统一运营。也就是说，所有四个生产区域分别只设一个轮班监督人，四个轮班监督人均向同一生产负责人上报监督情况。该厂在运营各方面一直采用单一管理系统，其操作程序标准也是如此。

执行计划

一位德高望重的高级工艺工程师已同意担任本项目组组长，他将带领分别来自生产质量部门及维护部门的项目小组核心成员完成项目。项目核心小组将制定出新操作程序的技术内容及格式标准。

工厂四个生产区域分别从各班次抽调一名操作人员再加上一名维护技师组建出四个分组，负责编制并审核确认程序的具体内容。所有分组将负责编制新版/修订版操作程序的技术内容。除了制定出便于实施、有助于降低风险的程序外，所有分组都需确定出其所在工艺区域的最佳操作方式，以大大降低工厂对操作人员技艺的依赖性。

项目组预计本次项目的实施可能会遭到操作人员一定程度的质疑。但是，程序内容在很大程度上还是建立在现有操作程序基础之上的。此外，从四个生产区域的各班中分别挑选一名操作人员加入项目组，将有助于他们的同事接受相关结论并积极参与进来，主动提出若干可改进各工艺区域操作、有价值的意见。尽管本次项目拥有强大的后盾与支持，但管理层明确表达本次对现行*程序*要素管理系统的升级仅限于达成以下三个目标：(1)直接促成实现规定目标；(2)解决法规方面的缺陷；(3)或实现明显的风险效益。

表23.1左栏罗列了***程序***要素相关的关键原则及基本要求，参考第10章对程序要素的关键原则及基本要求进行了全面阐述。右栏是对所选择的RBPS备选执行方案的阐述。通常情况下，项目组是根据“程序更便于采用”的原则来选取执行方案。右栏中的评论对项目执行小组执行各项关键原则的方案稍作延伸探讨。

表23.1 旨在升级操作程序的RBPS备选执行方案

关键原则及基本要求	*本案例的备选执行方案*
保持有效的运行(第10.2.1部分)： 建立管理控制； 控制程序格式及内容； 控制文件。	原有程序相关的书面管理系统仅实现了对操作程序变更的控制及相关文件控制。项目组拟针对控制*程序*要素制定相关补充政策，旨在实现下列目标：(1)规定职责；(2)引用规定各操作程序所含内容及格式要求的子程序；(3)引用原有变更控制及文件控制这两个程序。对原有文件控制程序进行升级、以阐明核查表控制/使用相关的要求。 ***评论：***项目核心组认为正式管理系统的缺失并不是引发本案调查的直接原因。但他们认为，建立一套更为正式的书面管理系统将有助于实现下列目的：(1)促使所有相关人员参与拟变更的程序内容(以及与本要素管理系统相关变更)的审核与评论；(2)支持并持续实施拟定变更。
确定所需操作程序(第10.2.2部分)： 开展任务分析； 确定所需程序及程序的阐述深度； 覆盖所有运行模式。	核心项目组及各分组审核了各区域约5年前的任务分析结果。分组再次进行任务分析并协同其他同事审核最新分析结果。 分组确认原有书面程序已覆盖所有任务，但他们建议对部分原有程序进行拆分，将其中不相干的多项任务剥离出去。同时，将其他相关的程序内容纳入进来，以促进任务与程序之间的相关度与匹配性。 分组注意到，相关程序的内容基本可覆盖常规启动、操作、停机的工作要求，但往往无法全面兼顾下列几个方面的要求：(1)紧急停机；(2)从紧急停机中恢复运转；(3)从操作人员时常会遇到的断电、冷却水或仪表风等公用工程故障中恢复运转。 同时，分组也注意到，相关非常规(但重复)任务，如容器检验准备工作等，其书面程序比较欠缺。这些任务通常以安全作业规程及安全作业分析(属于临时创建、审核且不做保留的程序)代替控制。但核心项目组认为，此类程序的欠缺并不会影响本项目规定目标的实现，因此，他们判断原有政策、程序、操作规程足以管理非常规任务的相关风险。 ***评论：***项目组组长及核心项目组有效控制了项目执行力度。尽管有人认为应针对每一项非常规、重复性的任务制定具体书面程序，但这并不在本次项目执行范围内。核心项目组也征得了管理层同意与承诺——在项目收尾时再回头探讨此类问题，核心项目组预计管理层将逐步加大对此类程序制定工作的支持力度，例如，在各项任务执行前制定程序。

续表

<table>
<tr><th>关键原则及基本要求</th><th>本案例的备选执行方案</th></tr>
<tr><td>制定程序(第 10.2.3 部分)；
使用正确格式；
确保程序明确阐述期望系统响应度，如何来判定任务或工作步骤是否得以正确实施，以及误差或遗漏可能造成何种后果；
确定安全运行限值，阐明超限运行会导致的问题；
确定相关操作限制条件；
提供清晰、明确的指导说明；
为各项程序补充核查表；
有效利用图片和图表；
制定书面程序来控制临时或非常规性的操作；
合理进行任务归类；
链接相关程序；
检验程序，确认实际操作规程与拟定规程相符。</td><td>核心项目组选择使用大纲、多栏及检查表并用的格式来编制程序。大纲格式一般用于编制覆盖设备操作各基本方面的标准操作程序。多栏格式程序则主要用于编制具体产品生产程序。采用多栏格式，程序编制人可逐步逐项进行阐述说明、确定预期系统回应目标并指出在系统未能如期回应的情况下操作人员应采取何种措施。检查表则是用于加强那些针对作业规程非常明确但存在潜在危险的任务——诸如槽车卸料、反应器煮沸及其他不属于特种聚合物生产过程直接操作的工作——而制定的程序。
核心项目组审核了多个程序样本，以确保这些程序能前后一致地阐述系统响应目标并覆盖本关键原则下所有其他基本要求的内容。
核心项目组协同四个分组共同审核了这些基本要求的详细总结。分组就如何系统性执行程序确立了相关标准：
• 运行限值；
• 偏差导致后果；
• 避免或纠正偏差的步骤；
• 操作限制条件。
• 各小组广泛使用了数码照片。
• 各小组合理利用超链接以帮助操作人员快速切换程序。
先由小组审核各自生产区域的所有程序、核查表及相关文件。得到小组认可后，再由四名或四名以上在生产区域进行常规工作的操作人员审核所有程序，各班组至少有一名操作人员参与审核。
评论：尽管所有班组(有时是所有操作人员)认为一些步骤不够完善(或细节描述过于冗赘或过于简单)，但他们一致认为应采用统一方式运行装置。实际上，多数操作人员认识到他们其实可以不必在交班时再“重设”设备。例如，操作人员可确信设备处于某种特定模式(即：操作程序规定部分控制回路须处于自动模式，而另一部分须处于手动模式)。因此随着时间的推移，他们开始通过审核程序草案积极提出相关改进意见。曾以操作人员身份工作于工艺区域的班组长也充分发挥领导带头作用，积极主动参与相关工艺区域程序的制定与审核工作中。</td></tr>
<tr><td>运用程序提高人员工作效率(第 10.2.4 部分)：
培训时运用程序；
让企业对下列程序负责；
确保程序到位。</td><td>实施本项目后，装置实现稳定运行。此外，企业上下都认识到以下几点：
• 通过文字及图片方式能有效地记录并普及操作技巧，如此有助于提升企业的整体能力水平。
• 所有的工艺过程都存在一个最佳的操作方式。强调操作一致性原则有助于发现进一步改进操作的机会，因为结果(产品质量、产量等)的预见性大幅提高。如果某操作方式持续产生次优结果，则该操作方式的次优性就会凸显出来。随后，即可通过过程设计及产品开发以系统化的方式来解决这一情况。
• 操作人员不是负责生产一流产品的最终责任方；但他们负责：(1)遵循程序；(2)确认程序无法达成目标时，采取适当措施或将隐患通知相关人员；(3)在其认为程序应进行变更时提请相关人员注意(而不是按自己认为对的、更好或最好的方式径直行事)。
评论：该项目执行前，即阐明：“技艺最佳”的人员将视为“优秀操作人员”。这通常是以谁生产的产品质量最佳为依据(考虑产量及生产周期)。该项目是在企业发挥高效领导力的基础上展开的，并为操作纪律要素的实施奠定基础。</td></tr>
</table>

续表

关键原则及基本要求	*本案例的备选执行方案*
确保持续维护程序(第10.2.5部分): 管理变更; 及时纠正错误并修补漏洞; 定期审核所有操作程序。	通过该项目的实施,许多操作人员及主管人员都成为操作程序方面的利益相关者,他们为自己能及时掌握操作最新动态并保持操作准确性而感到自豪。 此外,管理层将操作程序视为公司的宝贵资产并对过程变更及时实施一体化管理,旨在帮助维持程序的及时更新与准确性。 定期审核所有操作程序。工厂制定了覆盖各程序及检查表在内的循环审核计划。审核间隔时间按所认知的风险程度确定。 *评论:*自己编制程序的好处之一是各班组的相关操作人员都将切实参与操作程序的制定。因此,程序的更新情况及准确性就更加得到保证,因为整个生产部门,尤其是曾经在四个分组工作过的操作人员,都不希望各组陷入混乱状况。

这是一个高度集中执行的项目案例。请注意,核心项目组及分组在如何实现管理层目标、从而改进操作程序并提高合规性方面的方式方法上选择范围广、灵活性较强。同时还请注意,尽管项目组知道通过执行要素相关的其他工作活动能够改善操作的其他方面,但他们还是坚持先圆满完成手头任务(将这些改进机会报告管理层,由后者进一步考虑后续动作)。最后还需指出的是,能够孤立实施的 RBPS 要素少之又少,各要素都体现了 RBPS 管理的系统性。因此,使操作人员熟悉新程序(*培训*)且企业从上到下贯彻遵循书面程序(*操作纪律*)才是成功的关键。

指标

项目执行小组建议设立四项指标。指标一为第 10 章程序审核相关指标之一,且仅用于项目执行期间。该指标需每月上报一次,直到项目完成为止。

1. 实际更新升级的操作程序数量(与项目执行计划相比)。

指标二和指标三将用于追踪当前绩效,但这两者均属于滞后指标。项目执行小组建议这两个指标按季上报。

2. 表明操作程序不完善或阐述不清的事故调查报告的比例(包含产品质量、产量及设备故障的相关调查报告)。

3. 表明操作人员没有遵守程序的事故调查报告的比例(包含产品质量、产量及设备故障的相关调查报告)。

指标四将用于追踪当前绩效,其代表先行指标。该指标源于第 10.4.4 部分提高效能的观点之一。项目执行小组计划建议:除了通过简单阅览程序的方式进行年度审核外,另要求四组轮班各选一名操作人员在规定进行审核的月度选定时间现场演示程序执行过程,且仔细记录程序中任何错误及漏洞。

4. 生产负责人除了按相关意见进行整改及改进升级程序外,还将记录下列各项:(1)四次审核结果之间存在的实质性差异的数量;(2)负责审核程序的操作人员误以为程序有误、但实际上是操作人员理解有误的情况次数。

此类审核数据需不记名统一汇总后上报,从而保护所有参与审核的操作人员个人隐私,同时,偏差数将按月上报。

管理审核

常态化且有效执行管理审核是推动所有变革的关键所在。为了集中力量执行任务,管理层拟每季召开会议审核指标、评审项目执行小组的工作进展、讨论当前绩效。管理层拟考虑审核的部分问题罗列如下：

- 工人定期参阅操作程序吗？如果不是的话，是因为程序使用不便，还是因为程序描述任务过于简单？
- 不同轮班组、工作组、区域或部门间的绩效是否存在巨大差异？如果是的话，是否有班组的操作方式偏离了规定程序？
- 企业整体是否意识到有责任遵守程序，上级主管是如何向操作人员阐释并体现其对这一责任的承担？是否有操作人员因走捷径、不遵循操作程序而提高了其生产效率受到过嘉奖的？

23.4.2　执行操作纪律要素

背景

某工厂生产用于制造商业核工业用燃料棒配件的特种金属及相关材料，该厂审核其所有 RBPS 要素后决定，通过执行部分*操作纪律*要素提高自身现行过程安全管理系统。该厂管理层认为操作纪律要素将帮助其进一步降低发生严重事故的可能性并提高产品质量，这对其业务及客户至关重要。

该厂从事化学品经营，有近 300 名员工，主要生产用于相关生产加工领域的三种基本材料。该厂许多原材料及介质材料均存在毒物暴露、化学烧伤及起火/爆炸等危险；该厂目前没有裂变材料，换言之，该厂目前没有任何能引发核反应的材料。该厂运营业务划分情况基本为化学转化业务与下游金属合成/加工业务各占 50%。

数年后，该厂已执行、更新了相关计划以降低人为失误，且特别重视程序及培训工作。总的说来，该厂工人均了解遵循既定程序的重要性，但他们在某种程度上抵制变更。一切以产品质量为先是工厂文化核心，安全是仅次于质量的第二重要指标。该厂的受伤率虽低于制造业内绝大多数行业领域，但就化学工业而言仍略偏高。

执行计划

管理层已从生产、维护、工程设计、安全及人力资源部门选出相关人员作为代表组成一支项目组。该项目组的目标就是创建并执行*操作纪律*要素，从而减少人为失误并提高安全及产品质量。管理层尤其有意促进生产部门与相关支持部门(例如维护、质量控制及运输)、四个班组之间的交流与沟通。

表 23.2 左栏罗列了*操作纪律*要素相关的关键原则及基本要求，参考第 17 章中对操作纪律要素的关键原则及基本要求更全面的阐述。右栏对所选定的 RBPS 备选执行方案加以阐述。通常情况下，项目组是以“工厂存在沟通问题”(尤其针对附有特别要求的特殊指令或因设备故障、其他异常状况导致工厂采取非常规方法实施工作的情况)这一认知为前提来实施相关基于风险的方案，右栏中的评论对项目执行小组执行各项关键原则的方案稍作延伸探讨。

本案是涉及 RBPS 要素执行不到位的另一实例。许多基本要求完全没有得到落实。例如，该厂的一项普遍共识就是标签与照明必须完善，且该厂当前文化不容许出现存在标签遗漏或不良照明现象。项目执行小组并没有就此制定标识标准或明确规定生产区域的最低照明亮度要求，相反，他们仅将工作重点放在他们认为可带来实际利益的相关基本要求上。

表 23.2 旨在执行操作行为要素的 RBPS 备选执行方案

关键原则及基本要求	*本案例的备选执行方案*
保持有效的运行(第 17.2.1 部分): 规定相关职责; 制定绩效标准; 审查程序效能。	该厂选择制定具体书面文件规定相关职责，将重点放在*能力*、*知识*、*风险*、*程序*、*资产完整性*、*培训*、*事件*、*指标*及*管理审核*要素上。多数情况下，政策仅是简单归纳总结了现有操作纪律要素规程，使其正规化并形成书面文件。 执行操作纪律要素相关工作活动是管理层的直接责任；操作经理(其直接下属包括两名生产负责人、一名维护负责人、一名运输/收货主管人员、一名质量控制主管人员)亲自领导操作纪律要素的计划与执行。 因为执行该要素将涉及新规程的采用及执行相关工作活动，且对多数现行程序及工作活动实施变更，因此需以多种模式与全体工人展开多次交流。 设定相关目标指标，具体如下： • 工艺过程指标(例如，与执行计划的符合度)； • 执行指标(例如，各班组工人按要求参考相关阅读资料的人数百分比)； • 产量指标(例如，在制品及制成品的调查数据)。 将通过结合使用质量不合格率及过程能力测量值等滞后指标与先行指标，衡量计划效能。 项目执行小组制定计划时，计划审核前两年所有事件报告，评估深度防御系统的当前可靠性，确认是否有任何系统长期出现故障。项目执行小组需在执行操作纪律要素时格外关注这些系统。 ***评论:*** 因为操作纪律要素是全新的要素，所以采用的执行计划需考虑周到而全面。此外，直接主管全权负责该要素的计划、执行与实施工作。本要素目标就是根据当前人力水平制定一个有效且长期可持续发展的计划。
控制操作任务(第 17.2.2 部分): 遵循书面计划; 遵循安全作业规程; 雇用资质合格的工人; 分配足量资源; 正确引导员工间的沟通; 正确引导班组间的沟通; 正确引导作业组间的沟通; 坚持遵守安全运行限值及操作限制条件; 控制通行及占用情况。	尽管该厂长久以来就制定并实施书面程序并制定了严格的培训与资格审查计划，但作为操作纪律要素实施内容之一，仍要再次强调需遵循(或建议修改)程序并始终坚持遵守培训计划。 普遍认为该厂设施配备充足。 虽然经营部的人力资源状况充足，但是，高级管理者一直以来不太情愿更换那些已在相关技术岗位以及普通职工岗位上从业多年的工人，对此，工厂正密切监控。这也是为什么将*能力*要素纳入本项目内容的原因之一。 项目执行小组将仔细审查与沟通相关的工作活动，且将选择可大大增强班组之间及经营部之间沟通可靠性的执行方案，方案将涉及生产、维护、运输及质量控制等方方面面。 操作限制条件或控制通行/停留情况无需特别强调；因为与这些基本要求相关的工作活动在该厂落实情况良好。 ***评论:*** 注意，项目执行小组考虑了所有基本要求，但着重强调了与沟通相关的两点：第一点，因为程序(或更为基本的培训)是沟通的一种形式，程序及培训对本项目而言具有同等的重要性；第二点，*能力*要素工作包含对工厂记忆库的维护，因此，新老员工及管理层之间需就此进行交流与沟通。当技术部员工数量逐渐减少时，该问题就日趋突兀。
控制系统及设备状况(第 17.2.3 部分): 正式限定设备及资产所有人及相关使用协议; 监控设备状况; 保持良好内务管理; 保持恰当标签识别; 维护照明系统; 维护仪表及工具。	已确认原有管理系统及规程足以满足所有此类基本要求。

续表

关键原则及基本要求	本案例的备选执行方案
培养并获得所需技能/行为(第17.2.4部分): 强调注意观察细节; 提倡质疑精神/学习态度; 通过培训使工人具备识别危险的能力; 通过培训使工人具备自检、互检的能力; 制定行为守则标准。	为积极强化对程序及培训要求的遵循，工厂拟密切审查程序，确认程序是否规定在相关时间点作出所期望的响应。如果答案为“否”的话，则需改进程序。结合此项工作，工厂还计划强调自检并监控该区域整个部门的总体绩效。自检方法对维护、运输/收货部门而言意义重大。 该厂认为其规程足以满足本关键原则下所有基本要求。 *评论*：项目执行小组认为自检将带来正面效益，对于很少执行互检的维护部、运输/收货部尤其如此。此外，自检将有助于所有小时工高度重视所有工作活动相关纪律。
监控企业整体绩效(第17.2.5部分): 贯彻责任制; 努力持续提高; 确保员工的职责适应性; 执行现场检查; 迅速纠正偏差。	作为项目实施的一部分，各级主管及管理层均承诺经常执行现场检查。 要求主管人员密切注意书面及口头的交流与沟通，并按期望行为要求为员工树立榜样。 该厂经理及下属部门经理自始至终提倡现场一旦发现不安全或不当行为必须立即纠正整改，通过持续强调这一行为，使得及时阻止及纠正偏差成为该厂所有主管人员及技术人员所遵循的常识规范。 该厂管理层在执行*操作纪律*要素的初期阶段一并审核那些旨在促进授权所有工人在发现规程及程序中存在的任何偏差时及时阻止并纠正的程序。 *评论*：项目执行小组选择将工作重点放在两个基本特征上：执行经常性的检查与立即整改偏差。此外，项目组要求领导岗位人员应以身作则、亲自参与执行基本特征。同时，该项目组也鼓励所有员工积极效仿。

指标

项目执行小组建议设立四个指标。指标一源于上述执行计划，将仅用于项目执行期间。该指标需每周上报一次。

1. 遵照计划要求，向整个企业上下传达操作纪律要素的执行目标及作业规程变更细节。注意，由项目执行小组制定的此类计划要求使用多种方式多次传达信息(例如会议、资讯刊物、海报，由主管人员特别强调)。

后三个指标则用于追踪当前绩效。项目执行小组建议这三个指标每月上报一次。

2. 遵照计划要求，由经理及主管人员经常性地按计划实施现场检查并将结果记在标准检查表上。

3. 不完整交班日志或报告的数量(班组间沟通的指标)。

4. 计划内作业指令(包括检查设备状况的作业指令)与紧急维修作业指令的比例(生产部与维护部交流合作的指标)。

项目执行小组注意到该厂已对多项结果指标进行跟踪。如设备整体效率指标，该指标就是由生产能力、可靠性及质量指标衍生出来的指标。项目组认为执行操作纪律计划将有助于提高设备整体效率，但同时指出许多其他因素也会影响本指标。项目组较为顾虑与操作纪律要素无关的随机故障及设备整体效率指标中固有的低“信噪比”，因为这两个问题会影响操作要素效能的直接测评。

管理审核

经常有效执行管理审核是推动所有变革的关键所在。为确保抓住项目实施重点，管理层拟每季召开会议审核指标、评审项目执行小组的工作进展、讨论当前绩效。管理层拟考虑审核的部分问题罗列如下：

- 工人了解自身职责吗？了解工友及各级管理人员的职责与权限吗？知道自身在发生任何事故时有通知他人的义务吗？
- 沟通情况稳定吗？是否及时保存并有序收取日志？存在因工人、班组、部门或管理层间沟通失败而造成事件的例子吗？
- 执行相关必要任务所需的资源是否充足到位？是否存在强制性加班或加班时间过长？是否必须走捷径才能及时完成任务？工人是否有时间执行规定的交叉互检工作？
- 是否大部分工作活动均设置计划？所有作业团队都能与负责作业的操作人员协调作业吗？在不寻常活动时是否存在危险自满的证据？
- 作业环境有助于提高绩效吗？操作人员经常因管理层监控工艺或有参观者而感到分心吗？经常有滋扰警报声响起吗？作业区普遍存在噪声/干扰，或存在未经批准的娱乐设备吗？
- 不同班组/团队/区域/部门间的绩效存在巨大差异吗？
- 利益相关者是否收获回报？
- 主管人员是否树立了目标行为典范？主管人员经常观察现场作业吗？正规培训课外，工友间有否互查互助？

23.4.3 使用 RBPS 方法整改变更管理系统存在的缺陷

背景

一家拥有多台装置的大型工厂在审查了自身的安全、卫生及环境状况后发现其变更管理要素(MOC)效率低下，多数变更在未经正式批准的情况下就擅自实施。在核查相关可能的行为过程，并对这一发现结果进行验证时，该厂员工证实了以下几点：(1)该厂核查变更相关危险的方式是临时随机性的；(2)该厂没有建立任何管理系统来协助确认更新图纸及程序等相关变更行为是否已完成。

该厂有近400名员工，通过20种不同的间歇、连续工艺生产可制成多种水处理化学品的一系列特种化学品。许多原材料及中间材料均存在因接触而中毒、起火及/或化学烧伤等危险；但危险程度均适中。然而该厂在生产工艺方面正面临大量变更；据记载，该厂每月需处理10个变更请求。审查团认为该厂实际上每月约有20~30个变更需通过执行*MOC*要素审核进行变更审批。

该厂近期进行了大规模收购活动。生产及维护方面的员工情况相对稳定，但这些员工在今后3~5年内的退休率将不断上升。该厂的受伤率与业内其他工厂相比偏高，且该厂员工对于当前的过程安全存在一定的自满懈怠情绪。该厂资源状况向来紧张，但管理层认为需解决*MOC*要素中存在的问题，因此项目组需将时间精力(资金有限)主要集中在改进MOC要素上。

执行计划

管理层已从生产、工艺设计、产品研发及质量控制部门抽调部分人员组成项目组，专门负责开发并执行新的MOC计划。管理层希望新的MOC计划能实现以风险为基础或至少考虑到过程的危险。但是，管理层及项目组认识到复杂多层次的*MOC*系统相对较难掌握，极易出错，效果适得其反。因此，在本阶段，项目执行小组选择避免使用电子系统，他们认为，相比快速审批或拒绝变更请求，让相关人员面对面讨论所拟变更的相关危险对整个企业而言益处更大。

项目执行小组很快找出了原有 MOC 系统不起作用的原因之一：因为系统仅适用于部分“规定化学品”。因此，只有生产产品涉及规定化学品时，才会采用 *MOC* 系统来审核、批准变更。然而，因为多数工艺区域被用于生产各类产品，那些在规定 *MOC* 要素范围之外进行的设备永久性变更最终会影响到后来用于处理规定化学品的设备。因此，项目组征得管理层承诺与批准，无论变更实施时涉及何种材料，对所有工艺区域一律执行 MOC 要素。

此外，项目组注意到该厂人员普遍对新的 *MOC* 系统感到反感，可以预见，如果贸然在整个工厂范围内全面采用该新系统，一定会受到抵制。鉴于原有 *MOC* 系统无效给人们所留下的阴影以及厂内普遍对新系统存在的负面情绪，项目组决定赋予新系统高度管理及控制力度。

表 23.3 左栏罗列了变更管理要素相关的关键原则及基本要求，参考第 15 章中对*变更管理要素*的关键原则及基本要求更全面的阐述。右栏对 RBPS 备选执行方案加以阐述。通常情况下，项目组是根据下列情况选择执行方案：(1)部分工艺过程具有高危险性(高风险)；(2)人力资源虽然充足，但没有足够资金供购买相关软件；(3)工厂文化不易接受新系统。右栏中的评论对项目执行小组执行各项关键原则的方案稍作延伸探讨。

表 23.3　旨在整改 MOC 系统缺陷的 RBPS 备选执行方案

关键原则及基本要求	*关于本案例的备选执行方案*
保持有效的运行(第 15.2.1 部分)： 确保始终如一的执行； 委任具备资质的人员； 确保 MOC 规程的有效性。	项目组欲重新编制 MOC 程序，完全替代原有程序。 MOC 程序将借助 RACI 图表明确划分相关职责(RACI 代表负责人、责任人、征询人及知情人)。RACI 图表在第一列中列出所有工作活动，并沿第一行列出所有工作职位。通过在交叉单元格中添加符号表明各员工的职责身份：(1)负责人；(2)责任人；(3)征询人；(4)知情人。 该工厂的工程设计及维护部经理已同意参与并支持 MOC 要素的实施并对新 *MOC* 系统的日常监察工作全权负责。 项目组计划进行下列各项工作：(1)提供培训，告知所有员工相关变更情况；(2)给通常提出 MOC 请求的人员(如工程师、操作及维护主管人员、维护计划工程师等)提供更全面的培训。该厂经理已同意尽可能多地参加培训相关会议、举行员工培训并以实际行动明确表明支持执行新计划。 工艺设计部的行政助理将担任 MOC 协调员一职，负责跟踪下列工作的落实与完成情况：(1)危险审查组的建议(参见*风险*要素)；(2)事故调查组的建议(参见事件要素)；(3)针对审查发现问题所采取的解决措施(参见*审查*要素)。 此外，MOC 协调员还负责汇报相关数据，以纳入该厂指标系统。这些数据及下方所列问题将在每季召开的管理审核会议中一并审核。 公司安全、卫生及环境部门将依据公司审查标准每半年审查一次 MOC 系统，直到该厂连续三次获得“绿色”评级为止。 ***评论：***这一结构高度严谨的计划有助于解决造成原有计划失效的原因。审查工作除了负责跟踪落实变更、风险审核、事故调查相关的任务，还有助于杜绝未经正式审核擅自更改要素的现象。

续表

关键原则及基本要求	本案例的备选执行方案
识别潜在变更状况(第15.2.2部分)； 限定MOC系统范围； 管理所有变更来源。	修改后的MOC要素范围将覆盖所有可影响工厂任何生产工艺设备、装置、过程及程序的变更。 修改后的MOC要素范围还将覆盖不直接影响生产工艺、但又无法直接定性为“同质同类替换”的相关变更。例如，如下装置变更必须申请MOC审批：设置现场临时办公室、维护车间操作移位、占道封闭时间超过一天等。 如果有证据表明新设备与初始设计规范相符，则MOC计划将撤销对设备的变更控制。例如，除了增加工艺参数本地显示功能外、在其他各方面都与原有仪表一样的新型现场仪表。 操作人员、主管人员、维护计划工程师、维修工、仪表技术员、代购人等关键人员有义务质询任何要求变更的人员，以便实现下列目的：(1)提供变更授权批准；(2)证明所请求作业不处于MOC计划控制范围内。管理层已同意：①鼓励员工对变更请求秉持质疑态度；②对疑似变更作业通过质询审批过程进行确认；③明确告知上述关键人员其有义务进行此类质询工作。 为了提供相关指导，新MOC程序中将包含通过*MOC*系统批准的变更实例及相应同质同类替换实例清单；该清单将：(1)按照变更类型分类；(2)由MOC书记员维护；(3)出现不明朗或有争议的情况时及时更新。 通过初始培训及复习培训使参与操作、维护及设计的员工明确了解MOC要素范围，培训中将包含一项实践演习，通过一系列假设变更检测培训学员们的MOC变更授权能力。 MOC要素将涉及到持续、临时及紧急(下班时间)变更。 *评论：*详细说明要素范围将有助于所有员工了解管理层使用*MOC*要素执行厂内所有变更的目的。
预测可能产生的影响(第15.2.3部分)： 提供正确变更管理信息； 采用技术严谨的MOC审核机制； 确认MOC审核人具备一定的专业知识及使用工具。	修改后的MOC程序将包括一份详细的检查表，该表将针对各类变更(设备变更、程序变更等)及各类审核(申请人填写完整的核查表、以团队方式开展的正规危险审核等)罗列一切基本所需信息及须更新信息。所有变更申请的核查需针对各项变更申请填写完整，若缺少下列任意一项MOC协调员可拒绝处理任何变更申请：(1)全套文件；(2)工程设计及维护部经理基于危险审核会议相关信息的授权。 拟执行变更送交正式评审前，须经过区域经理的授权，区域经理可推荐相关审核方法。 工程设计及维护部经理也将参与审核并授权所有变更请求及危险审查的拟执行方案(或与区域经理协商解决问题)。 所有变更须经过两名以上有相关知识及经验的人员独立审核和授权；较为重要或重大的变更需按照风险要素规定方式审核。 *评论：*采用相对严谨的变更审核机制将有助于确保获取所有必要信息，以评估拟实施变更的影响，所有具体规划/拟实施变更需得到单独且全面地审查，且危险审查方式需正确规范。
确定是否批准变更(第15.2.4部分)： 授权变更； 确保变更授权人抓住重点。	根据变更相关的已知风险，任何批准人或授权人均可要求使用风险要素下描述的相关方法正式评估风险。 修改后MOC程序中的MOC表针对变更类型的不同，所需批准级别也不同。一般情况下，MOC表需分别获得工厂安全、卫生及环境部经理、工程设计及维护部经理、相关受潜在影响部门经理的授权认可；营运经理负责最终批准所有变更。 同意人及授权人将针对相关变更确定需通知到的人员及需参加培训的人员。 *评论：*采用级别相对较高的批准机制有助于企业逐步提高MOC系统的严格程度。项目组考虑设计新的MOC系统，将部门经理纳为变更批准人(同时精简授权次数)，但最终决定至少在起初的2~3年间需采用上述较严谨的批准机制。

续表

关键原则及基本要求	本案例的备选执行方案
完成后续任务(第 15.2.5 部分)： 更新记录； 通知有关人员相关变更情况； 制定风险控制措施； 维持 MOC 记录。	MOC 程序将包含一套详细说明各种变更类型及变更相应审核方法的表格。这些表格(及随附文件)将记录：(1)拟变更相关的所有技术信息；(2)危险审核或其他审核的结果；(3)变更相关任务，其中包括竣工图签发等项目执行后期任务；(4)所有已完成任务相关的文件；(5)参与变更相关培训或知晓变更的包括承包商在内所有受潜在影响员工的资料。 表中的任务相关部分将说明：(1)各项任务；(2)任务是否须在变更执行前完成，若需在变更期间完成，则限定完成时间；(3)负责完成各项任务的人员。若是临时性变更，则须在截止日期前撤销这一变更。 所有受潜在影响的员工需在相关表单上签字，确保在规定时间内知晓各项变更情况，具体时间为：(1)变更执行前或分配他们执行/实施变更前；(2)变更撤销前(针对临时性变更)。 如果需培训，则培训文件中应包含核查所有培训人员理解能力的方式方法，且应拷贝该文件并送交人力资源部保存到公司培训文档中。 MOC 协调员负责维护所有变更请求相关的文件，并在所有执行中任务完成前一周，提醒任务执行人任务执行剩余时间。 MOC 协调员将在每月末向工程设计及维护部经理提交执行中、逾期的任务清单。 MOC 协调员也将负责在临时变更截止前提醒变更请求人临时变更申请即将终止，若临时变更没有在截止日期前撤销，MOC 协调员需就此情况通知工程设计及维护部经理。 逾期的任务及已终止的临时变更将在每季召开的管理审核会议中一并审核。 ***评论：***鉴于审查组发现 MOC 系统不起作用且过程危险分析及事故调查相关的建议并没有持续得到及时采纳，因此决定加大 MOC 系统的控制力度。尽管审查组并未在审查发现问题中列出有关措施项自变更授权后是否得到及时实施，但 MOC 项目执行小组认为要确认此类措施项有否按时实施属于工厂系统性的问题，并认为管理审核要素可促进提高任务执行效率。

注意，新 MOC 系统的集中指挥力度及控制力将相对较高。该厂管理层拟在该系统连续三次获得公司审查组授予的绿色评级后复查该系统，因为控制级别提高后，相关资源消耗也会增加，且从某种程度上说，可能会对公司业务造成不良影响(例如，过于严格的批准过程可能会延缓变更的实施效率)。但考虑到工厂 *MOC* 要素现状及过程安全文化，管理层仍决定强烈支持使用该系统。

指标

项目执行小组建议设立两个指标。指标一旨在找出未经 MOC 系统审核、批准的变更。指标二旨在帮助提醒管理层相关 MOC 授权工作仍未完成。因为通过开车准备要素能在操作准备就绪审查期间确认，完成启动前未完成的 MOC 任务，所以项目执行小组决定将工作重点放在启动后任务。所有指标将每月上报并交予按季召开的管理审核会议审核。MOC 协调员将负责收集所有指标相关的数据。

1. 已完成的作业维护指令(不包括预防性作业维护指令)与批准的变更申请的比例

2. 按计划完成的 MOC 任务百分比。为了收集本指标相关数据，MOC 协调员需核查 MOC 逾期任务的主登记簿并抽查前一个月 25 项或 25 项以上的启动后任务。通过现场抽查确认：(1)已尽力完成相关任务项(例如，发行相关新版图纸)；(2)任务完成质量(例如，用阴影勾出与已审定的 MOC 包红线图纸要求相符的事项)。任何质量不合格均需详细罗列出来并将详情呈交工程设计及维护部经理。

管理审核

经常有效执行管理审核是推动所有变革的关键所在。为了集中力量狠抓执行效率，管理层预每季召开会议审核指标，检查项目执行小组的进度并讨论当前绩效。管理层应考虑到以下问题：

- 正在使用 MOC 程序吗？有证据表明存在规避 MOC 过程控制的现象吗？
- 是否有任何事件或趋势表明 MOC 系统的无效是造成事件的根本原因或诱导因素？
- 新员工及承包商有关 MOC 的培训成果如何？复习培训有效吗？

23.4.4 采用 RBPS 创建并执行新过程安全管理系统

背景

某家小型工厂主要从事生产石蜡基产品，该厂使用桶装/箱装量的易燃溶剂进行混合、包装及印刷操作，并经常用此类溶剂清洗设备，且溶剂桶及箱均存于专门存放室内可燃液体的房间内(按照相关工厂的适用标准)。此外，该厂还存在其他危险因素，例如热油系统、高压蒸汽、高速切割及包装设备。

该厂有 65 名员工，主要从事上百种不同产品的生产。多年来，该厂基本仅在设计及安装新设备、建筑物施工或进行其他重大投资时给予工程设计支持，且该厂几乎不对过程安全或过程改进提供任何现场技术支持。该厂的受伤率高于制造业内的平均值，但该厂的工伤日志记载的几乎全是因包装及材料处理引起的软组织损伤。

该厂从未发生过一起因工艺物料起火而导致的伤亡事件，但曾因通风总管微量闪火造成设备受损。然而，因为近期一家分厂因闪火引发一起严重伤亡事故(且近期发现之前曾有类似操作引起闪火但隐而不报的事件)，所以该厂的高级管理层才开始高度重视过程安全管理方面的问题。

该厂曾因通过人孔向 2500gal(1gal = 3.785L)的混合器中注入矿物油时所产生的火花而引发过一起严重伤亡事故。事故调查组经调查确定，虽然混合物中没有易燃液体(根据 NFPA 标准规定)，但混合物已超出其燃点。事故调查组推测可能因班组之前临时实施的变更操作过程中产生的静电点燃了挥发性的可燃气体。夜班维护技工为了绕开一个报废的控制阀而设了一根橡胶管旁路，操作人员利用这条旁路直接通过人孔向混合器中注入矿物油。当操作人员开始向混合器中注入溶剂时，火灾随即发生。

调查组同时还发现：

- 该公司过去五年发生了六次以上类似混合容器闪火事故，但只有一次接受了调查(之前起火没有引起任何人员伤亡)。此外：
  - 事故调查结果并没有通报公司安全部或存在类似工艺的其他兄弟单位；
  - 项调查结果建议只有两项得到落实。
- 截止近期发生火灾事故前，该厂人员普遍认为只有可燃液体及气体才会产生火花。
- 该公司上上下下所有负责新设施及新产品危险审查的审查组几乎全把精力集中在操作、维护及产品质量方面的问题。实际上，只需快速查看一下类似混合工艺过程的典型危险审查工作的书面记录，就会发现审查小组从未记录过与火灾相关的任何危险。

执行计划

鉴于本次事件以及事故调查组所发现的情况，高级管理层决定公司在各工厂实施基于风险的过程安全管理系统。他们从公司及工厂选调相关人员组成项目组，专门负责制定一系列的标准以及基于风险的过程安全管理系统模板，供各生产工厂根据自身情况进行调整后采用。

项目执行小组预计该项目的实施虽然可能会遭到工人一定程度的质疑，但会得到高级管理层、各工厂管理层的强烈支持。管理层明白，制定并执行这样一个新计划需要花费大量时间及部分额外开支，但是，他们已授意各厂厂长在现有预算基础上支持本项目，重新确定原定工作项目的先后顺序。

项目执行小组采用 RBPS 系统框架创建其公司标准并设计其过程安全管理系统的模版。如表 23. 4 所示，项目组选择暂不考虑部分 RBPS 要素并将部分要素推迟到“第二期”执行，因为他们认为这些要素的实际风险效益较低，且要素范围广也不利于优先执行。

表 23. 4　运用 RBPS 方法创建并执行新过程安全管理系统

RBPS 原则及要素	*本案例的备选执行方案*
对过程安全的承诺： 文化； 标准； 能力； 参与； 影响。	该厂计划首要创建文化要素。该厂管理层尤其担心员工缺少责任感。 员工是工厂多方面设备运转的关键，员工强烈的责任感是构成公司持续发展的基础，因此所有分厂均欲在创建 RBPS 计划时充分运用这一基石。 ***评论：***注意，尽管本原则包含五项要素，涉及 100 多个基本特征，但项目组仅选择将工作重点放在其中一项基本特征——维持(或树立)员工责任感。这也是关键基本要求的作用可“以一当百”的范例之一。
洞察危险及风险： 知识； 风险。	项目执行小组已决定要找出并弥补相关知识漏洞，尤其是火灾危险方面。 项目组已征得公司研发部(R&D)的同意，后者同意着手测试之前生产的所有下列产品的闪点：(1)一年之中在某一工厂生产时间达 10 天以上的产品；(2)无论产品产量大小，产品混合物在生产过程中可能会被加热至高于其闪点的产品。 对于加热温度超过其闪点的产品，公司已指定研发部尝试用闪点较高的材料重新配制成产品。如果配制不成，公司将指派工程设计部研究混合器惰化的方案。 应采用检查表对所有现存的以及新的产品执行危险核查。在不具备一定危险审查数据——包括产品燃点及材料在不同氮氧含量比、最高操作温度下可燃范围显示图(针对经氮惰化处理的容器中加热的材料)的情况下，研发部不可擅自将产品投入正式生产。 所有员工将接受以火灾科学为重点的危险识别培训。 ***评论：***注意，本原则着重强调部分材料在加热至温度高于闪点情况下存在的火灾危险。虽然闪火的确能构成一定危害，但也不代表这是工厂存在的主要风险，或甚至构成工厂主要的过程安全风险。热油、高压蒸汽及高速切割设备等都存在等同甚至更高级别的致残或致死风险。某起重大事故发生后，人们常一味将原因归咎于某一单一危险因素。但是，加强对事故要素的重视才能有助于报告、调查涉及这些危险因素的未遂事件。事故研究虽然不是广泛了解危险因素的最佳方法，但有时却是拓宽管理层思路、令其全面思考危险及风险的唯一有效方式。

续表

RBPS 原则及要素	*本案例的备选执行方案*
管理风险： 操作程序； 安全作业； 资产完整性； 承包商； 培训； 变更管理； 开车准备； 操作纪律； 应急。	项目组拟注重实施操作程序、培训及变更管理要素。这些要素可在提供安全作业环境方面最快实现效益。 所有分厂都已实施了具体设备上锁/挂牌程序并制定了密闭空间进入程序；项目组认为其他安全作业程序的风险效益将相对较少。 ***评论：***注意，项目组选择首先暂时不管*资产完整性*要素的具体原因：(1)泄漏不会造成巨大危险；(2)工厂基本不具备或具备极少能够预防工艺设备内起火的有效安全系统。本方案可能需在长期范围内执行变更。当危险审核组确认需加强工程设计控制时，就需执行相关维护任务，以确保新控制体系/系统的可靠性。此外，事故调查组，或者在某种程度上，以后的过程危险分析组，也会确定是否需加强工程控制手段，这些控制手段一般也是需要维护的。
吸取经验： 事故； 指标； 审查； 管理； 审核。	近期事件发生后，公司安全、卫生及环境部即要求各分厂执行事故调查项目。该项目将实施第 19 章罗列的所有工作活动，且相关管理系统将加强(大多数工作活动选择“b”或“c”项的执行方案)。 管理层已同意定期执行审查计划。起初，工厂管理层担心执行审查及处理审查结果将大大增加公司运营成本。但是，公司安全、卫生及环境部进行了积极争取，他们认为如果 RBPS 相关任务值得纳入计划，就应按照合理审查标准定期审查任务，最终审查计划得以定期执行。 工厂管理层决定这期间放弃追踪任何指标或执行管理审核。 ***评论：***项目组决定推迟实施指标及管理审核要素，待相关程序及规程建立完善后再实施。不过这两个要素可能在该公司下一期的过程安全改进项目中加以实施。

总而言之，项目执行小组决定从*文化*、*知识*、*风险*、*程序*、*培训*及*审查*要素着手实施项目。显而易见，该公司之前并没能从过去的事件事故中吸取任何经验教训，所以项目组考虑在事件要素上投入大量精力，以期确保今后所有未遂事件都能得以上报、调查。

23.5 其他应用

在过去的二十多年中，几乎所有生产、储存或以其他方式处理危险化学品的工厂均建立了一定形式的过程安全管理系统。这些工厂大部分都已妥善制定、全面理解并长期测试验证其管理系统。若简单地要求废弃这些计划并以基于风险的过程安全管理系统取而代之未免过于轻率鲁莽。但是，即便这些工厂选择不执行 RBPS 管理系统，他们仍然可通过其他途径使用本书内容，以下列举六种：

*1. **查看阅读各要素章节(第 3~第 22 章)第四节中提出的有关效能的观点***。绝大部分此类观点都是由 CCPS 成员公司提供的，阐述了他们用于提高效能的策略。对任何制定完善并经验证有效的过程安全管理系统而言，这些观点绝大部分都具参考价值。

*2. **将读者现有指标与各要素章节(第 3~第 22 章)第五节中罗列的指标相比较***。衡量 RBPS 要素绩效的任何方面都会起到强调管理效益及鼓励员工关注考核指标的作用。如果工厂的多数当前指标都属“滞后”指标，则应增加相关“先行”指标促进推动提高绩效。

*3. **考虑执行管理审核程序***。还不具备管理审核程序的工厂应参考各要素章节(从第 3~第 22 章)第六节中提出的管理审核问题/提问，根据自身情况选择关键问题用以定期评估。

4. ***对所在公司或工厂当前实施的过程安全管理系统进行自评***。工厂可利用各要素章节(第3~第22章)第三节中罗列的工作活动执行自我评估：工厂当前计划执行方案是否绝大部分都属于“a”或“b”项？工厂了解并能控制自身当前危险因素吗？工厂的已知风险是否相对较低？工厂的过程安全管理计划范围限定是否很合理？但是，若工厂自我评估后发现实际风险与已知风险不相符，则应考虑参考本书相关观点改进并升级自身过程安全管理系统。

5. ***向相关关键人员提供一个或多个 RBPS 要素的详细概述***。各要素章节(第3~第22章)第二节中均详细概述了要素管理系统的构建方式。阅读此部分内容，新上岗的过程安全人员或在特殊要素相关工作活动执行中起关键作用的人员可基本了解管理系统构建方式。

6. ***升级过程安全框架培训及其他宣传工具***。各要素章节(第3~第22章)第一节系要素综述。工厂可依据这些要素综述编制过程安全框架培训的相关内容、过程安全管理相关内联网网页、海报、资讯刊物或支持社区参与的相关宣传工具。

23.6　结语

执行方案多种多样，我们显然无法在一本书内尽述。章节23.4介绍的四个研究案例涉及范围较广，通过这些案例，读者应就如何运用第3章~第22章中阐述的理念有一个大概的了解。

本书在阐述RBPS要素时并非随机排序。前五项要素属于“对过程安全的承诺”原则的五要素，需强大的领导支持及坚定的承诺。实际上，正确的领导及坚定的承诺是成就一切项目必须具备的条件(否则只能以失败告终)。管理承诺是有效执行并保持高绩效的首要关键因素。

管理层须了解相关危害及风险。相关工作活动的实施力度应与风险(或已知风险)级别相吻合。随着风险级别持续上升，管理层应承担危险识别及风险分析方面的责任，并根据分析结果有效管理风险。员工、承包商、社区、投资者、客户及业内广泛人士在内的利益相关者应承担主要管理责任。依据上述内容可见，知识及风险要素在执行RBPS方法中发挥着重要作用。实际上，为了降低成本，在未先了解风险影响的情况下就同意降低过程安全实施力度，就是一种不负责任的表现。

“管理风险”原则由第10章~第18章描述的九大要素组成，这九大要素旨在日常工作中实现风险管理，要素之间大都存在相互影响与相互制约的关系。例如，如果基本按照操作程序向操作人员提供培训，则在实施重大复习培训前需确保程序的准确性与时效性，否则有轻率之嫌。但是，这九个要素间的关联通常易于辨别，且绝大部分此类要素均得到广泛理解与应用。

最后四项要素均系“***吸取经验教训***”原则的组成部分，这四项要素是任何改进工作不可或缺的组成部分。缺乏事故调查或过程安全管理系统设计与实施的审查，则可能导致工厂过程安全管理系统的效率低下与降级退化。平均信息量势必会降低系统与规程的水平。指标及管理审核要素是用来提高操作其他方面的完善方法。所测即所得，指标能非常有效地反映情况，当管理层重视并关注某项指标时尤其如此。指标及*管理审核*要素任务的实施应恰当适量——指标太多及管理审核主题过多会分散管理层的注意力。然而，如果企业仅局限于管理审核程序，如章节23.4.4中研究案例所述，就会导致企业只关注眼前，目光不够长远。

综上所述，虽然本章用“项目”一词来阐述RBPS要素或计划的实施与执行，但因此生产的管理系统是一个过程，且永无止境。因此，执行基于风险的过程安全管理系统是以“更好地管理风险”为目标而长期实施的一项工作。随着工厂工艺持续不断发展变化，过程安全方面的最佳管理策略也将随之发展变化。但是，我们可以肯定以下两点：(1)利益相关者对灾难事故的容忍度将持续下降；(2)实现或超越利益相关者对安全操作的期望目标将成为企业持续取得成功的关键所在。

参考文献

23.1 Center for Chemical Process Safety, *Guidelines for Implementing Process Safety Management Systems*, American Institute of Chemical Engineers, New York, New York, 1994.

23.2 Center for Chemical Process Safety, *Guidelines for Technical Management of Chemical Process Safety*, American Institute of Chemical Engineers, New York, New York, 1989.

补充阅读文献

Center for Chemical Process Safety, *Plant Guidelines for Technical Management of Chemical Process Safety*, American Institute of Chemical Engineers, New York, New York, 1992 (and revised edition, 1995).

The American Chemistry Council's Responsible Care Management System, American Chemistry Council, Alexandria, Virginia.

API RP 750, *Management of Process Hazards*, American Petroleum Institute, Washington, DC, 1990.

补充阅读文献

Center for Chemical Process Safety, *Plant Guidelines for Technical Management of Chemical Process Safety*, American Institute of Chemical Engineers, New York, New York, 1992 (and revised edition, 1995).

The American Chemistry Council's Responsible Care Management System, American Chemistry Council, Alexandria, Virginia.

API RP 750, *Management of Process Hazards*, American Petroleum Institute, Washington, DC, 1990.

24 未来前景展望

一直以来，过程安全目标与要求总是由内部及外部利益相关者提出并制定。当代的过程安全专家们只要一回想起19世纪诸多火药制造厂的安全基准就会不寒而栗：因为他们所采取的安全预防措施仅仅是将工艺过程中特别敏感的组成部分移至“一旦爆炸、所造成损失可降至最少”的区域！当然，200年以前，很多先进完善的事故预防工具尚不具备，工厂可用的地缘辽阔且空间广阔。因此，正确选址成为确保过程安全的规程之一。在可预见的未来，利益相关者的期望以及来自工厂员工、股东、周围居民和公众的各类期望，将成为主导过程安全管理方式或方法的决定性因素，这些期望将进一步要求企业采用更为先进的管理工具以及更为有效的实践方法。

呼吁提高过程安全绩效的社会压力将持续增加。公众及其政府将持续施压，要求化工企业提高过程安全，从而改善社会环境、达到减轻社区负担的目的。此类环境负担表现在两方面：一方面是持续性的影响，如噪音、难闻气味；另一方面是足以构成严重生命威胁的有害物质或能量大量排放。尤其是在发达国家，社会将会持续施压、要求实施更为严格的过程安全绩效标准。在世界其他地区，跨区域异地经营以及实施新的收购项目也会形成方方面面不同层次的挑战。一些新型的、经实践证明有效的过程安全实践到了其他国家可能会行不通。特别需要指出的是，努力创建并持续完善的过程安全文化及操作守则的工作必须面对并克服文化差异的挑战。

来自内部的、期望提高过程安全效能的压力也与日俱增。全球化让世界变得越来越小，资金和货物的流通已越来越自由快速，其迅猛之势有增无减，给公司带来持续不断的压力。因此，公司须以又快又好的方式控制成本、大力提高绩效，从而保持自身竞争优势并吸引新投资。

变更率将持续上升。技术推动改变，多项技术变革正以不可逆转之势快速升级。因此，若希望包括过程安全管理在内的所有相关管理系统跟上新形势满足新需求，就必须保证管理系统具备充分灵活性与机动性。

过程安全管理的理念将在各行各业逐步普及与盛行。若干支柱及关键产业对现代过程安全管理实践的奉行与实施最早可追溯至核工业及航空业，利益相关者长期以来一直对这些行业提出并执行极高的安全标准。在过去的40年内，许多经实践证明有效的风险分析及风险管理工具已更新换代并广泛应用于化工业。在某些情况下，这种变革是通过强制规定来实现的。然而，在更多情况下，人们都是自愿主动采用或引进此类经实践证明有效的新方法与管理系统。原因很简单：因为这些方法与管理系统行之有效，于公司或工厂运营而言，非常有帮助。其他行业也必将意识到管理系统是确保提高员工绩效及设备可靠性的关键要素，各行各业，从采矿业到医疗业等，将广泛采纳各项RBPS方法。

愿景与目标

CCPS希望本书能够起到催化推进作用，促使工厂主动去思索并找出如何有效提高过程安全管理的方法。尽管管理系统不起作用的情况还会时有发生，但我们希望：通过“基于风险的过程安全管理方法”的实施与执行，我们能够帮助执业者们设计出容错能力强，并考虑关键点冗余的管理系统。

对于新一代过程安全领导者们，我们提出下列七大合理、可实现的目标，经数年之后，如CCPS再次着手写新版《过程安全管理指南》，那么，一切都将始于如下所列的这些“愿望清单”。

可持续发展的过程安全管理系统，尤其是RBPS中那些较为前卫概念化的要素如安全文化、过程安全能力、社区参与、开车准备、操作纪律、指标及管理审核等将发展成熟。

发展并培养一流安全文化，使文化本身摆脱当前状况，从行业热点话题转变为整个行业广泛应用的工具之一。长久以来，工程师们及管理人员们一直是过程安全管理系统研发推行的领头人。若干年来，他们的精力主要集中在过程安全实施的管理系统以及技术工具上。但是，诸如“企业文化”等很难去量化的因素还没有进入他们攻关的范围，这些问题被持续摒弃在工作日程之外。未来，努力理解并培养过程安全文化将被视为是所有过程安全管理系统的基础，安全文化是帮助企业在全球经济竞争日益激烈的环境下取得生存的关键因素。

通过管理，我们将能够维持过程安全能力，也可解决业内常见的“集体记忆丧失”的问题。经验是一名伟大的老师，但若企业没能做到痛定思痛、铭记过往、勇于变革、吸取经验，则从那些具有重大转折性事件中吸取的沉痛教训将很快被遗忘。公司未来应扩大外部参与的活动规模，将所有利益相关方纳入其中；工厂则应密切关注社区反应、培养并建立社区信任。

管理层与相关员工应将操作纪律与指南作为提高和确保员工绩效的基本要求之一。作为纪律与指南之一，作业或开车前准备也应作为基本要求之一，完全纳入变更管理、开车前审查及检查等范畴。

体系结构化的有效分层管理系统通过指标、管理审核及审查手段实现各项控制职能，充分发挥过程安全管理各项投入资源的最大价值。指标、管理审核及审查将成为推动、衡量变更的工具，其作用并不在于找出错误与缺陷。

全面一体化的管理系统与RBPS方法的广泛应用将在全球范围内日益被纳入规范范畴并成为非规范性的规程。

有关过程安全的商业案例将被人们日渐理解与认可并广泛采用。安全、健康及环境问题的管理方式将与销售、原材料、库存及资金的管理方式趋于同化——业界将普遍认识到投入产出之间的清晰本质关联：比如有了“工作活动”这一投入方有“安全可靠的操作运营”这一产出。未来，价值越来越具可衡量性。RBPS规程将会贯彻渗透到设备、工艺及工厂的整个生命周期。此外，当所有涉及制造、处理有害化学品或能源的各行各业都采用并执行RBPS规程时，RBPS规程也将成为非常普及的做法。

根原因分析将被更有创意性地应用于更多领域，不仅应用于包括较广范围内的事故和未遂事件的根原因分析，还将运用于包括RBPS要素本身的“实施错误”事件上。

事情要经规划才能做好，放任不管只会酿成严重后果。领会其中道理后，过程安全单位应将其最有效的诊断工具之一——根原因分析(RCA)应用到其自身工艺过程、程序及实践中去。针对已发事故，RCA旨在找出那些广泛涉及诸多要素的管理问题，暴露出系统性的问题并揭示改进机会。根原因分析被用来评估那些不理想的结果，其中包括工厂效率问题、长期审查一直发现存在的顽疾问题、安全文化问题、设备或员工的不稳定性等等。此外，借助根原因分析，企业也能更好地理解为什么在有些时候事情就会“进行得特别顺利”，更清楚地明白，应加强哪方面的工作或应在哪些方面加以改善，从而获得更大的成功。

广泛普及虚拟实时电子工具在过程安全管理方面的应用。

风险分析工具将日臻完善，更具可用性，使用起来也更容易。以后将出现专业系统来帮助企业作出实时风险决策。CCPS 过程安全管理网络社区将逐步成熟，完美无缝地将工人、工厂、公司、各行各业及全球各国紧密地联系起来，分享经验教训并实现全球实时同步的基准采用。用于控制作业流程、收集指标数据、处理过程安全管理若干琐碎繁杂事务的高效电子工具将成为全球普遍的通用标准。电脑系统将在过程安全管理的技术方面给予基层员工一定帮助：电脑系统将与基本控制系统、工艺运行的历史记录和操作员实现直接沟通与交流，并能找出那些当前操作人员无法注意到的“未遂事件”。

分级式过程安全绩效测评系统将为各行各业与全球各国广泛采用。

整个业界都将以日常例行和一贯实施的态度对可能事件及未遂事件进行评估，人们分享各类经验教训及绩效指标。鉴于 CCPS 的全球成员数量成百上千，所以事故经验数据库也将持续扩大。包括绩效以及效率两方面，透明清晰的 RBPS 指标的基准也将广泛普及。不同行业及国家将共同合作一起确定衡量过程安全绩效的方法、解释、定义及词汇，并将结果公布于众，以便公众能更好地了解风险，使其对所在社区范围内工厂的安全保证能力充满信心。

在“基层”获取经验教训。

RBPS 指标的广泛应用使得公司能够将管理系统的存在问题及职能失效与异常事件联系起来，通过在“事故事件金字塔”基层进行文化建设与提高，从而最终使企业将工作重点放到事故预防上。公司认识到：“在金字塔基层获取经验教训”是一条直接通往更安全、生产率更高且更具盈利性运营的正确路径。

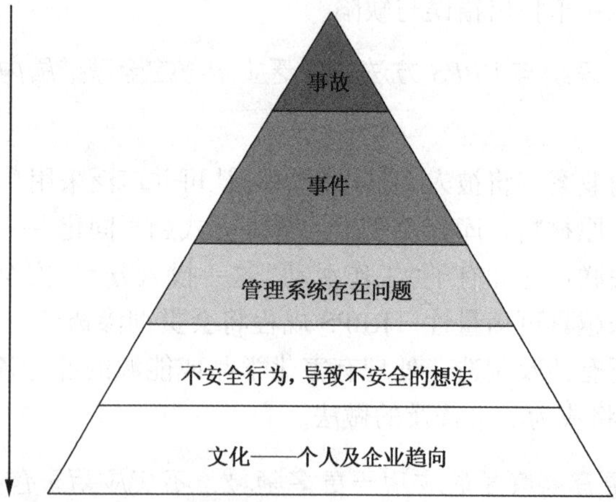

事故发生率及严重程度都将得到有效缓减。

如本书所述，最终衡量我们所有共同努力的指标就是要看：“我们是否有效减少了过程安全事故、伤亡事故的发生率及事故死亡率；各类事故的严重程度是否得到有效缓减？”我们无论做什么以及无论如何应用本书，均应时刻铭记上述最终目标。应用本质安全工具将成为运营的常规条件——甚至对现行工艺过程也是如此。新的指标不仅能考量已发生事故的降低率，也会跟踪记载所消除的危险数量。

以争取实现“零事故”为目标，我们将继续借鉴前车之鉴，吸取相应经验教训。商用航空业早在40年前就采纳并运用这一理念，直接大幅降低了该领域的事故发生率。与此同时，航空业也因此获得急剧发展，其成本更具竞争力优势且在保证成本竞争力的前提下大大提高了其安全绩效。事实上，无论是航空业还是化工业，安全操作都是企业或公司赖以生存并发展的关键因素。航空业的历史安全记录以及目前许多化学公司的优秀安全记录无不向外界证明这样一个道理：零事故是可实现的合理目标，提高安全将直接有助于实现保持经济竞争力的目标。

我们应不断努力，争取做到更好！

面对未来，我们唯一能确定的就是变化是永恒的。新兴行业会涌现出来，现存行业会凋闭败落，合并、收购、资产剥离等事宜也将接踵而至，而所有这些事件都要求风险管理系统的进一步改进完善与更新进步。通过过程安全管理的实施，相关新型生物技术、纳米技术或其他创新技术将从中受益，但同时也要求针对不同技术制定不同的过程安全管理方法。展望未来，过程安全管理需要继续加强，以跟上时代发展的步伐，做到与时俱进。

如果我们因为过去20年内所取得的成功或因通过自身努力而避免了相关事故的发生，就欢欣鼓舞、安于现状的话，我们将不能阻止未来下一个事故的发生。提高与改进将是永恒的主题，我们自始至终都需要它。我们必须在奋勇前行、故步自封停滞不前或退步之间做出抉择，无需争论，我们必须选择继续奋勇前行这唯一正确的方向，只有这样，任何公司才有机会在洞察风险的前提下作出决策、最终迈向可实现操作更安全、更有效，更具经济竞争力的康庄大道。

索引